混凝土结构加固设计计算算例

（第二版）

王依群　编著

中国建筑工业出版社

图书在版编目（CIP）数据

混凝土结构加固设计计算算例/王依群编著．—2版．北京：中国建筑工业出版社，2019．7（2022．3重印）

ISBN 978-7-112-23672-5

Ⅰ．①混…　Ⅱ．①王…　Ⅲ．①混凝土结构-加固-结构计算　Ⅳ．①TU370．2

中国版本图书馆CIP数据核字（2019）第082026号

本书主要根据《混凝土结构加固设计规范》GB 50367—2013、《预应力高强钢丝绳加固混凝土结构技术规程》JGJ/T 325—2014、《水泥复合砂浆钢筋网加固混凝土结构技术规程》CECS 242：2016、《混凝土结构设计规范》GB 50010—2010（2015版）、《建筑抗震加固技术规程》JGJ 116—2009和相关设计规范编写。通过算例的详细求解过程引导读者正确理解和使用规范关于结构构件的加固设计原理和计算方法。

全书共十九章，分别为绪论、增大截面加固法、置换混凝土加固法、体外预应力加固法、外包型钢加固法、粘贴钢板加固法、梁侧锚固钢板加固法、粘贴纤维复合材加固法、预应力碳纤维复合板加固法、预张紧钢丝绳网片-聚合物砂浆面层加固法、绕丝加固法、水泥复合砂浆钢筋网加固法、植筋技术、锚栓技术、预应力高强钢丝绳加固混凝土结构构件、混凝土结构构件抗震加固、框架节点抗震加固、钢筋混凝土构件抗震鉴定验算、混凝土结构加固计算软件SCS的功能和使用方法。书中有针对性地编写了150余个算例，每个算例除给出了详细的手算过程外，还列出了混凝土构件计算软件SCS的计算结果，两种方法结果得到相互验证，减少了出错几率，便于读者通过算例学习加固设计规范，解决实际问题。

本书可供结构设计人员、审图人员、研究人员、土建专业学生阅读。

责任编辑：郭　栋　辛海丽
责任校对：李欣慰

混凝土结构加固设计计算算例（第二版）
王依群　编著
*
中国建筑工业出版社出版、发行（北京海淀三里河路9号）
各地新华书店、建筑书店经销
北京佳捷真科技发展有限公司制版
北京中科印刷有限公司印刷
*
开本：787×1092毫米　1/16　印张：23¼　字数：579千字
2019年8月第二版　2022年3月第四次印刷
定价：**69.00**元
ISBN 978-7-112-23672-5
（33984）

第二版前言

自 2015 年 9 月本书第一版出版以来，颇受广大读者的欢迎。经过 3 年多的时间，编者结合混凝土结构加固相关的国家和行业标准的深入学习和软件开发经验，和许多读者热情的反馈建议，对原书进行了系统的修订和内容的扩充。特别是软件增加了 pdf 格式计算书的输出，以满足设计和施工图审查存储和打印电子文档的需求。

本次修订保留了原版给出工程算例详细手算过程的特点，在原版共 12 章的基础上扩大到共 19 章。各章分别为：绪论、增大截面加固法、置换混凝土加固法、体外预应力加固法、外包型钢加固法、粘贴钢板加固法、梁侧锚固钢板加固法、粘贴纤维复合材加固法、预应力碳纤维复合板加固法、预张紧钢丝绳网片-聚合物砂浆面层加固法、绕丝加固法、水泥复合砂浆钢筋网加固法、植筋技术、锚栓技术、预应力高强钢丝绳加固混凝土结构构件、混凝土结构构件抗震加固、框架节点抗震加固、钢筋混凝土构件抗震鉴定验算、混凝土结构加固计算软件 SCS 的功能和使用方法。

本书 150 余个算例均用手工和软件两种方法计算，起到了相互校核的作用，大大减少了出错的概率，避免误导本科学生或初入门从业者。

编写本书过程中，参阅了大量相关文献及其中算例，谨对这些文献的作者表示衷心感谢。

本书第一版出版后，许多读者对书的内容和配套软件功能提出了意见和建议，本人表示衷心感谢。

作者水平所限，书中有不妥甚至错误之处，敬请读者批评指正。

王依群

电子信箱：yqwangtj@ hotmail. com

QQ 群：scs 加固软件用户群，群号 511613898

第一版前言

为帮助结构设计人员学习《混凝土结构加固设计规范》GB 50367—2013 和《建筑抗震加固技术规程》JGJ 116—2009 中钢筋混凝土结构加固设计理论，熟悉具体计算步骤和方法，以便遇到工程实际问题，能快速正确地解决，编写此书。对规范有加固设计要求的构件几乎都提供了算例，附有详细的手算过程，并且均用作者开发的专用计算机软件 SCS 对计算结果进行验证。

全书内容分 12 章，除绪论外，分别介绍了增大截面加固法、置换混凝土加固法、体外预应力加固法、外包型钢加固法、粘贴钢板加固法、粘贴纤维复合材加固法、预张紧钢丝绳网片-聚合物砂浆面层加固法、绕丝加固法、水泥复合砂浆钢筋网加固法、混凝土结构构件抗震加固、混凝土结构加固计算软件 SCS 的功能和使用方法。多数算例来源于实际工程，对设计工作有提示作用。

由于钢筋混凝土结构构件工作机理复杂，尤其是经过加固的混凝土构件，新旧混凝土、新旧钢筋或有其他材料共同工作，所以限制条件多，计算参数多，即使是行内专家，手算也容易遗漏规范某条规定或写错参数，造成计算结果错误。本书 70 余个算例均用手工和软件两种方法计算，起到相互校核的作用。

编写本书过程中，参阅了大量相关文献及其中算例，谨对这些文献的作者表示衷心感谢。

作者水平所限，书中一定有错误之处，敬请读者指正。

王依群

电子信箱：yqwangtj@ hotmail. com

目　录

第1章　绪　　论

随着国民经济发展，生活水平提高，人们对建筑物的安全性、适用性、耐久性提出了更高的要求，房屋鉴定、加固改造行业有了长足发展。

本书只讲述了混凝土结构加固设计，并通过算例详述了计算过程，并未涉及构造措施和加固施工，这两方面重要性不亚于设计计算，务请读者注意。

手算利于搞清概念，学习阶段可用计算机软件作为验算手算结果的工具，尽早发现和改正错误，加快学习进度。本书介绍的软件 SCS 学习版可计算本书中的所有算例，满足学习本书内容的需要，有兴趣的读者可到 http：//www. kingofjudge. com 下载。

1.1　结构加固的适用范围

简要地讲，结构加固的适用范围如下：

1）随着时间的延续和人们安全意识提高，既有建筑结构构件承载能力降低或达不到新要求。

2）房屋用途发生变化，或抽柱，或增加楼层，导致荷载增大。

3）由于人口增加和对自然资源无节制耗费，地球气候变恶劣，导致结构上的作用（如风、温差等）加大。

4）火灾、水灾、震灾使结构遭受损伤。

5）设计或施工失误（如漏算荷载、偷工减料等）造成的结构构件尺寸偏小、强度偏低。

1.2　混凝土结构加固设计的特点

除构件截面原有的混凝土和钢筋之外，又增加了新的混凝土和新的钢筋、纤维复合材、钢板或钢绞线等材料，这种新材料与原有钢筋不在截面的同一位置，设计强度也不同，新加材料的变形滞后于原有材料的变形，使得待求解方程的未知数个数增加，而力或力矩平衡条件没增加，虽然混凝土结构加固设计规范给出了简化公式，但还是求解困难，通常手算难以完成。

大学专业课程中没有结构加固课，即使有也作为选修课，讲的很少。国家标准公式中的一处印刷错误，就导致很多正规出版的加固设计书籍手算例题的错误结果，说明加固设计更需要混凝土结构基本理论的扎实功底。

即使截面尺寸、强度相同的结构构件，因损伤程度不同，或受荷不同，加固处理方式也不同，需要对每个构件单独加固设计计算。

1.3 书中算例说明

书中算例范围涉及《混凝土结构加固设计规范》GB 50367—2013[1] 和《建筑抗震加固技术规程》JGJ 116—2009 的绝大部分设计计算内容，给出了详细的计算过程，并用作者开发的计算机软件进行了校核，减少了出错概率。希望这些算例对读者理解规范的计算公式有帮助。为了突出加固设计的重点和节省篇幅，本书对于构件加固前的承载力基于《混凝土结构设计规范》GB 50010—2010[2] 规定，且使用《混凝土结构设计计算算例》[3] 介绍的软件 RCM 计算，这里就不给详细手算过程了。

本书部分算例是借用其他文献的，但有些算例计算结果不同于所引文献的，原因主要是本书所依据的设计规范较新。

第2章　增大截面加固法

2.1　设计规定

（1）本方法适用于钢筋混凝土受弯和受压构件的加固。

（2）采用本方法时，按现场检测结构确定的原构件混凝土强度等级不应低于C13。

（3）当被加固构件界面处理及其粘结质量符合《混凝土结构加固设计规范》GB 50367—2013[1] 规定时，可按整体截面计算。

（4）采用增大截面加固钢筋混凝土结构构件时，其正截面承载力应按现行国家标准《混凝土结构设计规范》GB 50010[2] 的基本假定进行计算。

（5）采用增大截面加固法对混凝土结构进行加固时，应采取措施卸除或大部分卸除作用在结构上的活荷载。

2.2　增大截面法受弯构件正截面加固计算

采用增大截面加固受弯构件时，应根据原结构构造和受力的实际情况，选用在受压区或受拉区增设现浇钢筋混凝土外加层的加固方式。

当仅在受压区加固受弯构件时，其承载力、抗裂度、钢筋应力、裂缝宽度及挠度的计算或验算，可按现行国家标准《混凝土结构设计规范》GB 50010 关于叠合式受弯构件的规定进行，本人对此有手算算例及相应计算机软件的著作《混凝土结构设计计算算例》[3] 供读者使用。当验算结果表明，仅需增设混凝土叠合层即可满足承载力要求时，也可按构造要求配置受压钢筋和分布钢筋。

当在受拉区加固矩形截面受弯构件时（图2-1），其正截面受弯承载力应按下列公式确定：

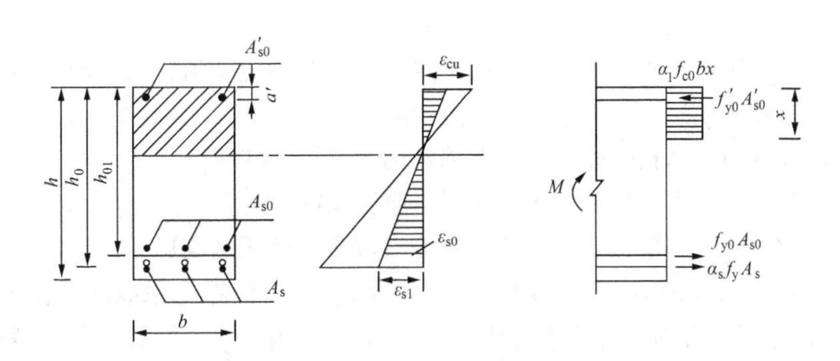

图2-1　矩形截面受弯构件正截面加固计算简图

$$M \leqslant \alpha_s f_y A_s \left(h_0 - \frac{x}{2}\right) + f_{y0} A_{s0} \left(h_{01} - \frac{x}{2}\right) + f'_{y0} A'_{s0} \left(\frac{x}{2} - a'\right) \tag{2-1}$$

$$\alpha_1 f_{c0} bx = f_{y0} A_{s0} + \alpha_s f_y A_s - f'_{y0} A'_{s0} \tag{2-2}$$

$$2a' \leqslant x \leqslant \xi_b h_0 \tag{2-3}$$

式中　M——构件加固后弯矩设计值；

α_s——新增钢筋强度利用系数，取 $\alpha_s = 0.9$；

f_y——新增钢筋的抗拉强度设计值；

A_s——新增受拉钢筋的截面面积；

h_0、h_{01}——构件加固后和加固前的截面有效高度；

x——混凝土受压区高度；

f_{y0}、f'_{y0}——原钢筋的抗拉、抗压强度设计值；

A_{s0}、A'_{s0}——原受拉钢筋和原受压钢筋的截面面积；

a'——纵向受压钢筋合力点至混凝土受压区边缘的距离；

α_1——受压区混凝土矩形应力图的应力值与混凝土轴心抗压强度设计值的比值；当混凝土强度等级不超过 C50 时，取 $\alpha_1 = 1.0$；当混凝土强度等级为 C80 时，取 $\alpha_1 = 0.94$；其间按线性内插法确定；

f_{c0}——原构件混凝土轴心抗压强度设计值；

b——矩形截面宽度；

ξ_b——构件增大截面加固后的相对界限受压区高度，按式（2-4）计算。

受弯构件增大截面加固后的相对界限受压区高度 ξ_b，应按下列公式确定：

$$\xi_b = \frac{\beta_1}{1 + \dfrac{\alpha_s f_y}{\varepsilon_{cu} E_s} + \dfrac{\varepsilon_{s1}}{\varepsilon_{cu}}} \tag{2-4}$$

$$\varepsilon_{s1} = \left(1.6 \frac{h_0}{h_{01}} - 0.6\right) \varepsilon_{s0} \tag{2-5}$$

$$\varepsilon_{s0} = \frac{M_{0k}}{0.85 h_{01} A_{s0} E_{s0}} \tag{2-6}$$

式中　β_1——系数；当混凝土强度等级不超过 C50 时，β_1 取为 0.80；当混凝土强度等级为 C80 时，β_1 取为 0.74；其间按线性内插法确定；

ε_{cu}——混凝土极限压应变，取 $\varepsilon_{cu} = 0.0033$；

ε_{s1}——新增钢筋位置处，按平截面假定确定的初始应变值；当新增主筋与原主筋的连接采用短钢筋焊接时，可近似取 $h_{01} = h_0$，$\varepsilon_{s1} = \varepsilon_{s0}$；

M_{0k}——加固前受弯构件验算截面上原作用的弯矩标准值；

ε_{s0}——加固前，在初始弯矩 M_{0k} 作用下原受拉钢筋的应变值。

当按公式（2-1）及式（2-2）算得的加固后混凝土受压区高度 x 与加固前截面有效高度 h_{01} 之比 x/h_{01} 大于原截面相对界限受压区高度 ξ_{b0} 时，应考虑原纵向受拉钢筋应力 σ_{s0} 尚达不到 f_{y0} 的情况。此时，应将上述两公式中的 f_{y0} 改为 σ_{s0}，并重新进行验算。验算时，σ_{s0} 值可按下式确定：

$$\sigma_{s0}=\left(\frac{0.8h_{01}}{x}-1\right)\varepsilon_{cu}E_s\leqslant f_{y0} \tag{2-7}$$

对翼缘位于受压区的 T 形截面受弯构件，其受拉区增设现浇配筋混凝土层的正截面受弯承载力，应按上述计算原则和现行国家标准《混凝土结构设计规范》GB 50010 关于 T 形截面受弯承载力的规定进行计算。为便于应用，写出如下：

首先判别是第一类 T 形截面，还是第二类 T 形截面，即截面中和轴位于翼缘内还是截面腹板内。判别方法视题目是截面设计还是截面复核而定。设计题，则先计算出 $M_f'=\alpha_1 f_{c0}b_f'h_f'\left(h_0-\frac{h_f'}{2}\right)+f_{y0}'A_{s0}'(h_0-a')-f_{y0}A_{s0}(h_0-h_{01})$，若 $M\leqslant M_f'$，则 $x\leqslant h_f'$，即属于第一类 T 形截面梁，否则是第二类 T 形截面梁。复核题，如果 $f_{y0}A_{s0}+\alpha_s f_y A_s-f'_{y0}A'_{s0}\leqslant\alpha_1 f_{c0}b_f'h_f'$，则 $x\leqslant h_f'$，即属于第一类 T 形截面梁，否则是第二类 T 形截面梁。

如果是第一类 T 形截面梁，计算公式（2-1）、式（2-2）仍适用，只是要将其中的 b 换为 b_f'。如果是第二类 T 形截面梁，计算公式改用式（2-8）、式（2-9）：

$$M\leqslant\alpha_s f_y A_s\left(h_0-\frac{x}{2}\right)+f_{y0}A_{s0}\left(h_{01}-\frac{x}{2}\right)+f'_{y0}A'_{s0}\left(\frac{x}{2}-a'\right)+\alpha_1 f_{c0}(b_f'-b)h_f'\left(\frac{x}{2}-\frac{h_f'}{2}\right) \tag{2-8}$$

$$\alpha_1 f_{c0}[(b_f'-b)h_f'+bx]=f_{y0}A_{s0}+\alpha_s f_y A_s-f'_{y0}A'_{s0} \tag{2-9}$$

【例 2-1】矩形截面单筋梁增大截面法加固设计算例

文献［4］第 10 页例题，某框架梁原设计条件：截面尺寸 $b=400$mm，$h=1000$mm，混凝土强度等级 C30，主筋 8 Φ 25，箍筋 ϕ10@ 100。楼面活荷载由原来的 2. 0kN/㎡ 增至 6. 0kN/㎡，经计算框架梁跨中最大弯矩由原标准值 950. 10kN · m 增至 1232kN · m（设计值 1540. 01kN · m）。采用 C35 改性混凝土外包增大截面法加固，新主筋钢种 HRB400。

【解】 1）按原梁设计条件下，对矩形截面梁进行跨中承载力验算。使用文献［3］的混凝土构件计算机软件 RCM 如图 2-2 所示。

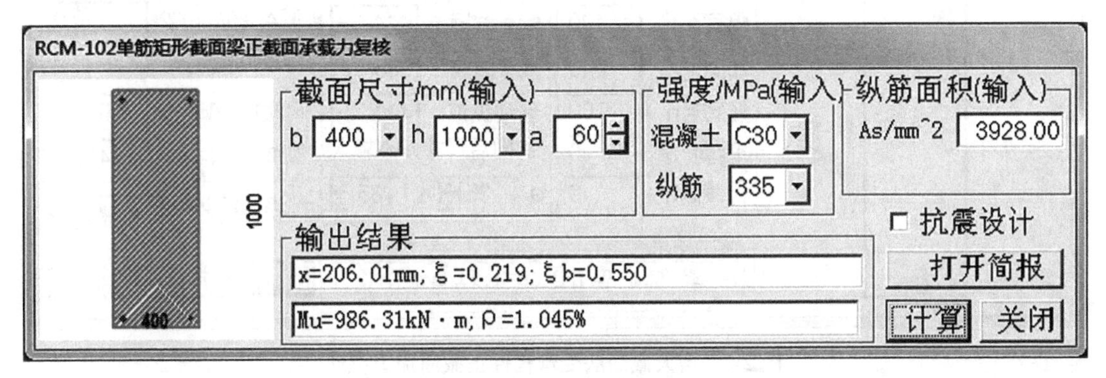

图 2-2　原梁跨中承载力验算

可见，其与文献［4］的手算结果相同，不能满足现荷载使用要求，故需要采用增大截面法加固。

2）加固设计条件下，加固层厚度为 100mm，$h=1100$mm，$h_0=1100-35=1065$mm。由

式（2-1）、式（2-2）。

$$M=\alpha_s f_y A_s\left(h_0-\frac{x}{2}\right)+f_{y0}A_{s0}\left(h_{01}-\frac{x}{2}\right)$$

$$1540.01\times10^6=0.9\times360\times A_s\times\left(1065-\frac{x}{2}\right)$$

$$+300\times3928\times\left(940-\frac{x}{2}\right)$$

$$\alpha_1 f_{c0}bx=f_{y0}A_{s0}+\alpha_s f_y A_s$$

$$1.0\times14.3\times400x=300\times3928+0.9\times360\times A_s$$

联立方程解得：$x=327.3\text{mm}$

$$\varepsilon_{s0}=\frac{M_{0k}}{0.85h_{01}A_{s0}E_{s0}}=\frac{950.10\times10^6}{0.85\times940\times3928\times2\times10^5}=0.001514$$

$$\varepsilon_{s1}=\left(1.6\frac{h_0}{h_{01}}-0.6\right)\varepsilon_{s0}=\left(1.6\times\frac{1065}{940}-0.6\right)\times0.001514=0.00184$$

$$\xi_b=\frac{\beta_1}{1+\frac{\alpha_s f_y}{\varepsilon_{cu}E_s}+\frac{\varepsilon_{s1}}{\varepsilon_{cu}}}=\frac{0.8}{1+\frac{0.9\times360}{0.0033\times2.0\times10^5}+\frac{0.00184}{0.0033}}=0.394$$

$x=327.3\text{mm}\leqslant\xi_b h_0=0.394\times1065=419.61\text{mm}$，满足要求。

$$A_s=\frac{1.0\times14.3\times400\times327.3-300\times3928}{0.9\times360}=2140.5\text{mm}$$

使用作者开发的混凝土结构加固计算软件 SCS，详见本书的第 19 章。用 SCS 软件计算本题，其输入信息和简要输出结果如图 2-3 所示。可见其计算结果与上面手算结果相同，验证了手算结果的正确性。

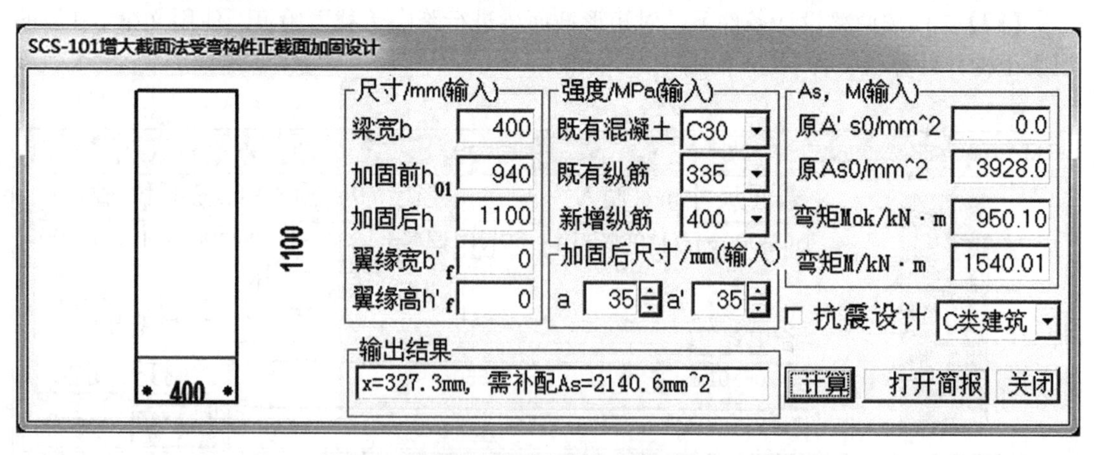

图 2-3　增大截面法受弯构件正截面加固设计

加固底筋选用 6⌀22，钢筋面积为 2280mm^2。

【例 2-2】矩形截面双筋梁增大截面法加固复核算例

文献［4］第 11 页例题，框架梁原设计条件：截面尺寸 $b=300\text{mm}$，$h=600\text{mm}$，混凝土强度等级 C30，梁底钢筋 4⌀25，梁顶部钢筋 4⌀16，箍筋 $\phi8@150$。楼面活荷载由原来的 2.0kN/m² 增至 6.0kN/m²，此框架梁跨中最大弯矩由原标准值 224.08kN · m 增至 440.16kN · m（设计值 550.20kN · m）。采用 C35 改性混凝土外包增大截面法加固，加固方式如图 2-4 所示。新主筋钢种 HRB400，加固钢筋 4Φ25，截面积 1964mm²。

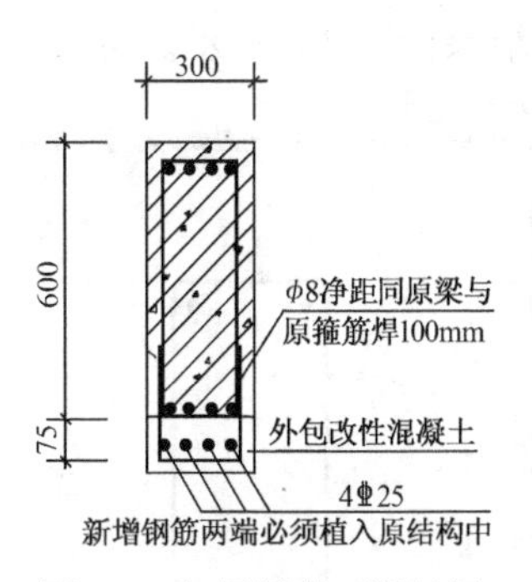

图 2-4　加固梁截面设计图

【解】 1）按原梁设计条件下，对矩形截面梁进行跨中承载力验算。使用文献［3］的混凝土构件计算机软件 RCM 如图 2-5 所示。

可见，其与文献［4］的手算结果相同，不能满足现荷载使用要求，故需要采用增大截面法加固。

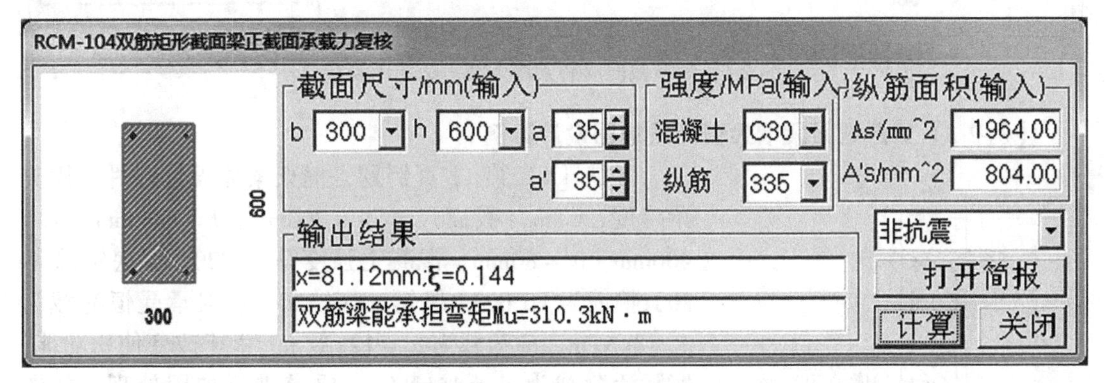

图 2-5　原梁跨中承载力验算

2）加固设计条件下，加固层厚度为 75mm，$h=675\text{mm}$，$h_0=675-35=640\text{mm}$。由式（2-2）

$$\alpha_1 f_{c0} bx = f_{y0} A_{s0} + \alpha_s f_y A_s - f'_{y0} A'_{s0}$$

$$1.0\times14.3\times300x=300\times1964+0.9\times360\times1964-300\times804$$

解得：$x=229.45\text{mm}$

$$\varepsilon_{s0}=\frac{M_{0k}}{0.85h_{01}A_{s0}E_{s0}}=\frac{224.08\times10^6}{0.85\times565\times1964\times2\times10^5}=0.00119$$

$$\varepsilon_{s1}=\left(1.6\frac{h_0}{h_{01}}-0.6\right)\varepsilon_{s0}=\left(1.6\times\frac{640}{565}-0.6\right)\times0.00119=0.00144$$

$$\xi_b=\frac{\beta_1}{1+\dfrac{\alpha_s f_y}{\varepsilon_{cu}E_s}+\dfrac{\varepsilon_{s1}}{\varepsilon_{cu}}}=\frac{0.8}{1+\dfrac{0.9\times360}{0.0033\times2.0\times10^5}+\dfrac{0.00144}{0.0033}}=0.415$$

$x=229.45\text{mm}\leqslant\xi_b h_0=0.415\times640=265.7\text{mm}$，满足要求。

再由式（2-1）

$$M=0.9\times360\times1964\times\left(640-\frac{229.45}{2}\right)+300\times1964\times\left(565-\frac{229.45}{2}\right)+300\times804\times\left(\frac{229.45}{2}-35\right)$$

$$=618.8\text{kN}\cdot\text{m}>550.20\text{kN}\cdot\text{m}$$

加固梁跨中截面抗弯承载力满足要求。用 SCS 软件计算本题，其输入信息和简要输出结果如图 2-6 所示。可见其计算结果与上面手算结果相同，验证了手算结果的正确性。

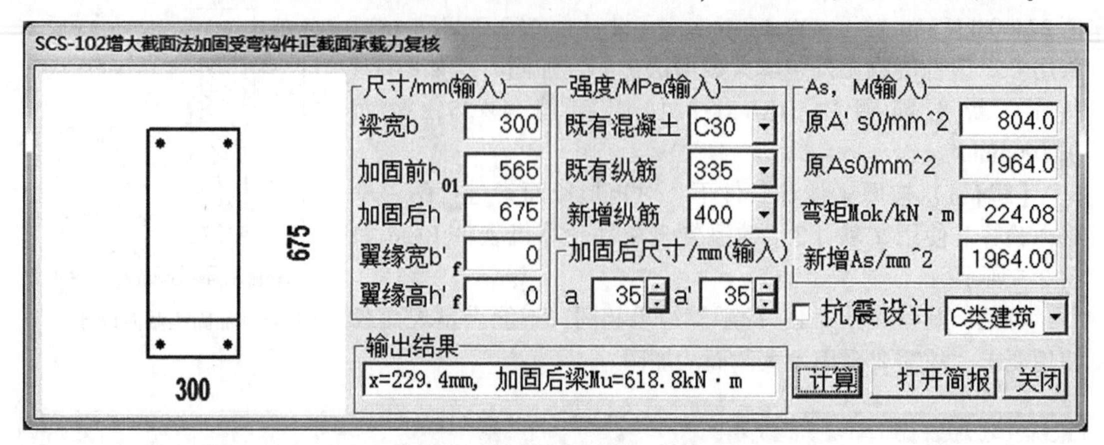

图 2-6　矩形截面双筋梁增大截面法加固复核

【例 2-3】T 形截面梁增大截面法加固设计算例

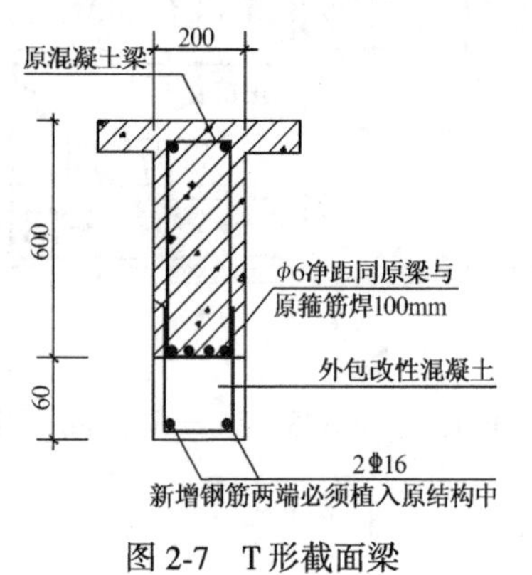

图 2-7　T 形截面梁

文献［4］第 11 页例题，框架梁原设计条件：简支梁跨度 $L=8\mathrm{m}$，截面尺寸 $b=200\mathrm{mm}$，$h=600\mathrm{mm}$，$b'_{\mathrm{f}}=400\mathrm{mm}$，$h'_{\mathrm{f}}=80\mathrm{mm}$，混凝土强度等级 C20，梁底钢筋 4ϕ20，箍筋为 HPB235 级钢 $\phi8@250$。该梁承受恒荷载为 $g_{\mathrm{k}}=8\mathrm{kN/m}$，活荷载为 $q_{\mathrm{k}}=12\mathrm{kN/m}$，由于改变使用功能，实际活荷载为 $q_{\mathrm{k}}=16\mathrm{kN/m}$，要求进行加固处理，如图 2-7 所示。

【解】 1）原梁承载力复核。

跨中弯矩：$M=\frac{1}{8}(1.3g_{\mathrm{k}}+1.5q_{\mathrm{k}})L^2=\frac{1}{8}(1.3\times8+1.5\times16)\times8^2=275.2\mathrm{kN\cdot m}$

设计条件下，对矩形截面梁进行跨中承载力验算。使用文献［3］的混凝土构件计算机软件 RCM 如图 2-8 所示。

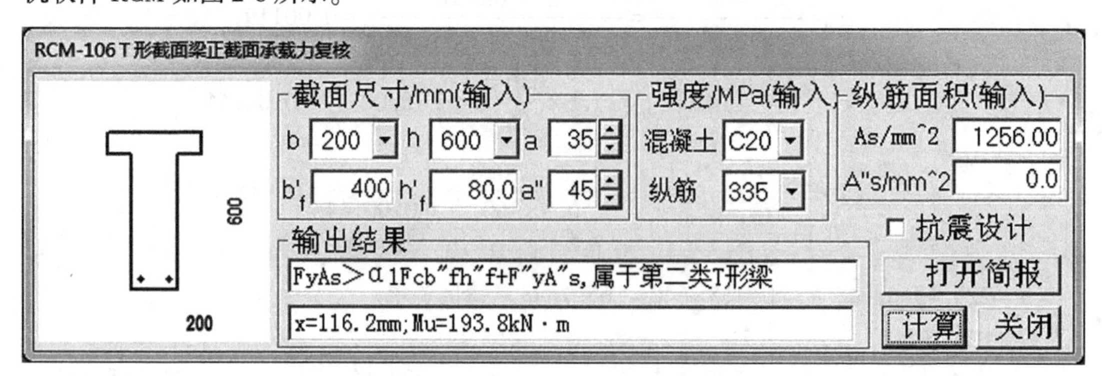

图 2-8　原梁跨中承载力验算

可见，其与文献［4］的手算结果相同，不能满足现荷载使用要求，故需要采用增大截面法加固。

2）加固设计条件下，加固层厚度为 60mm，$h=660\text{mm}$，$h_0=660-35=625\text{mm}$。由式（2-8）、式（2-9）

$$M\leqslant\alpha_s f_y A_s\left(h_0-\frac{x}{2}\right)+f_{y0}A_{s0}\left(h_{01}-\frac{x}{2}\right)+f'_{y0}A'_{s0}\left(\frac{x}{2}-a'\right)+\alpha_1 f_{c0}(b'_f-b)h'_f\left(\frac{x}{2}-\frac{h'_f}{2}\right)$$

$$275.2\times10^6=0.9\times360\times A_s\times\left(625-\frac{x}{2}\right)+300\times1256\times\left(565-\frac{x}{2}\right)+0+9.6\times200\times80\times\left(\frac{x}{2}-\frac{80}{2}\right)$$

$$\alpha_1 f_{c0}[(b'_f-b)h'_f+bx]=f_{y0}A_{s0}+\alpha_s f_y A_s-f'_{y0}A'_{s0}$$

$$9.6\times[(400-200)\times80+200x]=300\times1256+0.9\times360\times A_s-0$$

联立方程解得：$x=207.9\text{mm}$

原梁跨中弯矩标准值：

$$M_{0k}=\frac{1}{8}(g_k+q_k)L^2=\frac{1}{8}\times(8+16)\times8^2=160\text{kN}\cdot\text{m}$$

$$\varepsilon_{s0}=\frac{M_{0k}}{0.85h_{01}A_{s0}E_{s0}}=\frac{160\times10^6}{0.85\times565\times1256\times2\times10^5}=0.00133$$

$$\varepsilon_{s1}=\left(1.6\frac{h_0}{h_{01}}-0.6\right)\varepsilon_{s0}=\left(1.6\times\frac{626}{565}-0.6\right)\times0.00133=0.00155$$

$$\xi_b=\frac{\beta_1}{1+\dfrac{\alpha_s f_y}{\varepsilon_{cu}E_s}+\dfrac{\varepsilon_{s1}}{\varepsilon_{cu}}}=\frac{0.8}{1+\dfrac{0.9\times360}{0.0033\times2.0\times10^5}+\dfrac{0.00155}{0.0033}}=0.408$$

$x=207.9\text{mm}\leqslant\xi_b h_0=0.408\times625=255\text{mm}$，满足要求。

再由式（2-9），得

$$A_s=\frac{9.6\times[(400-200)\times80+200\times207.9]-300\times1256+0}{0.9\times360}=542.9\text{mm}^2$$

用 SCS 软件计算本题，其输入信息和简要输出结果如图 2-9 所示。可见其计算结果与上面手算结果相同。为验证上述结果的正确性，使用 SCS 软件的增大截面法加固梁复核功能，其输入信息的简要计算结果如图 2-10 所示。

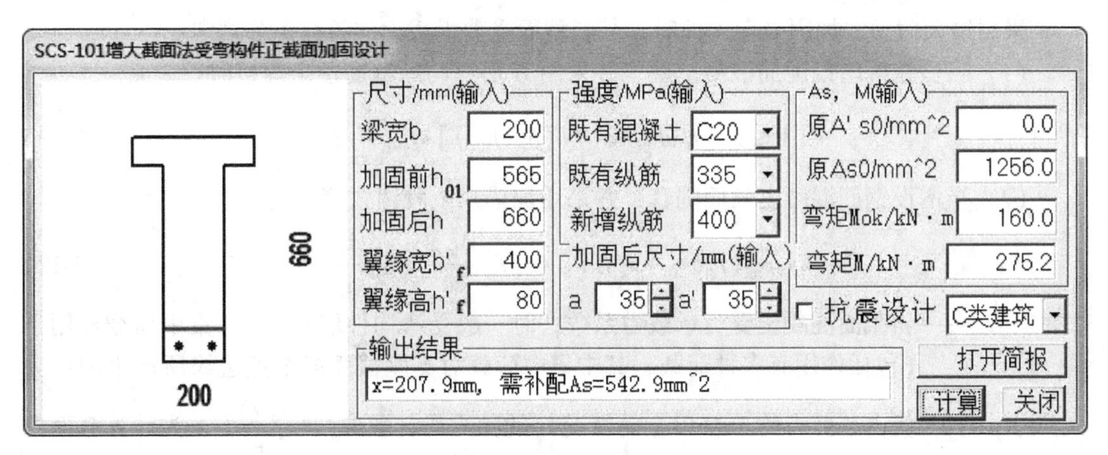

图 2-9　T 形截面梁增大截面法加固设计

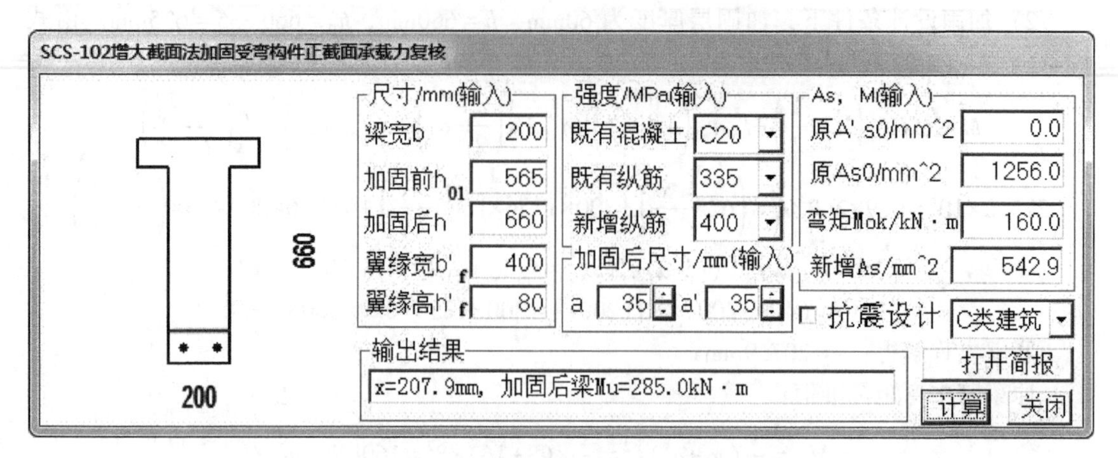

图 2-10 T形截面梁增大截面法加固复核

结果不能闭合，略有误差，可能是截面T形受压区简化为两块引起的误差所致。

2.3 增大截面法受弯构件斜截面加固计算

受弯构件加固后的斜截面应符合下列条件：

当 $h_w/b \leqslant 4$ 时，$V \leqslant 0.25\beta_c f_{c0} b h_0$； (2-10a)

当 $h_w/b \geqslant 6$ 时，$V \leqslant 0.20\beta_c f_{c0} b h_0$； (2-10b)

当 $4 < h_w/b < 6$ 时，按线性内插法取用，即 $V \leqslant 0.025(14 - h_w/b)\beta_c f_{c0} b h_0$。 (2-10c)

式中 V——构件加固后剪力设计值；

β_c——混凝土强度影响系数；当混凝土强度等级不超过C50时，β_c 取为1.0；当混凝土强度等级为C80时，β_c 取为0.8；其间按线性内插法确定；

b——矩形截面的宽度或T形、I形截面的腹板宽度；

h_w——截面的腹板高度，矩形截面的 h_w 取 h_0，T形截面的 h_w 取有效高度减去翼缘高度，工字形截面的 h_w 取腹板净高。

采用增大截面法加固受弯构件时，其斜截面受剪承载力应符合下列规定：

（1）当受拉区增设配筋混凝土层，并采用U形箍与原箍筋逐个焊接时：

$$V \leqslant \alpha_{cv}[f_{t0} b h_{01} + \alpha_c f_t b (h_0 - h_{01})] + f_{yv0}\frac{A_{sv0}}{s_0}h_0 \tag{2-11}$$

（2）当增设钢筋混凝土三面围套，并采用加锚式或胶锚式箍筋时：

$$V \leqslant \alpha_{cv}(f_{t0} b h_{01} + \alpha_c f_t A_c) + \alpha_s f_{yv}\frac{A_{sv}}{s}h_0 + f_{yv0}\frac{A_{sv0}}{s_0}h_{01} \tag{2-12}$$

式中 α_{cv}——斜截面混凝土受剪承载力系数，对一般受弯构件取0.7；对集中荷载作用下（包括作用有多种荷载，其中集中荷载对支座截面或节点边缘所产生的剪力值占总剪力的75%以上的情况）的独立梁，取 α_{cv} 为 $\frac{1.75}{\lambda+1}$，λ 为计算截面的剪跨比，可取 λ 等于 $\frac{a}{h_0}$，当剪跨比 $\lambda<1.5$ 时，取 $\lambda=1.5$；当 $\lambda>3$ 时，取

$\lambda=3$；a 为集中荷载作用点至支座截面或节点边缘的距离；

α_c——新增混凝土强度利用系数，取 $\alpha_c=0.7$；

f_t、f_{t0}——新、旧混凝土轴心抗拉强度设计值；

A_c——三面围套新增混凝土截面面积；

α_s——新增箍筋强度利用系数，取 $\alpha_s=0.9$；

f_{yv}、f_{yv0}——新箍筋、原箍筋的抗拉强度设计值；

A_{sv}、A_{sv0}——同一截面内新箍筋各肢截面面积之和、原箍筋各肢截面面积之和；

h_0、h_{01}——加固后、加固前截面有效高度；

s、s_0——新增箍筋、原箍筋沿构件长度方向的间距。

【例2-4】增大截面法受弯构件斜截面加固设计算例

框架梁原设计条件：截面尺寸 $b=300$mm，$h=600$mm，混凝土强度等级 C30，箍筋为 HPB235 级钢 φ10@100，原设计最大剪力为 300kN，现剪力设计值增加至 650kN，采用 U 形箍焊接加固处理，截面增大部分采用 C35 改性混凝土。

【解】 1）原梁承载力复核

设计条件下，对矩形截面梁进行跨中承载力验算。使用文献［3］的混凝土构件计算机软件 RCM 如图2-11所示。可见原梁斜截面受剪承载力不满足现使用荷载的要求。

2）加固梁受剪承载力设计验算

截面限制条件：

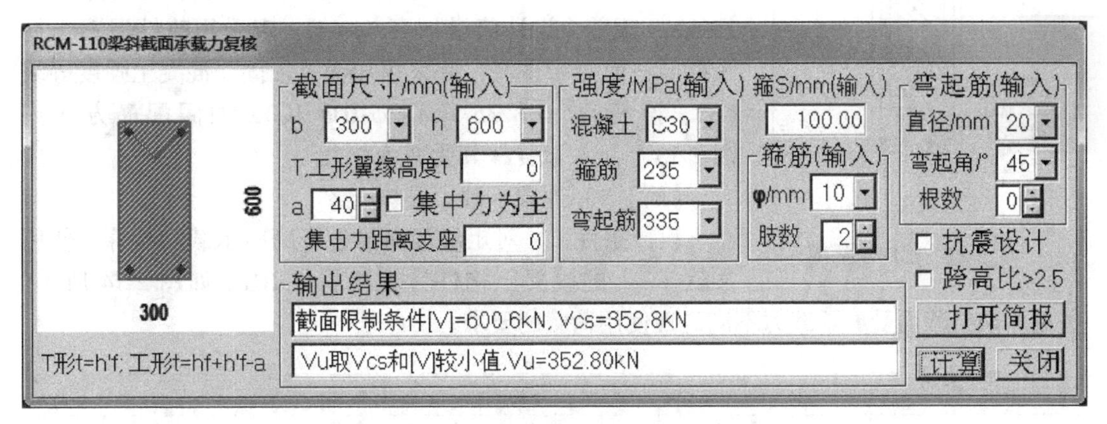

图2-11 原梁斜截面受剪承载力复核

先假设截面加高至750mm，截面有效高度710mm，则

$$h_w/b=710/300=2.37<4$$

$$0.25\beta_c f_{c0}bh_0=0.25\times14.3\times300\times710=761\text{kN}>650\text{kN}$$

截面尺寸符合要求。

由式（2-10）

$$V\leqslant\alpha_{cv}\left[f_{t0}bh_{01}+\alpha_c f_t b(h_0-h_{01})\right]+f_{yv0}\frac{A_{sv0}}{s_0}h_0$$

$$650000\leqslant0.7\times\left[1.43\times300\times560+0.7\times1.57\times300\times(h_0-560)\right]+210\times\frac{157.0}{100}\times h_0$$

由此解出 $h_0 \geqslant 1090$mm。所需截面高度 $h \geqslant 1090+40=1130$mm。

用 SCS 软件计算本题，其输入信息和简要输出结果如图 2-12 所示。可见其计算结果与上面手算结果相同。

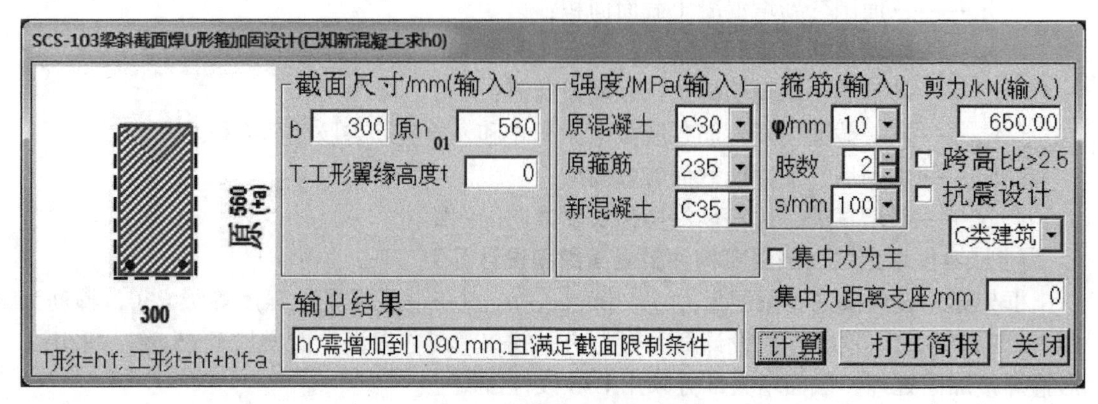

图 2-12 增大截面法受弯构件斜截面加固设计

【例 2-5】增大截面法受弯构件斜截面加固复核算例

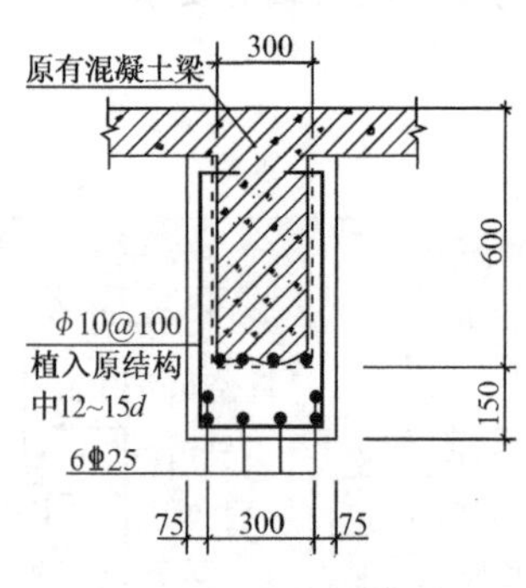

图 2-13 加固配筋图

文献［4］第 17 页例题，框架梁原设计条件：截面尺寸 $b=300$mm，$h=600$mm，楼板厚 120mm，混凝土强度等级 C30，箍筋为 HPB235 级钢 ϕ8@100，原设计最大剪力为 250kN，现剪力设计值增加至 540kN，现采用改性混凝土增大截面三面 U 形围套，并采用加锚式加固，混凝土强度等级 C35，箍筋为 HPB235 级钢 ϕ10@100，加固配筋方式如图 2-13 所示。试复核其受剪承载力。

【解】 1）原梁承载力复核

设计条件下，对矩形截面梁进行跨中承载力验算。使用文献［3］的混凝土构件计算机软件 RCM 如图 2-14 所示。可见原梁斜截面受剪承载力不满足现使用荷载的要求。

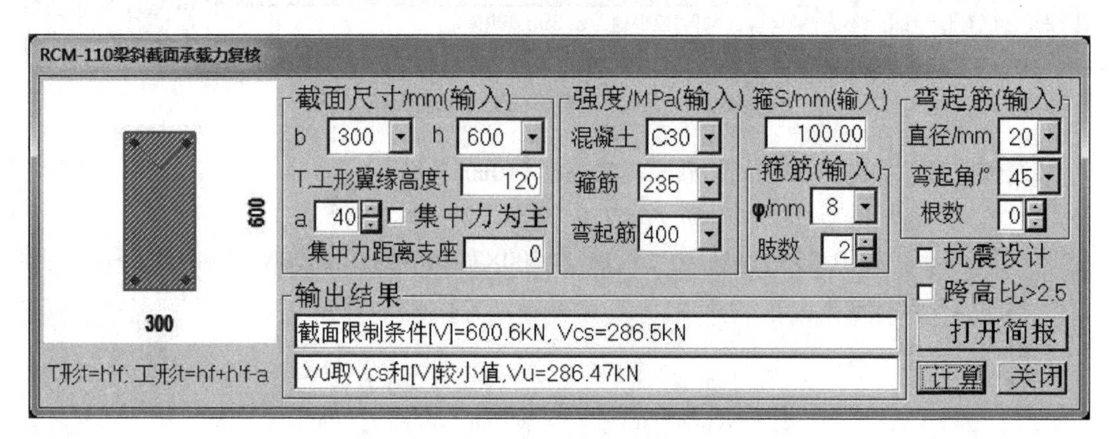

图 2-14 原梁受剪承载力复核

2）加固梁受剪承载力设计验算

截面限制条件：

$$h_w/b=(750-60-120)/450=1.27<4$$

$$0.25\beta_c f_{c0}bh_0=0.25\times14.3\times450\times690=1110\text{kN}>540\text{kN}$$

截面尺寸符合要求。

由式（2-12）

$$V\leqslant\alpha_{cv}(f_{t0}bh_{01}+\alpha_c f_t A_c)+\alpha_s f_{yv}\frac{A_{sv}}{s}h_0+f_{yv0}\frac{A_{sv0}}{s_0}h_{01}$$

$$\begin{aligned}V&\leqslant0.7\times1.43\times300\times560+0.7\times0.7\times1.57\\&\quad\times[(690-560)\times450+(560-120)\times150]\\&\quad+0.9\times210\times\frac{157.0}{100}\times690+210\times\frac{100.5}{100}\times560\\&=586.4\text{kN}>540\text{kN}\end{aligned}$$

加固后梁抗剪承载力满足要求。

用 SCS 软件计算本题，其输入信息和简要输出结果如图 2-15 所示。可见其计算结果与上面手算结果相同。

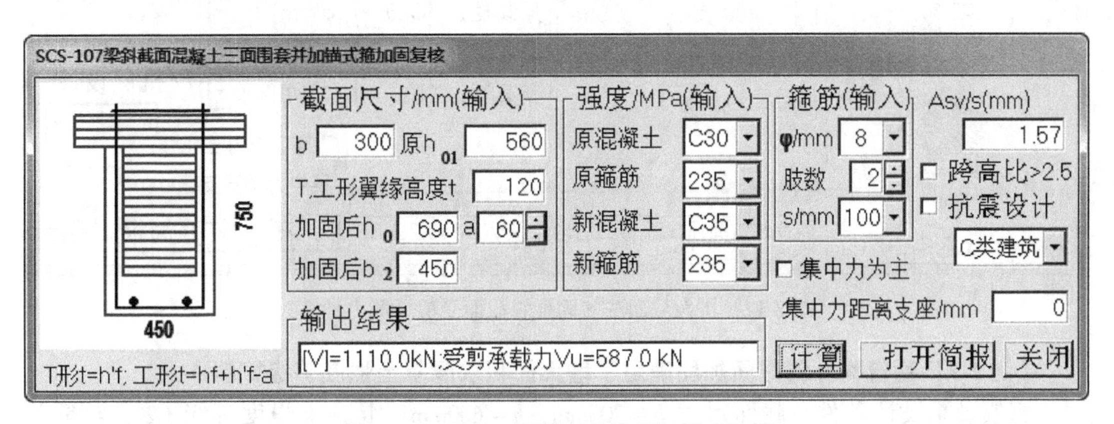

图 2-15 三面 U 形围套并采用加锚式加固

如果将此梁作为设计题，已知受到剪力 $V=587.0\text{kN}$，使用 SCS106 功能项输入数据和简要结果如图 2-16 所示，可见其与图 2-15 的结果相互印证。

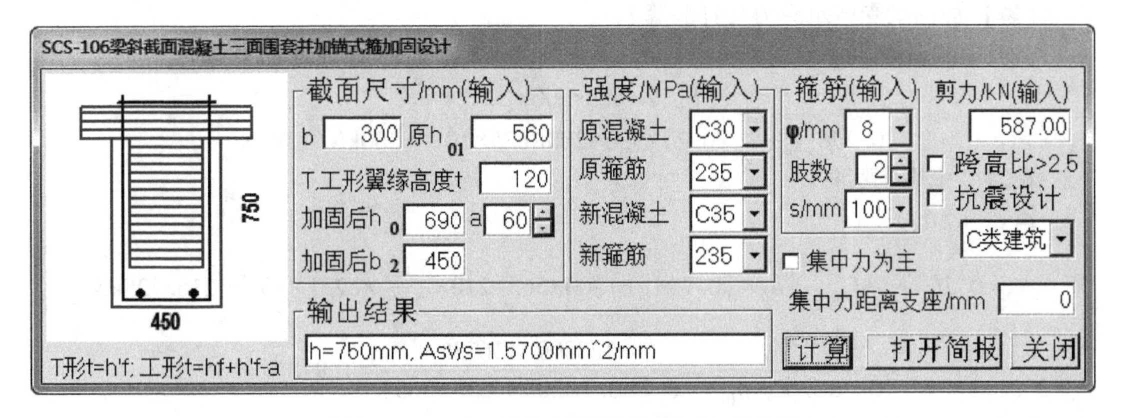

图 2-16 三面 U 形围套并采用加锚式加固设计

【例 2-6】T 形截面梁增大截面法加固设计算例

本书【例 2-3】中梁高已由正截面承载力确定增大 60mm，试复核该框架梁受剪承载力。

【解】 梁端剪力：$V=\frac{1}{2}(1.3g_k+1.5q_k)L=\frac{1}{2}(1.3\times8+1.5\times16)\times8=137.6\text{kN}$

$$V_u=0.7[f_{t0}bh_{01}+\alpha_c f_t b(h_0-h_{01})]+f_{yv0}\frac{A_{sv0}}{s_0}h_0$$

$$=\{0.7\times200\times[1.1\times565+0.7\times1.43\times(625-565)]+210\times\frac{100.5}{250}\times625\}\times10^{-3}$$

$$=148.26\text{kN}>137.6\text{kN}$$

使用 SCS 软件输入信息和简要输出结果如图 2-17 所示。可见刚好满足受剪承载力要求。

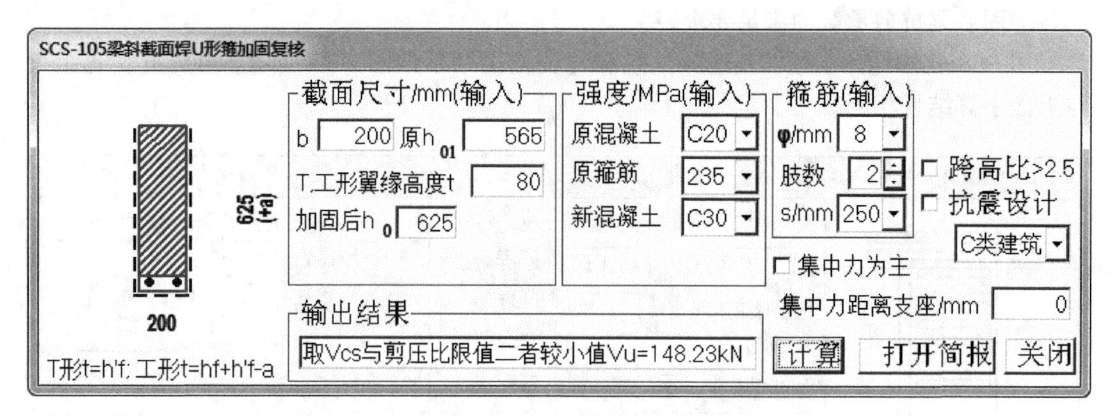

图 2-17 增大截面法加固梁斜截面受剪承载力计算

【例 2-7】受弯构件斜截面加固确定了增大面积求混凝土强度等级算例

框架梁原设计条件：截面尺寸 $b=200\text{mm}$，$h=600\text{mm}$，混凝土强度等级 C20，箍筋为 HPB235 级钢 φ6@250。现剪力设计值增加至 128kN，确定了加固层厚 60mm，现采用改性混凝土梁底增大截面，并采用相同强度等级箍筋与原箍筋逐个焊接。试确定加固用混凝土强度等级。设计已知条件：加固梁有效高度 $h_0=660-35=625\text{mm}$、原梁有效高度 $h_{01}=600-35=565\text{mm}$。

【解】 加固梁受剪承载力设计验算

截面限制条件：

$$h_w/b=625/200=3.12<4$$

$$0.25\beta_c f_{c0}bh_0=0.25\times9.6\times200\times625\times10^{-3}=300\text{kN}>128\text{kN}$$

截面尺寸符合要求。

由式（2-11）

$$V_0=0.7f_{t0}bh_{01}+f_{yv0}\frac{A_{sv0}}{s_0}h_0=\{0.7\times1.1\times200\times565+210\times\frac{56.6}{250}\times625\}\times10^{-3}=116.725\text{kN}$$

$$f_t=\frac{V-V_0}{0.7\alpha_c b(h_0-h_{01})}=\frac{128000-116725}{0.7\times0.7\times200\times(625-565)}=1.918\text{N/mm}^2$$

可选用 C55 改性混凝土 $f_t=1.96\text{N/mm}^2$。

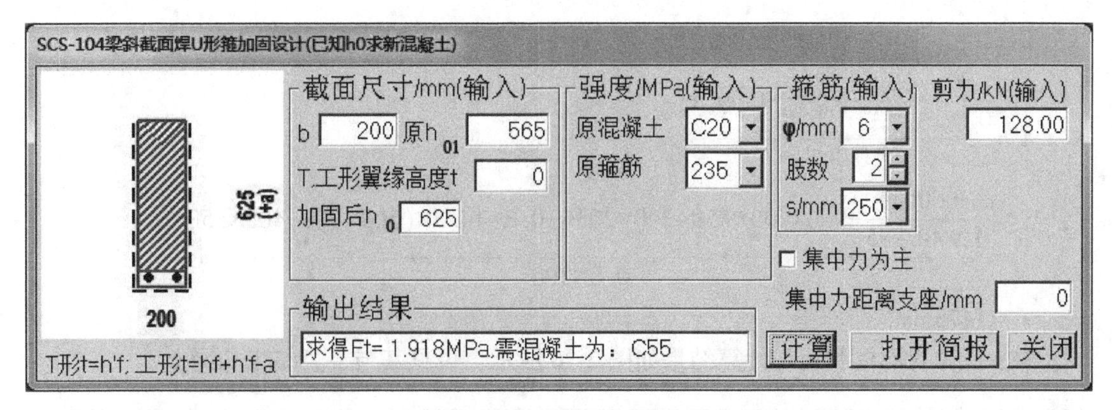

图 2-18　梁底增大截面提高受剪承载力加固设计

用 SCS 软件计算本题，其输入信息和简要输出结果如图 2-18 所示。可见其计算结果与手算结果相同。

2.4　增大截面法轴心受压柱承载力计算

采用加大截面法加固钢筋混凝土构件（图 2-19）时，其正截面受压承载力应按下式确定：

$$N \leqslant 0.9\varphi[f_{c0}A_{c0}+f'_{y0}A'_{s0}+0.8(f_cA_c+f'_yA'_s)] \tag{2-13}$$

式中　N——构件加固后的轴向压力设计值；

φ——构件的稳定系数，根据加固后的截面尺寸，按《混凝土结构设计规范》GB 50010 的规定值采用；

A_{c0}、A_c——构件加固前混凝土截面面积和加固后新增部分混凝土截面面积；

f'_y、f'_{y0}——新增纵向钢筋和原纵向钢筋的抗压强度设计值；

A'_s、A'_{s0}——新增纵向受压钢筋和原纵向受压钢筋的截面面积。

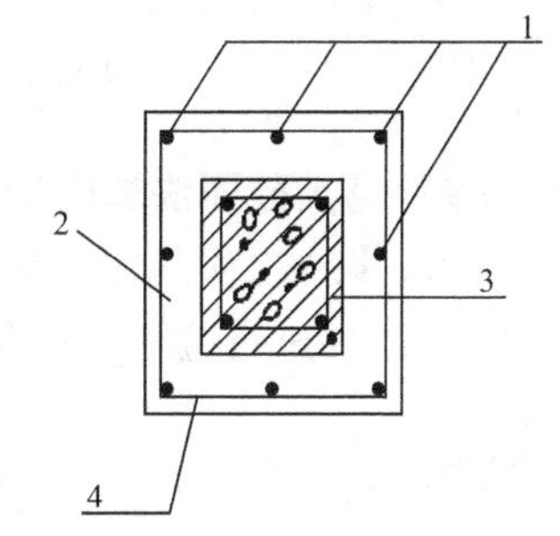

图 2-19　轴心受压构件增大截面加固
1—新增纵向受力钢筋；2—新增截面；3—原柱截面；4—新加截面

【例 2-8】增大截面法加固的轴心受压柱设计算例

文献［5］第 141 页例题，某 9 层双跨钢筋混凝土框剪结构，现需对该楼增加两层，经复核发现个别柱需进行加固。该首层中柱截面尺寸为：400mm×550mm，C20 级混凝土，配 8Φ18（$A'_{s0}=2036\text{mm}^2$）纵向钢筋，层高 $H=6.5\text{m}$。加层后该柱为轴心受压构件，承受设计轴向力 3600kN。加固方法是将原柱四周混凝土凿毛，然后配置 ϕ8@200 箍筋及 335 级纵筋，并喷射 50mm 厚 C30 级细石混凝土。要求计算补配的纵筋截面面积。

【解】 柱计算长度 $l_0=1.0H=6.5\text{m}$, $l_0/b=6.5/(0.4+0.1)=13$，查混凝土结构设计规范[2] 表得 $\varphi=0.935$

由式（2-12），加固钢筋面积为：

$$A'_s=\frac{\frac{N}{0.9\varphi}-f_{c0}A_{c0}-f'_{y0}A'_{s0}-0.8f_cA_c}{0.8f'_y}$$

$$=\frac{\frac{3600000}{0.9\times0.935}-9.6\times400\times550-300\times2036-0.8\times14.3\times(500\times650-400\times550)}{0.8\times300}$$

$$=1475\text{mm}^2$$

SCS 计算对话框和最终计算结果如图 2-20 所示，可见其与手算结果相同。

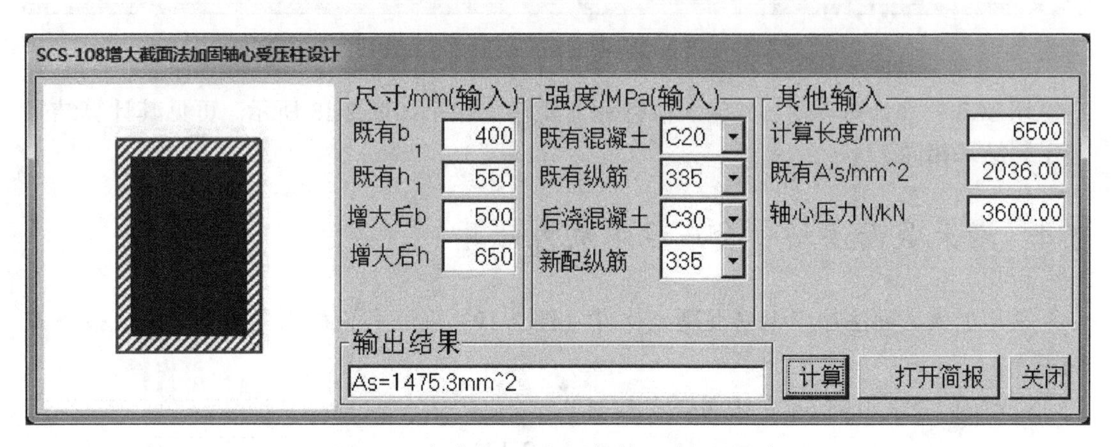

图 2-20　加大截面法加固的轴心受压柱设计

【例 2-9】增大截面法加固的轴心受压柱复核算例

文献［6］第 122 页例题，某 4 层住宅楼为装配式楼盖，由于施工质量原因，不能正常使用，对其 1 层柱进行检测，发现其强度不足，需进行加固处理。首层柱高 $H=5600$mm，截面尺寸为 700mm×700mm，原柱一侧配筋为 5 ⌀ 18 + 3 ⌀ 20，对称配置，加固钢筋为 9 ⌀ 16，柱的承载力设计值为 6500kN。

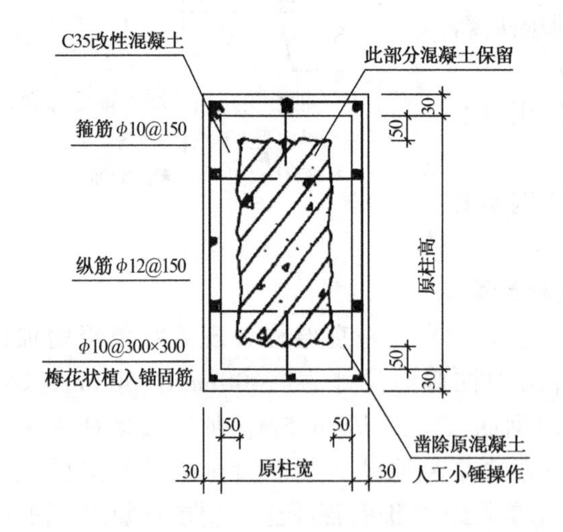

图 2-21　柱加固详图

钢筋端部植入原结构中，加固范围为一层楼面至二层楼面。凿除范围为一层楼面到二层楼面梁底，梁柱节点部位凿除原保护层即可

【解】 1）加固设计基本资料

采用置换混凝土的方法加固，柱加固详图如图 2-21 所示。

2）加固前柱承载力计算

经检测，$f_{c0}=7.2\text{N/mm}^2$。相当于 C15 混凝土。已知：$A'_{s0}=4429\text{mm}^2$，$f'_{y0}=360\text{N/mm}^2$。

加固前按《混凝土结构设计规范》GB 50010—2010 计算：

$\frac{l_0}{b}=\frac{1.25\times5600}{700}=10.0$，查《混凝土结构设计规范》GB 50010—2010 表 6.2.15 得

$\varphi=0.98$

$N\leqslant 0.9\varphi(f_{c0}A_{c0}+f'_{y0}A'_{s0})=0.9\times0.98\times(7.2\times700\times700+360\times4429)=4518.0\text{kN}<6500\text{kN}$

故承载力不足。

3）加固设计计算

由图2-21可见，采用C35混凝土进行加固置换并且增大截面，加固后应按式（2-13）计算。根据加固图得：

$$A_c=80\times(700+30+30)\times2+600\times80\times2=217600\text{mm}^2;A'_s=1810.0\text{mm}^2$$

$\dfrac{l_0}{b}=\dfrac{1.25\times5600}{760}=9.21$，查《混凝土结构设计规范》GB 50010—2010 表6.2.15得 $\varphi=0.987$

$$\begin{aligned}N&\leqslant 0.9\varphi[f_{c0}A_{c0}+f'_{y0}A'_{s0}+0.8(f_cA_c+f'_yA'_s)]\\&=0.9\times0.987\times[7.2\times600\times600+360\times4429+0.8\times(16.7\times217600+1810\times360)]\\&=6771.1\text{kN}>6500\text{kN}\end{aligned}$$

SCS软件计算对话框输入信息和最终计算结果如图2-22所示，可见其与手算结果相同。

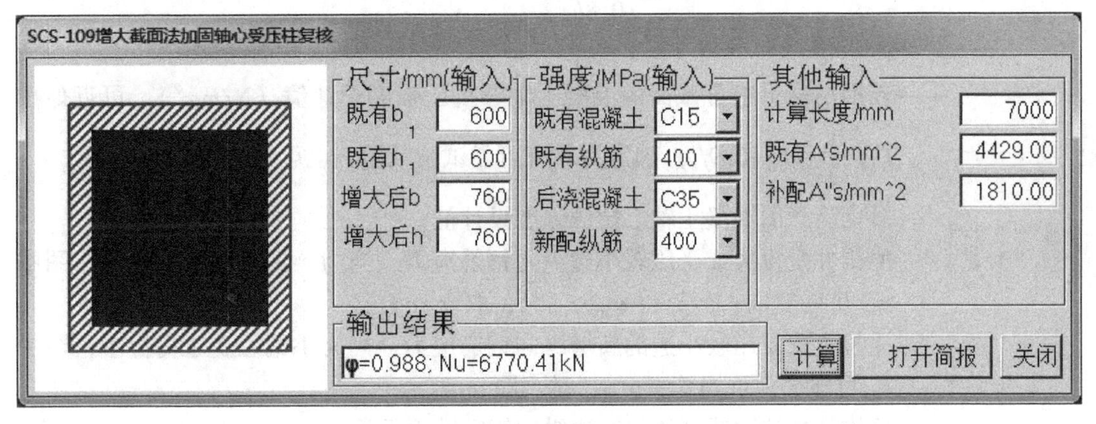

图2-22　增大截面法加固轴心受压柱承载力复核

2.5　增大截面法偏心受压构件承载力计算

采用增大截面加固钢筋混凝土偏心受压构件时，其矩形截面正截面承载力应按下列公式确定（图2-23）［注：由式（2-14）、式（2-15）可见，两式都是以加固后截面受压边缘的应变成比例关系，故图中 h_{01} 标注较规范GB 50367—2013的有所改正，因式（2-16）、式（2-17）利用的三角比例关系都是关于截面最高边缘定出的，所以 h_{01} 应与 h_0 和 x 的起点相同。式（2-14）是规范GB 50367—2013式（5.4.2-1）中新增受拉或受压较小侧纵筋乘了值为0.9的强度利用程度降低系数，是参照规范对于受拉侧纵筋，轴心受压构件纵筋作法加的，这样符合后加材料强度适当折减做法，也便于计算和按对称截面施工］。

$$N\leqslant\alpha_1f_{cc}bx+0.9f'_yA'_s+f'_{y0}A'_{s0}-0.9\sigma_sA_s-\sigma_{s0}A_{s0}\tag{2-14}$$

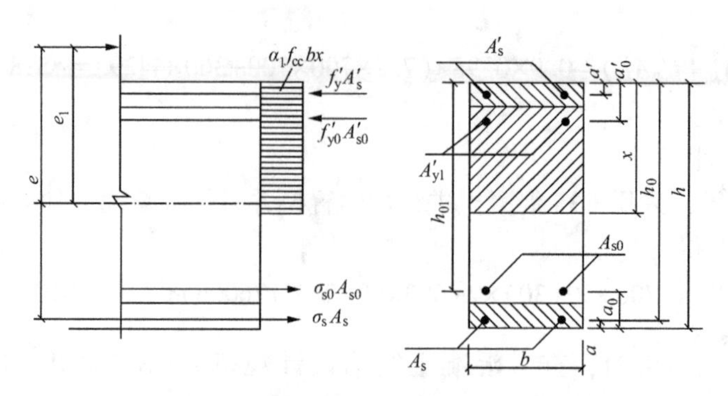

图 2-23　矩形截面偏心受压构件加固的计算

$$Ne \leqslant \alpha_1 f_{cc} bx\left(h_0-\frac{x}{2}\right)+0.9f'_y A'_s(h_0-a')+f'_{y0}A'_{s0}(h_0-a'_0)$$

$$-\sigma_{s0}A_{s0}\ (a_0-a) \tag{2-15}$$

$$\sigma_{s0}=\left(\frac{0.8h_{01}}{x}-1\right)E_{s0}\varepsilon_{cu}\leqslant f_{y0} \tag{2-16}$$

$$\sigma_s=\left(\frac{0.8h_0}{x}-1\right)E_s\varepsilon_{cu}\leqslant f_y \tag{2-17}$$

式中　f_{cc}——新旧混凝土组合截面的混凝土轴心抗压强度设计值（N/mm^2），可近似按 $f_{cc}=\frac{1}{2}$（$f_{c0}+0.9f_c$）确定；若有可靠试验数据，也可按试验结果确定；

f_c、f_{c0}——分别为新旧混凝土轴心抗压强度设计值；

σ_{s0}——原构件受拉边或受压较小边纵向钢筋应力，当为小偏心受压构件时，图中 σ_{s0} 可能变向；当算得 $\sigma_{s0}>f_{y0}$ 时，取 $\sigma_{s0}=f_{y0}$；

σ_s——受拉边或受压较小边的新增纵向钢筋应力，当为小偏心受压构件时，图中 σ_s 可能变向；当算得$\sigma_s>f_y$ 时，取 $\sigma_s=f_y$；

A_{s0}——原构件受拉边或受压较小边纵向钢筋截面面积；

A'_{s0}——原构件受压边较大边纵向钢筋截面面积；

a_0——原构件受拉边或受压较小边纵向钢筋合力点到加固后截面近边的距离；

a'_0——原构件受压较大边纵向钢筋合力点到加固后截面近边的距离；

a——受拉边或受压较小边新增纵向钢筋合力点到加固后截面近边的距离；

a'——受压较大边新增纵向钢筋合力点到加固后截面近边的距离；

h_0——受拉边或受压较小边新增纵向钢筋合力点至加固后截面受压较大边缘的距离；

h_{01}——原构件受拉边或受压较小边纵向钢筋合力点至加固后截面受压较大边缘的距离。

轴心压力作用点至纵向受拉钢筋的合力作用点的距离（偏心距）e 应按下列规定确定：

$$e=e_i+\frac{h}{2}-a \tag{2-18}$$

$$e_i=e_0+e_a \tag{2-19}$$

式中　e_i——初始偏心距；

a——纵向受拉钢筋的合力点至截面近边缘的距离；

e_0——轴向压力对截面重心的偏心距，取为 M/N；当需要考虑二阶效应时，M 应按国家标准《混凝土结构设计规范》GB 50010—2010 第 6.2.4 条规定的 $C_m\eta_{ns}M_2$，乘以修正系数 ψ 确定，即取 M 为 $\psi C_m\eta_{ns}M_2$；

ψ——修正系数，当为对称方式加固时，取 ψ 为 1.2；当为非对称方式加固时，取 ψ 为 1.3；

e_a——附加偏心距，按偏心方向截面最大尺寸 h 确定；当 $h\leqslant 600$mm 时，取 e_a 为 20mm；当 $h>600$mm 时，取 $e_a=h/30$。

偏心受压柱只在受压侧（例如框架边柱内侧）增大截面时，计算公式可从上面几个式子简化得到。截面计算简图见图 2-24。于是可列出计算公式。

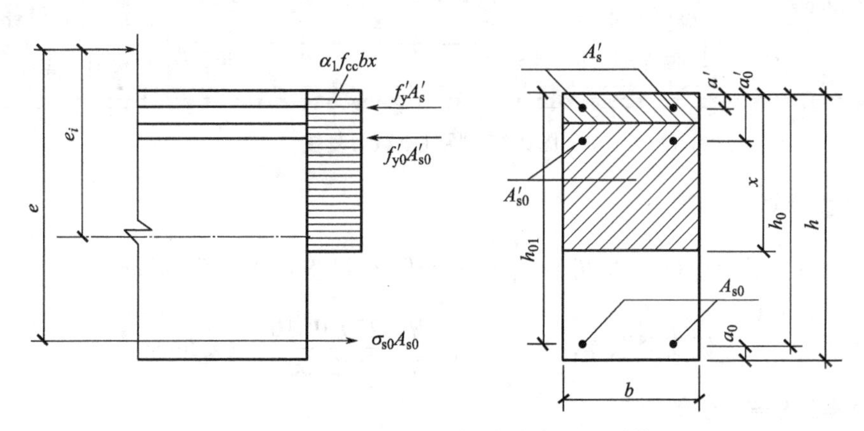

图 2-24　矩形截面偏心受压构件加固的计算

$$N\leqslant\alpha_1 f_{cc}bx+0.9f'_yA'_s+f'_{y0}A'_{s0}-\sigma_{s0}A_{s0} \tag{2-14'}$$

$$Ne\leqslant\alpha_1 f_{cc}bx\left(h_0-\frac{x}{2}\right)+0.9f'_yA'_s(h_0-a')+f'_{y0}A'_{s0}(h_0-a'_0) \tag{2-15'}$$

$$\sigma_{s0}=\left(\frac{0.8h_{01}}{x}-1\right)E_{s0}\varepsilon_{cu}\leqslant f_{y0} \tag{2-16'}$$

轴心压力作用点至纵向受拉或受压较小钢筋的合力作用点的距离（偏心距）e 应按下列规定确定：

$$e=e_i+\frac{h}{2}-a_0 \tag{2-18'}$$

SCS 软件对于单侧增大截面柱输入数据为 a_1（原构件受拉边或受压较小边纵向钢筋合力点到原截面近边的距离）和 a'_1（原构件受压较大边纵向钢筋合力点到原截面近边的距离），图 2-24 中的 $a'_0=a'_1+h'_c$，这里 h'_c 为截面在受压区增加的厚度。

【例 2-10】增大截面法偏心受压构件对称配筋正截面加固设计算例

文献［7］第 27 页例题，某框架柱截面尺寸为：400mm×450mm，计算长度 l_c = 4000mm，C20 混凝土，对称配筋，单侧纵向钢筋 8 Φ 20（A_{s0} = 2513mm^2）。因加层改造，

柱需承受的荷载增至 $N=4320\text{kN}$，弯矩 $M=270\text{kN}\cdot\text{m}$。拟采用柱四周外包混凝土方法加固，方法为先将原柱四周面层混凝土凿毛，再配置纵筋和箍筋，并喷射 50mm 厚 C25 级细石混凝土。要求设计该柱新增的纵向钢筋面积。

【解】 1）原柱承载力复核

按照《混凝土结构设计规范》GB 50010—2010，偏心受压构件计算需要知道杆件两端弯矩比值 M_1/M_2，在不知的情况下，为安全起见，设 $M_1/M_2=1$。使用文献［3］介绍的 RCM 软件输入信息与简要计算结果如图 2-25 所示。可见承载力不足，需要加固。

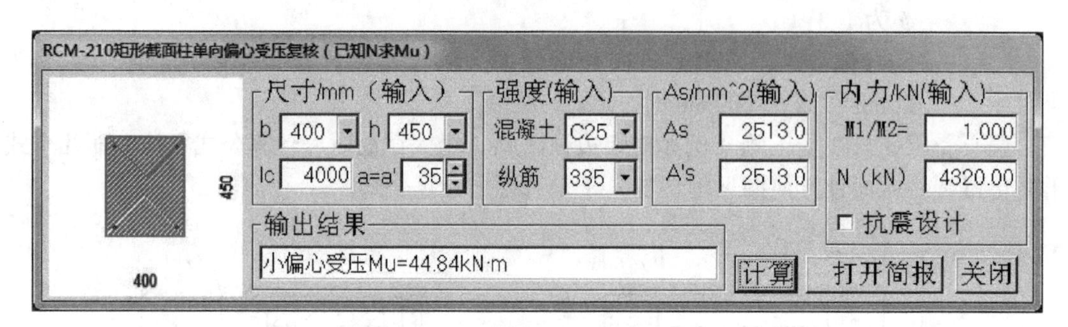

图 2-25 原柱承载力复核

2）加固计算

$$f_{cc}=\frac{1}{2}(f_{c0}+0.9f_c)=\frac{1}{2}\times(9.6+0.9\times11.9)=10.155\text{N/mm}^2$$

$$\text{偏安全取 } M_1/M_2=1,e_0=\frac{M}{N}=\frac{270.0\times10^6}{4320000}=62.5\text{mm}$$

判断是否考虑二阶效应。

由于 $M_1/M_2=1>0.9$，且 $i=0.289h=0.289\times550=159.0\text{mm}$，则 $l_c/i=4000/159.0=25.2>34-12(M_1/M_2)=22$，因此，需要考虑挠曲变形引起的附加弯矩影响。

$$h_0=h-a=550-35=515\text{mm}$$

$$e_a=\max\left\{\frac{h}{30},20\right\}=\max\left\{\frac{550}{30},20\right\}=20\text{mm}$$

$$\zeta_c=\frac{0.5f_{cc}A}{N}=\frac{0.5\times10.155\times500\times550}{4320000}=0.323$$

$$C_m=0.7+0.3\frac{M_1}{M_2}=1.0$$

$$\eta_{ns}=1+\frac{1}{1300(e_0+e_a)/h_0}\left(\frac{l_c}{h}\right)^2$$

$$\zeta_c=1+\frac{1}{1300\times(62.5+20)/515}\left(\frac{4000}{550}\right)^2\times0.323=1.082$$

根据规范 GB 50367—2013 第 5.4.3 条，采用围套对称形式加固，取修正系数 $\psi=1.2$。

$$e_i=\psi C_m\eta_{ns}e_0+e_a=1.2\times1\times1.082\times62.5+20=101.2\text{mm}$$

由式（2-18），$e=e_i+\dfrac{h}{2}-a=101.2+0.5\times550-35=341.2\text{mm}$

由式（2-16）、式（2-17）得钢筋应力

$$\sigma_s=\left(\frac{0.8h_0}{x}-1\right)E_s\varepsilon_{cu}=\left(\frac{0.8\times515}{x}-1\right)\times2\times10^5\times0.0033=660\times\left(\frac{412}{x}-1\right)$$

$$\sigma_{s0}=\left(\frac{0.8h_{01}}{x}-1\right)E_{s0}\varepsilon_{cu}=\left(\frac{0.8\times465}{x}-1\right)\times2\times10^5\times0.0033=660\times\left(\frac{372}{x}-1\right)$$

代入方程式（2-14）、式（2-15）得

$$4320000=10.155\times500x+0.9\times300A'_s+300\times2513-0.9\times660\left(\frac{412}{x}-1\right)$$

$$\times A'_s-660\times\left(\frac{372}{x}-1\right)\times2513$$

$$4320000\times341.2=10.155\times500x\left(515-\frac{x}{2}\right)+0.9\times300\times A'_s(515-35)+300\times2513$$

$$\times(515-85)-660\left(\frac{372}{x}-1\right)\times2513\times(85-35)$$

解联立方程组，得 $x=434.5$mm。代入式（2-16）、式（2-17），得真实的钢筋应力

$$\sigma_s=\left(\frac{0.8h_0}{x}-1\right)E_s\varepsilon_{cu}=660\times\left(\frac{412}{434.5}-1\right)=-34.2$$

$$\sigma_{s0}=\left(\frac{0.8h_{01}}{x}-1\right)E_{s0}\varepsilon_{cu}=660\times\left(\frac{372}{434.5}-1\right)=-94.9$$

再代入方程式（2-14）、式（2-15），可解得。

$A_s=A'_s=3709.9\text{mm}^2$。SCS 软件计算对话框输入信息和最终计算结果如图 2-26 所示，可见其与手算结果相同。为验证计算结果可靠性，将其当作新设计的柱，使用 RCM 软件计算，输入信息和计算结果如图 2-27 所示。可见其配筋量较 A_s+A_{s0} 略小些，因 A_{s0} 深入截面，发挥作用小些，故两者结果接近，可认为前者手算结果是合理的。

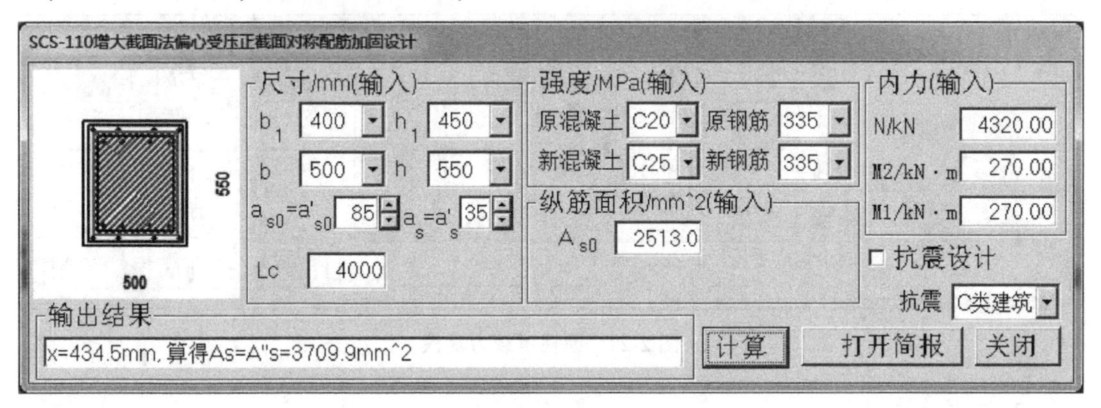

图 2-26　对称加固配筋柱承载力设计

【例 2-11】 增大截面法偏心受压构件非对称配筋正截面加固设计算例

文献［4］第 21 页例题，框架柱，截面尺寸为：550mm×550mm，计算长度 $l_c=5000$mm，C30 混凝土，纵向受拉钢筋 4Φ16（$A_{s0}=804\text{mm}^2$），受压钢筋 6Φ25（$A'_{s0}=2945\text{mm}^2$）。因加层改造，柱需承受的荷载增至 $N=4500$kN，弯矩 $M=850.45$kN·m。采用

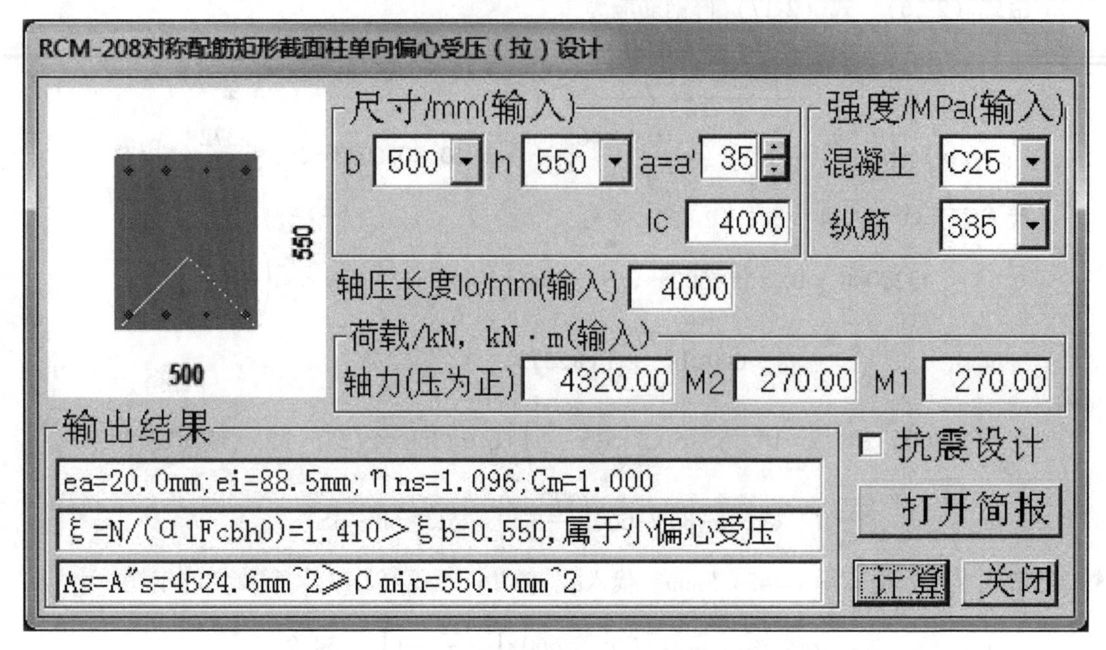

图 2-27 新建对称配筋柱承载力设计

改性 C35 混凝土增大截面法加固，设计加固后截面为 700mm×700mm，柱截面纵向受力钢筋对称布置。要求设计该柱新增的纵向钢筋面积。

【解】 1）原柱承载力复核

按照《混凝土结构设计规范》GB 50010—2010，偏心受压构件计算需要知道杆件两端弯矩比值 M_1/M_2，在不知的情况下，为安全考虑，设 $M_1/M_2=1$。使用文献[3]介绍的 RCM 软件输入信息与简要计算结果如图 2-28 所示。可见承载力不足，需要加固。

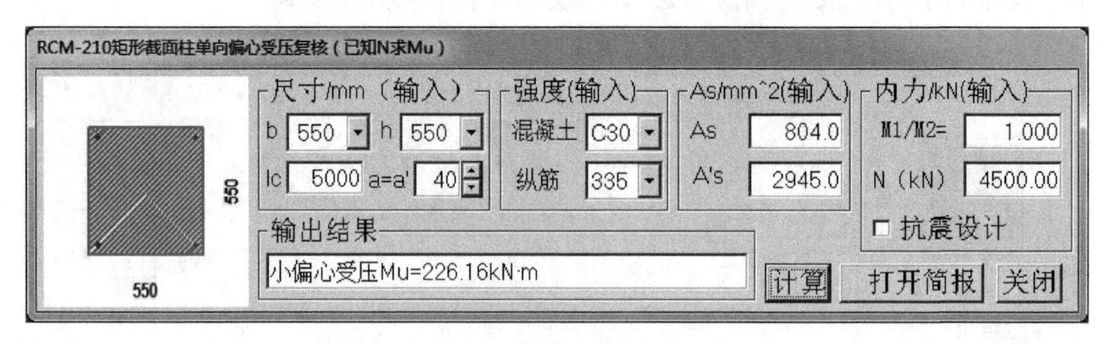

图 2-28 原柱承载力复核

2）加固计算

$$f_{cc}=\frac{1}{2}(f_{c0}+0.9f_c)=\frac{1}{2}\times(14.3+0.9\times16.7)=14.665\text{N/mm}^2$$

判断是否考虑二阶效应。

由于 $M_1/M_2=1>0.9$，且 $i=0.289h=0.289\times700=202.3\text{mm}$，则 $l_c/i=5000/202.3=24.7>34-12\ (M_1/M_2)\ =22$，因此，需要考虑挠曲变形引起的附加弯矩影响。

$$h_0=h-a=700-40=660\text{mm}$$

$$e_a=\max\left\{\frac{h}{30},20\right\}=\max\left\{\frac{700}{30},20\right\}=23.3\text{mm}$$

$$\zeta_c=\frac{0.5f_{cc}A}{N}=\frac{0.5\times14.665\times700\times700}{4500000}=0.798$$

$$C_m=0.7+0.3\frac{M_1}{M_2}=1.0$$

$$\eta_{ns}=1+\frac{1}{1300\left(\frac{M_2}{N}+e_a\right)\Big/h_0}\left(\frac{l_c}{h}\right)^2\zeta_c=1+\frac{1}{1300\times\left(\frac{850.45\times10^6}{4500000}+23.3\right)\Big/660}\left(\frac{5000}{700}\right)^2\times0.798$$

$$=1.097$$

采用围套对称形式加固，取修正系数 $\psi=1.2$。

$$e_0=\frac{M}{N}=\frac{850.45\times10^6}{4500000}=189.0\text{mm}$$

$$e_i=\psi C_m\eta_{ns}e_0+e_a=1.2\times1\times1.097\times189.0+23.3=272.2\text{mm}$$

由式(2-18)，$e=e_i+\frac{h}{2}-a=272.2+0.5\times700-40=582.2\text{mm}$

试配加固纵向受拉钢筋 4 Φ16（$A_s=804\text{mm}^2$）。

由式（2-16）、式（2-17）得钢筋应力

$$\sigma_{s0}=\left(\frac{0.8h_{01}}{x}-1\right)E_{s0}\varepsilon_{cu}=\left(\frac{0.8\times585}{x}-1\right)\times2\times10^5\times0.0033=660\times\left(\frac{468}{x}-1\right)$$

$$\sigma_s=\left(\frac{0.8h_0}{x}-1\right)E_s\varepsilon_{cu}=\left(\frac{0.8\times660}{x}-1\right)\times2\times10^5\times0.0033=660\times\left(\frac{528}{x}-1\right)$$

代入方程式（2-14）、式（2-15）得

$$4500000=14.665\times700x+0.9\times360A_s'+300\times2945-0.9\times660\left(\frac{528}{x}-1\right)\times804-660\times\left(\frac{468}{x}-1\right)\times804$$

$$4500000\times582.2=14.665\times700x\left(660-\frac{x}{2}\right)+0.9\times360A_s'(660-40)+300\times2945\times(660-115)$$

$$-660\left(\frac{468}{x}-1\right)\times804\times(115-40)$$

解联立方程组，得 $x=312.5\text{mm}$。代入式（2-16）、式（2-17）得真实的钢筋应力

$$\sigma_{s0}=\left(\frac{0.8h_{01}}{x}-1\right)E_{s0}\varepsilon_{cu}=660\times\left(\frac{468}{312.5}-1\right)=328.4,$$

取 $\sigma_{s0}=f_{y0}=300\text{MPa}$

$$\sigma_s=\left(\frac{0.8h_0}{x}-1\right)E_s\varepsilon_{cu}=660\times\left(\frac{528}{312.5}-1\right)=455.1,$$

取 $\sigma_s=f_y=360\text{MPa}$

再代入方程式（2-14）、式（2-15），可解得 $x=320.9\text{mm}$。再求出 $A_s'=2543.6\text{mm}^2$。

SCS 软件计算对话框输入信息和最终计算结果如图 2-29 所示，可见其与手算结果

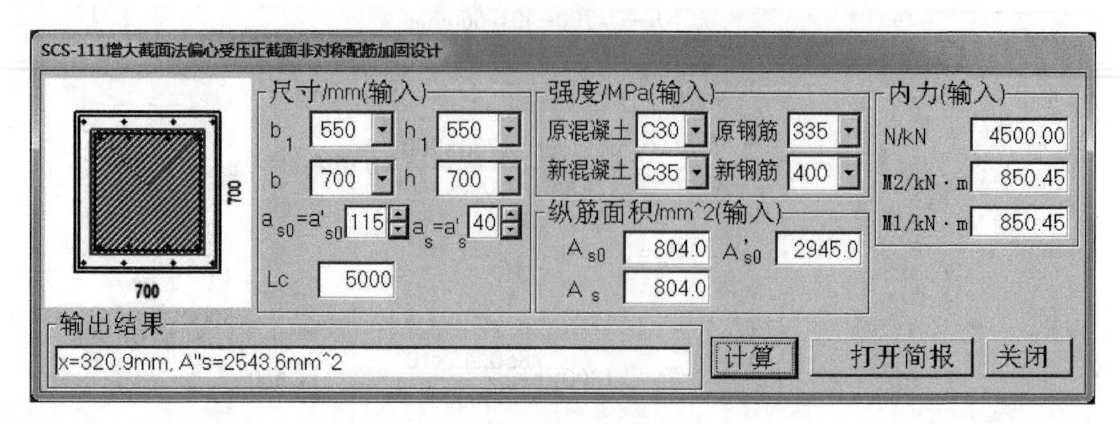

图 2-29 原柱承载力复核

相同。

【例 2-12】增大截面法偏心受压构件正截面加固复核算例

文献［4］第 22 页例题，框架柱截面尺寸为：450mm×450mm，计算长度 $l_c=5000\text{mm}$，C30 混凝土，纵向受拉钢筋 4ф18（$A_{s0}=1017\text{mm}^2$），受压钢筋 4ф22（$A'_{s0}=1520\text{mm}^2$）。因加层改造，柱需承受的荷载增至 $N=2500\text{kN}$，弯矩 $M=450.0\text{kN}\cdot\text{m}$。采用改性 C35 混凝土增大截面法加固，设计加固后截面为 600mm×600mm，柱截面纵向受拉钢筋和受压钢筋均为 6ф18（$A_{s0}=1527\text{mm}^2$），对称布置。试验算该柱承载能力是否足够。

【解】

偏安全取 $M_1/M_2=1$，$e_0=\dfrac{M}{N}=\dfrac{450.0\times10^6}{2500000}=180.0\text{mm}$

判断是否考虑二阶效应。

由于 $M_1/M_2=1>0.9$，且 $i=0.289h=0.289\times600=173.4\text{mm}$，则 $l_c/i=5000/202.3=28.8>34-12(M_1/M_2)=22$，因此，需要考虑挠曲变形引起的附加弯矩影响。

$$h_0=h-a=600-40=560\text{mm}$$

$$e_a=\max\left\{\frac{h}{30},20\right\}=\max\left\{\frac{600}{30},20\right\}=20.0\text{mm}$$

$$\zeta_c=0.2+2.7\frac{e_i}{h_0}=0.2+2.7\times\frac{180+20}{560}=1.164>1.0，取\ \zeta_c=1.0$$

$$C_m=0.7+0.3\frac{M_1}{M_2}=1.0$$

$$\eta_{ns}=1+\frac{1}{1300(e_0+e_a)/h_0}\left(\frac{l_c}{h}\right)^2\zeta_c=1+\frac{1}{1300\times(180+20)/560}\left(\frac{5000}{600}\right)^2\times1=1.150$$

采用围套对称形式加固，取修正系数 $\psi=1.2$。

$$e_i=\psi C_m\eta_{ns}e_0+e_a=1.2\times1\times1.150\times180+20=268.3\text{mm}$$

由式（2-18），$e=e_i+\dfrac{h}{2}-a=268.3+0.5\times600-40=528.3\text{mm}$

由式（2-16）、式（2-17）得钢筋应力

$$\sigma_{s0}=\left(\frac{0.8h_{01}}{x}-1\right)E_{s0}\varepsilon_{cu}=\left(\frac{0.8\times485}{x}-1\right)\times2\times10^{5}\times0.0033=660\times\left(\frac{388}{x}-1\right)$$

$$\sigma_{s}=\left(\frac{0.8h_{0}}{x}-1\right)E_{s}\varepsilon_{cu}=\left(\frac{0.8\times560}{\mathrm{x}}-1\right)\times2\times10^{5}\times0.0033=660\times\left(\frac{448}{x}-1\right)$$

$$f_{cc}=\frac{1}{2}(f_{c0}+0.9f_{c})=\frac{1}{2}(14.3+0.9\times16.7)=14.665\mathrm{N/mm^2}$$

代入方程式（2-14）、式（2-15）得

$$N=14.665\times600x+0.9\times360\times1527+300\times1520-0.9\times660\left(\frac{448}{x}-1\right)\times1527-660\times\left(\frac{388}{x}-1\right)\times1017$$

$$528.3N=14.665\times600x\left(560-\frac{x}{2}\right)+0.9\times360\times1527\times(560-40)+300\times1520\times(560-115)-660\left(\frac{338}{x}-1\right)\times1017\times(115-40)$$

解联立方程组，得 $x=295.5\mathrm{mm}$。代入式（2-16）、式（2-17）得真实的钢筋应力

$$\sigma_{s0}=\left(\frac{0.8h_{01}}{x}-1\right)E_{s0}\varepsilon_{cu}=660\times\left(\frac{388}{295.5}-1\right)=206.6\leqslant f_{y0}$$

$$\sigma_{s}=\left(\frac{0.8h_{0}}{x}-1\right)E_{s}\varepsilon_{cu}=660\times\left(\frac{448}{295.5}-1\right)=340.6\leqslant f_{y}$$

将 x 代入式（2-14），求出极限承载力 $N=2872.6\mathrm{kN}$。

SCS 软件计算对话框输入信息和最终计算结果如图 2-30 所示，可见其与手算结果相同。

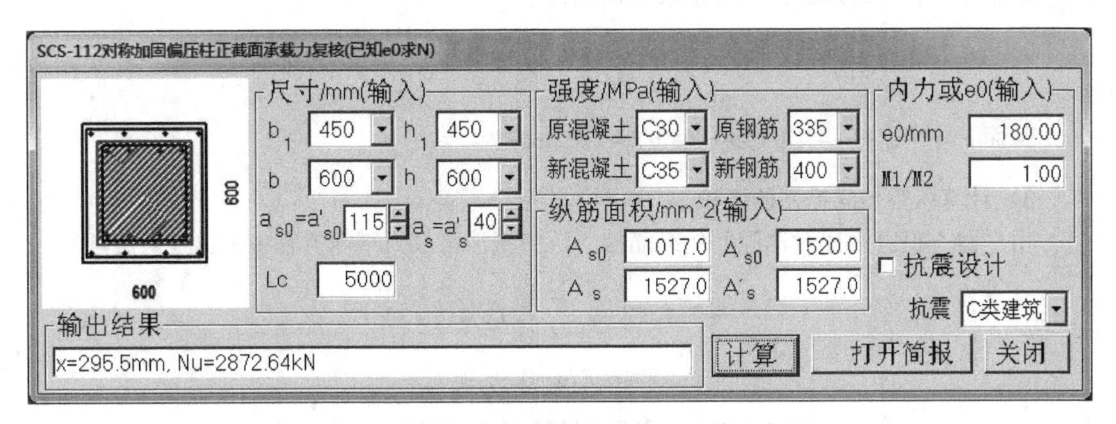

图 2-30　增大截面法加固偏心受压柱承载力复核

【例 2-13】大偏心受压柱受拉侧增大截面正截面加固计算算例

文献［8］第 131 页例题，某厂的现浇框架厂房，在第二层施工时，因吊装大构件带动了框架模板，导致该层框架柱倾斜，经复核，必须对部分柱采用加大截面法加固，其中边柱属于大偏心受压，决定对其受拉侧进行增大纵筋和混凝土加固处理。层高 $H=5000\mathrm{mm}$，柱截面尺寸为 400mm×600mm，原柱一侧配筋为 4Φ20，对称配置，加固纵筋钢种为 HRB335，柱原承载力设计值为 $N=600\mathrm{kN}$，$M_2=360\mathrm{kN\cdot m}$，$M_1=0$。因倾斜而产生的

附加设计弯矩 $\Delta M=50\text{kN}\cdot\text{m}$。

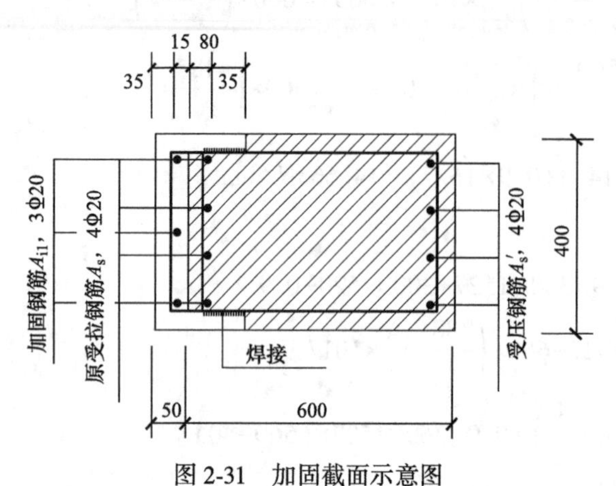

图 2-31 加固截面示意图

【解】1）加固方法

因附加弯矩是单向的，故采用单面加固（图 2-31），即先将原柱受拉边混凝土面层凿毛（凹凸不平度≥6mm），并将原柱箍筋凿露出 80mm，将增补的 U 形 $\phi 8$ 箍筋焊接在原柱箍筋上，将纵筋穿入 U 形箍焊接，然后在纵筋两端部区段用短钢筋焊接。最后喷射 C25 细石混凝土，喷射厚度为 50mm。喷射时纠偏倾斜的柱。

2）计算参数

假设加固增加的纵筋量与原受拉侧纵筋量相近，则由图 2-31 可见新增的纵筋和原受拉侧纵筋合力点距加固后截面边缘为 60mm。如计算结果两者差别较大，可重新假设其合力点距离，再算。由此，加固后截面的有效高度为 $h_{01}=650-60=590\text{mm}$；

$e_0=\dfrac{M+\Delta M}{N}=\dfrac{410000}{600}=638.3\text{mm}>0.3h_{01}=177\text{mm}$，为大偏心受压

$i=0.289\text{h}=0.289\times650=187.9\text{mm}$，$M_1/M_2=0<0.9$ 且 $l_c/i=5000/187.9=26.6\leqslant34-12\dfrac{M_1}{M_2}=34$，不计自身挠曲二阶效应，即取 $c_m\eta_{ns}=1.0$。

采用非对称形式加固，取修正系数 $\psi=1.3$。

$e_a=\max\left(20,\ \dfrac{650}{30}\right)=21.7\text{mm}$；$e_i=\psi e_0+e_a=1.3\times683.3+21.7=910\text{mm}$

从而 $e=e_i+h_{01}-\dfrac{h}{2}=910+590-650/2=1175\text{mm}$

3）计算所需加固钢筋的面积

由平衡方程组（原对称配筋的纵筋拉、压力抵消，故力平衡方程中未出现对应项）

$$Ne\leqslant\alpha_1 f_c bx\left(h_{01}-\frac{x}{2}\right)+f_y'A_s'(h_{01}-a')$$

$$N\leqslant\alpha_1 f_c bx-0.9f_yA_s$$

得

$$\alpha_s=\frac{Ne-f_y'A_s'(h_{01}-a')}{\alpha_1 f_c bh_{01}^2}=\frac{600000\times1175-300\times1256\times(590-35)}{1\times9.6\times400\times590^2}=0.371$$

$$\xi=1-\sqrt{1-2\alpha_s}=0.492,\ x=\xi h_{01}=0.492\times590=290.3\text{mm}$$

$$A_s=\frac{\alpha_1 f_c bx-N}{0.9f_y}=\frac{1\times9.6\times400\times290.3-600000}{0.9\times300}=1906.2$$

SCS 软件计算对话框输入信息和最终计算结果如图 2-32 所示，可见其与手算结果相同。

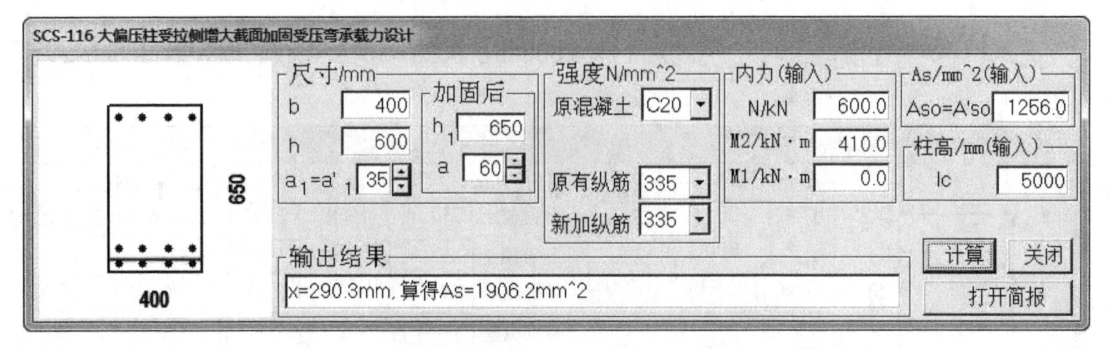

图 2-32 增大截面法加固大偏心受压柱承载力复核

【例 2-14】偏心受压柱受压侧增大截面正截面加固设计算例

某框架边柱，因柱沿街道侧不能改动，只在框架柱内侧采用加大截面法加固。该边柱属于偏心受压，柱计算高度 $l_c = 5000\text{mm}$，原柱为 C30 混凝土，截面尺寸为 500mm×500mm，原柱受力方向一侧配筋为 4C25，对称配置，加固纵筋钢种为 HRB400，现柱需承载的内力设计值为 $N=3000\text{kN}$，$M_2=1080\text{kN}\cdot\text{m}$，$M_1=0$。计划在柱截面内侧用 C30 混凝土增加 150mm，试计算需要增加的纵向钢筋数量。

【解】

1）判断是否考虑二阶效应

由于 $M_1/M_2=0<0.9$，且 $i=0.289h=0.289\times650=187.9\text{mm}$，则 $l_c/i=6000/187.9=31.9<34-12\ (M_1/M_2)=34$，因此，不需要考虑挠曲变形引起的附加弯矩影响，$\eta_{ns}=1$。

$$h_0=h-a_s=650-30=620\text{mm}$$

$$e_0=\frac{M}{N}=\frac{1080.0\times10^6}{3000000}=360.0\text{mm};e_a=\max\left\{\frac{h}{30},20\right\}=\max\left\{\frac{650}{30},20\right\}=21.7\text{mm}$$

$$C_m=0.7+0.3\frac{M_1}{M_2}=0.7$$

采用非对称形式加固，取修正系数 $\psi=1.3$，$\psi C_m\eta_{ns}=1.3\times0.7\times1=0.91<1$，取 $C_m\eta_{ns}=1$

$$e_i=\psi C_m\eta_{ns}e_0+e_a=1.3\times360+21.7=489.7\text{mm}$$

由式（2-18′），$e=e_i+\frac{h}{2}-a_0=489.7+0.5\times650-30=784.7\text{mm}$

2）形成方程式，由式（2-16′）得钢筋应力

$$\sigma_{s0}=\left(\frac{0.8h_{01}}{x}-1\right)E_{s0}\varepsilon_{cu}=\left(\frac{0.8\times485}{x}-1\right)\times2\times10^5\times0.0033=660\times\left(\frac{388}{x}-1\right)$$

$$f_{cc}=\frac{1}{2}(f_{c0}+0.9f_c)=\frac{1}{2}(14.3+0.9\times14.3)=13.58\text{N/mm}^2$$

代入式（2-14′）、(2-15′）得

$$N=1\times13.58\times500x+0.9\times360\times2945+360\times2945-200000\times0.0033\times\left(\frac{0.8\times620}{x}-1\right)\times2945$$

$$784.7N=1\times13.58\times500x\left(620-\frac{x}{2}\right)+0.9\times360\times2945\times(620-30)+360\times2945\times(620-180)$$

解联立方程组，得 $x=165.5\text{mm}$。代入式（2-16′）得真实的钢筋应力

$$\sigma_{s0}=\left(\frac{0.8h_{01}}{x}-1\right)E_{s0}\varepsilon_{cu}=\left(\frac{0.8\times620}{165.5}-1\right)\times200000\times0.0033=1318.0\text{MPa},\text{取}\ \sigma_{s0}=360\text{MPa}$$

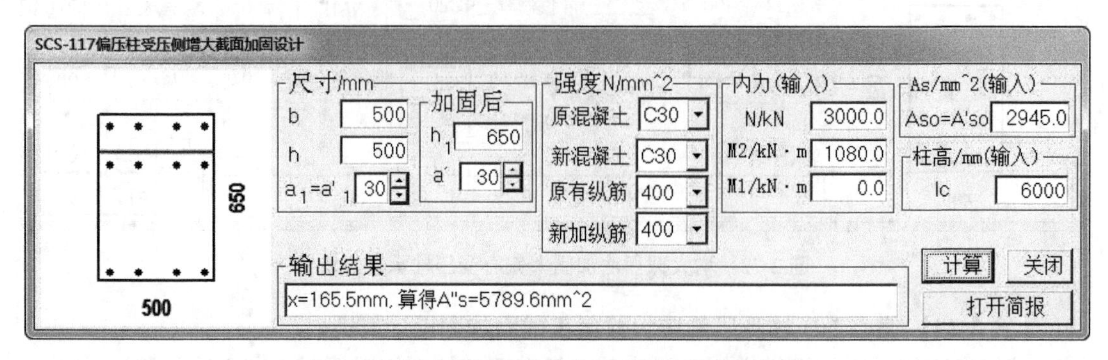

图 2-33 增大截面法加固偏心受压柱承载力复核

再由公式（2-14′）得：

$$A_s'=\frac{N-\alpha_1 f_{cc}bx-f_{y0}'A_{s0}'+\sigma_{s0}A_{s0}}{0.9f_y'}$$

$$=\frac{3000\times10^3-1\times13.58\times500\times165.5-360\times2945+360\times2945}{0.9\times360}=5789.6\text{mm}^2$$

SCS 软件计算对话框输入信息和最终计算结果如图 2-33 所示，可见其与手算结果相同。

2.6 对称增大截面柱受剪承载力计算

对称增大截面是指沿柱截面四周均增加混凝土厚度的加固，也是抗震加固规范称的混凝土围套加固法。加固后柱的斜截面受剪承载力可按下列公式计算［笔者参照式（2-12）和混凝土结构设计规范提出，有待验证］：

1. 持久、短暂设计状况

$$V\leqslant V_0+V_{cz} \tag{2-20}$$

2. 地震设计状况

$$V\leqslant V_{0E}+V_{czE} \tag{2-21}$$

式中 V_0、V_{0E}——原柱静载、抗震受剪承载力，按《高规》JGJ 3—2010 式（6.2.8-1）、对于 C 类建筑按《高规》JGJ 3—2010 式（6.2.8-2）计算；

V_{cz}、V_{czE}——增大截面加固增加的柱静载、抗震受剪承载力。

$$V_{cz}=\frac{1.75}{\lambda+1.0}\alpha_c f_t A_c+f_{yv}\frac{A_{sv}}{s}h_0+0.07\Delta N \tag{2-22}$$

$$V_{czE}=\frac{1}{\gamma_{RE}}\left(\frac{1.05}{\lambda+1.0}\alpha_c f_t A_c+f_{yv}\frac{A_{sv}}{s}h_0+0.056\Delta N\right) \tag{2-23}$$

式中 λ——框架柱的剪跨比，当剪跨比 $\lambda<1$ 时，取 $\lambda=1$；当 $\lambda>3$ 时，取 $\lambda=3$；

α_c——新增混凝土强度利用系数，取 $\alpha_c=0.7$；

f_t——新增混凝土轴心抗拉强度设计值；

A_c——四面围套新增混凝土截面面积；

f_{yv}——新箍筋的抗拉强度设计值；

A_{sv}——同一截面内新箍筋各肢截面面积之和；

h_0——加固后截面有效高度；

s——新增箍筋沿构件长度方向的间距；

ΔN——偏心受压构件增加的受压承载力，由《水泥复合砂浆钢筋网加固混凝土结构技术规程》CECS 242—2016 第 5.5 节正截面受压承载力的计算值减去原构件实际压力得到。

【例 2-15】受压构件斜截面增大截面法加固设计

某框架结构柱，截面尺寸 400mm×400mm，柱净高 4.0m，混凝土强度等级为 C30，均匀布置箍筋 ϕ10@200，柱轴压比为 0.5，现设计剪力 350kN。偏心受压构件加固增加的受压承载力 $\Delta N=100\text{kN}$。如果采用四面围套增大截面加固方案，试进行加固计算。

【解】 1）验算截面尺寸

$V=350\text{kN}\leqslant 0.25\beta_c f_{c0}bh_0=0.25\times1\times14.3\times400\times360\times10^{-3}=514.8\text{kN}$，满足要求。

2）确定原柱受剪承载力

轴压比 = 0.5>0.3，取 $N=0.3f_{c0}bh=0.3\times14.3\times400\times400\times10^{-3}=686.4\text{kN}$

使用文献［3］介绍的 RCM 软件输入信息与简要计算结果如图 2-34 所示。可见承载力不满足要求，需要加固。

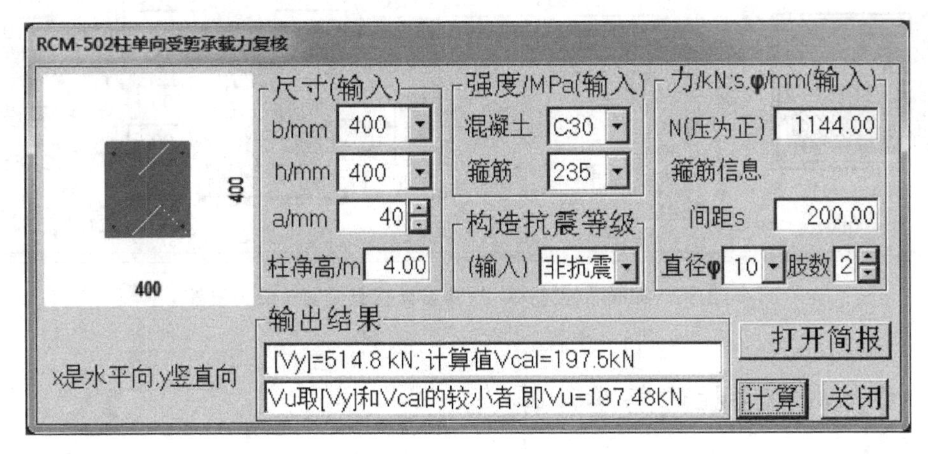

图 2-34　原柱持久、短暂设计状况受剪承载力

3）加固计算

$$V_{cz}=V-V_0=350-197.48=152.52\text{kN}$$

$$\lambda=\frac{H_n}{2h_0}=\frac{4000}{2\times460}=4.35>3\text{，取 }\lambda=3$$

$$A_c=b_1h_1-bh=500\times500-400\times400=90000\text{mm}^2$$

$$\frac{A_{sv}}{s}=\frac{V_{cz}-\dfrac{1.75}{\lambda+1}\alpha_c f_{t1}A_c-0.07\Delta N}{f_{yv1}h_0}=\frac{152520-\dfrac{1.75}{3+1}\times0.7\times1.57\times90000-0.07\times100000}{270\times460}$$

$$=0.823\text{mm}^2/\text{mm}$$

SCS 软件输入信息和简要输出结果如图 2-35 所示，可见其与手算结果一致。

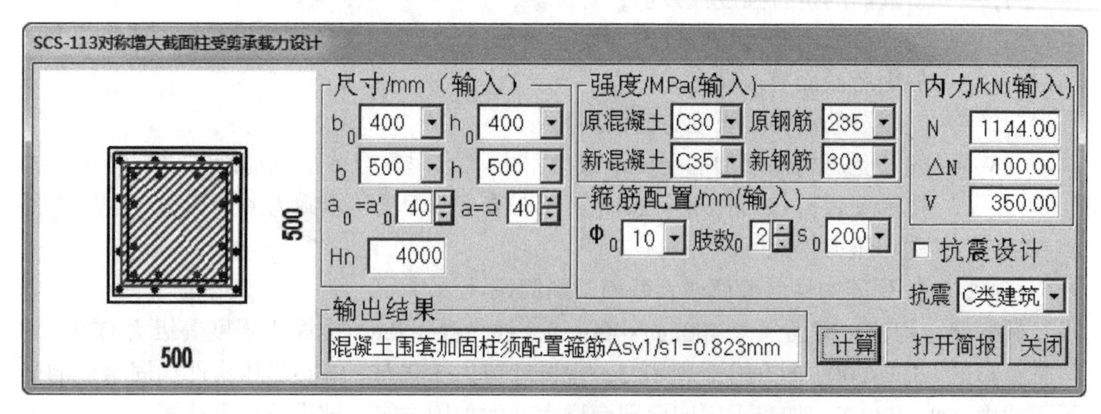

图 2-35　加固后柱持久、短暂设计状况受剪承载力

如配置 2ϕ10 箍筋，则间距应为：$s \leqslant 2\times78.5/0.823=190.77$mm。使用 SCS 软件 114 功能项复核输入信息和简要结果如图 2-36 所示，可见其与手算结果一致。

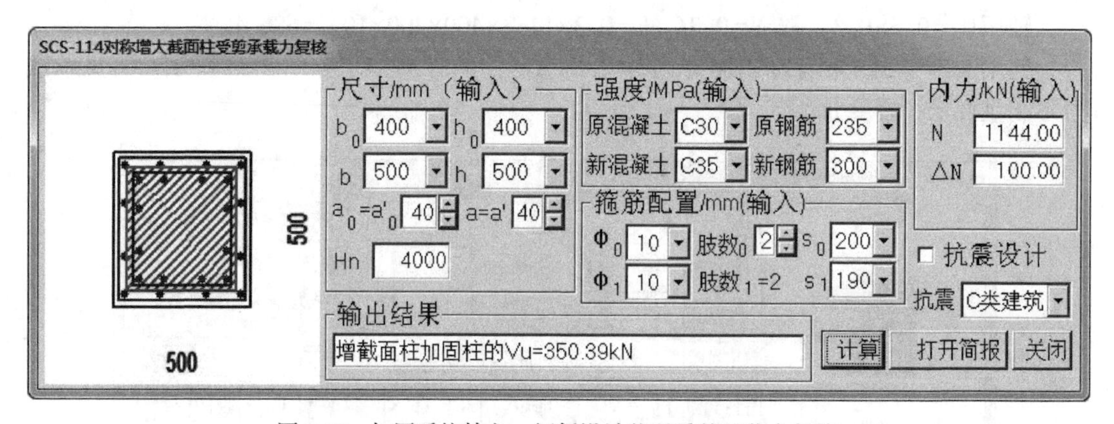

图 2-36　加固后柱持久、短暂设计状况受剪承载力复核

2.7　增大截面法柱配筋率计算

增大截面法，或称混凝土围套法加固后该柱配筋率（包括纵向受力钢筋配筋率、箍筋体积配箍率）的计算，SCS 软件参照《建筑安全抗震鉴定与加固设计指南》[9] 方法计算。关于加固构件的配筋率最小限值，《建筑抗震加固技术规程》JGJ 116—2009 没有具体规定，因配筋形式与新建构件的不同，对混凝土的约束效果也不同，所以配筋率最小限值应比现行设计规范的要求略高。

矩形截面原配箍率计算，假设原箍筋直径为 ϕ，c 是原纵筋保护层厚度，则参见图 2-37，

$$l_1=h_{c0}-2\times(c-\phi/2);l_2=b_{c0}-2\times(c-\phi/2)$$

混凝土核心面积为箍筋内表面包围的面积

$$A_{cor0}==b_{cor}\times h_{cor},其中\ b_{cor}=b_{c0}-2c;h_{cor}=h_{c0}-2c$$

增大截面法加固后配箍率计算，假设原箍筋直径为 ϕ，c 是纵筋保护层厚度，则参见图 2-38，

$$l_3=h_c-2\times(c-\phi/2)\ ;l_4=b_c-2\times(c-\phi/2)$$

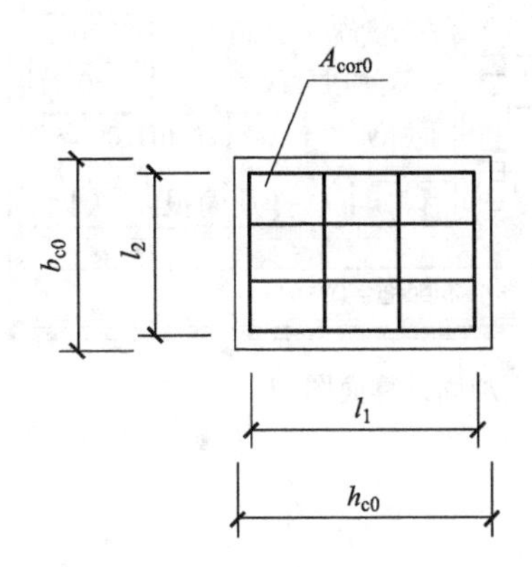

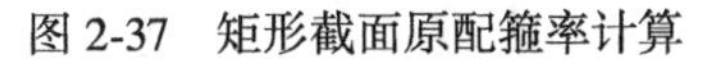
图 2-37　矩形截面原配箍率计算

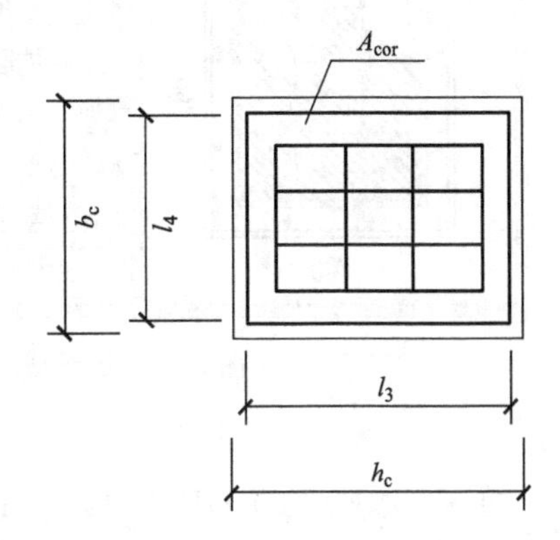

图 2-38　增大截面法加固后配箍率计算

混凝土核心面积为箍筋内表面包围的面积

$$A_{cor}==b_{cor}\times h_{cor}\text{，其中 }b_{cor}=b_c-2\times c;h_{cor}=h_c-2\times c$$

$$\rho_v=\frac{\dfrac{(n_1l_1+n_2l_2)A_{s0}}{s_0}+\dfrac{(n_3l_3+n_4l_4)A_{s1}}{s}}{A_{cor}}$$

【例 2-16】增大截面法柱配筋率算例

原柱截面尺寸 550mm×550mm，采用钢筋混凝土围套增大截面，柱四侧均增大 75mm，采用 C25 细石混凝土。柱原有纵筋 12 Φ 18（$A_{s0}=3054\text{mm}^2$），原有箍筋 4 肢 ϕ8@ 150，加固时纵筋增加 12 Φ 20（$A_{s1}=3770.4\text{mm}^2$），箍筋增加 2 肢 ϕ10@ 100。

当在受拉区加固矩形截面受弯构件时（图 2-38），其正截面受弯承载力应按下列公式确定：

$$l_1=l_2=b_{c0}-2\times(c-\phi/2)=550-2\times(25-8/2)=508\text{mm}$$

$$l_3=l_4=b_c-2\times(c-\phi/2)=700-2\times(30-10/2)=630\text{mm}$$

$$b_{cor}h_{cor}=h_c-2\text{c}=700-60=640\text{mm}$$

$$A_{cor}=b_{cor}\times h_{cor}=640\times640=409600\text{mm}^2$$

$$\rho_v=\frac{\dfrac{(n_1l_1+n_2l_2)A_{s0}}{s_0}+\dfrac{(n_3l_3+n_4l_4)A_{s1}}{s}}{A_{cor}}=\frac{\dfrac{8\times508\times50.3}{150}+\dfrac{4\times630\times78.5}{100}}{409600}=0.831\%$$

纵筋配筋率

$$\rho=\frac{A_{s0}+A_{s1}}{A_c}=\frac{3054+3770.4}{700\times700}=1.393\%$$

用 SCS 软件计算本题，其输入信息和简要输出结果如图 2-39 所示。可见其计算结果与上面手算结果相同，验证了手算结果的正确性。

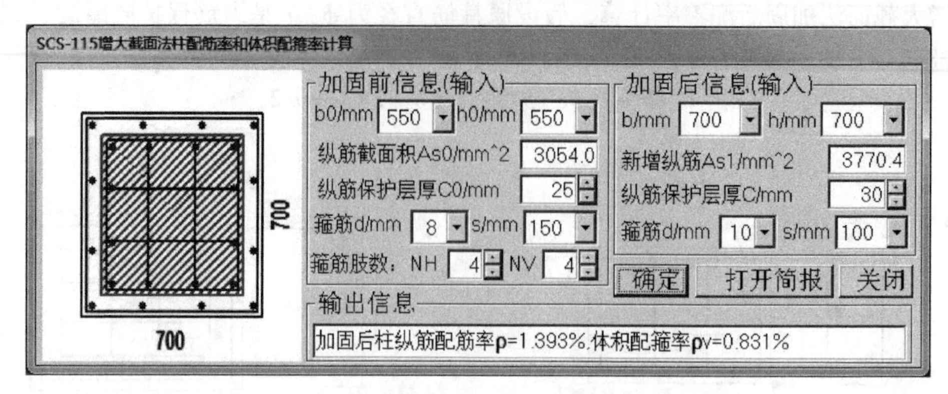

图 2-39 矩形截面受弯构件正截面加固计算简图

2.8 剪力墙增厚加固受剪承载力计算

钢筋混凝土剪力墙承载力不足，或其刚度不足，可在剪力墙外围加钢筋，再浇筑混凝土将原剪力墙增大，以达到加固的目的，如图 2-40 所示[10]。

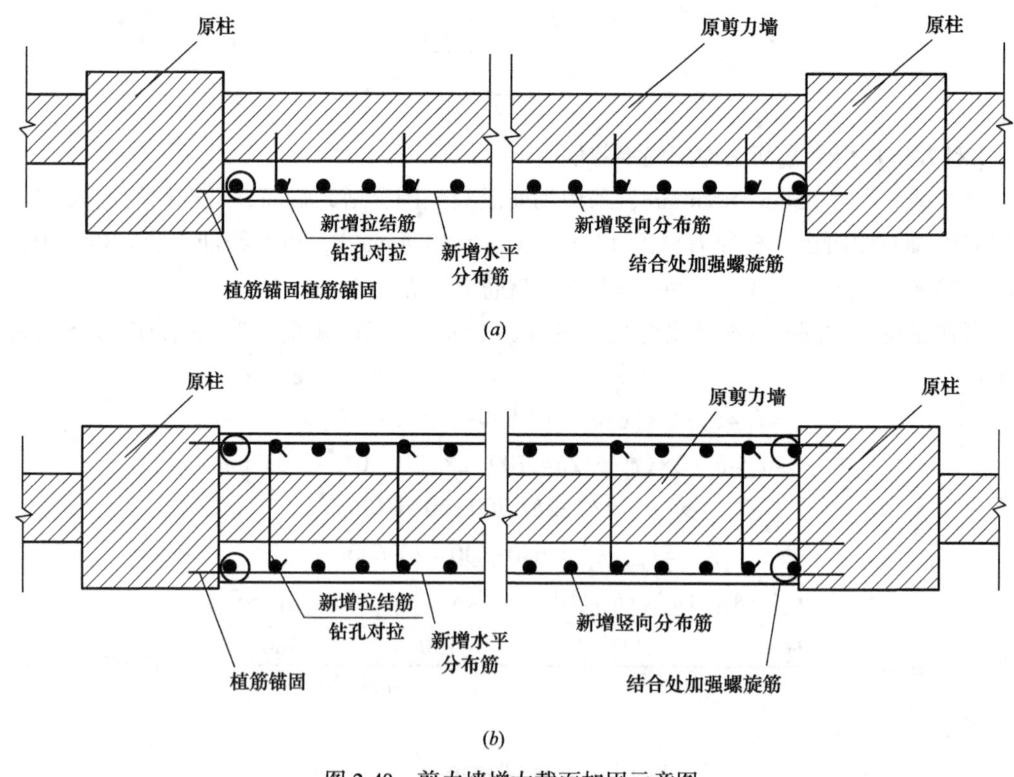

图 2-40 剪力墙增大截面加固示意图

(*a*) 单侧增加剪力墙厚度示意图；(*b*) 两侧增加剪力墙厚度示意图

1）适用范围

钢筋混凝土剪力墙截面积不足，导致承载力不足，或刚度不足，若无增大截面的空间限制，可在钢筋混凝土剪力墙外加钢筋，再浇筑混凝土将原剪力墙厚度加大，可使剪力墙的受压承载力、受剪承载力和刚度全面提高，这是经济可靠的加固方式之一。

2）技术特点

增加钢筋混凝土墙厚度可大幅度提高墙的刚度和承载力，进而可提高整体结构的抗震性能。为保证主筋贯通上下楼层，只需将楼板打洞让主筋穿过即可，施工方便，经济，且效果明显。

增加钢筋混凝土墙厚度可以单侧增加，也可以两侧增加，但单侧增加施工更简便，更为常用。

3）设计计算

因待求解的未知数较多，施工受到的限制也较多，可以先确定或假定一些加固材料用量，用复核承载力的方法计算。

根据《混凝土结构加固设计规范》GB 50367—2013 第 5.3.2 条加固构件受剪时，增设配筋混凝土层的新增混凝土剪切强度利用系数 α_c，取 $\alpha_c=0.7$；新增箍筋强度利用系数 α_s，取 $\alpha_s=0.9$。根据《混凝土结构加固设计规范》GB 50367—2013 第 5.4.1 条加固构件轴心受压时，综合考虑新增混凝土和钢筋强度利用程度的降低系数 α_{cs}，取 $\alpha_{cs}=0.8$。

混凝土受剪面积：对于有端柱或翼墙相连的剪力墙，原剪力墙受剪承载力计算时，不计入端柱或翼墙（相对于墙休）凸出的部分面积，即原剪力墙受剪截面积为 $b\times h$；而在计算加固后的新增混凝土的受剪承载力时近似将这凸出的部分面积算入新增混凝土的面积，即新增混凝土的受剪计算截面积为 $b_1\times h$，b_1 为新增的墙厚。

① 持久、短暂设计状况

截面限制条件，钢筋混凝土剪力墙的受剪截面应符合下列条件：

$$V_u\leqslant 0.25\beta_c f_{c0}bh_0+0.25\beta_{c1}\alpha_{cs}f_{c1}b_1h_0 \tag{2-24}$$

式中　V_u——加固后剪力墙受剪极限承载力；

β_c——原混凝土强度影响系数：当原混凝土强度等级不超过 C50 时，β_c 取为 1.0，当混凝土强度等级为 C80 时，β_c 取为 0.8，其间按线性内插法确定；

β_{c1}——新增混凝土强度影响系数：当新增混凝土强度等级不超过 C50 时，β_{c1} 取为 1.0，当混凝土强度等级为 C80 时，β_{c1} 取为 0.8，其间按线性内插法确定；

f_{c0}、f_{c1}——分别为原混凝土、新增混凝土轴心抗压强度设计值。

钢筋混凝土剪力墙在偏心受压时的斜截面受剪承载力应符合下列规定：

$$V_u=V_0+V_1 \tag{2-25}$$

$$V_0=\frac{1}{\lambda-0.5}\left(0.5f_{t0}bh_0+0.13N_0\frac{A_w}{A}\right)+f_{yv0}\frac{A_{sh0}}{s_{v0}}h_0 \tag{2-26}$$

$$V_1=\frac{1}{\lambda-0.5}\left(0.5\alpha_c f_{t1}b_1h_0+0.13N_1\frac{A_w}{A}\right)+\alpha_s f_{yv1}\frac{A_{sh1}}{s_{v1}}h_0 \tag{2-27}$$

$$N_0=\frac{f_{c0}b}{f_{c0}b+f_{c1}b_1}N\text{、}N_1=\frac{f_{c1}b_1}{f_{c0}b+f_{c1}b_1}N \tag{2-28}$$

式中　N_0、N_1——分别为原混凝土、新增混凝土承担的与剪力设计值 V 相应的轴向压力设计值；

N——与剪力设计值 V 相应的轴向压力设计值，当 N 大于 0.2（$f_{c0}bh+$

$\alpha_{cs} f_{c1} b_1 h$）时，取 0.2（$f_{c0}bh+\alpha_{cs} f_{c1} b_1 h$）；

A——剪力墙的截面面积；

A_w——T 形、I 形截面剪力墙腹板的截面面积，对矩形截面剪力墙，取为 A；

A_{sh0}、A_{sh1}——分别为配置而同一截面内的水平分布原有钢筋、新增钢筋的截面面积；

s_{v0}、s_{v1}——分别为原有水平分布钢筋、新增水平分布钢筋的竖向间距；

λ——计算截面的剪跨比，取为 $M/(Vh_0)$；当 λ 小于 1.5 时，取 1.5，当 λ 大于 2.2 时，取 2.2；此处 M 为与剪力计算值 V 相应的弯矩计算值；当计算截面与墙底之间的距离小于 $h_0/2$ 时，λ 可按距墙底 $h_0/2$ 处的弯矩值与剪力值计算。

钢筋混凝土剪力墙在偏心受拉时的斜截面受剪承载力应符合下列规定：

$$V_0=\frac{1}{\lambda-0.5}\left(0.5f_{t0}bh_0-0.13N_0\frac{A_w}{A}\right)+f_{yv0}\frac{A_{sh0}}{s_{v0}}h_0 \tag{2-29}$$

$$V_1=\frac{1}{\lambda-0.5}\left(0.5\alpha_c f_{t1}b_1h_0-0.13N_1\frac{A_w}{A}\right)+\alpha_s f_{yv1}\frac{A_{sh1}}{s_{v1}}h_0 \tag{2-30}$$

式中　N_0、N_1——分别为原混凝土、新增混凝土承担的与剪力设计值 V 相应的轴向压力设计值，按式（2-28）确定；

N——与剪力设计值 V 相应的轴向拉力设计值。

当式（2-29）右边的计算值小于 $f_{yv0}\frac{A_{sh0}}{s_{v0}}h_0$ 时，取等于 $f_{yv0}\frac{A_{sh0}}{s_{v0}}h_0$；当式（2-30）右边的计算值小于 $\alpha_s f_{yv1}\frac{A_{sh1}}{s_{v1}}h_0$ 时，取等于 $\alpha_s f_{yv1}\frac{A_{sh1}}{s_{v1}}h_0$。

② 地震设计状况

截面限制条件，钢筋混凝土剪力墙的受剪截面应符合下列条件：

当剪跨比大于 2.5 时

$$V\leqslant 0.20\beta_c f_{c0}bh_0/\gamma_{Ra}+0.20\beta_{c1}\alpha_{cs} f_{c1}b_1h_0/\gamma_{Ra} \tag{2-31}$$

当剪跨比不大于 2.5 时

$$V\leqslant 0.15\beta_c f_{c0}bh_0/\gamma_{Ra}+0.15\beta_{c1}\alpha_{cs} f_{c1}b_1h_0/\gamma_{Ra} \tag{2-32}$$

钢筋混凝土剪力墙在偏心受压时的斜截面抗震受剪承载力应符合下列规定：

$$V_{Eu}=V_{E0}+V_{E1} \tag{2-33}$$

$$V_{E0}=\frac{1}{\gamma_{Ra}}\left[\frac{1}{\lambda-0.5}\left(0.4f_{t0}bh_0+0.1N_0\frac{A_w}{A}\right)+0.8f_{yv0}\frac{A_{sh0}}{s_{v0}}h_0\right] \tag{2-34}$$

$$V_{E1}=\frac{1}{\gamma_{Ra}}\left[\frac{1}{\lambda-0.5}\left(0.4\alpha_c f_{t1}b_1h_0+0.1N_1\frac{A_w}{A}\right)+0.8\alpha_s f_{yv1}\frac{A_{sh1}}{s_{v1}}h_0\right] \tag{2-35}$$

式中　N_0、N_1——分别为原混凝土、新增混凝土承担的与剪力设计值 V 相应的轴向压力设计值，按式（2-28）确定；

N——考虑地震组合的剪力墙轴向压力设计值中的较小者；当 N 大于 0.2（$f_{c0}bh+\alpha_{cs} f_{c1} b_1 h$）时，取 0.2（$f_{c0}bh+\alpha_{cs} f_{c1} b_1 \mathrm{h}$）；

λ——计算截面的剪跨比，取为 $M/(Vh_0)$；当 λ 小于 1.5 时，取 1.5，当 λ 大于 2.2 时，取 2.2；此处 M 为与剪力计算值 V 相应的弯矩计算值（即是

内力调整前的值，混凝土规范此处有误）；当计算截面与墙底之间的距离小于 $h_0/2$ 时，λ 可按距墙底 $h_0/2$ 处的弯矩值与剪力值计算；

γ_{Ra}——抗震鉴定的承载力调整系数，除《建筑抗震鉴定标准》GB 50023—2009 各章节另有规定外，一般情况下，可按现行国家标准《建筑抗震设计规范》GB 50011 的承载力抗震调整系数值采用，A 类建筑抗震鉴定时，钢筋混凝土构件应按现行国家标准《建筑抗震设计规范》GB 50011 承载力抗震调整系数值的 0.85 倍采用。

钢筋混凝土剪力墙在偏心受拉时的斜截面抗震受剪承载力应符合下列规定：

$$V_{E0}=\frac{1}{\gamma_{Ra}}\left[\frac{1}{\lambda-0.5}\left(0.4f_{t0}bh_0-0.1N_0\frac{A_w}{A}\right)+0.8f_{yv0}\frac{A_{sh0}}{s_{v0}}h_0\right] \tag{2-36}$$

$$V_{E1}=\frac{1}{\gamma_{Ra}}\left[\frac{1}{\lambda-0.5}\left(0.4\alpha_c f_{t1}b_1h_0-0.1N_1\frac{A_w}{A}\right)+0.8\alpha_s f_{yv1}\frac{A_{sh1}}{s_{v1}}h_0\right] \tag{2-37}$$

式中　N_0、N_1——分别为原混凝土、新增混凝土承担的与剪力设计值 V 相应的轴向压力设计值，按式（2-28）确定；

N——考虑地震组合的剪力墙轴向拉力设计值中的较大者。

当式（2-36）右边方括号中的计算值小于 $0.8f_{yv0}\frac{A_{sh0}}{s_{v0}}h_0$ 时，取等于 $0.8f_{yv0}\frac{A_{sh0}}{s_{v0}}h_0$；当式（2-37）右边方括号中的计算值小于 $0.8\alpha_s f_{yv1}\frac{A_{sh1}}{s_{v1}}h_0$ 时，取等于 $0.8\alpha_s f_{yv1}\frac{A_{sh1}}{s_{v1}}h_0$。

SCS 输入信息的对话框如图 2-43 所示，读者勾选上“抗震设计”，并选择了建筑（A、B 或 C）类型 SCS 软件就按上述考虑了 γ_{Ra} 的值。软件约定输入的内力（弯矩、剪力、轴力）均为设计值，为了得到剪力计算值还需要用户输入规范对各抗震等级规定的“强剪弱弯”系数，以方便软件据此和剪力设计值反算出剪力计算值。

4）注意事项

① 注意到增加钢筋混凝土墙厚度对相关梁、柱的影响和相邻楼层刚度的影响，应避免形成新的薄弱层。

② 浇筑混凝土时，须确保剪力墙与梁的交接处浇筑密实，不得留有空隙。因此支模时，应在墙顶预留喇叭口以方便浇筑混凝土，等浇筑完成后再将顶部突出部分剔除。

③ 在剪力墙周边与梁柱交接处增设螺旋筋。

④ 此方法植筋数量较大，混凝土湿作业较多。施工时对正在使用的房屋影响较大。

【例 2-17】剪力墙增厚提高受剪承载力算例

文献［3］算例 13-12，已知 C30 混凝土，水平分布筋采用 HPB300 钢筋 2ϕ8、$s=300$mm，墙肢一端有翼墙，尺寸（m）如图 2-41 所示，$a=0.08$m。抗震等级为三级，竖向墙肢所受地震作用组合的设计内力为：弯矩 2680.29kN・m、剪力 487.64kN、轴向压力 3112.45kN。试确定竖向墙肢受剪承载力是否足够。

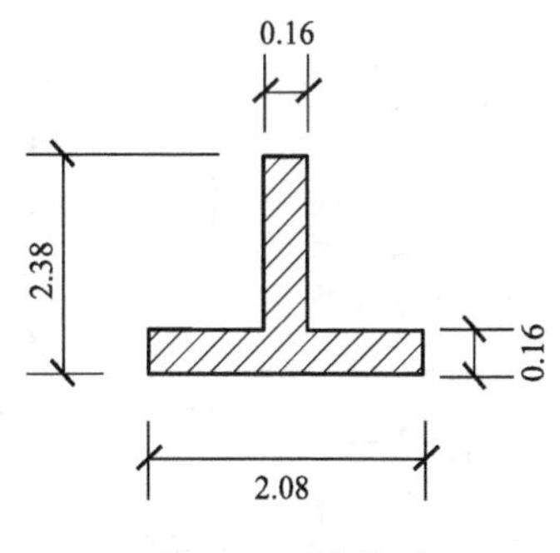

图 2-41　墙截面

如不满足受剪承载力要求，对剪力墙加固如下：墙两侧加厚共 140mm，使用 C35 混凝土，HPB300 钢筋，两侧共 2ϕ10、s=300mm。试对加固后剪力墙受剪承载力进行计算。

【解】

（1）原剪力墙受剪承载力计算

原剪力墙受剪承载力计算较简单，详见文献［3］，这里只给出 RCM 软件计算结果，如图 2-42 所示，可见其不满足抗震受剪承载力要求，需要加固。

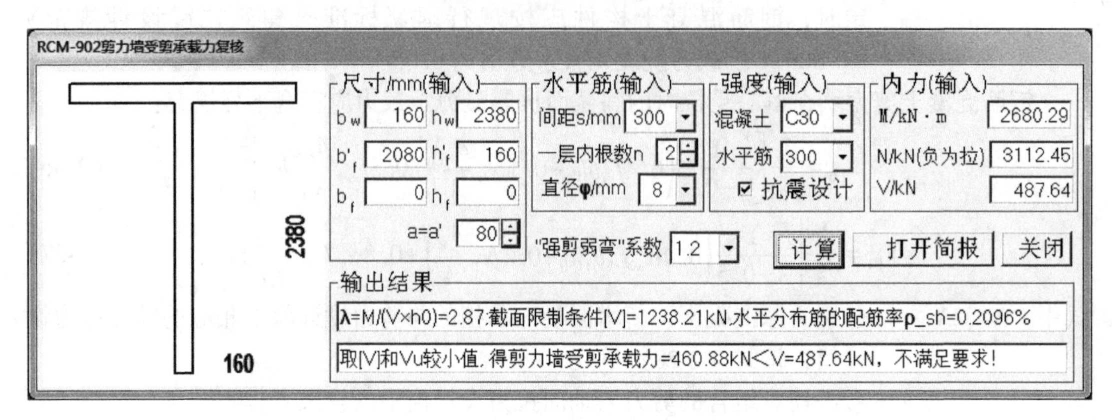

图 2-42　原墙受剪承载力计算

（2）加固后剪力墙的受剪承载力计算

① 截面尺寸复核

剪力计算值，由于剪力设计值=“强剪弱弯”系数乘剪力计算值，故剪力计算值 V=487.64/1.2=406.37kN

剪跨比 $\lambda=\dfrac{M}{Vh_{w0}}=\dfrac{2680.29}{406.37\times2.30}=2.87$

据式（2-31）

$0.20\beta_c f_{c0}bh_0/\gamma_{Ra}+0.20\beta_{c1}\alpha_{cs}f_{c1}b_1h_0/\gamma_{Ra}=0.2\times1\times(14.3\times160+0.8\times16.7\times140)\times2300/0.85=2250.4\text{kN}>487.64\text{kN}$，满足。

② 受剪承载力计算

$A_w=(0.16+0.14)\times2.38=0.7140\text{m}^2$；$A=A_w+0.16\times(2.08-0.16-0.14)=0.9988\text{m}^2$

$$N_0=\frac{f_{c0}b}{f_{c0}b+f_{c1}b_1}N=\frac{14.3\times160\times3112.45}{14.3\times160+16.7\times140}=1539.40\text{kN}、N_1=\frac{f_{c1}b_1}{f_{c0}b+f_{c1}b_1}N=1573.05\text{kN}$$

$$V_{Eu}=V_{E0}+V_{E1}$$

$$V_{E0}=\frac{1}{\gamma_{Ra}}\left[\frac{1}{\lambda-0.5}\left(0.4f_{t0}bh_0+0.1N_0\frac{A_w}{A}\right)+0.8f_{yv0}\frac{A_{sh0}}{s_{v0}}h_0\right]$$

$$=\frac{1}{0.85}\left[\frac{1}{2.2-0.5}\left(0.4\times1.43\times160\times2300+0.1\times1539400\times\frac{0.7140}{0.9988}\right)+0.8\times270\times\frac{100.6}{300}\times2300\right]$$

$$=417.82\text{kN}$$

$$V_{E1}=\frac{1}{\gamma_{Ra}}\left[\frac{1}{\lambda-0.5}\left(0.4\alpha_c f_{t1}b_1h_0+0.1N_1\frac{A_w}{A}\right)+0.8\alpha_s f_{yv1}\frac{A_{sh1}}{s_{v1}}h_0\right]$$

$$=\frac{1}{0.85}\left[\frac{1}{2.2-0.5}\left(0.4\times0.7\times1.57\times140\times2300+0.1\times1573050\times\frac{0.7140}{0.9988}\right)+0.8\times0.9\times270\times\frac{157}{300}\times2300\right]$$

=451.07kN

$$V_{\mathrm{Eu}}=V_{\mathrm{E0}}+V_{\mathrm{E1}}=417.82+451.07=868.89\mathrm{kN}$$

取两者的较小值，得受剪承载力 868.89kN>487.64kN，满足要求。

用 SCS 软件计算本题，其输入信息和简要输出结果如图 2-43 所示。可见其计算结果与上面手算结果相同。

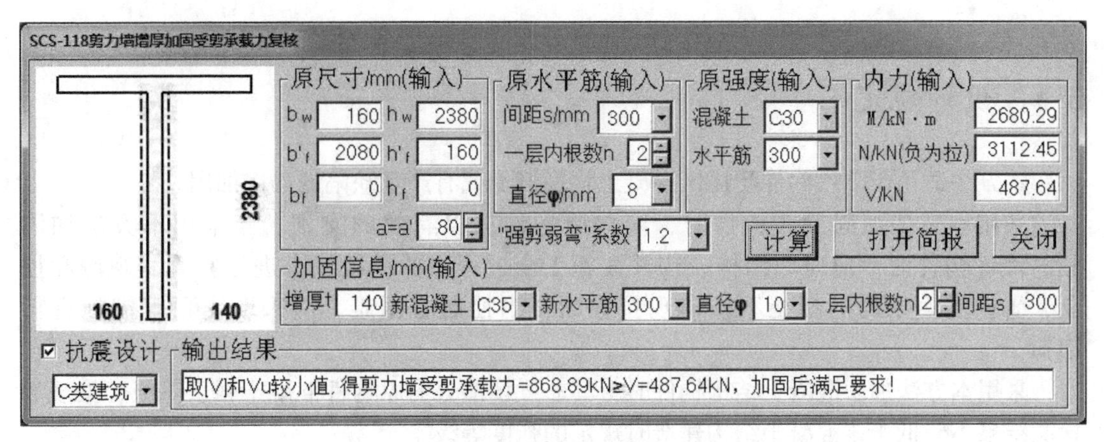

图 2-43　剪力墙增厚加固受剪承载力计算

本章参考文献

[1] 中华人民共和国国家标准. 混凝土结构加固设计规范 GB 50367—2013 [S]. 北京：中国建筑工业出版社，2013.

[2] 中华人民共和国国家标准. 混凝土结构设计规范 GB 50010—2010 [S]. 北京：中国建筑工业出版社，2010.

[3] 王依群. 混凝土结构设计计算算例（第 3 版）[M]. 北京：中国建筑工业出版社，2016.

[4] 卜良桃，梁爽，黎红兵. 混凝土结构加固设计规范算例（第 2 版）[M]. 北京：中国建筑工业出版社，2015.

[5] 张立人，卫海. 建筑结构检测、鉴定与加固（第 2 版）[M]. 武汉：武汉理工大学出版社，2012.

[6] 吕克顺，伏文英. 混凝土结构加固设计与施工细节详解 [M]. 北京：中国建筑工业出版社，2012.

[7] 黄奕辉，杨勇新. 结构加固设计及实用计算 [M]. 北京：中国电力出版社，2010.

[8] 宋彧，来春景. 工程结构检测与加固（第 3 版）[M]. 北京：科学出版社，2016.

[9] 杨红卫. 建筑安全抗震鉴定与加固设计指南 [M]. 北京：中国建筑工业出版社，2010.

[10] 张瀑，田中礼治，鲁兆红，淡浩，崔正龙. 多层混凝土结构的抗震加固方法与实例 [M]. 北京：中国建筑工业出版社，2012.

第3章 置换混凝土加固法

3.1 设计规定

本方法适用于承重构件受压区混凝土强度偏低或有严重缺陷的局部加固。

采用本方法加固梁式构件时，应对原构件加以有效的支顶。当采用本方法加固柱、墙等构件时，应对原结构、构件在施工全过程中的承载状态进行验算、观测和控制，置换界面处的混凝土不应出现拉应力，当控制有困难，应采取支顶等措施进行卸荷。

采用本方法加固混凝土结构构件时，其非置换部分的原构件混凝土强度等级，按现场检测结果不应低于该混凝土结构建造时规定的强度等级。

当混凝土结构构件置换部分的界面处理及其施工质量符合本规范的要求时，其结合面可按整体受力计算。

3.2 置换法加固钢筋混凝土轴心受压构件承载力计算

当采用置换法加固钢筋混凝土轴心受压构件时，其正截面承载力应符合下式规定：

$$N \leqslant 0.9\varphi(f_{c0}A_{c0}+\alpha_c f_c A_c+f'_{y0}A'_{s0}) \tag{3-1}$$

式中 N——构件加固后的轴向压力设计值；

φ——构件的稳定系数，按现行国家标准《混凝土结构设计规范》GB 50010 的规定值采用；

α_c——置换部分新增混凝土的强度利用系数，当置换过程无支顶时，取 $\alpha_c=0.8$；当置换过程采取有效的支顶措施时，取 $\alpha_c=1.0$；

f_{c0}、f_c——分别为原构件混凝土和置换部分新混凝土的抗压强度设计值；

A_{c0}、A_c——分别为原构件截面扣去置换部分后的剩余截面面积和置换部分的截面面积。

【例 3-1】置换法轴心受压柱正截面设计（求置换混凝土厚度）

文献［1］第 33 页例题，某工程轴心受压柱，截面尺寸为 450mm×450mm，柱计算高度为 4500mm，混凝土强度等级为 C20，配筋为 4Φ20，后来发现设计有误。柱的承载力设计值实为 2500kN，原设计其承载力不足，拟采用 C40 置换原部分混凝土进行加固处理，试确定置换混凝土的面积。施工时无支顶措施。

【解】

$\dfrac{l_0}{b}=\dfrac{4500}{450}=10.0$，查《混凝土结构设计规范》GB 50010—2010 表 6.2.15 得 $\varphi=0.98$

由式（3-1）

$$2500\times10^3\leq0.9\times0.98\times[9.6\times(450\times450-A_c)+0.8\times19.1\times A_c+360\times1256]$$

解出 $A_c=77167\text{mm}^2$。

如采用图 3-1 所示加固方法，则置换混凝土面积

$$A_c=50\times450\times2+(450-50\times2)\times50\times2=80000\text{mm}^2>77167\text{mm}^2$$

故采用上述加固方法，满足要求。

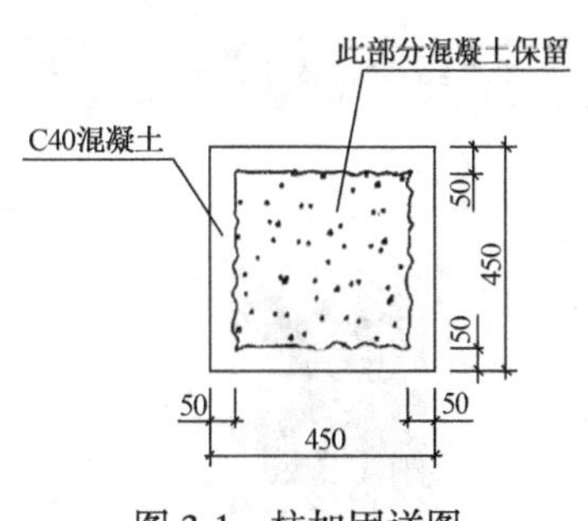

图 3-1　柱加固详图

SCS 软件计算对话框输入信息和最终计算结果如图 3-2 所示，可见其与手算结果相同。

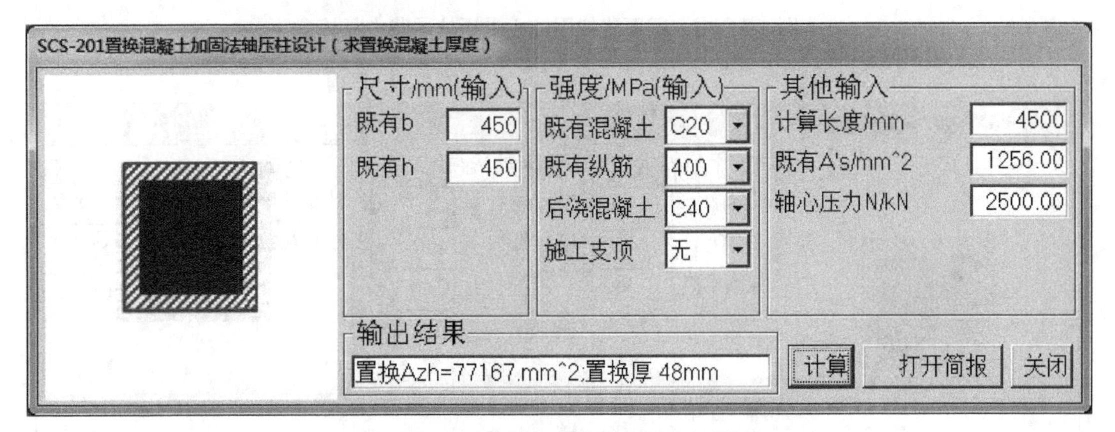

图 3-2　增大截面法加固轴心受压柱设计

【例 3-2】置换法轴心受压柱正截面设计（求置换混凝土强度等级）

某工程轴心受压柱，截面尺寸为 450mm×450mm，柱计算高度为 4500mm，混凝土强度等级为 C20，配筋为 4ф20，后来发现设计有误。柱的承载力设计值实为 2500kN，原设计其承载力不足，拟置换原部分混凝土进行加固处理，置换混凝土厚度 50mm，试确定置换混凝土的强度等级（图 3-1）。施工时无支顶措施。

【解】

置换混凝土面积 $A_c=50\times450\times2+(450-50\times2)\times50\times2=80000\text{mm}^2$

$\frac{l_0}{b}=\frac{4500}{450}=10.0$，查《混凝土结构设计规范》GB 50010—2010 表 6.2.15 得 $\varphi=0.98$

由式（3-1）$N\leq0.9\varphi\ (f_{c0}A_{c0}+\alpha_c f_c A_c+f'_{y0}A'_{s0})$

$$2500\times10^3\leq0.9\times0.98\times[9.6\times(450\times450-80000)+0.8\times f_c\times80000+360\times1256]$$

解出 $f_c=18.9\text{N/mm}^2$。可取 C40 混凝土，其 $f_c=19.1\text{N/mm}^2$。

SCS 软件计算对话框输入信息和最终计算结果如图 3-3 所示，可见其与手算结果相同。也可用 SCS 软件另一功能项复核如图 3-4 所示。可见其与上面手算结果一致。

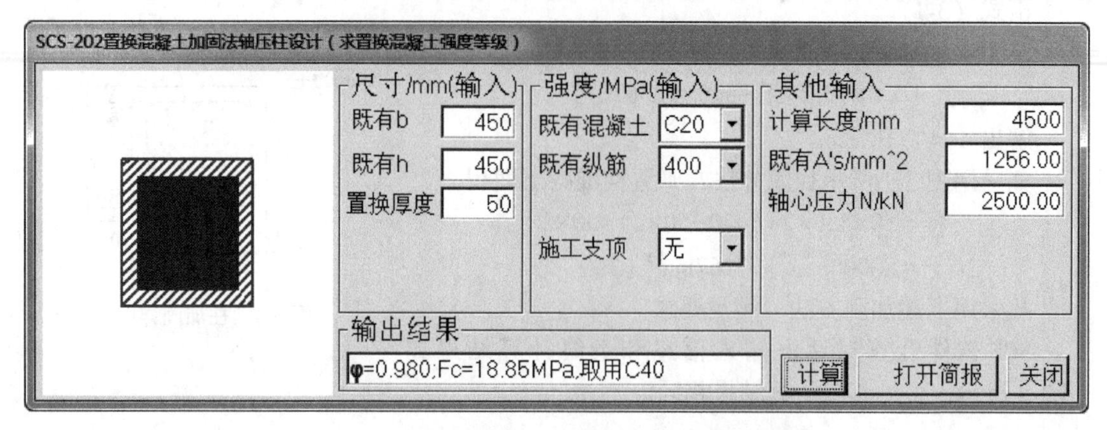

图 3-3 增大截面法加固轴心受压柱承载力复核

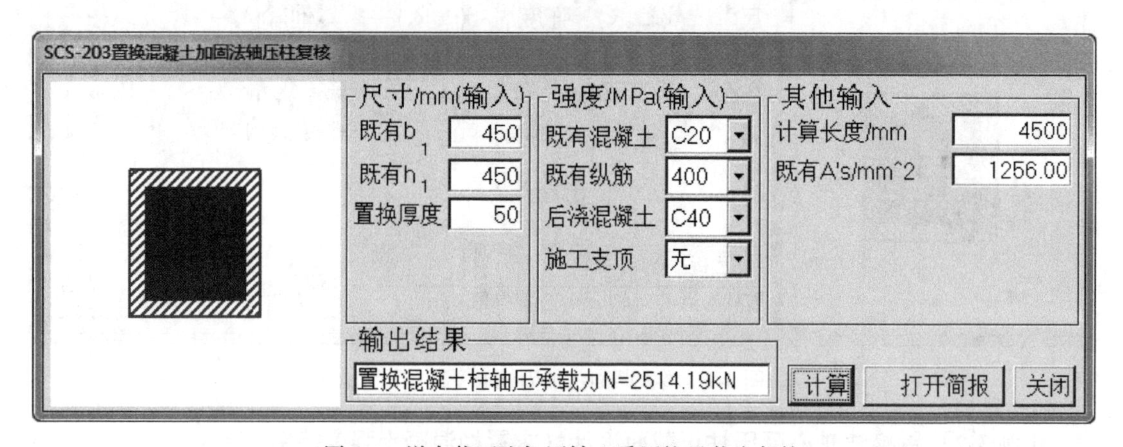

图 3-4 增大截面法加固轴心受压柱承载力复核

3.3 置换法加固钢筋混凝土偏心受压构件承载力计算

当采用置换法加固钢筋混凝土偏心受压构件时，其正截面承载力应按下列两种情况分别计算：

（1）压区混凝土置换深度 $h_n \geqslant x_n$，按新混凝土强度等级和现行国家标准《混凝土结构设计规范》GB 50010 的规定进行正截面承载力计算，即其正截面承载力应符合下列公式规定：

$$N \leqslant \alpha_1 f_c b x_n + f'_{y0} A'_{s0} - f_{s0} A_{s0} \tag{3-2}$$

$$Ne \leqslant \alpha_1 f_c b x_n \left(h_0 - \frac{x_n}{2}\right) + f'_{y0} A'_{s0} (h_0 - a') \tag{3-3}$$

（2）压区混凝土置换深度 $h_n < x_n$，其正截面承载力应符合下列公式规定：

$$N \leqslant \alpha_1 f_c b h_n + \alpha_1 f_{c0} b (x_n - h_n) + f'_{y0} A'_{s0} - \sigma_{s0} A_{s0} \tag{3-4}$$

$$Ne \leqslant \alpha_1 f_c b h_n h_{0n} + \alpha_1 f_{c0} b (x_n - h_n) h_{00} + f'_{y0} A'_{s0} (h_0 - a') \tag{3-5}$$

式中 N——构件加固后的轴向压力设计值；

e——轴心压力作用点至纵向受拉钢筋的合力作用点的距离；

f_c——构件置换用混凝土的抗压强度设计值；

f_{c0}——原构件混凝土的抗压强度设计值；

x_n——加固后混凝土受压区高度；

h_n——受压区混凝土的置换深度；

h_0——纵向受拉钢筋合力点至受压区边缘的距离；

h_{0n}——纵向受拉钢筋合力点至置换混凝土形心的距离；

h_{00}——受拉区纵向钢筋合力点至原混凝土（x_n-h_n）部分形心的距离；

A_{s0}、A'_{s0}——分别为原构件受拉区、受压区纵向钢筋的截面面积；

b——矩形截面的宽度；

a'——纵向受压钢筋合力点至截面近边的距离；

f'_{y0}——原构件纵向受压钢筋的抗压强度设计值；

σ_{s0}——原构件纵向受拉钢筋的应力。

【例3-3】置换法偏心受压柱正截面复核1

文献［1］第35页例题，某框架边柱，截面尺寸为400mm×600mm，柱计算高度为4000mm，混凝土强度等级为C20，纵向受拉钢筋4ф16，纵向受压钢筋4ф25。因结构加层，荷载增加，柱的轴向压力设计值实为1600kN，弯矩设计值为400kN·m，用C35混凝土置换方法加固，置换深度为$h_n=150$mm。试验算该加固方案是否满足要求。

【解】 1）原柱承载力复核

按照《混凝土结构设计规范》GB 50010—2010，偏心受压构件计算需要知道杆件两端弯矩比值M_1/M_2，在不知的情况下，为安全起见，设$M_1/M_2/=1$。使用文献［2］介绍的RCM软件输入信息与简要计算结果如图3-5所示。可见承载力不足，需要加固。

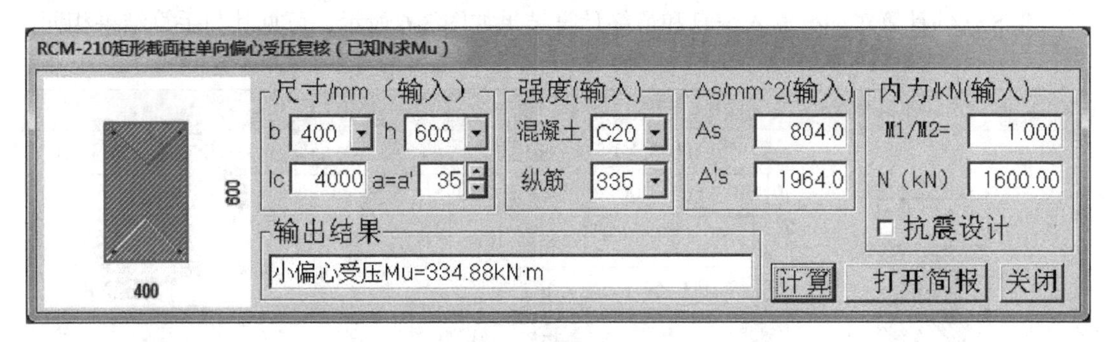

图3-5　原柱承载力复核

2）加固设计计算

偏安全取$M_1/M_2=1$，$e_0=\dfrac{M}{N}=\dfrac{400.0\times10^6}{1600000}=250.0\text{mm}$

判断是否考虑二阶效应。

由于$M_1/M_2=1>0.9$，且$i=0.289h=0.289\times600=173.4\text{mm}$，则$l_c/i=5000/202.3=28.8>34-12(M_1/M_2)=22$，因此，需要考虑挠曲变形引起的附加弯矩影响。

$$h_0=h-a=600-40=560\text{mm}$$

$$e_a=\max\left\{\frac{h}{30},20\right\}=\max\left\{\frac{600}{30},20\right\}=20.0\text{mm}$$

$\zeta_c=0.2+2.7\dfrac{e_i}{h_0}=0.2+2.7\times\dfrac{250+20}{560}=1.502>1.0$，取 $\zeta_c=1.0$

$$C_m=0.7+0.3\frac{M_1}{M_2}=1.0$$

$$\eta_{ns}=1+\frac{1}{1300(e_0+e_a)/h_0}\left(\frac{l_c}{h}\right)^2\zeta_c=1+\frac{1}{1300\times(250+20)/560}\left(\frac{4000}{600}\right)^2\times1=1.071$$

$$e_i=C_m\eta_{ns}e_0+e_a=1\times1.071\times250+20=287.9\text{mm}$$

$e_i>0.3h_0$，按大偏心受压计算

由于 $\alpha_1f_cbh_n+f'_{y0}A'_{s0}-f_{y0}A_{s0}=[1\times16.7\times400\times150+300\times1964-300\times804]\times10^{-3}=1350<1600\text{kN}$

故 $h_n<x_n$。

当受压区混凝土置换深度 $h_n<x_n$，柱正截面承载力应符合式（3-4）和式（3-5）规定：

由式（2-17），$e=e_i+\dfrac{h}{2}-a=287.9+0.5\times600-40=547.9\text{mm}$

$$N=1\times16.7\times400\times150+1\times9.6\times400\times(x_n-150)+300\times(1964-804)$$

$$547.9N=1\times16.7\times400\times150\times(560-75)+1.0\times9.6\times400\times(x_n-150)$$

$$\times\left(560-150-\frac{x_n-150}{2}\right)+300\times1964\times(560-40)$$

解联立方程组，得 $x_n=228.0\text{mm}$。代入式（3-4）得

$$N=[1\times16.7\times400\times150+1\times9.6\times400\times(228.0-150)$$

$$+300\times(1964-804)]\times10^{-3}=1649.5\text{kN}>1600\text{kN}$$

SCS 软件计算对话框输入信息和最终计算结果如图 3-6 所示，可见其与手算结果相同。

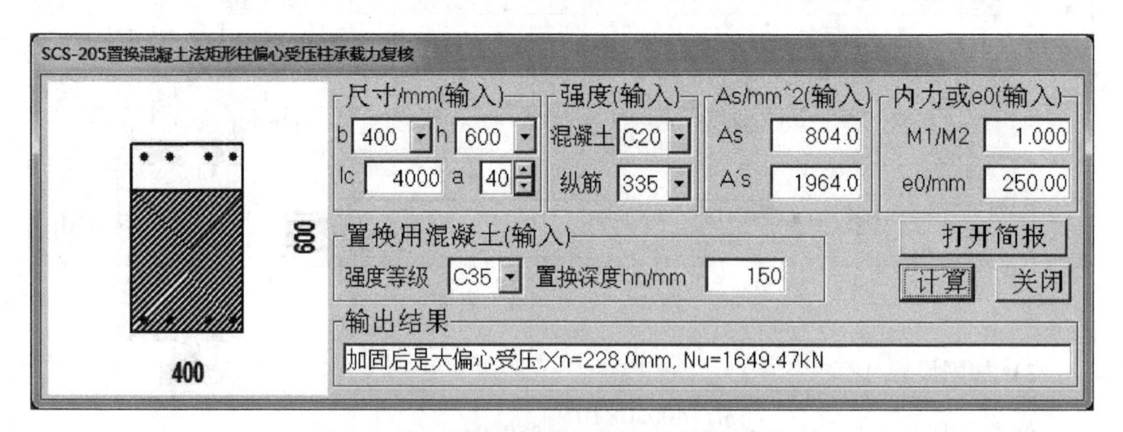

图 3-6 增大截面法加固轴心受压柱承载力复核 1

【例 3-4】置换法偏心受压柱正截面复核 2

文献［1］第 36 页例题，某框架边柱，截面尺寸为 300mm×600mm，柱计算长度为 5000mm，混凝土强度等级为 C20，纵向受拉钢筋 3φ22，纵向受压钢筋 4φ25。因结构加层，荷载增加，柱的轴向压力设计值实为 1000kN，弯矩设计值为 370kN·m，用 C40 混凝

土置换方法加固，置换深度为 $h_n=150$mm。试验算该加固方案是否满足要求。

【解】 1）原柱承载力复核

按照《混凝土结构设计规范》GB 50010—2010，偏心受压构件计算需要知道杆件两端弯矩比值 M_1/M_2，在不知的情况下，为安全起见，设 $M_1/M_2=1$。使用文献［2］介绍的RCM软件输入信息与简要计算结果如图3-7所示。可见承载力不足，需要加固。

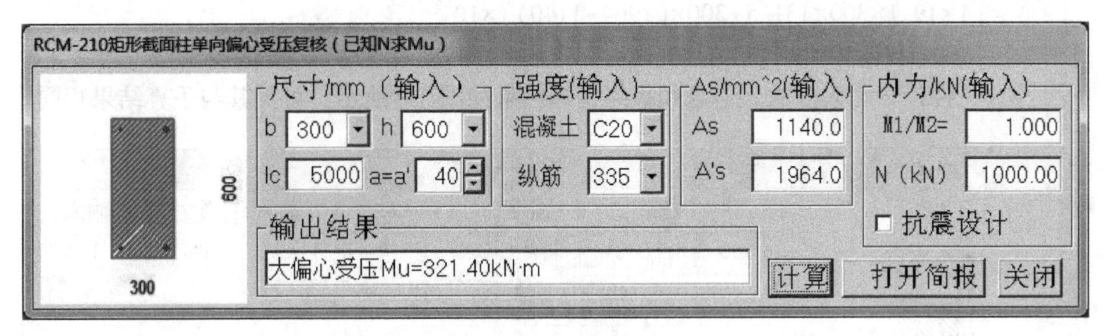

图3-7　原柱承载力复核

2）加固设计计算

偏安全取 $M_1/M_2=1$，$e_0=\dfrac{M}{N}=\dfrac{370.0\times10^6}{1000000}=370.0\text{mm}$

判断是否考虑二阶效应。

由于 $M_1/M_2=1>0.9$，且 $i=0.289h=0.289\times600=173.4\text{mm}$，则 $l_c/i=5000/202.3=28.8>34-12(M_1/M_2)=22$，因此，需要考虑挠曲变形引起的附加弯矩影响。

$$h_0=h-a=600-40=560\text{mm}$$

$$e_a=\max\left\{\frac{h}{30},20\right\}=\max\left\{\frac{600}{30},20\right\}=20.0\text{mm}$$

$$\zeta_c=0.2+2.7\frac{e_i}{h_0}=0.2+2.7\times\frac{370+20}{560}=2.080>1.0，\text{取}\zeta_c=1.0$$

$$C_m=0.7+0.3\frac{M_1}{M_2}=1.0$$

$$\eta_{ns}=1+\frac{1}{1300(e_0+e_a)/h_0}\left(\frac{l_c}{h}\right)^2\zeta_c=1+\frac{1}{1300\times(370+20)/560}\left(\frac{5000}{600}\right)^2\times1=1.077$$

$$e_i=C_m\eta_{ns}e_0+e_a=1\times1.077\times370+20=418.5\text{mm}$$

$e_i>0.3h_0$，按大偏心受压计算

由于 $\alpha_1 f_c bh_n+f'_{y0}A'_{s0}-f_{y0}A_{s0}=1\times19.1\times300\times150+300\times1964-300\times1140=1106700>1000000\text{N}$

故 $h_n>x_n$。

当受压区混凝土置换深度 $h_n>x_n$，柱正截面承载力应按新混凝土强度等级和现行国家标准《混凝土结构设计规范》GB 50010的规定进行计算。

由式(1-17)，$e=e_i+\dfrac{h}{2}-a=418.5+0.5\times600-40=678.5\text{mm}$

由式(3-2)、式(3-3)

$$N=1\times19.1\times300x+300\times(1964-1140)$$

$$678.4N=1\times19.1\times300x\left(560-\frac{x}{2}\right)+300\times1964\times(560-40)$$

解联立方程组，得 $x=131.5\text{mm}$。代入式（3-2）得

$$N=[1\times19.1\times300\times131.5+300\times(1964-1140)]\times10^{-3}$$
$$=1000.7\text{kN}>1000\text{kN}$$

SCS 软件计算对话框输入信息和最终计算结果如图 3-8 所示，可见其与手算结果相同。

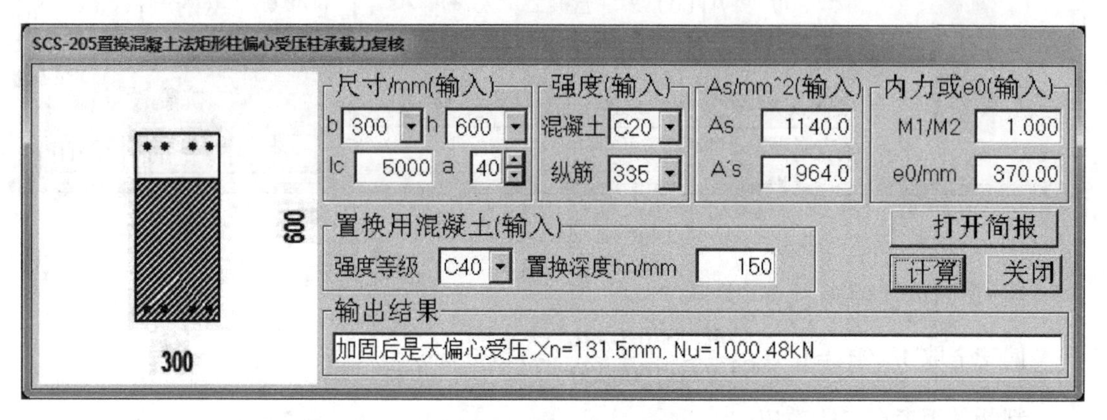

图 3-8　增大截面法加固轴心受压柱承载力复核 2

【例 3-5】置换法偏心受压柱正截面设计（求置换混凝土厚度）

文献［3］第 69 页例题，某框架边柱，截面尺寸为 300mm×600mm，柱计算高度为 5000mm，混凝土强度等级为 C20，纵向受拉钢筋 3ф22，纵向受压钢筋 4ф25。由于荷载增加，柱的轴向压力设计值实为 1000kN，弯矩设计值为 $M_1=M_2=350\text{kN}\cdot\text{m}$，用 C40 混凝土置换方法加固，试计算置换深度为多少能满足要求。

【解】 1）原柱承载力复核

使用文献［2］介绍的 RCM 软件输入信息与简要计算结果如图 3-9 所示。可见不加固，不能满足要求。

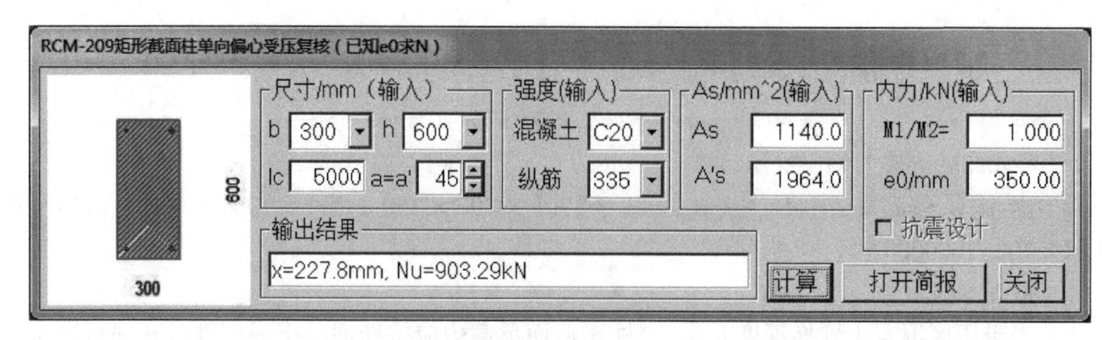

图 3-9　原柱承载力复核

2）加固设计

大偏心受压柱，只要将受压区混凝土置换成强度更高的混凝土，所以截面受压区高度

即是所求。

判断是否考虑二阶效应：

由于 $M_1/M_2=1>0.9$，且 $i=0.289h=0.289\times600=173.4\text{mm}$，则 $l_c/i=5000/202.3=28.8>34-12(M_1/M_2)=22$，因此，需要考虑挠曲变形引起的附加弯矩影响。

$$h_0=h-a=600-45=555\text{mm}$$

$$e_a=\max\{\frac{h}{30},20\}=\max\{\frac{600}{30},20\}=20.0\text{mm}$$

$$\zeta_c=0.2+2.7\frac{e_i}{h_0}=0.2+2.7\times\frac{350+20}{555}=2.000>1.0\text{，取}\zeta_c=1.0$$

$$C_m=0.7+0.3\frac{M_1}{M_2}=1.0$$

$$\eta_{ns}=1+\frac{1}{1300(e_0+e_a)/h_0}\left(\frac{l_c}{h}\right)^2\zeta_c=1+\frac{1}{1300\times(350+20)/555}\left(\frac{5000}{600}\right)^2\times1=1.080$$

$$e_i=C_m\eta_{ns}e_0+e_a=1\times1.080\times350+20=398.0\text{mm}$$

$e_i>0.3h_0$，按大偏心受压计算

$$e=e_i+\frac{h}{2}-a=398.0+0.5\times600-45=653.0\text{mm}$$

由式（3-2）、式（3-3）

$$N=1\times19.1\times300x_n+300\times(1964-1140)$$

$$653N=1\times19.1\times300x_n(555-x_n/2)+300\times1964\times(555-45)$$

解联立方程组，得 $x_n=143.1\text{mm}$。即可取置换深度150mm。

SCS软件计算对话框输入信息和最终计算结果如图3-10所示，可见其与手算结果相同。

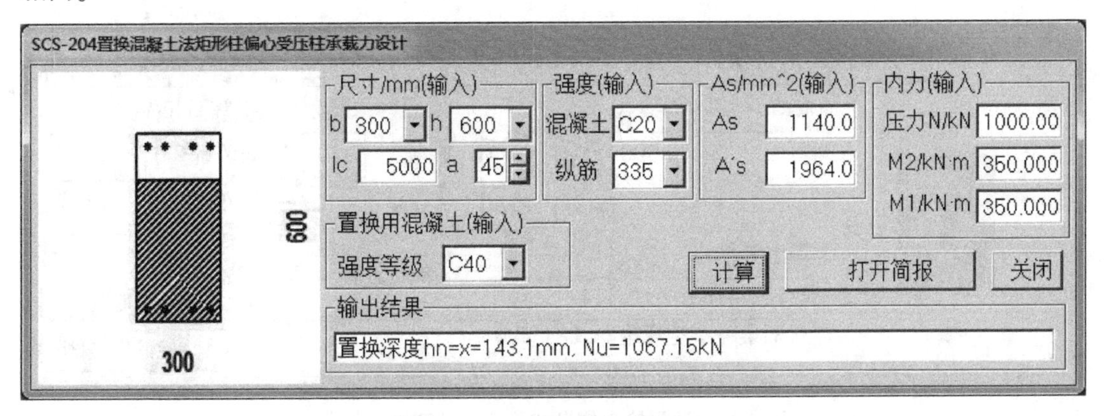

图3-10　偏压柱计算置换深度

3.4　置换法加固钢筋混凝土受弯构件承载力计算

当采用置换法加固钢筋混凝土受弯构件时，其正截面承载力应按下列两种情况分别计算：

1）压区混凝土置换深度 $h_n \geqslant x_n$，按新混凝土强度等级和现行国家标准《混凝土结构设计规范》GB 50010 的规定进行正截面承载力计算，即其正截面承载力应符合下列公式规定：

$$M \leqslant \alpha_1 f_c bx\left(h_0-\frac{x}{2}\right)+f'_{y0}A'_{s0}(h_0-a') \tag{3-6}$$

$$\alpha_1 f_c bx=f_{y0}A_{s0}-f'_{y0}A'_{s0} \tag{3-7}$$

2）压区混凝土置换深度 $h_n<x_n$，其正截面承载力应按下列公式计算：

$$M \leqslant \alpha_1 f_c bh_n h_{0n}+\alpha_1 f_{c0}b(x_n-h_n)h_{00}+f'_{y0}A'_{s0}(h_0-a') \tag{3-8}$$

$$\alpha_1 f_c bh_n+\alpha_1 f_{c0}b(x_n-h_n)=f_{y0}A_{s0}-f'_{y0}A'_{s0} \tag{3-9}$$

式中 M——构件加固后的弯矩设计值；

f_{y0}、f'_{y0}——原构件纵向钢筋的抗拉、抗压强度设计值。

SCS 软件提供了情形 2）的计算，情形 1）的计算可用 RCM 软件[2] 解决。

【例 3-6】置换法加固矩形梁正截面复核 1

矩形梁截面尺寸 $b \times h=400\text{mm} \times 500\text{mm}$，混凝土强度等级 C20，受拉钢筋 4ϕ28，受压钢筋 3ϕ14。由于改造，荷载加大，梁的弯矩设计值为 300kN·m，采用置换混凝土的方法进行加固，使用 C35 混凝土，置换深度 100mm，试计算其承载力是否满足要求。

【解】 1）原梁承载力计算。采用文献[2]的 RCM 软件，计算结果如图 3-11 所示。可见，其不满足承载力要求，需要加固处理。

2）加固计算。采用 C35 混凝土置换，设置换深度 $h_n=100\text{mm}$。

由式（3-7）

$$1 \times 16.7 \times 400x=300 \times (2463-461)$$

得 $x=89.9\text{mm}$。

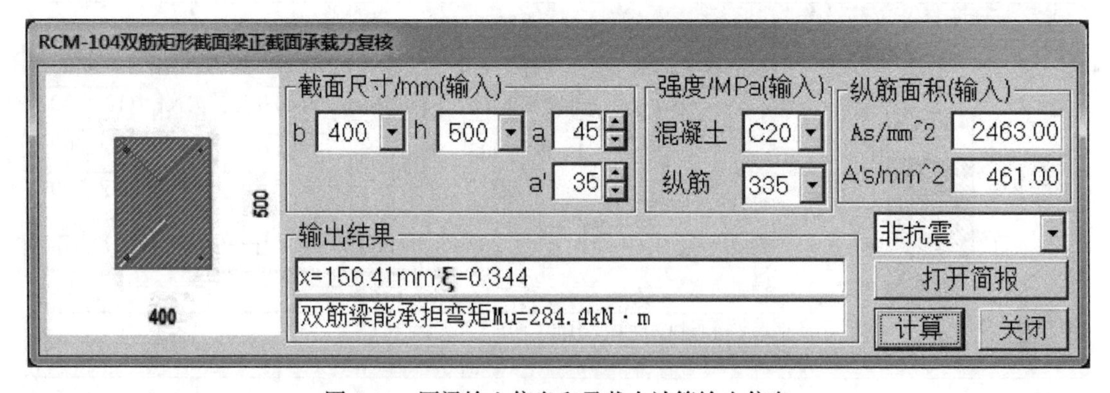

图 3-11 原梁输入信息和承载力计算输出信息

x 小于置换深度，故使用式（3-6）得

$M=\alpha_1 f_c bx(h_0-x/2)+f'_{y0}A'_{s0}(h_0-a')=[1 \times 16.7 \times 400 \times 89.9 \times (460-89.9/2)+300 \times 461 \times (460-40)] \times 10^{-3}=304.4\text{kN}\cdot\text{m}>300\text{kN}\cdot\text{m}$，满足要求。

SCS 软件计算对话框输入信息和最终计算结果如图 3-12 所示，可见其与手算结果相同。

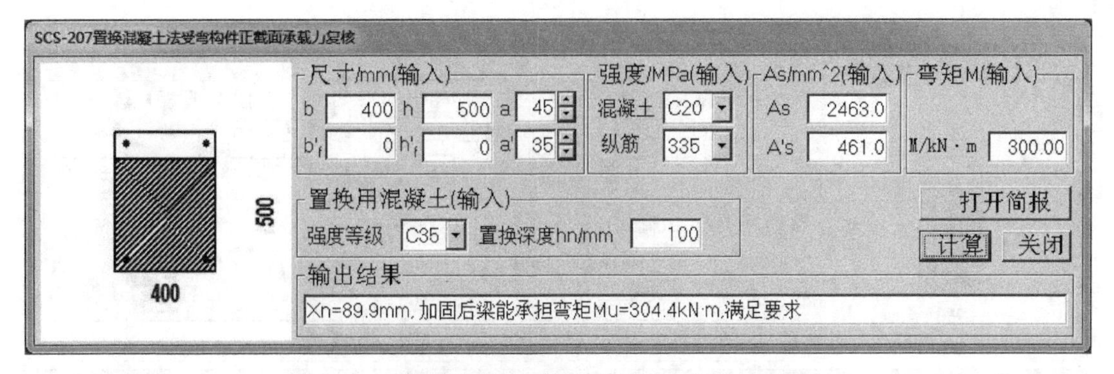

图 3-12　置换法加固矩形梁输入信息和简要输出信息

【例 3-7】置换法加固矩形梁正截面复核 2

文献［1］第 37 页例题，矩形梁截面尺寸 $b \times h = 250\text{mm} \times 500\text{mm}$，混凝土强度等级 C20，受拉钢筋 4ф28，受压钢筋 3ф18。由于改造，荷载加大，梁的弯矩设计值为 300kN·m，梁的受剪承载力满足要求，需要进行抗弯加固，采用置换混凝土的方法进行加固，使用 C40 混凝土，置换深度 100mm，试计算其承载力是否满足要求。

【解】 1）原梁承载力计算。采用文献［2］的 RCM 软件，计算结果如图 3-13 所示。可见，其不满足承载力要求，需要加固处理。

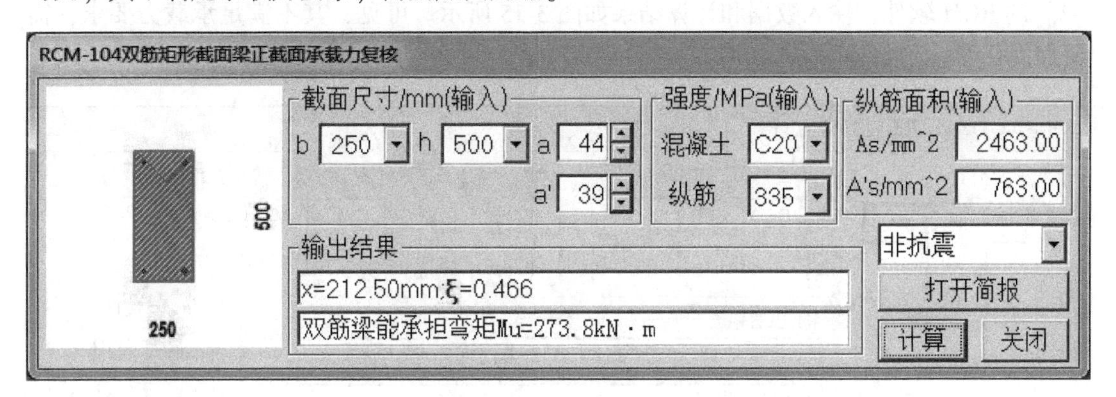

图 3-13　原梁输入信息和承载力计算输出信息

2）加固计算。采用 C40 混凝土置换，设置换深度 $h_n = 100\text{mm}$。

由式（3-7）

$$\alpha_1 f_c b h_n = 1.00 \times 19.1 \times 250 \times 100 = 477.5 \times 10^3\text{N}$$

$$f_{y0} A_{s0} - f'_{y0} A'_{s0} = 300 \times (2463 - 763) = 510.0 \times 10^3\text{N}$$

据 $\alpha_1 f_c b h_n < f_{y0} A_{s0} - f'_{y0} A'_{s0}$，得 $h_n < x_n$。梁的受压区高度按式（3-9）计算：

$$1 \times 19.1 \times 250 \times 100 + 1 \times 9.6 \times 250 \times (x_n - 100) = 300 \times (2463 - 763)$$

求得 $x_n = 113.5\text{mm}$。代入式（3-8）得：

$$M = [1 \times 19.1 \times 250 \times 100 \times 406 + 1 \times 9.6 \times 250 \times (113.5 - 100) \times (456 - 0.5 \times 100 - 0.5 \times 113.5) + 300 \times 763 \times (456 - 39)] \times 10^{-6} = 300.67\text{kN} \cdot \text{m}$$，满足要求。

SCS 软件计算对话框输入信息和最终计算结果如图 3-14 所示，可见其与手算结果相同。

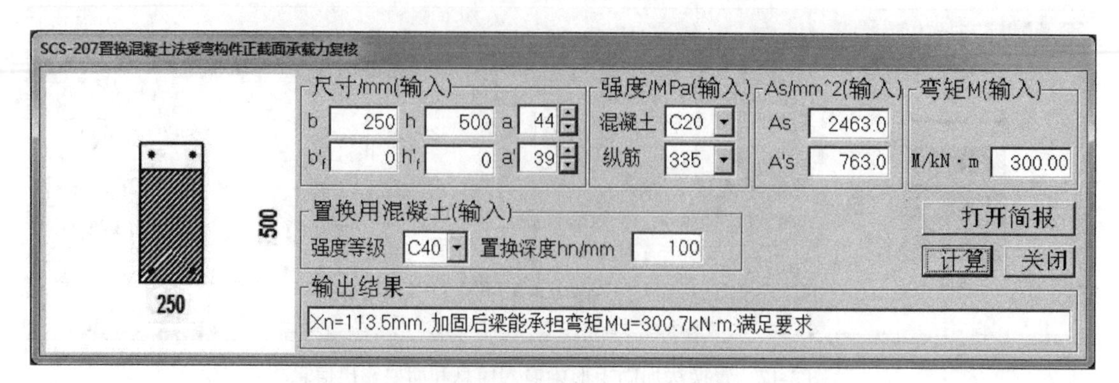

图 3-14 置换法加固矩形梁输入信息和简要输出信息

【例 3-8】置换法加固 T 形梁正截面复核

文献［1］第 40 页例题，某 T 形截面梁 $b=250\text{mm}$，$h=650\text{mm}$，$b'_f=800\text{mm}$，$h'_f=150\text{mm}$，混凝土强度等级 C20，受拉钢筋 4φ28。由于改造，荷载加大，梁的受剪承载力满足要求，采用置换混凝土的方法进行加固，使用 C40 混凝土，预估置换深度 50mm，加固后梁的弯矩设计值为 430kN·m，试计算其承载力是否满足要求。

【解】 1）原梁承载力计算。设构件处于一类环境，且箍筋直径为 8mm。采用文献［2］的 RCM 软件，输入数据和计算结果如图 3-15 所示。可见，其不满足承载力要求，需要加固处理。

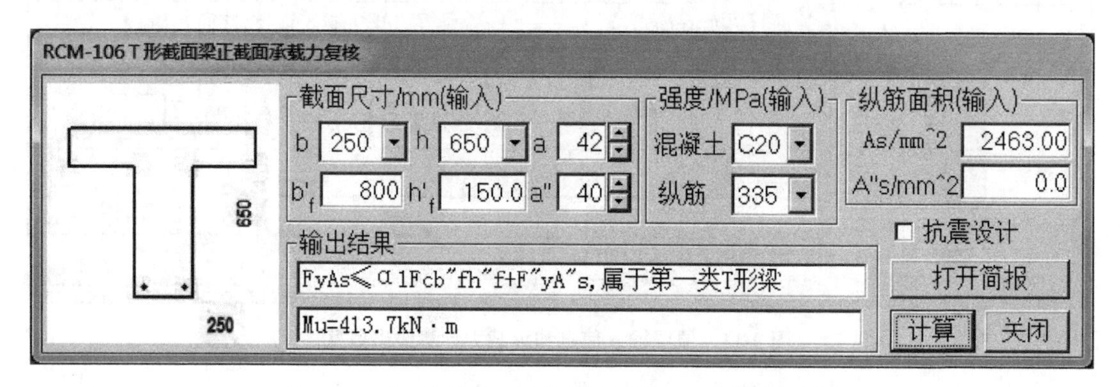

图 3-15 原 T 形截面梁承载力计算输入信息和计算结果

2）加固计算。采用 C40 混凝土置换，设置换深度 $h_n=50\text{mm}$。

由式（3-7）

$$\alpha_1 f_c b'_f h_n=1\times19.1\times800\times50=764\times10^3\text{N}$$

$$f_{y0}A_{s0}-f'_{y0}A'_{s0}=300\times(2463-0)=738.9\times10^3\text{N}$$

据 $\alpha_1 f_c b'_f h_n>f_{y0}A_{s0}-f'_{y0}A'_{s0}$，得 $h_n>x_n$。梁的受压区高度按式（3-7）计算：

$$\alpha_1 f_c b'_f x_n=f_{y0}A_{s0}-f'_{y0}A'_{s0}$$

$$1\times19.1\times800x_n=300\times(2463-0)$$

求得 $x_n=48.4\text{mm}$。代入式（3-6）得：

$$M=\alpha_1 f_c b'_f x_n(h_0-x_n/2)+f'_{y0}A'_{s0}(h_0-a')$$

$=1\times19.1\times800\times48.4\times(608-0.5\times48.4)\times10^6+0=431.4\text{kN}\cdot\text{m}$，满足要求。

SCS软件计算对话框输入信息和最终计算结果如图3-16所示，可见其与手算结果相同。

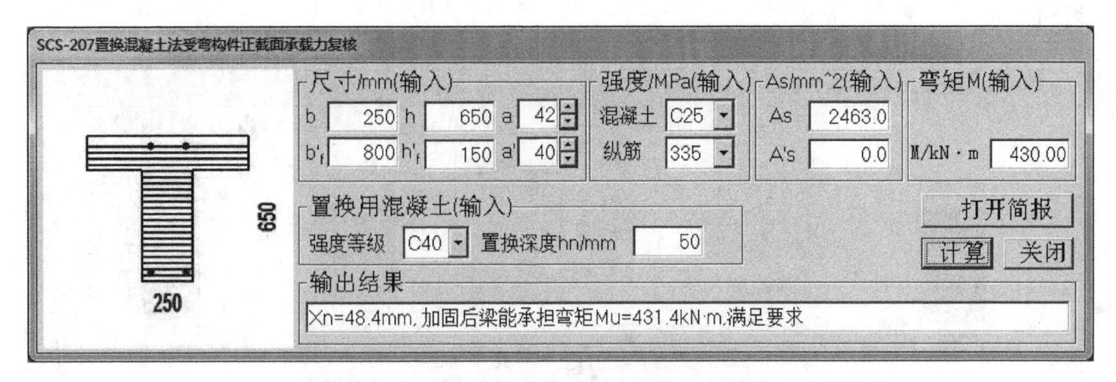

图3-16　置换法加固T形截面梁承载力计算输入信息和计算结果

【例3-9】置换法加固矩形梁受弯承载力计算置换深度

文献［4］第420页例题，受均布荷载的矩形截面梁 $b=250\mathrm{mm}$，$h=500\mathrm{mm}$，混凝土强度等级C20，受拉钢筋4ϕ28，受压钢筋3ϕ18。加固后梁的弯矩设计值为300kN·m，采用C35混凝土置换的方式加固，试计算混凝土的置换深度。

【解】 1）原梁承载力计算。采用文献［2］的RCM软件，输入数据和计算结果如图3-17所示。可见，其不满足承载力要求，需要加固处理。

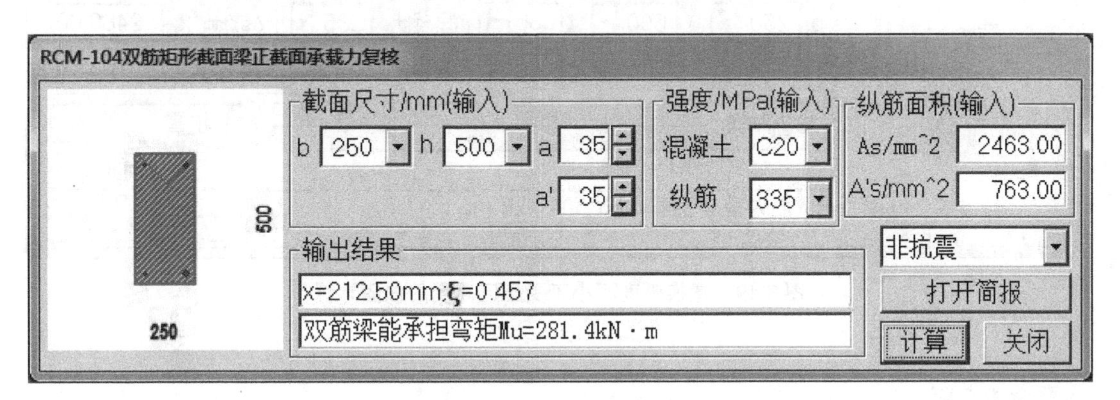

图3-17　原矩形截面梁承载力计算输入信息和计算结果

2）加固计算

由

$$M \leqslant f_y A_s \left(h_0 - \frac{x_n}{2}\right) + f'_y A'_s \left(\frac{x_n}{2} - a'\right)$$

$$300\times10^6 = 300\times2463\times(465-0.5x_n)+300\times763\times(0.5x_n-35)$$

求得 $x_n=139.5\mathrm{mm}$。采用C35混凝土置换，设 $h_n<x_n$。

当受压区混凝土置换深度 $h_n<x_n$，其正截面承载力应按下式计算：

$$\alpha_1 f_c b h_n + \alpha_1 f_{c0} b (x_n - h_n) = f_{y0} A_{s0} - f'_{y0} A'_{s0}$$

$$1\times16.7\times250h_n+1\times9.6\times250\times(139.5-h_n)=300\times(2463-763)$$

求得 $h_n=98.7\mathrm{mm}$。

故采用 C35 混凝土置换，置换深度为 99mm，可满足承载力要求。

SCS 软件计算对话框输入信息和最终计算结果如图 3-18 所示，可见其与手算结果相同。

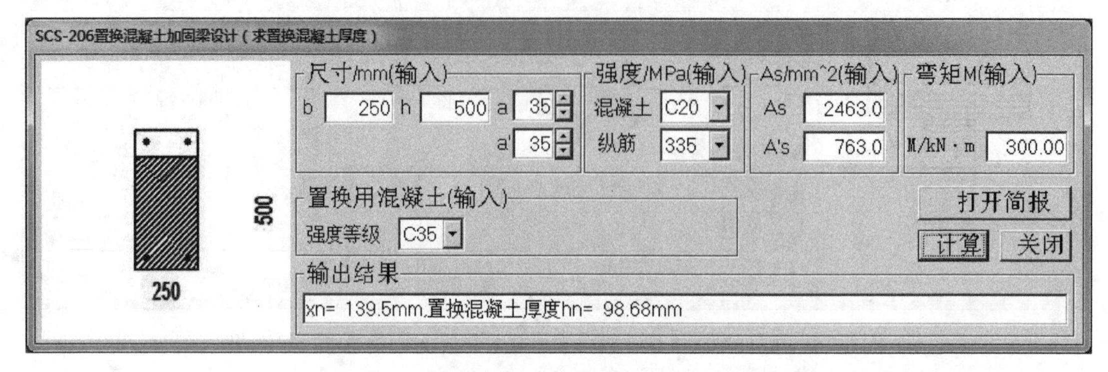

图 3-18　置换法加固矩形截面梁计算置换深度

对于 $h_n \geqslant x_n$ 的情形，使用 RCM 软件[2]，输入数据和计算结果如图 3-19 所示。此与文献［4］手算结果相同。

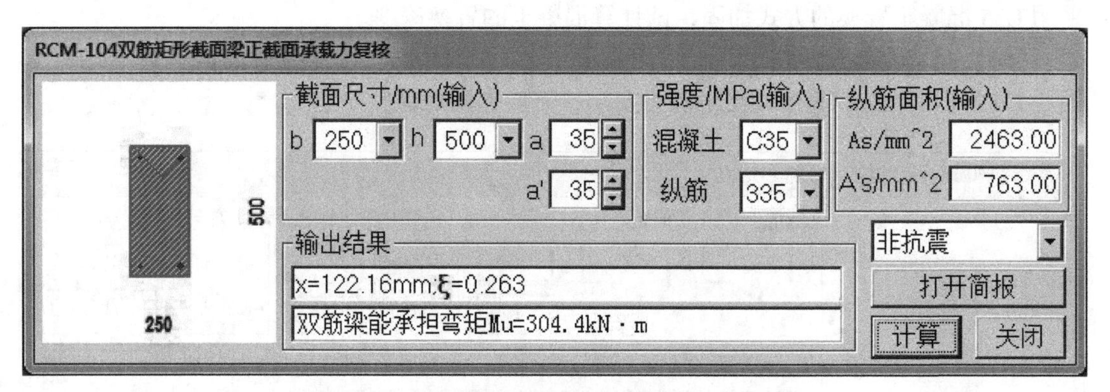

图 3-19　置换厚度不小于受压区高度的加固计算

本章参考文献

［1］卜良桃，梁爽，黎红兵. 混凝土结构加固设计规范算例（第 2 版）［M］. 北京：中国建筑工业出版社，2015.

［2］王依群. 混凝土结构设计计算算例（第 3 版）［M］. 北京：中国建筑工业出版社，2016.

［3］卢亦焱. 混凝土结构加固设计原理［M］. 北京：高等教育出版社，2016.

［4］北京康桥隆盛工程检测有限责任公司. 建筑结构检测 · 鉴定 · 加固再设计手册［M］. 北京：中国建筑工业出版社，2015.

第 4 章　体外预应力加固法

4.1　设计规定

体外预应力加固法适用于下列钢筋混凝土结构构件的加固：

（1）以无粘结钢绞线为预应力下撑式拉杆时，宜用于连续梁和大跨简支梁的加固；

（2）以普通钢筋为预应力下撑式拉杆时，宜用于一般简支梁的加固；

（3）以型钢为预应力撑杆时，宜用于柱的加固。

体外预应力加固法不适用于素混凝土构件（包括纵向受力钢筋一侧配筋率小于 0.2% 的构件）的加固。

采用体外预应力方法对钢筋混凝土结构、构件进行加固时，其原构件的混凝土强度等级不宜低于 C20。

采用体外预应力法加固混凝土结构时，其新增的预应力拉杆、锚具、垫板、撑杆、缀板以及各种紧固件等均应进行可靠的防锈蚀处理。

采用体外预应力法加固的混凝土结构，其长期使用的环境温度不应高于 60℃。

当被加固构件的表面有防火要求时，应按现行国家标准《建筑设计防火规范》GB 50016—2014 规定的耐火等级及耐火极限要求，对预应力杆件及其连接进行防护。

采用体外预应力加固法对钢筋混凝土结构进行加固时，可不采取卸载措施。

4.2　无粘结钢绞线体外预应力的加固计算

当采用无粘结钢绞线预应力下撑式拉杆加固受弯构件时，除应符合现行国家标准《混凝土结构设计规范》GB 50010 正截面承载力计算的基本假定外，尚应符合下列规定：

1）构件达到承载能力极限状态时，假定钢绞线的应力等于施加预应力时的张拉控制应力，亦即假定钢绞线的应力增量值与预应力损失值相等。

2）当采用一端张拉，而连续跨的跨数超过两跨；或当采用两端张拉，而连续跨的跨数超过四跨时，距张拉端两跨以上的梁，其由摩擦力引起的预应力损失有可能大于钢绞线的应力增量。此时可采用下列两种方法加以弥补：

方法一，在跨中设置拉紧螺栓，采用横向张拉的方法补足预应力损失值；

方法二，将钢绞线的张拉预应力提高至 $0.75f_{ptk}$，计算时仍按 $0.70f_{ptk}$ 取值。

3）无粘结钢绞线体外预应力产生的纵向压力在计算中不予计入，仅作为安全储备。

4）在达到受弯承载力极限状态前，无粘结钢绞线锚固可靠。

注：以上是 GB 50367—2013 第 7.2.2 条的规定，但鉴于规范编制组二成员所著算例[4,5] 均未采用规范上述简化方法计算预应力损失，本书和 SCS 软件也仿照文献［4，5］进行了预应力损失计算。

受弯构件加固后的相对界限受压区高度 ξ_{pb} 可采用下式计算，即取加固前控制值的 0.85 倍：

$$\xi_{pb}=0.85\xi_b \tag{4-1}$$

式中 ξ_b——构件加固前的相对界限受压区高度，按现行国家标准《混凝土结构设计规范》GB 50010 的规定计算。

当采用无粘结钢绞线体外预应力加固矩形截面受弯构件时（图 4-1），其正截面承载力应按下列公式计算：

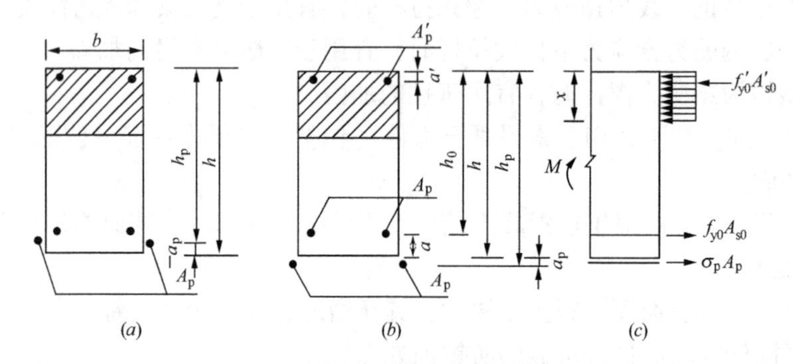

图 4-1　矩形截面正截面受弯承载力计算

（a）钢绞线位于梁底以上；（b）钢绞线位于梁底以下；（c）对应于（b）的计算简图

$$M\leqslant\alpha_1 f_c bx\left(h_p-\frac{x}{2}\right)+f'_{y0}A'_{s0}(h_p-a')-f_{y0}A_{s0}(h_p-h_0) \tag{4-2}$$

$$\alpha_1 f_{c0}bx=\sigma_p A_p+f_{y0}A_{s0}-f'_{y0}A'_{s0} \tag{4-3}$$

$$2a'\leqslant x\leqslant\xi_{pb}h_0 \tag{4-4}$$

式中 M——构件加固后的弯矩（包括加固前的初始弯矩）设计值；

α_1——计算参数；当混凝土强度等级不超过 C50 时，取 $\alpha_1=1.0$；当混凝土强度等级为 C80 时，取 $\alpha_1=0.94$；其间按线性内插法确定；

f_{c0}——混凝土轴心抗压强度设计值；

x——混凝土受压区高度；

b、h——矩形截面的宽度、高度；

f_{y0}、f'_{y0}——原构件受拉钢筋和受压钢筋的抗拉、抗压强度设计值；

a'——纵向受压钢筋合力点至混凝土受压区边缘的距离；

h_0——构件加固前的截面有效高度；

h_p——构件截面受压边至无粘结钢绞线合力点的距离，可近似取 $h_p=h$；

σ_p——预应力钢绞线应力值，取 $\sigma_p=\sigma_{p0}$，σ_{p0} 预应力钢绞线张拉控制应力；

A_p——预应力钢绞线截面面积。

当采用无粘结钢绞线体外预应力加固 T 形截面受弯构件，且截面混凝土受压区高度 x 大于翼缘设计 h'_f时，其正截面承载力应按下列公式计算：

$$M \leqslant \alpha_1 f_c bx\left(h_p - \frac{x}{2}\right) + \alpha_1 f_c (b_f' - b) h_f' \left(h_p - \frac{h_f'}{2}\right) + f_{y0}' A_{s0}' (h_p - a') - f_{y0} A_{s0} (h_p - h_0) \tag{4-5}$$

$$\alpha_1 f_{c0} bx + \alpha_1 f_{c0} (b_f' - b) h_f' = \sigma_p A_p + f_{y0} A_{s0} - f_{y0}' A_{s0}' \tag{4-6}$$

式中　b_f'、h_f'——T 形截面受压翼缘的宽度、高度。

一般加固设计时，矩形截面梁可根据式（4-2）计算出混凝土受压区高度 x，然后代入式（4-3），即可求出预应力钢绞线的截面面积 A_p。对于 T 形截面梁，则先在式（4-2）中用 b_f'代替 b 计算出受压区高度 x，若 $x \leqslant h_f'$，则解法同 b_f'代替 b 的矩形梁相同；若 $x > h_f'$，则使用式（4-5）再求 x，然后使用式（4-6）求出预应力钢绞线的截面面积 A_p。

当采用无粘结钢绞线预应力跨中单点下撑式拉杆加固受弯构件时，其增加的受弯承载力和剪力、轴力负担如图 4-2 所示。假设拉杆内的拉力为 $T = \sigma_p A_p$，则跨中由预应力筋增加的受弯承载力为：

$$\Delta M = T(y_0 + a_p)\cos\alpha \tag{4-7}$$

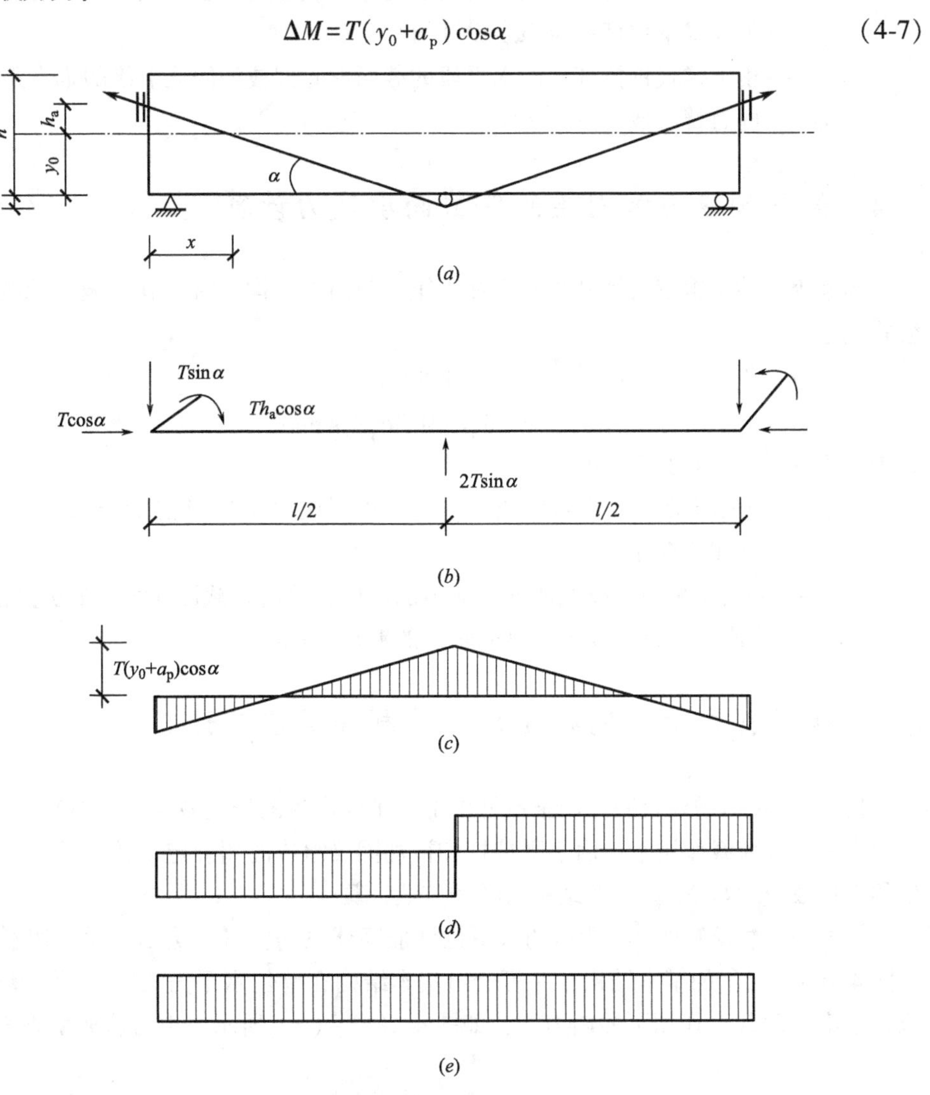

图 4-2　梁跨中单点下撑式加固

（a）计算模型；（b）受力分析；（c）M 图；（d）V 图；（e）N 图

这里 y_0 是截面形心至梁底距离，其他量如图 4-2 所示。

4.3 普通钢筋体外预应力的加固计算

采用普通钢筋预应力两点下撑式拉杆加固简支梁时，应按下列规定进行计算：

估算预应力下撑式拉杆的截面面积 A_p：

$$A_p = \frac{\Delta M}{f_{py} \eta h_{02}} \tag{4-8}$$

式中 A_p——预应力下撑式拉杆的总截面面积；

ΔM——梁加固后增大的受弯承载力，可根据该梁加固前能承受的受弯承载力与加固后在新设计荷载作用下所需的受弯承载力来初步确定；

f_{py}——下撑式钢拉杆抗拉强度设计值；

h_{02}——由下撑式钢拉杆中部水平段的截面形心到被加固梁上缘的垂直距离；

η——内力臂系数，取 0.80。

4.4 体外预应力加固梁的斜截面承载力计算

当采用无粘结钢绞线体外预应力加固矩形截面受弯构件时，其斜截面承载力应按下列公式确定：

$$V \leqslant V_{b0} + V_{bp} \tag{4-9}$$

$$V_{pb} = 0.8\sigma_p A_p \sin\alpha \tag{4-10}$$

式中 V——支座剪力设计值；

V_{b0}——加固前梁的斜截面承载力；应按现行国家标准《混凝土结构设计规范》GB 50010 计算；

V_{bp}——采用无粘结钢绞线体外预应力加固后，梁的斜截面承载力的提高值；

α——支座区段钢绞线与梁纵向轴线的夹角（rad）。

4.5 体外预应力加固张拉应力控制和梁挠度计算

1）计算在新增外荷载作用下拉杆中部水平段产生的作用效应增量 ΔN

在新增外荷载作用下，由水平拉杆和被加固梁组成的超静定结构体系中，水平拉杆产生的作用效应增量 ΔN，可按结构力学的方法计算[5]。

例如用力法求解图 4-3 所示的水平拉杆加固体系的拉杆拉力 ΔN 时，切断水平筋可获得图 4-4(a) 所示的基本结构，并可绘出基本结构在单位水平力 $\Delta N=1$ 及新增均布荷载 q 或跨中集中荷载 P 作用下的内力图，如图 4-4(c)～(g) 所示。由力法典型方程可得

$$\Delta N = \frac{-\Delta_{1p}}{\delta_{11}} \tag{4-11}$$

当预应力筋为跨内两支点模式，忽略加固梁的剪切变形后，自由项

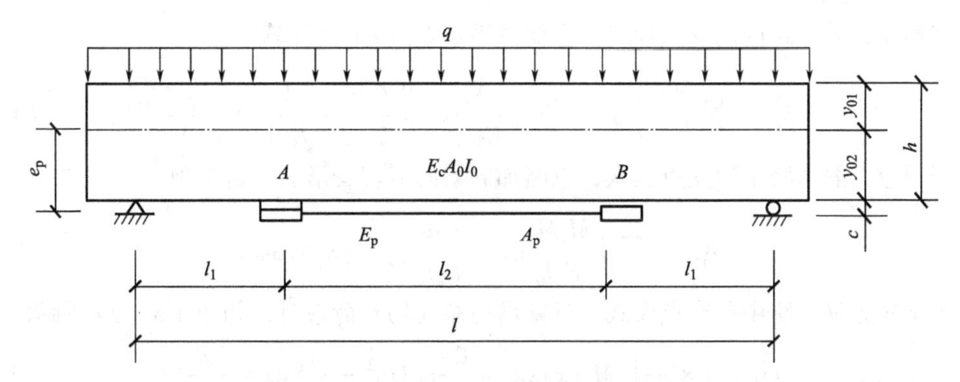

图 4-3　水平拉杆外加预应力加固坐标系计算简图

q—新增荷载；h—加固梁高度；y_{01}、y_{02}—分别为原梁跨中截面重心至截面上缘和下缘的距离；c—水平筋截面中心至截面下缘的距离；e_p—水平筋截面中心到跨中换算截面重心的距离（$e_p=y_{02}+c$）；l—加固梁计算跨度；l_1—锚固点至支座中心的距离；l_2—两个锚固点之间的距离；E_c、A_0、I_0—分别为原梁混凝土弹性模量、跨中换算截面面积和惯性矩；E_p、A_p—分别为水平筋的弹性模量和横截面面积

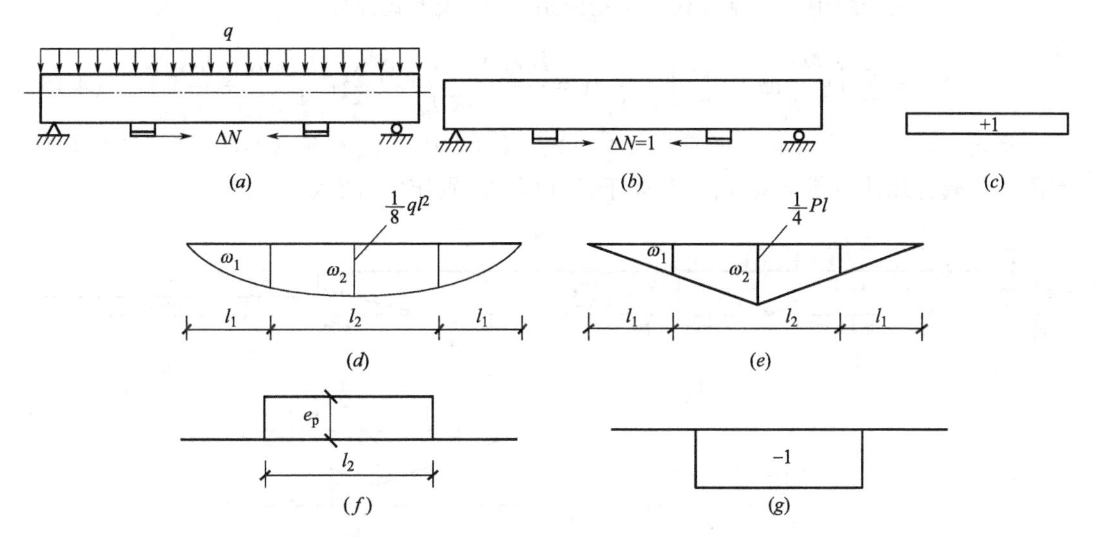

图 4-4　跨内两支点水平拉杆加固体系基本结构在单位力和新增荷载作用下的内力图形

q—新增荷载；ω_1—锚具中心到支座中心间的新增荷载弯矩图面积；ω_2—两个锚具中心间新增荷载弯矩图面积

（a）基本结构；（b）单位力图；（c）拉杆 N_1 图（以拉为正）；（d）均布荷载作用下梁体 M_P 图（以下缘受拉为正）；（e）跨中集中力作用下梁体 M_P 图（以下缘受拉为正）；（f）梁体 M_1 图（以下缘受拉为正）；（g）梁体 N_1 图（以拉为正）

$$\Delta_{1p}=\sum\int\frac{\overline{M}_1M_p}{E_cI_0}dx=\frac{-\omega_2e_p}{E_cI_0} \tag{4-12a}$$

当预应力筋为跨内两支点模式，且新增荷载为均布荷载时，如图 4-4（d）所示：

$$\omega_2=2\int_{l_1}^{\frac{l}{2}}M_p(x)\,dx=2\int_{l_1}^{\frac{l}{2}}\frac{q}{2}(lx-x^2)\,dx=\frac{1}{12}ql^3-ql_1^2\left(\frac{l}{2}-\frac{l_1}{3}\right) \tag{4-13a}$$

当预应力筋为跨内两支点模式，且新增荷载为跨中集中力时，如图 4-4（e）所示：

$$\omega_2=2\int_{l_1}^{\frac{l}{2}}M_p(x)\,dx=2P\int_{l_1}^{\frac{l}{2}}\frac{x}{2}dx=P\left(\frac{l^2}{4}-\frac{l_1^2}{2}\right) \tag{4-14a}$$

当预应力筋为跨内两支点模式，主变位系数 δ_{11} 按下式计算：

$$\delta_{11}=\sum\int\frac{\overline{M}_1^2}{E_cI_0}dx+\sum\int\frac{\overline{N}_1^2}{E_cA_0}dx=\frac{e_p^2l_2}{E_cI_0}+\frac{l_2}{E_cA_0}+\frac{l_2}{E_pA_p} \tag{4-15a}$$

当预应力筋为跨中单支点模式，忽略加固梁的剪切变形后，自由项

$$\Delta_{1p}=\sum\int\frac{\overline{M}_1M_p}{E_cI_0}dx=\frac{-\omega_2}{E_cI_0}(y_0+a_p)\cos\alpha \tag{4-12b}$$

当预应力筋为跨中单支点模式，且新增荷载为均布荷载时，如图 4-5（d）所示：

$$\omega_2=2\times\frac{2}{l}\int_0^{\frac{l}{2}}M_p(x)x\mathrm{d}x=\frac{2q}{l}\int_0^{\frac{l}{2}}(lx^2-x^3)\,\mathrm{d}x=\frac{5ql^3}{96} \tag{4-13b}$$

当预应力筋为跨中单支点模式，且新增荷载为跨中集中力时，如图 4-5（e）所示：

$$\omega_2=2\times\frac{2}{l}\int_0^{\frac{l}{2}}M_p(x)x\mathrm{d}x=2P\times\frac{2}{l}\int_0^{\frac{l}{2}}\frac{x^2}{2}\mathrm{d}x=\frac{Pl^2}{12} \tag{4-14b}$$

当预应力筋为跨中单支点模式，主变位系数 δ_{11} 按下式计算：

$$\delta_{11}=\sum\int\frac{\overline{M}_1^2}{E_cI_0}dx+\sum\int\frac{\overline{N}_1^2}{E_cA_0}dx=\frac{l(y_0+a_p)^2\cos^2\alpha}{3E_cI_0}+\frac{l\cos^2\alpha}{E_cA_0}+\frac{l\cos^2\alpha}{E_pA_p} \tag{4-15b}$$

将式（4-12）、式（4-13）或式（4-14）、式（4-15）代入式（4-11）即可求得 ΔN。当新增荷载有几种不同类型时，ΔN 等于各种荷载分别作用时的效应之和。

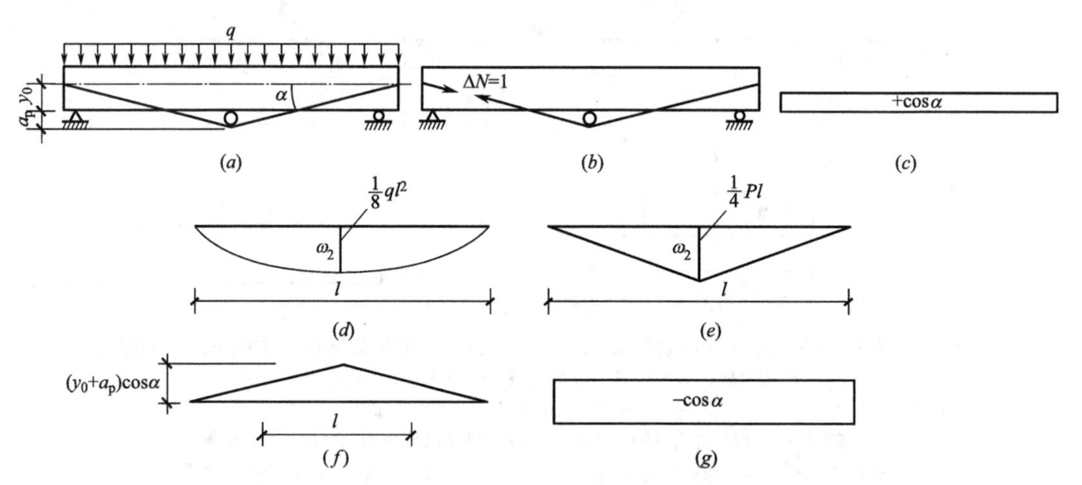

图 4-5 跨中单支点拉杆加固体系基本结构在单位力和新增荷载作用下的内力图形
（a）基本结构；（b）单位力图；（c）拉杆 N_1 图（以拉为正）；（d）均布荷载作用下梁体 M_P 图（以下缘受拉为正）；（e）跨中集中力作用下梁体 M_P 图（以下缘受拉为正）；（f）梁体 M_1 图（以下缘受拉为正）；（g）梁体 N_1 图（以拉为正）

2）确定下撑式拉杆应施加的预应力值 σ_p。确定时，除应按现行国家标准《混凝土结构设计规范》GB 50010 的规定控制张拉应力并计入预应力损失值外，尚应按下式进行验算：

$$\sigma_p+(\Delta N/A_p)<\beta_1f_{py} \tag{4-16}$$

式中 β_1——下撑式拉杆的协同工作系数，取 0.80。

3）预应力张拉控制量应按所采用的施加预应力方法计算。当采用千斤顶纵向张拉时，可按张拉力 σ_pA_p 控制；当要求按伸长率控制，伸长率中应计入裂缝闭合的影响。当采用

拉紧螺杆进行横向张拉时，横向张拉量应按以下规定确定。

当采用两根预应力下撑式拉杆进行横向张拉时，其拉杆中部横向张拉量 ΔH 可按下式验算：

$$\Delta H \leqslant (l_2/2)\sqrt{2\sigma_p/E_s} \tag{4-17}$$

式中　l_2——拉杆中部水平段的长度。

4）加固梁挠度的近似值 f，可按下式计算：

$$f=f_1-f_p+f_2 \tag{4-18}$$

式中　f_1——加固前梁在原荷载标准值作用下产生的挠度；梁的刚度 B_1 可根据原梁开裂情况，近似取 $0.35E_cI_0 \sim 0.50E_cI_0$；

f_p——张拉预应力引起的梁的反拱；计算时，梁的刚度 B_p 可近似取为 $0.75E_cI_0$；

f_2——加固结束后，在后加荷载作用下梁所产生的挠度；计算时，梁的刚度 B_2 可取等于 B_p；

E_c——原梁的混凝土弹性模量；

I_0——原梁的换算截面惯性矩。

张拉预应力引起的梁的反拱值，视预应力筋布置形式不同而不同，SCS 软件考虑了三种常见的形式，供用户计算时选择，如表 4-1 所示。

表 4-1 前两项的下撑式拉杆加固的预应力筋锚固点均在截面重心线上，当下撑式拉杆加固的预应力筋锚固点不在截面重心线上，即锚固点与截面重心线间距离 e_1（锚固点在截面重心线以下为正）不为 0，跨中反拱挠度值在表 4-1 值的基础上再加上 $\frac{N_pe_1l^2}{8EI}$。

预应力筋线形对应的梁的反拱挠度　　**表 4-1**

简称	预应力筋线形	跨中反拱挠度
跨中单支点	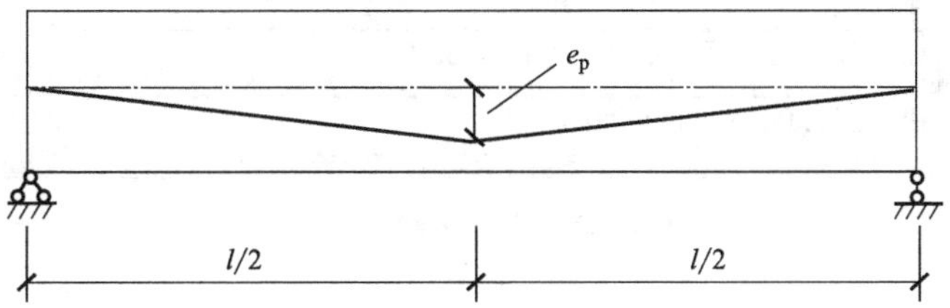 e_p；$l/2$，$l/2$	$f=\frac{N_pel^2}{12EI}$
跨内两支点	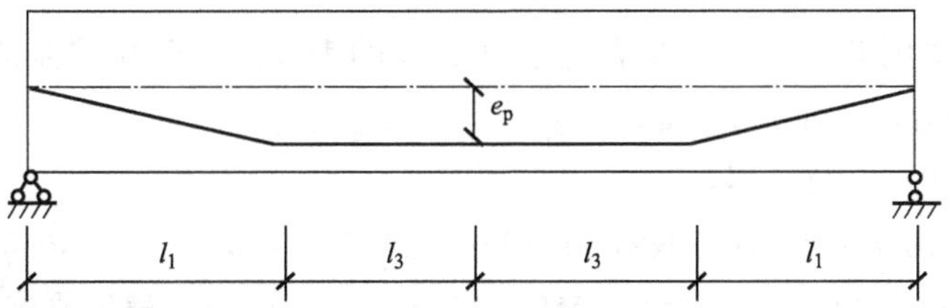 e_p；l_1，l_3，l_3，l_1	$f=\frac{N_pe}{6EI}(2l_1^2+6l_1l_3+3l_3^2)$
跨内无支点	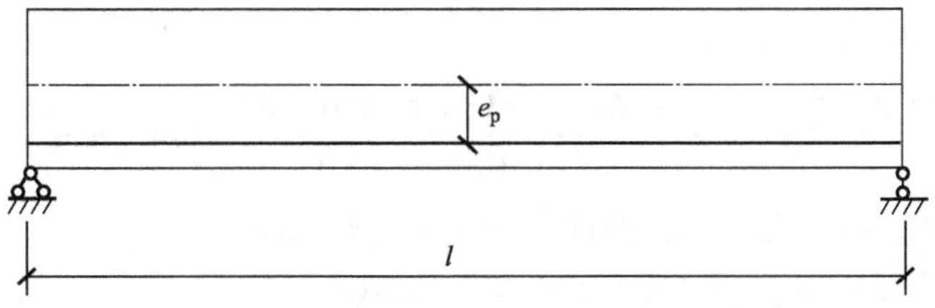 e_p；l	$f=\frac{N_pel^2}{8EI}$

SCS 软件功能项（菜单项）分工：

S301、S302 分别为高强钢筋（包括中强度预应力钢丝、预应力螺纹钢筋、消除应力钢丝、钢绞线）、普通钢筋加固梁的承载力设计，即由此求得所需加固钢筋的截面积 A_p。从软件输入数据的对话框可见 S301、S302 没有考虑预应力损失相关数据输入要求，软件中仅粗略地考虑了预应力筋松弛损失，所以其计算结果只能是简单的估算结果，精确的计算还是要使用 S303 再计算一次。S303 要求输入的预应力损失因素较全面，也要求输入预应力筋截面积，这需要使用 S301 估算并适当放大得到。S303 则由用户据上面得到的 A_p 选配钢筋（品种、根数、直径）后，检验控制应力和计算加固后梁的挠度。

【例 4-1】无粘结预应力钢绞线提高梁受弯承载力算例

文献［1］第 46 页例题，某矩形截面梁 $b\times h=250\text{mm}\times500\text{mm}$，原设计采用 C20 混凝土，纵筋采用 HRB335 级钢筋，受拉钢筋为 4 ϕ 16（$A_{s0}=804\text{mm}^2$，配筋率 0.69%）。现拟将该梁的弯矩设计值提高到 167.67kN · m；加固前原作用的弯矩标准值为 65kN · m。梁的抗剪能力满足要求。要求无粘结预应力钢绞线加固设计。

【解】 1）原梁承载力计算

使用 RCM 软件复核功能，输入信息及简要输出结果如图 4-6 所示，可见原梁承载力不足，需要加固。

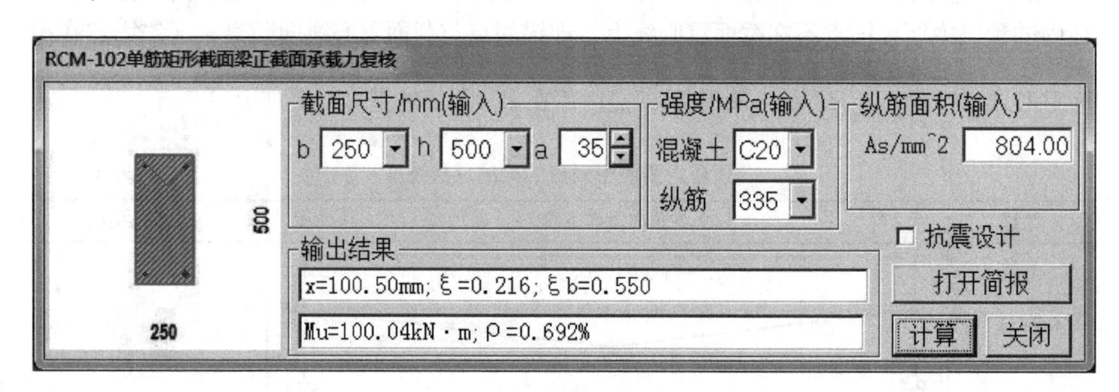

图 4-6 原梁受弯承载力

2）加固设计

无粘结预应力筋选用极限强度标准值为 1860MPa 的钢绞线，张拉控制应力限值 $\sigma_{p0}=\sigma_{con}=0.65f_{ptk}=0.65\times1860=1209.0\text{N/mm}^2$。$h_p=h-35=465\text{mm}$。

将已知参数代入式（4-2），得：

$$167.67\times10^6=1\times9.6\times250x\times(500-35-x/2)-300\times804\times(465-465)$$

解出 $x=188.4\text{mm}$，$x\leqslant\xi_{pb}h_0=0.85\times0.550\times465\text{mm}=217.4\text{mm}$，满足要求。

代入公式（4-3）得：

$$A_p=\frac{\alpha_1 f_{c0}bx-f_{y0}A_{s0}}{\sigma_{p0}}=\frac{1\times9.6\times250\times188.4-300\times804}{1209}=174.5\text{mm}^2$$

可选用 2 根直径 12.7mm 钢绞线，截面积为 $A_p=197.4\text{mm}^2$。

水平拉杆中的拉力 $\Delta N=\sigma_{p0}A_p=1209\times174.5=210970\text{N}$

预应力损失值的计算：由于预应力筋采用焊接锚固，故 $\sigma_{l1}=0$；预应力筋为体外配筋，故 $\sigma_{l2}=0$；此方法是后张法，故$\sigma_{l3}=0$；应力松弛引起的损失为：$\sigma_{l4}=0.05\sigma_{con}=0.05\times1209=60.45\text{N/mm}^2$；由于原混凝土梁早已使用，不考虑混凝土的收缩徐变引起的预应力损失 $\sigma_{l5}=0$。

总的预应力损失值 $\sigma_l=\sigma_{l4}=60.45\text{N/mm}^2$。

水平拉杆应施加的预应力

$$\sigma_p=\sigma_l+\frac{\Delta N}{A_p}=60.45+\frac{210970}{197.4}=1129.2\text{N/mm}^2\leqslant\sigma_{con}=1209\text{N/mm}^2\text{，满足要求。}$$

SCS 软件计算对话框输入信息和最终计算结果如图4-7所示，可见其与手算结果相同。

SCS 软件对话框中距离 a_p 自梁底面算起，向下为正，向上为负。锚固点高也是自梁底面算起，向上为正。

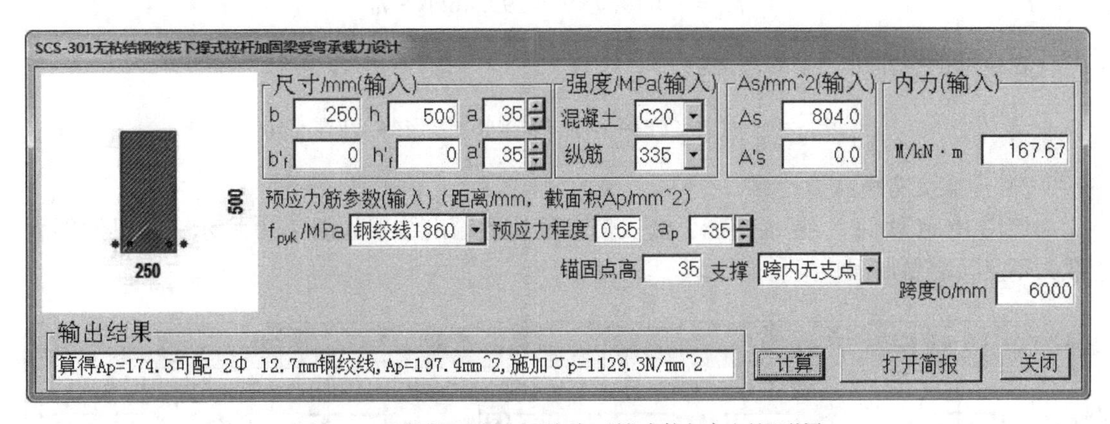

图4-7　无粘结预应力钢绞线下撑式拉杆加固矩形梁

【例4-2】无粘结预应力钢绞线提高T形梁受弯承载力算例

文献［4］第65页例题，已知某钢厂设备平台大梁计算跨度为9m，承受均布恒载19.7kN/m，均布活荷载14kN/m，在跨中承受设备荷重26kN，如图4-8所示。现需改换设备，跨中设备荷重增加至46kN。试对此梁进行加固（以上荷载均为设计值）。

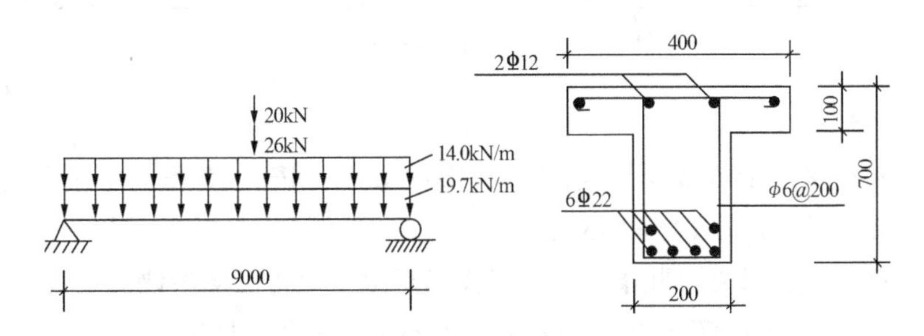

图4-8　无粘结预应力钢绞线下撑式拉杆加固矩形梁

梁的基本设计参数：受拉主筋为6 Φ 22，$A_{s0}=2281\text{mm}^2$，受压纵筋2 Φ 12，$A'_{s0}=226\text{mm}^2$，混凝土为C20。$h_0=700-60=540\text{mm}$，$a'=36\text{mm}$。

加固方法。如图4-9所示，采用竖向顶撑法、预应力筋的两端用U形钢板进行锚固。为防止其下滑，在U形钢板的端部用4个膨胀螺栓固定。张拉方法为竖向千斤顶顶撑法。待顶撑到位后，在支撑点和预应力筋之间垫以钢板，并用点焊固定，预应力筋是裸露工作的。

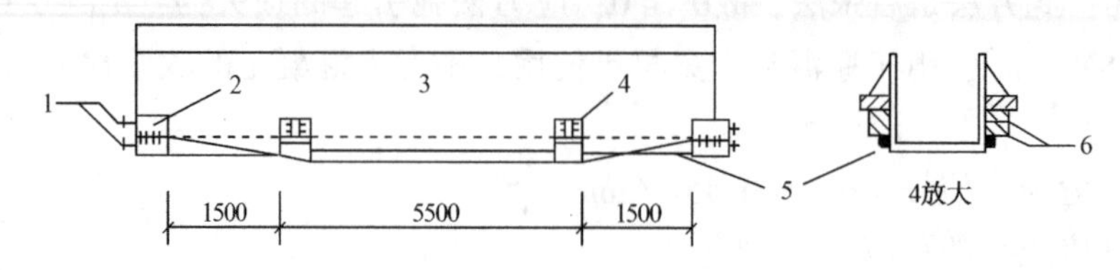

图 4-9　平台梁加固示意

1—膨胀螺栓；2—U 形锚固板；3—原梁；4—U 形支撑钢板；5—预应力加固筋；6—钢垫板

【**解**】1）内力计算

加固时，梁上仅有均布恒荷载作用产生的弯矩：

$$M_0=\frac{1}{8}\times19.7\times9^2=199.46\text{kN}\cdot\text{m}$$

在全部荷载作用产生的弯矩：

$$M_{\max}=\frac{1}{8}\times(19.7+14)\times9^2+\frac{1}{4}\times46\times9=444.7\text{kN}\cdot\text{m}$$

2）原梁受弯承载力计算

使用 RCM 软件[2] 复核功能，输入信息及简要输出结果如图 4-10 所示，可见原梁承载力不足，需要加固。

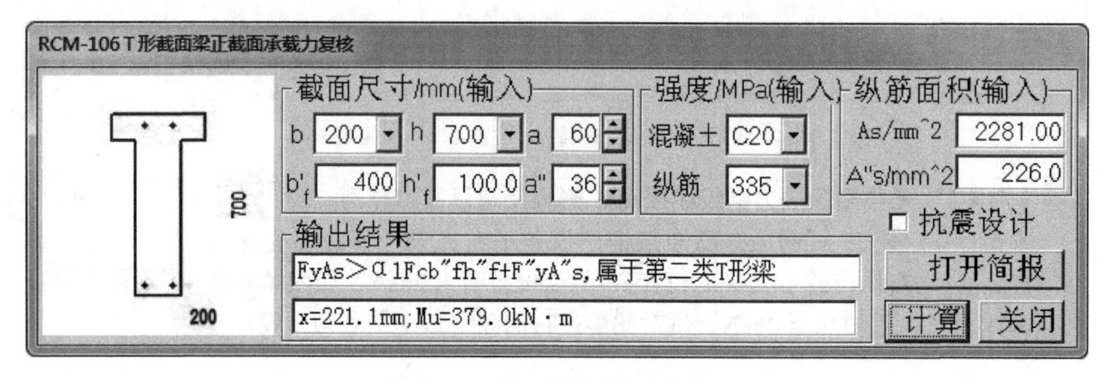

图 4-10　原 T 形梁受弯承载力

3）加固设计

预应力钢拉杆采用 1×3 股钢绞线，$f_{py}=1320\text{N/mm}^2$。按 0.70 张拉控制应力 $\sigma_{con}=0.7\times1860=1302.0\text{N/mm}^2$。$h_p=h+15=715\text{mm}$。

由原梁承载力计算可见，此梁属于第二类 T 形梁，故将已知参数代入式（4-5）得：

$$\begin{aligned}444.70\times10^6=&1\times9.6\times200x\times(715-x/2)+1\times9.6\\&\times(400-200)\times100\times(715-50)-300\times2281\\&\times(715-640)+300\times226\times(715-36)\end{aligned}$$

解出 $x=296.1\text{mm}$

$x\leqslant\xi_{pb}h_0=0.85\times0.550\times640\text{mm}=299.2\text{mm}$，满足要求。

再由公式（4-6）得预应力筋截面面积值

$$A_p=\frac{\alpha_1 f_{c0}bx+\alpha_1 f_{c0}(b_f'-b)h_f'-f_{y0}(A_{s0}-A_{s0}')}{\sigma_{p0}}$$

$$=\frac{1\times9.6\times200\times296.1+1\times9.6\times200\times100-300\times(2281-226)}{1302}$$

$$=110.6\text{mm}^2$$

可选用 2 根直径 10.8mm 钢绞线，截面积为 $A_p=117.8\text{mm}^2$。

水平拉杆中的拉力 $\Delta N=\sigma_{p0}A_p=1302\times110.6=144001\text{N}$

总的预应力损失值 $\sigma_l=\sigma_{l4}=0.05\sigma_{con}=0.05\times1302=65.1\text{N/mm}^2$。

水平拉杆应施加的预应力

$$\sigma_p=\sigma_l+\frac{\Delta N}{A_p}=65.1+\frac{144001}{117.8}=1287.5\text{N/mm}^2\leqslant\sigma_{con}=1302\text{N/mm}^2$$，满足要求。

SCS 软件计算对话框输入信息和最终计算结果如图 4-11 所示，可见其与手算结果相同。

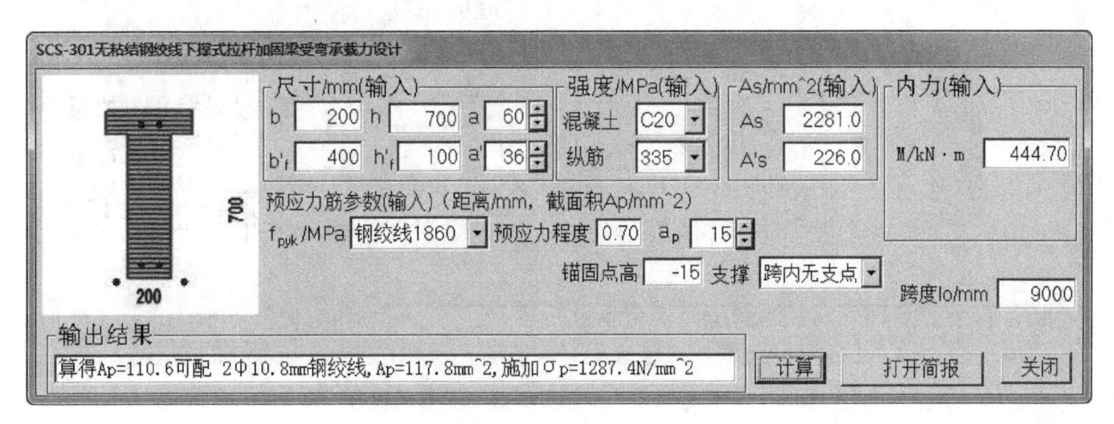

图 4-11　无粘结预应力钢绞线下撑式拉杆加固 T 形梁

【例 4-3】体外预应力加固梁斜截面受剪承载力复核算例

以【例 4-2】的梁为例，梁受弯承载力加固后，计算该预应力钢拉杆倾斜段梁受剪承载力。

【解】

1）原梁受剪承载力

经内力分析，该梁不是集中荷载作用为主的梁。按《混凝土结构设计规范》一般梁情况计算。

遵照《混凝土结构设计规范》GB 50010—2010，截面限制条件允许的剪力

$$h_0=700-60=640\text{mm},h_w=h_0-h_f'=640-100=540,h_w/\text{b}=540/200=2.7\leqslant4$$

$$[V]=0.25\beta_c f_c bh_0=0.25\times1\times9.6\times200\times640\times10^{-3}=307.20\text{kN}$$

截面受剪承载力

$$V_{b0}=0.7f_t bh_0+f_{yv}\frac{A_{sv}}{s}h_0=0.7\times1.10\times200\times640+270\times56.6\times640\times10^{-3}/200=147.46\text{kN}$$

原梁受剪承载力取二者较小值，即 $V_0=147.46\text{kN}$

2）加固后梁受剪承载力

预应力钢拉杆控制应力 $\sigma_{con}=0.7\times1860=1302.0\text{N/mm}$；$\sigma_p=\sigma_{con}$

预应力筋倾斜段高度差 $h_{\mathrm{p}}=a_{\mathrm{b}}+a_{\mathrm{p}}=100+15=115\mathrm{mm}$

支座区段预应力筋与梁纵向轴线的夹角 $\alpha=\arctan\left(\dfrac{h_{\mathrm{p}}}{L}\right)=\arctan\left(\dfrac{115}{1500}\right)=0.08\mathrm{rad}=4.4°$

根据 GB 50367—2013 式（7.2.4-2），采用体外预应力筋加固后，梁受剪承载力提高值

$$V_{\mathrm{pb}}=0.8\sigma_{\mathrm{p}}A_{\mathrm{p}}\sin\alpha=0.8\times1302\times117.8\times(\sin4.4)\times10^{-3}=9.38\mathrm{kN}$$

加固后，梁总的受剪承载力

$$V_{\mathrm{u}}=V_{\mathrm{b0}}+V_{\mathrm{bp}}=147.46+9.38=156.84\mathrm{kN}\leqslant[V]$$

SCS 软件计算对话框输入信息和最终计算结果如图 4-12 所示，可见其与手算结果相同。

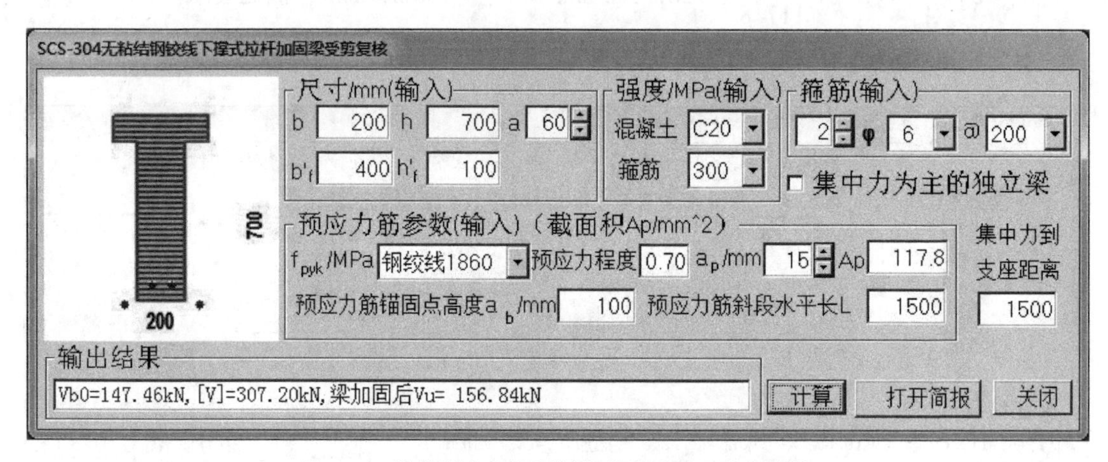

图 4-12　体外预应力加固梁斜截面受剪承载力计算

【例 4-4】普通钢筋体外预应力提高梁受弯承载力减小挠度算例

已知某钢厂设备平台简支大梁计算跨度为 9m，承受均布恒载标准值 16.417kN/m，均布活荷载标准值 10kN/m，在跨中承受设备荷重标准值 18.571kN，如图 4-8 所示。现需改换设备，跨中设备荷重标准值增加至 32.857kN。试对此梁进行加固。梁的基本设计参数：受拉主筋为 6φ22，$A_{\mathrm{s0}}=2281\mathrm{mm}^2$，$h_0=700-60=640\mathrm{mm}$，不计受压纵筋，即 $A'_{\mathrm{s0}}=0$，混凝土为 C30。

加固方法。如图 4-13 所示，采用竖向顶撑法、预应力筋的两端用 U 形钢板进行锚固，锚固在截面重心轴。为防止其下滑，在 U 形钢板的端部用 4 个膨胀螺栓固定。张拉方法为

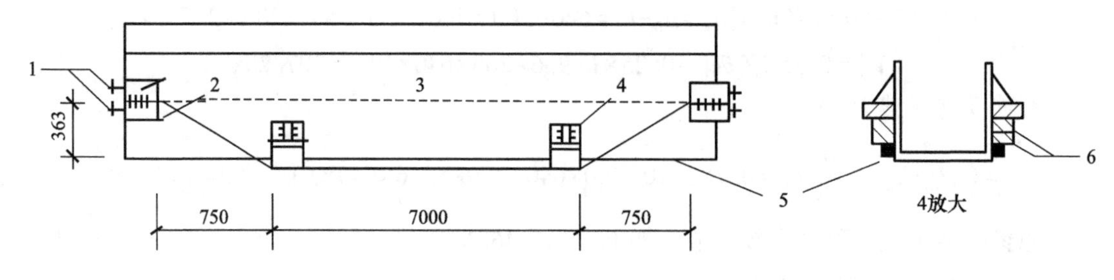

图 4-13　平台梁加固示意

1—膨胀螺栓；2—U 形锚固板；3—原梁；4—U 形支撑钢板；5—预应力加固筋；6—钢垫板

竖向千斤顶顶撑法。待顶撑到位后，在支撑点和预应力筋之间垫以钢板，并用点焊固定，预应力筋是裸露工作的。

【解】 1）内力计算

加固时，梁上仅有均布恒荷载标准值作用产生的弯矩：

$$M_0=\frac{1}{8}\times16.417\times9^2=166.22\text{kN}\cdot\text{m}$$

在全部荷载作用产生的弯矩设计值：

$$M_{max}=\frac{1}{8}\times(1.3\times16.417+1.5\times10)\times9^2+\frac{1}{4}\times1.5\times32.857\times9=478.86\text{kN}\cdot\text{m}$$

改造后跨中集中荷载设计值增加量为：

$$\Delta P=1.5\times(32.857-18.571)=21.4\text{kN}$$

2）原梁受弯承载力计算

使用 RCM 软件[2] 复核功能，输入信息及简要输出结果如图 4-14 所示，可见原梁承载力不足，需要加固。

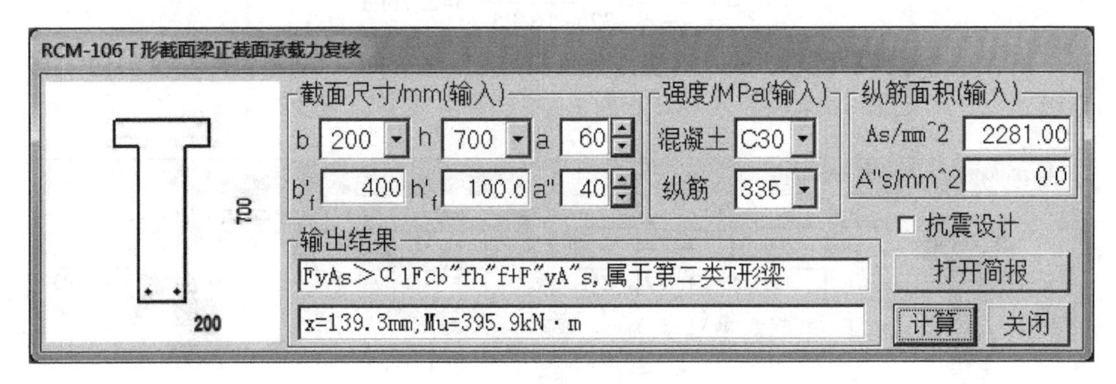

图 4-14　原梁受弯承载力复核

3）加固设计

预应力钢拉杆采用 HRB500 钢筋，$f_{py}=435\text{N/mm}^2$。按 0.65 张拉控制应力 $\sigma_{con}=0.65\times500=325.0\text{N/mm}^2$。

$h_p=h+15=715\text{mm}$。

由《混凝土结构设计规范》GB 50010—2010 公式（6.2.11），

$\alpha_1 f_c b_f' h_f'(h_0-0.5h_f')=1.0\times14.3\times400\times100\times(640-50)\times10^{-6}=337.48\text{kN}\cdot\text{m}<478.86\text{kN}\cdot\text{m}$

故此梁属于第二类 T 形梁，故将已知参数代入公式（4-5）得受压区高度：

$$x=h_p\left(1-\sqrt{1-\frac{2[M-\alpha_1 f_c(b_f'-b)h_f'(h_p-h_f'/2)-f_{y0}'A_{s0}'(h_p-a')+f_{y0}A_{s0}(h_p-h_0)]}{\alpha_1 f_c b h_p^2}}\right)$$

$$=715\left(1-\sqrt{1-\frac{2[478.86\times10^6-14.3\times(400-200)\times100\times(715-50)-0+300\times2281\times(715-640)]}{14.3\times200\times715^2}}\right)$$

$=192.1\text{mm}$

$x\leqslant\xi_{pb}h_0=0.85\times0.550\times640\text{mm}=299.2\text{mm}$，满足要求。

受压区的形心至截面上边缘的距离

$$y_0'=\frac{(400-200)\times100\times\frac{100}{2}+200\times192.1\times\frac{192.1}{2}}{(400-200)\times100+200\times169.7}=80.3\text{mm}$$

从而梁加固后增大的受弯承载力

$$\Delta M=M-A_sf_y(h_0-y_0')=478.86\times10^6-2281\times300\times(640-80.3)=95.84\times10^6\text{N}\cdot\text{mm}$$

再由公式（4-8）估算预应力筋截面面积

$$A_p=\frac{\Delta M}{f_{py}\eta h_{02}}=\frac{95.84\times10^6}{435\times0.8\times715}=385.2\text{mm}^2$$

水平拉杆中的拉力 $\Delta N=f_{py}A_p=435\times385.2=167545\text{N}$

$$\beta_1f_{py}=0.8\times435=348\text{N/mm}^2$$

$\sigma_{min}=\min(\sigma_{con},\ \beta_1f_{py})=\sigma_{con}=325\text{N/mm}^2$

总的预应力损失值 $\sigma_l=\sigma_{l4}=0.05\sigma_{con}=0.05\times325=16.25\text{N/mm}^2$。

再次计算预应力筋截面面积

$$A_p=\frac{\Delta N}{\sigma_{min}-\sigma_l}=\frac{167545}{325-16.25}=542.7\text{mm}^2$$

预估可选用 2 根直径 20mm 钢筋，截面面积为 $A_p=628\text{mm}^2$。SCS 软件计算如图 4-15 所示。

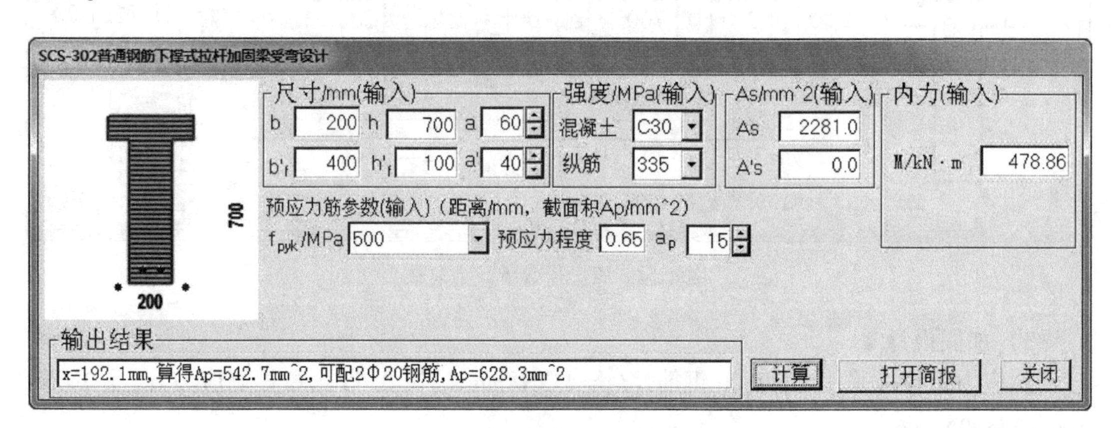

图 4-15　普通钢筋下撑式拉杆设计

因前面的计算考虑的因素较少，算出的结果不一定准确，要想详细计算，须将初步估算的水平拉杆面积代入，进行承载力验算和变形验算。

以下给出采用 2 根直径 20mm 钢筋（$A_p=628\text{mm}^2$）的计算过程。

承载力验算

$$x=\frac{\sigma_pA_p+f_{y0}A_{s0}-f_{y0}'A_{s0}'-\alpha_1f_{c0}(b_f'-b)h_f'}{\alpha_1f_{c0}b}$$

$$=\frac{325\times628+300\times2281-0-1\times14.3\times(400-200)\times100}{1\times14.3\times200}=210.6\text{mm}$$

$$M_u=\alpha_1f_{c0}bx\left(h_p-\frac{x}{2}\right)+\alpha_1f_{c0}(b_f'-b)h_f'\left(h_p-\frac{h_f'}{2}\right)+f_{y0}'A_{s0}'(h_p-a')-f_{y0}A_{s0}(h_p-h_0)$$

$$=[1\times14.3\times200\times210.6\times(715-210.6/2)+1\times14.3\times200\times100\times(715-50)+0-300$$

$\times 2281\times(715-640)]\times10^{-6}$

$=506.14\text{kN}\cdot\text{m}>478.86\text{kN}\cdot\text{m}$，满足承载力要求。

原梁钢筋和混凝土的弹性模量比 $\alpha_E=E_s/E_c=2.0\times10^5/3.00\times10^4=6.67$

4）构件刚度计算。为了计算换算截面惯性矩，将有关参数列于表 4-2，表中各分块及其编号为：截面翼缘两边突出部分为①分块；截面腹板为②分块；原受拉纵筋为③分块。表 4-2 中 a_i 是分块重心至截面下边缘的距离，y_i 是各分块重心至换算截面重心轴 y-y 的距离。

例题 4-4 中的截面特性计算　　**表 4-2**

编号	$A_i(\text{m}^2)$	$a_i(\text{m})$	$S_i=A_ia_i(\text{m}^3)$	$y_i(\text{m})$	$A_iy_i^2(\text{m}^4)$	$I_i(\text{m}^4)$
①	0.2×0.1=0.0200	0.65	0.013000	0.287	0.0016474	0.0000167
②	0.2×0.7=0.1400	0.35	0.049000	0.013	0.0000237	0.0057167
③	0.002281×5.67=0.0129	0.06	0.000774	0.303	0.0011843	0
Σ	A_0=0.1729		0.062774		0.0028554	0.0057333

于是可得：

换算截面面积 $A_0=0.1729\text{m}^2$

换算截面重心至梁底边的距离 $y=\dfrac{\sum S_i}{A_0}=\dfrac{0.062774}{0.1729}=0.363\text{m}$

换算截面惯性矩为：$I_0=\sum A_iy_i^2+\sum I_i=0.0028554+0.0057333=0.0085887\text{m}^4$

$$E_cI_0=3.00\times10^7\times0.0085887=257661\text{kN}\cdot\text{m}^2$$

5）计算张拉控制应力的预应力损失值

张拉控制应力限值 $\sigma_{con}=0.65f_{ptk}=0.65\times500=325\text{N/mm}^2$。

由于预应力筋采用焊接锚固，故取 $\sigma_{l1}=0$；

预应力筋在转向装置处的摩擦损失按实际情况确定，本例取 $\sigma_{l2}=0$；

应力松弛损失

$$\sigma_{l4}=0.05\sigma_{con}=0.05\times325=16.3\text{N/mm}^2$$

总预应力损失

$$\sigma_l=\sigma_{l4}=16.3\text{N/mm}^2$$

水平拉杆的有效预应力

$$\sigma_p=\sigma_{con}-\sigma_l=325-16.3=308.7\text{N/mm}^2$$

6）计算新增外荷载作用下拉杆产生的作用效应增量

新增荷载设计值 $\Delta P=20\text{kN/m}$，如图 4-3、图 4-4 所示，并且在式（4-14）、式（4-15）中，$l_2=7\text{m}$，$l_1=1$。

拉杆至折算截面重心距离 $e_p=0.363+0.015=0.378\text{m}$。

$$\omega_2=\Delta P(l^2-l_1^2)/4=20\times(9^2-1^2)/4=400\text{kN}\cdot\text{m}^2$$

$$\Delta_{1p}=\frac{-\omega_2e_p}{E_cI_0}=\frac{-405\times0.378}{257661}=-0.000587$$

$$\delta_{11}=\frac{e_p^2l_2}{E_cI_0}+\frac{l_2}{E_cA_0}+\frac{l_2}{E_pA_p}=\left(\frac{0.378^2\times9}{257661}+\frac{9}{3\times10^7\times0.1729}+\frac{9}{2\times10^8\times0.000628}\right)$$

$$=(4.990+1.735+55.733)\times10^{-6}=60.963\times10^{-6}\text{m/kN}$$

$$\Delta N=\frac{-\Delta_{1p}}{\delta_{11}}=\frac{0.000587}{60.963\times10^{-6}}=9.623\text{kN}$$

7）验算拉杆的拉应力

$$\sigma_p+\frac{\Delta N}{A_p}=308.7+\frac{9623}{628}=324.1\text{N/mm}^2\leqslant\sigma_{con}=325\text{N/mm}^2$$

$$\sigma_p+\frac{\Delta N}{A_p}=324.1\text{N/mm}^2\leqslant\beta_1 f_{py}=0.8\times435=348\text{N/mm}^2$$

满足要求。

8）验算正截面承载力

对加固梁按偏心受压构件进行正截面承载力验算

拉杆的拉力

$$N=\left(\sigma_p+\frac{\Delta N}{A_p}\right)A_p=324.1\times628\times10^{-3}=203.5\text{kN}$$

跨中截面弯矩

$$M_p=M-Ne_p=478.86-203.5\times0.378=401.9\text{kN}\cdot\text{m}$$

受压区高度

$$x=\frac{N+f_{y0}A_{s0}-f'_{y0}A'_{s0}-\alpha_1 f_{c0}(b'_f-b)h'_f}{\alpha_1 f_{c0}\text{b}}$$

$$=\frac{203500+300\times2281-0-1\times14.3\times(400-200)\times100}{1\times14.3\times200}=210.4\text{mm}\leqslant\xi_b h_0$$

$$=0.550\times640=299.2\text{mm}$$

属于大偏心受压。

$$e_0=\frac{M_p}{N}=\frac{401.9}{203.5}=1.975\text{m}=1975\text{mm};\ e_a=0$$

纵向力（拉杆拉力）作用点到受拉钢筋中心的距离

$$e=e_0+e_a+\frac{h}{2}-a=1975+0+700/2-60=2265\text{mm}$$

正截面承载力验算：

$$Ne=203500\times2265=461.0\text{kN}\cdot\text{m}$$

$$M_u=\alpha_1 f_{c0}bx\left(h_0-\frac{x}{2}\right)+\alpha_1 f_{c0}(b'_f-b)h'_f\left(h_0-\frac{h'_f}{2}\right)+f'_{y0}A'_{s0}(h_0-a')$$

$$=[1\times14.3\times200\times210.4\times(640-210.4/2)+1\times14.3\times200\times100\times(640-50)+0]\times10^{-6}$$

$$=490.6\text{kN}\cdot\text{m}$$

$M_u\geqslant Ne$，满足正截面承载力要求。

9）验算梁的挠度

加固前梁无裂缝，取

$$B_1=0.5E_cI_0=0.5\times257661=128831\text{kN}\cdot\text{m}^2$$

$$B_2=B_p=0.75E_cI_0=0.75\times257661=193246\text{kN}\cdot\text{m}^2$$

加固前简支梁在原荷载标准值作用下跨中挠度

$$f_1=\frac{5M_{0k}L^2}{48B_1}=\frac{5\times166.22\times9^2}{48\times128831}=0.01089\text{m}$$

如跨内两支点，则预应力引起的反拱

$$f_p=\frac{N_p e}{6B_p}(2l_1^2+6l_1l_3+3l_3^2)=\frac{203.5\times0.378}{6\times193246}\times(2\times1^2+6\times1\times3.5+3\times3.5^2)=0.00396\text{m}$$

加固结束后，后加荷载标准值在简支梁跨中产生的弯矩

$$M_{k2}=\frac{\Delta P}{\gamma_Q}\frac{l}{4}=\frac{20}{1.5}\times\frac{9}{4}=30\text{kN}\cdot\text{m}$$

加固结束后，后加荷载标准值作用下跨中挠度

$$f_2=\frac{M_{k2}l^2}{12B_2}=\frac{30\times9^2}{12\times193246}=0.00105\text{m}$$

跨中挠度验算

$$f=f_1-f_p+f_2=10.89-3.96+1.05=7.98\text{mm}$$

$$f<[f]=L/300=9000/300=30\text{mm}$$

满足要求。

SCS 软件计算对话框输入信息和最终计算结果如图 4-16 所示，可见其与手算结果相同。对话框中的“锚固点高”是梁端预应力筋锚固点至梁底面的距离，若是负值表示锚固点在梁底面以下，用于预应力筋直线布筋的情况。

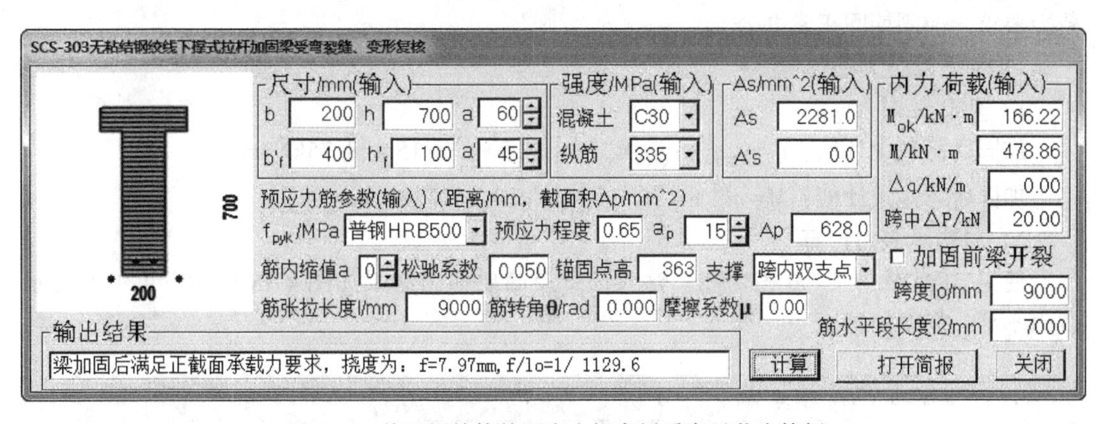

图 4-16　普通钢筋体外预应力提高梁受弯承载力算例

严格讲，本题在原荷载标准值作用下跨中挠度应按跨中集中荷载和沿梁长均布荷载作用分别计算后再叠加，以上是近似计算。

如果本题预应力筋在梁顶锚固，即“锚固点高”$=700\text{mm}$，则 $e_1=y_0-700=363-700=-337\text{mm}$，反拱挠度为

$$f_p=\frac{N_p e}{6B_p}(2l_1^2+6l_1l_3+3l_3^2)+\frac{N_p e_1 l^2}{8B_p}=0.00396-\frac{203.5\times0.337}{8\times193246}\times9^2=0.00396-0.00359=0.00037\text{mm}$$

跨中挠度验算

$$f=f_1-f_p+f_2=10.89-0.37+1.05=11.57\text{mm}$$

SCS 软件计算对话框输入信息和最终计算结果如图 4-17 所示，可见其与手算结果相同。

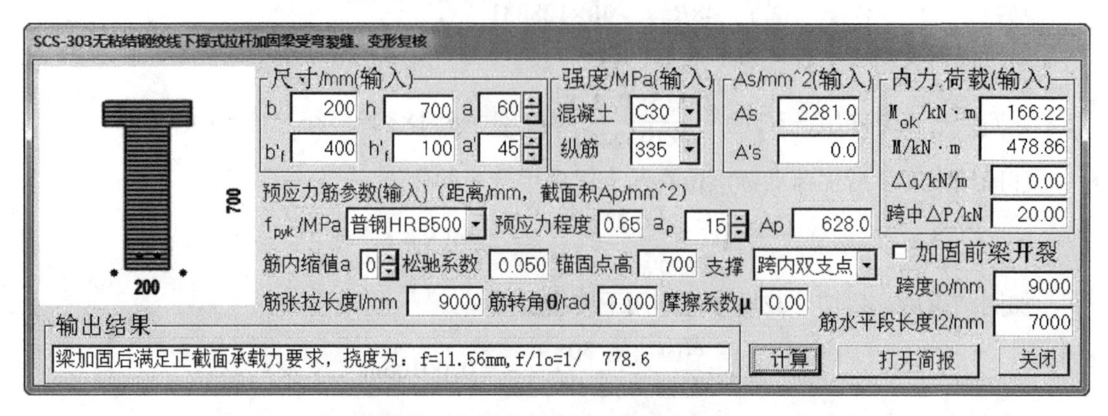

图 4-17 普通钢筋体外预应力提高梁受弯承载力算例（梁顶锚固）

【例 4-5】预应力钢筋提高梁受弯承载力减小挠度算例之一

文献［5］第 123 页例题，某办公楼楼面大梁为钢筋混凝土简支梁，两端支承在 370mm 厚砖墙上，计算跨度 7.2m，截面尺寸 $b\times h=300\text{mm}\times600\text{mm}$，该楼层原为办公区，梁所承受的均布恒载标准值 $g_k=12.5\text{kN/m}$，均布活载标准值 $q_k=6.0\text{kN/m}$，原梁混凝土强度等级为 C25，梁底配筋 3Φ20。现该楼层改作档案库，均布活荷载增加为 $q_k=15.0\text{kN/m}$。试对该梁进行加固设计（经加固前现场检测，梁上没有发现裂缝，梁斜截面满足加固后承载力要求，加固期间正常办公）。

【解】 1. 确定加固方案

1）荷载及内力

加固后荷载设计值：$q=\gamma_G g_k+\gamma_Q q_k=1.3\times12.5+1.5\times15=38.75\text{kN/m}$

加固后弯矩设计值：$M=ql_0^2/8=38.75\times7.2^2/8=251.1\text{kN}\cdot\text{m}$

2）原梁承载力计算

使用 RCM 软件[2] 复核功能，输入信息及简要输出结果如图 4-18 所示，可见原梁承载力不足，需要加固。

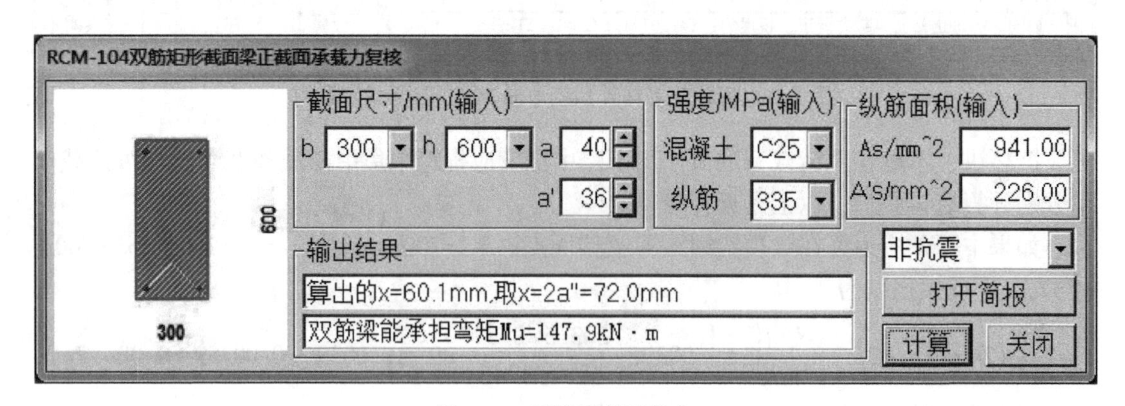

图 4-18 原梁受弯承载力

3）加固方案

计算表明，原梁不满足荷载增加后的正截面承载力要求，且承载力增量不大于原梁承载力的1.5倍。因此对该梁采取预应力水平拉杆加固。拉杆采用980级预应力螺纹钢筋，$f_{pyk}=785\text{N/mm}^2$，$f_{py}=650\text{N/mm}^2$，$E_p=2.0\times10^5\text{N/mm}^2$；梁端用U形钢板扁担式锚固，千斤顶张拉，拉杆形心高出梁底50mm。

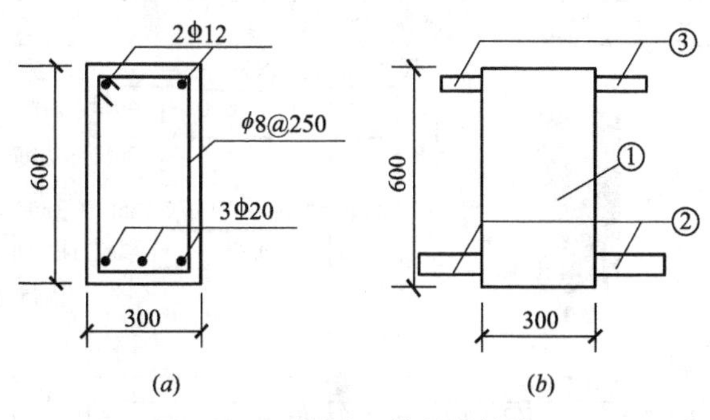

图4-19　原梁截面特性计算简图
（a）配筋简图；（b）折算截面

4）原梁截面特性计算

原梁钢筋和混凝土的弹性模量比$\alpha_E=E_s/E_c=2.0\times10^5/2.8\times10^4=7.143$，原梁折算截面特性计算见表4-3。表4-3中$a_i$是分块（图4-19）重心至截面下边缘的距离，$y_i$是各分块重心至换算截面重心轴$y$-$y$的距离。

原梁截面特性计算　　表4-3

编号	$A_i(\text{mm}^2)$	$a_i(\text{mm})$	$S_i=A_ia_i(\text{mm}^3)$	$y_i(\text{mm})$	$A_iy_i^2(\text{mm}^4)$	$I_i(\text{mm}^4)$
①	300×600=180000	300	54000000	6.1	6697800	5400000000
②	(7.143−1)×941=5780	40	231200	253.9	372608914	0
③	(7.143−1)×226=1388	564	782832	270.1	101260166	0
Σ	A_0=187168		55014032		480566880	5400000000

于是可得：

换算截面面积$A_0=0.187168\text{m}^2$

换算截面重心至底边的距离$y=\dfrac{\sum S_i}{A_0}=\dfrac{0.055014}{0.187168}=0.2939\text{m}$

换算截面惯性矩为：$I_0=\sum A_iy_i^2+\sum I_i=0.000481+0.005400=0.005881\text{m}^4$

$$E_cI_0=2.80\times10^7\times0.005881=164668\text{kN}\cdot\text{m}^2$$

2. 加固计算

1）确定预应力水平拉杆的总截面面积

无粘结预应力钢筋选用预应力螺纹钢筋[3]（极限强度标准值980MPa），张拉控制应力限值$\sigma_p=\sigma_{con}=0.70f_{ptk}=0.70\times785=549.5\text{N/mm}^2$。$h_p=h-50=550\text{mm}$。

将已知参数代入公式（4-2），得：

$251.1\times10^6=1\times11.9\times300x\times(550-x/2)+300\times226\times(550-36)-300\times941\times(550-560)$

解出$x=122.3\text{mm}$，$x\leqslant\xi_{pb}h_0=0.85\times0.550\times560\text{mm}=261.8\text{mm}$，满足要求。

代入公式（4-3）得：

$$A_p=\frac{\alpha_1f_{c0}bx-f_{y0}A_{s0}+f'_{y0}A'_{s0}}{\sigma_p}=\frac{1\times11.9\times300\times122.3-300\times941+300\times226}{549.5}=404.2\text{mm}^2$$

确定预应力水平拉杆的总截面面积可使用SCS软件功能项S301，如图4-20所示。

可选用2根直径18mm预应力螺纹钢筋，截面积为$A_p=509\text{mm}^2$。

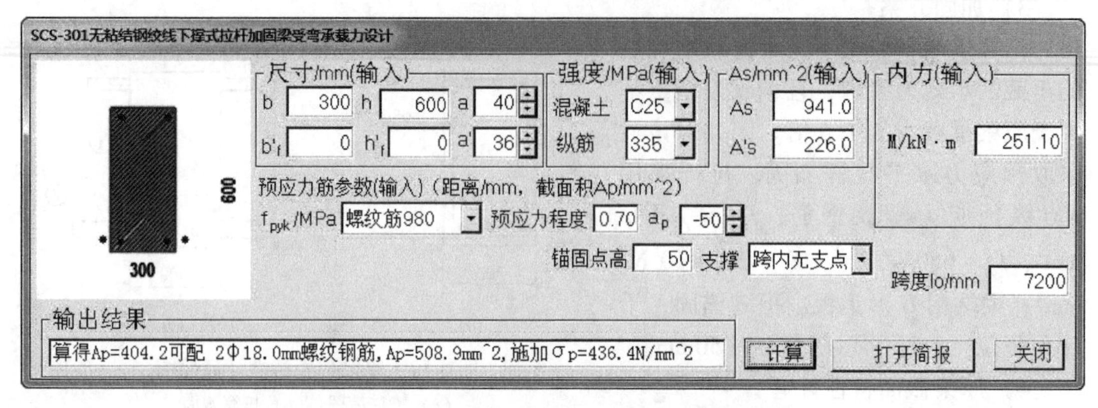

图 4-20　确定预应力水平拉杆的总截面面积

2）计算张拉控制应力和预应力损失值

张拉控制应力限值 $\sigma_{con}=0.70f_{ptk}=0.70\times785=549.5\text{N/mm}^2$。

一端张拉，螺帽和垫板缝隙 $a=2\text{mm}$，锚具变形和钢筋回缩引起的预应力损失值

$$\sigma_{l1}=\frac{a}{l}E_p=\frac{2}{7200+370}\times2\times10^5=52.8\text{N/mm}^2$$

拉杆的松弛损失

$$\sigma_{l4}=0.03\sigma_{con}=0.03\times549.5=16.5\text{N/mm}^2$$

总预应力损失

$$\sigma_l=\sigma_{l1}+\sigma_{l4}=52.8+16.5=69.3\text{N/mm}^2$$

水平拉杆的有效预应力

$$\sigma_p=\sigma_{con}-\sigma_l=549.5-69.3=480.2\text{N/mm}^2$$

3）计算新增外荷载作用下拉杆产生的作用效应增量

新增荷载设计值 $q=\gamma_Q\Delta q_k=1.5\times9=13.5\text{kN/m}$，如图 4-3、图 4-4 所示，并且在式（4-13）、式（4-15）中，$l_2=l=7.2\text{m}$，$l_1=0$。拉杆至折算截面重心距离 $e_p=0.294-0.05=0.244\text{m}$。则

$$\omega_2=\frac{\Delta q}{12}l^3-\Delta ql_1^2\left(\frac{l}{2}-\frac{l_1}{3}\right)=\frac{1}{12}\times13.5\times7.2^3=419.9\text{kN}\cdot\text{m}^2$$

$$\Delta_{1p}=\frac{-\omega_2e_p}{E_cI_0}=\frac{-419.9\times0.2439}{164668}=-0.000622$$

$$\delta_{11}=\frac{e_p^2l_2}{E_cI_0}+\frac{l_2}{E_cA_0}+\frac{l_2}{E_pA_p}=\left(\frac{0.244^2\times7.2}{164668}+\frac{7.2}{2.8\times10^7\times0.1872}+\frac{7.2}{2\times10^8\times0.000509}\right)$$
$$=(2.603+1.374+70.727)\times10^{-6}=74.703\times10^{-6}\text{m/kN}$$

$$\Delta N=\frac{-\Delta_{1p}}{\delta_{11}}=\frac{0.000622}{74.703\times10^{-6}}=8.327\text{kN}$$

4）验算拉杆的拉应力

$$\sigma_p+\frac{\Delta N}{A_p}=480.2+\frac{8327}{509}=497\text{N/mm}^2\leqslant\beta_1f_{py}=0.8\times650=520\text{N/mm}^2$$

满足要求。

5）验算正截面承载力

对加固梁按偏心受压构件进行正截面承载力验算

拉杆的拉力

$$N=\left(\sigma_{\mathrm{p}}+\frac{\Delta N}{A_{\mathrm{p}}}\right)A_{\mathrm{p}}=497\times509\times10^{-3}=253\mathrm{kN}$$

跨中截面弯矩

$$M_{\mathrm{p}}=M-Ne_{\mathrm{p}}=251.1-253\times0.244=189.4\mathrm{kN\cdot m}$$

受压区高度

$$x=\frac{N+f_{y0}A_{s0}-f'_{y0}A'_{s0}}{\alpha_1 f_{c0}b}=\frac{253000+300\times941-300\times226}{1\times11.9\times300}=130.7\mathrm{mm}\leqslant\xi_{\mathrm{b}}h_0=0.550\times560=308\mathrm{mm}$$

纵向力作用点到受拉钢筋中心的距离

$$e_0=\frac{M_{\mathrm{p}}}{N}=\frac{189.4}{253}=0.755\mathrm{m}=755\mathrm{mm};\ e_{\mathrm{a}}=0$$

$$e=e_0+e_{\mathrm{a}}+\frac{h}{2}-a=755+0+600/2-40=1015\mathrm{mm}$$

正截面承载力验算：

$$Ne=253000\times1015\times10^{-6}=255.1\mathrm{kN\cdot m}$$

$$\begin{aligned}M_{\mathrm{u}}&=\alpha_1 f_{c0}bx\left(h_0-\frac{x}{2}\right)+f'_{y0}A'_{s0}(h_0-a')\\&=[1\times11.9\times300\times130.7\times(560-130.7/2)+300\times226\times(560-36)]\times10^{-6}\\&=266.0\mathrm{kN\cdot m}\end{aligned}$$

$M_{\mathrm{u}}\geqslant Ne$，满足正截面承载力要求。

6）验算梁的挠度

加固前梁无裂缝，取

$$B_1=0.5E_{\mathrm{c}}I_0=0.5\times164668=82334\mathrm{kN\cdot m^2}$$

$$B_2=B_{\mathrm{p}}=0.75E_{\mathrm{c}}I_0=0.75\times164668=123501\mathrm{kN\cdot m^2}$$

加固前简支梁在原荷载标准值作用下跨中挠度

$$f_1=\frac{5M_{0\mathrm{k}}L^2}{48B_1}=\frac{5\times119.88\times7.2^2}{48\times82334}=0.00786\mathrm{m}$$

如跨内无支点，则预应力引起的反拱

$$f_{\mathrm{p}}=\frac{Ne_{\mathrm{p}}L^2}{8B_{\mathrm{p}}}=\frac{250\times0.244\times7.2^2}{8\times123501}=0.00323\mathrm{m}$$

加固结束后，后加荷载标准值在简支梁跨中产生的弯矩

$$M_{\mathrm{k2}}=\frac{\Delta q}{\gamma_{\mathrm{Q}}}\ \frac{L^2}{8}=\frac{13.5}{1.5}\ \frac{7.2^2}{8}=58.32\mathrm{kN\cdot m}$$

加固结束后，后加荷载标准值作用下跨中挠度

$$f_2=\frac{5M_{\mathrm{k2}}L^2}{48B_2}=\frac{5\times58.32\times7.2^2}{48\times123501}=0.00255\mathrm{m}$$

跨中挠度验算

$$f=f_1-f_p+f_2=7.86-3.23+2.55=7.18\text{mm}$$

$$f<[f]=L/250=7200/250=28.8\text{mm}$$

满足要求。

SCS 软件计算对话框输入信息和最终计算结果如图 4-21 所示，可见其与手算结果相同。

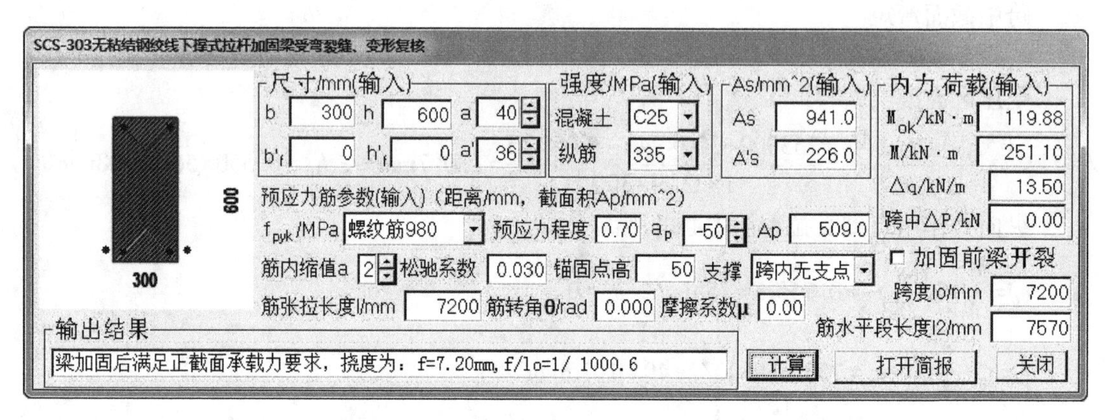

图 4-21　预应力螺丝钢筋体外预应力提高梁受弯承载力减小挠度

【例 4-6】预应力钢筋提高梁受弯承载力减小挠度算例之二

文献［6］第 59 页例题，某大会堂建于 20 世纪 40 年代，经过 60 多年的使用后拟进行改造并增加较大使用荷载。其中的舞台大梁为单跨钢筋混凝土简支梁，经现场调查和检测：梁跨 $l=18\text{m}$，梁截面 $b\times h=400\text{mm}\times2000\text{mm}$，实际配筋 $A_s=4909\text{mm}^2$，$A_s'=1964\text{mm}^2$，钢筋按 HPB235 级钢筋，$f_y=f_y'=210\text{MPa}$，混凝土强度等级判定为 C15，$f_c=7.2\text{MPa}$，按改造后使用要求计算得大梁应承担的均布线荷载标准值：恒载 $g_k=57\text{kN/m}$，活载 $q_k=21\text{kN/m}$；$q=1.3g_k+1.5q_k$。假设加固前梁承担着均布荷载标准值引起的弯矩 $M_{0k}=1000\text{kN}\cdot\text{m}$。

【解】 1）基本参数确定

采用预应力加固法（两点张拉上张模式图 4-22），$a'=0$，$a=l/5=3.6\text{m}$，$a_p=50\text{mm}$。选用 1860 级钢绞线，$f_{ptk}=1860\text{MPa}$。

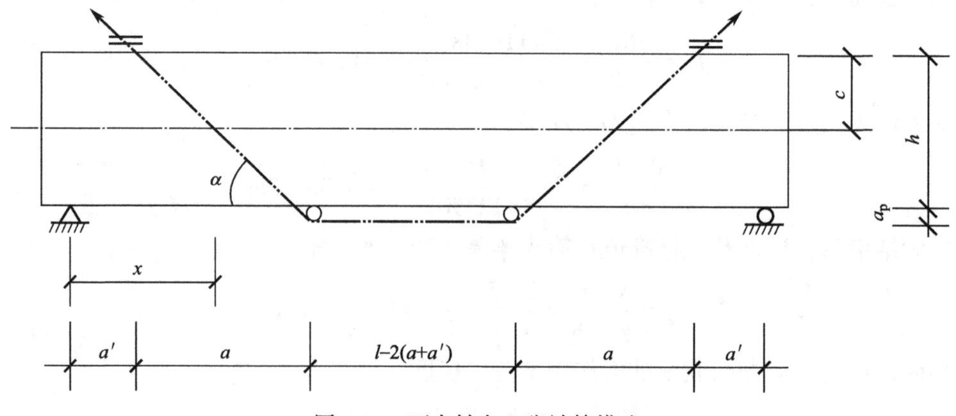

图 4-22　两点转向上张计算模式

2）加固量计算

实测原梁钢筋保护层厚度知：$a_s=68\text{mm}$，$a'_s=42\text{mm}$，则 $h_0=2000-68=1932\text{mm}$，$\xi_b=0.614$。

原梁承载力计算

$$x=\frac{f_yA_s-f'_yA'_s}{\alpha_1 f_c b}=\frac{210\times(4909-1964)}{1\times7.2\times400}=214.7\text{mm}$$

$$2a'_s<x<\xi_b h_0$$

$$M_{u0}=\alpha_1 f_c bx(h_0-x/2)+f'_y\text{A}'_s(h_0-a'_s)$$
$$=1\times7.2\times400\times(1932-214.7/2)+210\times1964\times(1932-42)$$
$$=1906.5\times10^6\text{N}\cdot\text{mm}=1906.5\text{kN}\cdot\text{m}$$

加固后荷载及内力

$$q=\gamma_G g_k+\gamma_Q q_k=1.3\times57+1.5\times21=105.6\text{kN/m}$$

弯矩设计值：$M=ql_0^2/8=105.6\times18^2/8=4276.8\text{kN}\cdot\text{m}$

相对于原梁增加受弯承载力（仿照文［6］取安全系数 1.05）

$$\Delta M=1.05\times4276.8-1906.5=2584.1\text{kN}\cdot\text{m}$$

相当于承受均布荷载

$$\Delta q=\frac{8\Delta M}{l^2}=\frac{8\times2584.1}{18^2}=63.81\text{kN/m}$$

根据预估的预应力程度并扣除预应力损失后的预应力筋强度（估计其达到预应力筋强度标准值的 50%），使用 SCS 功能项 S301 试算梁跨中截面预应力筋截面积数量如图 4-23 所示。由此，可选用 6 根直径 21.6mm 钢绞线，截面积$A_p=6\times285=1710\text{mm}^2>1618.3\text{mm}^2$。

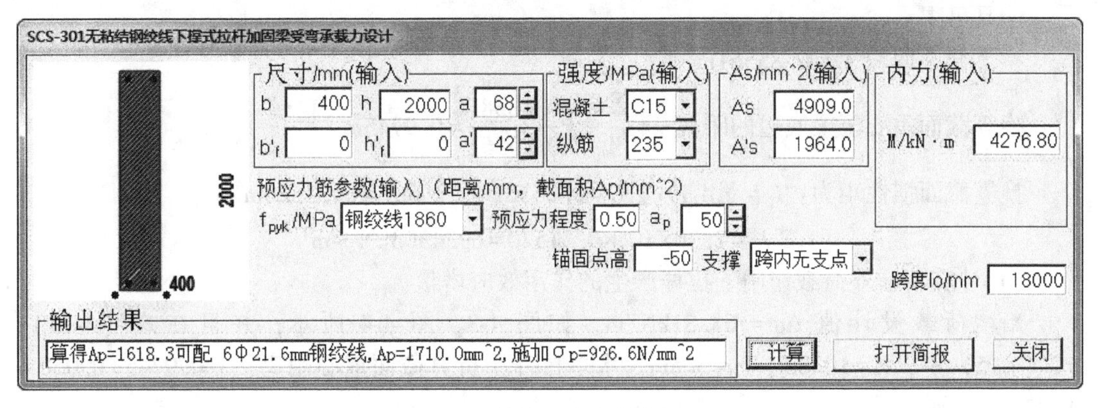

图 4-23　估算预应力筋截面积

3）计算有效预应力

仿照文［6］取张拉控制应力

$$\sigma_{con}=0.65f_{pk}=0.65\times0.8f_{ptk}=0.52\times1860=967.2\text{MPa}$$

因在下面计算中有一处不满足要求（$M_u\ngtr N_e$），为避免此，略微调整为 $\sigma_{con}=0.55\times1860=1023.0\text{MPa}$，

$$L_p=(18000-2\times3600+2\times\sqrt{3600^2+2050^2})=19085.52\text{mm}$$

采用两端张拉，张拉长度 $l=L_p/2=9542.76\text{mm}$

$$\sigma_{l1}=\frac{aE_p}{l}=\frac{5\times1.95\times10^5}{9542.76}=102.17\text{MPa}$$

采用涂抹油脂的钢绞线，取 $\mu=0.16$。

$$\theta=\arctan(2050/3600)=29.66°\times\pi/180=0.5176\text{rad}$$

$$\sigma_{l2}=\sigma_{con}(1-e^{-\mu\theta})=1023\times(1-e^{-0.16\times0.5176})=1023\times\left(1-\frac{1}{1.086}\right)=81.4\text{MPa}$$

$$\sigma_{l5}=0$$

$$\sigma_{pe}=\sigma_{con}-(\sigma_{l1}+\sigma_{l2}+\sigma_{l5})=1023-(102.17+81.4)=839.5\text{MPa}$$

4）截面惯性矩

原梁钢筋和混凝土的弹性模量比 $\sigma_E=E_s/E_c=2.0\times10^5/2.20\times10^4=9.09$

例题 4-6 中的截面特性计算 **表 4-4**

编号	$A_i(\text{m}^2)$	$a_i(\text{m})$	$S_i=A_ia_i(\text{m}^3)$	$y_i(\text{m})$	$A_iy_i^2(\text{m}^4)$	$I_i(\text{m}^4)$
①	0.4×2.0=0.800	1.000	0.80000	0.025	0.00050	0.26667
②	0.004909×8.09=0.03972	0.068	0.00270	0.907	0.03268	0.00
③	0.001964×8.09=0.01589	1.958	0.03111	0.983	0.01535	0.00
Σ	$A_0=0.85561$		0.83381		0.04853	0.26667

以下进行构件刚度计算。为了计算换算截面惯性矩，将有关参数列于表 4-4，表中各分块及其编号为：矩形截面为①分块；原受拉纵筋为②分块；原受压纵筋为③分块。表 4-4 中 a_i 是分块重心至截面下边缘的距离，y_i 是各分块重心至换算截面重心轴 y-y 的距离。

于是可得：

换算截面面积 $A_0=0.85561\text{m}^2$

换算截面重心至梁底边的距离 $y=\dfrac{\sum S_i}{A_0}=\dfrac{0.83381}{0.85561}=0.9745\text{m}$

换算截面惯性矩为：$I_0=\sum A_iy_i^2+\sum I_i=0.05361+0.26667=0.31520\text{m}^4$

$$E_cI_0=2.20\times10^7\times0.31520=6934303\text{kN}\cdot\text{m}^2$$

5）计算新增外荷载作用下拉杆产生的作用效应增量

新增荷载设计值 $\Delta q=63.81\text{kN/m}$，如图 4-3、图 4-4 所示，并且在式（4-13）、式（4-15）中，$l_2=10.8\text{m}$，$l_1=3.6\text{m}$。水平拉杆至折算截面重心距离 $e_p=0.9745+0.050=1.0245\text{m}$。则

$$\omega_2=\frac{\Delta q}{12}l^3-\Delta ql_1^2\left(\frac{l}{2}-\frac{l_1}{3}\right)=63.81\times\left[\frac{18^3}{12}-3.6^2\times\left(\frac{18}{2}-\frac{3.6}{3}\right)\right]=24561\text{kN}\cdot\text{m}^2$$

$$\Delta_{1p}=\frac{-\omega_2e_p}{E_cI_0}=\frac{-24561\times1.025}{6934302}=-0.003629$$

$$\delta_{11}=\frac{e_p^2l_2}{E_cI_0}+\frac{l_2}{E_cA_0}+\frac{l_2}{E_pA_p}=\left(\frac{1.025^2\times10.8}{6934302}+\frac{10.8}{2.2\times10^7\times0.8556}+\frac{10.8}{1.95\times10^8\times0.001710}\right)$$

$$=(1.6348+0.5738+32.3887)\times10^{-6}=34.597\times10^{-6}\text{m/kN}$$

$$\Delta N=\frac{-\Delta_{1p}}{\delta_{11}}=\frac{0.003629}{34.597\times10^{-6}}=104.89\text{kN}$$

6）验算拉杆的拉应力

$$\sigma_p+\frac{\Delta N}{A_p}=839.5+\frac{104890}{1710}=901\text{N/mm}^2\leqslant\sigma_{con}=1023\text{N/mm}^2\leqslant\beta_1 f_{py}=0.8\times1320=1056\text{N/mm}^2$$

满足要求。

7）验算正截面承载力

对加固梁按偏心受压构件进行正截面承载力验算

拉杆的拉力

$$N\left(\sigma_p+\frac{\Delta N}{A_p}\right)A_p=901\times1710\times10^{-3}=1540\text{kN}$$

跨中截面弯矩

$$M_p=M-Ne_p=4276.8-1540\times1.025=2698.6\text{kN}\cdot\text{m}$$

受压区高度

$$x=\frac{N+f_{y0}A_{s0}-f'_{y0}A'_{s0}}{\alpha_1 f_{c0}b}=\frac{1540000+210\times4909-210\times1964}{1\times7.2\times400}=749.6\text{mm}\leqslant\xi_b h_0=0.85\times0.614\times1932$$
$$=1008.3\text{mm}$$

纵向力作用点到受拉钢筋中心的距离

$$e_0=\frac{M_p}{N}=\frac{2698.6}{1540}=1.752\text{m}=1752\text{mm};e_a=0$$

$$e=e_0+e_a+\frac{h}{2}-a=1752+0+2000/2-68=2684\text{mm}$$

正截面承载力验算：

$$Ne=1540000\times2684\times10^{-6}=4134.3\text{kN}\cdot\text{m}$$

$$M_u=\alpha_1 f_{c0}bx\left(h_0-\frac{x}{2}\right)+f'_{y0}A'_{s0}(h_0-a')$$
$$=[1\times7.2\times400\times749.6\times(1932-749.6/2)+210\times1964\times(1932-42)]\times10^{-6}=4141.2\text{kN}\cdot\text{m}$$

$M_u\geqslant Ne$，满足正截面承载力要求。

8）验算梁的挠度

加固前梁无裂缝，取

$$B_1=0.5E_cI_0=0.5\times6934303=3467152\text{kN}\cdot\text{m}^2$$
$$B_2=B_p=0.75E_cI_0=0.75\times6934303=5200727\text{kN}\cdot\text{m}^2$$

加固前简支梁在原荷载标准值作用下跨中挠度

$$f_1=\frac{5M_{0k}L^2}{48B_1}=\frac{5\times1000\times18.0^2}{48\times3467152}=0.00973\text{m}$$

因是跨内两支点下撑模式，预应力引起的反拱

$$f_{p1}=\frac{Ne_p}{6B_p}(2l_1^2+6l_1l_3+3l_3^2)=\frac{1540000\times1.025}{6\times5200727}\times(2\times3.6^2+6\times3.6\times5.4+3\times5.4^2)=0.01163\text{m}$$

预应力筋锚固在梁截面上端（锚固点至截面重心距离 $e_1=2.0-0.9745=1.0255\text{m}$），由

此引起的反拱（实为正拱）为：

$$f_{p2}=\frac{Ne_1l^2}{8B_p}=\frac{1540000\times1.0255\times18.0^2}{8\times5200727}=0.01230\text{m}$$

反拱值合计： $f_p=f_{p1}+f_{p2}=0.01163-0.01230=-0.00067\text{m}$

加固结束后，后加荷载标准值在简支梁跨中产生的弯矩

$$M_{k2}=\frac{\Delta q}{\gamma_Q}\frac{L^2}{8}=\frac{63.81}{1.5}\times\frac{18.0^2}{8}=1722.87\text{kN}\cdot\text{m}$$

加固后简支梁在后加荷载标准值作用下跨中挠度

$$f_2=\frac{5M_{k2}l^2}{48B_p}=\frac{5\times1722.87\times18.0^2}{48\times5200727}=0.01118\text{m}$$

加固结束后，跨中挠度验算

$$f=f_1-f_p+f_2=0.00973-(-0.00067)+0.01118=0.02158\text{m}$$

SCS 软件计算对话框输入信息和最终计算结果如图 4-24 所示，可见其与手算结果相同。

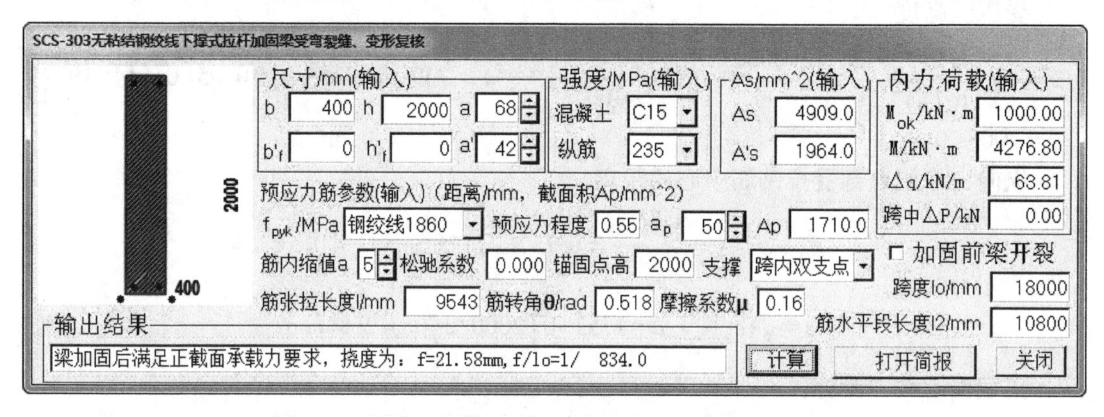

图 4-24 预应力体外加固梁受弯承载力校核和变形计算

【例 4-7】跨中预应力钢筋单点下撑提高梁受弯承载力减小挠度算例

某简支大梁计算跨度为 12m，梁截面 $b\times h=400\text{mm}\times1500\text{mm}$，混凝土为 C30，HRB400 级钢筋，实际配受拉纵筋 8 ⌀ 25，$A_s=3927\text{mm}^2$，受压纵筋 4 ⌀ C25，$A_s'=1964\text{mm}^2$，$a_s=70\text{mm}$，$a_s'=45\text{mm}$，则 $h_0=1500-70=1430\text{mm}$，承受均布恒载标准值 30kN/m，均布活荷载标准值 10kN/m，在跨中承受设备荷重标准值 200kN。现需改换设备，跨中设备荷重标准值增加至 500kN。试对此梁进行加固。加固方案：采用如图 4-2（a）所示，跨中单点下撑体外预应力筋加固，梁端预应力筋锚固点高出梁底 1250mm。

【解】 1）内力计算

加固时，梁上仅有均布恒荷载标准值作用产生的弯矩：

$$M_0=\frac{1}{8}\times30\times12^2=540\text{kN}\cdot\text{m}$$

在全部荷载作用产生的弯矩设计值：

$$M_{max}=\frac{1}{8}\times(1.3\times30+1.5\times10)\times12^2+\frac{1}{4}\times1.5\times500\times12=3222\text{kN}\cdot\text{m}$$

改造后跨中集中荷载设计值增加量为：

$$\Delta P=1.5\times(500-200)=450\text{kN}$$

2）原梁受弯承载力计算

使用 RCM 软件[2] 复核功能，输入信息及简要输出结果如图 4-25 所示，可见原梁承载力不足，需要加固。

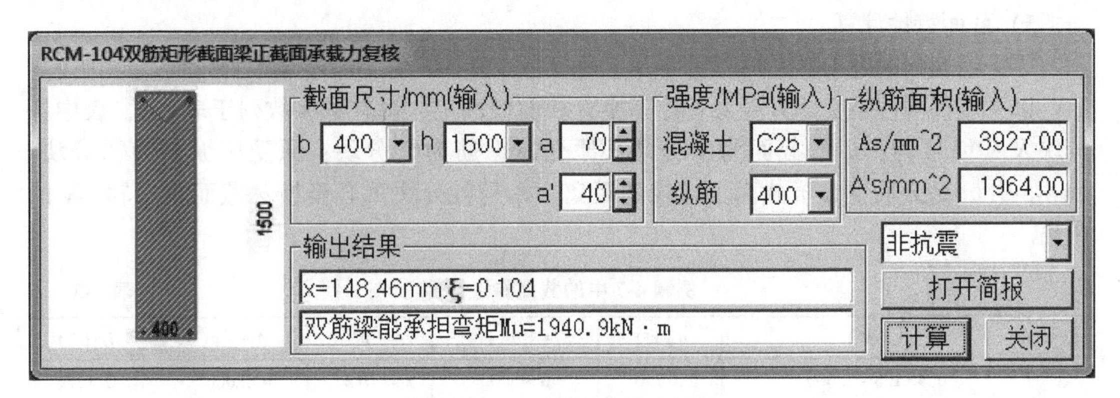

图 4-25　原梁受弯承载力复核

3）加固设计

预应力钢拉杆采用 1860 级钢绞线，$f_{ptk}=1860\text{MPa}$。根据预估的预应力程度并扣除预应力损失后的预应力筋强度（估计其达到预应力筋强度标准值的 55%），使用 SCS 功能项 S301 试算梁跨中截面预应力筋截面积数量如图 4-26 所示。由此，可选用 6 根直径 21.6mm 钢绞线，截面积 $A_p=6\times285=1710\text{mm}^2>1631.5\text{mm}^2$。

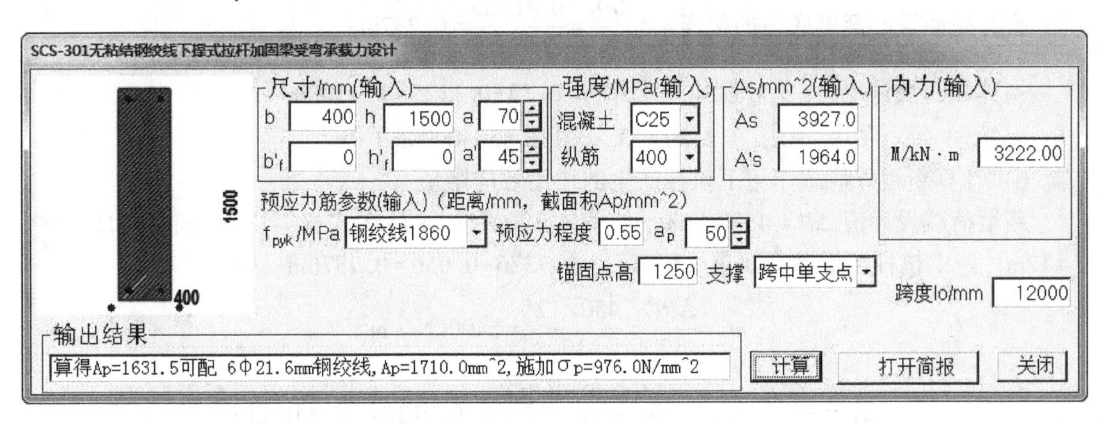

图 4-26　估算预应力筋截面积

4）计算有效预应力

取张拉控制应力

$$\sigma_{con}=0.65f_{pk}=0.65\times1860=1209.0\text{MPa}$$

$L_p=2\times\sqrt{1300^2+6000^2}=2\times6140\text{mm}$；采用两端张拉，张拉长度 $l=L_p/2=6140\text{mm}$

$$\sigma_{l1}=\frac{aE_p}{l}=\frac{5\times1.95\times10^5}{6140}=158.8\text{MPa}$$

采用涂抹油脂的钢绞线，取 $\mu=0.16$。

$$\theta=\arctan(1300/6000)=12.2°\times\pi/180=0.213\text{rad}$$

$$\sigma_{l2}=\sigma_{con}(1-e^{-\mu\theta})=1209.0\times(1-e^{-0.16\times0.213})=40.5\text{MPa}$$

$$\sigma_{l5}=0$$

$$\sigma_{pe}=\sigma_{con}-(\sigma_{l1}+\sigma_{l2}+\sigma_{l5})=1209-(158.8+40.5)=1009.7\text{MPa}$$

5）截面特性计算

原梁钢筋和混凝土的弹性模量比 $\alpha_E=E_s/E_c=2.0\times10^5/2.80\times10^4=7.14$

以下进行构件刚度计算。为了计算换算截面惯性矩，将有关参数列于表4-5，表中各分块及其编号为：矩形截面为①分块；原受拉纵筋为②分块；原受压纵筋为③分块。表4-5中 a_i 是分块重心至截面下边缘的距离，y_i 是各分块重心至换算截面重心轴 y-y 的距离。

例题4-7中的截面特性计算 **表4-5**

编号	A_i(m²)	a_i(m)	$S_i=A_ia_i$(m³)	y_i(m)	$A_iy_i^2$(m⁴)	I_i(m⁴)
①	0.4×1.5=0.600	0.750	0.45000	0.012	0.0001	0.1125
②	0.003927×6.14=0.02412	0.070	0.00170	0.668	0.0108	0.00
③	0.001964×6.14=0.01206	1.455	0.01755	0.720	0.0063	0.00
Σ	$A_0=0.63619$		0.46925		0.0172	0.1125

于是可得：

换算截面面积 $A_0=0.63619\text{m}^2$

换算截面重心至梁底边的距离 $y=\dfrac{\sum S_i}{A_0}=\dfrac{0.46925}{0.63619}=0.7376\text{m}$

换算截面惯性矩为：$I_0=\sum A_iy_i^2+\sum I_i=0.0172+0.1125=0.1300\text{m}^4$

$$E_cI_0=2.80\times10^7\times0.130=3640000\text{kN}\cdot\text{m}^2$$

6）计算新增外荷载作用下拉杆产生的作用效应增量

新增荷载设计值 $\Delta P=450\text{kN/m}$，如图4-5所示，并且在式（4-13）、式（4-15）中，$l=12\text{m}$。跨中拉杆至折算截面重心距离 $e_p=0.7376+0.050=0.7876\text{m}$。则

$$\omega_2=\frac{\Delta Pl^2}{12}=\frac{450\times12^2}{12}=5400\text{kN}\cdot\text{m}^2$$

$$\Delta_{1p}=\frac{-\omega_2e_p}{E_cI_0}\cos\alpha=\frac{-5400\times0.7876}{3640000}\cos(0.213)=-0.00115\text{m}$$

$$\delta_{11}=\frac{e_p^2l\cos^2\alpha}{E_cI_0}+\frac{l\cos^2\alpha}{E_cA_0}+\frac{l\cos^2\alpha}{E_pA_p}$$

$$=\left(\frac{0.7868^2\times12\times\cos^2(0.213)}{3640000}+\frac{12\times\cos^2(0.213)}{2.8\times10^7\times0.63619}+\frac{12\times\cos^2(0.213)}{1.95\times10^8\times0.001710}\right)$$

$$=(1.9600+0.6434+34.3737)\times10^{-6}$$

$$=36.977\times10^{-6}\text{m/kN}$$

$$\Delta N=\frac{-\Delta_{1p}}{\delta_{11}}=\frac{0.00115}{36.977\times10^{-6}}=31.00\text{kN}$$

7）验算拉杆的拉应力

$\sigma_p+\dfrac{\Delta N}{A_p}=1009.7+\dfrac{31000}{1710}=1027.8\text{N/mm}^2\leqslant\sigma_{con}=1209\text{N/mm}^2$，也小于 $\beta_1 f_{py}=0.8\times1320=1056\text{N/mm}^2$

满足要求。

8）验算正截面承载力

拉杆的拉力

$$N=\left(\sigma_p+\frac{\Delta N}{A_p}\right)A_p=1027.8\times1710=1757.6\text{kN}$$

预应力在跨中截面增加的受弯承载力

$$M_p=Ne_p\cos\alpha=1757.6\times0.7868\times\cos(0.213)=1352.9\text{kN}\cdot\text{m}$$

原梁受弯承载力与现作用弯矩的差距

$$\Delta M=M-M_{u0}=3222-1940.9=1281.1\text{kN}\cdot\text{m}$$

$M_p\geqslant\Delta M$，即加固后满足梁正截面承载力要求。

9）验算梁的挠度

加固前梁无裂缝，取

$$B_1=0.5E_cI_0=0.5\times3640000=1820000\text{kN}\cdot\text{m}^2$$

$$B_2=B_p=0.75E_cI_0=0.75\times3640000=2730000\text{kN}\cdot\text{m}^2$$

加固前简支梁在原荷载标准值作用下跨中挠度

$$f_1=\frac{5M_{0k}L^2}{48B_1}=\frac{5\times540\times12.0^2}{48\times1820000}=0.00445\text{m}$$

跨中单支点下撑模式，预应力引起的反拱

$$f_{p1}=\frac{Ne_pl^2}{12B_p}=\frac{1757.6\times0.7876}{12\times2730000}\times12^2=0.00611\text{m}$$

预应力筋锚固在梁截面上端（锚固点至截面重心距离 $e_1=0.7376-1.25=-0.5124\text{m}$），由此引起的反拱（实为正拱）为：

$$f_{p2}=\frac{Ne_1l^2}{8B_p}=\frac{1757.6\times(-0.5124)\times12^2}{8\times2730000}=-0.00596\text{m}$$

反拱值合计：$f_p=f_{p1}+f_{p2}=0.00611-0.00596=0.00015\text{m}$

加固结束后，后加荷载标准值在简支梁跨中产生的弯矩

$$M_{k2}=\frac{\Delta P}{\gamma_Q}\frac{l}{4}=\frac{450}{1.5}\times\frac{12^2}{4}=900\text{kN}\cdot\text{m}$$

加固后简支梁在后加集中荷载标准值作用下跨中挠度

$$f_2=\frac{M_{k2}l^2}{12B_p}=\frac{900\times12^2}{12\times2730000}=0.00396\text{m}$$

加固结束后，跨中挠度验算

$$f=f_1-f_p+f_2=0.00445-0.00015+0.00396=0.00826\text{m}$$

SCS 软件计算对话框输入信息和最终计算结果如图 4-27 所示，可见其与手算结果相近。

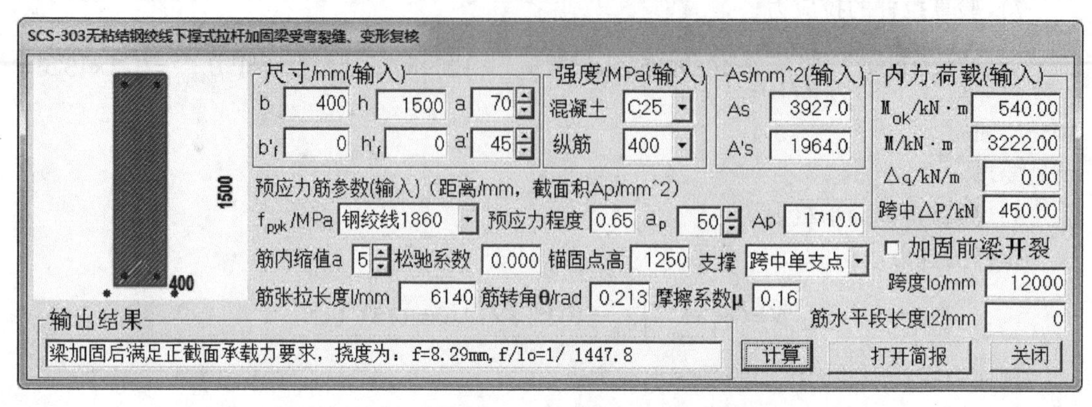

图 4-27　预应力体外加固梁受弯承载力校核和变形计算

4.6　型钢预应力双侧撑杆的加固轴心受压柱的计算

采用预应力双侧撑杆加固轴心受压的钢筋混凝土柱时，应按下列规定进行计算：

1）确定加固后轴向压力设计值 N；

2）按下式计算原柱的轴心受压承载力设计值 N_0；

$$N_0=0.9\varphi(f_{c0}A_{c0}+f'_{y0}A'_{s0}) \tag{4-19}$$

式中　φ——原柱的稳定系数；

A_{c0}——原柱的截面面积；

f_{c0}——原柱的混凝土抗压强度设计值；

A'_{s0}——原柱的纵向钢筋总截面面积；

f'_{y0}——原柱的纵向钢筋抗压强度设计值。

3）按下式计算撑杆承受的轴向压力设计值 N_1：

$$N_1=N-N_0 \tag{4-20}$$

式中　N——柱加固后轴向压力设计值。

4）按下式计算预应力撑杆的总截面面积：

$$N_1\leqslant 0.9\varphi\beta_2 f'_{py}A'_p \tag{4-21}$$

式中　β_2——撑杆与原柱的协同工作系数，取 0.9；

f'_{py}——撑杆钢材的抗压强度设计值；

A'_p——预应力撑杆的总截面面积。

预应力撑杆每侧杆肢由两根角钢或一根槽钢构成。

5）柱加固后轴心受压承载力设计值可按下式验算：

$$N=0.9\varphi(f_{c0}A_{c0}+f'_{y0}A'_{s0}+\beta_2 f'_{py}A'_p) \tag{4-22}$$

注：规范 GB 50367—2013 将此式系数写成 β_3，疑似有误，因规范在此式后未解释 β_3，而再次出现时才解释。

6）缀板应按现行国家标准《钢结构设计标准》GB 50017 进行设计计算，其尺寸和间距应保证撑杆受压肢及单肢角钢在施工时不致失稳。

7）设计应规定撑杆安装时需预加的压应力值 σ'_p，并按下式验算：

$$\sigma_p' \leqslant \varphi_1 \beta_3 f_{py}' \tag{4-23}$$

式中 φ_1——撑杆的稳定系数；确定该系数所需的撑杆计算长度，当采用横向张拉方法时，取其全长的1/2；当采用顶升法时，取其全长，按格构式压杆计算其稳定系数；

β_3——经验系数，取0.75。

8）设计规定的施工控制量，应按采用的施加预应力方法计算：

①当用千斤顶、楔子等进行竖向顶升安装撑杆时，顶升量ΔL可按下式计算：

$$\Delta L = \frac{L\sigma_p'}{\beta_4 E_a} + a_1 \tag{4-24}$$

式中 E_a——撑杆钢材的弹性模量；

L——撑杆的全长；

a_1——撑杆端顶板与混凝土间的压缩量，取2~4mm；

β_4——经验系数，取0.90。

②当用横向张拉法（图4-28）安装撑杆时，横向张拉量ΔH按下式验算：

$$\Delta H \leqslant \frac{L}{2}\sqrt{\frac{2.2\sigma_p'}{E_a}} + a_2 \tag{4-25}$$

式中 a_2——综合考虑各种误差因素对张拉量影响的修正项，可取a_2=5~7mm。

实际弯折撑杆时，宜将长度中点处的横向弯折量取为ΔH+(3~5mm)，但施工中只收紧ΔH，合撑杆处于预压状态。

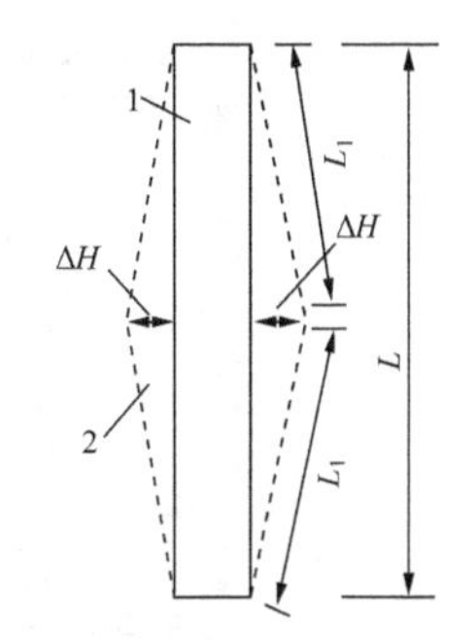

图4-28 预应力撑杆横向张拉量计算图

1—被加固柱；2—撑杆

【例4-8】预应力双侧撑杆加固轴心受压柱的设计计算

文献［4］第70页例题，某无侧移框架结构，底层门厅矩形截面柱，截面尺寸450mm×450mm，混凝土强度等级为C25，纵向钢筋采用HRB400级钢筋，配有对称钢筋8⌀16（A_{s0}'=1608mm²），柱为轴心受压构件，计算长度=4.5m，现因房屋改造，柱的轴向压力增至3000kN，试对该柱进行加固设计。

【解】加固方法：由于加固时不卸载，为保证加固柱能有效地参与工作，以及原柱在后加荷载下的安全，采用双侧撑杆预应力加固法（图4-29），张拉方法采用横向张拉法。张拉结束后，用U形箍加以固定。

1）原柱承载力复核，采用RCM软件[2]输入信息和简要计算结果如图4-30所示，可见其不满足要求。

2）加固计算

长细比l_0/b=4500/450=10.0，查《混凝土结构设计规范》，稳定系数φ=0.980

如选用Q235级钢4∟70×5角钢，则A_p'=2752.0mm²，加固后柱轴心受压承载力为：

$N=0.9\varphi(f_{c0}A_{c0}+f_{y0}'A_{s0}'+\beta_2 f_{py}'A_p')$

$=0.9\times0.980\times[11.9\times202500+360\times1608.0+0.9\times215\times2752.0]\times10^{-3}=3105.65\text{kN}>3000\text{kN}$，满足要求。

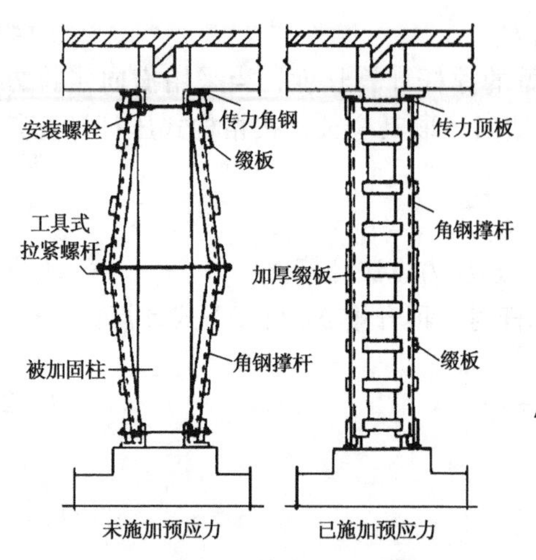

图 4-29 柱双侧预应力撑杆撑杆加固构造

3）计算预应力控制值 σ_p'

采用横向张拉法时，取 $l=l_0/2=225\text{cm}$，查型钢表得：$i=2\times2.16$，长细比 $l/i=225/(2\times2.16)=52.1$，查《钢结构设计标准》得稳定系数 $\varphi_1=0.857$。

$$\sigma_p'\leqslant\varphi_1\beta_3 f_{py}'=0.857\times0.75\times215=138.2\text{N/mm}^2$$

4）计算横向张拉量

$$\Delta H\leqslant\frac{L}{2}\sqrt{\frac{2.2\sigma_p'}{E_a}}+a_2=\frac{4500}{2}\sqrt{\frac{2.2\times138.2}{206000}}+6=92.4\text{mm}$$

SCS 软件计算对话框输入信息和最终计算结果如图 4-31 所示，可见其与手算结果相同。

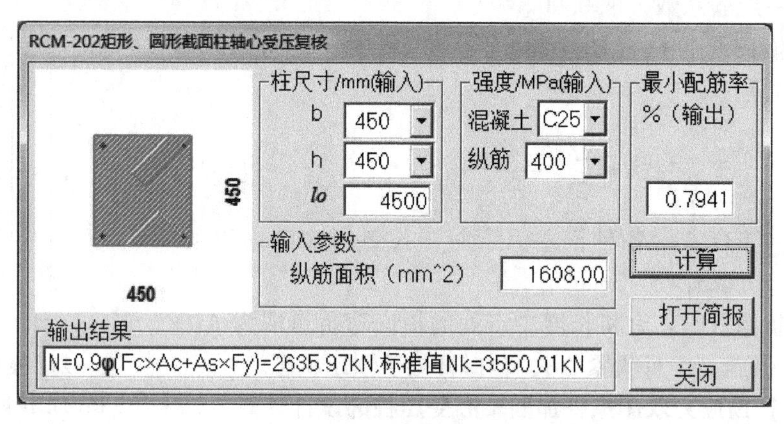

图 4-30 原柱承载力

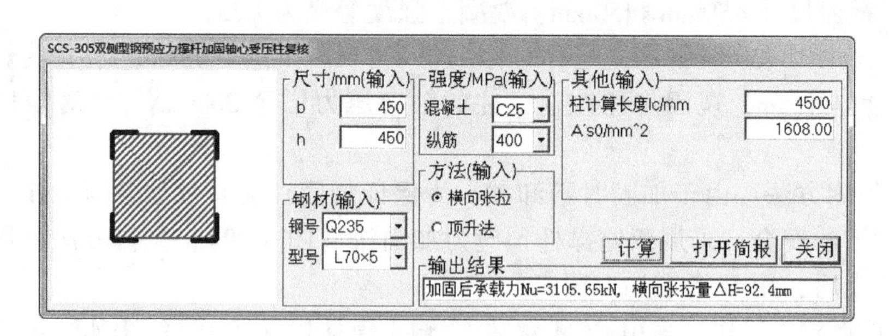

图 4-31 预应力双侧撑杆加固轴心受压柱

4.7 型钢预应力单侧撑杆加固弯矩不变号的偏心受压柱的计算

采用单侧预应力撑杆加固弯矩不变号的偏心受压柱时，应按下列规定进行计算：

1）确定该柱加固后轴向压力 N 和弯矩 M 的设计值。

2）确定撑杆肢承载力，可试用两根较小的角钢或一根槽钢作撑杆，其有效受压承载

力取为 $0.9f'_{py}A'_p$。

3）原柱加固后需承受的偏心受压荷载应按下列公式计算：

$$N_{01}=N-0.9f'_{py}A'_p \tag{4-26}$$

$$M_{01}=M-0.9f'_{py}A'_p h/2 \tag{4-27}$$

4）原柱截面偏心受压承载力应按下列公式验算：

$$N_{01}\leqslant\alpha_1 f_{c0}bx+f'_{y0}A'_{s0}-\sigma_{s0}A_{s0} \tag{4-28}$$

$$N_{01}e\leqslant\alpha_1 f_{c0}bx(h_0-0.5x)+f'_{y0}A'_{s0}(h_0-a'_0) \tag{4-29}$$

$$e=e_0+\frac{h}{2}-a'_0 \tag{4-30}$$

$$e_0=M_{01}/N_{01} \tag{4-31}$$

如果是框架柱，按照《混凝土结构设计规范》GB 500010—2010 第6.2.3条考虑柱自身挠曲二阶效应，可将式（4-30）改写如下：

$$e=C_m\eta_{ns}e_0+e_a+\frac{h}{2}-a'_0 \tag{4-32}$$

如果是排架柱，按照《混凝土结构设计规范》GB 500010—2010 附录B考虑柱自身挠曲二阶效应，可将式(4-30)改写如下：

$$e=\eta_s e_0+e_a+\frac{h}{2}-a'_0 \tag{4-33}$$

式中　b——原柱截面宽度；

x——原柱截面的混凝土受压区高度；

σ_{s0}——原柱纵向受拉钢筋的应力；

e——轴向力作用点至原柱纵向受拉钢筋合力点之间的距离；

e_a——附加偏心距，按偏心方向截面最大尺寸 h 确定；当 $h\leqslant 600$mm 时，取 e_a 为 20mm；当 $h>600$mm 时，取 $e_a=\frac{h}{30}$；

C_m、η_{ns}——分别为框架柱端截面偏心距调节系数、弯矩增大系数，详见《混凝土结构设计规范》GB 50010—2010 第6.2.4条的规定；

η_s——排架柱端截面弯矩增大系数，详见《混凝土结构设计规范》GB 50010—2010 附录B的规定；

a'_0——纵向受压钢筋合力点至受压边缘的距离。

当原柱偏心受压承载力不满足上述要求时，可加大撑杆截面面积，再重新验算。

5）缀板的设计应符合现行国家标准《钢结构设计规范》GB 50017 的有关规定，并应保证撑杆肢或角钢在施工时不失稳。

6）撑杆施工时应预加的压应力值 σ'_p 宜取为 50～80MPa。

【例4-9】型钢预应力单侧撑杆加固弯矩不变号的偏心受压框架柱算例

文献［4］第77页算例，某钢筋混凝土平台柱，截面尺寸 $b\times h=300\text{mm}\times400\text{mm}$，柱的计算长度 $l_c=3$m，混凝土强度等级为C20，采用HRB335级钢筋，$A_s=A'_s=763\text{mm}^2$，承受设计轴向压力410kN，设计弯矩120kN·m。现因增加设备，增加设计轴向力 $\Delta N=130$kN，设计弯矩 $\Delta M=30$kN·m，需加固处理。

【**解**】加固方法：由于加固时原设备不拆除，原柱的应力还较高，为确保加固后柱能有效地参与工作以及原柱在后加荷载下的安全，采用单侧撑杆预应力加固法，即在受压边施加预应力钢撑杆（图 4-32、图 4-33）。选用角钢 2∟75×5（Q235 钢），$A'_p=1482\text{mm}^2$，张拉方法采用横向张拉法。张拉结束后，用 U 形箍加以固定，并喷射 1∶2 水泥砂浆加以保护。

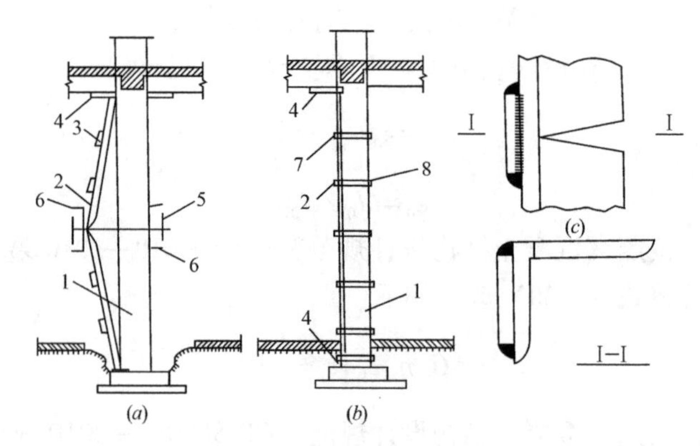

图 4-32　单侧预应力撑杆加固

1—被加固构件；2—加固撑杆；3—预焊缀板；4—钢垫板；5—拉紧螺栓；6—钢垫板或槽钢；7—后焊传力角钢；8—后焊 U 形缀板

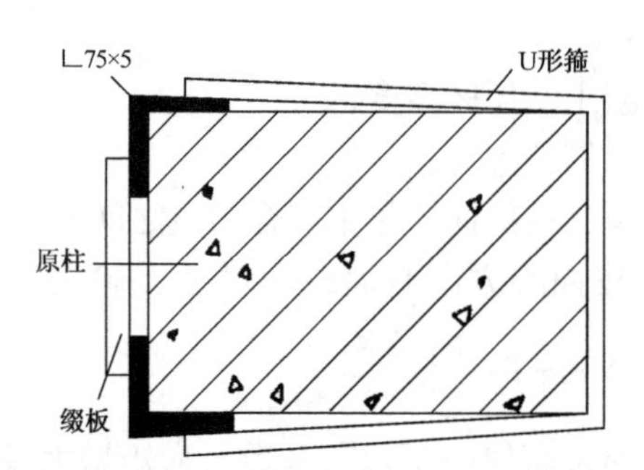

图 4-33　预应力单侧撑杆加固柱

加固计算

1）原柱在加固后需承担的荷载为：

$$N_{01}=N-0.9f'_{py}A'_p=540000-0.9\times215\times1482.0=253.23\text{kN}$$

$$M_{01}=M-0.9f'_{py}A'_p\frac{h}{2}=150\times10^6-0.9\times215\times1482\times400/2=92.65\text{kN}\cdot\text{m}$$

2）对原柱截面偏心受压承载力进行验算

判断是否考虑自身挠曲二阶效应：

偏安全取 $M_1/M_2=1$，$e_0=\dfrac{M_{01}}{N_{01}}=\dfrac{92.65\times10^6}{253230}=365.9\text{mm}$

由于 $M_1/M_2=1>0.9$，且 $i=0.289h=0.289\times400=115.6\text{mm}$，则 $l_c/i=3000/115.6=26>34-12(M_1/M_2)=22$，因此，需要考虑挠曲变形引起的附加弯矩影响。

$$h_0=h-a=400-40=360\text{mm}$$

$$e_{\mathrm{a}}=\max\left\{\frac{h}{30},\ 20\right\}=\max\left\{\frac{400}{30},\ 20\right\}=20.0\mathrm{mm}$$

$$\zeta_{\mathrm{c}}=\frac{0.5f_{\mathrm{c}}A_{\mathrm{c}}}{N}=\frac{0.5\times9.6\times120000}{540000}=1.067>1.0\text{，取}\zeta_{\mathrm{c}}=1.0$$

$$C_{\mathrm{m}}=0.7+0.3\frac{M_1}{M_2}=1.0$$

$$\eta_{\mathrm{ns}}=1+\frac{1}{1300(e_0+e_{\mathrm{a}})/h_0}\left(\frac{l_{\mathrm{c}}}{h}\right)^2\zeta_{\mathrm{c}}=1+\frac{1}{1300\times(365.9+20)/360}\left(\frac{3000}{400}\right)^2\times1=1.040$$

$$e_i=C_{\mathrm{m}}\eta_{\mathrm{ns}}e_0+e_{\mathrm{a}}=1\times1.040\times365.9+20=400.6\mathrm{mm}$$

$$e_i>0.3h_0\text{，按大偏心受压计算}$$

$$e=e_i+\frac{h}{2}-a_0'=400.6+0.5\times400-40=560.6\mathrm{mm}$$

$$x=\frac{N_{01}}{\alpha_1 f_{\mathrm{c0}}b}=\frac{253230}{1\times9.6\times300}=87.9\mathrm{mm}$$

$$A_{\mathrm{s0}}'=A_{\mathrm{s0}}=\frac{N_{01}e-\alpha_1 f_{\mathrm{c0}}bx(h_0-0.5x)}{f_{\mathrm{y}}'(h_0-a')}$$

$$=\frac{263230\times560.6-1\times9.6\times300\times87.9\times(360-0.5\times87.9)}{300\times(360-40)}$$

$$=645.2\mathrm{mm}^2$$

其值小于原有配筋面积，满足承载力要求！

3）计算预应力控制值

采用横向张拉法时，取$l=l_0/2=150\mathrm{cm}$，查型钢表得：$i=2\times2.32$，长细比$l/i=150/(2\times2.32)=32.3$，查《钢结构设计标准》得稳定系数$\varphi_1=0.933$。

$\sigma_{\mathrm{p}}'\leqslant\varphi_1\beta_3 f_{\mathrm{py}}'=0.933\times0.75\times215=150.4\mathrm{N/mm}^2$

4）计算横向张拉量

$$\Delta H\leqslant\frac{L}{2}\sqrt{\frac{2.2\sigma_{\mathrm{p}}'}{E_{\mathrm{a}}}}+a_2=\frac{3000}{2}\sqrt{\frac{2.2\times150.4}{206000}}+6=66.1\mathrm{mm}$$

SCS 软件计算对话框输入信息和最终计算结果如图 4-34 所示，可见其与手算结果相同。

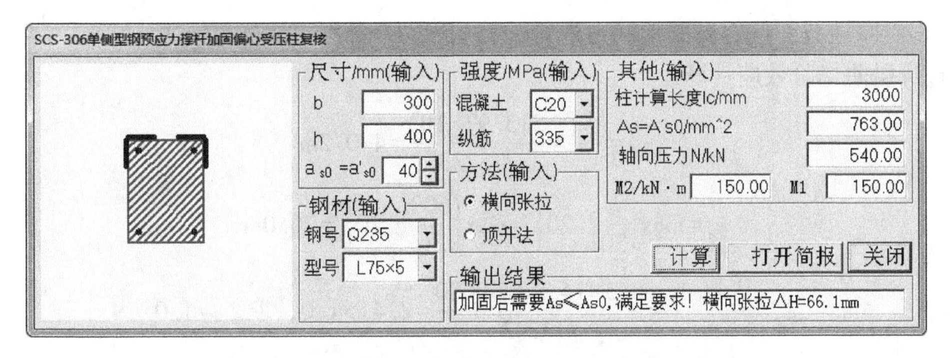

图 4-34　预应力单侧撑杆加固弯矩不变号的偏心受压柱

【例 4-10】型钢预应力单侧撑杆加固弯矩不变号的偏心受压排架柱算例

某钢筋混凝土排架厂房，作用于吊车梁顶面处的荷载：轴向压力 $N=1000\text{kN}$；弯矩 $M=400\text{kN}\cdot\text{m}$。柱截面尺寸 $b\times h=400\text{mm}\times600\text{mm}$，柱的计算长度 $l_0=7\text{m}$，混凝土强度等级为 C30，截面两侧边配筋均为 4Φ20($A_s=A_s'=1256\text{mm}^2$)，$a=a'=40\text{mm}$。要求对该柱进行承载力复核，如不满足要求，试进行加固计算。

【解】

1）原柱承载力计算，使用 RCM 软件[2] 设计计算，输入数据和简要输出结果如图 4-35 所示，可见现有配筋偏少，柱承载力达不到要求。

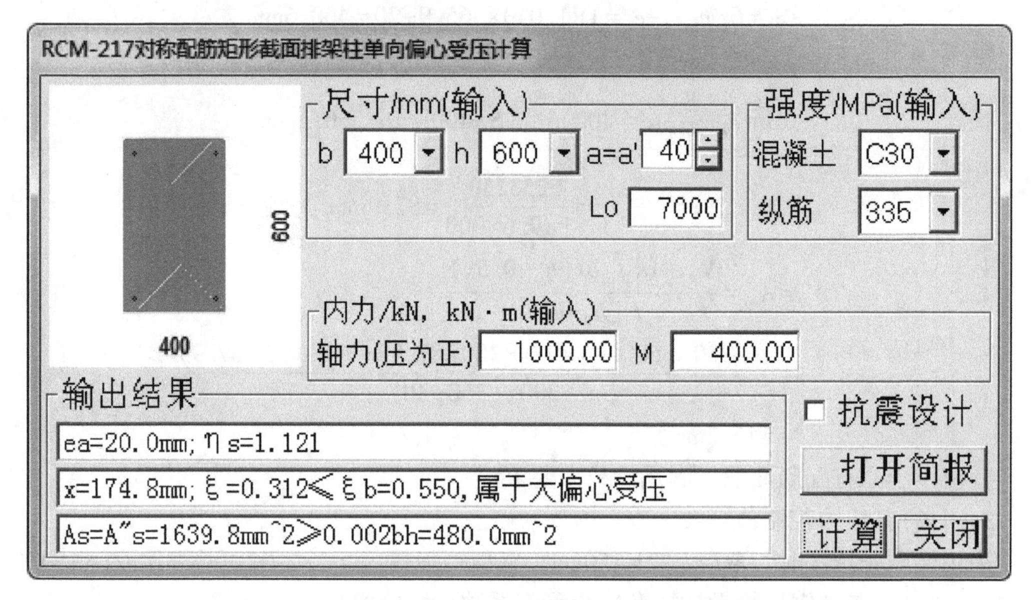

图 4-35 双筋矩形受弯构件正截面承载力计算等效应力图

加固计算，选用角钢 2∟75×5（Q235 钢），$A_p'=1482\text{mm}^2$。

2）原柱在加固后需承担的荷载为：

$$N_{01}=N-0.9f_{py}'A_p'=1000000-0.9\times215\times1482.0=713.233\text{kN}$$

$$M_{01}=M-0.9f_{py}'A_p'\frac{h}{2}=400\times10^6-0.9\times215\times1482\times600/2$$

$$=313.97\text{kN}\cdot\text{m}$$

3）对原柱截面偏心受压承载力进行验算

自身挠曲二阶效应计算：

$$e_0=\frac{M_{01}}{N_{01}}=\frac{313.97\times10^6}{713233}=440.2\text{m}$$

$$e_a=\max\left\{\frac{h}{30},\ 20\right\}=\max\left\{\frac{600}{30},\ 20\right\}=20.0\text{mm}$$

$$\zeta_c=\frac{0.5f_cA_c}{N}=\frac{0.5\times14.3\times240000}{713233}=2.41>1.0，取\ \zeta_c=1.0$$

根据混凝土规范 GB 50010—2010 式（B.0.4-2）

$$\eta_s = 1+\frac{1}{1500(e_0+e_a)/h_0}\left(\frac{l_0}{h}\right)^2\zeta_c$$

$$=1+\frac{1}{1500\times(440.2+20)/560}\left(\frac{7000}{600}\right)^2\times1=1.110$$

$$e_i=\eta_s e_0+e_a=1.110\times440.2+20=508.8\text{mm}$$

$e_i>0.3h_0$，按大偏心受压计算

$$e=e_i+\frac{h}{2}-a_0'=508.8+0.5\times600-40=768.8\text{mm}$$

$$x=\frac{N_{01}}{\alpha_1 f_{c0}b}=\frac{713233}{1\times14.3\times400}=124.7\text{mm}$$

$$A_{s0}'=A_{s0}=\frac{N_{01}e-\alpha_1 f_{c0}bx(h_0-0.5x)}{f_y'(h_0-a')}$$

$$=\frac{713233\times768.8-1\times14.3\times400\times124.7\times(560-0.5\times124.7)}{300\times(560-40)}$$

$$=1239.7\text{mm}^2$$

其值小于原有配筋面积，满足承载力要求！

4）计算预应力控制值

采用横向张拉法时，取 $l=l_0/2=350\text{cm}$，查型钢表得：$i=2\times2.32$，长细比 $l/i=350/(2\times2.32)=75.4$，查《钢结构设计标准》得稳定系数 $\varphi_1=0.738$。

$$\sigma_p'\leqslant\varphi_1\beta_3 f_{py}'=0.738\times0.75\times215=119.0\text{N/mm}^2$$

5）计算横向张拉量

$$\Delta H\leqslant\frac{L}{2}\sqrt{\frac{2.2\sigma_p'}{E_a}}+a_2=\frac{7000}{2}\sqrt{\frac{2.2\times119.0}{206000}}+6=130.8\text{mm}$$

SCS 软件计算对话框输入信息和最终计算结果如图 4-36 所示，可见其与手算结果相同。

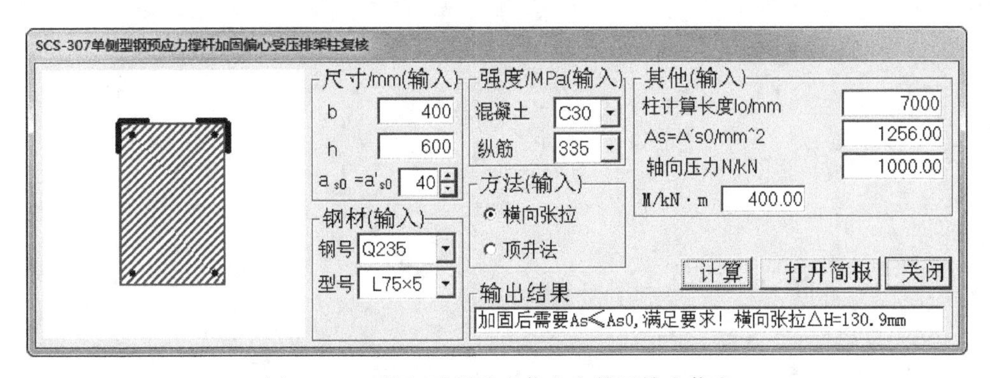

图 4-36　双筋矩形梁输入信息和简要输出信息

本章参考文献

[1] 卜良桃，周靖，叶蓁. 混凝土结构加固设计规范算例. 北京：中国建筑工业出版社，2008.
[2] 王依群. 混凝土结构设计计算算例（第 3 版）[M]. 北京：中国建筑工业出版社，2016.
[3] 中华人民共和国国家标准. 混凝土结构设计规范 GB 50010—2010 [S]. 北京：中国建筑工业出版

社，2010.

[4] 卜良桃，梁爽，黎红兵. 混凝土结构加固设计规范算例（第2版）[M]. 北京：中国建筑工业出版社，2015.

[5] 卢亦焱. 混凝土结构加固设计原理 [M]. 北京：高等教育出版社，2016.

[6] 李延和，陈贵，李树林等. 高效预应力加固法理论及应用 [M]. 北京：科学出版社，2008.

第5章　外包型钢加固法

5.1　设计规定

外包型钢加固法，按其与原构件连接方式分为外粘型钢加固法和无粘结外包型钢加固法；均适用于需要大幅度提高截面承载能力和抗震能力的钢筋混凝土柱及梁的加固。本书将梁受拉侧角部粘角钢及梁受压侧粘或不粘钢板的加固方法放在第6章介绍。

当工程要求不使用结构胶粘剂时，宜选用无粘结外包型钢加固法，也称干式外包钢加固法。其设计应符合《混凝土结构加固设计规范》GB 50367—2013第8章8.1.2节的规定。

当工程允许使用结构胶粘剂，且原柱状况适于采取加固措施时，宜选用外粘型钢加固法（图5-1）。该方法属于复合截面加固法，其设计应符合本章的规定。

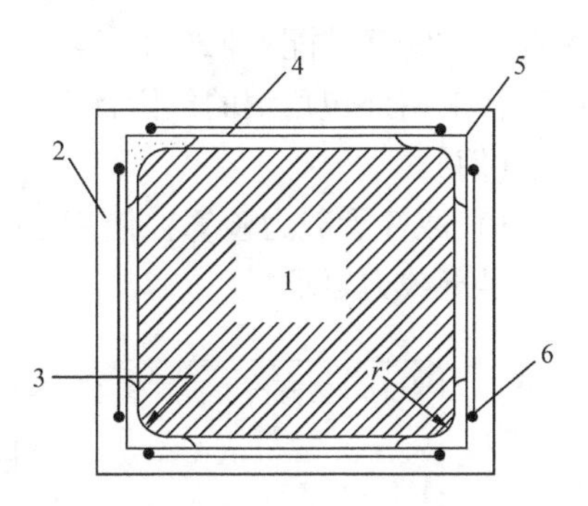

图5-1　外粘型钢加固

1—原柱；2—防护层；3—注胶；4—缀板；5—角钢；6—缀板与角钢焊缝

混凝土结构构件采用符合《混凝土结构加固设计规范》GB 50367设计规定的外粘型钢加固时，其加固后的承载力和截面刚度可按整截面计算；其截面刚度*EI*的近似值，可按下式计算：

$$EI=E_{c0}I_{c0}+0.5E_{a}A_{a}a_{a}^{2} \tag{5-1}$$

式中　E_{c0}、E_{a}——分别为原构件混凝土和加固型钢的弹性模量；

I_{c0}——原构件截面惯性矩；

A_{a}——加固构件一侧外粘型钢截面面积；

a_{a}——受拉与受压两侧型钢截面形心之间的距离。

采用外包型钢加固法对钢筋混凝土结构进行加固时，应采取措施卸除或大部分卸除作用在原结构上的活荷载。

5.2　外粘型钢加固钢筋混凝土轴心受压柱的计算

采用外粘型钢（角钢或扁钢）加固钢筋混凝土轴心受压构件时，其正截面承载力应按下式验算：

$$N\leqslant 0.9\varphi(\psi_{sc}f_{c0}A_{c0}+f'_{y0}A'_{s0}+\alpha_{a}f'_{a}A'_{a}) \tag{5-2}$$

式中　N——构件加固后轴向压力设计值；

φ——轴心受压构件的稳定系数，根据加固后的截面尺寸，按《混凝土结构设计规范》GB 50010[2]规定采用，加固后截面尺寸似应取4角钢外缘的尺寸，其比原截面尺寸略大些，为安全起见这里采用原截面尺寸；

ψ_{sc}——考虑钢构架对混凝土约束作用引入的混凝土承载力提高系数；对圆形截面柱，取为1.15；对截面高宽比 $h/b\leqslant1.5$、截面高度的 $h\leqslant600$mm 的矩形截面柱，取为1.1；对不符合上述规定的矩形截面柱取为1.0；

α_a——新增型钢强度利用系数，除抗震计算取为1.0外，其他计算均取为0.9；

f'_a——新增型钢抗压强度设计值，应按现行国家标准《钢结构设计标准》GB 50017的规定采用；

A'_a——型钢全部受压肢的截面面积。

【例5-1】外粘型钢加固钢筋混凝土轴心受压柱算例

某已建多层商用综合楼，结构形式为钢筋混凝土框架结构，因使用需要，新增两层，有可能导致底层中柱承载力不足，现知增加楼层后该柱仅承受轴向荷载设计值 $N=4380$kN，柱截面尺寸为500mm×500mm，柱的计算长度 $l_0=6$m，混凝土强度等级为C30，原柱对称配筋共配6ф20（$A'_s=1884\text{mm}^2$）。要求对该柱进行承载力复核，如不满足要求，试进行采用外包角钢的加固计算。

【解】

1）原柱承载力验算，使用RCM软件[3]，输入信息和计算结果如图5-2所示，可见其不满足承载力要求。

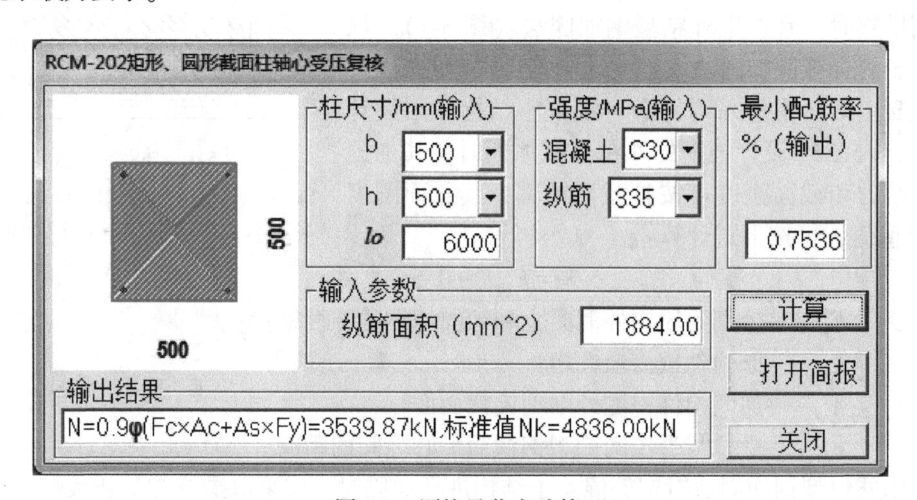

图5-2 原柱承载力验算

2）加固计算，长细比 $l_0/b=6000/500=12.0$，$\varphi=0.95$，由截面尺寸和高宽比知 $\psi=1.1$，由式（5-2）

$$A'_a=\frac{N/(0.9\varphi)-\psi_{sc}f_{c0}A_{c0}-f'_{y0}A'_{s0}}{\alpha_a f'_a}$$

$$=\frac{4380000/(0.9\times0.95)-1.1\times14.3\times250000-300\times1884}{0.9\times215}$$

$$=3230.5\text{mm}^2$$

SCS软件计算对话框输入信息和最终计算结果如图5-3所示，可见其与手算结果相同。可选用角钢4∟80×6，$A'_a=3747\text{mm}^2$。

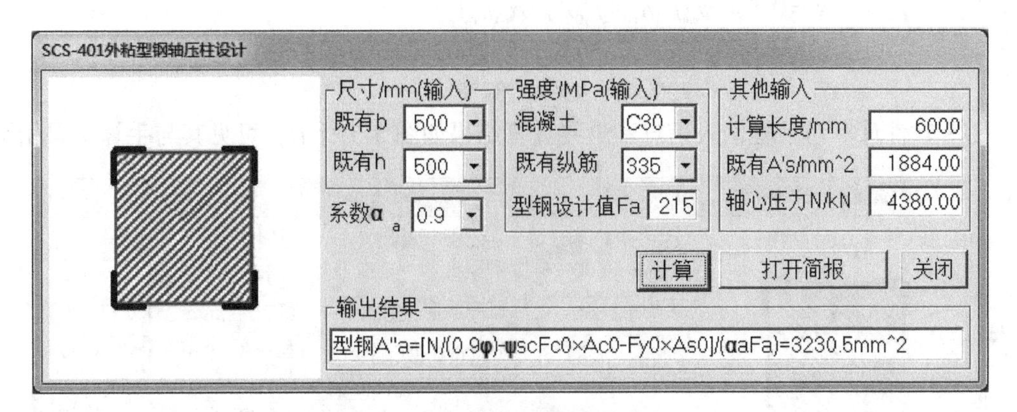

图 5-3　外包角钢加固轴心受压柱

【例 5-2】外粘型钢加固钢筋混凝土轴心受压柱复核算例

某框架底层中柱为轴心受压构件，因设计时荷载取值漏项，使用中发现部分柱子产生有纵向裂缝，经核算后其受轴向荷载设计值 $N=4585.2\text{kN}$，柱截面尺寸为 500mm×600mm，柱的计算长度 $l_0=5\text{m}$，混凝土强度等级为 C25，原柱对称配筋共配 4 Φ 20+4 Φ 18（$A'_s=2273\text{mm}^2$）。要求对该柱进行承载力复核，如不满足要求，试进行采用外包角钢的加固计算。

【解】

1）原柱承载力验算，使用 RCM 软件[3]，输入信息和计算结果如图 5-4 所示，可见其不满足承载力要求。

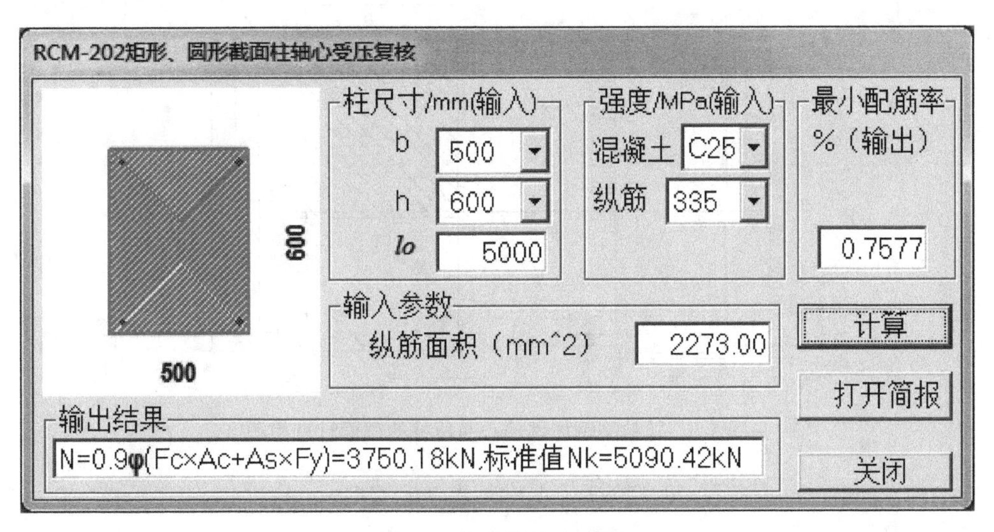

图 5-4　原柱承载力验算

2）加固计算

原柱承载力不足，决定采用粘型钢灌注加固，选择在柱的四角粘 Q235 ∟80×8，单根角钢截面积为 1230mm^2，$A'_a=4920\text{mm}^2$。长细比 $l_0/b=5000/500=10.0$，$\varphi=0.980$，由式（5-2）

$$N=0.9\varphi(\psi_{sc}f_{c0}A_{c0}+f'_{y0}A'_{s0}+\alpha_a f'_a A'_a)$$
$$=0.9\times0.980\times(1.10\times11.9\times300000+300\times2273+0.9\times215\times4920.0)=4904.73\text{kN}$$

SCS 软件计算对话框输入信息和最终计算结果如图 5-5 所示，可见其与手算结果相同。

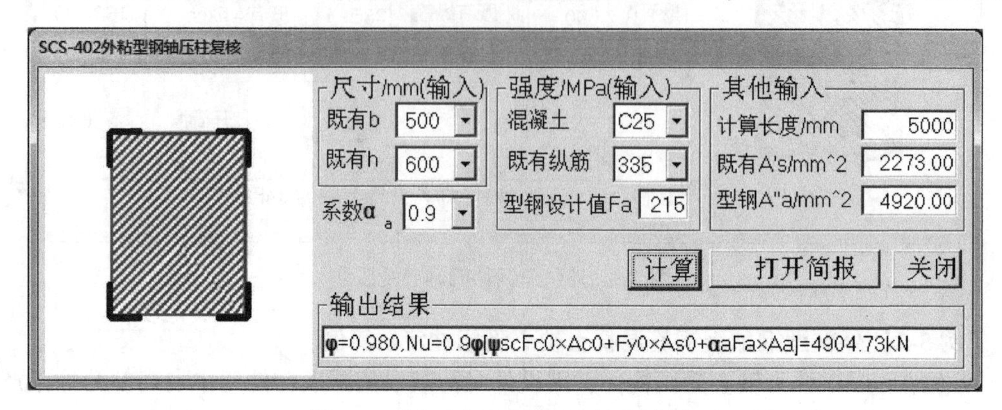

图 5-5　外包角钢加固轴心受压柱复核

5.3　外粘型钢加固钢筋混凝土偏心受压构件的计算

采用外粘型钢加固钢筋混凝土偏心受压构件（图 5-6）时，其矩形正截面承载力应按下列公式确定：

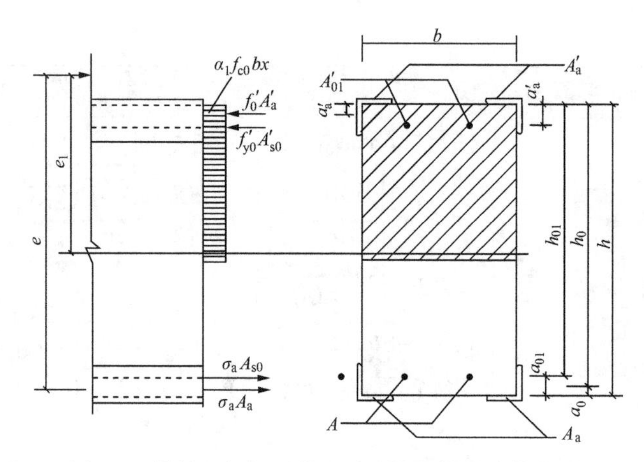

图 5-6　外粘型钢加固偏心受压柱的截面计算简图

$$N\leqslant\alpha_1 f_{c0}bx+f'_{y0}A'_{s0}-\sigma_{s0}A_{s0}+\alpha_a f'_a A'_a-\sigma_a A_a \tag{5-3}$$

$$Ne\leqslant\alpha_1 f_{c0}bx\left(h_0-\frac{x}{2}\right)+f'_{y0}A'_{s0}(h_0-a'_0)-\sigma_{s0}A_{s0}(a_0-a_a)+\alpha_a f'_a A'_a(h_0-a'_a) \tag{5-4}$$

$$\sigma_{s0}=\left(\frac{0.8h_{01}}{x}-1\right)E_{s0}\varepsilon_{cu}\leqslant f_{y0} \tag{5-5}$$

$$\sigma_a=\left(\frac{0.8h_0}{x}-1\right)E_a\varepsilon_{cu}\leqslant f_a \tag{5-6}$$

式中 N——构件加固后轴向压力设计值；

b——原构件截面宽度；

x——混凝土受压区高度；

f_{c0}——原构件混凝土轴心抗压强度设计值；

f'_{y0}——原构件受压区纵向钢筋抗压强度设计值；

A'_{s0}——原构件受压较大边纵向钢筋截面面积；

σ_{s0}——原构件受拉边或受压较小边纵向钢筋应力，当为小偏心受压构件时，图中 σ_{s0} 可能变号；

A_{s0}——原构件受拉边或受压较小边纵向钢筋截面面积；

α_a——新增型钢强度利用系数，除抗震计算取为 1.0 外，其他计算均取为 0.9；

f'_a——新增型钢抗压强度设计值，应按现行国家标准《钢结构设计标准》GB 50017 的规定采用；

A'_a——全部受压肢型钢截面面积；

σ_a——受拉肢或受压较小肢型钢的应力，可按式（5-6）计算，也可近似取 $\sigma_a=\sigma_{s0}$；

A_a——全部受拉肢型钢截面面积；

e——偏心距，为轴向压力作用点至受拉区型钢形心的距离，按本书式（2-17）计算确定；

h_{01}——加固前原截面有效高度；

h_0——加固后受拉肢或受压较小肢型钢的截面形心至原构件截面受压较大边的距离；

a'_0——原截面受压较大边纵向钢筋合力点至原构件截面近边的距离；

a'_a——受压较大肢型钢截面形心至原构件截面近边的距离；

a_0——原构件截面受拉边或受压较小边纵向钢筋合力点至原截面近边的距离；

a_a——受拉肢或受压较小肢型钢截面形心至原构件截面近边的距离；

E_a——型钢的弹性模量。

【例 5-3】外粘型钢加固钢筋混凝土大偏心受压柱设计算例

已知矩形截面框架柱，截面尺寸为 400mm×500mm，柱的计算长度 $l_c=5$m，混凝土强度等级为 C25，原柱对称配筋，截面每边配 4Φ16（$A_s=A'_s=804\text{mm}^2$）。改变结构使用功能后，荷载产生的轴向力设计值 $N=600$kN，$M_2=300$kN · m，要求对该柱进行承载力复核，如不满足要求，试进行采用外包角钢的加固计算。

【解】

1）原柱承载力验算，使用 RCM 软件[3]，输入信息和计算结果如图 5-7 所示，可见其不满足承载力要求。

2）判断是否考虑自身挠曲二阶效应：

偏安全取 $M_1/M_2=1$，$e_0=\dfrac{M_2}{N}=\dfrac{300\times10^6}{600000}=500\text{mm}$

由于 $M_1/M_2=1>0.9$，且 $i=0.289h=0.289\times500=144.5\text{mm}$，则 $l_c/i=5000/144.5=34.6>34-12(M_1/M_2)=22$，因此，需要考虑挠曲变形引起的附加弯矩影响。

$$h_{01}=h-a=500-40=460\text{mm}$$

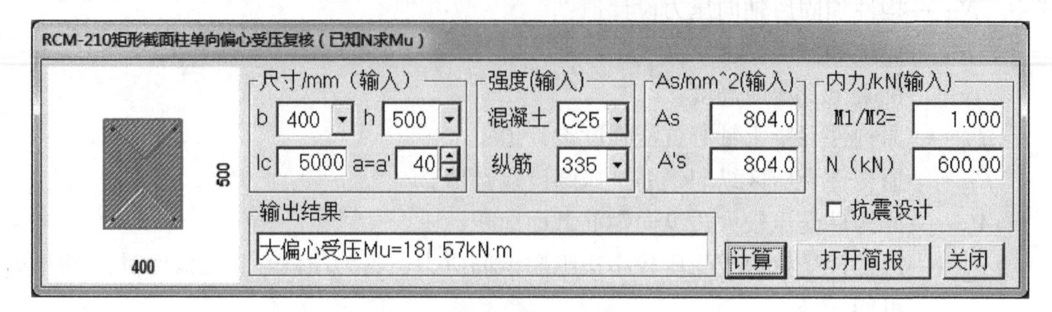

图 5-7 原偏心受压柱的承载能力

$$e_a=\max\left\{\frac{h}{30},\ 20\right\}=\max\left\{\frac{500}{30},\ 20\right\}=20.0\text{mm}$$

$$\zeta_c=\frac{0.5f_cA_c}{N}=\frac{0.5\times11.9\times200000}{600000}=1.983>1.0，取\ \zeta_c=1.0$$

$$C_m=0.7+0.3\frac{M_1}{M_2}=1.0$$

$$\eta_{ns}=1+\frac{1}{1300(e_0+e_a)/h_0}\left(\frac{l_c}{h}\right)^2\zeta_c$$

$$=1+\frac{1}{1300\times(500+20)/460}\left(\frac{5000}{500}\right)^2\times1=1.068$$

$$e_i=\psi C_m\eta_{ns}e_0+e_a=1.2\times1\times1.068\times500+20=660.8\text{mm}$$

$e_i>0.3h_0$，按大偏心受压计算

$$e=e_i+\frac{h}{2}-a_a=660.8+0.5\times500-14=896.8\text{mm}$$

3）判断大偏压还是小偏压

$N_b=\alpha_1f_{c0}b\xi_bh_0=1\times11.9\times400\times0.550\times460=1204280>N$，属于大偏压。

4）计算加固角钢的截面积

因是大偏压，截面受拉边的钢筋与角钢均达到受拉屈服应力；截面受压边的钢筋与角钢均达到受压屈服应力。假设各自的受拉屈服应力与受压屈服应力相等，由式（5-4），截面受压区高度为：

$$x=\frac{N_{01}}{\alpha_1f_{c0}b}=\frac{600000}{1\times11.9\times400}=126.1\text{mm}$$

加固后受拉肢或受压较小肢型钢的截面形心至原构件截面受压较大边的距离 $h_0=h-a_a=500-14=486\text{mm}$

据式（5-5），加固需要的角钢截面面积为：

$$A_a=A'_a=\frac{Ne-\alpha_1f_{c0}bx(h_0-x/2)-f'_{y0}A'_{s0}(h_0-a'_{s0})+f_{y0}A_{s0}(a_{s0}-a_a)}{\alpha_af'_a(h_0-a'_a)}$$

$$=\frac{600000\times896.8-1\times11.9\times400\times126.1\times(486-126.1/2)-300\times804\times(486-40)+300\times804\times(40-14)}{0.9\times215\times(486-14)}$$

$$=2002.7\text{mm}^2$$

SCS 软件计算对话框输入信息和最终计算结果如图 5-8 所示，可见其与手算结果相同。

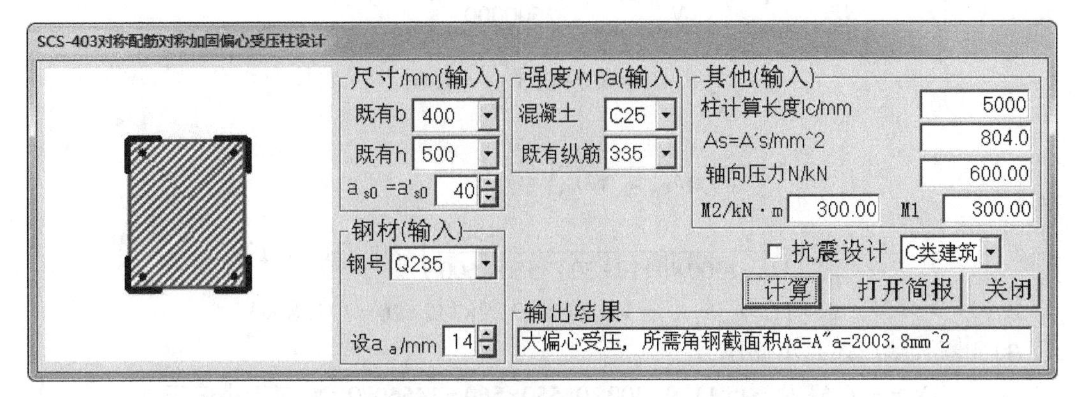

图 5-8　外粘型钢加固钢筋混凝土大偏心受压柱设计算例

可选 4∟75×7，每边 2∟75×7，实配 $A_a=A'_a=2040\text{mm}^2$，重心距 21.1mm（$a_a=$ 14.1mm）与假设的符合较好。若 a_a 值不符、即差得较多，可重新假设再算。

【例 5-4】外粘型钢加固钢筋混凝土小偏心受压柱设计算例

已知矩形截面柱，截面尺寸为 400mm×600mm，柱的计算长度 $l_0=5\text{m}$，混凝土强度等级为 C25，原柱对称配筋，截面每边配 2Φ25+2Φ20（$A_s=A'_s=1610\text{mm}^2$）。结构加层后，荷载组合效应轴向力设计值 $N=2500\text{kN}$，杆端弯矩较大值 $M_2=280\text{kN}\cdot\text{m}$，要求对该柱进行承载力复核，如不满足要求，试进行采用外包角钢的加固计算。

【解】

1）原柱承载力验算，使用 RCM 软件[3]，输入信息和计算结果如图 5-9 所示，可见其不满足承载力要求。

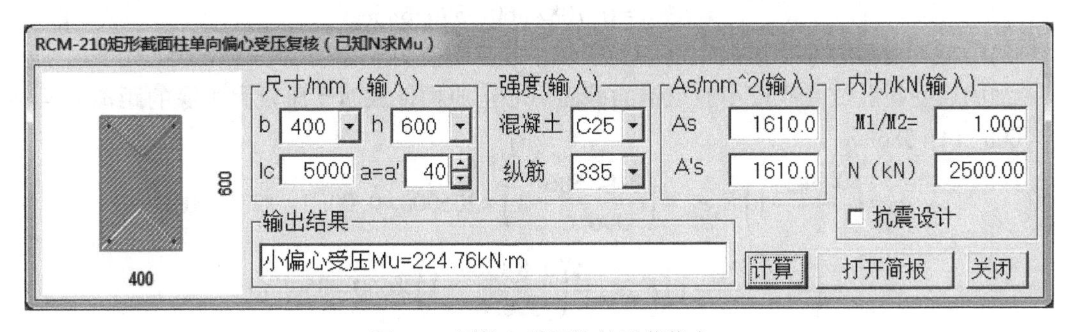

图 5-9　原偏心受压柱的承载能力

2）判断是否考虑自身挠曲二阶效应：

偏安全取 $M_1/M_2=1$，$e_0=\dfrac{M_2}{N}=\dfrac{280\times10^6}{2500000}=112\text{mm}$

由于 $M_1/M_2=1>0.9$，且 $i=0.289h=0.289\times600=173.4\text{mm}$，则 $l_c/i=6000/173.4=34.6>34-12(M_1/M_2)=22$，因此，需要考虑挠曲变形引起的附加弯矩影响。

$$h_{01}=h-a=600-40=560\text{mm}$$

$$e_a=\max\left\{\frac{h}{30},\ 20\right\}=\max\left\{\frac{600}{30},\ 20\right\}=20.0\text{mm}$$

$$\zeta_c=\frac{0.5f_cA_c}{N}=\frac{0.5\times11.9\times240000}{2500000}=0.571$$

$$C_m=0.7+0.3\frac{M_1}{M_2}=1.0$$

$$\eta_{ns}=1+\frac{1}{1300(e_0+e_a)/h_0}\left(\frac{l_c}{h}\right)^2\zeta_c$$

$$=1+\frac{1}{1300\times(112+20)/560}\left(\frac{5000}{600}\right)^2\times0.571=1.129$$

$$e_i=\psi C_m\eta_{ns}e_0+e_a=1.2\times1\times1.129\times112+20=171.8\text{mm}$$

3)判断大偏压还是小偏压

$N_b=\alpha_1f_{c0}b\xi_bh_0=1\times11.9\times400\times0.550\times560=1466080<N$,属于小偏压。

4)计算截面受压区高度

预估角钢的大致型号,据此定出型钢截面形心至原构件截面近边的距离 $a_a=14\text{mm}$。根据《混凝土结构设计规范》GB 50010 公式(6.2.17-8)得

$$e=e_i+\frac{h}{2}-a_a=171.8+0.5\times600-14=457.8\text{mm}$$

$$\xi=\frac{N-\alpha_1f_cb\xi_bh_{01}}{\dfrac{Ne-0.43\alpha_1f_cbh_{01}^2}{(\beta_a-\xi_b)(h_{01}-a_0')}+\alpha_1f_cbh_{01}}+\xi_b$$

$$=\frac{2500000-1\times11.9\times400\times0.550\times560}{\dfrac{2500000\times457.8-0.43\times1\times11.9\times400\times560^2}{(0.8-0.550)(560-40)}+1\times11.9\times400\times560}+0.550=0.708$$

$$x=\xi h_{01}=0.708\times560=396.6\text{mm}$$

5)原截面受压较小边纵向钢筋和受压较小肢型钢应力

加固后受拉肢或受压较小肢型钢的截面形心至原构件截面受压较大边缘的距离 $h_0=h-a_a=600-14=586\text{mm}$

$$\sigma_a=\left(\frac{0.8h_0}{x}-1\right)E_s\varepsilon_{cu}=\left(\frac{0.8\times586}{396.6}-1\right)\times206000\times0.0033=123.7\text{MPa}$$

$$\sigma_{s0}=\left(\frac{0.8h_{01}}{x}-1\right)E_{s0}\varepsilon_{cu}=\left(\frac{0.8\times560}{396.6}-1\right)\times660=85.5\text{MPa}$$

6）计算加固角钢的截面积

据式（5-5），加固需要的角钢截面面积为：

$$A_a=A_a'=\frac{Ne-\alpha_1f_{c0}bx(h_0-x/2)-f_{y0}'A_{s0}'(h_0-a_{s0}')+f_{y0}A_{s0}(a_{s0}-a_a)}{\alpha_af_a'(h_0-a_a')}$$

$$=\frac{2500000\times457.8-1\times11.9\times400\times396.6\times(586-396.6/2)-300\times1610\times(586-40)+85.5\times1610\times(40-14)}{0.9\times215\times(586-14)}$$

$$=1377.4\text{mm}^2$$

SCS 软件计算对话框输入信息和最终计算结果如图 5-10 所示，可见其与手算结果相同。

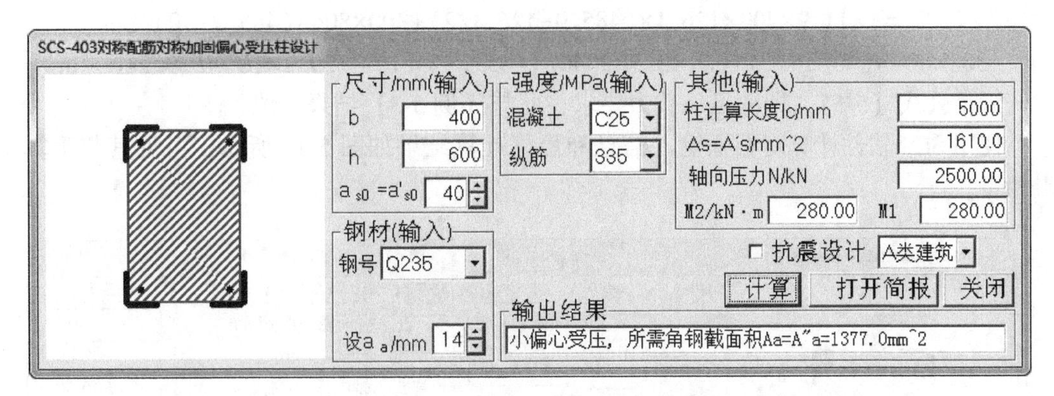

图 5-10　外粘型钢加固钢筋混凝土小偏心受压柱设计算例

可选 4∟75×5，每边 2∟75×5，实配 $A_a=A'_a=1482\text{mm}^2$，重心距 20.4mm（$a_a=15.4\text{mm}$）与假设的符合较好。

【例 5-5】外粘型钢加固钢筋混凝土大偏心受压柱复核算例

原柱及其受力同【例 5-3】，现确定加固措施是在该柱四角粘贴∟75×7，Q235 钢角钢，$A_a=A'_a=2040\text{mm}^2$。试进行加固后承载力复核。

【解】 1）自身挠曲二阶效应计算（详见【例 5-3】）

$$e_i=\psi C_m\eta_{ns}e_0+e_a=1.2\times1\times1.068\times500+20=660.8\text{mm}$$

$a_a=a'_a$型钢表中角钢重心距离截面肢内侧的距离，对于∟75×7 为 21.1−7=14.1mm

$$e=e_i+\frac{h}{2}-a_a=660.8+0.5\times500-14.1=896.6\text{mm}$$

2）计算截面受压区高度

$h_0=h-a_a=500-14.1=485.9\text{mm}$，将已知参数代入式（5-4）、式（5-5）得：

$$600000=1\times11.9\times400x+300\times804-\sigma_{s0}\times804+0.9\times215\times2040-0.9\times\sigma_a\times2040$$

$$600000\times896.6=1\times11.9\times400x\times(485.9-x/2)+300\times804\times(485.9-40)$$
$$-\sigma_{s0}\times804\times(40-14.1)+0.9\times215\times2040\times(485.9-14.1)$$

解此联立方程，得 $x=232.7\text{mm}$，将其代入式（5-6）、式（5-7）得：

$$\sigma_a=\left(\frac{0.8h_0}{x}-1\right)E_a\varepsilon_{cu}=\left(\frac{0.8\times485.9}{232.7}-1\right)\times206000\times0.0033=455.7\text{MPa}$$

$$\sigma_{s0}=\left(\frac{0.8h_{01}}{x}-1\right)E_{s0}\varepsilon_{cu}=\left(\frac{0.8\times460}{232.7}-1\right)\times200000\times0.0033=383.8\text{MPa}$$

$\sigma_a>f_a$，取 $\sigma_a=f_a$、$\sigma_{s0}>f_{y0}$，取 $\sigma_{s0}=f_{y0}$、将它们再代入公式（5-4）、公式（5-5）：

$$600000=1\times11.9\times400x+300\times804-300\times804+0.9\times215\times2040-0.9\times215\times2040$$

$$600000\times896.6=1\times11.9\times400x\times(485.9-x/2)+300\times804\times(485.9-40)$$
$$-300\times804\times(40-14.1)+0.9\times215\times2040\times(485.9-14.1)$$

解此联立方程，得 $x=126.1\text{mm}$，$\sigma_a>f_a$，取 $\sigma_a=f_a$、$\sigma_{s0}>f_{y0}$，取 $\sigma_{s0}=f_{y0}$，将它们和 e 分别代入公式（5-5）两端，

$$Ne=600.0\times0.8966=537.98\text{kN}\cdot\text{m}$$

$$\alpha_1f_{c0}bx\left(h_0-\frac{x}{2}\right)+f'_{y0}A'_{s0}(h_0-a'_{s0})-\sigma_{s0}A_{s0}(a_{s0}-a_a)+\alpha_af'_aA'_a(h_0-a'_a)$$

$$=1\times11.9\times400\times126.1\times(485.9-126.1/2)+300\times804\times(485.9-40)$$

$$-300\times804\times(40-14.1)+0.9\times215\times2040\times(485.9-14.1)=539.2\times10^{6}=539.2\text{kN}\cdot\text{m}$$

满足公式（5-5），即满足承载力要求，此与【例 5-3】结果一致。

使用 SCS 软件计算对话框输入信息和最终计算结果如图 5-11 所示，可见其与手算结果相近。

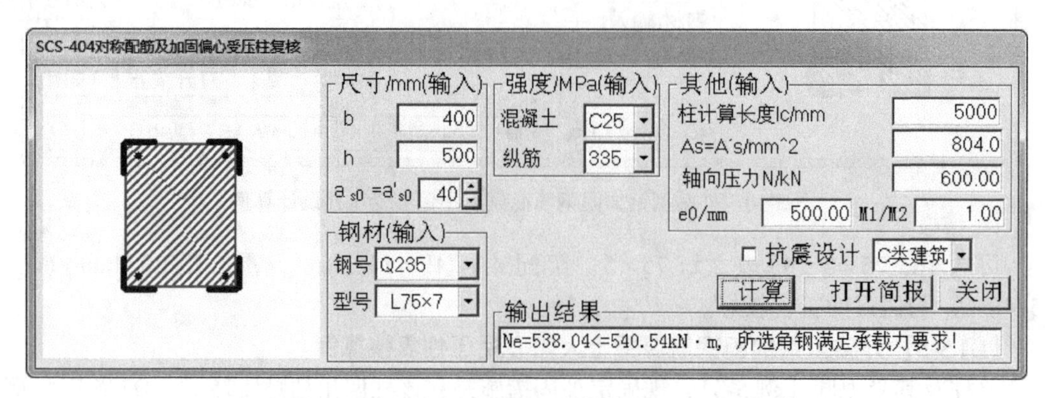

图 5-11 外粘型钢加固钢筋混凝土大偏心受压柱复核

【例 5-6】外粘型钢加固钢筋混凝土小偏心受压柱复核算例

原柱及其受力同【例 5-4】，现确定加固措施是在该柱四角粘贴L 75×5，Q235 钢角钢，$A_a=A'_a=1482\text{mm}^2$。试进行加固后承载力复核。

【解】1）~2）与【例 5-4】同。

3）偏心距计算

$a_a=a'_a$型钢表中角钢重心距离截面肢内侧的距离，对于L 75×5 为 20.3−5=15.3mm

$$e=e_i+\frac{h}{2}-a_a=171.8+0.5\times600-15.3=456.5\text{mm}$$

4）计算截面受压区高度

$h_0=h-a_a=600-15.3=584.7\text{mm}$，将已知参数代入式（5-4）、式（5-5）得：

$$2500000=1\times11.9\times400x+300\times1610-\sigma_{s0}\times1610+0.9\times215\times1482-0.9\times\sigma_a\times1482$$

$$2500000\times456.5=1\times11.9\times400x\times(584.7-x/2)+300\times1610\times(584.7-40)$$

$$-\sigma_{s0}\times1610\times(40-15.3)+0.9\times215\times1482\times(584.7-15.3)$$

解此联立方程，得 $x=410.5\text{mm}$，将其代入式（5-6）、式（5-7）得：

$$\sigma_a=\left(\frac{0.8h_0}{x}-1\right)E_a\varepsilon_{cu}=\left(\frac{0.8\times584.7}{410.5}-1\right)\times206000\times0.0033=94.9\text{MPa}$$

$$\sigma_{s0}=\left(\frac{0.8h_{01}}{x}-1\right)E_{s0}\varepsilon_{cu}=\left(\frac{0.8\times560}{410.5}-1\right)\times200000\times0.0033=60.3\text{MPa}$$

将它们和 e 分别代入公式（5-5）两端，

$$Ne=2500.0\times0.4565=1141.24\text{kN}\cdot\text{m}$$

$$\alpha_1 f_{c0}bx\left(h_0-\frac{x}{2}\right)+f'_{y0}A'_{s0}(h_0-a'_{s0})-\sigma_{s0}A_{s0}(a_{s0}-a_a)+\alpha_a f'_aA'_a(h_0-a'_a)$$

$$=1\times11.9\times400\times410.5\times(584.7-410.5/2)+300\times1610\times(584.7-40)$$

$-60.3\times1610\times(40-15.3)+0.9\times215\times1482\times(584.7-15.3)=1165.4\times10^6=1165.4\text{kN}\cdot\text{m}$

满足公式（5-5），即满足承载力要求，此与【例 5-4】结果一致。

使用 SCS 软件计算对话框输入信息和最终计算结果如图 5-12 所示，可见其与手算结果相近。

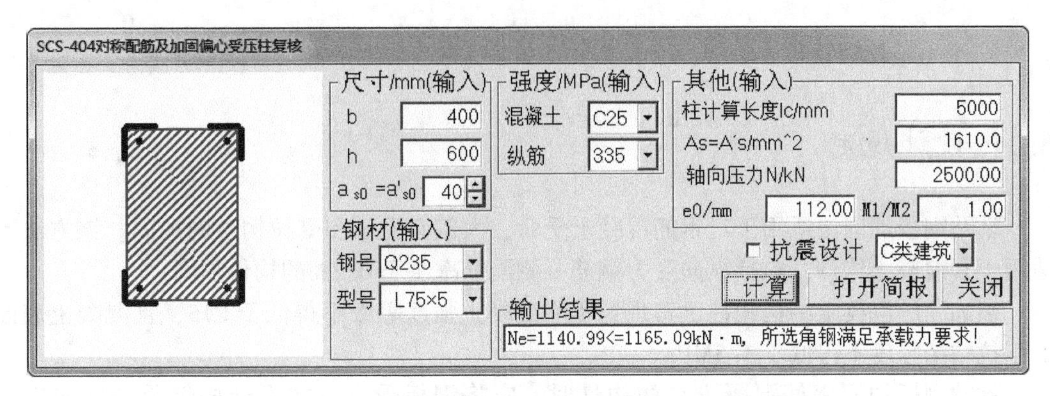

图 5-12　外粘型钢加固钢筋混凝土偏心受压柱复核

本章参考文献

[1] 中华人民共和国国家标准. 混凝土结构加固设计规范 GB 50367—2013 [S]. 北京：中国建筑工业出版社，2013.

[2] 中华人民共和国国家标准. 混凝土结构设计规范 GB 50010—2010 [S]. 北京：中国建筑工业出版社，2010.

[3] 王依群. 混凝土结构设计计算算例（第 3 版）[M]. 北京：中国建筑工业出版社，2016.

第6章 粘贴钢板加固法

6.1 设计规定

粘贴钢板加固法适用于对钢筋混凝土受弯、大偏心受压和受拉构件的加固。该方法不适用于素混凝土构件，包括纵向受力钢筋一侧配筋率小于0.2%的构件加固。

被加固的混凝土结构构件，其现场实测混凝土强度等级不得低于C15，且混凝土表面的正拉粘结强度不得低于1.5MPa。

粘贴钢板加固钢筋混凝土结构构件时，应将钢板受力方式设计成仅承受轴向应力作用。

粘贴在混凝土构件表面上的钢板，其外表面应进行防锈蚀处理。表面防锈蚀材料对钢板及胶粘剂应无害。

采用《混凝土结构加固设计规范》GB 50367 规定的胶粘剂粘贴钢板加固混凝土结构时，其长期使用的环境温度不应高于60℃；处于特殊环境（如高温、高湿、介质侵蚀、放射等）的混凝土结构采用本方法加固时，除应按现行有关标准的规定采取相应的防护措施外，尚应采用耐环境因素作用的胶粘剂，并按专门的工艺要求进行粘贴。

采用粘贴钢板对钢筋混凝土结构进行加固时，应采取措施卸除或大部分卸除作用在结构上的活荷载。

当被加固构件的表面有防火要求时，应按现行国家标准《建筑设计防火规范》GB 50016 规定的耐火等级及耐火极限要求，对胶粘剂和钢板进行防护。

6.2 受弯构件正截面加固计算

采用粘贴钢板对梁、板等受弯构件进行加固时，除应符合现行国家标准《混凝土结构设计规范》GB 50010 正截面承载力计算的基本假定外，尚应符合下列规定：

1）构件达到受弯承载能力极限状态时，外贴钢板的拉应变 ε_{sp} 应按截面应变保持平面的假定确定；

2）钢板应力 σ_{sp} 取等于拉应变 ε_{sp} 与弹性模量 E_{sp} 的乘积，且不高于钢板的抗拉、抗压强度设计值；

3）当考虑二次受力影响时，应按构件加固前的初始受力情况，确定粘贴钢板的滞后应变；

4）在达到受弯承载能力极限状态前，外贴钢板与混凝土之间不致出现粘贴剥离破坏。

受弯构件加固后的相对界限受压区高度 $\xi_{b,sp}$ 应按加固前控制值的0.85倍采用，即：

$$\xi_{b,sp}=0.85\xi_b \tag{6-1}$$

式中　ξ_b——构件加固前的相对界限受压区高度，按现行国家标准《混凝土结构设计规范》GB 50010的规定计算。

在矩形截面受弯构件的受拉面和受压面粘贴钢板进行加固时（图6-1），其正截面承载力应符合下列规定：

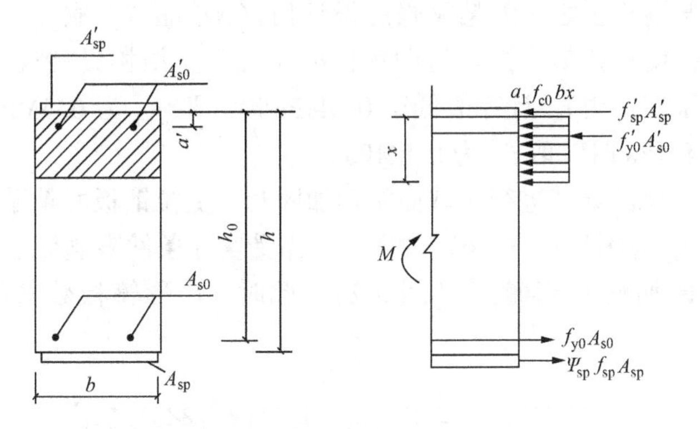

图6-1　粘贴钢板加固钢筋混凝土矩形截面梁受弯承载力计算

$$M \leqslant \alpha_1 f_{c0} bx\left(h-\frac{x}{2}\right)+f'_{y0}A'_{s0}(h-a')+f'_{sp}A'_{sp}h-f_{y0}A_{s0}(h-h_0) \tag{6-2}$$

$$\alpha_1 f_{c0} bx=\psi_{sp} f_{sp} A_{sp}+f_{y0}A_{s0}-f'_{y0}A'_{s0}-f'_{sp}A'_{sp} \tag{6-3}$$

$$\psi_{sp}=\frac{(0.8\varepsilon_{cu}h/x)-\varepsilon_{cu}-\varepsilon_{sp,0}}{f_{sp}/E_{sp}} \tag{6-4}$$

$$x \geqslant 2a' \tag{6-5}$$

式中　M——构件加固后弯矩设计值；

x——混凝土受压区高度；

b、h——矩形截面宽度和高度；

f_{sp}、f'_{sp}——加固钢板的抗拉、抗压强度设计值；

A_{sp}、A'_{sp}——受拉钢板和受压钢板的截面面积；

A_{s0}、A'_{s0}——原构件受拉和受压钢筋的截面面积；

a'——纵向受压钢筋合力点至截面近边的距离；

h_0——构件加固前的截面有效高度；

ψ_{sp}——考虑二次受力影响时，受拉钢板抗拉强度有可能达不到设计值而引用的折减系数；当$\psi_{sp}>1.0$时，取$\psi_{sp}=1.0$；

ε_{cu}——混凝土极限压应变，取$\varepsilon_{cu}=0.0033$；

$\varepsilon_{sp,0}$——考虑二次受力影响时，受拉钢板的滞后应变，应按式（6-9）计算；若不考虑二次受力影响，取$\varepsilon_{sp,0}=0$。

当受压面没有粘贴钢板（即$A'_{sp}=0$），可根据式（6-2）计算出混凝土受压区的高度x，按式（6-4）计算出强度折减系数ψ_{sp}，然后代入式（6-3），求出受拉面应粘贴的加固钢板量A_{sp}。

对受弯构件正弯矩区的正截面加固，其受拉面沿轴向粘贴的钢板的截断位置，应从其强度充分利用的截面算起，取不小于按下式确定的粘贴延伸长度：

$$l_{sp} \geqslant (f_{sp}t_{sp}/f_{bd})+200 \quad (6-6)$$

式中　l_{sp}——受拉钢板粘贴延伸长度（mm）；

t_{sp}——粘贴的钢板总厚度（mm）；

f_{sp}——加固钢板的抗拉强度设计值；

f_{bd}——钢板与混凝土之间的粘贴强度设计值（N/mm^2），取$f_{bd}=0.5f_t$；f_t 为混凝土抗拉强度设计值，按现行国家标准《混凝土结构设计规范》GB 50010 的规定值采用；当f_{bd} 计算值低于 0.5MPa 时，取f_{bd} 为 0.5MPa；当f_{bd} 计算值高于 0.8MPa 时，取f_{bd} 为 0.8MPa。

对框架梁和独立梁的梁底进行正截面粘钢加固时，受拉钢板的粘贴应延伸至支座边或柱边，且延伸长度 l_{sp} 应满足式（6-6）的要求。当受实际条件限制无法满足此要求时，可在钢板的端部锚固区加贴 U 形箍板（图 6-2）。此时，U 形箍板数量的确定应符合下列规定：

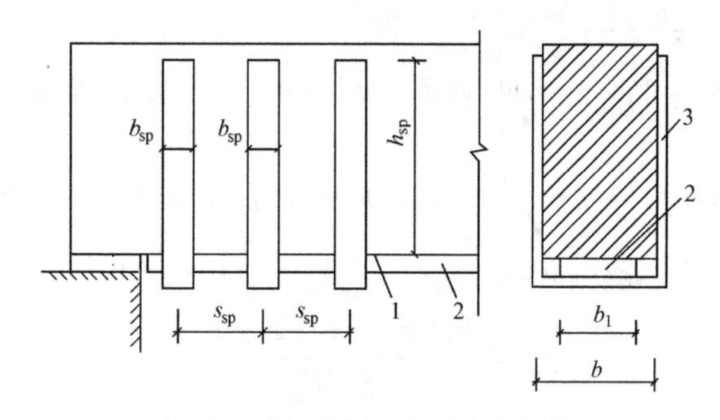

图 6-2　梁端增设 U 形箍板锚固

1—胶层；2—加固钢板；3—U 形箍板

1）当$f_{sv}b_1 \leqslant 2f_{bd}h_{sp}$ 时

$$f_{sp}A_{sp} \leqslant 0.5f_{bd}l_{sp}b_1+0.7nf_{sv}b_{sp}b_1 \quad (6-7)$$

2）当$f_{sv}b_1 > 2f_{bd}h_{sp}$ 时

$$f_{sp}A_{sp} \leqslant 0.5f_{bd}l_{sp}b_1+nf_{bd}b_{sp}h_{sp} \quad (6-8)$$

式中　f_{sv}——钢对钢粘贴强度设计值，对 A 级胶取为 3.0MPa；对 B 级胶取 2.5MPa；

A_{sp}——加固钢板的截面面积；

n——加固钢板每端加贴 U 形箍板的数量；

b_1——加固钢板的宽度；

b_{sp}——U 形箍板的宽度；

h_{sp}——U 形箍板单肢与梁侧面混凝土粘贴的竖向高度。

对受弯构件负弯矩区的正截面加固，钢板的截断位置距充分利用截面的距离，除应根据负弯矩包络图按公式（6-6）确定外，尚宜按《混凝土结构加固设计规范》GB 50367—2013 第 9.6.4 条的构造规定进行设计。

对翼缘位于受压区的 T 形截面受弯构件的受拉面粘贴钢板进行受弯加固时，应按前述矩形截面受弯构件正截面加固的原则和现行国家标准《混凝土结构设计规范》GB 50010 中关于 T 形截面受弯承载力的计算方法进行计算。

当考虑二次受力影响时，加固钢板的滞后应变 $\varepsilon_{sp,0}$ 应按下式计算：

$$\varepsilon_{sp,0}=\frac{\alpha_{sp}M_{0k}}{E_sA_sh_0} \tag{6-9}$$

式中　M_{0k}——加固前受弯构件验算截面上作用的弯矩标准值；

α_{sp}——综合考虑受弯构件裂缝截面内力臂变化、钢筋拉应变不均匀以及钢筋排列影响的计算系数，按表6-1的规定采用。

计算系数值 α_{sp}　　**表6-1**

ρ_{te}	≤0.007	0.010	0.020	0.030	0.040	≥0.060
单排钢筋	0.70	0.90	1.15	1.20	1.25	1.30
双排钢筋	0.75	1.00	1.25	1.30	1.35	1.40

注：1. ρ_{te} 为原混凝土有效受拉截面的纵向钢筋配筋率，即 $\rho_{te}=A_s/A_{te}$；A_{te} 为有效受拉截面面积，按现行国家标准《混凝土结构设计规范》GB 50010 的规定计算；

2. 当原构件钢筋应力 $\sigma_{s0}\leq150\text{MPa}$ 时，且 $\rho_{te}\leq0.05$ 时，表中 α_{sp} 值可乘以调整系数0.9。

当钢板全部粘贴在梁底面（受拉面）有困难时，允许将部分钢板对称地粘贴在梁的两侧面。此时，侧面粘贴区域应控制在距受拉边缘1/4梁高范围内，且按下式计算确定梁的两侧面实际需粘贴的钢板截面面积 $A_{sp,1}$。

$$A_{sp,1}=\eta_{sp}A_{sp,b} \tag{6-10}$$

式中　$A_{sp,b}$——按梁底面计算确定的，但需改贴到梁的两侧面的钢板截面面积；

η_{sp}——考虑改贴梁侧面引起的钢板受拉合力及其力臂改变系数，按表6-2采用。

修正系数值 η_{sp}　　**表6-2**

h_{sp}/h	0.05	0.10	0.15	0.20	0.25
η_{sp}	1.09	1.20	1.33	1.47	1.65

注：η_{sp} 为从梁受拉边缘算起的侧面粘贴高度；h 为梁截面高度。

钢筋混凝土结构构件加固后，其正截面受弯承载力的提高幅度，不应超过40%，并应验算其受剪承载力，避免受弯承载力提高后而导致构件受剪破坏先于受弯破坏。

粘贴钢板的加固量，对受拉区和受压区，分别不应超过3层和2层，且钢板总厚度不应大于10mm。

【例6-1】粘钢板加固钢筋混凝土矩形梁设计算例

文献［1］第50页例题，某矩形截面钢筋混凝土简支梁，截面尺寸为250mm×500mm，梁底部钢筋3Φ25（$A_s=1473\text{mm}^2$），梁顶部钢筋3Φ16（$A_s'=603\text{mm}^2$），混凝土强度等级为C25，环境类别一类，$a=a'=35\text{mm}$（图6-3）。因使用功能改变，梁的弯矩设计值变为230kN·m，原作用于梁上的弯矩标准值为135kN·m，梁的抗剪能力满足要求，拟采用粘贴Q355钢板对梁的抗弯承载力加固，加固设计考虑二次受力影响。

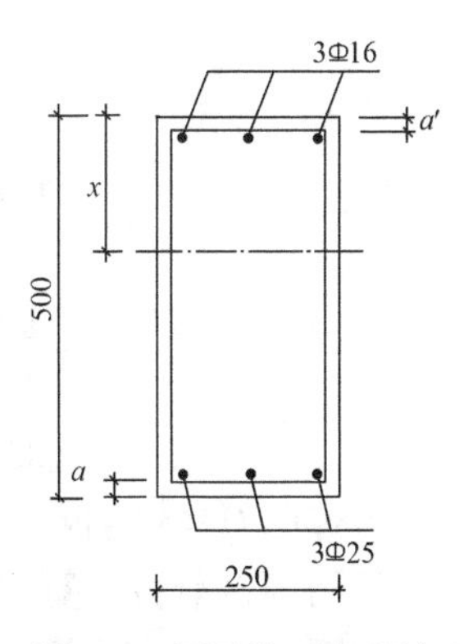

图6-3　原梁截面和配筋

【解】

1）原梁承载力验算，使用RCM软件[2]，输入信息和计算结果如图6-4所示，可见其不满足承载力要求。

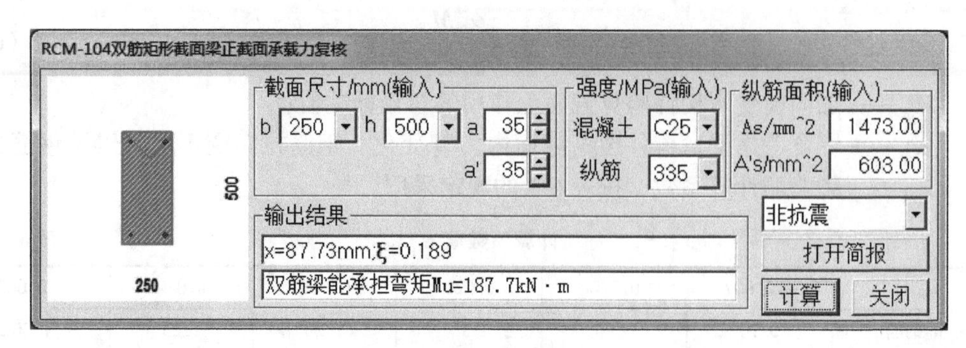

图 6-4　原梁的受弯承载能力

弯矩提高系数：$\frac{M-M_{u0}}{M_{u0}}\times100\%=\frac{230-187.7}{187.7}\times100\%=22.5\%\leqslant40\%$，可以采用粘钢板法加固。

2）加固计算

由式（6-2）得

$$x=h-\sqrt{h^2-2\times\frac{M+f_{y0}A_{s0}(h-h_0)-f'_{y0}A'_{s0}(h-a')}{\alpha_1 f_c b}}$$

$$=500-\sqrt{500^2-2\times\frac{230\times10^6+300\times1473\times35-300\times603\times465}{1\times11.9\times250}}$$

$$=124\text{mm}$$

$\xi_{b,sp}=124/465=0.267<0.85\xi_b=0.85\times0.550=0.468$，属于适筋破坏。

$\rho_{te}=\frac{A_s}{0.5bh}=\frac{1473}{0.5\times250\times500}=0.024$ 查表 6-1，得计算系数值 $\alpha_{sp}=1.17$

加固钢板的滞后应变 $\varepsilon_{sp,0}=\frac{\alpha_{sp}M_{0k}}{E_sA_sh_0}=\frac{1.17\times135\times10^6}{200000\times1473\times465}=11.509\times10^{-4}$

$$\psi_{sp}=\frac{(0.8\varepsilon_{cu}h/x)-\varepsilon_{cu}-\varepsilon_{sp,0}}{f_{sp}/E_{sp}}$$

$$=\frac{(0.8\times0.0033\times500/124)-0.0033-11.509\times10^{-4}}{305/206000}$$

$=4.13>1$，取为 1

由式（6-3）得：

$$A_{sp}=\frac{\alpha_1 f_{c0}bx-f_{y0}A_{s0}+f'_{y0}A'_{s0}}{\psi_{sp}f_{sp}}$$

$$=\frac{1\times11.9\times250\times124-300\times1473+300\times603}{1\times305}$$

$$=351.8\text{mm}^2$$

可选用 Q345 钢板 $200\times2=400\text{mm}^2$

使用 SCS 软件计算对话框输入信息和最终计算结果如图 6-5 所示，可见其与手算结果相近。图 6-5 对话框中 a_a 输入 0 表示是粘钢板加固；输入大于 0 的数表示是粘角钢加固。

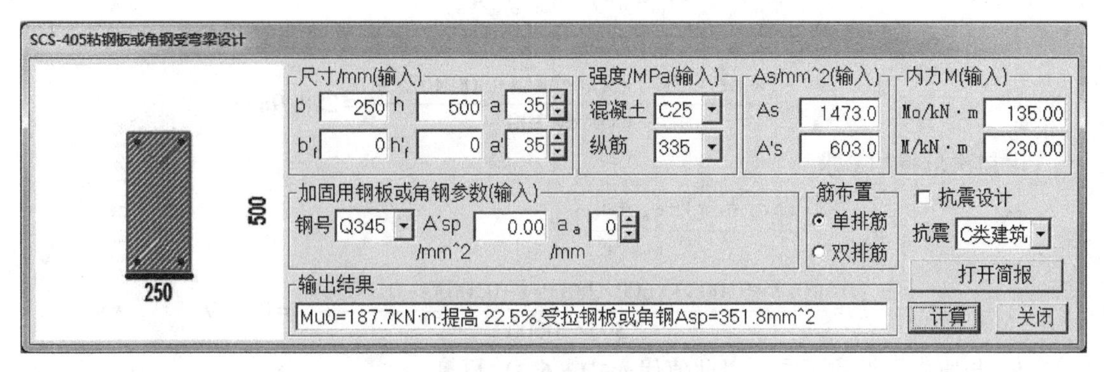

图 6-5　矩形截面双筋梁粘钢板加固设计

【例 6-2】粘钢板加固钢筋混凝土矩形梁复核算例

某矩形截面钢筋混凝土简支梁，截面尺寸为 300mm×600mm，梁底部钢筋 4 ɸ 25+1 ɸ 22（$A_s=2344\text{mm}^2$），梁顶层部钢筋 2 ɸ 20（$A_s'=625\text{mm}^2$），混凝土强度等级为 C20，环境类别一类，$a=a'=35\text{mm}$（图 6-6），梁底粘贴 Q345 钢板面积为 $A_{sp}=260\times4=1040\text{mm}^2$。考虑二次受力影响，加固前梁验算截面上作用的弯矩标准值为 $M_{0k}=241\text{kN}\cdot\text{m}$。试计算梁能承担的弯矩设计值。

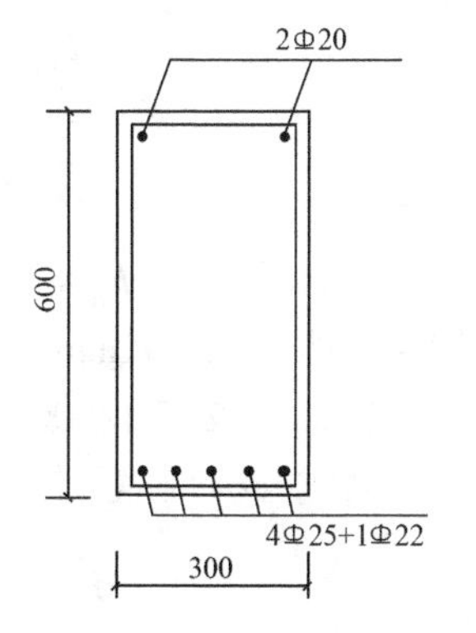

图 6-6　原梁截面和配筋

【解】

1）原梁（未粘钢板前）承载力验算，使用 RCM 软件[2]，输入信息和计算结果如图 6-7 所示。

2）加固后梁承载力

$$\rho_{te}=\frac{A_s}{0.5bh}=\frac{2344}{0.5\times300\times600}=0.026$$

查表 6-1（即 GB 50367—2013 表 9.2.9），得计算系数值 $\alpha_{sp}=1.18$。

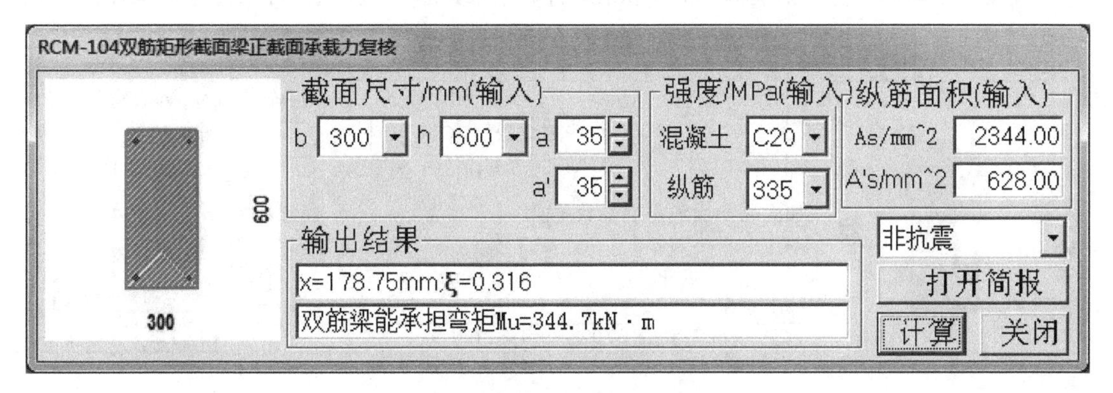

图 6-7　矩形截面双筋梁受弯承载力

加固钢板的滞后应变 $\varepsilon_{sp,0}=\dfrac{\alpha_{sp}M_{0k}}{E_sA_sh_0}=\dfrac{1.18\times241\times10^6}{200000\times2344\times565}=0.001074$

使用迭代法，先设 $\psi_{sp}=1.0$，由式（6-3）求出受压区高度

$$x=\frac{\psi_{sp}f_{sp}A_{sp}+f_{y0}A_{s0}-f'_{y0}A'_{s0}-f'_{sp}A'_{sp}}{\alpha_1 f_{c0}b}$$

$$=\frac{1\times305\times1040+300\times2344-300\times628-0}{1\times9.6\times300}=288.9\text{mm}$$

由初次求得的 x 求

$$\psi_{sp}=\frac{(0.8\varepsilon_{cu}h/x)-\varepsilon_{cu}-\varepsilon_{sp,0}}{f_{sp}/E_{sp}}$$

$$=\frac{(0.8\times0.0033\times600/288.9)-0.0033-0.001074}{305/206000}=0.749$$

ψ_{sp} 与原先假设的不同，以此值代入式（6-3）再算

$$x=\frac{0.711\times305\times1040+300\times2344-300\times628-0}{1\times9.6\times300}=261.3\text{mm}$$

由求得的 x 再求

$$\psi_{sp}=\frac{(0.8\varepsilon_{cu}h/x)-\varepsilon_{cu}-\varepsilon_{sp,0}}{f_{sp}/E_{sp}}$$

$$=\frac{(0.8\times0.0033\times600/261.3)-0.0033-0.001074}{305/206000}=1.141$$

$\psi_{sp}>1.0$，取 $\psi_{sp}=1.0$，代入式（6-3）再算则进入无限循环，故 x 近似取上面两次平均值，即 $x=275.1\text{mm}$。

$\xi=x/h=275.1/600=0.458<\xi_{b,sp}=0.85\xi_b=0.85\times0.550=0.4675$，满足要求。

由式（6-2）得

$$M_u=\alpha_1 f_{c0}bx\left(h-\frac{x}{2}\right)+f'_{y0}A'_{s0}(h-a')+f'_{sp}A'_{sp}h-f_{y0}A_{s0}(h-h_0)$$

$$=1\times9.6\times300\times275.1\times(600-275.1/2)+300\times625$$

$$\times(600-35)+305\times0\times600-300\times2344\times35=448.2\text{kN}\cdot\text{m}$$

使用SCS软件计算对话框输入信息和最终计算结果如图6-8所示，可见其与手算结果相近。

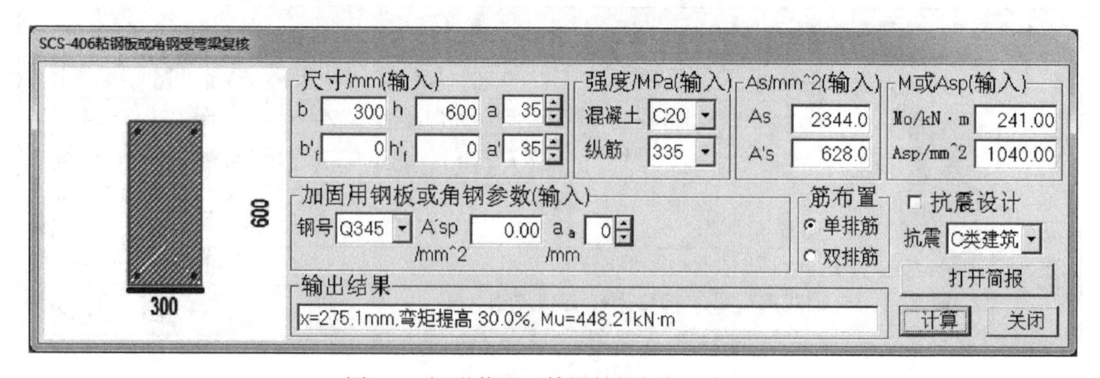

图6-8 矩形截面双筋梁粘钢板加固复核

【例6-3】粘钢板加固钢筋混凝土T形梁设计算例

文献［3］第109页例题，某T形截面梁，截面尺寸为 $b\times h=250\text{mm}\times500\text{mm}$，$b'_f=800\text{mm}$，$h'_f=80\text{mm}$，受拉钢筋3Φ22（$A_s=1140\text{mm}^2$，配筋率0.98%），混凝土强度等级为

C20，环境类别一类，$a=35$mm。梁的抗剪能力满足要求，仅需进行抗弯加固。要求梁抗弯承载力提高 40%，暂不考虑二次受力。

【解】

1）原梁承载力验算，使用 RCM 软件[2]，输入信息和计算结果如图 6-9 所示。

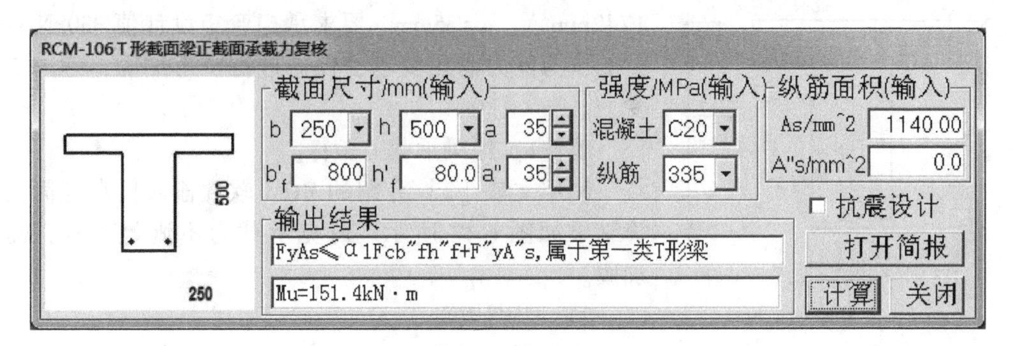

图 6-9　未加固前 T 形梁抗弯承载力

2）加固设计

$$M=1.4\times151.4=211.99\text{kN}\cdot\text{m}$$

由式（6-2）得

$$M=\alpha_1 f_{c0} b_f' x\left(h-\frac{x}{2}\right)+f_{y0}' A_{s0}'(h-a')+f_{sp}' A_{sp}' h-f_{y0} A_{s0}(h-h_0)$$

$$211.99\times10^6=1\times9.6\times800x\times(500-x/2)+0+0-300\times1140\times35$$

解得 $x=62.2\text{mm}<h_f'$，属于第一类 T 形截面梁。

不考虑二次受力，取 $\psi_{sp}=1$

由式（6-3）得：

$$A_{sp}=\frac{\alpha_1 f_{c0} b_f' x-f_{y0} A_{s0}+f'_{y0} A'_{s0}}{\psi_{sp} f_{sp}}=\frac{1\times9.6\times800\times62.2-300\times1140+0}{1\times215}=630.8\text{mm}^2$$

可选用 Q235 钢板 $200\times4=800\text{mm}^2$

使用 SCS 软件计算对话框输入信息和最终计算结果如图 6-10 所示，可见其与手算结果相同。

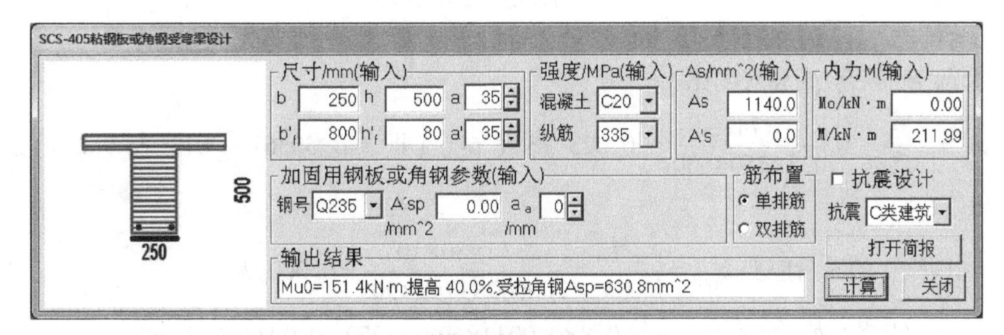

图 6-10　矩形截面双筋梁粘钢板加固设计

【例 6-4】粘钢板加固钢筋混凝土第二类 T 形梁设计算例

文献［4］第 114 页例题，如图 6-11 所示，某 T 形截面梁 $b\times h=250\text{mm}\times600\text{mm}$，$b_f'=600\text{mm}$，$h_f'=100\text{mm}$，混凝土强度等级为 C20，纵筋为 HRB335 级钢筋，受拉筋 2 Φ 25 + 2 Φ 22（$A_{s0}=1742\text{mm}^2$），$a=35\text{mm}$。要求承担弯矩设计值 330kN · m，梁的抗剪能力满足要求，仅需进行抗弯加固，考虑二次受力。

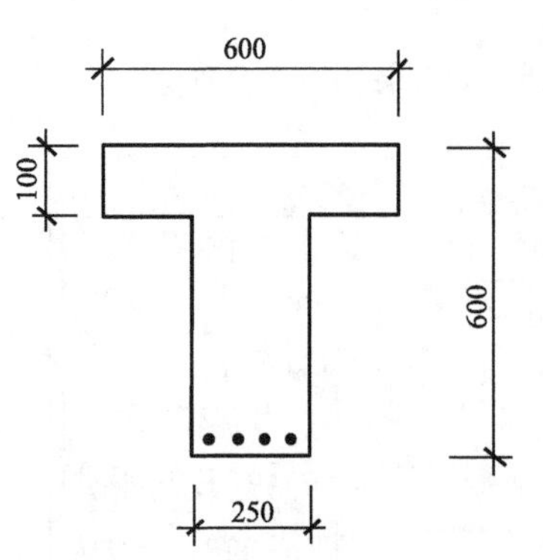

图 6-11　T 形截面梁

解： 1）原梁承载力验算。

使用文献［2］介绍的 RCM 软件输入信息与简要计算结果如图 6-12 所示。可见承载力不满足要求，需要加固。

2）加固计算

①判别 T 形梁的类型

$$M_f=\alpha_1 f_c b_f' h_f'(h_0-0.5h_f')=1\times9.6\times600\times100\times(565-50)\times10^{-6}$$
$$=296.6\text{kN}\cdot\text{m}<330\text{kN}\cdot\text{m}$$，属于第二类 T 形截面梁。

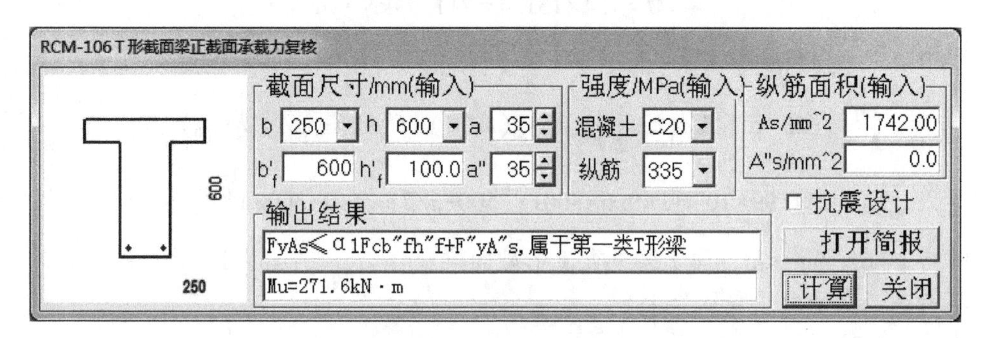

图 6-12　T 形截面梁受弯承载力验算

②计算受压区高度

$$x=h\left[1-\sqrt{1-2\times\frac{M+f_{y0}A_{s0}a-f_{y0}'A_{s0}'(h-a')-\alpha_1 f_{c0}(b_f'-b)h_f'(h-h_f'/2)}{\alpha_1 f_{c0}bh^2}}\right]$$

$$=600\times\left[1-\sqrt{1-2\times\frac{330\times10^6+300\times1742\times35-0-1\times9.6\times(600-250)\times100\times(600-50)}{1\times9.6\times250\times600^2}}\right]=127.0\text{mm}$$

$x\leqslant0.85\xi_b h_0=0.85\times0.550\times565=264.1\text{mm}$，满足要求。

③计算滞后应变和应变比

$$\rho_{te}=\frac{A_s}{0.5bh}=\frac{1742}{0.5\times250\times600}=0.023$$ 查表 6-1（即 GB 50367—2013 表 9.2.9），得 $\alpha_{sp}=1.17$

加固钢板的滞后应变 $\varepsilon_{sp,0}=\dfrac{\alpha_{sp}M_{0k}}{E_s A_s h_0}=\dfrac{1.17\times80\times10^6}{200000\times1742\times565}=0.00047$

$$\psi_{sp}=\frac{(0.8\varepsilon_{cu}h/x)-\varepsilon_{cu}-\varepsilon_{sp,0}}{f_{sp}/E_{sp}}=\frac{(0.8\times0.0033\times6001/127)-0.0033-0.00047}{215/206000}=8.337$$

$\psi_{sp}>1.0$，取 $\psi_{sp}=1.0$。

④求加固所需钢板量，由式（6-3），并考虑截面翼缘的作用，得：

$$A_{sp}=\frac{\alpha_1 f_{c0}bx+\alpha_1 f_{c0}(b_f'-b)h_f'-f_{y0}A_{s0}+f_{y0}'A_{s0}'}{\psi_{sp}f_{sp}}$$

$$=\frac{1\times9.6\times[250\times127+(600-250)\times100]-300\times1742+0}{1\times215}=549.4\text{mm}^2$$

使用 SCS 软件计算对话框输入信息和最终计算结果如图 6-13 所示，可见其与手算结果相同。

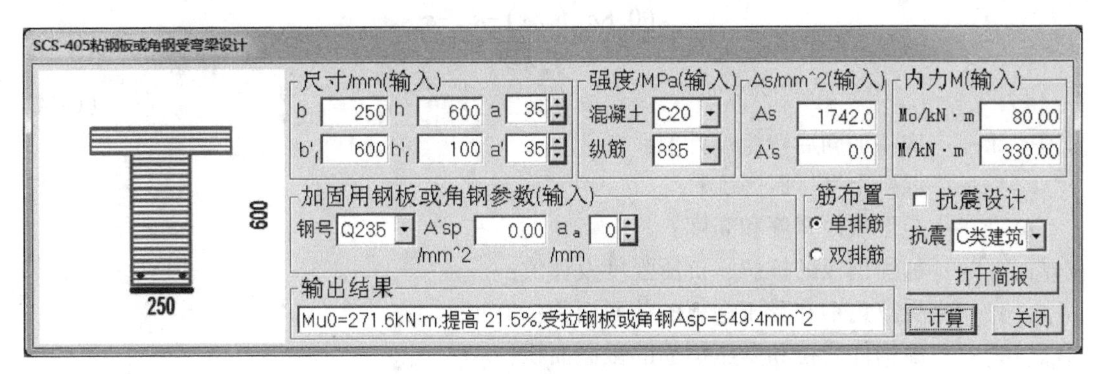

图 6-13　第二类 T 形梁粘钢板加固算例

6.3　下粘角钢上粘钢板梁正截面加固计算

由于经常梁的正截面和斜截面承载力同时需要加固，梁又经常与楼板整体浇筑在一起，梁底面粘贴角钢、梁顶面粘贴钢板、梁侧面粘贴扁钢的（钢构套）作法很常见。本节参照上节介绍的规范方法，给出下粘角钢上粘钢板梁正截面加固计算方法。

下粘角钢上粘钢板梁正截面加固所用基本假定、二次受力计算、构造要求均与 6.2 规定相同。

在矩形截面受弯构件的受拉面粘贴角钢和受压面粘贴钢板进行加固时（图 6-14），其正截面承载力应符合下列规定：

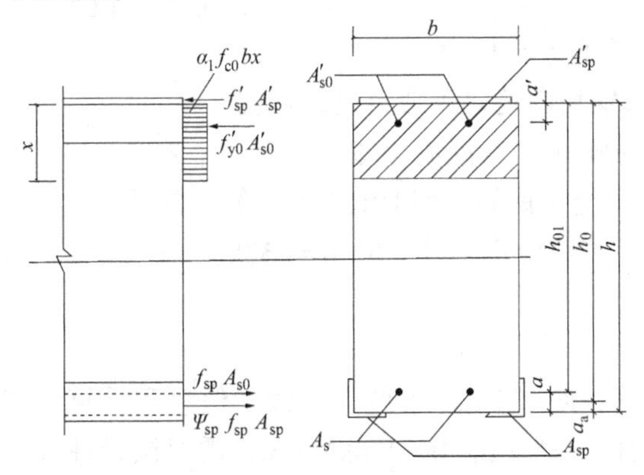

图 6-14　受拉面粘贴角钢和受压面粘贴钢板加固矩形梁受弯承载力计算

如对角钢形心起矩：

$$M \leqslant \alpha_1 f_{c0} bx\left(h_0-\frac{x}{2}\right)+f'_{y0}A'_{s0}(h_0-a')+f'_{sp}A'_{sp}h_0-f_{s0}A_{s0}(a-a_a) \tag{6-11a}$$

如对混凝土截面受拉边缘起矩：

$$M \leqslant \alpha_1 f_{c0} bx\left(h-\frac{x}{2}\right)+f'_{y0}A'_{s0}(h-a')+f'_{sp}A'_{sp}h$$

$$-f_{y0}A_{s0}(h-h_{01})-\psi_{sp}f_{sp}A_{sp}(h-h_0) \tag{6-11b}$$

$$\alpha_1 f_{c0} bx=\psi_{sp}f_{sp}A_{sp}+f_{y0}A_{s0}-f'_{y0}A'_{s0}-f'_{sp}A'_{sp} \tag{6-12}$$

$$\psi_{sp}=\frac{(0.8\varepsilon_{cu}h_0/x)-\varepsilon_{cu}-\varepsilon_{sp,0}}{f_{sp}/E_{sp}} \tag{6-13}$$

$$x \geqslant 2a' \tag{6-14}$$

式中　M——构件加固后弯矩设计值；

x——混凝土受压区高度；

b、h——矩形截面宽度和高度；

f_{sp}、f'_{sp}——加固钢板的抗拉、抗压强度设计值；

A_{sp}、A'_{sp}——受拉角钢和受压钢板的截面面积；

A_{s0}、A'_{s0}——原构件受拉和受压钢筋的截面面积；

a'——纵向受压钢筋合力点至截面近边的距离；

a_a——受拉角钢形心至截面近边的距离；

h_{01}、h_0——构件加固前、加固后的截面有效高度；

ψ_{sp}——考虑二次受力影响时，受拉角钢抗拉强度有可能达不到设计值而引用的折减系数；当 $\psi_{sp}>1.0$ 时，取 $\psi_{sp}=1.0$；

ε_{cu}——混凝土极限压应变，取 $\varepsilon_{cu}=0.0033$；

$\varepsilon_{sp,0}$——考虑二次受力影响时，受拉钢板的滞后应变，应按式（6-9）计算；若不考虑二次受力影响，取 $\varepsilon_{sp,0}=0$。

注意：式（6-13）与式（6-4）不同在于假定粘钢板时截面有效高度是 $h_0=h$。

公式（6-11a）用于截面设计，公式（6-11b）用于截面复核。受拉面粘贴的角钢比粘贴钢板的做法，又多了个未知数，不便求解。截面设计时，可根据预估的角钢得知 a_a，计算后如果相差太多可调整 a_a 后再算；截面复核时，可先假设受拉面粘贴的角钢规格，验算加固后的承载力是否满足设计要求。

【例 6-5】梁下粘角钢加固受弯承载力设计算例

文献［5］第 148 页例题，某混凝土单筋矩形梁，截面尺寸为 $b\times h=300\text{mm}\times 650\text{mm}$，混凝土强度等级为 C30，受拉钢筋采用 HRB335 钢筋，配置为 4Φ20，$a_0=a'_0=40\text{mm}$。原弯矩标准值为 213kN·m，现跨中弯矩设计值 $M=450\text{kN}\cdot\text{m}$，试采用底部粘贴触网加固法对该梁进行加固设计。

【解】

1）原梁承载力验算，使用 RCM 软件[2]，输入信息和计算结果如图 6-15 所示。可见原梁受弯承载力 $M_{u0}=213.3\text{kN}\cdot\text{m}<M=450\text{kN}\cdot\text{m}$，需对该梁进行正截面承载力加固。

2）加固设计

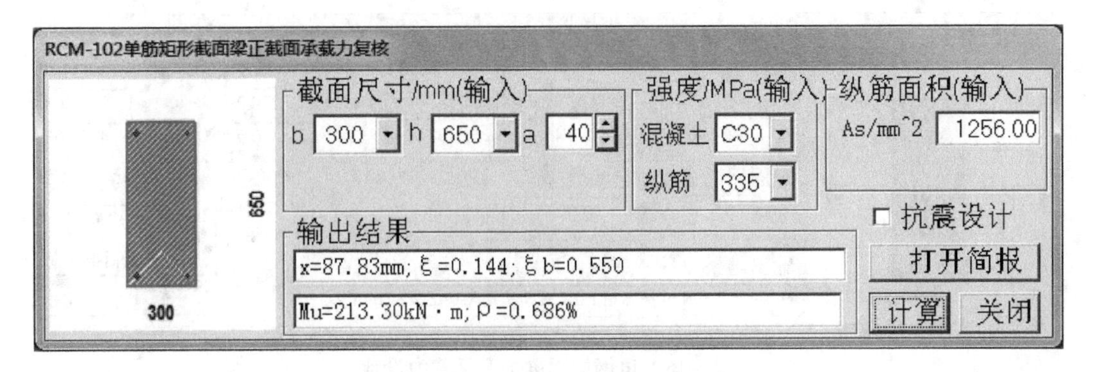

图 6-15　未加固梁抗弯承载力

假设仅在梁底受拉面粘贴 Q235 纵向角钢，a_a 近似取 15mm，则 $h_0=h-a_a=650-15=635\text{mm}$

加固梁截面受压区高度

$$x=h_0\left(1-\sqrt{1-2\times\frac{M+f_{y0}A_{s0}(a_{20}-a_a)}{\alpha_1 f_{c0}bh_0^2}}\right)=635\left(1-\sqrt{1-2\times\frac{450\times10^6+300\times1256\times(40-15)}{1\times14.3\times300\times635^2}}\right)$$

$=200.2\text{mm}$

$x\leqslant0.85\xi_b h_{01}=0.85\times0.550\times610\text{mm}=285.2\text{mm}$，满足要求。

$\rho_{te}=\dfrac{A_s}{0.5bh}=\dfrac{1256}{0.5\times300\times650}=0.0129$ 查表 6-1，得计算系数值 $\alpha_{sp}=0.97$

加固角钢的滞后应变 $\varepsilon_{sp,0}=\dfrac{\alpha_{sp}M_{0k}}{E_sA_sh_{01}}=\dfrac{0.97\times213\times10^6}{2.0\times10^5\times1256\times610}=0.00135$

$$\psi_{sp}=\frac{(0.8\varepsilon_{cu}h_0/x)-\varepsilon_{cu}-\varepsilon_{sp,0}}{f_{sp}/E_{sp}}=\frac{(0.8\times0.0033\times635/200.2)-0.0033-0.00135}{215/206000}=3.566>1.0$$

取 $\psi_{sp}=1.0$。由式（6-12）得：

$$A_{sp}=\frac{\alpha_1 f_{c0}bx-f_{y0}A_{s0}}{\psi_{sp}f_{sp}}=\frac{1\times14.3\times300\times200.2-300\times1256}{1\times215}=2242\text{mm}^2$$

可选用 2∟75×8，$A_{sp}=2300\text{mm}^2$。此规格角钢 $a_a=13.5\text{mm}$，截面有效高度 h_0 更大了，更能满足承载力要求，不必再验算。

使用 SCS 软件设计的输入信息与简要计算结果如图 6-16 所示，可见其与手算结果相同。

使用 SCS 软件复核的输入信息与简要计算结果如图 6-17 所示，从另一面校核了手算和电算设计结果。

【例 6-6】梁下粘角钢加固受弯承载力复核算例

框架梁的信息同【例 6-2】，将其题梁底粘贴钢板改为梁下角粘贴角钢 2∟50×6，重心距 $Z_0=14.6\text{mm}$，截面积 $A_{sp}=1138\text{mm}^2$，与【例 6-2】所粘钢板截面积 1040mm^2 接近，试计算该梁的受剪承载力。

【解】

1）原梁（未粘钢板前）承载力验算，同【例 6-2】。

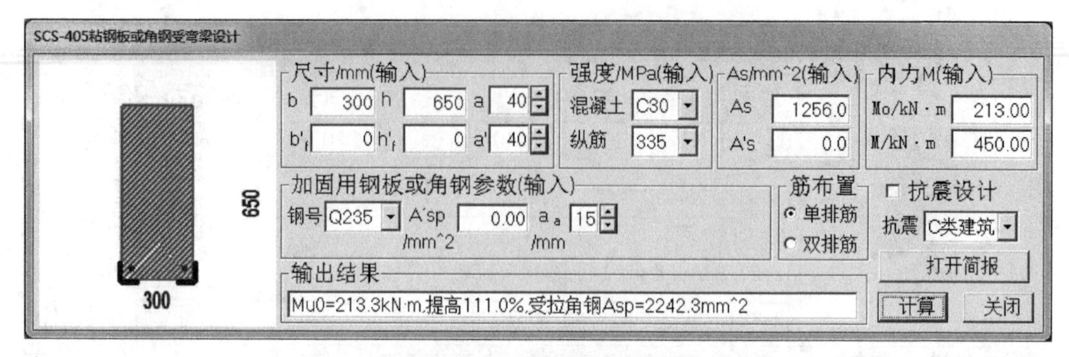

图 6-16　角钢加固梁抗弯承载力设计

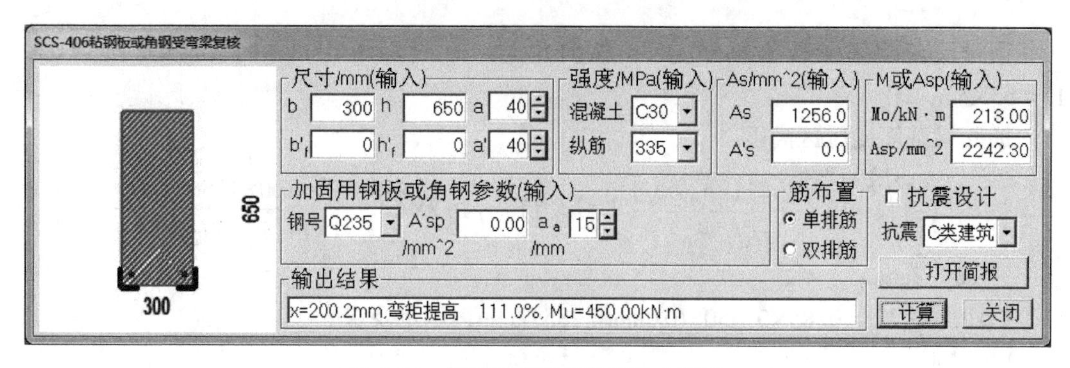

图 6-17　角钢加固梁抗弯承载力复核

2）加固后梁承载力

查表 6-1（即 GB 50367—2013 表 9.2.9），得计算系数值 $\alpha_{sp}=1.18$。

加固钢板的滞后应变 $\varepsilon_{sp,0}=\dfrac{\alpha_{sp}M_{0k}}{E_sA_sh_0}=\dfrac{1.18\times241\times10^6}{200000\times2344\times565}$

$$=0.001074$$

使用迭代法，先设 $\psi_{sp}=1.0$，由式（6-3）求出受压区高度

$$x=\frac{\psi_{sp}f_{sp}A_{sp}+f_{y0}A_{s0}-f'_{y0}A'_{s0}-f'_{sp}A'_{sp}}{\alpha_1f_{c0}b}$$

$$=\frac{1\times305\times1138+300\times2344-300\times628-0}{1\times9.6\times300}=299.3\text{mm}$$

$$h_0=h-a_a=600-8.6=591.4\text{mm}$$

由初次求得的 x 求

$$\psi_{sp}=\frac{(0.8\varepsilon_{cu}h_0/x)-\varepsilon_{cu}-\varepsilon_{sp,0}}{f_{sp}/E_{sp}}$$

$$=\frac{(0.8\times0.0033\times591.4/301.6)-0.0033-0.001074}{305/206000}=0.570$$

ψ_{sp} 与原先假设的不同，以此值代入式（6-3）再算

$$x=\frac{0.570\times305\times1138+300\times2344-300\times625-0}{1\times9.6\times300}=247.4\text{mm}$$

由求得的 x 再求

$$\psi_{sp}=\frac{(0.8\varepsilon_{cu}h_0/x)-\varepsilon_{cu}-\varepsilon_{sp,0}}{f_{sp}/E_{sp}}$$

$$=\frac{(0.8\times0.0033\times591.4/247.4)-0.0033-0.001074}{305/206000}$$

$$=1.309$$

两次结果差距较大，取 $x=(299.3+247.4)/2=273.4\text{mm}$，迭代

$$\psi_{sp}=\frac{(0.8\varepsilon_{cu}h_0/x)-\varepsilon_{cu}-\varepsilon_{sp,0}}{f_{sp}/E_{sp}}=\frac{(0.8\times0.0033\times591.4/273.4)-0.0033-0.001074}{305/206000}=0.904$$

$$x=\frac{0.895\times305\times1138+300\times2344-300\times628-0}{1\times9.6\times300}=287.7\text{mm}$$

取 $x=(273.4+287.7)/2=280.5\text{mm}$，与上次结果差距不大，可停止迭代。

$$\psi_{sp}=\frac{(0.8\varepsilon_{cu}h_0/x)-\varepsilon_{cu}-\varepsilon_{sp,0}}{f_{sp}E_{sp}}=\frac{(0.8\times0.0033\times591.4/280.5)-0.0033-0.001074}{305/206000}=0.805$$

$\xi=x/h_0=280.5/565=0.496>\xi_{b,sp}=0.85\xi_b=0.85\times0.550=0.4675$，属超筋梁，取 $x=0.4675\times565=264.1\text{mm}$。

$$\psi_{sp}=\frac{(0.8\varepsilon_{cu}h_0/x)-\varepsilon_{cu}-\varepsilon_{sp,0}}{f_{sp}E_{sp}}=\frac{(0.8\times0.0033\times591.4/264.1)-0.0033-0.001074}{305/206000}$$

$$=1.298>1\ 取\ \psi_{sp}=1.0$$

$h-h_0=a_a=Z_0-6=14.6-6=8.6\text{mm}$，由式（6-11）得

$$M_u=\alpha_1 f_{c0}bx\left(h-\frac{x}{2}\right)+f'_{y0}A'_{s0}(h-a')+f'_{sp}A'_{sp}h-f_{s0}A_{s0}\alpha-\psi_{sp}f_{sp}A_{sp}a_a$$

$$=1\times9.6\times300\times264.1\times(600-264.1/2)+300\times628\times(600-35)+305\times0\times600-300\times2344\times35$$
$$-1.0\times305\times1138\times8.6=434.8\text{kN}\cdot\text{m}$$

使用 SCS 软件输入信息与简要计算结果如图 6-18 所示。

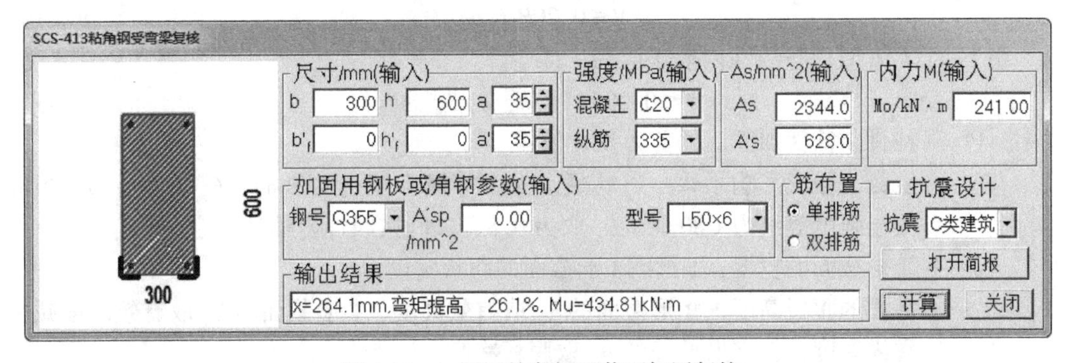

图 6-18　梁下粘角钢正截面加固复核

6.4 受弯构件斜截面加固计算

受弯构件斜截面受剪承载力不足，应采用粘贴的箍板进行加固，箍板宜设计成加锚封

闭箍、胶锚U形箍或钢板锚U形箍的构造方式（图6-19*a*），当受力很小时，也可采用一般U形箍。箍板应垂直于构件轴线方向粘贴（图6-19*b*）；不得采用斜向粘贴。

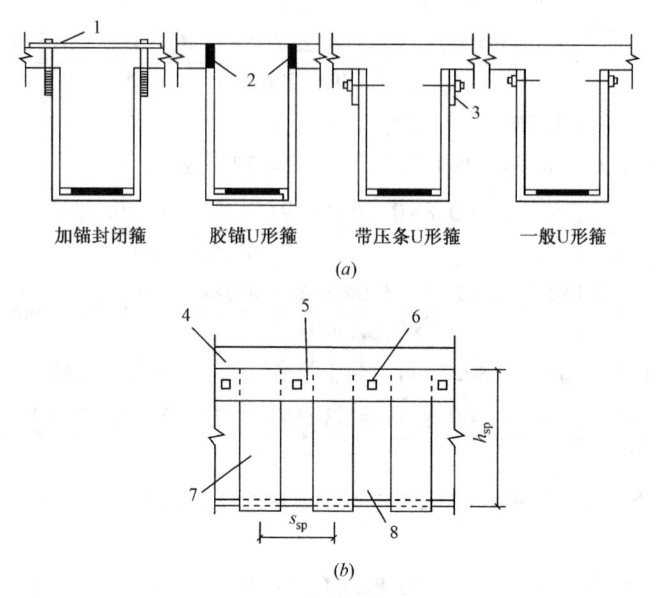

图6-19 扁钢抗剪箍及其粘贴方式

（*a*）构造方式；（*b*）U形箍加纵向钢板压条

1—扁钢；2—胶锚；3—粘贴钢板压条；4—板；5—钢板底面空鼓处应加钢锚板；6—钢板压条；7—U形箍；8—梁

受弯构件加固后的斜截面应符合下列规定：

当 $h_w/b \leqslant 4$ 时

$$V \leqslant 0.25\beta_c f_{c0} b h_0 \tag{6-15}$$

当 $h_w/b \geqslant 6$ 时

$$V \leqslant 0.20\beta_c f_{c0} b h_0 \tag{6-16}$$

当 $4<h_w/b<6$ 时，按线性内插法取用，即

$$V \leqslant 0.025(14-h_w/b)\beta_c f_{c0} b h_0 \tag{6-17}$$

式中 V——构件斜截面加固后的剪力设计值；

β_c——混凝土强度影响系数：当混凝土强度等级不超过C50时，β_c 取为1.0；当混凝土强度等级为C80时，β_c 取为0.8，其间按线性内插法确定。

b——矩形截面的宽度；T形或I形截面的腹板宽度。

h_w——截面的腹板高度，矩形截面的 h_w 取有效高度，T形截面的 h_w 取有效高度减去翼缘高度，工字形截面的 h_w 取腹板净高。

采用加锚封闭箍或其他U形箍对钢筋混凝土梁进行抗剪加固时，其斜截面承载力应符合下列公式规定：

$$V \leqslant V_{b0} + V_{b,sp} \tag{6-18}$$

$$V_{b,sp} = \psi_{vb} f_{sp} A_{b,sp} h_{sp} / s_{sp} \tag{6-19}$$

式中 V_{b0}——加固前梁的斜截面承载力，按现行国家标准《混凝土结构设计规范》GB

50010 计算；

$V_{b,sp}$——粘贴钢板加固后，对梁斜截面承载力的提高值；

ψ_{vb}——与钢板的粘贴方式及受力条件有关的抗剪强度折减系数，按表 6-3 确定；

$A_{b,sp}$——配置在同一截面处的箍板各肢的截面面积之和，即 $2b_{sp}t_{sp}$；此处，b_{sp} 和 t_{sp} 分别为箍板宽度和箍板厚度；

h_{sp}——U 形箍板单肢与梁侧面混凝土粘贴的竖向高度；

s_{sp}——箍板的间距（图 6-19*b*）。

抗剪强度折减系数 ψ_{vb} 值　　表 6-3

箍板构造		加锚封闭箍	胶锚或钢板锚 U 形箍	一般 U 形箍
受力条件	均布荷载或剪跨比 $\lambda \geqslant 3$	1.00	0.92	0.85
	剪跨比 $\lambda \leqslant 1.5$	0.68	0.63	0.58

注：当 λ 主为中间值时，按线性内插法确定 ψ_{vb} 值。

【例 6-7】粘钢板加固钢筋混凝土受集中力为主独立梁设计算例

钢筋混凝土矩形截面简支独立梁承受荷载设计值如图 6-20 所示，其中集中荷载 $F=300\text{kN}$，均布荷载 $q=10\text{kN/m}$，梁截面尺寸为 $b\times h=250\text{mm}\times600\text{mm}$，配有纵筋 4Φ25，$a=40\text{mm}$，混凝土强度等级为 C25，箍筋为 HPB235 级钢 $\phi8$，箍筋间距 $s=150\text{mm}$，箍板型材为 Q235，箍板高度为 500mm。试求所需的箍板截面面积和数量。

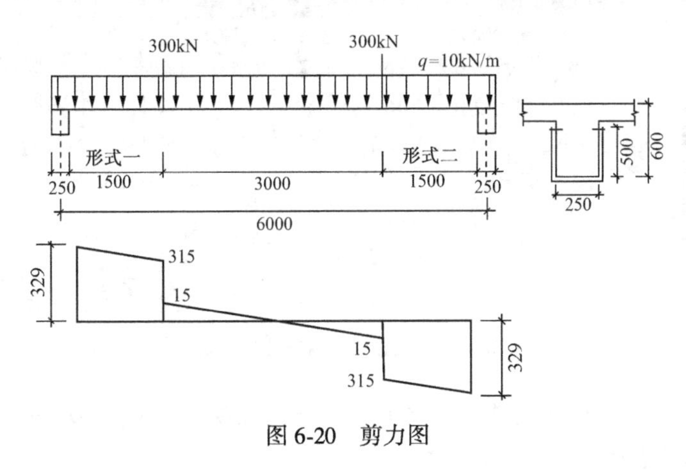

图 6-20　剪力图

【解】

1）原梁受剪承载力验算，使用 RCM 软件，输入信息和计算结果如图 6-21 所示。

2）加固梁受剪承载力设计验算

截面限制条件：

$$h_w/b=(600-40-100)/250=460/250=1.84<4$$

$$0.25\beta_c f_{c0}bh_0=0.25\times11.9\times250\times560=416.5\text{kN}>329\text{kN}$$

截面尺寸符合要求。

$$V_{b,sp}=V-V_{b0}=329-168.9=160.1\text{kN}$$

据采用一般 U 形箍板及剪跨比 $\lambda=1375/560=2.46$，查表 6-3 得强度折减系数 $\psi_{vb}=0.85-(0.85-0.58)\times(3-2.46)/(3-1.5)=0.75$。

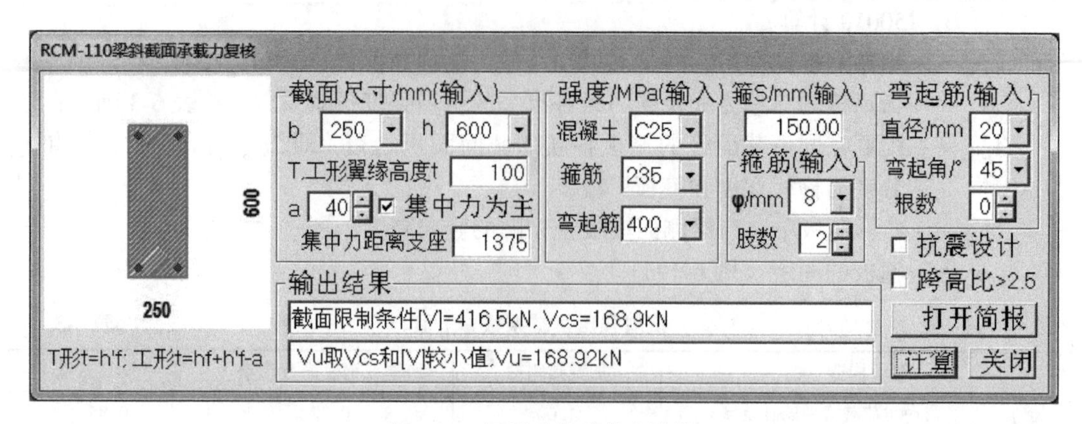

图 6-21 原梁受剪承载力计算

再由式（6-19），得

$$\frac{A_{\mathrm{b,sp}}}{s_{\mathrm{sp}}}=\frac{V_{\mathrm{b,sp}}}{\psi_{\mathrm{vb}}f_{\mathrm{sp}}h_{\mathrm{sp}}}=\frac{160100}{0.75\times215\times500}=1.99\mathrm{mm}$$

使用SCS软件计算对话框输入信息和最终计算结果如图6-22所示，可见其与手算结果相同。

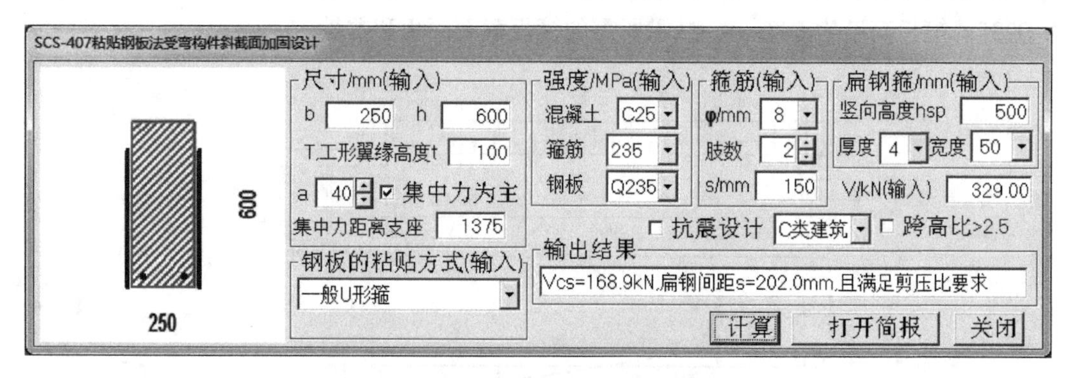

图 6-22 粘贴钢板加固梁受剪承载力算例

设取箍板宽度 $b_{\mathrm{sp}}=50\mathrm{mm}$，箍板厚度 $t_{\mathrm{sp}}=4\mathrm{mm}$，箍板间距 $s_{\mathrm{sp}}=200\mathrm{mm}$，则 $A_{\mathrm{b,sp}}/s_{\mathrm{sp}}=2\times50\times4/200=2\mathrm{mm}>1.96\mathrm{mm}$，满足要求。

6.5 大偏心受压构件正截面加固计算

采用粘钢板加固大偏心受压钢筋混凝土柱时，应将钢板粘贴于构件受拉区，且钢板长向应与柱的纵轴线一致（图6-23）。

在矩形截面大偏心受压构件受拉边混凝土表面上粘贴钢板加固时，其正截面承载力应按下列公式确定：

$$N\leqslant\alpha_1 f_{\mathrm{c0}}bx+f'_{\mathrm{y0}}A'_{\mathrm{s0}}-f_{\mathrm{y0}}A_{\mathrm{s0}}-f_{\mathrm{sp}}A_{\mathrm{sp}} \tag{6-20}$$

$$Ne\leqslant\alpha_1 f_{\mathrm{c0}}bx\left(h_0-\frac{x}{2}\right)+f'_{\mathrm{y0}}A'_{\mathrm{s0}}(h_0-a')+f_{\mathrm{sp}}A_{\mathrm{sp}}(h-h_0) \tag{6-21}$$

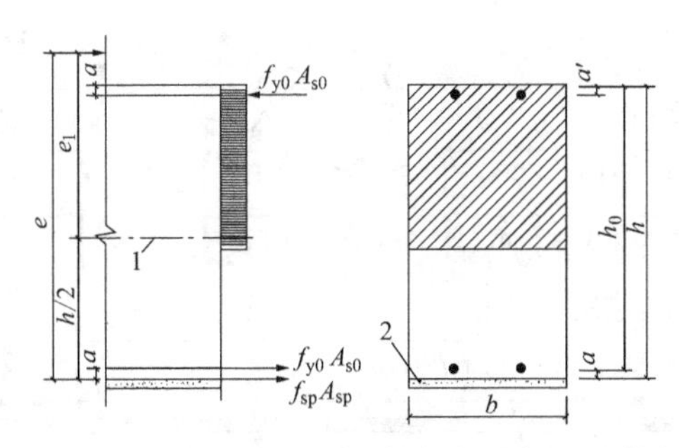

图 6-23　矩形截面大偏心受压构件粘钢加固承载力计算

1—截面重心轴；2—加固钢板

$$e=e_i+\frac{h}{2}-a \tag{6-22}$$

$$e_i=e_0+e_a \tag{6-23}$$

式中　N——加固后轴向压力设计值；

e——轴向压力作用点至纵向受拉钢筋合力作用点的距离；

e_i——初始偏心距；

e_0——轴向压力对截面重心的偏心距，取为 $e_0=M/N$；当需要考虑二阶效应时，M 应按国家标准《混凝土结构设计规范》GB 50010—2010 第 6.2.4 条规定的 $C_m\eta_{ns}M_2$，乘以修正系数 ψ 确定，即取 M 为 $\psi C_m\eta_{ns}M_2$；

ψ——修正系数，当为对称方式加固时，取 ψ 为 1.2；当为非对称方式加固时，取 ψ 为 1.3；

e_a——附加偏心距，按偏心方向截面最大尺寸 h 确定；当 $h\leqslant600$mm 时，取 e_a 为 20mm；当 $h>600$mm 时，取 $e_a=h/30$；

a、a'——分别为纵向受拉钢筋合力点、纵向受压钢筋合力点至截面近边的距离；

f_{sp}——加固钢板的抗拉强度设计值。

注：规范 GB 50367—2013 对 a 解释为"纵向受拉钢筋和钢板合力点"有误，如果规范解释是对的，则式（6-21）最右端项不会存在。另图 6-23 也改正了规范中图的错误。

【例 6-8】矩形对称配筋截面大偏心受压构件受拉侧粘贴钢板加固设计算例

已知某矩形截面框架柱，截面尺寸为：$b\times h=400\text{mm}\times500\text{mm}$，计算长度 $l_c=5000$mm，C25 混凝土，对称配筋，单侧纵向钢筋 4 Φ 16（$A_{s0}=A'_{s0}=804\text{mm}^2$）。因加层改造，柱需承受的荷载增至 $N=600$kN，弯矩 $M=300$kN · m。拟采用受拉侧粘贴钢板加固。要求计算该柱所需的粘贴钢板截面面积。

【解】

1）原柱承载力复核

按照《混凝土结构设计规范》GB 50010—2010，偏心受压构件计算需要知道杆件两端弯矩比值 M_1/M_2，在不知的情况下，为安全起见，设 $M_1/M_2=1$。使用文献［2］介绍的 RCM 软件输入信息与简要计算结果如图 6-24 所示。可见承载力不足，需要加固。

2）加固计算

自身挠曲二阶效应计算：

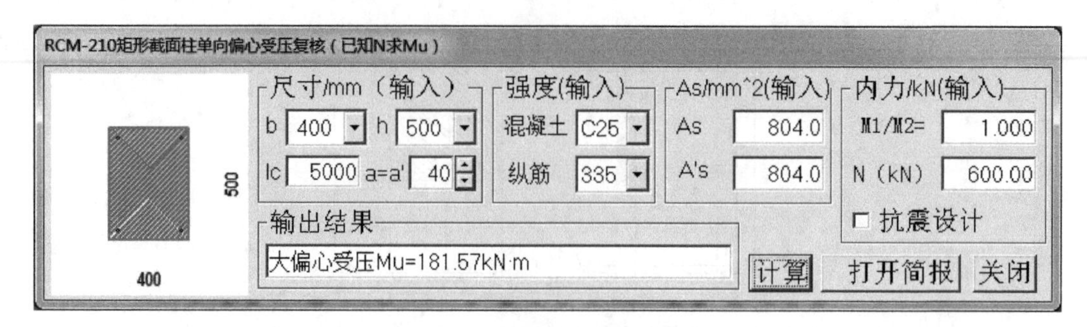

图 6-24　原柱受压弯承载力

假设加固后柱的自身挠曲二阶效应与加固前相同，实际上加固后柱的自身挠曲二阶效应比加固前要小，这样假设是偏于安全的。另偏安全取 $M_1/M_2=1$，$e_0=M/N=500\text{mm}$

由于 $M_1/M_2=1>0.9$，且 $i=0.289h=0.289\times500=144.5\text{mm}$，则 $l_c/i=5000/144.5=34.6>34-12(M_1/M_2)=22$，因此，需要考虑挠曲变形引起的附加弯矩影响。

$$h_{01}=h-a=500-40=460\text{mm}$$

$$e_a=\max\left\{\frac{h}{30},\ 20\right\}=\max\left\{\frac{500}{30},\ 20\right\}=20.0\text{mm}$$

$$\zeta_c=\frac{0.5f_cA_c}{N}=\frac{0.5\times11.9\times200000}{600000}=1.983>1\text{，取 }\zeta_c=1.0$$

$$C_m=0.7+0.3\frac{M_1}{M_2}=1.0$$

$$\eta_{ns}=1+\frac{1}{1300(e_0+e_a)/h_0}\left(\frac{l_c}{h}\right)^2\zeta_c$$

$$=1+\frac{1}{1300\times(500+20)/460}\left(\frac{5000}{500}\right)^2\times1=1.068$$

$$e_i=\psi C_m\eta_{ns}e_0+e_a=1.3\times1\times1.068\times500+20=714.2\text{mm}$$

$$e=e_i+\frac{h}{2}-a_0'=714.2+0.5\times500-40=924.2\text{mm}$$

判断是否是大偏心受压破坏。

$N_b=\alpha_1f_{c0}b\xi_bh_0=1\times11.9\times400\times0.550\times460=1204\text{kN}>N$，属于大偏心受压破坏。

计算截面受压区高度，由式（6-20）、式（6-21）联立

$$x=h\left[1-\sqrt{1-2\times\frac{N(e+a)+f_{y0}A_{s0}(h_0-a)}{\alpha_1f_{c0}bh^2}}\right]$$

$$=500\times\left[1-\sqrt{1-2\times\frac{600000\times(924.2+40)+300\times804\times(460-40)}{1\times11.9\times400\times500^2}}\right]$$

$$=277.6\text{mm}$$

由式（6-20）

$$A_{sp}=\frac{\alpha_1f_{c0}bx-N}{f_{sp}}=\frac{1\times11.9\times400\times277.6-600000}{215}=3354.3\text{mm}^2$$

使用SCS软件计算对话框输入信息和最终计算结果如图6-25所示，可见其与手算结果相同。

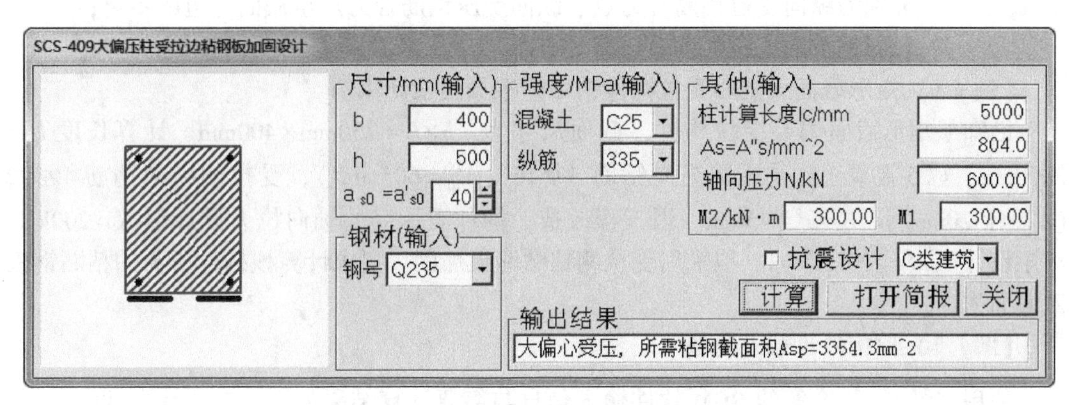

图6-25 大偏心受压柱粘贴钢板加固计算

6.6 大偏心受拉构件正截面加固计算

采用粘钢板加固钢筋混凝土受拉构件时，应按原构件纵向受拉钢筋的配置方式，将钢板粘贴于相同位置的混凝土表面上，且应处理好端部的连接构造及锚固。

矩形截面大偏心受拉构件加固的截面应力如图6-26所示，由此图可知，正截面承载力应按下列公式确定：

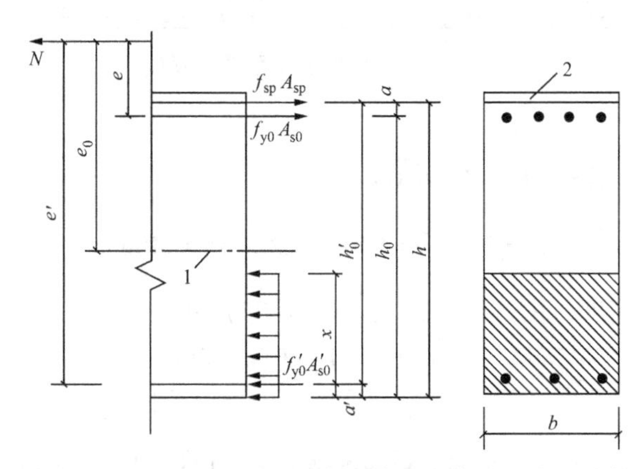

图6-26 矩形截面大偏心受拉构件粘钢加固承载力计算

1—截面重心轴；2—加固钢板

$$N \leqslant f_{y0}A_{s0}+f_{sp}A_{sp}-\alpha_1 f_{c0}bx-f'_{y0}A'_{s0} \tag{6-24}$$

$$Ne \leqslant \alpha_1 f_{c0}bx\left(h_0-\frac{x}{2}\right)+f'_{y0}A'_{s0}(h_0-a')+f_{sp}A_{sp}(h-h_0) \tag{6-25}$$

$$e=e_0-\frac{h}{2}+a \tag{6-26}$$

式中 N——加固后轴向压力设计值；

e——轴向压力作用点至纵向受拉钢筋合力点的距离；

e_0——轴向压力对截面重心的偏心距，取为 $e_0=M/N$；

a、a'——分别为纵向受拉钢筋合力点、纵向受压钢筋合力点至截面近边的距离；

f_{sp}——加固钢板的抗拉强度设计值。

【例 6-9】 矩形截面大偏心受拉构件粘贴钢板加固设计算例

已知某矩形截面偏心受拉构件，截面尺寸为：$b\times h=250\text{mm}\times400\text{mm}$，计算长度 $l_c=3000\text{mm}$，C25 混凝土，受压侧纵向钢筋 3 Φ 16（$A'_{s0}=603\text{mm}^2$），受拉侧纵向钢筋 4 Φ 22（$A_{s0}=1520\text{mm}^2$），$a=a'=45\text{mm}$。因工程改造，构件需承受的轴向拉力设计值 $N=200\text{kN}$，弯矩设计值 $M=120\text{kN}\cdot\text{m}$。拟采用受拉侧粘贴钢板加固。要求计算该构件所需的粘贴钢板截面面积。

【解】 1）原构件承载力复核

使用文献［2］介绍的 RCM 软件输入信息与简要计算结果如图 6-27 所示。可见承载力不足，需要加固。

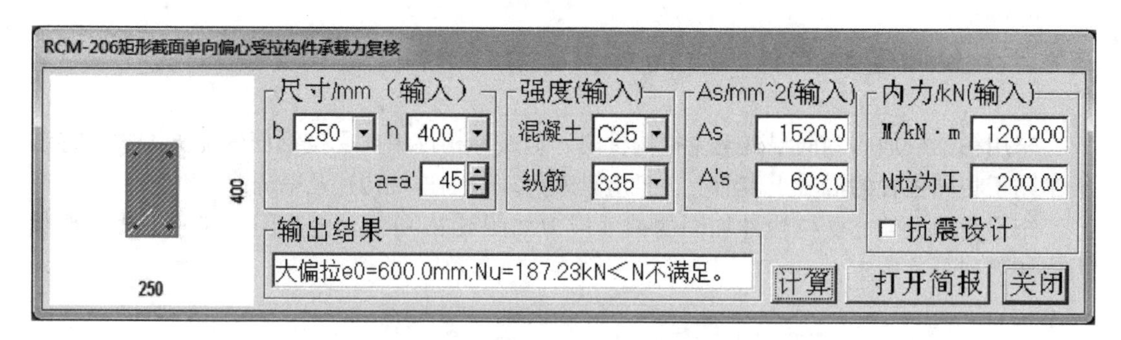

图 6-27 原构件受拉承载力复核

2）加固计算

偏心距计算 $e_0=M/N=120/0.2=600\text{mm}$

$$e=e_0-\frac{h}{2}+a=600-400/2+45=445\text{mm}$$

计算截面受压区高度，由式（6-24）、式（6-25）联立

$$x=h\left[1-\sqrt{1-2\times\frac{N(e-a)+f_{y0}A_{s0}a-f'_{y0}A'_{s0}(h_0-a')}{\alpha_1 f_{c0}bh^2}}\right]$$

$$=400\times\left[1-\sqrt{1-2\times\frac{200000\times(445-45)+300\times1520\times45-300\times603(355-45)}{1\times11.9\times250\times400^2}}\right]$$

$$=31.8\text{mm}$$

取 $x=2a'=90\text{mm}$，由式（6-24）

$$A_{sp}=\frac{N-f_{y0}A_{s0}+\alpha_1 f_{c0}bx+f'_{y0}A'_{s0}}{f_{sp}}$$

$$=\frac{200000-300\times1520+1\times11.9\times250\times90+300\times603}{215}$$

$$=896.0\text{mm}^2$$

使用 SCS 软件计算对话框输入信息和最终计算结果如图 6-28 所示，可见其与手算结果相同。

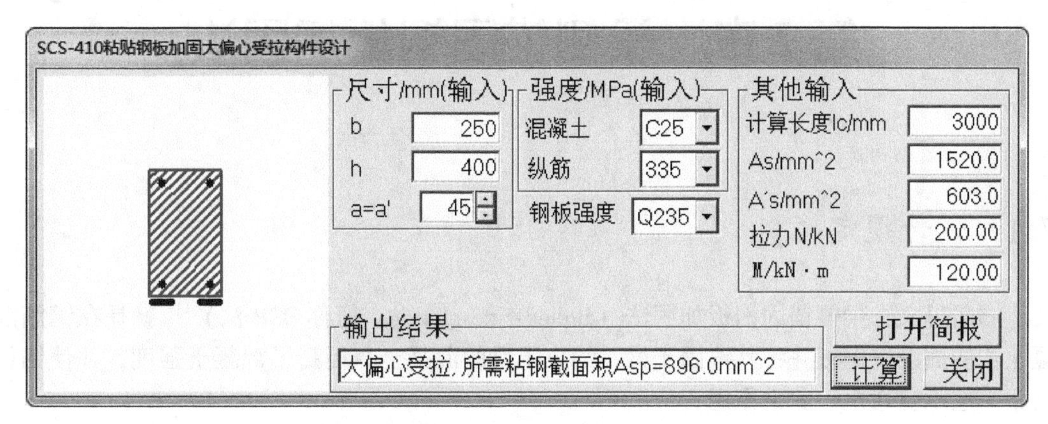

图 6-28　大偏心受拉构件粘贴钢板加固计算

本章参考文献

[1] 左成平，左明汉. 混凝土结构粘结加固设计与算例 [M]. 北京：中国建筑工业出版社，2007.
[2] 王依群. 混凝土结构设计计算算例（第 3 版）[M]. 北京：中国建筑工业出版社，2016.
[3] 卜良桃，梁爽，黎红兵. 混凝土结构加固设计规范算例（第 2 版）[M]. 北京：中国建筑工业出版社，2015.
[4] 左成平，左明汉. 混凝土结构粘结加固设计与算例 [M]. 北京：中国建筑工业出版社，2007.
[5] 卢亦焱. 混凝土结构加固设计原理 [M]. 北京：高等教育出版社，2016.

第7章　梁侧锚固钢板加固法

7.1　设计规定

顾名思义，梁侧锚固钢板加固法（Bolted-side-plating，简称 BSP 法）[1] 就是在钢筋混凝土梁侧面设置钢板并将其锚固于梁，约束了梁的混凝土，提高了混凝土强度，并使钢板与梁一起承受弯矩、剪力作用。

图 7-1 所示一根未采取支座锚固措施的典型 BSP 梁示意图。可见，钢板覆盖了梁侧很大一部分面积，从受拉区延伸到受压区。这相当于钢筋混凝土梁的受拉纵筋和受压纵筋都得到加强，因而纵筋配筋率得以保持在较低水平，在显著提高梁受弯承载力的同时不明显降低梁的变形能力和延性。因为锚栓植筋钻孔施工在梁侧进行，又箍筋间距较大，与梁底锚固钢板法相比，采用该加固法打断既有纵筋的概率很小。

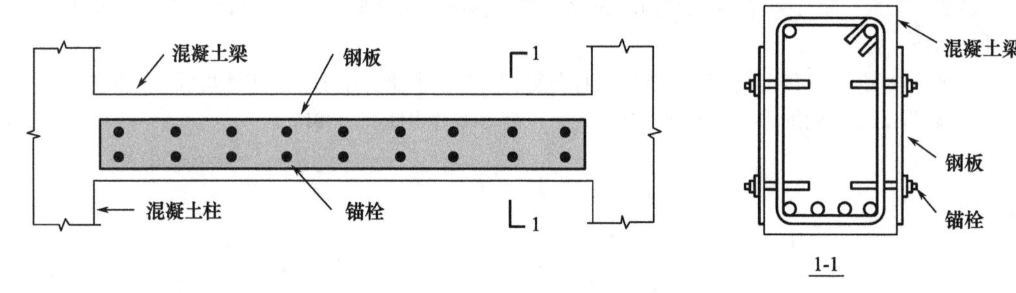

图 7-1　典型 BSP 梁示意

由于采用植筋式后锚固连接，钢板的反力通过锚栓直接传到钢筋混凝土梁内部，从而避免了界面上的剥离破坏。同时，由于梁底不需要进行加固操作，因此可设置临时支撑以部分恢复梁在既有荷载下的变形，从而部分消除剪力滞后效应。总之，与其他加固方法相比，对于钢筋混凝土梁，特别是其受拉钢筋配筋率较大的中等配筋梁，另外，由于此法不增加梁高，对于梁下使用高度珍贵的情况，BSP 法都具有独特的优势。

使用 BSP 法，须注意的几个问题：

在梁底锚固钢板加固混凝土梁中，钢板与混凝土梁之间的部分协同作用是由二者纵向相对滑移引起的；而在 BSP 梁中，二者的部分协同作用更为复杂，它由二者之间纵向与横向滑移的共同作用引起，如图 7-2 所示。这种部分协同作用是制约 BSP 梁整体受力性能的重要因素。

除了纵横向滑移引起的部分协同作用，由于梁侧钢板仅由间隔布置的锚栓提供的点约束限定，BSP 梁的受力性能还会由于钢板受压区的屈曲而降低。对于采用宽形钢板的 BSP 梁，由于钢板的截面大部分处于受压区，其对加固梁的受力性能影响更大。对此，可采用

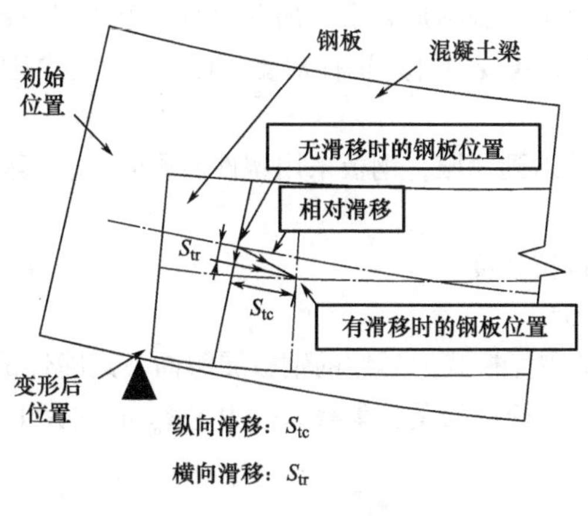

图7-2　纵横向滑移

约束钢筋局部屈曲的措施[1] 解决，如在受压区增设加劲肋，加密锚栓间距等。

钢筋混凝土梁的受弯破坏模式由受拉纵筋配筋率控制，低配筋率梁的破坏模式为延性破坏，此时梁的强度和刚度可通过外加受拉纵筋（或相当于纵筋的梁底所粘钢板、碳纤维）得到大幅度提高，梁延性（随受拉纵筋配筋率的提高而降低）略有降低。超筋梁或界限梁（接近于超筋梁），其受弯承载力由混凝土受压强度控制，再增加受拉纵筋只会使梁发生延性极低的脆性破坏（超筋破坏）。既有结构中存在相当一部分中等配筋梁，其受拉钢筋配筋率虽小于界限配筋率，但是非常接近。因为 BSP 法可同时增加受拉和受压钢筋（相当于另外增加一根矩形钢梁），从而保持梁配筋在较低水平，特别适用于这种中等配筋梁。

文献［1］及其他文献通过大量试验和分析等基础性工作，初步建立了 BSP 梁受弯、受剪承载力数学模型和计算方法。文献［1］的计算方法只是为了验证其试验结果，未计入我国设计规范要求的安全系数，且有些依据是欧洲混凝土结构设计规范。本书适当简化处理后，编入了 SCS 软件。提醒读者仔细阅读文［1］等相关文献，深入理解后再付诸应用。

本章介绍应用较多的梁侧钢板宽度接近梁高度，且钢板受压区屈曲受到约束（带加劲肋梁侧锚固钢板加固梁）情况。

7.2　带加劲肋梁侧锚固钢板加固梁的受弯承载力计算

7.2.1　基本假定

在计算带加劲肋 BSP 梁截面极限受弯承载力时，采用如下基本假定[1]：

（1）忽略受拉、受压纵筋与混凝土的粘结滑移效应，即钢筋与周围混凝土的应变相同。

（2）忽略梁侧钢板和混凝土梁之间的纵横向滑移，采用完全协同作用假定。

（3）BSP 梁截面的变形遵循平截面假定。

（4）当梁侧钢板上边缘螺栓间距满足 7.2.2 的要求时，可不考虑钢板受压屈曲对梁受弯承载力的影响，否则必须使用屈曲应力替代按应变计算的钢板压应力。

（5）当梁侧钢板上边缘配置满足要求的加劲肋时，可不考虑钢板受压屈曲对梁受弯承载力的影响，并且可按7.2.4规定计入锚栓对受压区混凝土的围压强化，加劲肋按受压纵筋计入。

（6）受拉和受压纵筋达到屈服，钢板采用塑性屈服假定，其受拉或受压屈服状态由中性轴的高度确定。

（7）忽略混凝土的抗拉强度。

7.2.2　确定锚栓间距

为了确保梁侧钢板的破坏模式为延性的钢板屈服而不是脆性的锚栓剪切破坏，从弯矩最大处到梁侧钢板端部的锚栓群的受剪承载力合力$\sum R_{by}$必须大于钢板的轴向屈服承载力，如下式所示：

$$\sum R_{by}=\frac{1}{\gamma_b}m_bR_{by}\geqslant T_{yp}=f_{yp}t_ph_p \tag{7-1}$$

式中　$R_{by}=\alpha_v f_{ub}\dfrac{\pi d_b^2}{4}$——单个锚栓所能提供的抗剪承载力；

f_{ub}——锚栓极限抗拉强度，SCS软件中取其为锚栓屈服强度f_{yb}的1.22倍；

d_b——锚栓公称直径；

α_v——修正系数，按欧洲规范[2]取0.5或0.6（SCS软件中取0.5）；

m_b——从弯矩最大处到梁侧钢板端部的锚栓数量，如图7-3（*a*）所示；

γ_b——考虑到锚栓群内剪力分布差异而引入的不均匀折减系数。

根据文献［1］研究，在图7-3（*a*）所示的四点加荷情况下，锚栓间的剪力分布是不均匀的，而是介于三角形分布和抛物线分布之间，如图7-3（*b*）、（*c*）所示，因此γ_b取值在1.5~2.0之间；f_{yp}，t_p和h_p分别为梁侧钢板的屈服强度、厚度和宽度。

解不等式（7-1）可得

$$m_b\geqslant\gamma_b\frac{f_{yp}t_ph_p}{R_{by}} \tag{7-2}$$

当锚栓群中锚栓数量m_b确定后，锚栓间距s_b就能确定了。满足式（7-2），就能保证BSP破坏模式是梁侧钢板屈服而不是锚栓剪切失效。

然而，由式（7-2）得出的锚栓间距并不能保证梁侧钢板受压边缘不发生受压屈曲失稳。为了确保钢板不发生受压屈曲，须控制钢板受到的压应力，将梁侧钢板简化为均布压力作用下的平板，其发生平面外屈曲的临界应力σ_{cr}应大于钢板的屈服强度f_{yp}，表达式如下：

$$\sigma_{cr}=k\frac{\pi^2D}{t_ph_p^2}\geqslant f_{yp}\Rightarrow k\geqslant f_{yp}\frac{t_ph_p^2}{\pi^2D} \tag{7-3}$$

式中　D——梁侧钢板的平面外弯曲刚度，可由下式计算得到：

$$D=\frac{E_pt_p^3}{12(1-\upsilon^2)} \tag{7-4}$$

k——由锚栓间距与梁侧钢板宽度之比s_b/h_p所确定的比例因子：

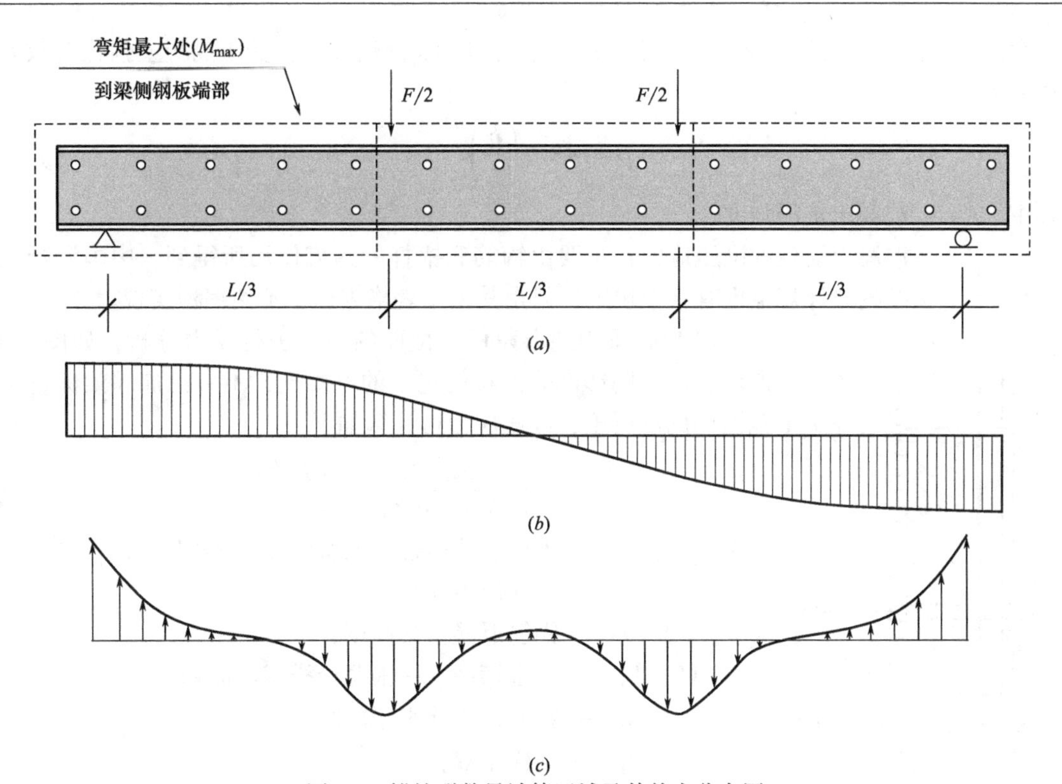

图 7-3　锚栓群数量计算区域及其剪力分布图

（a）锚栓数量计算区域；（b）纵向剪力分布示意图；（c）横向剪力分布示意图

$$k=\left(\frac{mh_{\mathrm{p}}}{s_{\mathrm{b}}}+\frac{s_{\mathrm{b}}}{mh_{\mathrm{p}}}\right)^{2} \tag{7-5}$$

经文献［1］研究，m 取 1.5，将式（7-5）代入式（7-3），并将其不等式右侧定义为参数 k_0，可得到：

$$\left(\frac{1.5h_{\mathrm{p}}}{s_{\mathrm{b}}}+\frac{s_{\mathrm{b}}}{1.5h_{\mathrm{p}}}\right)^{2}\geqslant k_{0} \tag{7-6}$$

式中　$k_0=f_{\mathrm{yp}}\dfrac{t_{\mathrm{p}}h_{\mathrm{p}}^{2}}{\pi^{2}D}$。

解不等式（7-6），可得确保钢板不发生受压屈曲的最大锚栓间距为：

$$s_{\mathrm{b}}\leqslant 0.75h_{\mathrm{p}}\cdot\left(\sqrt{k_0}-\sqrt{k_0-4}\right) \tag{7-7}$$

所以，一种确保钢板不发生受压屈曲的措施是缩小锚栓的间距，即满足式（7-7）时，在计算 BSP 梁承载力时可不考虑钢板屈曲的影响。

7.2.3　加劲肋尺寸

经文献［1］研究，加劲肋的厚度和宽度分别取 1.2 倍和 6 倍梁侧钢板厚度（$t_{\mathrm{st}}=1.2t_{\mathrm{p}}$，$b_{\mathrm{st}}=6t_{\mathrm{p}}$）就能保证加固钢板不发生屈曲。

7.2.4　受压区混凝土强化系数

当采用在梁侧钢板受压边缘焊接加劲肋、锚固角钢或满足式（7-7）锚栓间距的约束钢板受压屈曲措施时，由于梁侧钢板、防止钢板屈曲措施的联合作用，受压区混凝土受到巨大的围压作用，其强度有较大幅度提高，采用 Hobbs 修正公式，受压混凝土强化系数表达如下：

$$\beta=1+3.7\left(\frac{p}{f_c}\right)^{0.86} \tag{7-8}$$

式中 f_c——混凝土抗压强度；

p——混凝土受到的围压应力，主要由箍筋和锚杆的约束作用所得到。中国混凝土结构设计规范也有相似规定，只是其采用表格表达，不便编程实现。

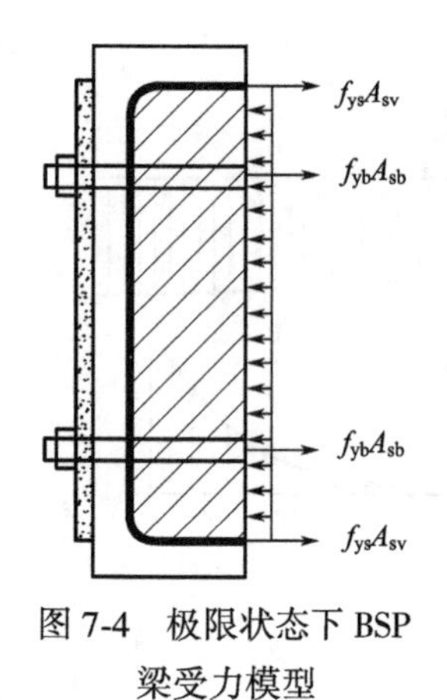

图 7-4 极限状态下 BSP 梁受力模型

取 BSP 梁中纯弯段任一截面的一半进行受力分析，如图 7-4 所示，图中阴影部分为箍筋包围的混凝土，不考虑加固梁保护层范围内的混凝土，围压应力可计算如下：

$$p=\frac{2f_{ys}A_{sv}}{(h-a_s-a_s')s}+\frac{n_b f_{yb}A_{sb}}{(h-a_s-a_s')s_b} \tag{7-9}$$

式中 f_{ys}、f_{yb}——箍筋、锚栓抗拉屈服强度（不用符号 f_{yv} 是因两者取值不同）；

h——钢筋混凝土梁高度；

A_{sv}、A_{sb}——一根箍筋、一根锚栓横截面面积；

s、s_b——箍筋、锚栓水平间距；

n_b——锚栓排数；

a_s'、a_s——受压、受拉纵筋保护层厚度。（注：a_s'、a_s 应分别为受压、受拉纵筋重心距混凝土近边的距离，文献［1］此写法有误，造成算出的 p 偏大了，尤其是配置多排纵筋的情况。）

按照文献［1］概念正确的文字描述，SCS 软件中改用式（7-10），如下：

$$p=\frac{2f_{ys}A_{sv}}{(h-2c)s}+\frac{n_b f_{yb}A_{sb}}{(h-2c)s_b} \tag{7-10}$$

式中 c——纵筋保护层厚度。

7.2.5 受弯承载力计算

极限状态下 BSP 梁受力模型如图 7-5 所示。由破坏截面在水平方向上的平衡条件得知，平衡力系由受压区混凝土、受压纵筋、受压区钢板、加劲肋、受拉纵筋、受拉区钢板等几部分组成。当梁侧钢板上边缘配置符合约束钢板受压屈曲条件的加劲肋时，并假设加劲肋与钢板采用同种钢材时，力平衡方程可表达为：

$$\alpha_1\beta f_c bx+f_y'A_s'+2t_p(x-a_p')f_{yp}+2A_{ss}f_{yp}=f_yA_s+2f_{yp}t_p(h_p-x-a_p') \tag{7-11}$$

由此

$$x=\frac{f_yA_s-f_y'A_s'+2f_{yp}t_ph_p-2A_{ss}f_{yp}}{\alpha_1\beta f_c b+4f_{yp}t_p} \tag{7-12}$$

其中

$$x\geqslant 2a_s';x\leqslant\xi_b(h-a_s')$$

式中 f_c、f_y'、f_y、f_{yp}——混凝土抗压强度、受压和受拉纵筋屈服强度，梁侧钢板和加劲肋屈服强度；

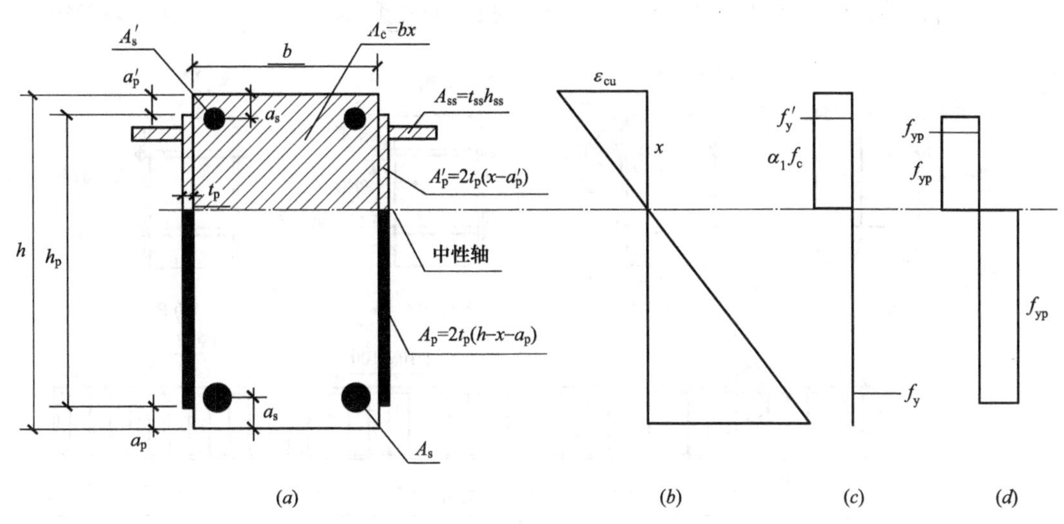

图 7-5　极限状态下 BSP 梁受力模型

（a）横截面；（b）应变分布；（c）混凝土梁受力；（d）钢板受力

b、h——钢筋混凝土梁宽度和高度；

A_{ss}、A_s、A_s'——加劲肋面积、受压和受拉纵筋面积；

a_p'、a_p——梁侧钢板上、下边缘到钢筋混凝土梁上下表面的距离。

求出受压区高度 x 后，极限受弯承载力可计算得：

$$M_u=\frac{1}{2}\alpha_1\beta f_c bx^2+f_y'A_s'(x-a_s')+f_yA_s(h-x-a_s)+2f_{yp}A_{ss}(x-d_s')+f_{yp}t_p(x-a_p')^2+f_{yp}t_p(h-x-a_p)^2 \tag{7-13}$$

式中　d_s'——加劲肋重心到钢筋混凝土上边缘的距离。

7.2.6　SCS 软件简化处理

BSP 加固法数据繁多，为了简化输入，SCS 软件对钢材作出适当归并，具体如下：

假设加固用钢板与加劲肋钢材的材质相同，它们的弹性模量和泊松比取用常见钢材的值，即 $E_s=2.0\times10^5\text{N/mm}^2$、$\upsilon=0.25$，且二者的屈服强度相同。锚栓极限抗拉强度取其屈服强度的 1.22 倍，即 $f_{ub}=1.22f_{yp}$。

【例 7-1】带加劲肋梁侧锚固钢板加固梁算例

文献［1］第 132 页试件 BSP-B，梁的尺寸和配筋如图 7-6 所示。梁长 4m，梁的计算跨度 $L=3.6$m，采用对称的 4 点加载方式加载，两加载点间距 1200mm（图 7-3）。浇筑试件时预留了立方体和棱柱体试件，实测混凝土极限抗压强度为 35.4MPa（由原文无法判断此数是立方体还是棱柱体强度），本例假设混凝土强度等级为 C60，截面尺寸为 $b\times h=$ 200mm×350mm，纵筋为 HRB335 级钢筋，纵向受拉钢筋 3Φ20，纵向受压钢筋 2Φ12，$a_s'=$ 31mm、$a_s=35$mm。

加固时，沿梁全长两侧锚固钢板，钢板厚 4mm，宽 300mm，长 4000mm。对钢板受压边缘焊接加劲肋（−30mm×6mm），其布置如图 7-6 中的剖面图（b）。加固钢板采用 Q235 钢材。

采用的 HAS-E 锚杆为 5.8 级普通强度螺栓，直径 12mm，表面镀锌层厚度不小于 5μm；HIT-RE500 植筋胶为一种预配好的双组分环氧树脂结构胶。锚栓水平间距 300mm。

各钢材材性试验结果如表 7-1 所示。锚栓抗拉屈服强度 640MPa，极限强度 783MPa。

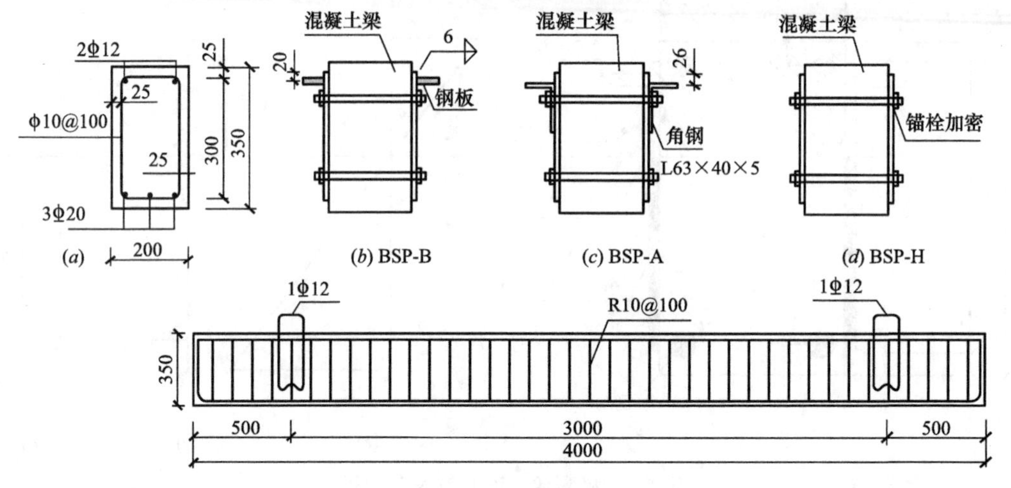

图 7-6　试件配筋图

钢材材性试验结果　　**表 7-1**

钢材种类	屈服强度 f_y(MPa)	极限强度 f_u(MPa)	杨氏模量 E_s(GPa)
受拉纵筋	390.0	573.0	175.0
受压纵筋	470.0	570.0	201.0
箍筋	295.0	417.0	193.0
加固钢板	240.0	378.0	198.4
钢板加劲肋	266.0	390.0	186.0
角钢加劲肋	275.0	421.3	169.0

试按设计要求计算该简支梁抗弯加固效果（抗剪承载力满足要求）。

【解】

由于试验采用的是材料强度实测值，设计要考虑安全系数，即采用设计值，所以在以下计算中，对混凝土结构设计规范有规定的材料采用该规范中规定的设计值；对其他材料则采用试验的实测值，即本计算对这部分材料的强度未采用标准值且除以分项安全系数。

1）原梁跨中截面受弯承载力计算

使用文献［3］介绍的 RCM 软件输入信息与简要计算结果如图 7-7 所示。

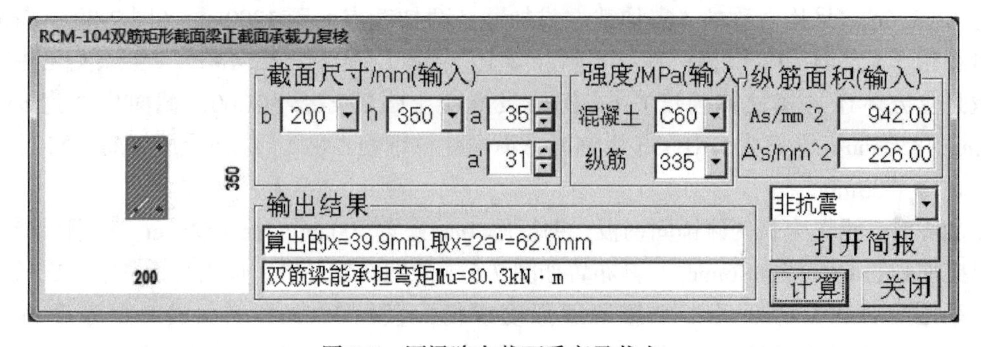

图 7-7　原梁跨中截面受弯承载力

2）验算锚栓和加劲肋布置能否保证加固钢板不发生屈曲

①单个锚栓所能提供的抗剪承载力

$$R_{by}=a_{v}f_{ub}\frac{\pi d_{b}^{2}}{4}=0.5\times1.22\times640\times3.1416\times12\times12\times10^{-3}/4=44.153\text{kN}$$

②简支梁四点加载方式锚栓群内锚栓个数最小值

$$m_{b}=\gamma_{b}\frac{f_{yp}t_{p}h_{p}}{R_{by}}=1.5\times\frac{240\times4\times300}{44153}=9.8$$

现从弯矩最大处到梁侧钢板端部的锚栓群中锚栓数为 10，满足要求。

③梁侧钢板平面外弯曲刚度

$$D=\frac{E_{p}t_{p}^{3}}{12(1-v^{2})}=\frac{2.0\times10^{5}\times4^{3}}{12\times(1-0.25^{2})}=1.138\times10^{6}\text{MPa}$$

④由锚栓间距与梁侧钢板宽度之比确定的比例因子的最小值

$$k_{0}=f_{yp}\frac{t_{p}h_{p}^{2}}{\pi^{2}D}=240\times\frac{4\times300^{2}}{3.1416^{2}\times1.138\times10^{6}}=7.69$$

⑤梁侧钢板不发生平面外受压屈曲的锚栓间距最大值

$$s_{b}=0.75h_{p}\cdot(\sqrt{k_{0}}-\sqrt{k_{0}-4})=0.75\times300\times(\sqrt{7.69}-\sqrt{7.69-4})=191.7\text{mm}$$

现锚栓的水平间距 $s_{b}=300$mm，大于 191.7mm，不满足要求。需要设置加劲肋或加密锚栓。

⑥现已经设置了加劲肋，检验加劲肋的尺寸

加劲肋厚度 $t_{st}=6\text{mm}\geqslant1.2t_{p}$，满足要求。加劲肋宽度 $b_{st}=30\text{mm}\geqslant6t_{p}$，满足要求。

3）计算加固梁受弯承载力

受压混凝土强化系数计算，由 a'_{s}、a_{s} 和纵筋排数、纵筋直径、箍筋直径可得 $c=15$mm。

$$p=\frac{2f_{ys}A_{sv}}{(h-2c)s}+\frac{n_{b}f_{yb}A_{sb}}{(h-2c)s_{b}}=\frac{2\times270\times78.5}{(350-2\times15)\times100}+\frac{2\times640\times113.1}{(350-2\times15)\times300}=1.32+1.51=2.83\text{MPa}$$

受压混凝土强化系数

$$\beta=1+3.7\left(\frac{p}{f_{c}}\right)^{0.86}=1+3.7\times\left(\frac{2.83}{27.5}\right)^{0.86}=1.52$$

混凝土受压区高度 x 计算如下：

$$x=\frac{f_{y}A_{s}-f'_{y}A'_{s}+2f_{yp}t_{p}h-2A_{ss}f_{yp}}{\alpha_{1}\beta f_{c}b+4f_{yp}t_{p}}=\frac{300\times(942-226)+2\times240\times4\times350-2\times240\times180}{0.98\times1.52\times27.5\times200+4\times240\times4}=58.4\text{mm}$$

取 $x=2a'_{s}=62$mm，根据公式（7-13），得加固后梁的受弯承载力：

$$M_{u}=\frac{1}{2}\alpha_{1}\beta f_{c}bx^{2}+f'_{y}A'_{s}(x-a'_{s})+f_{y}A_{s}(h-x-a_{s})+2f_{yp}A_{ss}(x-d'_{s})+f_{yp}t_{p}(x-a'_{p})^{2}+f_{yp}t_{p}(h-x-a_{p})^{2}$$

$$=0.5\times0.98\times1.52\times27.5\times200\times62^{2}+300\times226\times(62-31)+300\times942\times(350-62-35)$$

$$+2\times240\times(62-45)+240\times4\times(62-25)^{2}+240\times4\times(350-62-25)^{2}=158.57\text{kN}\cdot\text{m}$$

使用 SCS 软件功能项 S414 计算输入信息的简要输出如图 7-8 所示，可见其结果与手算结果相同。

文献［1］试验得到的极限荷载 $F=334.42$kN，相当于梁极限弯矩 $M=334.42\times1.2/2=$

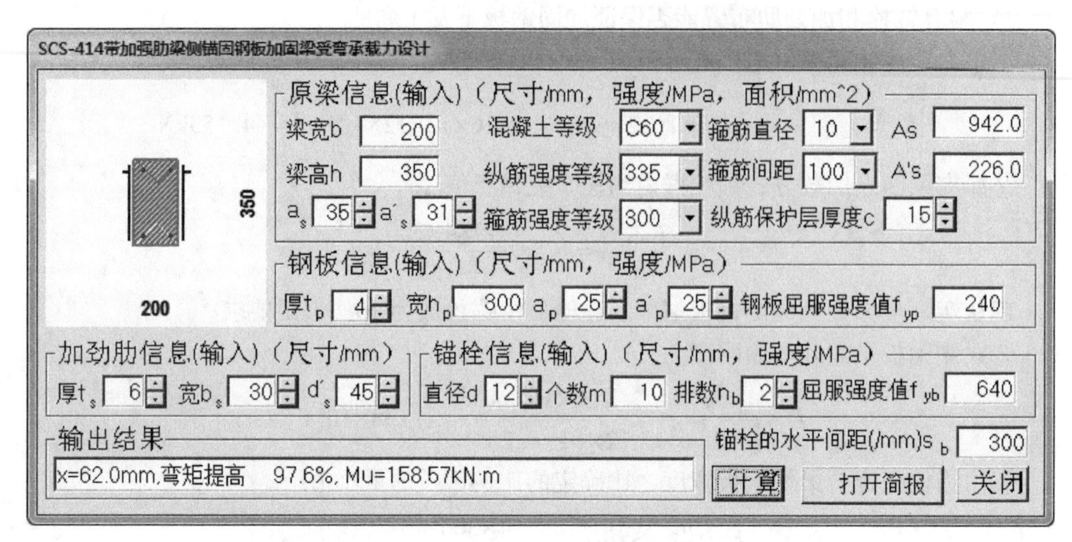

图 7-8 带加劲肋梁侧锚固钢板加固梁受弯承载力计算

200.65kN·m。以上手算和 SCS 计算值比试验结果小很多，部分是因为计算中取材料强度设计值，实质是考虑了安全系数，另外计算中混凝土强度取值低于实测值。

【例 7-2】带角钢加劲肋梁侧锚固钢板加固梁算例

文献［1］第 132 页试件 BSP-A，梁的尺寸和配筋如图 7-6 所示。基本数据见【例 7-1】，采用∟63×40×5 角钢，加固截面图见图 7-6（*c*）。

【解】

假设角钢的钢材与加固钢板的钢材相同。从上题求解过程可见，梁截面受压区高度较小，角钢与钢板平行的肢因靠近截面中性轴，其对提高受弯承载力发挥的作用不大，所以计算时可忽略它的存在。由此，可将角钢水平肢看作钢板加劲肋（−40×5），利用 SCS 软件计算如图 7-9 所示。手算过程因与上题手算类似，就不列出了。对于梁截面受压区高度较大情况，可适当折算角钢竖向肢面积到水平肢上。

文献［1］试验得到的极限荷载 $F=331.40\text{kN}$，相当于梁极限弯矩 $M=331.40\times1.2/2=198.84\text{kN}\cdot\text{m}$。以上手算和 SCS 计算值比试验结果小很多，部分是因为计算中取材料强度设计值，实质是考虑了安全系数，另外计算中混凝土强度取值低于实测值。

【例 7-3】受压边加密锚栓梁侧锚固钢板加固梁算例

文献［1］第 132 页试件 BSP-H，梁的尺寸和配筋如图 7-6 所示。基本数据见【例 7-1】，加固截面图见图 7-6（*d*）。

【解】

出于约束加固钢板发生受压屈曲的目的，对梁侧钢板受压边加密锚栓，如图 7-6（*d*）所示。梁侧钢板受拉边锚栓不加密。利用 SCS 软件计算如图 7-10 所示。手算过程因与【例 7-1】手算类似，就不列出了。需要说明的是：无加劲肋项和计算混凝土围压应力时锚栓间距的取值，软件计算中取输入锚栓间距的 1.5 倍，即取钢板上、下边缘锚栓间距的平均值。SCS 软件根据加劲肋厚度和宽度输入均为 0，确定受压边锚栓间距是加密的情况的。

文献［1］试验得到的极限荷载 $F=305.60\text{kN}$，相当于梁极限弯矩 $M=305.60\times1.2/2=$

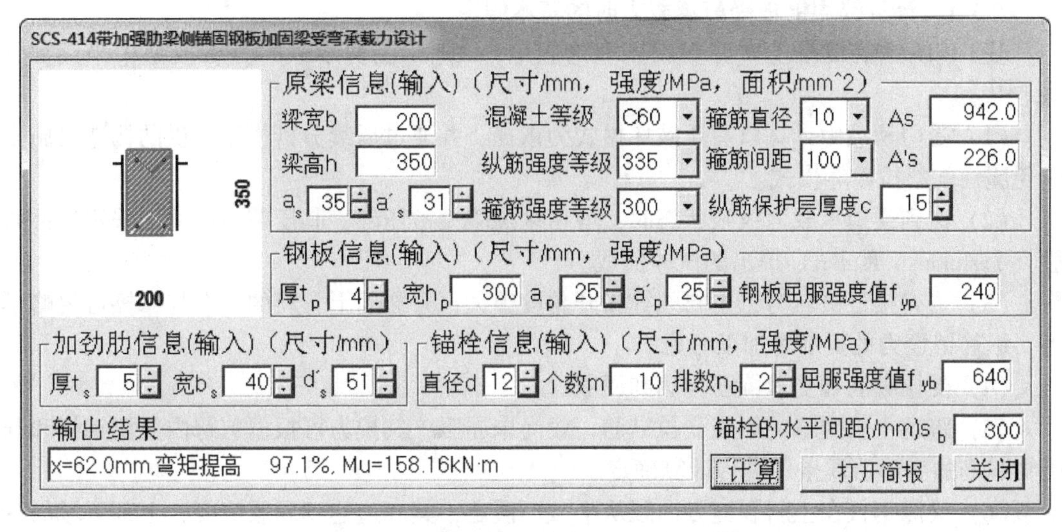

图 7-9 带角钢加劲肋梁侧锚固钢板加固梁受弯承载力计算

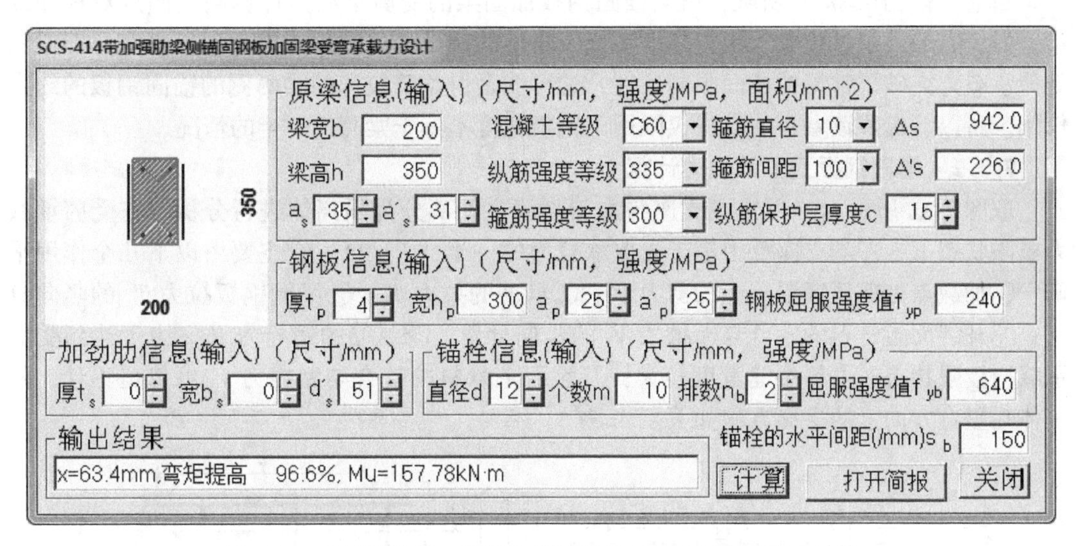

图 7-10 受压边锚栓加密梁侧锚固钢板加固梁受弯承载力计算

183.36kN·m。以上手算和 SCS 计算值比试验结果小很多，部分是因为计算中取材料强度设计值，实质是考虑了安全系数，另外计算中混凝土强度取值低于实测值。

7.3 梁侧锚固钢板加固梁的受剪承载力计算

中国混凝土结构设计规范采用梁的受剪承载力是由混凝土剪压区受剪承载力和腹筋（不设弯起筋时，就是箍筋）受剪承载力组成。由此得出，梁侧锚固钢板加固梁的受剪承载力是在以上的基础上再加上钢板提供的受剪承载力。因为贡献较小、规范中没计入受拉纵筋的销栓（抗剪）作用，但在利用文献［1］方法计算锚固钢板受剪承载力时，为了较为准确地计算，在其计算过程中仍然考虑梁截面受拉纵筋的销栓作用。

7.3.1 计算锚固钢板受剪承载力时的基本假定

基于传统钢筋混凝土梁剪切破坏理论假定，BSP 梁受剪承载力分析模型中采用如下假定[1]：

（1）受剪承载力计算以剪压破坏模式为依据，并通过后续分析模型提供的构造措施来避免脆性的斜拉破坏模式。

（2）达到受剪承载力极限状态时，剪压区混凝土被压碎，其压剪强度准则采用坪井善胜（Yoshikatsu Tsuboi）提出的试验曲线。

（3）当梁接近破坏时，主斜裂缝张开角度很大，开裂面上骨料的咬合与摩擦可忽略不计，纵筋销栓力的贡献可加以考虑。

（4）受拉纵筋和受剪箍筋均达到屈服。

（5）跨越主斜裂缝的梁底受拉纵筋一般尚未屈服，其拉力可根据剪跨内梁侧钢板和与受拉纵筋的变形协调条件进行计算确定。

（6）梁侧钢板在主斜裂缝方向服从平截面假定，其底边达到屈服应变，上部区域的受力情况依据剪压区的深度确定。

目前，根据试验[1] 所限，梁侧锚固钢板加固梁的受剪承载力计算限于四点对称加载梁。另仅有的几根试验梁，钢板宽度不低于梁高的一半，且试件未发生斜压破坏，即梁的受剪承载力突破了常见的截面限制条件，这可能是得益于较宽的梁两侧的锚固钢板的约束作用。所以，提醒读者目前本法仅限用于钢板宽度不低于梁高的一半的情况。

7.3.2 锚固钢板受剪承载力计算

取图 7-11 所示 BSP 梁左端支座与主斜裂缝之间部分为隔离体进行分析。在受剪承载力极限状态下，左端支座反力等于受剪承载力的一半（$P_u/2$），它主要由以下几个作用平衡，①加载点处剪压区混凝土的剪力 V_c；②箍筋的拉力 T_v；③梁侧钢板拉力 T_p 的竖向分量；④开裂面上骨料的咬合与摩擦力 V_i 的竖向分量；⑤纵筋的销栓力 V_d。由于达到受剪承载力极限状态时主斜裂缝宽度较大，开裂面上骨料的咬合与摩擦力 V_i 可忽略不计。隔离体在竖直方向上的平衡方程如下：

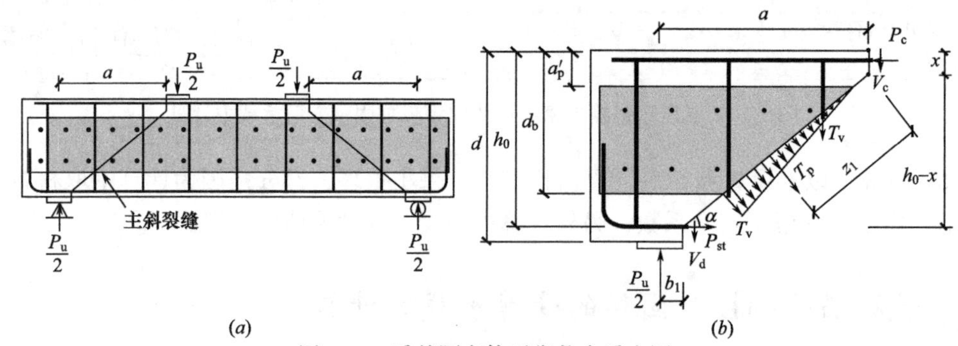

图 7-11 受剪隔离体平衡状态受力图

（a）梁立面图；（b）剪跨区段

$$P_u/2=T_p\cos\alpha+V_c+V_d+T_v \tag{7-14}$$

其中，主斜裂缝与梁纵轴的夹角为：

$$\alpha=\arctan\left(\frac{h_0-x}{a-b_1}\right) \tag{7-15}$$

式中 a——剪跨；

h_0——梁有效高度；

x——剪压区混凝土高度；

b_1——支座宽度的一半。

在计算加载点处剪压区混凝土剪力 V_c 时，如果配置有受压纵筋 A_s'，尚应考虑其有利影响，如下：

$$V_c=\tau_c[bx+(\alpha_E-1)A_s'] \tag{7-16}$$

$$\alpha_E=E_s/E_c \tag{7-17}$$

式中 τ_c——剪压区混凝土剪应力；

b——梁截面宽度。

受拉纵筋销栓力 V_d 的数值一般较小，可采用纵筋当量混凝土面积（$\alpha_E A_s$）上的混凝土的抗拉承载力进行估算，如下：

$$V_d=\alpha_E f_t A_s \tag{7-18}$$

式中 f_t——混凝土抗拉强度。

穿过主斜裂缝的箍筋数量具有不确定性，因此可采用弥散化的方法，先计算配箍率（即单位梁长的配箍面积 A_{sv}/s），然后计算剪跨范围内的箍筋拉力 T_v，如下：

$$T_v=\frac{f_{yv}A_{sv}}{s}\left(\frac{h_0-x}{\tan\alpha}\right) \tag{7-19}$$

式中 f_{yv}——箍筋的屈服强度；

A_{sv}——间距 s 范围内配置的箍筋截面积。

剪跨区内梁侧钢板的应力极其复杂，这里将其简化为方向与主斜裂缝垂直且呈三角形分布的拉应力[1]，其下边缘达到其屈服强度 f_{yv}，如图7-12所示，考虑到锚栓连接、植筋质量及锚杆与钢板孔洞之间存在空隙等不同情况，计算钢板受力时引入折减系数 $\beta_p=0.8$，其合力 T_p 可按下式计算：

$$T_p=\frac{1}{2}\beta_p f_{yp}A_p \tag{7-20}$$

$$A_p=\begin{cases}t_p(d_b-a_p')/\sin\alpha, x\leqslant a_p'\\ t_p(d_b-x)/\sin\alpha, x>a_p'\end{cases} \tag{7-21}$$

式中 d_a、d_b——钢板上、下边缘距离；

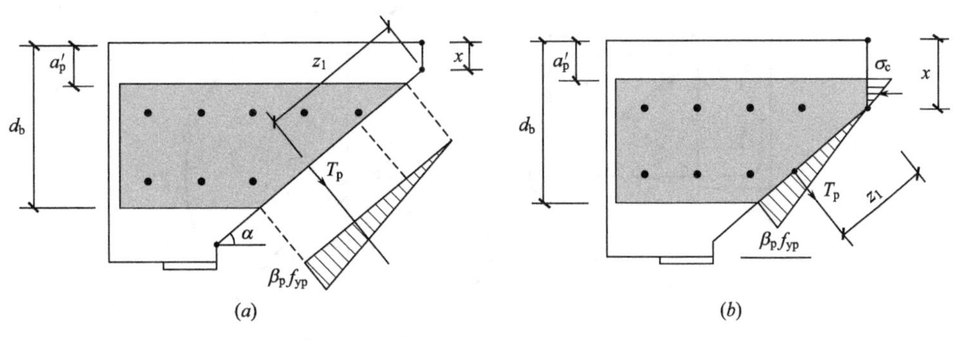

图7-12 钢板拉应力分布示意图

(a) $x\leqslant a_p'$；(b) $x>a_p'$

A_p——钢板沿主斜裂缝的斜截面面积；

t_p——梁两侧钢板总厚度。

钢板受力方向与其轴线斜交，且不通过端部锚栓群形心，因此尚需验算该锚栓群在剪扭作用下的受剪承载力。此处采用对单个锚栓承载力进行折减（$\beta_b=0.8$）的简化计算方法，实际设计时可在确定锚栓数量和间距后进行锚栓群受力验算。

$$T_p \leqslant m_b \beta_b R_{by} \tag{7-22}$$

式中 m_b、R_{by}——主斜裂缝左侧的锚栓总数和单个锚栓的受剪承载力。

根据假定的应力分布，钢板拉力作用点到混凝土剪压区底端的距离计算如下：

$$z_1=\begin{cases}\left[\dfrac{2}{3}(d_b-a'_p)+(a'_p-x)\right]/\sin\alpha, & x\leqslant a'_p\\ \left[\dfrac{2}{3}(d_b-x)\right]/\sin\alpha, & x>a'_p\end{cases} \tag{7-23}$$

由隔离体在水平方向上的平衡条件可知，混凝土剪压区轴压力 P_c 与梁底受拉纵筋拉力 P_{st} 及钢板拉力 T_p 的水平分量平衡：

$$P_c=T_p\sin\alpha+P_{st} \tag{7-24}$$

与式（7-16）类似，计算混凝土剪压区轴压力 P_c 时，尚需考虑受压纵筋的贡献。当剪压区高度大于钢板上边缘时，钢板上部区域受压。此时仍假定混凝土区压应变均匀分布，但是由于钢板应力滞后效应，其在该区域的应变假定为线性分布，如图 7-12（*b*）所示。因此混凝土剪压区轴压力 P_c 应考虑钢板上部区域的贡献如下：

$$P_c=\begin{cases}\sigma_c(bx-A'_s)+f'_yA'_s, & x\leqslant a'_p\\ \sigma_c(bx-A'_s)+f'_yA'_s+\dfrac{1}{2}\sigma_c t_p(x-a'_p), & x>a'_p\end{cases} \tag{7-25}$$

式中 σ_c——剪压区混凝土压应力。

主斜裂缝出现后，整个剪跨其他区域的变形大部分恢复，应变向主斜裂缝附近集中，因此，可假定剪跨内梁段的整体变形在竖向可由跨过主斜裂缝的钢板剪切变形（δ_p 的竖向分量）代表，水平向可由主斜裂缝附近受拉纵筋的拉伸变形 δ_{st} 代表，如图 7-13 所示。并假定在钢板和受拉纵筋附近裂缝宽度相等，可得如下关系：

$$\delta_{st}=\delta_p\cos\alpha \Rightarrow \varepsilon_{st}=\varepsilon_p\cos\alpha \tag{7-26}$$

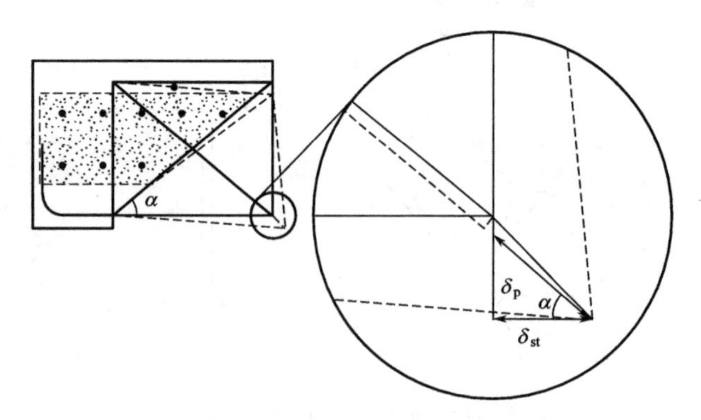

图 7-13 受剪隔离体剪跨区变形示意图

式中　ε_p、ε_{st}——梁侧钢板和受拉纵筋应变，代入其表达式即可得受拉纵筋受力 P_{st} 如下：

$$P_{st}=A_sE_s\frac{2T_p}{\beta_pA_pE_p}\cos\alpha \tag{7-27}$$

对剪压区混凝土底部（即主斜裂缝顶端）取矩，可得隔离体的弯矩平衡方程如下：

$$\frac{P_u}{2}a=P_c\frac{x}{2}+P_{st}(h_0-x)+T_pz_1+V_d\left(\frac{h_0-x}{\tan\alpha}\right)+T_v\left(\frac{h_0-x}{2\tan\alpha}\right) \tag{7-28}$$

梁达到受剪极限状态时，剪压区混凝土被压碎，其压剪强度准则采用坪井善胜（Yoshikatsu Tsuboi）的试验曲线：

$$\frac{\tau_c}{f_c}\leqslant\left[\frac{\tau_c}{f_c}\right]=\sqrt{0.0089+0.095\frac{\sigma_c}{f_c}-0.104\left(\frac{\sigma_c}{f_c}\right)^2} \tag{7-29}$$

当式左端的应力比与式右端的允许应力比接近时，认为达到预想的破坏模式，此时算出的力为梁破坏荷载。此状态下的钢板提供的受剪承载力，即 $T_p\cos\alpha$，就是所求。加固梁的受剪承载力就是原梁的受剪承载力加上钢板提供的受剪承载力，即：

$$V_u=V_0+T_p\cos\alpha=\alpha_{cv}f_tbh_0+f_{yv}\frac{A_{sv}}{s}h_0+T_p\cos\alpha \tag{7-30}$$

式中　α_{cv}——斜截面混凝土受剪承载力系数，对于一般受弯构件取 0.7，对集中荷载作用下的独立梁，取为$\frac{1.75}{\lambda+1}$；λ 为计算截面的剪跨比，可取 λ 等于 a/h_0，当 λ 小于 1.5 时，取 1.5，当 λ 大于 3 时，取 3，a 取集中荷载作用点至支座截面或节点边缘的距离。

7.3.3　计算步骤

由以上公式可见，V_0、V_d 可直接计算出来，其余各内力均可表达为 x 的函数，较为复杂，不能直接求出，只好用迭代方法计算，计算步骤如图 7-14 所示。

SCS 软件编程实施时，有所简化。对混凝土和钢筋强度采用设计规范规定的设计值。假设加固用钢板和钢筋的弹性模量取用常见钢材的值，即 $E_p=E_s=2.0\times10^5\text{N/mm}^2$。锚栓极限抗拉强度取其屈服强度的 1.22 倍，即 $f_{ub}=1.22f_{yb}$。

【例 7-4】梁侧锚固钢板加固梁受剪承载力算例

文献［1］第 147 页一组试件，梁的尺寸 $b\times h=200\text{mm}\times400\text{mm}$。梁长 2.6m，梁的计算跨度 2.3m，采用对称的 4 点加载方式加载，两加载点间距 1220mm。试件实测的立方体抗压强度为 61.5MPa，本例采用与其接近的混凝土强度等级 C60，钢材的实测强度见表 7-2，根据取值接近，取纵筋、箍筋均为 HRB500 级钢筋，纵向受拉钢筋 3Φ25（$A_s=1472\text{mm}^2$），纵向受压钢筋 2Φ12（$A_s=226\text{mm}^2$），$a_s'=31\text{mm}$、$a_s=37\text{mm}$。箍筋为 2Φ6@200。加固时，沿梁全长两侧锚固钢板，钢板厚 4mm，宽 200mm，长 2600mm。钢板布置在梁高中部，即 $a_p'=100\text{mm}$、$d_b=300\text{mm}$。采用的 HIT-RE 锚杆为 8.8 级螺栓，直径 12mm，锚栓水平间距 100mm。各试件控制参数如表 7-3 所示。

【解】

先用手工计算试件 P2B1，按照图 7-14 计算流程图，逐步求出各参数如下：

（1）原梁受剪承载力

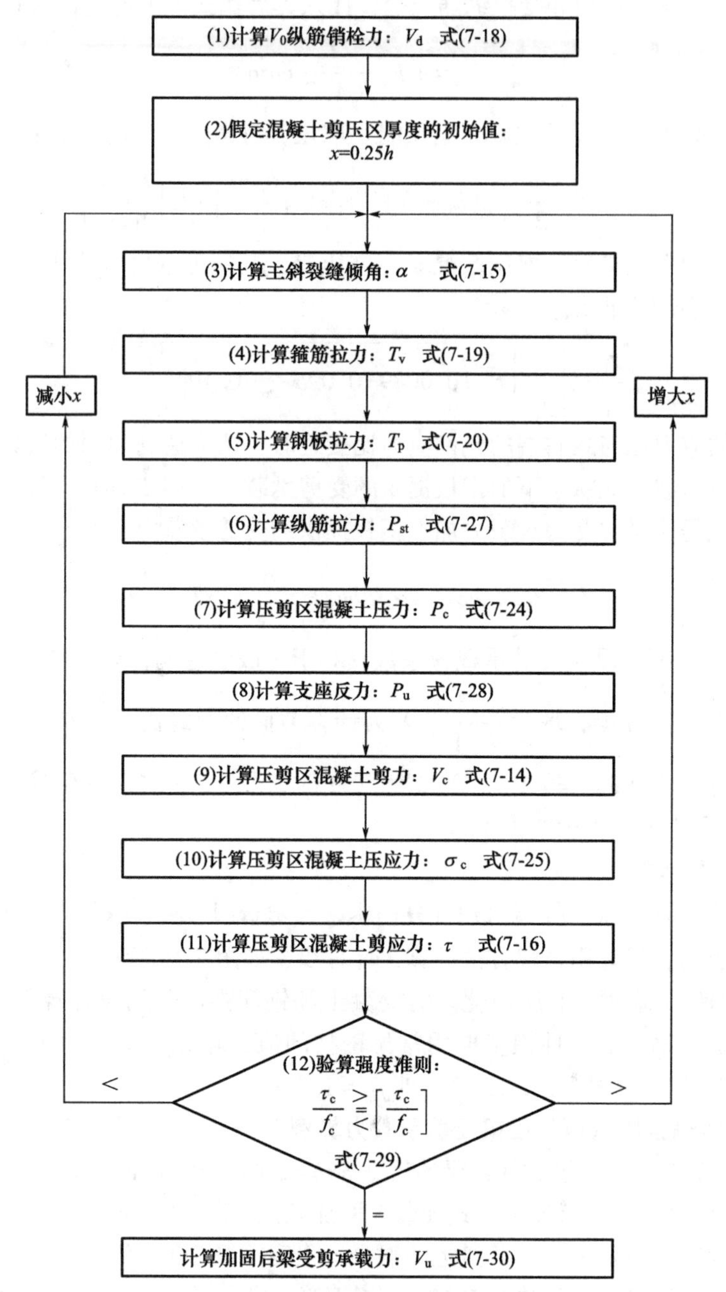

图 7-14　计算流程

试件钢筋、钢板和锚栓材料力学性能 　　表 7-2

材料	屈服强度(MPa)	极限强度(MPa)	弹性模量(GPa)
箍筋	474	675	219
受压纵筋	484	628	184
受拉纵筋	471	636	194
4mm 厚钢板	324	469	209

续表

材料	屈服强度(MPa)	极限强度(MPa)	弹性模量(GPa)
6mm 厚钢板	318	436	202
8.8 级 M12 锚栓	689	810	211

BSP 梁抗剪加固控制参数和受剪承载力　表 7-3

试件名称	单侧钢板厚(mm)	钢板宽(mm)	锚栓水平间距(mm)	加强肋	一个剪跨内的锚栓数	极限剪力试验值(kN)	SCS 算得受剪承载力(kN)
CTRL	无(此为无加固梁,对比试件)					471	140.66
P2B2	4	200	200	无	10	552	472.94
P2B1	4	200	100	无	16	587	472.94
P3B2	4	300	200	无	10	630	564.83
P3B2-stiff	4	300	200	有	10	637	564.83
P2B1-t6	6	200	100	无	16	695	645.16
P3B1	4	300	100	无	24	705	564.83

遵照《混凝土结构设计规范》GB 50010—2010，截面限制条件允许的剪力

$$h_0=400-37=363\text{mm},\ h_w/b=h_0/b=363/200=1.82\leqslant 4$$

$$[V_u]=0.25\beta_c f_c bh_0=0.25\times 0.93\times 27.5\times 200\times 363\times 10^{-3}=465.83\text{kN}$$

截面受剪承载力

$\lambda=a/h_0=490/363=1.35<1.5$，取 $\lambda=1.5$

$$V_{cs}=\frac{1.75}{\lambda+1}f_t bh_0+f_{yv}\frac{A_{sv}}{s}h_0=\frac{1.75}{1.5+1}\times 2.04\times 200\times 363+360\times 56.6\times 363\times 10^{-3}/200=140.66\text{kN}$$

原梁受剪承载力取二者较小值，即 $V_0=140.66\text{kN}$

（2）纵筋销栓力 V_d 可根据式（7-18）求得：

$$\alpha_E=E_s/E_c=200/36=5.56$$

$$V_d=\alpha_E f_t A_s=5.56\times 2.04\times 1472\times 10^{-3}=16.68\text{kN}$$

为简单起见，此处省略迭代过程，直接取数次迭代后满足条件的剪压区混凝土厚度为

$$x=123\text{mm}$$

（3）代入式（7-15）

$$\alpha=\arctan\left(\frac{h_0-x}{a-b_1}\right)=\arctan\left(\frac{363-123}{490-50}\right)=28.6°$$

（4）箍筋拉力 T_v 可根据式（7-19）计算得：

$$T_v=\frac{f_{yv}A_{sv}}{s}\left(\frac{h_0-x}{\tan\alpha}\right)=\frac{360\times 56.6}{200}\times\left(\frac{363-123}{\tan 28.6}\right)\times 10^{-3}=44.83\text{kN}$$

（5）钢板拉力 T_p 可根据式（7-20）~式（7-22）计算得：

$$x>a_p',A_p=t_p(d_b-x)/\sin\alpha=8\times(300-123)/\sin 28.6=2957.1\text{mm}^2$$

$$T_p=\frac{1}{2}\beta_p f_{yp}A_p=0.5\times 0.8\times 320\times 2957.1\times 10^{-3}=378.51\text{kN}$$

单个锚栓所能提供的抗剪承载力 $R_{by}=\alpha_v f_{ub}\dfrac{\pi d_b^2}{4}=0.5\times1.22\times640\times3.1416\times12\times12\times10^{-3}/4=$ 44.153kN

$$T_p\leqslant m_b\beta_b R_{by}=16\times0.8\times44.153=565.2\text{kN}$$

锚栓剪切性能满足要求。

（6）受拉纵筋拉力 P_{st} 可根据式（7-27）计算得到：

$$P_{st}=A_sE_s\frac{2T_p}{\beta_pA_pE_p}\cos\alpha=1472\times200000\times\frac{2\times378510}{0.8\times2957.1\times200000}\times\cos28.6\times10^{-3}=413.52\text{kN}$$

（7）剪压区混凝土轴压力 P_c 可根据式（7-24）算得：

$$P_c=T_p\sin\alpha+P_{st}=565.2\times\sin28.6+413.52=594.77\text{kN}$$

（8）支座反力 P_u 可根据式（7-28）计算如下：

钢板拉力作用点到混凝土剪压区底端的距离 z_1

$$x>a_p',z_1=\left[\frac{2}{3}(d_b-x)\right]/\sin\alpha=\frac{2\times(300-123)}{3\times\sin28.6}=246.4\text{mm}$$

$$P_u=\frac{2}{a}\left[P_c\frac{x}{2}+P_{st}(h_0-x)+T_pz_1+V_d\left(\frac{h_0-x}{\tan\alpha}\right)+T_v\left(\frac{h_0-x}{2\tan\alpha}\right)\right]$$

$$=\frac{2}{490}\times\left[594.77\times123/2+413.52\times(363-123)+378.51\times246.4+(16.68+44.83/2)\times\frac{363-123}{\tan28.6}\right]$$

$$=1005.3\text{kN}$$

（9）剪压区混凝土剪力 V_c 可由式（7-14）算得：

$$V_c=P_u/2-T_p\cos\alpha-V_d-T_v=1005.3/2-378.51\times\cos28.6-16.68-44.83=108.85\text{kN}$$

（10）剪压区混凝土压应力 σ_c 可根据式（7-25）算得：

$$x>a_p',\sigma_c=\frac{P_c-f_y'A_s'}{bx-A_s'+t_p(x-a_p')/2}=\frac{594770-435\times226}{200\times123-226+8\times(123-100)/2}=20.3\text{MPa}$$

（11）剪压区混凝土剪应力 τ_c 可根据式（7-16）算得：

$$\tau_c=\frac{V_c}{bx+(\alpha_E-1)A_s'}=\frac{108850}{200\times123+(5.56-1)\times226}=4.2\text{MPa}$$

（12）根据剪压区混凝土的压剪强度准则（7-29）计算得到最大允许剪应力为：

$$\left[\frac{\tau_c}{f_c}\right]=\sqrt{0.0089+0.095\frac{\sigma_c}{f_c}-0.104\left(\frac{\sigma_c}{f_c}\right)^2}=\sqrt{0.0089+0.095\frac{20.3}{27.5}-0.104\left(\frac{20.3}{27.5}\right)^2}=0.154$$

从而可得剪压区混凝土剪应力（τ_c/f_c）与最大允许剪应力（$[\tau_c/f_c]$）接近。

$$\frac{\tau_c}{f_c}=\frac{4.2}{27.5}=0.153\approx\left[\frac{\tau_c}{f_c}\right]=0.154$$

（13）可以认为此时已达受剪极限状态，不再迭代。

此时加固钢板提供的受剪承载力为：$T_p\cos\alpha=378.51\times\cos28.6=332.29\text{kN}$

加固后梁的受剪承载力为：

$$V_u=V_0+T_p\cos\alpha=140.66+332.29=472.94\text{kN}$$

利用 SCS 软件计算时输入信息和简要结果如图 7-15 所示，可见其与手算结果相同。

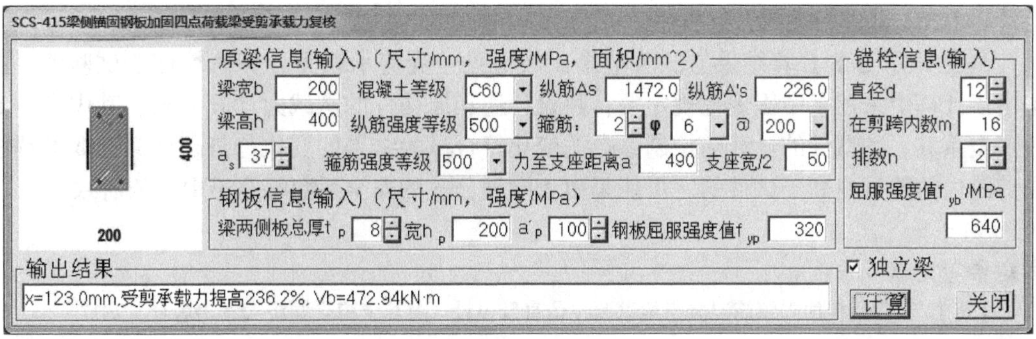

图 7-15　梁侧锚固钢板加固梁受剪承载力计算

注：图 7-15 所示的对话框与 SCS 软件其他对话框不同是其没有“打开简报”按钮，原因是迭代算法输出的简报文件体积过大，只得使用三级菜单项的“打开简报”打开该文件查看。

由于计算公式中没反映锚栓间距的影响因素，所以除了在剪跨区锚栓数量应满足锚栓不被剪坏的条件外，所以 P2B2 试件与 P2B1 试件的 SCS 计算结果是相同的、P3B2 试件与 P3B1 试件的 SCS 计算结果是相同的。同样，计算公式中没反映钢板外加强肋的影响，所以 P3B2-stiff 试件与 P3B1 试件的 SCS 计算结果也是相同的。

利用 SCS 软件计算 P3B1 试件时输入信息和简要结果如图 7-16 所示，手算过程与以上计算 P2B1 试件相类同，故省略。

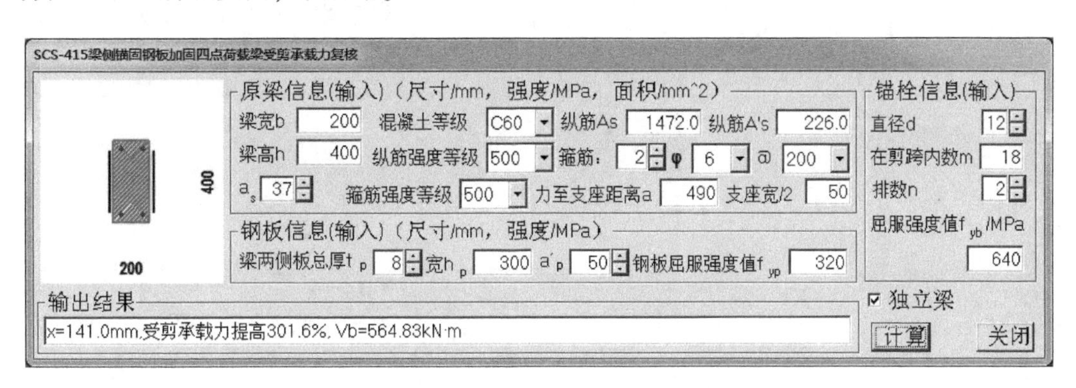

图 7-16　梁侧锚固钢板加固梁受剪承载力计算 P3B1 试件

利用 SCS 软件计算 P2B1-t6 试件时输入信息和简要结果如图 7-17 所示，手算过程与以

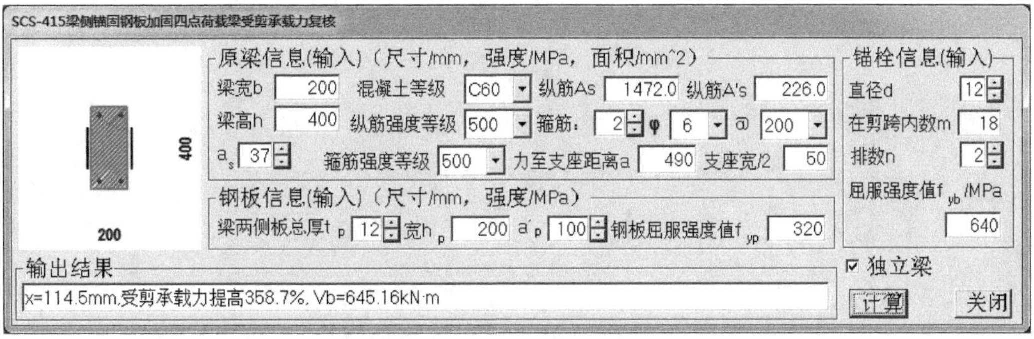

图 7-17　梁侧锚固钢板加固梁受剪承载力计算 P2B1-t6 试件

上计算 P2B1 试件相类同，故省略。

由表 7-3，SCS 计算结果与试验结果比较可见，受剪承载力计算值均低于试验值，这是由于计算中采用了中国规范规定的材料设计值和原构件的承载力计算公式，其中有一定的安全系数。各试件的计算随控制参数的变化符合试验结果的变化趋势。计算选取的锚栓在剪跨内的数量略高于试件的，可能是由于欧洲公式的安全系数略高于中国的所致。

本章参考文献

[1] 李凌志. 锚固钢板加固钢筋混凝土梁试验、仿真及设计［M］. 上海：同济大学出版社，2017.

[2] BEN1993-1-8-2005 Eurocode 3. Design of steel structures Part 1-8 Design of joint［S］. European Committee for Standardization，2005.

[3] 王依群. 混凝土结构设计计算算例（第 3 版）［M］. 北京：中国建筑工业出版社，2016.

第8章　粘贴纤维复合材加固法

8.1　设计规定

粘贴纤维复合材加固法适用于对钢筋混凝土受弯、轴心受压、大偏心受压及受拉构件的加固。

该方法不适用于素混凝土构件，包括纵向受力钢筋一侧配筋率小于0.2%的构件加固。

被加固的混凝土结构构件，其现场实测混凝土强度等级不得低于C15，且混凝土表面的正拉粘结强度不得低于1.5MPa。

外贴纤维复合材加固钢筋混凝土结构构件时，应将纤维受力方式设计成仅承受拉应力作用。

粘贴在混凝土构件表面上的纤维复合材，不得直接暴露于阳光或有害介质中，其表面应进行防护处理。表面防护材料应对纤维及胶粘剂无公害，且应与胶粘剂有可靠的粘结强度及相互协调的变形性能。

采用粘贴纤维复合材法加固的混凝土结构，其长期使用的环境温度不应高于60℃；处于特殊环境（如高温、高湿、介质侵蚀、放射等）的混凝土结构采用本方法加固时，除应按国家现行有关标准采取相应的防护措施外，尚应采用耐环境因素作用的胶粘剂，并按专门的工艺要求进行粘贴。

采用纤维复合材对钢筋混凝土结构进行加固时，应采取措施卸除或大部分卸除作用在结构上的活荷载。

当被加固构件的表面有防火要求时，应按现行国家标准《建筑设计防火规范》GB 50016规定的耐火等级及耐火极限要求，对纤维复合材进行防护。

8.2　受弯构件正截面加固计算

采用纤维复合材对梁、板等受弯构件进行加固时，除应符合现行国家标准《混凝土结构设计规范》GB 50010正截面承载力计算的基本假定外，尚应符合下列规定：

1）纤维复合材的应力与应变关系取直线式，其拉应力 σ_f 等于拉应变 ε_f 与弹性模量 E_f 的乘积；

2）当考虑二次受力影响时，应按构件加固前的初始受力情况，确定纤维复合材的滞后应变；

3）在达到受弯承载能力极限状态前，加固材料与混凝土之间不致出现剥离破坏。

受弯构件加固后的相对界限受压区高度 $\xi_{b,f}$ 应按加固前控制值的0.85倍采用，即：

$$\xi_{b,f}=0.85\xi_b \tag{8-1}$$

式中　ξ_b——构件加固前的相对界限受压区高度，按现行国家标准《混凝土结构设计规范》GB 50010的规定计算。

在矩形截面受弯构件的受拉边粘贴纤维复合材进行加固时（图8-1），其正截面承载力应按下列公式确定：

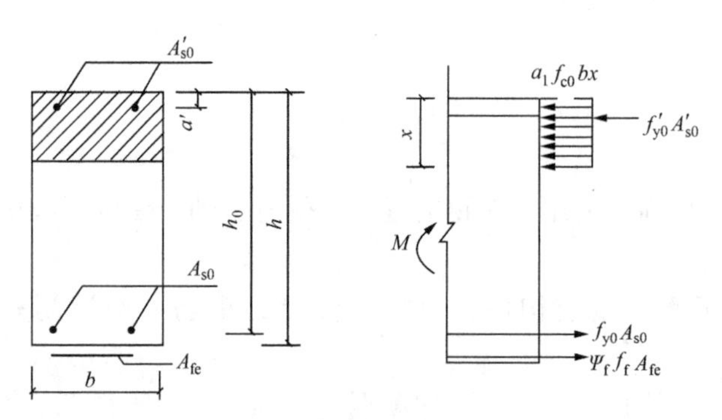

图8-1　粘贴纤维复合材加固钢筋混凝土矩形截面梁受弯承载力计算

$$M\leqslant\alpha_1 f_{c0}bx\left(h-\frac{x}{2}\right)+f'_{y0}A'_{s0}(h-a')-f_{y0}A_{s0}(h-h_0) \tag{8-2}$$

$$\alpha_1 f_{c0}bx=f_{y0}A_{s0}+\psi_f f_f A_{fe}-f'_{y0}A'_{s0} \tag{8-3}$$

$$\psi_f=\frac{(0.8\varepsilon_{cu}h/x)-\varepsilon_{cu}-\varepsilon_{f0}}{\varepsilon_f} \tag{8-4}$$

$$x\geqslant 2a' \tag{8-5}$$

式中　M——构件加固后弯矩设计值；

x——混凝土受压区高度；

b、h——矩形截面宽度和高度；

f_{y0}、f'_{y0}——原截面受拉钢筋和受压钢筋的抗拉、抗压强度设计值；

A_{s0}、A'_{s0}——原截面受拉钢筋和受压钢筋的截面面积；

a'——纵向受压钢筋合力点至截面近边的距离；

h_0——构件加固前的截面有效高度；

f_f——纤维复合材的抗拉强度设计值，应根据纤维复合材的品种，分别按《混凝土结构加固设计规范》GB 50367—2013表4.3.4-1、表4.3.4-2及表4.3.4-3采用；

A_{fe}——纤维复合材的有效截面面积；

ψ_f——考虑纤维复合材实际抗拉应变达不到设计值而引入的强度利用系数；当$\psi_f>1.0$时，取$\psi_f=1.0$；

ε_{cu}——混凝土极限压应变，取$\varepsilon_{cu}=0.0033$；

ε_f——纤维复合材拉应变设计值，应根据纤维复合材的品种，按《混凝土结构加固设计规范》GB 50367—2013表4.3.5采用；

ε_{f0}——考虑二次受力影响时纤维复合材的滞后应变，应按式(7-9)计算；若不考虑二次受力影响，取 $\varepsilon_{f0}=0$。

实际应粘贴的纤维复合材截面面积 A_f，应按下式计算：

$$A_f=A_{fe}/K_m \tag{8-6}$$

纤维复合材厚度折减系数 K_m，应按下列规定确定：

1）当采用预成型板时，$K_m=1.0$；

2）当采用多层粘贴的纤维织物时，K_m 值按下式计算：

$$K_m=1.16-\frac{n_f E_f t_f}{308000}\leqslant 0.90 \tag{8-7}$$

式中　E_f——纤维复合材弹性模量设计值（MPa），应根据纤维复合材的品种，按《混凝土结构加固设计规范》GB 50367—2013 表 4.3.5 采用；

n_f——纤维复合材（单向织物）层数；

t_f——纤维复合材（单向织物）的单层厚度（mm）。

对受弯构件正弯矩区的正截面加固，其粘贴纤维复合材的截断位置应从其强度充分利用的截面算起，取不小于按下式确定的粘贴延伸长度（图 8-2）：

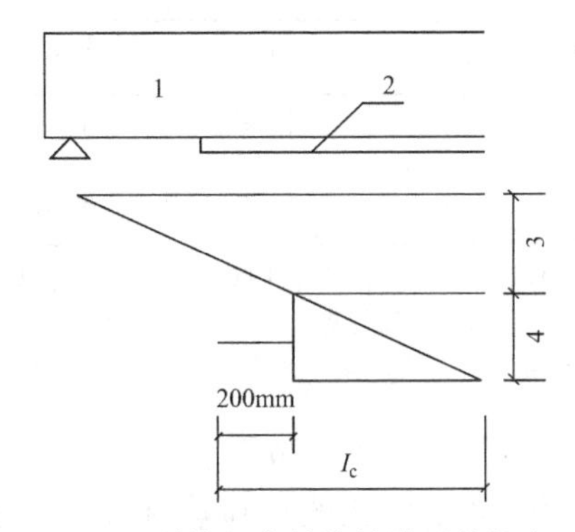

图 8-2　纤维复合材的粘贴延伸长度

1—梁；2—纤维复合材；3—原钢筋承担的弯矩；4—加固要求的弯矩增量

$$l_c\geqslant\frac{f_f A_f}{f_{f,v} b_f}+200 \tag{8-8}$$

式中　l_c——纤维复合材粘贴延伸长度（mm）；

b_f——对梁为受拉面粘贴的纤维复合材的总宽度（mm），对板为 1000mm 板宽范围内粘贴的纤维复合材总宽度；

f_f——纤维复合材抗拉强度设计值（N/mm^2），按《混凝土结构加固设计规范》GB 50367—2013 表 4.3.4-1、表 4.3.4-2 及表 4.3.4-3 采用；

$f_{f,v}$——纤维与混凝土之间的粘贴抗剪强度设计值（N/mm^2），取 $f_{f,v}=0.40f_t$；f_t 为混凝土抗拉强度设计值，按现行国家标准《混凝土结构设计规范》GB 50010 的规定值采用；当 $f_{f,v}$ 计算值低于 0.40MPa 时，取 $f_{f,v}$ 为 0.40MPa；当 $f_{f,v}$ 计算值高于 0.70MPa 时，取 $f_{f,v}$ 为 0.70MPa。

对受弯构件负弯矩区的正截面加固，纤维复合材的截断位置距支座边缘的距离，除应根据负弯矩图包络图按上式确定外，尚应符合《混凝土结构加固设计规范》GB 50367—

2013 第 10.9.3 条的构造规定。

对翼缘位于受压区的 T 形截面受弯构件的受拉面粘贴纤维复合材进行受弯加固时，应按本章矩形截面的计算原则和现行国家标准《混凝土结构设计规范》GB 50010 中关于 T 形截面受弯承载力的计算方法进行计算。

当考虑二次受力影响时，纤维复合材的滞后应变 ε_{f0} 应按下式计算：

$$\varepsilon_{f0}=\frac{\alpha_f M_{0k}}{E_s A_s h_0} \tag{8-9}$$

式中 M_{0k}——加固前受弯构件验算截面上原作用的弯矩标准值；

α_f——综合考虑受弯构件裂缝截面内力臂变化、钢筋拉应变不均匀以及钢筋排列影响的计算系数，按表 8-1 的规定采用。

当纤维复合材全部粘贴在梁底面（受拉面）有困难时，允许将部分纤维复合材对称地粘贴在梁的两侧面。此时，侧面粘贴区域应控制在距受拉边缘 1/4 梁高范围内，且应按下式计算确定梁的两侧面实际需要粘贴的纤维复合材截面面积 $A_{f,1}$。

计算系数值 α_f　　表 8-1

ρ_{te}	≤0.007	0.010	0.020	0.030	0.040	≥0.060
单排钢筋	0.70	0.90	1.15	1.20	1.25	1.30
双排钢筋	0.75	1.00	1.25	1.30	1.35	1.40

注：1. ρ_{te} 为原混凝土有效受拉截面的纵向钢筋配筋率，即 $\rho_{te}=A_s/A_{te}$；A_{te} 为有效受拉截面面积，按现行国家标准《混凝土结构设计规范》GB 50010 的规定计算；

2. 当原构件钢筋应力 $\sigma_{s0}\leqslant 150$MPa 时，且 $\rho_{te}\leqslant 0.05$ 时，表中 α_f 值可乘以调整系数 0.9。

$$A_{f,1}=\eta_f A_{f,b} \tag{8-10}$$

式中 $A_{f,b}$——按梁底面计算确定的、但需改贴到梁的两侧面的纤维复合材截面面积；

η_f——考虑改贴梁侧面引起的纤维复合材受拉合力及其力臂改变系数，按表 8-2 采用。

修正系数值 η_f　　表 8-2

h_f/h	0.05	0.10	0.15	0.20	0.25
η_f	1.09	1.19	1.30	1.43	1.59

注：η_f 为从梁受拉边缘算起的侧面粘贴高度；h 为梁截面高度。

钢筋混凝土结构构件加固后，其正截面受弯承载力的提高幅度，不应超过 40%，并应验算其受剪承载力，避免因受弯承载力提高后而导致构件受剪破坏先于受弯破坏。

纤维复合材的加固量，对预成型板，不宜超过 2 层，对湿法铺层的织物，不宜超过 4 层，超过 4 层时，宜改用预成型板，并采取可靠的锚固措施。

【例 8-1】 矩形截面双筋梁纤维复合材加固算例

文献［1］第 200 页例题，某梁的几何与力学参数为，混凝土强度等级为 C20，截面尺寸为 $b\times h=250\text{mm}\times 600\text{mm}$，纵筋为 HRB335 钢筋，受拉筋 4Φ22（$A_{s0}=1520\text{mm}^2$），受压筋 3Φ16（$A'_{s0}=603\text{mm}^2$），$a=a'=40\text{mm}$。加固后截面需承受弯矩设计值为 270kN · m，加

固前弯矩标准值为 50kN · m。求纤维复合材的加固量。

【解】 1）原梁承载力验算。

使用文献［2］介绍的 RCM 软件输入信息与简要计算结果如图 8-3 所示。可见承载力不足，需要加固。

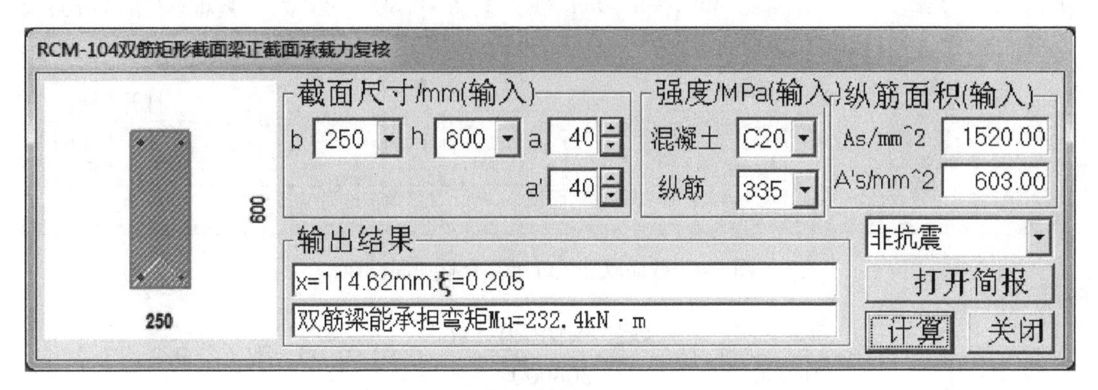

图 8-3　矩形截面双筋梁受弯承载力验算

2）加固计算

由式（8-2）、式（8-3）联立求解，得：

$$x=h\left[1-\sqrt{1-2\times\frac{M+f_{y0}A_{s0}a-f'_{y0}A'_{s0}(h-a')}{\alpha_1 f_{c0}bh^2}}\right]$$

$$=600\times\left[1-\sqrt{1-2\times\frac{270\times10^6+300\times1520\times40-300\times603\times(600-40)}{1\times9.6\times250\times600^2}}\right]=148.1\text{mm}$$

$x\leqslant0.85\xi_b h_0=0.85\times0.550\times560=261.8\text{mm}$，满足要求。

$\rho_{te}=\dfrac{A_s}{0.5bh}=\dfrac{1520}{0.5\times250\times600}=0.02027$ 查表 8-1 得 $\alpha_f=1.151$

$\sigma_{s0}=\dfrac{M_{0k}}{0.87A_s h_0}=\dfrac{50\times10^6}{0.87\times1520\times560}=67.5\text{MPa}\leqslant150\text{MPa}$，且 $\rho_{te}\leqslant0.05$，取 $\alpha_f=0.9\times1.151=1.036$

纤维复合材的滞后应变 $\varepsilon_{f0}=\dfrac{\alpha_f M_{0k}}{E_s A_s h_0}=\dfrac{1.036\times50\times10^6}{200000\times1520\times560}=0.00030$

$$\psi_f=\frac{(0.8\varepsilon_{cu}h/x)-\varepsilon_{cu}-\varepsilon_{f0}}{\varepsilon_f}=\frac{0.8\times0.0033\times600/148.1-0.0033-0.00030}{0.010}=0.7092$$

由式（8-3）得：

$$A_{fe}=\frac{\alpha_1 f_{c0}bx-f_{y0}A_{s0}+f'_{y0}A'_{s0}}{\psi_f f_f}=\frac{9.6\times250\times148.1-300\times(1520-603)}{0.7092\times2300}=49.2\text{mm}^2$$

使用 SCS 软件计算对话框输入信息和最终计算结果如图 8-4 所示，可见其与手算结果相同。

选取粘贴 3 层碳纤维布，厚度折减系数为

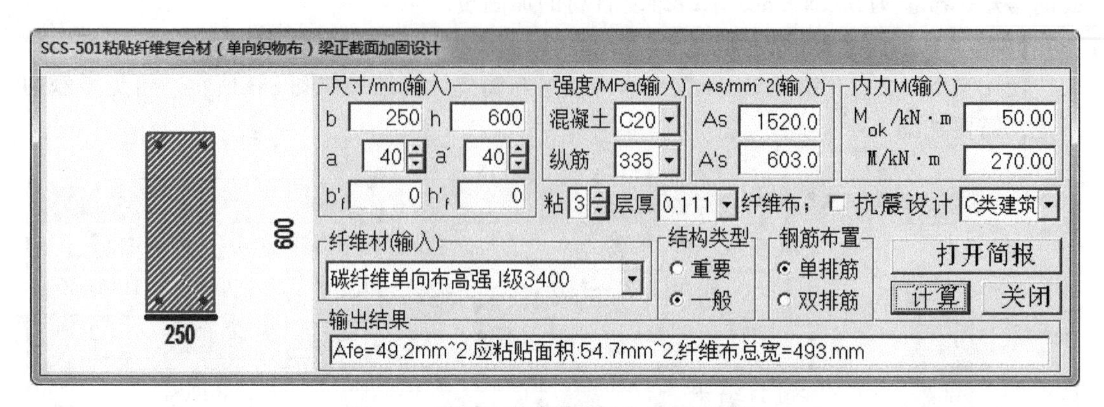

图 8-4　截面双筋梁纤维复合材加固设计

$$k_m=1.16-\frac{n_f E_f t_f}{308000}=1.16-\frac{3\times2.3\times10^5\times0.111}{308000}=0.91>0.90，取 k_m=0.9$$

则
$$A_f=A_{fe}/k_m=49.2/0.9=54.7\text{mm}^2$$

粘贴的纤维布总宽度（即展开为单层的总宽度）为：　　$B_f=54.7/0.111=493\text{mm}$

【例 8-2】第一类 T 形截面梁纤维复合材加固算例

文献［3］第 134 页例题，某 T 形截面梁 $b\times h=250\text{mm}\times550\text{mm}$，$b'_f=750\text{mm}$，$h'_f=80\text{mm}$，混凝土强度等级为 C20，纵筋为 HRB335 级钢筋，受拉筋 3Φ22（$A_{s0}=1140\text{mm}^2$），$a=35\text{mm}$。梁的抗剪能力满足要求，仅需进行抗弯加固，要求抗弯承载力提高 40%，不考虑二次受力。

【解】 1）原梁承载力验算。

使用文献［2］介绍的 RCM 软件输入信息与简要计算结果如图 8-5 所示。

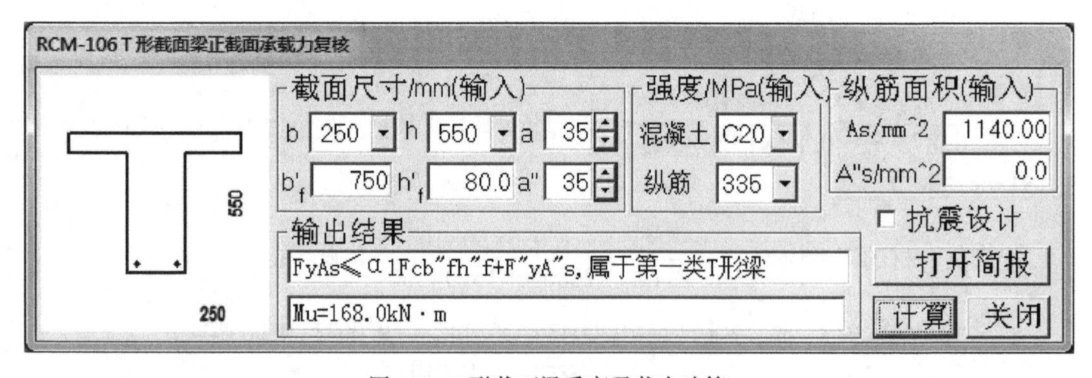

图 8-5　T 形截面梁受弯承载力验算

2）加固计算

加固后设计弯矩值为 168×1.4＝235.2kN·m。先假设是第一类 T 形截面梁，即设 $b=b'_f=750\text{mm}$，代入式（8-2）求解，得：

$$x=h\left[1-\sqrt{1-2\times\frac{M+f_{y0}A_{s0}a-f'_{y0}A'_{s0}(h_0-a')}{\alpha_1 f_{c0}bh^2}}\right]$$

$$=550\times\left[1-\sqrt{1-2\times\frac{235.2\times10^{6}+300\times1140\times35}{1\times9.6\times750\times550^{2}}}\right]$$

$=66.4\text{mm}<h'_{\text{f}}$，是第一类 T 形梁。

$x\leqslant0.85\xi_{\text{b}}h_{0}=0.85\times0.550\times515=240.8\text{mm}$，满足要求。

$$\psi_{\text{f}}=\frac{(0.8\varepsilon_{\text{cu}}h/x)-\varepsilon_{\text{cu}}-\varepsilon_{\text{f0}}}{\varepsilon_{\text{f}}}$$

$$=\frac{(0.8\times0.0033\times550/66.4)-0.0033-0.0}{0.01}$$

$=1.856>1$，取 $\psi_{\text{f}}=1$

采用高强度 I 级碳纤维布，由式（8-3）得：

$$A_{\text{fe}}=\frac{\alpha_{1}f_{\text{c0}}bx-f_{\text{y0}}A_{\text{s0}}+f'_{\text{y0}}A'_{\text{s0}}}{\psi_{\text{f}}f_{\text{f}}}$$

$$=\frac{1\times9.6\times750\times66.4-300\times1140+0}{1\times2300}$$

$=59.3\text{mm}^{2}$

使用 SCS 软件计算对话框输入信息和最终计算结果如图 8-6 所示，可见其与手算结果相同。

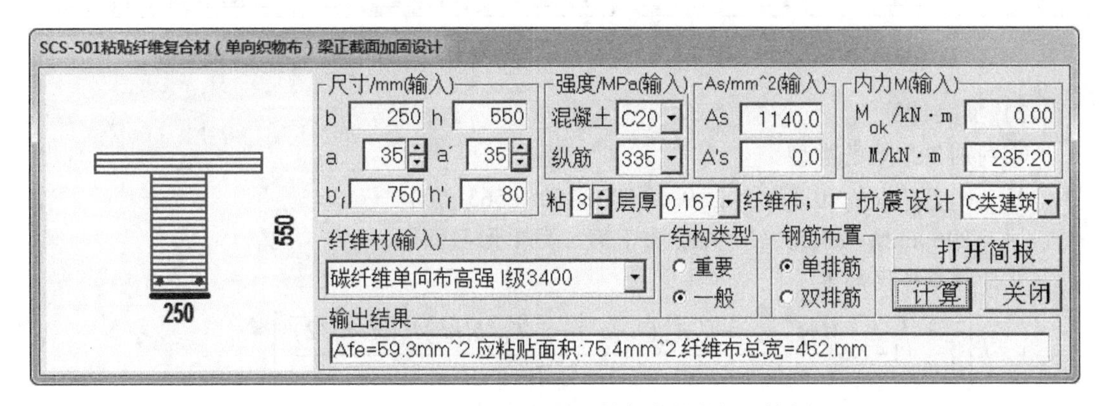

图 8-6　第一类 T 形梁粘贴纤维复合材料加固算例

预估采用 3 层 0.167mm 厚的碳纤维布：

$$K_{\text{m}}=1.16-\frac{n_{\text{f}}E_{\text{f}}t_{\text{f}}}{308000}$$

$$=1.16-\frac{3\times2.3\times10^{5}\times0.167}{308000}$$

$$=0.786$$

实际应粘贴的碳纤维布面积：

$$A_{\text{f}}=A_{\text{fe}}/K_{\text{m}}=59.3/0.786=75.4\text{mm}^{2}$$

碳纤维布总宽度为：$B=75.4/0.167=452\text{mm}$。

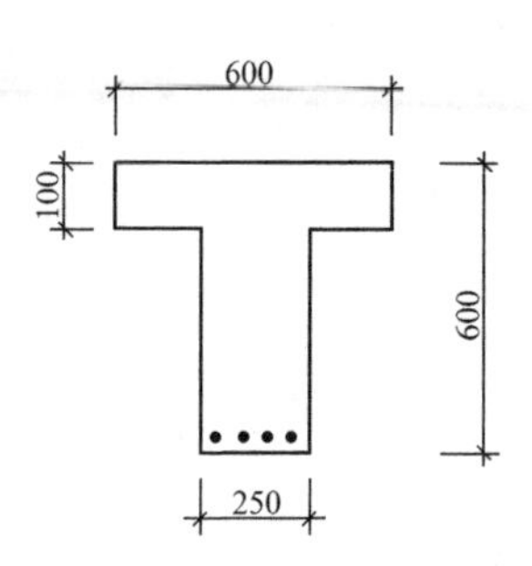

图 8-7 T形截面梁

【例 8-3】第二类 T 形截面梁纤维复合材加固算例

文献［4］第 114 页例题，如图 8-7 所示，某 T 形截面梁 $b \times h = 250\text{mm} \times 600\text{mm}$，$b'_f = 600\text{mm}$，$h'_f = 100\text{mm}$，混凝土强度等级为 C20，纵筋为 HRB335 级钢筋，受拉筋 2Φ25+2Φ22（$A_{s0} = 1742\text{mm}^2$），$a = 35\text{mm}$。要求承担弯矩设计值 330kN·m，加固前弯矩标准值为 80kN·m，梁的抗剪能力满足要求，仅需进行抗弯加固，考虑二次受力。

【解】 1）原梁承载力验算。

使用文献［2］介绍的 RCM 软件输入信息与简要计算结果如图 8-8 所示。可见承载力不满足要求，需要加固。

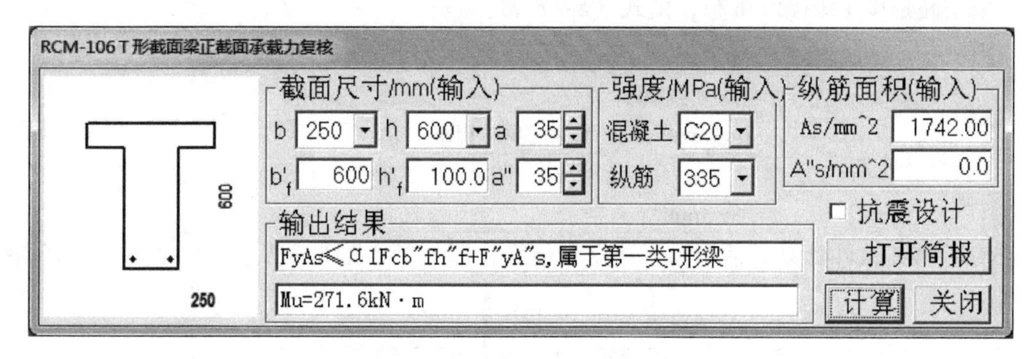

图 8-8 T形截面梁受弯承载力验算

2）加固计算

①判别 T 形梁的类型

$M_f = \alpha_1 f_c b'_f h'_f (h_0 - 0.5h'_f) = 1 \times 9.6 \times 600 \times 100 \times (565 - 50)$

$= 296.6\text{kN} \cdot \text{m} < 330\text{kN} \cdot \text{m}$，属于第二类 T 形截面梁。

②计算受压区高度

$$x = h\left[1 - \sqrt{1 - 2 \times \frac{M + f_{y0}A_{s0}a - f'_{y0}A'_{s0}(h - a') - \alpha_1 f_{c0}(b'_f - b)h'_f(h - h'_f/2)}{\alpha_1 f_{c0} b h^2}}\right]$$

$$= 600 \times \left[1 - \sqrt{1 - 2 \times \frac{330 \times 10^6 + 300 \times 1742 \times 35 - 0 - 1 \times 9.6 \times (600 - 250) \times 100 \times (600 - 50)}{1 \times 9.6 \times 250 \times 600^2}}\right]$$

$= 127.0\text{mm}$

$x \leqslant 0.85\xi_b h_0 = 0.85 \times 0.550 \times 565 = 264.1\text{mm}$，满足要求。

③计算滞后应变和应变比

$$\rho_{te} = \frac{A_s}{0.5bh} = \frac{1742}{0.5 \times 250 \times 600} = 0.023 \text{ 查表 8-1 得 } \alpha_f = 1.166$$

$\sigma_{s0} = \dfrac{M_{ok}}{0.87A_s h_0} = \dfrac{80 \times 10^6}{0.87 \times 1742 \times 565} = 93.4\text{MPa}$，又 $P_{te} \leqslant 0.05$，由表 8-1 注 2，$\alpha_f = 0.9 \times 1.166 = 1.050$

纤维复合材的滞后应变 $\varepsilon_{f0}=\dfrac{\alpha_f M_{0k}}{E_s A_s h_0}=\dfrac{1.050\times80\times10^6}{200000\times1742\times565}=0.00043$

$$\psi_f=\frac{(0.8\varepsilon_{cu}h/x)-\varepsilon_{cu}-\varepsilon_{f0}}{\varepsilon_f}=\frac{(0.8\times0.0033\times600/127)-0.0033-0.00043}{0.010}=0.8749$$

④求受弯承载力，采用高强度 I 级碳纤维布，由力平衡方程式(8-3)得：

$$A_{fe}=\frac{\alpha_1 f_c(b_f'-b)h_f'+\alpha_1 f_c bx-f_{y0}A_{s0}+f_{y0}'A_{s0}'}{\psi_f f_f}=\frac{1\times9.6\times(600-250)\times100+1\times9.6\times250\times127-300\times(1742-0)}{0.8749\times2300}=58.7\text{mm}^2$$

使用 SCS 软件计算对话框输入信息和最终计算结果如图 8-9 所示，可见其与手算结果相同。

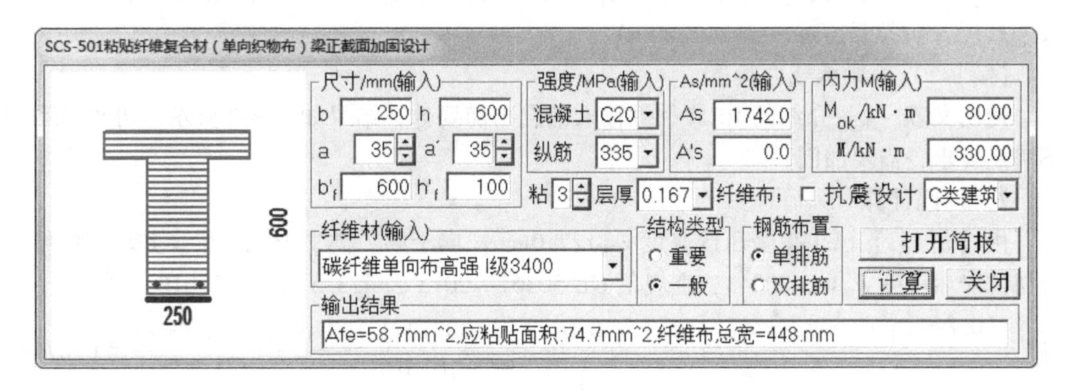

图 8-9　第二类 T 形梁粘贴纤维复合材料加固算例

预估采用 3 层 0.167mm 厚的碳纤维布：

$$K_m=1.16-\frac{n_f E_f t_f}{308000}=1.16-\frac{3\times2.3\times10^5\times0.167}{308000}=0.7859\leqslant0.90$$

实际应粘贴的碳纤维布面积：

$$A_f=A_{fe}/K_m=58.7/0.7859=74.7\text{mm}^2$$

碳纤维布总宽度为：$B=74.7/0.167=448$mm。

【例 8-4】矩形截面梁纤维复合材加固复核算例

纤维复合材加固的矩形截面梁如【例 8-1】所示，并采用该题算出的碳纤维布结果作为输入信息，使用 SCS 功能项 S502 如图 8-10 所示。

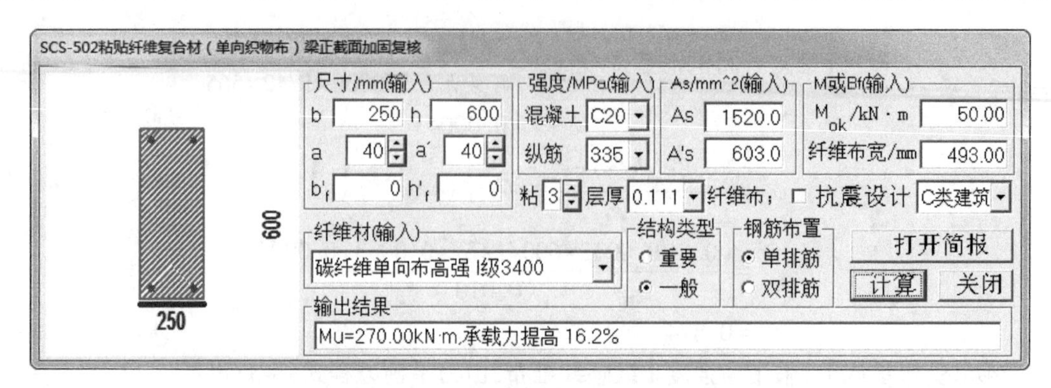

图 8-10　矩形梁粘贴纤维复合材单向织物布加固复核算例

由图 8-10 可见，其验证了【例 8-1】的结果。

【例 8-5】第二类 T 形截面梁纤维复合材（条形板）加固算例

对【例 8-3】中的梁使用纤维材（条形板）加固。如图 8-7 所示，某 T 形截面梁 $b \times h = 250\text{mm} \times 600\text{mm}$，$b'_f = 600\text{mm}$，$h'_f = 100\text{mm}$，混凝土强度等级为 C20，纵筋为 HRB335 级钢筋，受拉筋 2Φ25+2Φ22（$A_{s0} = 1742\text{mm}^2$），$a = 35\text{mm}$。要求承担弯矩设计值 330kN·m，梁的抗剪能力满足要求，仅需进行抗弯加固，考虑二次受力。采用碳纤维复合材高强度Ⅰ级条形板（抗拉强度标准值 2400MPa）。

【解】 1）原梁承载力验算。

使用文献［2］介绍的 RCM 软件输入信息与简要计算结果如图 8-8 所示。可见承载力不满足要求，需要加固。

2）加固计算

由【例 8-3】已求得受压区高度 $x = 127.0\text{mm}$，属于第二类 T 形截面梁。并求得纤维复合材的滞后应变 $\varepsilon_{f0} = 0.00043$，查规范 GB 50367—2013 表 4.3.5 得 $\varepsilon_f = 0.010$，则

$$\psi_f = \frac{(0.8\varepsilon_{cu}h/x) - \varepsilon_{cu} - \varepsilon_{f0}}{\varepsilon_f} = \frac{(0.8 \times 0.0033 \times 600/127) - 0.0033 - 0.00043}{0.010} = 0.8749$$

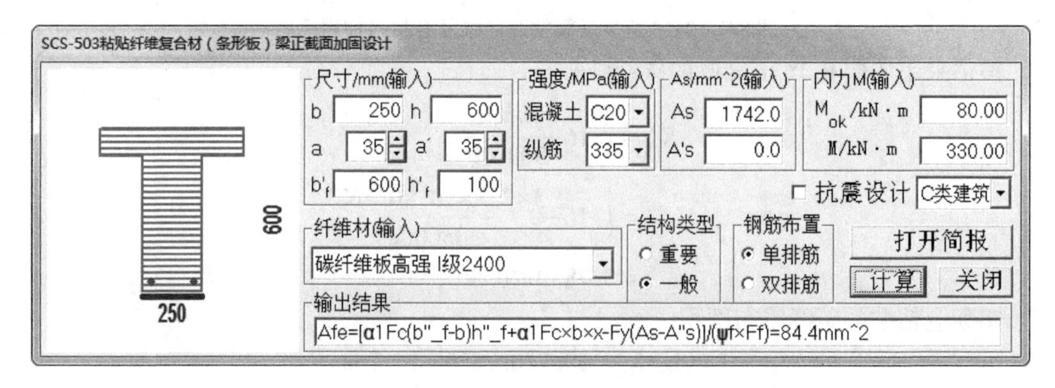

图 8-11　第二类 T 形梁粘贴纤维复合材条形板加固算例

再查规范 GB 50367—2013 表 4.3.4-1 得碳纤维复合材高强度Ⅰ级条形板抗拉强度设计值（一般构件）$f_f = 1600\text{MPa}$，则由力平衡方程式（8-3）得需要的纤维复合材的有效截面面积：

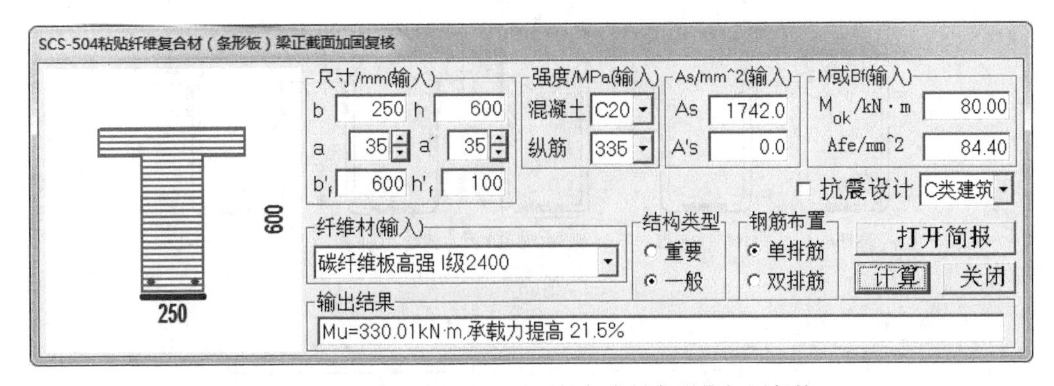

图 8-12　第二类 T 形梁粘贴纤维复合材条形板加固复核

$$A_{fe}=\frac{\alpha_1 f_c(b_f'-b)h_f'+\alpha_1 f_c bx-f_{y0}A_{s0}+f_{y0}'A_{s0}'}{\psi_f f_f}$$

$$=\frac{1\times 9.6\times(600-250)\times 100+1\times 9.6\times 250\times 127-300\times 1742}{0.8749\times 1600}=84.4\text{mm}^2$$

使用 SCS 软件计算对话框输入信息和最终计算结果如图 8-11 所示，可见其与手算结果相同。

还可使用 SCS 软件功能项 S504 进行复核，如图 8-12 所示，可见其得到的受弯承载力正好与图 8-11 输入的作用弯矩相符。SCS 软件默认条形板均是单层设置。

8.3　受弯构件斜截面加固计算

采用纤维复合材条带（以下简称条带）对受弯构件的斜截面进行加固时，应粘贴成垂直于构件轴线方向的环形箍或其他有效的 U 形箍（图 8-13）；不得采用斜向粘贴方式。

受弯构件加固后的斜截面应符合下列规定：

当 $h_w/b\leqslant 4$ 时

$$V\leqslant 0.25\beta_c f_{c0}bh_0 \tag{8-11}$$

当 $h_w/b\geqslant 6$ 时

$$V\leqslant 0.20\beta_c f_{c0}bh_0 \tag{8-12}$$

当 $4<h_w/b<6$ 时，按线性内插法取用，即

$$V\leqslant 0.025(14-h_w/b)\beta_c f_{c0}bh_0 \tag{8-13}$$

式中　V——构件斜截面加固后的剪力设计值；

β_c——混凝土强度影响系数：当混凝土强度等级不超过 C50 时，β_c 取为 1.0；当混凝土强度等级为 C80 时，β_c 取为 0.8；其间按线性内插法确定；

f_{c0}——原构件混凝土轴心抗压强度设计值；

b——矩形截面的宽度；T 形或 I 形截面的腹板宽度；

h_0——截面有效高度；

h_w——截面的腹板高度，矩形截面的 h_w 取有效高度，T 形截面的 h_w 取有效高度减去翼缘高度，工字形截面的 h_w 取腹板净高。

当采用条带构成的环形（封闭）箍或 U 形箍对钢筋混凝土梁进行抗剪加固时，其斜

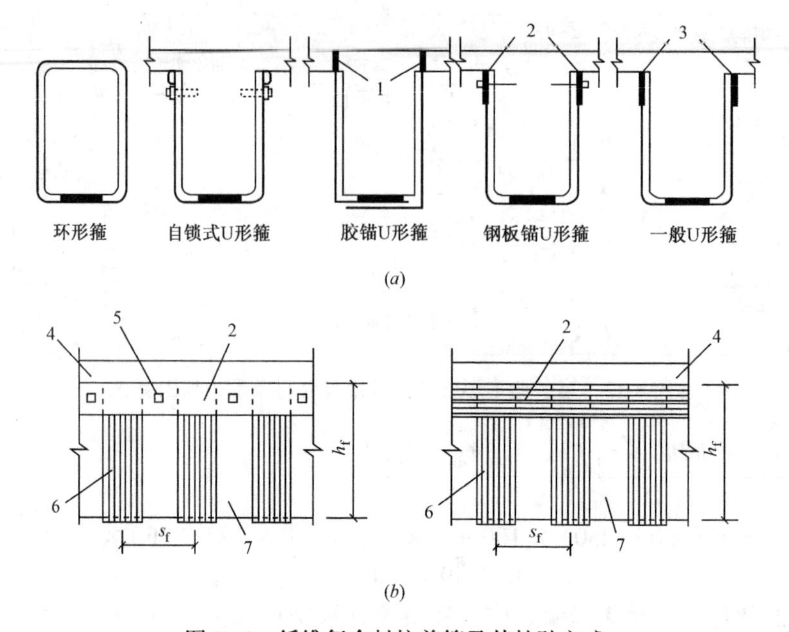

图 8-13 纤维复合材抗剪箍及其粘贴方式

（a）条带构造方式；（b）U形箍及纵向压条粘贴方式

1—胶锚；2—钢板压条；3—纤维织物压条；4—板；5—锚栓加胶粘锚固；6—U形箍；7—梁

截面承载力应按下列公式规定：

$$V \leqslant V_{b0} + V_{bf} \tag{8-14}$$

$$V_{bf} = \psi_{vb} f_f A_f h_f / s_f \tag{8-15}$$

式中 V_{b0}——加固前梁的斜截面承载力，按现行国家标准《混凝土结构设计规范》GB 50010计算；

V_{bf}——粘贴条带加固后，对梁斜截面承载力的提高值；

ψ_{vb}——与条带加锚方式及受力条件有关的抗剪强度折减系数，按表8-3确定；

f_f——受剪加固采用的纤维复合材抗拉强度设计值，应根据纤维复合材品种分别按《混凝土结构加固设计规范》GB 50367表4.3.4-1、表4.3.4-2及表4.3.4-3规定的抗拉强度设计值乘以调整系数0.56确定；当为框架梁或是悬挑构件时，调整系数改取0.28；

A_f——配置在同一截面处构成环形或U形箍的纤维复合材条带的全部截面面积；$A_f = 2n_f b_f t_f$，n_f为条带粘贴的层数，b_f和t_f分别为条带宽度和条带单层厚度；

h_f——梁侧面粘贴的条带竖向高度，对环形箍，取$h_f = h$；

s_f——纤维复合材条带的间距（图8-13b）。

抗剪强度折减系数 ψ_{vb} 值 **表 8-3**

条带加锚构造		环形箍及自锁式U形箍	胶锚或钢板锚U形箍	加织物压条的一般U形箍
受力条件	均布荷载或剪跨比 $\lambda \geqslant 3$	1.00	0.88	0.75
	剪跨比 $\lambda \leqslant 1.5$	0.68	0.60	0.50

注：当λ为中间值时，按线性内插法确定ψ_{vb}值。

【例 8-6】纤维复合材加固均布荷载钢筋混凝土框架梁设计算例

钢筋混凝土现浇楼盖，楼板厚度 80mm，框架梁截面尺寸为 $b\times h=250\text{mm}\times600\text{mm}$，$a=35\text{mm}$，混凝土强度等级为 C25，箍筋为 HPB235 级钢 $\phi8$，箍筋间距 $s=200\text{mm}$，承受均布荷载引起的剪力设计值 400kN，采用纤维复合材粘贴加固，箍板高度为 520mm。试求所需的纤维复合材条带板截面面积和数量。

【解】 1）验算截面尺寸限制条件

$$h_w/b=(565-80)/250=1.94\leqslant4$$

$400\text{kN}\leqslant0.25\beta_c f_{c0}bh_0=0.25\times1\times11.9\times250\times565\times10^{-3}=420.22\text{kN}$，满足要求。

2）原梁受剪承载力

使用文献［2］介绍的 RCM 软件输入信息与简要计算结果如图 8-14 所示。可见承载力不满足要求，需要加固。

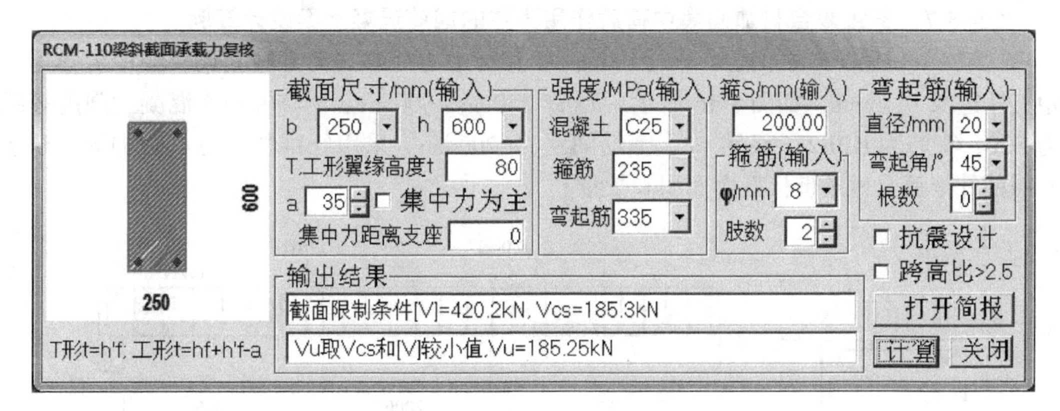

图 8-14　原梁受剪承载力计算

由图 8-14 得知 $V_{b0}=185.25\text{kN}$。

3）碳纤维承载剪力

$$V_{bf}=V-V_{b0}=400-185.25=214.75\text{kN}$$

4）碳纤维布用量

由于采用加织物压条的一般 U 形箍作法，查表 8-3 得抗剪强度折减系数 $\psi_{vb}=0.75$，采用高强度Ⅱ级碳纤维布，$f_f=0.28\times2000=560\text{N/mm}^2$。由式（8-15）得

$$\frac{A_f}{s_f}=\frac{V_{bf}}{\psi_{vb}f_f h_f}=\frac{214750}{0.75\times560\times520}=0.984\text{mm}$$

使用 SCS 软件计算对话框输入信息和最终计算结果如图 8-15 所示，可见其与手算结果相同。

预估采用 3 层 0.167mm 厚的碳纤维布：$k_m=1.16-\frac{n_f E_f t_f}{308000}=1.16-\frac{3\times2.3\times10^5\times0.167}{308000}=0.786\leqslant0.90$

取 $t_f=0.167\text{mm}$，$b_f=200\text{mm}$，$s_f=250\text{mm}$，$\frac{A_f}{s_f}=\frac{2n_f b_f t_f}{s_f k_m}=\frac{2\times3\times200\times0.167}{250\times0.786}=1.020\text{mm}>0.984\text{mm}$。

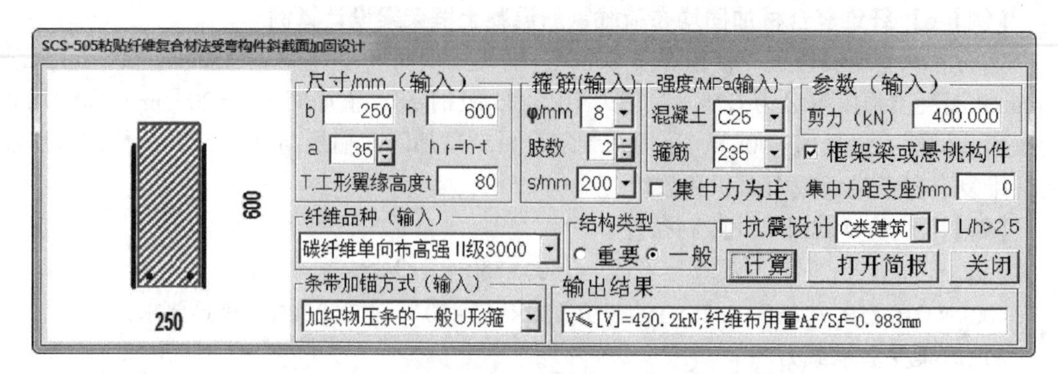

图 8-15　碳纤维布加固一般荷载作用下的梁计算结果

故选取粘贴 3 层碳纤维布，层厚 0.167mm，宽 200mm，净间距 50mm。

【例 8-7】纤维复合材加固集中荷载作用为主的钢筋混凝土梁设计算例

文献［4］第 126 页例题，承受均布荷载和集中力荷载的简支独立梁，集中力作用点距支座边缘 1875mm，如图 8-16 所示。$b \times h = 250\text{mm} \times 600\text{mm}$，$a = 60\text{mm}$，混凝土强度等级为 C20，箍筋为 HPB235 级钢 $\phi 8$，箍筋间距 $s = 200\text{mm}$。采用纤维复合材粘贴加固。试求所需的纤维复合材条带板截面面积和数量。

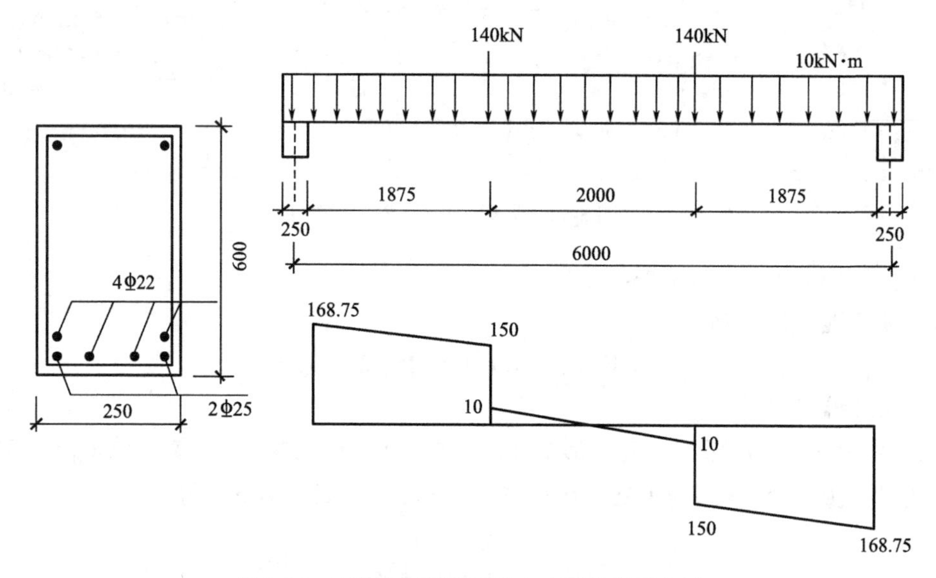

图 8-16　承受均布荷载和集中力荷载的简支梁

【解】 1）验算截面尺寸限制条件

$$h_w/b = (600 - 60)/250 = 2.16 \leqslant 4$$

$168.75\text{kN} \leqslant 0.25\beta_c f_{c0} bh_0 = 0.25 \times 1 \times 9.6 \times 250 \times 540 \times 10^{-3} = 324\text{kN}$，满足要求。

2）原梁受剪承载力

剪跨比 $\lambda = a/h_0 = 2000/540 = 3.7 > 3$，取 $\lambda = 3$。

使用文献［2］介绍的 RCM 软件输入信息与简要计算结果如图 8-17 所示。可见承载力不满足要求，需要加固。

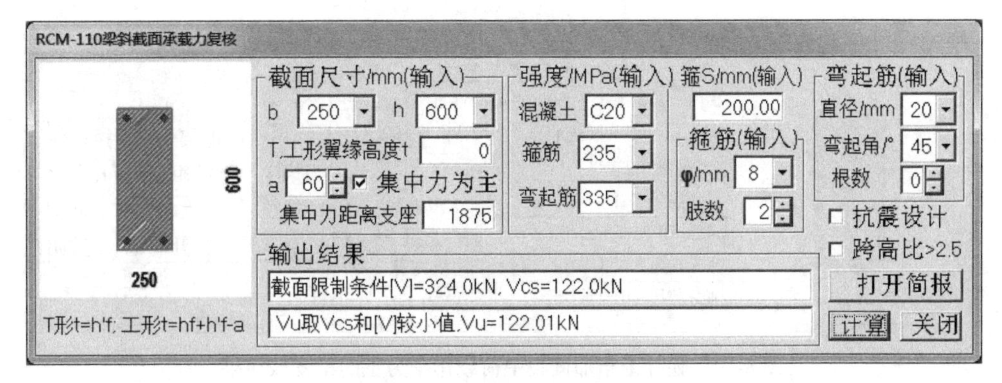

图 8-17　原梁受剪承载力计算

由图 8-17 得知 $V_{b0}=122.01\text{kN}$。

3）碳纤维承载剪力

$$V_{bf}=V-V_{b0}=168.75-122.01=46.74\text{kN}$$

4）碳纤维布用量

由于采用加织物压条的一般 U 形箍作法，查表 8-3 得抗剪强度折减系数 $\psi_{vb}=0.75$，采用高强度Ⅱ级碳纤维布，$f_f=0.56\times2000=1120\text{N/mm}^2$。由式（8-15）得

$$\frac{A_f}{s_f}=\frac{V_{bf}}{\psi_{vb}f_fh_f}=\frac{46741}{0.75\times1120\times600}=0.093\text{mm}$$

使用 SCS 软件计算对话框输入信息和最终计算结果如图 8-18 所示，可见其与手算结果相同。

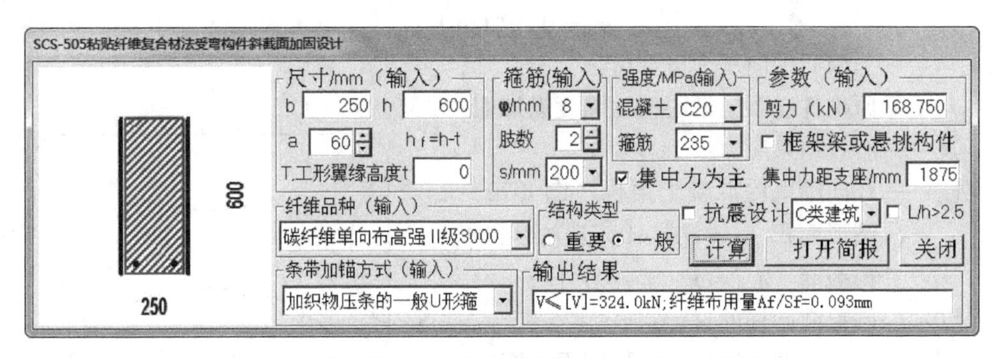

图 8-18　碳纤维布加固集中荷载作用为主的梁计算结果

取单层碳纤维布 $t_f=0.167\text{mm}$，$b_f=150\text{mm}$，$s_f=250\text{mm}$，由

$$A_f/s_f=2n_fb_ft_f/s_f=2\times1\times150\times0.167/250=0.200\text{mm}>0.093\text{mm}$$

纤维条带宽度 $b_f\leqslant200\text{mm}$，条带净间距 $s_{f,n}=250-150=100\text{mm}$，其不大于混凝土规范要求的箍筋最大间距 250mm 的 0.7 倍，也不大于梁高的 1/4。满足加固规范的构造要求。

为检验 SCS 软件计算结果，可使用 SCS 软件 S506 功能项计算如图 8-19 所示，对话框输入信息和最终计算结果如该图所示，可见其与图 8-18 计算结果相互印证。

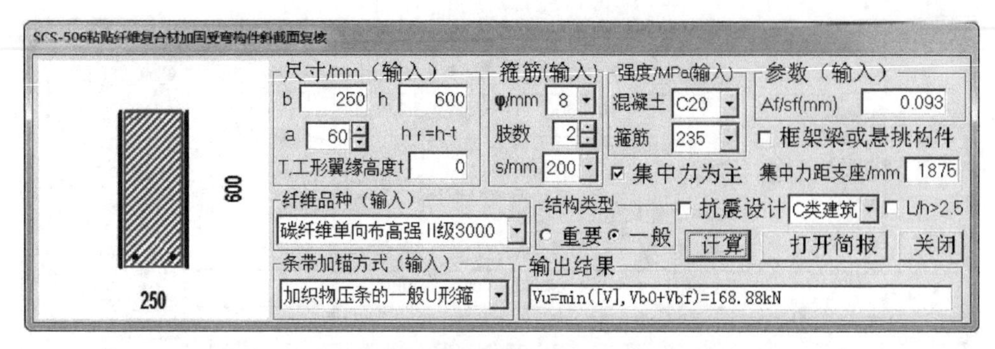

图 8-19　碳纤维布加固集中荷载作用为主的梁复核结果

8.4　受压构件正截面加固计算

轴心受压构件可采用沿其全长无间隔地环向连续粘贴纤维织物的方法（简称环向围束法）进行加固。

采用环向围束法加固轴心受压构件仅适用于下列情况：

1）长细比 $l/d \leqslant 12$ 的圆形截面柱；

2）长细比 $l/b \leqslant 14$、截面高宽比 $h/b \leqslant 1.5$、截面高度 $h \leqslant 600$mm，且截面棱角经过圆化打磨的正方形或矩形截面柱。

采用环向围束法加固轴心受压构件，其正截面承载力应符合下列公式规定：

$$N \leqslant 0.9[(f_{c0} + 4\sigma_l)A_{cor} + f'_{y0}A'_{s0}] \tag{8-16}$$

$$\sigma_l = 0.5\beta_c k_c \rho_f E_f \varepsilon_{fe} \tag{8-17}$$

式中　N——加固后轴向压力设计值；

f_{c0}——原构件混凝土轴心抗压强度设计值；

σ_l——有效约束应力；

A_{cor}——环向围束内混凝土面积（图 8-20）；圆形面积 $A_{cor}=\pi D^2/4$，正方形和矩形截面：$A_{cor}=bh-(4-\pi)r^2$；

D——圆形截面柱的直径；

b——正方形截面边长或矩形截面的宽度；

h——矩形截面高度；

r——截面棱角的圆化半径（倒角半径）；

β_c——混凝土强度影响系数：当混凝土强度等级不超过 C50 时，β_c 取为 1.0，当混凝土强度等级为 C80 时，β_c 取为 0.8，其间按线性内插法确定；

k_c——环向围束的有效约束系数，按式（8-18）计算；

ρ_f——环向围束体积比，按式（8-19）或式（8-20）计算；

E_f——纤维复合材的弹性模量；

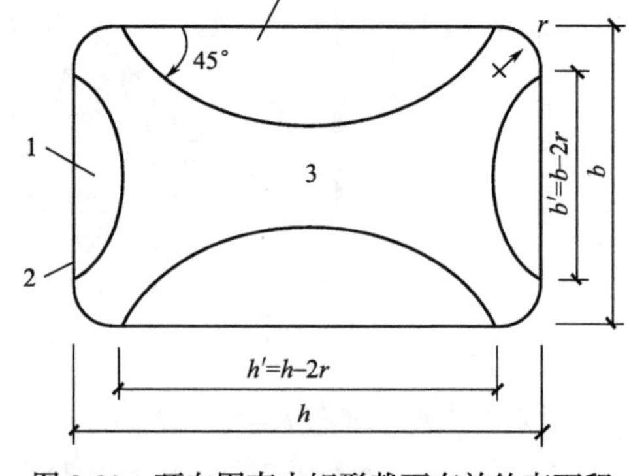

图 8-20　环向围束内矩形截面有效约束面积

1—无效约束面积；2—环向围束；3—有效约束面积

ε_{fe}——纤维复合材的有效拉应变设计值；重要构件取 $\varepsilon_{fe}=0.0035$；一般构件取 $\varepsilon_{fe}=0.0045$。

环向围束的计算参数 k_c 和 ρ_f，应按下列规定确定：

1）有效约束系数 k_c 值的确定：

①圆形截面柱：$k_c=0.95$；

②正方形的矩形截面柱，应按下式计算：

$$k_c = 1 - \frac{(b-2r)^2 + (h-2r)^2}{3A_{cor}(1-\rho_s)} \tag{8-18}$$

式中　ρ_s——柱中纵向钢筋的配筋率。

2）环向围束体积比 ρ_f 值的确定：

对圆形截面柱：

$$\rho_f = 4n_f t_f / D \tag{8-19}$$

对正方形和矩形截面柱：

$$\rho_f = 2n_f t_f (b+h)/A_{cor} \tag{8-20}$$

式中　n_f——纤维复合材的层数；

t_f——纤维复合材每层厚度。

【例 8-8】轴心受压矩形柱纤维复合材加固复核

某高层建筑框架结构的轴心受压中柱，截面尺寸 600mm×600mm，计算长度 $l_0=6$m，混凝土强度等级为 C25，截面配筋 4 Φ 22+8 Φ 18（HRB400 级钢，$A'_s=3556\text{mm}^2$），原轴向力设计值 N 为 4200kN，现因加层改造，加层后轴力设计值 N 为 5100kN。如果采用碳纤维围束加固方法，试进行加固设计。

【解】 1）原柱承载力复核，使用文献［2］介绍的 RCM 软件输入信息与简要计算结果如图 8-21 所示。可见承载力不满足要求，需要加固。

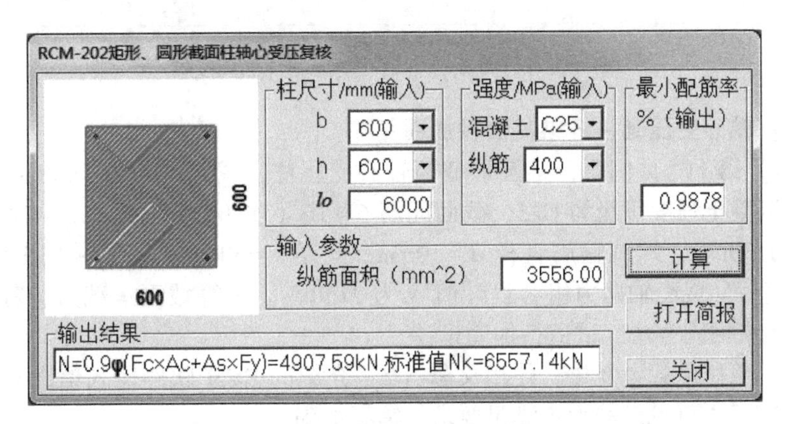

图 8-21　原柱轴心受压承载力

2）加固计算

①柱长细比和截面尺寸

$l/b=6000/600=10\leqslant 14$、截面高宽比 $h/b\leqslant 1.5$、截面高度 $h\leqslant 600$mm，符合采用围束加固柱的范围。

②计算相关参数

施工时设计棱角圆化半径为30mm。

选用高强Ⅰ级200g/m^{2}型CFRP围束，其弹性模量为2.3×10^5MPa，按构造要求，对矩形截面其层数不应少于3层，设CFRP围束为三层$n_f=3$，$t_f=0.111$mm，$A_{cor}=600^2-(4-\pi)\ 30^2=359200\text{mm}^2$。

$$\rho_f=2\times3\times0.111\times1200/359200=0.0022$$

$$\rho_s=A'_s/(b\times h)=3556/360000=0.0099$$

$$k_c=1-\frac{(b-2r)^2+(h-2r)^2}{3A_{cor}(1-\rho_s)}=1-\frac{(600-2\times30)^2\times2}{3\times359200\times(1-0.0099)}=1-0.547=0.453$$

$$\sigma_l=0.5\beta_c k_c\rho_f E_f\varepsilon_{fe}=0.5\times1\times0.453\times0.0022\times230000\times0.0035=0.406\text{N/mm}^2$$

$$N_u=0.9[(f_{c0}+4\sigma_l)A_{cor}+f'_{y0}A'_{s0}]=0.9[(11.9+4\times0.406)\times359200+360\times3556]\times10^{-3}$$
$$=5524.57\text{kN}$$

N_u>5100kN，满足设计要求。

使用SCS软件计算对话框输入信息和最终计算结果如图8-22所示，可见其与手算结果相同。

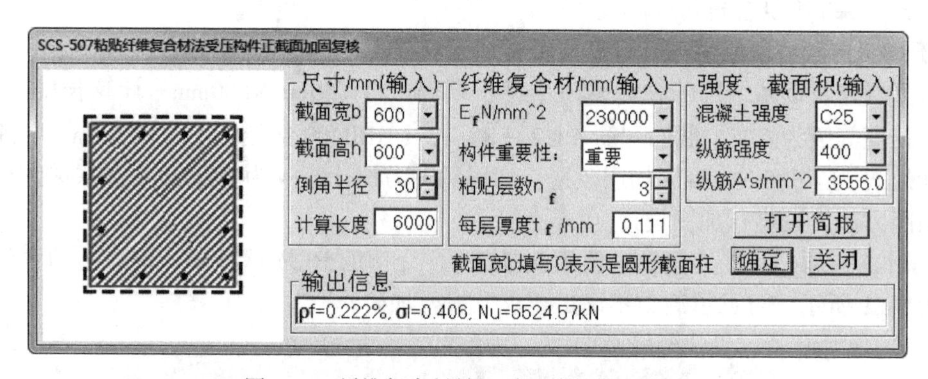

图8-22 纤维复合材轴心受压构件加固复核

【例8-9】轴心受压圆柱纤维复合材加固复核

文献［5］第114页例题，某圆形截面轴心受压柱，截面尺寸$D=400$mm，计算长度$l_0=2.75$m，混凝土强度等级为C25，截面配筋6Φ16（HRB335级钢，$A'_s=1206\text{mm}^2$），纵筋保护层厚度30mm，螺旋箍筋直径$d=10$mm，间距$s=60$mm，箍筋采用HPB235级钢。荷载等级提高后，截面轴向力组合设计值N为2150kN。验算截面承载力，若不满足，试采用碳纤维围束加固方法，试进行加固设计。

【解】 1）原柱承载力复核，使用文献［2］介绍的RCM软件输入信息与简要计算结果如图8-23所示。可见承载力不满足要求，需要加固。

2）加固计算

①柱长细比和截面尺寸

$l_0/D=2750/400=6.9\leq12$，符合采用围束加固柱的范围。

②计算相关参数

原构件有效截面面积：$A_{cor}=\dfrac{\pi D^2}{4}=\dfrac{\pi\times400^2}{4}=125664\text{mm}^2$。

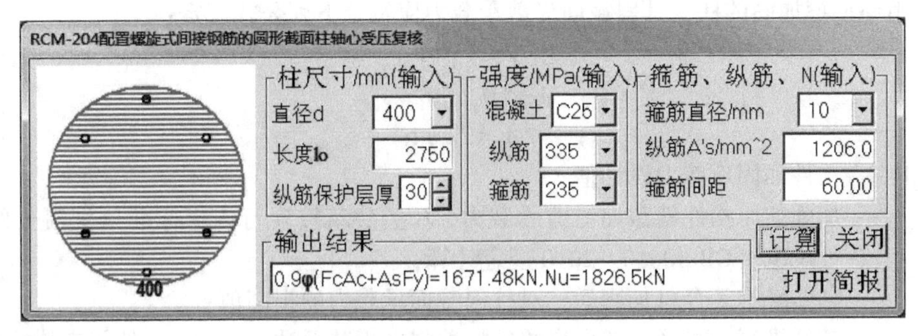

图 8-23　原柱轴心受压承载力

圆形截面柱，环向围束的有效约束系数 $k_c=0.95$

选用高强 I 级 CFRP 围束，按构造要求，设 CFRP 围束为二层，即 $n_f=2$，$t_f=0.167$mm。

③加固后承载力验算

环向围束体积比

$$\rho_f=4n_ft_f/D=4\times2\times0.167/400=0.00334$$

有效约束应力

$$E_f=240000\text{N/mm}^2;\ \varepsilon_{fe}=0.0035$$

$$\sigma_l=0.5\beta_ck_c\rho_fE_f\varepsilon_{fe}=0.5\times1\times0.95\times0.00334\times240000\times0.0035=1.333\text{N/mm}^2$$

加固后截面承载力为

$N_u=0.9[(f_{c0}+4\sigma_l)A_{cor}+f'_{y0}A'_{s0}]=0.9[(11.9+4\times1.333)\times125\,664+300\times1206]\times10^{-3}=$ 2274.36kN

N_u>2150kN，满足设计要求。

使用 SCS 软件计算对话框输入信息和最终计算结果如图 8-24 所示，可见其与手算结果相同。

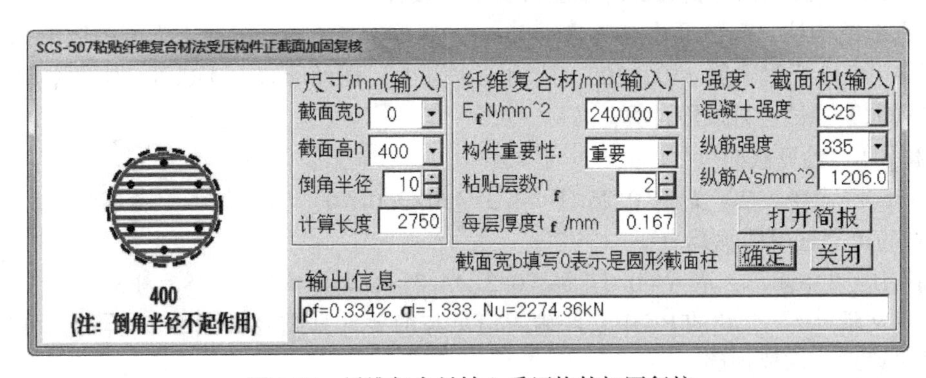

图 8-24　纤维复合材轴心受压构件加固复核

8.5　框架柱斜截面加固计算

当采用纤维复合材的条带对钢筋混凝土框架柱进行受剪加固时，应粘贴成环形箍，且纤维方向应与柱的纵轴线垂直。

采用环形箍加固的柱，其斜截面受剪承载力应符合下列公式规定：

$$V \leqslant V_{c0}+V_{cf} \tag{8-21}$$

$$V_{cf}=\psi_{vc} f_f A_f h/s_f \tag{8-22}$$

$$A_f=2n_f b_f t_f \tag{8-23}$$

式中 V——构件加固后剪力设计值；

V_{c0}——加固前原构件斜截面受剪承载力，C 类建筑按现行国家标准《混凝土结构设计规范》GB 50010—2010 规定计算；

V_{cf}——粘贴纤维复合材加固后，对柱斜截面承载力的提高值；

ψ_{vc}——与纤维复合材受力条件有关的抗剪强度折减系数，按表 8-4 的规定值采用；

f_f——受剪加固采用的纤维复合材抗拉强度设计值，应按《混凝土结构加固设计规范》GB 50367—2013 第 4.3.4 条规定的抗拉强度设计值乘以调整系数 0.5 确定；

A_f——配置在同一截面处纤维复合环形箍的全部截面面积；

n_f——纤维复合材环形箍的层数；

b_f、t_f——分别为纤维复合材环形箍的宽度和每层厚度；

h——柱的截面高度；

s_f——环形箍的中心间距。

抗剪强度折减系数 ψ_{vc} 值 **表 8-4**

轴压比		≤0.1	0.3	0.5	0.7	0.9
受力条件	均布荷载或 $\lambda_c \geqslant 3$	0.95	0.84	0.72	0.62	0.51
	$\lambda_c \leqslant 1$	0.90	0.72	0.54	0.34	0.16

注：1. λ_c 为柱的剪跨比；对框架柱 $\lambda_c=H_n/2h_0$；H_n 为柱的净高；h_0 为柱截面有效高度。
2. 中间值按线性内插法确定。

【例 8-10】受压构件斜截面纤维复合材加固设计

某框架结构柱，截面尺寸 400mm×400mm，柱净高 4.0 m，混凝土强度等级为 C30，均匀布置 HPB235 级钢箍筋 ϕ10@200，柱轴压比为 0.5. 现设计剪力 350kN。如果采用碳纤维环向加固方案，试进行加固计算。

【解】 1）验算截面尺寸

$V=350\text{kN} \leqslant 0.25\beta_c f_{c0} bh_0=0.25\times1\times14.3\times400\times360\times10^{-3}=514.8\text{kN}$，满足要求。

2）确定原柱受剪承载力

轴压比$=0.5>0.3$，取 $N=0.3f_{c0}bh=0.3\times14.3\times400\times400\times10^{-3}=686.4\text{kN}$

使用文献［2］介绍的 RCM 软件输入信息与简要计算结果如图 8-25 所示。可见承载力不满足要求，需要加固。

3）碳纤维承载剪力

$$V_{cf}=V-V_{c0}=350-197.48=152.52\text{kN}$$

4）碳纤维布用量

查表 8-4 得 $\psi_{vc}=0.72$。采用高强度Ⅰ级碳纤维布，则 $f_f=0.5\times1600=800\text{N/mm}^2$

$$\frac{A_f}{s_f}=\frac{V_{cf}}{\psi_{vc} f_f h}=\frac{152520}{0.72\times800\times400}=0.662\text{mm}$$

RCM-502柱单向受剪承载力复核
尺寸(输入)
b/mm 400
h/mm 400
a/mm 40
柱净高/m 4.00
强度/MPa(输入)
混凝土 C30
箍筋 235
构造抗震等级
(输入) 非抗震
力/kN;s,φ/mm(输入)
N(压为正) 1144.00
箍筋信息
间距s 200.00
直径φ 10 肢数 2
400
400
输出结果
[Vy]=514.8 kN; 计算值Vcal=197.5kN
Vu取[Vy]和Vcal的较小者,即Vu=197.48kN
x是水平向,y竖直向
打开简报
计算
关闭

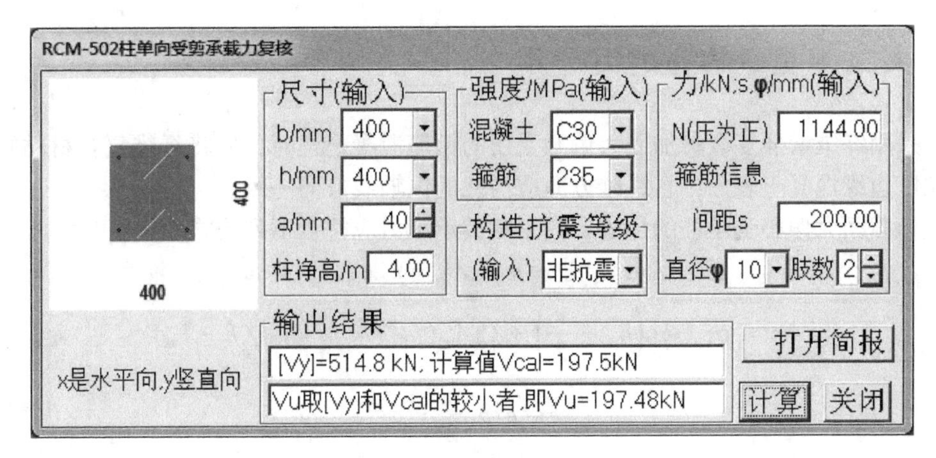

图 8-25 原柱受剪承载力

使用 SCS 软件计算对话框输入信息和最终计算结果如图 8-26 所示，可见其与手算结果相同。

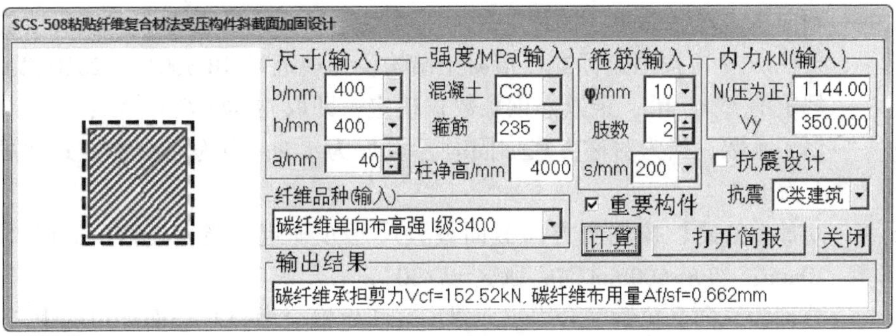

SCS-508粘贴纤维复合材法受压构件斜截面加固设计
尺寸(输入)
b/mm 400
h/mm 400
a/mm 40
强度/MPa(输入)
混凝土 C30
箍筋 235
柱净高/mm 4000
箍筋(输入)
φ/mm 10
肢数 2
s/mm 200
内力/kN(输入)
N(压为正) 1144.00
Vy 350.000
抗震设计
抗震 C类建筑
纤维品种(输入)
碳纤维单向布高强 I级3400
重要构件
计算
打开简报
关闭
输出结果
碳纤维承担剪力Vcf=152.52kN, 碳纤维布用量Af/sf=0.662mm

图 8-26 受压构件斜截面纤维复合材加固设计

选取粘贴碳纤维布，3 层，层厚 0. 167mm，宽 200mm，间距 300mm，则实际

$$\frac{A_f}{s_f}=\frac{2n_f b_f t_f}{s_f}=\frac{2\times3\times200\times0.167}{300}=0.668\text{mm}>0.662\text{mm}。$$

使用 SCS 软件 SCS-509 复核功能计算对话框输入信息和最终计算结果如图 8-27 所示。

SCS-509粘贴纤维复合材法受压构件斜截面加固复核
尺寸(输入)
b/mm 400
h/mm 400
a/mm 40
强度/MPa(输入)
混凝土 C30
箍筋 235
柱净高/mm 3000
箍筋(输入)
φ/mm 10
肢数 2
s/mm 200
力/kN,Af/sf(输入)
N(压为正) 1144.00
Af/sf(mm) 0.662
抗震设计
抗震 C类建筑
纤维品种(输入)
碳纤维单向布高强 I级3400
重要构件
计算
打开简报
关闭
输出结果
碳纤维加固梁的受剪承载力Vu=350.01 kN

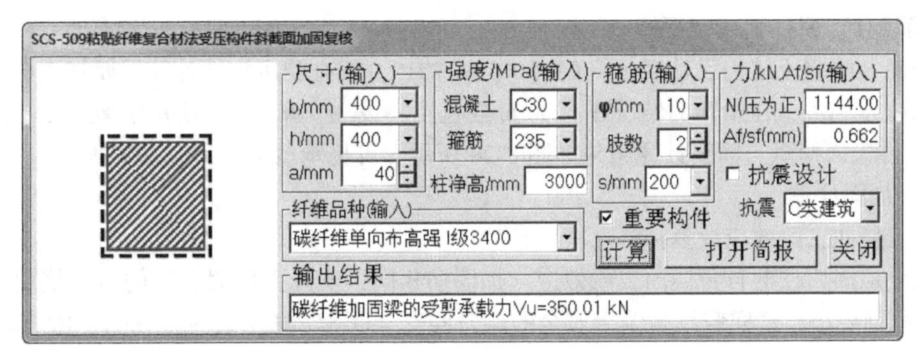

图 8-27 受压构件斜截面纤维复合材加固复核

8.6 大偏心受压构件加固计算

当采用纤维增强复合材加固大偏心受压的钢筋混凝土柱时，应将纤维复合材粘贴于构件受拉区边缘混凝土表面，且纤维方向应与柱的纵轴线方向一致。

矩形截面大偏心受压柱的加固，其正截面承载力应符合下列公式规定：

$$N \leqslant \alpha_1 f_{c0} bx + f'_{y0} A'_{s0} = f_{y0} A_{s0} - f_f A_f \tag{8-24}$$

$$Ne \leqslant \alpha_1 f_{c0} bx \left(h_0 - \frac{x}{2} \right) + f'_{y0} A'_{s0} (h_0 - a') + f_f A_f (h - h_0) \tag{8-25}$$

$$e = e_i + \frac{h}{2} - a \tag{8-26}$$

$$e_i = e_0 + e_a \tag{8-27}$$

式中 N——加固后轴向压力设计值；

e——轴向压力作用点至纵向受拉钢筋 A_s 合力作用点的距离；

e_i——初始偏心距；

e_0——轴向压力对截面重心的偏心距，取为 $e_0 = M/N$；当需要考虑二阶效应时，框架柱的 M 应按国家标准《混凝土结构设计规范》GB 50010—2010 第 6.2.4 条规定的 $C_m \eta_{ns} M_2$，乘以修正系数 ψ 确定，即取 M 为 $\psi C_m \eta_{ns} M_2$；

ψ——修正系数，当为对称方式加固时，取 ψ 为 1.2；当为非对称方式加固时，取 ψ 为 1.3；

e_a——附加偏心距，按偏心方向截面最大尺寸 h 确定；当 $h \leqslant 600$mm 时，取 e_a 为 20mm；当 $h > 600$mm 时，取 $e_a = h/30$；

a、a'——分别为纵向受拉钢筋合力点、纵向受压钢筋合力点至截面近边的距离；

f_f——纤维复合材抗拉强度设计值，应根据其品种，分别按《混凝土结构加固设计规范》GB 50367—2013 表 4.3.4-1、表 4.3.4-2 及表 4.3.4-3 采用。

【例 8-11】大偏心受压构件正截面纤维复合材加固设计算例

某框架结构柱，截面尺寸 $b \times h = 400\text{mm} \times 600\text{mm}$，柱计算长度 3.0m，混凝土强度等级为 C25，对称配筋 4Φ22（$A_{s0} = A'_{s0} = 1520\text{mm}^2$），$a = a' = 40$mm。加固后截面需承受轴力设计值 780kN，弯矩设计值为 460kN · m。求纤维复合材的加固量。

【解】 1）原柱承载力复核

按照《混凝土结构设计规范》GB 50010—2010，偏心受压构件计算需要知道杆件两端弯矩比值 M_1/M_2，在未知的情况下，为安全起见，设 $M_1/M_2 = 1$。使用文献［2］介绍的 RCM 软件输入信息与简要计算结果如图 8-28 所示。可见承载力不足，需要加固。

2）加固计算

自身挠曲二阶效应计算：

假设加固后柱的自身挠曲二阶效应与加固前相同，实际上加固后柱的自身挠曲二阶效应比加固前要小，这样假设是偏于安全的。另偏安全取 $M_1/M_2 = 1$，$e_0 = M/N = 460000/780 = 589.7$mm。

由于 $M_1/M_2 = 1 > 0.9$，因此，需要考虑挠曲变形引起的附加弯矩影响。

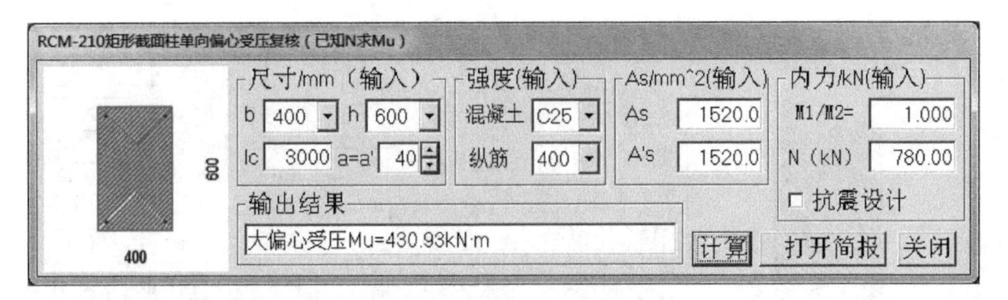

图 8-28　原柱受压弯承载力

$$h_0=h-a=600-40=560\text{mm}$$

$$e_a=\max\left\{\frac{h}{30},\ 20\right\}=\max\left\{\frac{600}{30},\ 20\right\}=20.0\text{mm}$$

$$\zeta_c=\frac{0.5f_cA_c}{N}=\frac{0.5\times11.9\times240000}{780000}=1.831>1\text{，取}\zeta_c=1.0$$

$$C_m=0.7+0.3\frac{M_1}{M_2}=1.0$$

$$\eta_{ns}=1+\frac{1}{1300(e_0+e_a)/h_0}\left(\frac{l_c}{h}\right)^2\zeta_c=1+\frac{1}{1300\times(589.7+20)/560}\left(\frac{3000}{600}\right)^2\times1=1.018$$

采用非对称加固

$$e_i=\psi C_m\eta_{ns}e_0+e_a=1.3\times1\times1.018\times589.7+20=800.2\text{mm}$$

$$e=e_i+\frac{h}{2}-a'=800.2+0.5\times600-40=1060.2\text{mm}$$

判断是否是大偏心受压破坏

$N_b=\alpha_1f_{c0}b\xi_bh_0=1\times11.9\times400\times0.518\times560\times10^{-3}=1380\text{kN}>N$，属于大偏心受压破坏。

计算截面受压区高度，由式（8-24）、式（8-25）联立

$$x=h\left[1-\sqrt{1-2\times\frac{N(e+a)+f_{y0}A_{s0}(h_0-a)}{\alpha_1f_{c0}bh^2}}\right]$$

$$=600\times\left[1-\sqrt{1-2\times\frac{780000\times(1060.2+40)+360\times1520\times(560-40)}{1\times11.9\times400\times600^2}}\right]=255.1\text{mm}$$

$x\leqslant\xi_b h_0=0.518\times560=290.1\text{mm}$，确认是大偏心受压。

由式（8-24）

$$A_f=\frac{\alpha_1f_{c0}bx-N}{f_f}=\frac{1\times11.9\times400\times255.1-780000}{2300}=188.7\text{mm}^2$$

使用 SCS 软件计算对话框输入信息和最终计算结果如图 8-29 所示，可见其与手算结果相同。

选取粘贴碳纤维布，3 层，层厚 0.167mm。采用两条粘贴（每条宽度≤200mm），宽度计算如下：

由 $A_f=2n_fb_ft_f$，$b_f=\dfrac{A_f}{2n_ft_f}=188.7/(2\times3\times0.167)=188.3\text{mm}$。可取每条宽 190mm。

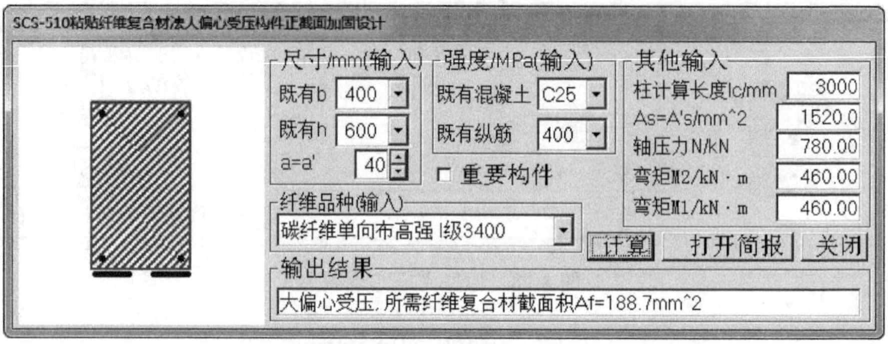

SCS-510粘贴纤维复合材法大偏心受压构件正截面加固设计
尺寸/mm(输入) 既有b 400 既有h 600 a=a' 40
强度/MPa(输入) 既有混凝土 C25 既有纵筋 400 重要构件
其他输入 柱计算长度lc/mm 3000 As=A's/mm^2 1520.0 轴压力N/kN 780.00 弯矩M2/kN·m 460.00 弯矩M1/kN·m 460.00
纤维品种(输入) 碳纤维单向布高强Ⅰ级3400
计算 打开简报 关闭
输出结果 大偏心受压，所需纤维复合材截面积Af=188.7mm^2

图 8-29 大偏心受压柱粘贴纤维复合材加固计算

以下检验下 SCS 软件的大偏心受压柱粘贴纤维复合材加固复核功能。构件信息如上，并已知加固采用粘贴 188.7mm² 单向高强度碳纤维 I 级布（标准值 3400MPa），求加固后构件的承载能力是否满足已知轴力和弯矩组合作用的要求。

问题可转变为已知偏心距 $e_a=M/N=460000/780=589.7\text{mm}$，求能承受的轴向力 N 的过程。

【解】

加固计算，计算自身挠曲二阶效应 η_{ns} 如计算题几乎相同，只是因 N 是未知数，所以截面曲率修正系数计算如下：

$\zeta_c=0.2+2.7\dfrac{e_i}{h_0}=0.2+2.7\times\dfrac{589.7+20}{560}=3.140>1.0$，取 $\zeta_c=1.0$，偏心距 $e=1060.2\text{mm}$ 与设计题所求相同。

代入 GB 50367—2013 式（10.6.2-1）、式（10.6.2-2），即本书式（8-24）、式（8-25），并联立，得 x 的二次方程。求解得 $x=255.0\text{mm}$。

$x\leqslant\xi_b h_0=0.518\times560=290.1\text{mm}$，确认是大偏心受压。

由式（8-24）

$$N=\alpha_1 f_{c0}bx+f'_{y0}A'_{s0}-f_{y0}A_{s0}-f_fA_f=(1\times11.9\times400\times250-2300\times188.7)\times10^{-3}=780\text{kN}$$

使用 SCS 软件计算对话框输入信息和最终计算结果如图 8-30 所示，可见其与手算结果相同，其也与设计过程相符。

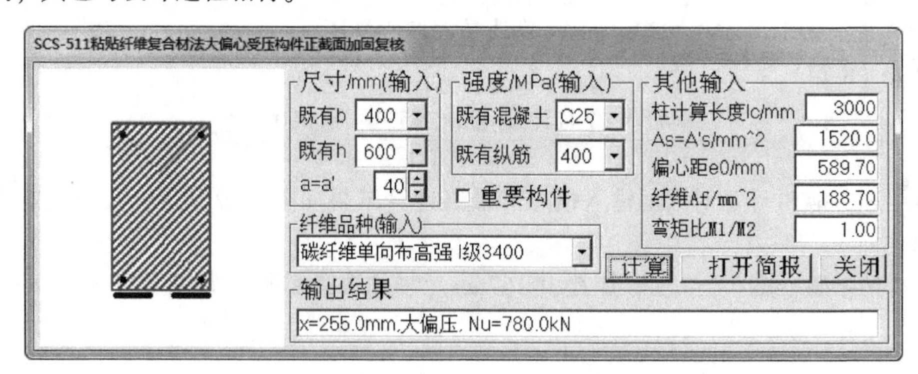

图 8-30 大偏心受压柱粘贴纤维复合材加固复核

如果已知柱另一端所受弯矩（假设正好是 0）则使用 SCS 软件 510 功能输入信息和最终计算结果如图 8-31 所示。

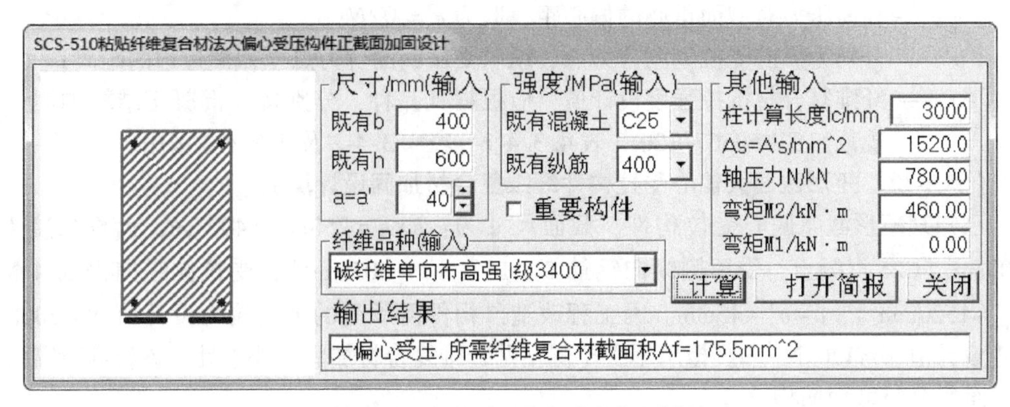

图 8-31　大偏心受压柱粘贴纤维复合材加固计算（$M_1=0$）

为验证 SCS 软件此计算功能的可靠性，使用 SCS 软件 511 功能输入信息和最终计算结果如图 8-32 所示。比较图 8-29 可见软件计算是可靠的。

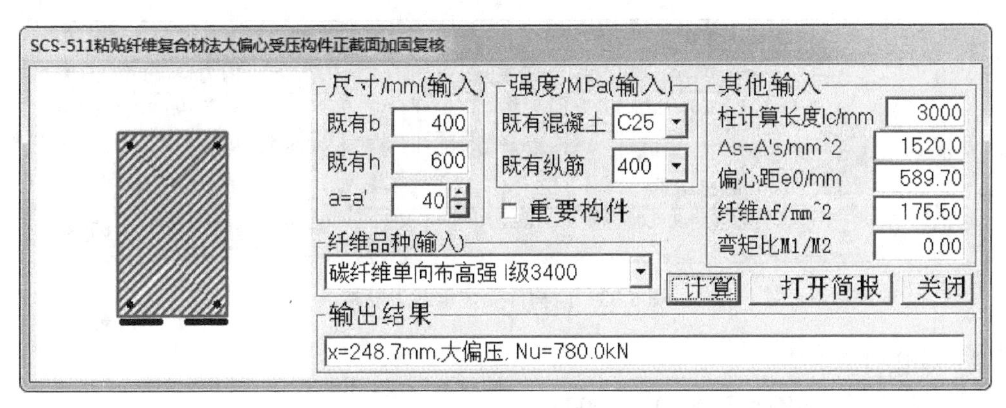

图 8-32　大偏心受压柱粘贴纤维复合材加固复核（$M_1=0$）

8.7　大偏心受拉构件正截面加固计算

采用外贴纤维复合材加固环形或其他封闭式钢筋混凝土受拉构件时，应按原构件纵向受拉钢筋的配置方式，将纤维织物粘贴于相应位置的混凝土表面上，且纤维方向应与构件受拉方向一致，并处理好围拢部位的搭接和锚固问题。

矩形截面大偏心受拉构件加固的截面应力图可参见图 6-26、但图中的 $f_{sp}A_{sp}$ 改为 $f_f A_f$，由此图可知，正截面承载力应按下列公式确定：

$$N \leqslant f_{y0}A_{s0} + f_f A_f - \alpha_1 f_{c0}bx - f'_{y0}A'_{s0} \tag{8-28}$$

$$Ne \leqslant \alpha_1 f_{c0}bx\left(h_0 - \frac{x}{2}\right) + f'_{y0}A'_{s0}(h_0 - a') + f_f A_f(h - h_0) \tag{8-29}$$

$$e = e_0 - \frac{h}{2} + a \tag{8-30}$$

式中 N——加固后轴向压力设计值；

e——轴向压力作用点至纵向受拉钢筋合力点的距离；

e_0——轴向压力对截面重心的偏心距，取为 $e_0=M/N$；

a、a'——分别为纵向受拉钢筋合力点、纵向受压钢筋合力点至截面近边的距离；

f_f——纤维复合材抗拉强度设计值，应根据其品种，分别按《混凝土结构加固设计规范》GB 50367—2013 表 4.3.4-1、表 4.3.4-2 及 4.3.4-3 采用。

【例 8-12】矩形截面大偏心受拉构件纤维复合材加固设计算例

已知某矩形截面偏心受拉构件，截面尺寸为：$b\times h=250\text{mm}\times400\text{mm}$，计算长度 $l_c=3000\text{mm}$，C25 混凝土，受压侧纵向钢筋 3ф16（$A'_{s0}=603\text{mm}^2$），受拉侧纵向钢筋 4ф22（$A_{s0}=1520\text{mm}^2$），$a=a'=45\text{mm}$。因工程改造，构件需承受的轴向拉力设计值 $N=200\text{kN}$，弯矩设计值 $M=120\text{kN}\cdot\text{m}$。拟采用受拉侧粘贴纤维复合材加固。要求计算该构件所需的粘贴纤维复合材截面面积。

【解】 1）原构件承载力复核

使用文献［2］介绍的 RCM 软件输入信息与简要计算结果如图 8-33 所示。可见承载力不足，需要加固。

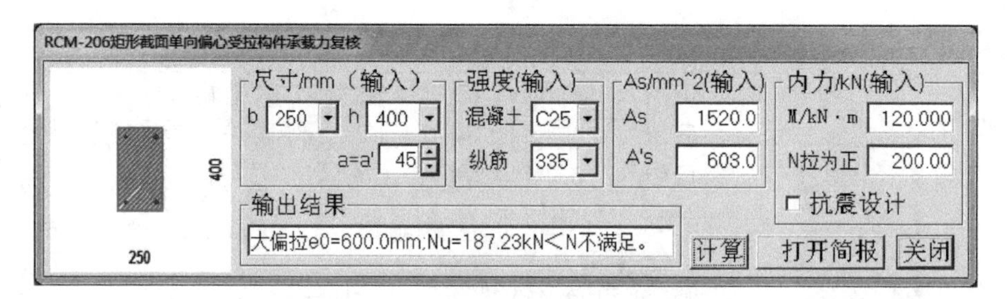

图 8-33 原构件受拉承载力复核

2）加固计算

偏心距计算 $e_0=M/N=120/0.2=600\text{mm}$

$$e=e_0-\frac{h}{2}+a=600-400/2+45=445\text{mm}$$

计算截面受压区高度，由式（8-28）、式（8-29）联立

$$x=h\left[1-\sqrt{1-2\times\frac{N(e-a)+f_{y0}A_{s0}a-f'_{y0}A'_{s0}(h_0-a')}{\alpha_1 f_{c0}bh^2}}\right]$$

$$=400\times\left[1-\sqrt{1-2\times\frac{200000\times(445-45)+300\times1520\times45-300\times603\times(355-45)}{1\times11.9\times250\times400^2}}\right]=39.3\text{mm}$$

取 $x=2a'=90\text{mm}$，由式（8-28）

$$A_f=\frac{N-f_{y0}A_{s0}+\alpha_1 f_{c0}bx+f'_{y0}A'_{s0}}{f_f}=\frac{200000-300\times1520+1\times11.9\times250\times90+300\times603}{2300}=83.8\text{mm}^2$$

使用 SCS 软件计算对话框输入信息和最终计算结果如图 8-34 所示，可见其与手算结果相同。

选取粘贴碳纤维布，3 层，层厚 0.167mm。采用两条粘贴（每条宽度≤200mm），宽

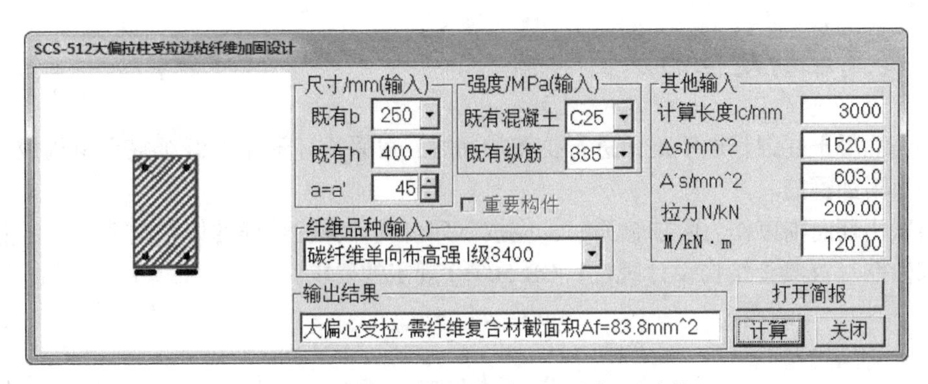

图 8-34　大偏心受拉构件粘贴钢板加固计算

度计算如下：

由 $A_f = 2n_f b_f t_f$，$b_f = \dfrac{A_f}{2n_f t_f} = 83.8/(2\times3\times0.167) = 83.6\text{mm}$。可取每条宽 100mm。

以下检验下 SCS 软件的大偏心受拉杆件粘贴纤维复合材加固复核功能。构件信息如上，并已知加固采用粘贴 83.8mm^2 单向高强度碳纤维 I 级布（标准值 3400MPa），求加固后构件的承载能力是否满足已知轴力和弯矩组合作用的要求。

问题可转变为已知偏心距 $e_a = M/N = 120000/200 = 600\text{mm}$，求能承受的轴向力 N 的过程。

【解】

加固计算，偏心距计算同设计题相同，偏心距 $e = 455\text{mm}$。

代入 GB 50367—2013 式（10.7.3-1）、式（10.7.3-2），即本书式（8-28）、式（8-29），并联立，得 x 的二次方程。求解得 $x = 62.7\text{mm}$。

$x<2a'$，计算取 $x = 2a' = 2\times45 = 90\text{mm}$，由式（8-28）

$$N = f_{y0}A_{s0} + f_f A_f - \alpha_1 f_{c0} bx - f'_{y0}A'_{s0}$$

$$= (1520\times300 + 2300\times83.8 - 1\times11.9\times250\times90 - 603\times300)\times10^{-3} = 200.09\text{kN}$$

使用 SCS 软件计算对话框输入信息和最终计算结果如图 8-35 所示，可见其与手算结果相同，其也与设计过程相符。

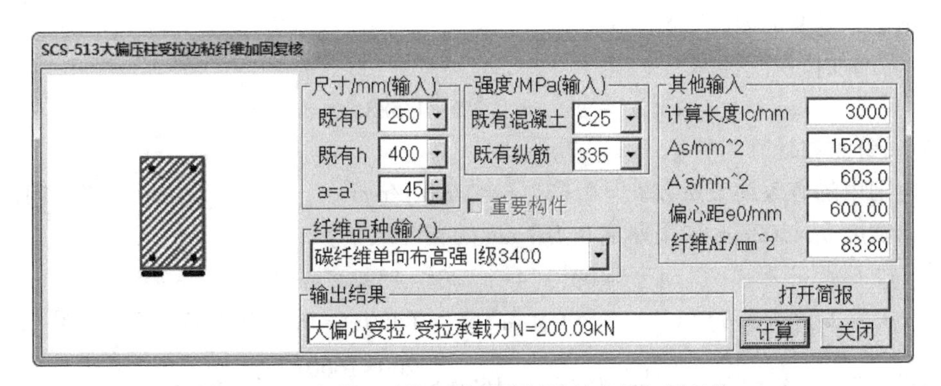

图 8-35　大偏心受拉杆件粘贴纤维复合材加固复核

8.8 提高柱的延性的加固计算

钢筋混凝土柱因延性不足而进行抗震加固时，可采用环形粘贴纤维复合材构成的环向围束作为附加箍筋。

当采用环向围束作为附加箍筋时，应按下列公式计算柱箍筋的体积配箍率 ρ_v，且应满足国家标准《混凝土结构设计规范》GB 50010 规定的要求：

$$\rho_v=\rho_{v,e}+\rho_{v,f} \tag{8-31}$$

$$\rho_{v,f}=k_c\rho_f\frac{b_f f_f}{s_f f_{yv0}} \tag{8-32}$$

式中 $\rho_{v,e}$——被加固柱原有箍筋的体积配箍率；当需要重新复核时，应按箍筋范围内的核心截面进行计算；

$\rho_{v,f}$——环向围束作为附加箍筋算得的箍筋体积配箍率的增量；

ρ_f——环向围束体积比，应按式（8-19）或式（8-20）计算；

k_c——环向围束的有效约束系数，圆形截面，$k_c=0.90$；正方形截面，$k_c=0.66$；矩形截面，$k_c=0.42$；

b_f——环向围束纤维条带的宽度；

s_f——环向围束纤维条带的中心间距；

f_f——纤维复合材抗拉强度设计值，应根据其品种，分别按《混凝土结构加固设计规范》GB 50367—2013 表 4.3.4-1、表 4.3.4-2 及表 4.3.4-3 采用；

f_{yv0}——原箍筋抗拉强度设计值。

【例 8-13】提高柱延性纤维复合材加固设计计算例

已知矩形截面柱，截面尺寸为：$b\times h=400\text{mm}\times400\text{mm}$，计算长度 $l_c=3000\text{mm}$，C30 混凝土，均匀布置 HPB235 级钢箍筋 ϕ8@100，纵筋保护层厚度 25mm。拟采用碳纤维高强 I 级纤维，环向围束加固，要求达到体积配箍率 1.2%，试计算所需的粘贴纤维复合材截面面积。

【解】 1）原构件体积配箍率复核

使用文献［2］介绍的 RCM 软件输入信息与简要计算结果如图 8-36 所示。可见体积配箍率不足，需要加固。

2）需增加体积配箍率

$$\rho_{v,f}=\rho_v-\rho_{v,e}=1.2\%-0.588\%=0.612\%$$

3）碳纤维布计算

环向围束的有效约束系数 $k_c=0.66$，$f_f=1600\text{N/mm}^2$，$f_{yv0}=210\text{N/mm}^2$，取环向围束纤维条带的宽度 $b_f=200\text{mm}$ 采用厚度 0.167mm 的碳纤维布。

$$A_{cor}=400^2-(4-\pi)30^2=159227\text{mm}^2$$

$$\rho_f=2n_f t_f(b+h)/A_{cor}=2\times1\times0.167\times(400+400)/159227=0.168\%$$

由式（7-32）$s_f=k_c\rho_f\dfrac{b_f f_f}{\rho_{v,f}f_{yv0}}=0.66\times0.168\%\times\dfrac{200\times1600}{0.612\times210}=275.6\text{mm}$

使用 SCS 软件计算对话框输入信息和最终计算结果如图 8-37 所示，可见其与手算结

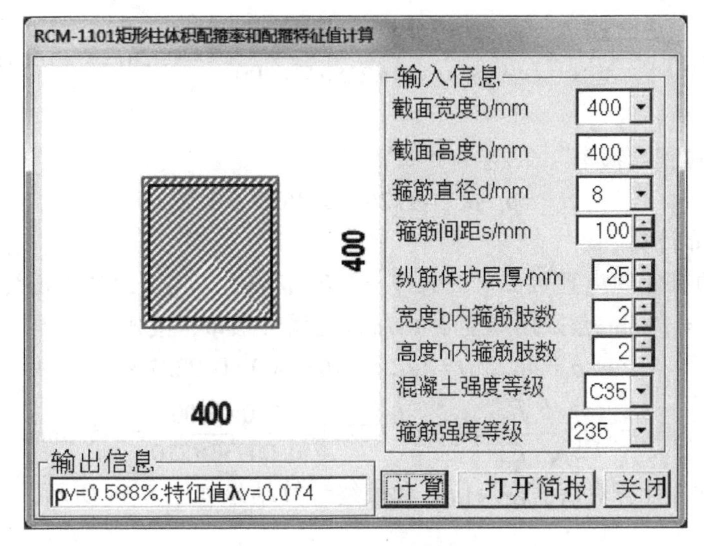

图 8-36　原构件体积配箍率

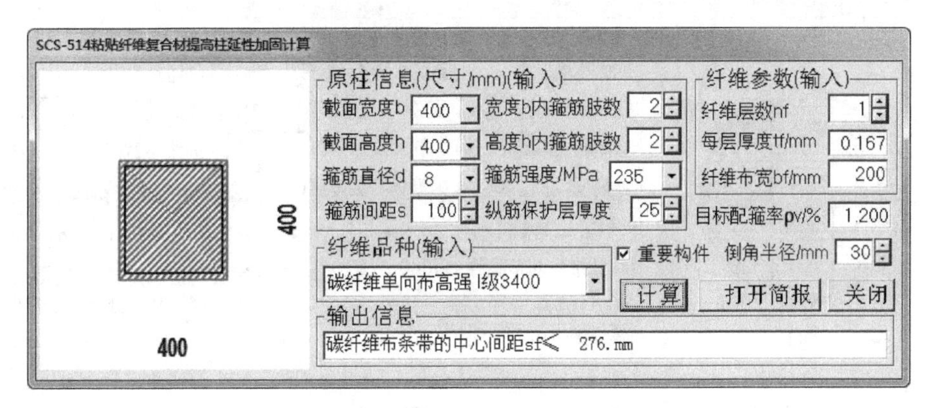

图 8-37　纤维围束增加柱体积配箍率

果相同。

如选取粘贴单层层厚 0.167mm 碳纤维布，则需粘贴（每条宽度≤200mm），中心间距 270mm（净间距 70mm）。

【例 8-14】提高圆形柱延性纤维复合材加固设计算例

已知圆形截面柱，截面直径为：$D=600$mm，均匀布置 HPB235 级钢箍筋 $\phi6.5@200$，纵筋保护层厚度 $c=32$mm。拟采用碳纤维高强 I 级纤维，环向围束加固，要求达到体积配箍率 1.2%，试计算所需的粘贴纤维复合材截面面积。

【解】 1）原构件体积配箍率复核

混凝土核心区直径 $d_{cor}=D-2c=600-2\times32=536$mm

混凝土核心区面积 $A_{cor}=\pi d_{cor}^2/4=3.1416\times536\times536/4=225\ 642\text{mm}^2$

近似取图 8-38 所示箍筋直线段长度为包围其圆直径的 0.9 倍，则截面内箍筋的总长度为：

$$l=\pi\times(d_{cor}+d)+4\times0.9\times d_{cor}=3.1416\times(536+6.5)+3.6\times536=3634\text{mm}$$

体积配箍率 $\rho_{v,e}=\dfrac{l\times A_{s1}}{A_{cor}s}=\dfrac{l\times\pi\times d^2}{4A_{cor}s}=\dfrac{3634\times3.1416\times6.5^2}{4\times225642\times200}=0.2672\%$。可见体积配箍率不足，需要加固。

2）需增加体积配箍率

$$\rho_{v,f}=\rho_v-\rho_{v,e}=1.2\%-0.267\%=0.933\%$$

3）碳纤维布计算

环向围束的有效约束系数 $k_c=0.9$，$f_f=1600\text{N/mm}^2$，$f_{yv0}=210\text{N/mm}^2$，取环向围束纤维条带的宽度 $b_f=150\text{mm}$，采用厚度 0.167mm 的碳纤维布，按式（8-19）

$$\rho_f=4n_ft_f/D=4\times2\times0.167/600=0.2227\%$$

由式（8-32），$s_f=k_c\rho_f\dfrac{b_ff_f}{\rho_{v,f}f_{yv0}}=0.9\times0.00223\times\dfrac{150\times1600}{0.00933\times210}=245.5\text{mm}$

使用 SCS 软件计算对话框输入信息和最终计算结果如图 8-38 所示，可见其与手算结果相同。

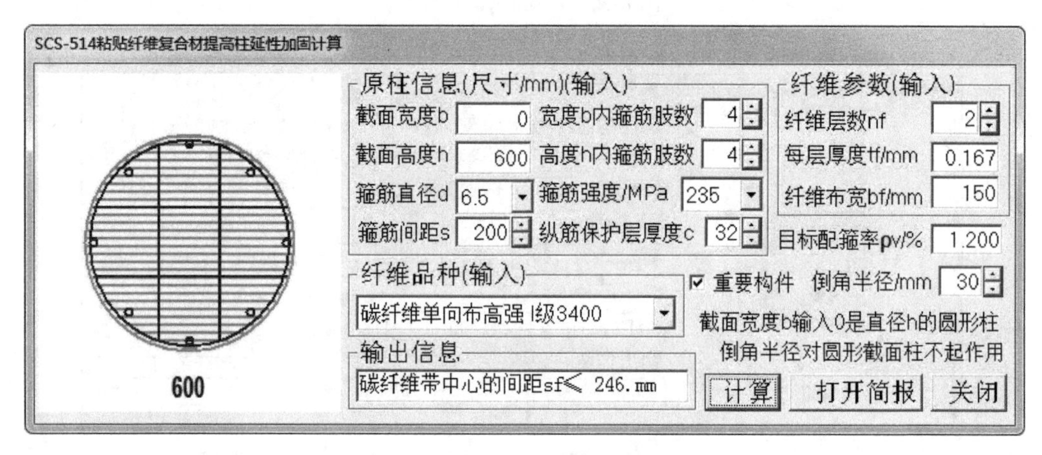

图 8-38 纤维围束增加圆形柱体积配箍率

如选取粘贴 2 层单层层厚 0.167mm 碳纤维布，则需粘贴（每条宽度 = 150mm），中心间距 240mm（净间距 90mm）。

本章参考文献

[1] 卢亦焱. 混凝土结构加固设计原理 [M]. 北京：高等教育出版社，2016.

[2] 王依群. 混凝土结构设计计算算例（第 3 版）[M]. 北京：中国建筑工业出版社，2016.

[3] 卜良桃，梁爽，黎红兵. 混凝土结构加固设计规范算例（第 2 版）[M]. 北京：中国建筑工业出版社，2015.

[4] 左成平，左明汉. 混凝土结构粘结加固设计与算例 [M]. 北京：中国建筑工业出版社，2007.

[5] 邬晓光，白青侠，雷自学. 公路桥梁加固设计规范应用计算示例 [M]. 北京：人民交通出版社，2011.

第 9 章　预应力碳纤维复合板加固法

9.1　设计规定

预应力碳纤维复合板 PFRP 加固法适用截面偏小或配筋不足的钢筋混凝土受弯、受拉和大偏心受压构件的加固。本方法不适用于素混凝土构件，包括纵向受力钢筋一侧配筋率低于 0.2%的构件加固。

被加固的混凝土结构构件，其现场实测混凝土强度等级不得低于 C25，且混凝土表面的正拉粘结强度不得低于 2.0MPa。

粘贴在混凝土构件表面上的预应力碳纤维复合板，其表面应进行防护处理。表面防护材料应对纤维及胶粘剂无害。

粘贴预应力碳纤维复合材加固钢筋混凝土结构构件时，应将碳纤维复合板受力方式设计成仅承受拉应力作用。

采用预应力碳纤维复合板对钢筋混凝土结构进行加固时，碳纤维复合板张拉锚固部分之外的板面与混凝土之间也应涂刷结构胶粘剂。

采用本方法加固的混凝土结构，其长期使用的环境温度不应高于 60℃；处于特殊环境（如高温、高湿、动荷载、介质侵蚀、放射等）的混凝土结构采用本方法加固时，除应按国家现行有关标准采取相应的防护措施外，尚应采用耐环境因素作用的结构胶粘剂，并按专门的工艺要求施工。

当被加固构件的表面有防火要求时，应按现行国家标准《建筑设计防火规范》GB 50016 规定的耐火等级及耐火极限要求，对胶粘剂和碳纤维复合板进行防护。

采用预应力碳纤维复合板加固混凝土结构构件时，纤维复合板宜直接粘贴在混凝土表面。不推荐采用嵌入式粘贴方式。

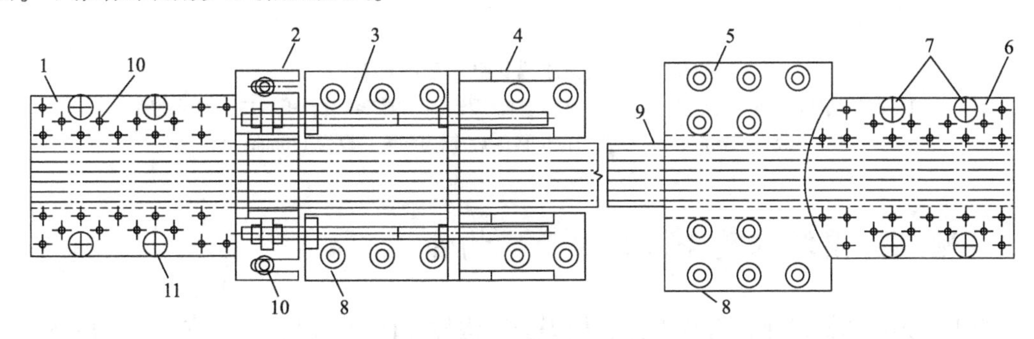

图 9-1　张拉前锚具平面示意图

1—张拉端锚具；2—推力架；3—导向螺杆；4—张拉支架；5—固定端定位板；6—固定端锚具；7—M20 胶锚螺栓；8—M16 螺栓；9—碳纤维复合板；10—M12 螺栓；11—预留孔，张拉完成后植入 M20 胶锚螺栓

设计应对所用锚栓的抗剪强度进行验算，锚栓的设计剪应力不得大于锚栓材料抗剪强度设计值的0.6倍。

采用预应力碳纤维复合板对钢筋混凝土结构进行加固时，其锚具（图9-1、图9-2、图9-3、图9-4）的张拉端和锚固端至少应有一端为自由活动端。

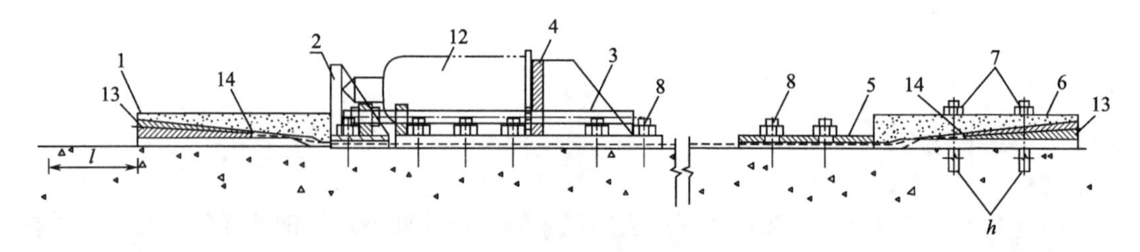

图9-2　张拉前锚具纵向剖面示意图

1—张拉端锚具；2—推力架；3—导向螺杆；4—张拉支架；5—固定端定位板；6—固定端锚具；7—M20胶锚螺栓；8—M16螺栓；12—千斤顶；13—楔形锁固；14—6°倾斜角；l—张拉行程；h—锚固深度，取为170mm

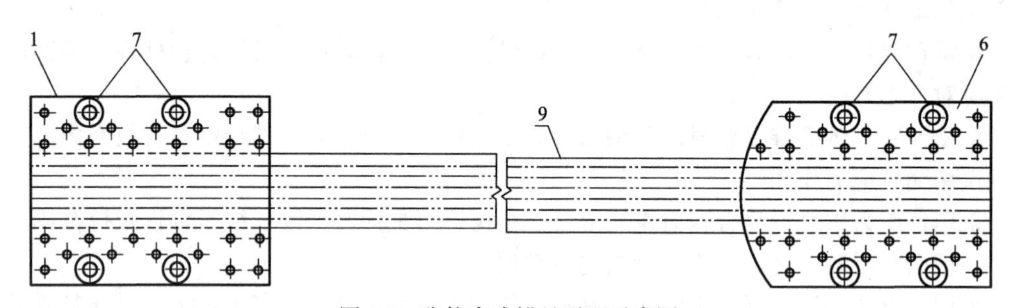

图9-3　张拉完成锚具平面示意图

1—张拉端锚具；6—固定端锚具；7—M20胶锚螺栓；9—碳纤维复合板

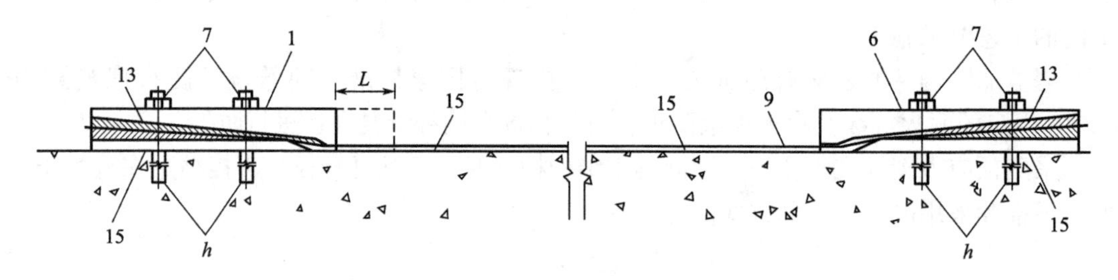

图9-4　张拉完成锚具纵向剖面示意图

1—张拉端锚具；6—固定端锚具；7—M20胶锚螺栓；9—碳纤维复合板；13—楔形锁固；15—结构胶粘剂；L—张拉位移；h—锚固深度，取为170mm

9.2　预应力碳纤维复合板加固受弯构件

当采用预应力碳纤维复合板对梁、板等受弯构件进行加固时，其预应力损失应按下列规定计算：

1 锚具变形和碳纤维复合板内缩引起的预应力损失值σ_{l1}：

$$\sigma_{l1}=\frac{a}{l}E_{\mathrm{f}} \tag{9-1}$$

式中　a——张拉锚具变形和碳纤维复合板内缩值，应按表 9-1 采用；

l——张拉端至锚固端之间的净距离；

E_{f}——碳纤维复合板的弹性模量。

锚具类型和预应力碳纤维复合板内缩值 a（mm）　　表 9-1

锚具类型	平板锚具	波形锚具
a	2	1

2 预应力碳纤维复合板的松弛损失 σ_{l2}：

$$\sigma_{l2}=r\sigma_{\mathrm{con}} \tag{9-2}$$

式中　r——松弛损失率，可近似取 2.2%。

3 混凝土收缩和徐变引起的预应力损失值 σ_{l3}：

$$\sigma_{l3}=\frac{55+300\sigma_{\mathrm{pc}}/f'_{\mathrm{cu}}}{1+15\rho} \tag{9-3}$$

式中　σ_{pc}——预应力碳纤维复合板处的混凝土法向压应力；

ρ——预应力碳纤维复合板和钢筋的配筋率，其计算公式为：$\rho=(A_{\mathrm{f}}E_{\mathrm{f}}/E_{\mathrm{s}}+A_{\mathrm{s}})/(bh_0)$；

f'_{cu}——施加预应力时的混凝土立方体抗压强度。

4 由季节温差造成的温差损失值 σ_{l4}：

$$\sigma_{l4}=\Delta T\left|\alpha_{\mathrm{f}}-\alpha_{\mathrm{c}}\right|E_{\mathrm{f}} \tag{9-4}$$

式中　ΔT——年平均最高（或最低）温度与预应力碳纤维复合板张拉锚固时的温差；

α_{f}、α_{c}——碳纤维复合板、混凝土的轴向温度膨胀系数。α_{f} 可取为 $1\times10^{-6}/℃$；α_{c} 可取为 $1\times10^{-5}/℃$。

受弯构件加固后的相对界限受压区高度 $\xi_{\mathrm{b,f}}$ 可采用下式计算，即取加固前控制值的 0.85 倍：

$$\xi_{\mathrm{b,f}}=0.85\xi_{\mathrm{b}} \tag{9-5}$$

式中　ξ_{b}——构件加固前的相对界限受压区高度，按现行国家标准《混凝土结构设计规范》GB 50010 的规定计算。

采用预应力碳纤维复合板对梁、板等受弯构件进行加固时，除应符合现行国家标准《混凝土结构设计规范》GB 50010 正截面承载力的基本假定外，尚应符合下列补充规定：

1 构件达到承载能力极限状态时，粘结预应力碳纤维复合板的拉应变 ε_{f} 应按截面应变保持平面的假设确定；

2 碳纤维复合板应力 σ_{f} 取等于拉应变 ε_{f} 与弹性模量 E_{f} 的乘积；

3 在达到受弯承载力极限状态前，预应力碳纤维复合板与混凝土之间的粘结不致出现剥离破坏。

在矩形截面受弯构件的受拉边混凝土表面粘贴预应力碳纤维复合板进行加固时，其锚具设计所采用的预应力纤维复合板与混凝土相粘结的措施，仅作为安全储备，不考虑其在结构设计中的粘结作用。在这一前提下，其正截面承载力应符合下列规定：

$$M \leqslant \alpha_1 f_{c0} b x\left(h-\frac{x}{2}\right)+f'_{y0}A'_{s0}(h-a')-f_{y0}A_{s0}(h-h_0) \tag{9-6}$$

$$\alpha_1 f_{c0} b x=f_f A_f+f_{y0}A_{s0}-f'_{y0}A'_{s0} \tag{9-7}$$

$$2a' \leqslant x \leqslant \xi_{b,f} h_0 \tag{9-8}$$

T形截面受弯构件，截面混凝土受压区高度 x 大于翼缘设计 h'_f 时，式（9-6）、式（9-7）应用下两式替换：

$$M \leqslant \alpha_1 f_{c0} b x\left(h-\frac{x}{2}\right)+\alpha_1 f_{c0}(b'_f-b)h'_f\left(h-\frac{h'_f}{2}\right)+f'_{y0}A'_{s0}(h-a')-f_{y0}A_{s0}(h-h_0) \tag{9-6'}$$

$$\alpha_1 f_{c0} b x=f_f A_f+f_{y0}A_{s0}-f'_{y0}A'_{s0}-\alpha_1 f_{c0}(b'_f-b)h'_f \tag{9-7'}$$

式中　M——弯矩（包括加固前的初始弯矩）设计值；

α_1——计算系数，当混凝土强度等级不超过C50时，取 $\alpha_1=1.0$，当混凝土强度等级为C80时，取 $\alpha_1=0.94$，其间按线性内插法确定；

f_{c0}——混凝土轴心抗压强度设计值；

x——混凝土受压区高度；

b、h——矩形截面的宽度和高度；

f_{y0}、f'_{y0}——受拉钢筋、受压钢筋的抗拉、抗压强度设计值；

A_{s0}、A'_{s0}——受拉钢筋、受压钢筋的截面面积；

a'——纵向受压钢筋合力点至混凝土受压区边缘的距离；

h_0——构件加固前的截面有效高度；

f_f——碳纤维复合板的抗拉强度设计值；

A_f——预应力碳纤维复合材的截面面积。

加固设计时，可根据公式（9-6）计算出混凝土受压区的高度 x，然后代入公式（9-7），即可求出受拉面应粘贴的预应力碳纤维复合板的截面面积 A_f。

对翼缘位于受压区的T形截面受弯构件的受拉面粘贴预应力碳纤维复合板进行受弯加固时，应按上述三条规定和现行国家标准《混凝土结构设计规范》GB 50010中关于T形截面受弯承载力的计算方法进行计算。

采用预应力碳纤维复合板加固的钢筋混凝土受弯构件，应进行正常使用极限状态的抗裂和变形验算，并进行预应力碳纤维复合板的应力验算。受弯构件的挠度验算按现行国家标准《混凝土结构设计规范》GB 50010的规定执行。

采用预应力碳纤维复合板进行加固的钢筋混凝土受弯构件，其抗裂控制要求可按现行国家标准《混凝土结构设计规范》GB 50010确定。

在荷载效应的标准组合下，当受拉边缘混凝土名义拉应力 $\sigma_{ck}-\sigma_{pc}\leqslant f_{tk}$ 时，抗裂验算可按现行国家标准《混凝土结构设计规范》GB 50010的方法进行；当受拉边缘混凝土名义拉应力 $\sigma_{ck}-\sigma_{pc}>f_{tk}$ 时，在荷载效应的标准组合并考虑长期影响的最大裂缝宽度应按下列公式计算：

$$w_{max}=1.9\psi\frac{\sigma_{sk}}{E_s}\left(1.9c+0.08\frac{d_{eq}}{\rho_{te}}\right) \tag{9-9}$$

$$\psi = 1.1 - 0.65\frac{f_{tk}}{\rho_{te}\sigma_{sk}} \tag{9-10}$$

$$d_{eq}=\frac{\sum n_i d_i^2}{\sum n_i v_i d_i} \tag{9-11}$$

$$\rho_{te}=\frac{A_s + A_f E_f/E_s}{A_{te}} \tag{9-12}$$

$$\sigma_{sk}=\frac{M_k \pm M_2 - N_{p0}(z-e_p)}{(A_f E_f/E_s + A_s)z} \tag{9-13}$$

$$z=\left[0.87-0.12(1-\gamma_f')\left(\frac{h_0}{e}\right)^2\right]h_0 \tag{9-14}$$

$$e=e_p+\frac{M_k \pm M_2}{N_{p0}} \tag{9-15}$$

式中　ψ——裂缝间纵向受拉钢筋应变不均匀系数：当$\psi<0.2$时，取$\psi=0.2$；$\psi>1.0$时，取$\psi=1.0$；对直接承受重复荷载的构件，取$\psi=1.0$；

σ_{sk}——按荷载标准组合或准永久组合计算的受弯构件纵向受拉钢筋的等效应力；

E_s——钢筋的弹性模量；

E_f——预应力碳纤维复合板的弹性模量；

c——最外层纵向受拉钢筋外边缘至受拉区底边的距离（mm）：当$c<20$时，取$c=20$；$c>65$时，取$c=65$；

ρ_{te}——按有效受拉混凝土截面面积计算的纵向受拉钢筋等效配筋率；在最大裂缝宽度计算中，当$\rho_{te}<0.01$时，取$\rho_{te}=0.01$；

A_f——预应力碳纤维复合板的截面面积；

A_{te}——有效受拉混凝土截面面积：受弯构件取$A_{te}=0.5bh+(b_f-b)h_f$，其中b_f、h_f为受拉翼缘的宽度、高度；

d_{eq}——受拉区纵向钢筋的等效直径（mm）；

d_i——受拉区第i种纵向钢筋的公称直径（mm）；

n_i——受拉区第i种纵向钢筋的根数；

v_i——受拉区第i种纵向钢筋的相对粘结性系数，对光面钢筋取0.7，对带肋钢筋取1.0；

M_k——按荷载效应标准组合计算的弯矩值；

M_2——后张法预应力混凝土超静定结构构件中的次弯矩，应按国家标准《混凝土结构设计规范》GB 50010—2010第10.1.5条确定；

N_{p0}——纵向钢筋和预应力碳纤维复合板的合力；

z——受拉区纵向钢筋和预应力碳纤维复合板合力点至截面受压区合力点的距离；

γ_f'——受压翼缘截面面积与腹板有效截面面积的比值，计算公式为$\gamma_f'=\frac{(b_f'-b)h_f'}{bh_0}$；

b_f'、h_f'——受压翼缘的宽度和高度，当$h_f'>0.2h_0$时，取$h_f'=0.2h_0$；

e_p——混凝土法向预应力等于零时N_{p0}的作用点至受拉区纵向钢筋合力点的距离；

f_{tk}——混凝土抗拉强度标准值。

采用预应力碳纤维复合板加固的钢筋混凝土受弯构件，其抗弯刚度 B_s 应按下列方法计算：

1 不出现裂缝的受弯构件：

$$B_s = 0.85E_cI_0 \tag{9-16}$$

2 出现裂缝的受弯构件：

$$B_s = \frac{0.85E_cI_0}{k_{cr} + (1 - k_{cr})w} \tag{9-17}$$

$$k_{cr} = \frac{M_{cr}}{M_k} \tag{9-18}$$

$$w = \left(1.0 + \frac{0.21}{\alpha_E\bar{\rho}}\right)(1.0 + 0.45\gamma_f) - 0.7 \tag{9-19}$$

$$M_{cr} = (\sigma_{pc} + \gamma f_{tk})W_0 \tag{9-20}$$

式中　E_c——混凝土的弹性模量；

I_0——换算截面惯性矩；

α_E——纵向受拉钢筋弹性模量与混凝土弹性模量的比值，计算公式为：$\alpha_E = E_s/E_c$；

$\bar{\rho}$——纵向受拉钢筋的等效配筋率，$\bar{\rho} = (A_f\ E_f/E_s + A_s)/(bh_0)$；

γ_f——受拉翼缘截面面积与腹板有效截面面积的比值；

k_{cr}——受弯构件正截面的开裂弯矩 M_{cr} 与弯矩 M_k 的比值，当 $k_{cr}>1.0$ 时，取 $k_{cr}=1.0$；

σ_{pc}——扣除全部预应力损失后，由预应力在抗裂边缘产生的混凝土预压应力；

γ——混凝土构件的截面抵抗塑性影响系数，应按现行国家标准《混凝土结构设计规范》GB 50010 的规定计算。

【例 9-1】矩形截面梁预应力碳纤维板加固算例

文献［1］第 147 页例题，梁的跨度 4m，混凝土强度等级为 C30，截面尺寸为 $b\times h=200\text{mm}\times400\text{mm}$，纵筋为 HRB400 钢筋，纵向受拉钢筋 2⏀16，纵向受压钢筋 2⏀12，$a=a'=35\text{mm}$。现因房屋使用功能改变，梁上荷载变为：恒荷载标准值 $g_k=24\text{kN/m}$，活荷载标准值 $q_k=16\text{kN/m}$。组合值系数=0.7，准永久值系数=0.5。设计使用所限为 50 年，环境类别为一类。裂缝控制等级为三级，即允许出现裂缝。要求对该简支梁采用预应力（高强Ⅰ级）碳纤维板进行抗弯加固（抗剪承载力满足要求）。

【解】 1 受弯承载力加固设计计算

1）跨中截面弯矩计算

恒载产生的弯矩标准值

$$M_{Gk} = g_k\ l^2/8 = 24\times4^2/8 = 48\text{kN}\cdot\text{m}$$

活载产生的弯矩标准值

$$M_{Qk} = q_k\ l^2/8 = 16\times4^2/8 = 32\text{kN}\cdot\text{m}$$

跨中弯矩的标准组合值

$$M_k = M_{Gk} + M_{Qk} = 48 + 32 = 80\text{kN}\cdot\text{m}$$

可变荷载效应控制的基本组合

$$M_1 = \gamma_G\ M_{Gk} + \gamma_Q\ M_{Qk} = 1.3\times48 + 1.5\times32 = 110.4\text{kN}\cdot\text{m}$$

得跨中弯矩设计值 $M=110.4\text{kN}\cdot\text{m}$

2）抗弯承载力验算

使用文献［2］介绍的 RCM 软件输入信息与简要计算结果如图 9-5 所示。可见承载力不足，需要加固。

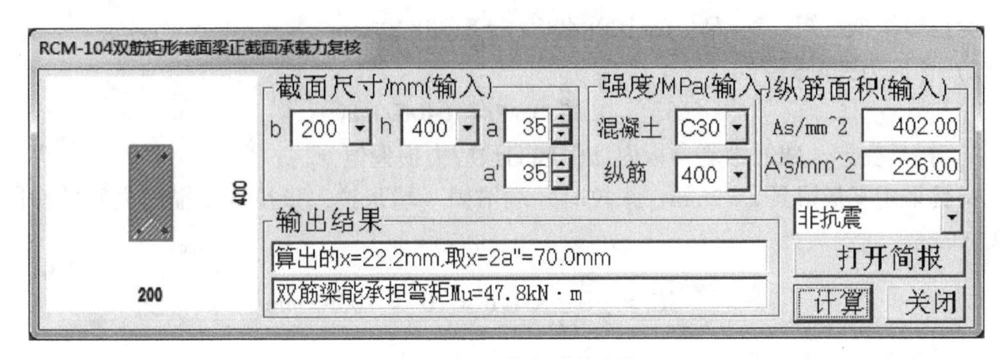

图 9-5　矩形截面双筋受弯构件正截面承载力

3）承载力加固计算

根据公式（9-6），得：

$$x=h\left[1-\sqrt{1-2\frac{M+f_{y0}A_{s0}a-f'_{y0}A'_{s0}(h-a')}{\alpha_1 f_{c0}bh^2}}\right]$$

$$=400\times\left[1-\sqrt{1-2\times\frac{110.4\times10^6+360\times402\times35-360\times226\times(400-35)}{1\times14.3\times200\times400^2}}\right]=83.7\text{mm}$$

$x=83.7\text{mm}\leqslant\xi_{b,f}h_0=0.85\times0.518\times365=160.7\text{mm}$，满足要求。

代入公式（9-7），得：

$$A_f=\frac{\alpha_1 f_{c0}bx-f_{y0}(A_{s0}-A'_{s0})}{f_f}=\frac{1\times14.3\times200\times83.7-360\times(402-226)}{1600}=110.1\text{mm}^2$$

使用 SCS 软件功能项 S515 计算输入信息的简要输出如图 9-6 所示，可见其结果与手算结果相同。

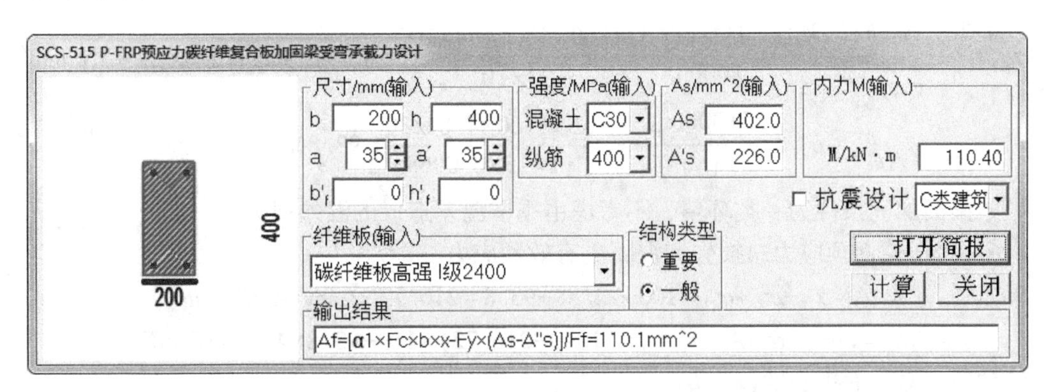

图 9-6　预应力碳纤维板加固矩形截面双筋受弯构件正截面承载力

可选用一条 85mm 宽、1.4mm 厚碳纤维板，$A_f=85\times1.4=119\text{mm}^2>110.1\text{mm}^2$，满足要求。

2 预应力及其损失计算

1）截面几何特性（为简化，近似按毛截面计算）

截面面积：$A_n=A_0=A=b\times h=200\times400=80000\text{mm}^2$

截面惯性矩：$I=bh^3/12=200\times400^3/12=1.07\times10^9\text{mm}^4$

受拉边缘抵抗矩：$W=bh^2/6=200\times400^2/6=5.33\times10^6\text{mm}^3$

2）预应力控制值：

$$\sigma_{con}=0.65\times1600=1040\text{N/mm}^2$$

3）锚具变形和碳纤维复合板内缩引起的预应力损失值 σ_{l1}：

锚具采用平板锚具 $a=2\text{mm}$；张拉时一端锚固一端张拉，张拉端至锚固之间的净距离 $l=3200\text{mm}$。

$$\sigma_{l1}=\frac{a}{l}E_f=\frac{2}{3200}\times1.6\times10^5=100\text{N/mm}^2$$

第一批预应力损失为 $\sigma_{lI}=\sigma_{l1}=100\text{N/mm}^2$。

4）预应力碳纤维复合板的松弛损失 σ_{l2}：

松弛损失率近似取 2.2%，则 $\sigma_{l2}=r\,\sigma_{con}=0.022\times1040=22.88\text{N/mm}^2$

5）混凝土收缩和徐变引起的预应力损失值 σ_{l3}：

预应力碳纤维复合板和钢筋的等效配筋率为

$$\bar{\rho}=(A_f E_f/E_s+A_s)/(bh_0)=[119\times1.6\times10^5/(2\times10^5)+402]/(200\times365)=0.68\%$$

加固前卸载到只剩下自重。钢筋混凝土的重度为 25kN/m，沿梁长度和自重标准值为：

$$g_{1k}=25\times200\times400=2.0\text{kN/m}$$

自重在梁跨中截面产生弯矩的标准值为：

$$M_{G1k}=g_{1k}l^2/8=2\times4^2/8=4.0\text{kN}\cdot\text{m}$$

考虑第一批损失后，预应力碳纤维板中的拉力为：

$$N_{pI}=A_f(\sigma_{con}-\sigma_{lI})=119\times(1040-100)=111860\text{N}$$

考虑梁自重影响，预应力碳纤维复合板处的混凝土法向压应力为：

$$\sigma_{pcI}=\frac{N_{pI}}{A_n}+\frac{N_{pI}\,h/2-M_{G1k}}{W}=\frac{111860}{80000}+\frac{111860\times400/2-4\times10^6}{5.33\times10^6}=4.84\text{N/mm}^2<0.5f'_{cu}=15\text{N/mm}^2$$

$$\sigma_{l3}=\frac{55+300\sigma_{pc}/f'_{cu}}{1+15\bar{\rho}}=\frac{55+300\times4.84/30}{1+15\times0.0068}=93.8\text{N/mm}^2$$

本梁的加固条件为一类环境，不考虑由季节温差造成的温差损失。

6）跨中截面预应力总损失和混凝土有效预应力

$$\sigma_l=\sigma_{l1}+\sigma_{l2}+\sigma_{l3}=100+22.88+93.8=216.72\text{N/mm}^2>80\text{N/mm}^2$$

$$N_p=(\sigma_{con}-\sigma_l)A_f-\sigma_{l3}A_{s0}=(1040-216.72)\times119-93.8\times402=60245\text{N}$$

预应力对截面中心的偏心距

$$e_{pn}=\frac{(\sigma_{con}-\sigma_l)\ A_f y_{pn}-\sigma_{l3}A_{s0}y_{sn}}{N_p}=\frac{(1040-216.72)\ \times119\times200-93.8\times402\times165}{60245}=221.9\text{mm}$$

截面受拉边缘处混凝土法向预压应力为

$$\sigma_{pc}=\frac{N_p}{A_n}+\frac{N_p e_{pn}}{W}=\frac{60245}{80000}+\frac{60245\times221.9}{5.33\times10^6}=3.26\text{N/mm}^2$$

3 裂缝验算

荷载标准组合下混凝土受拉钢筋应力

$$\sigma_{ck}=\frac{M_k}{W}=\frac{80\times10^6}{5.33\times10^6}=15.0\text{N/mm}^2$$

则 $\sigma_{ck}-\sigma_{pc}=15.0-3.26=11.74\text{N/mm}^2>f_{tk}=2.01\text{N/mm}^2$，梁会开裂。

$$e_p=e_{pn}-y_{sn}=221.9-165=56.9\text{mm}$$

$$e=e_p+\frac{M_k\pm M_2}{N_p}=56.9+\frac{80\times10^6}{60245}=1384.8\text{mm}$$

$$z=\left[0.87-0.12(1-\gamma_f')\left(\frac{h_0}{e}\right)^2\right]h_0=\left[0.87-0.12\times\left(\frac{365}{1384.8}\right)^2\right]\times365=314.5\text{mm}$$

$$\sigma_{sk}=\frac{M_k\pm M_2-N_p(z-e_p)}{(A_fE_f/E_s+A_s)z}=\frac{(80\pm0)\times10^6-60245\times(314.5-56.9)}{(119\times160000/200000+402)\times314.5}=412.4\text{N/mm}^2$$

$$\rho_{te}=\frac{A_s+A_fE_f/E_s}{A_{te}}=\frac{402+119\times160000/200000}{0.5\times200\times400}=0.0124$$

$$\psi=1.1-0.65\frac{f_{tk}}{\rho_{te}\sigma_{sk}}=1.1-0.65\times2.0/(0.0124\times412.4)=0.8451$$

$$w_{max}=1.9\psi\frac{\sigma_{sk}}{E_s}\left(1.9c+0.08\frac{d_{eq}}{\rho_{te}}\right)=1.9\times0.845\times\frac{412.4}{200000}\times(1.9\times25+0.08\times16/0.0124)=0.498\text{mm}$$

与混凝土设计规范对照，其超出裂缝控制等级为三级的裂缝宽度限值，须定期在梁表面采用柔性防护涂层覆面。

4 挠度验算

$$\gamma=\left(0.7+\frac{120}{h}\right)\gamma_m=(0.7+120/400)\times1.55=1.55$$

$$M_{cr}=(\sigma_{pc}+\gamma f_{tk})W_0=(3.26+1.55\times2.01)\times5.33\times10^6=34.0\times10^6\text{N}\cdot\text{mm}$$

$$\alpha_E=E_s/E_c=200000/30000=6.67$$

$$w=\left(1.0+\frac{0.21}{\alpha_E\bar{\rho}}\right)(1.0+0.45\gamma_f)-0.7=\left(1.0+\frac{0.21}{6.67\times0.0068}\right)(1.0+0.45\times0)-0.7=4.925$$

$$k_{cr}=\frac{M_{cr}}{M_k}=\frac{34\times10^6}{80\times10^6}=0.425$$

$$B_s=\frac{0.85E_cI_0}{k_{cr}+(1-k_{cr})w}=\frac{0.85\times30000\times1.07\times10^6}{0.425+(1-0.425)\times4.925}=8.35\times10^{12}\ \text{N}\cdot\text{mm}^2$$

加固后梁的挠度为：

$$f=\frac{5M_kl^2}{48B_s}=\frac{5\times80\times4000^2}{48\times8.35\times10^{12}}=15.97\text{mm}\approx l/250$$

满足要求。

使用 SCS 软件功能项 S516 计算输入信息的简要输出如图 9-7 所示，可见其结果与手

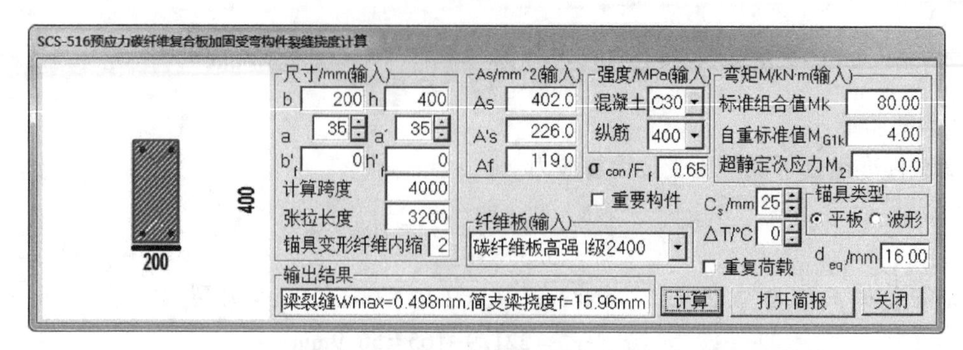

图 9-7 预应力碳纤维板加固矩形截面双筋受弯构件正截面承载力

算结果相同。

【例 9-2】T 形截面梁预应力碳纤维板加固算例

原梁信息几乎与本书例题【4-2】完全相同，只是本例的混凝土强度等级为 C30。要求对该简支梁采用预应力（高强 I 级）碳纤维板进行抗弯加固（抗剪承载力满足要求）。

【解】 1 受弯承载力加固设计计算

由本书例题【4-2】知跨中截面弯矩设计值 $M=444.7\text{kN}\cdot\text{m}$

根据公式（9-6），得：

$$x=h\left[1-\sqrt{1-2\frac{M+f_{y0}A_{s0}a-f'_{y0}A'_{s0}(h-a')}{\alpha_1 f_{c0}b'_f h^2}}\right]$$

$$=700\times\left[1-\sqrt{1-2\times\frac{444.7\times10^6+300\times2281\times60-300\times226\times(700-36)}{1\times14.3\times400\times700^2}}\right]=120.4\text{mm}>h'_f$$

属于第二类 T 形截面，需要重算 x，根据公式（9-6′），得：

$$x=h\left[1-\sqrt{1-2\times\frac{M+f_{y0}A_{s0}a-f'_{y0}A'_{s0}(h-a')-\alpha_1 f_{c0}(b'_f-b)h'_f(h-h'_f/2)}{\alpha_1 f_{c0}bh^2}}\right]$$

$$=700\times\left[1-\sqrt{1-2\times\frac{444.7\times10^6+300\times2281\times60-300\times226\times(700-36)-1\times14.3\times(400-200)\times100\times(700-100/2)}{1\times14.3\times200\times700^2}}\right]$$

$$=141.6\text{mm}$$

$x\leqslant0.85\xi_b h_0=0.85\times0.550\times640=299.2\text{mm}$，满足要求。

代入公式（9-7′），得：

$$A_f=\frac{\alpha_1 f_{c0}(b'_f-b)h'_f+\alpha_1 f_{c0}bx-f_{y0}(A_{s0}-A'_{s0})}{f_f}$$

$$=\frac{1\times14.3\times(400-200)\times100+1\times14.3\times200\times141.6-300\times(2281-226)}{1600}=46.6\text{mm}^2$$

使用 SCS 软件功能项 S515 计算输入信息的简要输出如图 9-8 所示，可见其结果与手算结果相同。

可选用一条 100mm 宽、1.4mm 厚碳纤维板，$A_f=100\times1.4=140\text{mm}^2>46.6\text{mm}^2$，满足要求。

2 预应力及其损失计算

1）截面几何特性（为简化，近似按毛截面计算）

截面面积：$A_n=A_0=A=b\times h+(b'_f-b)\times h'_f=200\times700+200\times100=160000\text{mm}^2$

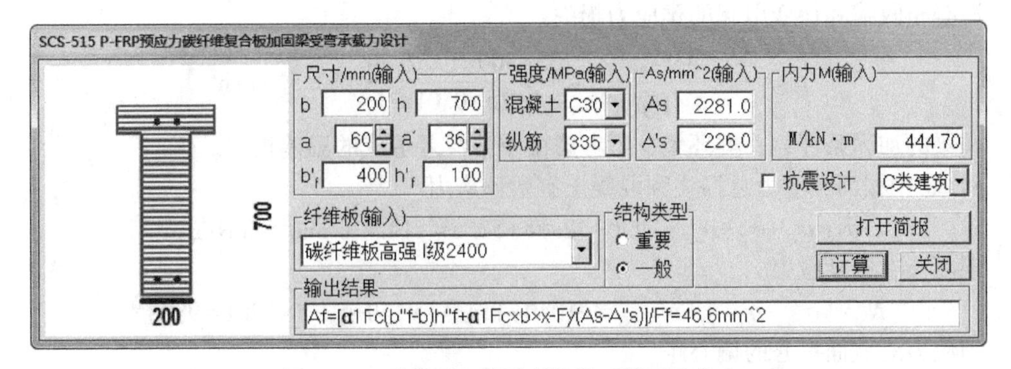

图 9-8　T 形截面双筋受弯构件正截面承载力

重心轴至截面上边缘距离

$$y_s = \frac{bh^2/2 + (b'_f - b) \times (h'_f)^2/2}{A_n} = \frac{200 \times 700^2/2 + (400 - 200) \times (100)^2/2}{160000} = 312.5\text{mm}$$

重心轴至截面下边缘距离 $y_d = h - y_s = 700 - 312.5 = 387.5\text{mm}$

截面惯性矩：

$$I = bh^3/12 + bh(h/2 - y_s)^2 + (b'_f - b) \times (h'_f)^3/12 + (b'_f - b) \times h'_f \times (y_s - h'_f/2)^2$$
$$= 200 \times 700^3/12 + 200 \times 700 \times (700/2 - 312.5)^2 + 200 \times 100^3/12 + 200 \times 100 \times (312.5 - 100/2)^2$$
$$= 15.39 \times 10^9 \text{mm}^4$$

受拉边缘抵抗矩：$W = I/y_d = 15.39 \times 10^9 / 387.5 = 39.71 \times 10^6 \text{mm}^3$

2）预应力控制值：

$$\sigma_{con} = 0.65 \times 1600 = 1040\text{N/mm}^2$$

3）锚具变形和碳纤维复合板内缩引起的预应力损失值 σ_{l1}：

锚具采用平板锚具 $a = 2\text{mm}$；张拉时一端锚固一端张拉，张拉端至锚固之间的净距离 $l = 8200\text{mm}$。

$$\sigma_{l1} = \frac{a}{l} E_f = \frac{2}{8200} \times 1.6 \times 10^5 = 39.0\text{N/mm}^2$$

第一批预应力损失为 $\sigma_{lI} = \sigma_{l1} = 39.0\text{N/mm}^2$。

4）预应力碳纤维复合板的松弛损失 σ_{l2}：

松弛损失率近似取 2.2 %，则 $\sigma_{l2} = r\,\sigma_{con} = 0.022 \times 1040 = 22.88\text{N/mm}^2$

5）混凝土收缩和徐变引起的预应力损失值 σ_{l3}：

预应力碳纤维复合板和钢筋的等效配筋率为

$\bar{\rho} = (A_f E_f / E_s + A_s)/(bh_0) = [140 \times 1.6 \times 10^5 / (2 \times 10^5) + 2281]/(200 \times 640) = 0.0187\%$

加固前卸载到只剩下自重。钢筋混凝土的重度为 25kN/m³，沿梁长度和自重标准值为：

$$g_{1k} = 25 \times A_n = 25 \times 160000 = 40.5\text{kN/m}$$

考虑第一批损失后，预应力碳纤维板中的拉力为：

$$N_{pI} = A_f(\sigma_{con} - \sigma_{lI}) = 140 \times (1040 - 39.0) = 140137\text{N}$$

考虑梁自重影响，预应力碳纤维复合板处的混凝土法向压应力为：

$$\sigma_{pcI} = \frac{N_{pl}}{A_n} + \frac{N_{pl} y_d - M_{G1k}}{W} = \frac{140137}{160000} + \frac{140137 \times 387.5 - 40.5 \times 10^6}{39.71 \times 10^6} = 1.22\text{N/mm}^2 < 0.5 f'_{cu} = 15\text{N/mm}^2$$

混凝土收缩和徐变引起的预应力损失

$$\sigma_{l3}=\frac{55+300\sigma_{pc}/f'_{cu}}{1+15\bar{\rho}}=\frac{55+300\times1.22/30}{1+15\times0.0187}=52.5\mathrm{N/mm^2}$$

本梁的加固条件为一类环境，不考虑由季节温差造成的温差损失。

6）跨中截面预应力总损失和混凝土有效预应力

$$\sigma_l=\sigma_{l1}+\sigma_{l2}+\sigma_{l3}=39.0+22.88+52.5=114.4\mathrm{N/mm^2}>80\mathrm{N/mm^2}$$

混凝土有效预应力

$$N_p=(\sigma_{con}-\sigma_l)A_f-\sigma_{l3}A_{s0}=(1040-114.4)\times140-52.5\times2281=9808\mathrm{N}$$

预应力对截面重心的偏心距

$$e_{pn}=\frac{(\sigma_{con}-\sigma_l)A_f y_{pn}-\sigma_{l3}A_{s0}y_{sn}}{N_p}=\frac{(1040-114.4)\times140\times387.5-52.5\times2281\times327.5}{9808}=1120.2\mathrm{mm}$$

截面受拉边缘处混凝土法向预压应力为

$$\sigma_{pc}=\frac{N_p}{A_n}+\frac{N_p e_{pn}}{W}=\frac{9808}{160000}+\frac{9808\times1102.2}{39.71\times10^6}=0.34\mathrm{N/mm^2}$$

3 裂缝验算

由本书例题【4-4】知跨中截面荷载标准组合作用的弯矩值 $M_k=166.22\mathrm{kN\cdot m}$

荷载标准组合下混凝土受拉钢筋应力

$$\sigma_{ck}=\frac{M_k}{W}=\frac{166.22\times10^6}{39.71\times10^6}=4.19\mathrm{N/mm^2}$$

则 $\sigma_{ck}-\sigma_{pc}=4.19-0.34=3.85\mathrm{N/mm^2}>f_{tk}=2.01\mathrm{N/mm^2}$，梁会开裂。

$$e_p=e_{pn}-y_{sn}=1102.2-327.5=792.7\mathrm{mm}$$

$$e=e_p+\frac{M_k\pm M_2}{N_p}=792.7+\frac{166.22\times10^6}{9808}=17739.8\mathrm{mm}$$

$$\gamma'_f=\frac{h'_f(b'_f-b)}{bh_0}=\frac{100\times(400-200)}{200\times640}=0.156$$

$$z=\left[0.87-0.12(1-\gamma'_f)\left(\frac{h_0}{e}\right)^2\right]h_0=\left[0.87-0.12\times(1-0.156)\times\left(\frac{640}{17739.8}\right)^2\right]\times640=556.7\mathrm{mm}$$

$$\sigma_{sk}=\frac{M_k\pm M_2-N_p(z-e_p)}{(A_fE_f/E_s+A_s)z}=\frac{166.22\times10^6-9808\times(556.7-792.7)}{(140\times160000/200000+2281)\times556.7}=126.5\mathrm{N/mm^2}$$

$$\rho_{te}=\frac{A_s+A_fE_f/E_s}{A_{te}}=\frac{2281+140\times160000/200000}{0.5\times200\times700}=0.0342$$

$$\psi=1.1-0.65\frac{f_{tk}}{\rho_{te}\sigma_{sk}}=1.1-0.65\times2.0/(0.0342\times126.5)=0.798$$

$$w_{max}=1.9\psi\frac{\sigma_{sk}}{E_s}\left(1.9c+0.08\frac{d_{eq}}{\rho_{te}}\right)=1.9\times0.798\times\frac{126.5}{200000}\times(1.9\times25+0.08\times22/0.0342)=0.095\mathrm{mm}$$

4 挠度验算

据《混凝土结构设计规范》GB 50010—2010 式（7.2.4）

$$\gamma=\left(0.7+\frac{120}{h}\right)\gamma_m=(0.7+120/700)\times1.50=1.31$$

$$M_{cr}=(\sigma_{pc}+\gamma f_{tk})W_0=(0.34+1.31\times2.01)\times39.71\times10^6=117.75\times10^6\text{N}\cdot\text{mm}$$

$$\alpha_E=E_s/E_c=200000/30000=6.67$$

$$w=\left(1.0+\frac{0.21}{\alpha_E\bar{\rho}}\right)(1.0+0.45\gamma_f)-0.7=\left(1.0+\frac{0.21}{6.67\times0.0187}\right)\times(1.0+0.45\times0)-0.7=1.985$$

$$k_{cr}=\frac{M_{cr}}{M_k}=\frac{117.75\times10^6}{166.22\times10^6}=0.708$$

$$B_s=\frac{0.85E_cI_0}{k_{cr}+(1-k_{cr})w}=\frac{0.85\times30000\times15.39\times10^9}{0.708+(1-0.708)\times1.985}=304.82\times10^{12}\text{N}\cdot\text{mm}^2$$

加固后梁的挠度为：

$$f=\frac{M_kl^2}{48B_s}=\frac{5\times166.22\times10^6\times9000^2}{48\times304.82\times10^{12}}=4.60\text{mm}\approx l/1950$$

满足要求。

使用 SCS 软件功能项 S516 计算输入信息的简要输出如图 9-9 所示，可见其结果与手算结果相同。

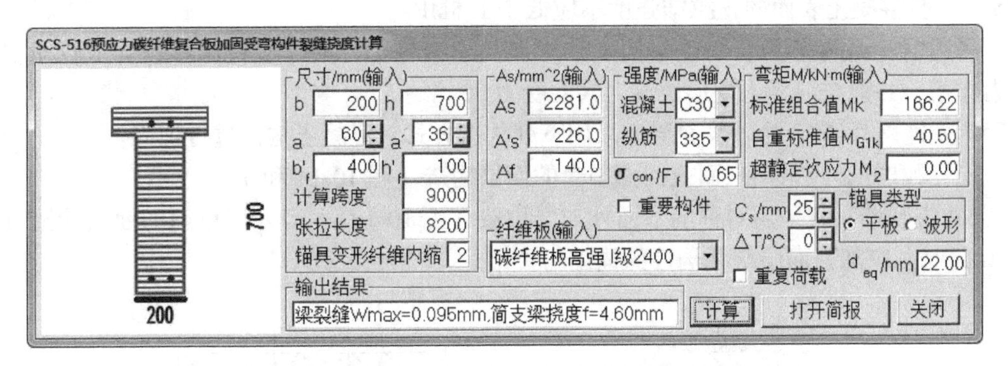

图 9-9　预应力碳纤维板加固 T 形截面双筋受弯构件正截面承载力

本章参考文献

[1] 卜良桃，梁爽，黎红兵. 混凝土结构加固设计规范算例（第 2 版）[M]. 北京：中国建筑工业出版社，2015.

[2] 王依群. 混凝土结构设计计算算例（第 3 版）[M]. 北京：中国建筑工业出版社，2016.

第10章 预张紧钢丝绳网片-聚合物砂浆面层加固法

10.1 设计规定

预张紧钢丝绳网片-聚合物砂浆面层加固法适用于钢筋混凝土梁、柱、墙等构件的加固，但《混凝土结构加固设计规范》GB 50367—2013 仅对受弯构件的加固作出规定。本方法不适用于素混凝土构件，包括纵向受拉钢筋一侧配筋率小于 0.2%的构件加固。

采用本方法加固时，原结构、构件按现场检测结果推定的混凝土强度等级不应低于 C15 级，且混凝土表面的正拉结强度不应低于 1.5MPa。

采用钢丝绳网片-聚合物砂浆面层加固混凝土结构构件时，应将网片设计成仅承受拉应力作用，并能与混凝土变形协调、共同受力。

钢丝绳网片-聚合物砂浆面层应采用下列构造方式对混凝土构件进行加固：

1）梁和柱，应采用三面或四面围套的面层构造（图 10-1a 和 b）；

2）板和墙，宜采用对称的双面外加层构造（图 10-1d）。当采用单面的面层构造（图 10-1c）时，应加强面层与原构件的锚固与拉结。

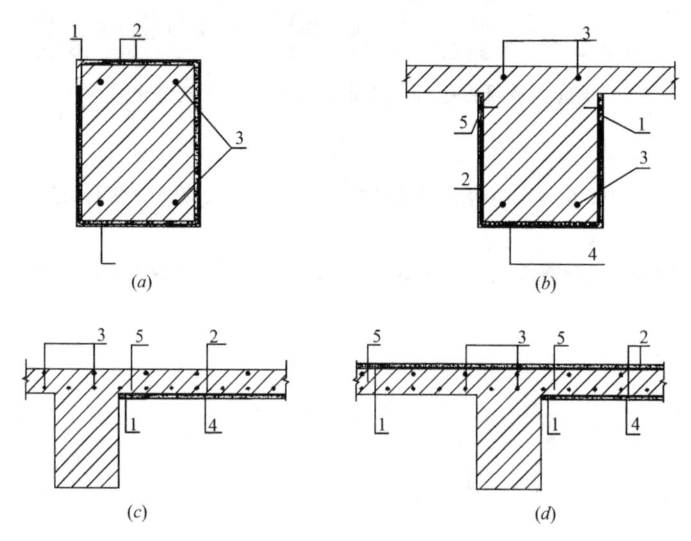

图 10-1 钢丝绳网片-聚合物砂浆面层构造示意图

（a）四面围套面层；（b）三面围套面层；（c）单面层；（d）双面层

1—固定板；2—钢丝绳网片；3—原钢筋；4—聚合物砂浆面层；5—胶粘型锚栓

钢丝绳网片安装时，应施加预张紧力；预张紧应力大小取 $0.3f_{rw}$，允许偏差为±10%，f_{rw} 为钢丝绳抗拉强度设计值。施加预张紧力的工序及其施力值应标注在设计、施工图上，不得疏漏，以确保其安装后能立即与原结构共同工作。

采用本方法加固的混凝土结构，其长期使用的环境温度不得高于60℃。处于特殊环境下（如介质腐蚀、高温、高湿、放射等）的混凝土结构，其加固除应采用耐环境因素作用的聚合物配制砂浆外，尚应符合现行国家标准《工业建筑防腐蚀设计规范》GB 50046 的规定，并采取相应的防护措施。

采用本方法加固时，应采取措施卸除或大部分卸除作用在结构上的活荷载。

当被加固结构、构件的表面有防火要求时，按现行国家标准《建筑设计防火规范》GB 50016 规定的耐火等级进行防护。

10.2　受弯构件正截面加固计算

采用钢丝绳网片-聚合物砂浆面层对受弯构件进行加固时，除应符合现行国家标准《混凝土结构设计规范》GB 50010 正截面承载力计算的基本假定外，尚应符合下列规定：

1）构件达到受弯承载能力极限状态时，钢丝绳网片的拉应变 ε_{rw} 可按截面应变保持平面的假设确定；

2）钢丝绳网片应力 σ_{rw} 可近似取等于拉应变 ε_{rw} 与弹性模量的乘积 E_{rw}；

3）当考虑二次受力影响时，应按构件加固前的初始受力情况，确定钢丝绳网片的滞后应变；

4）在达到受弯承载能力极限状态前，钢丝绳网与混凝土之间不出现粘结剥离破坏；

5）对梁的不同面层构造，统一采用仅按梁的受拉区底面有面层的计算简图，但在验算梁的正截面承载力时，应引入修正系数 η_{r1} 考虑梁侧面围套内钢丝绳网片对承载力提高的作用。

受弯构件加固后的相对界限受压区高度 $\xi_{b,rw}$ 应按下式计算，即按加固前控制值的 0.85 倍采用：

$$\xi_{b,rw}=0.85\xi_b \tag{10-1}$$

式中　ξ_b——构件加固前的相对界限受压区高度，按现行国家标准《混凝土结构设计规范》GB 50010 的规定计算。

矩形截面受弯构件采用钢丝绳网片-聚合物砂浆面层进行加固时（图 10-2），其正截面承载力应按下列公式确定：

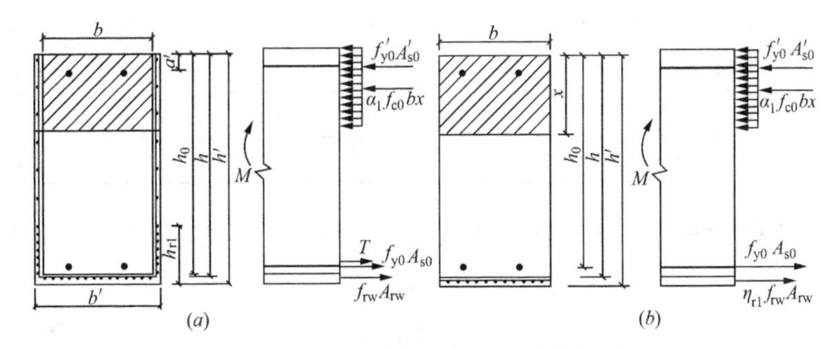

图 10-2　受弯构件正截面承载力计算

（*a*）围套式外加层原计算图；（*b*）本书采用的计算图

$$M \leqslant \alpha_1 f_{c0} bx\left(h-\frac{x}{2}\right)+f'_{y0}A'_{s0}(h-a')-f_{y0}A_{s0}(h-h_0) \tag{10-2}$$

$$\alpha_1 f_{c0} bx = f_{y0}A_{s0}+\eta_{r1}\psi_{rw} f_{rw}A_{rw}-f'_{y0}A'_{s0} \tag{10-3}$$

$$\psi_{rw}=\frac{(0.8\varepsilon_{cu}h/x)-\varepsilon_{cu}-\varepsilon_{rw,0}}{f_{rw}/E_{rw}} \tag{10-4}$$

$$2a' \leqslant x \leqslant \xi_{b,rw}h_0 \tag{10-5}$$

式中　M——构件加固后的弯矩设计值；

x——等效矩形应力图形的混凝土受压区高度；

b、h——矩形截面宽度和高度；

f_{rw}——钢丝绳网片抗拉强度设计值；

A_{rw}——钢丝绳网片受拉截面面积；

f_{y0}、f'_{y0}——原截面受拉钢筋和受压钢筋的抗拉、抗压强度设计值；

A_{s0}、A'_{s0}——原截面受拉钢筋和受压钢筋的截面面积；

a'——纵向受压钢筋合力点至截面近边的距离；

h_0——构件加固前的截面有效高度；

η_{r1}——考虑梁侧面围套高度 h_{r1} 范围内配有与梁底部相同的受拉钢丝绳网片时，该部分网片对承载力提高的系数；对围套式面层按表 10-1 的规定值采用；对单层面层，取 $\eta_{r1}=1.0$；

h_{r1}——自梁侧面受拉区边缘算起，配有与梁底部相同的受拉钢丝绳网片的高度；设计时应取 h_{r1} 小于等于 $0.25h$；

ψ_{rw}——考虑受拉钢丝绳网片的实际拉应变可能达不到设计值而引入的强度利用系数；当 $\psi_{rw}>1.0$ 时，取 $\psi_{rw}=1.0$；

ε_{cu}——混凝土极限压应变，取 $\varepsilon_{cu}=0.0033$；

$\varepsilon_{rw,0}$——考虑二次受力影响时，钢丝绳网片的滞后应变，应按式（10-6）计算；若不考虑二次受力影响，取 $\varepsilon_{rw,0}=0$。

梁侧面 h_{r1} 高度范围配置网片的承载力提高系数　　表 10-1

h_{r1}/h \ h/b	1.0	1.5	2.0	2.5	3.0	3.5	4.0	4.5
0.05	1.09	1.14	1.18	1.23	1.28	1.32	1.37	1.41
0.10	1.17	1.25	1.34	1.42	1.50	1.59	1.67	1.76
0.15	1.25	1.34	1.46	1.57	1.69	1.80	1.92	2.03
0.20	1.28	1.42	1.56	1.70	1.83	1.97	2.11	2.25
0.25	1.32	1.47	1.63	1.79	1.95	2.10	2.26	2.42

当考虑二次受力影响时，钢丝绳网片的滞后应变 $\varepsilon_{rw,0}$ 应按下式计算：

$$\varepsilon_{rw,0}=\frac{\alpha_{rw}M_{0k}}{E_{s0}A_{s0}h_0} \tag{10-6}$$

式中　M_{0k}——加固前受弯构件验算截面上原作用的弯矩标准值；

E_{s0}——原钢筋的弹性模量；

α_{rw}——综合考虑受弯构件裂缝截面内力臂变化、钢筋拉应变不均匀以及钢筋排列影响的计算系数，按表 10-2 的规定采用。

计算系数值 α_{rw}　　**表 10-2**

ρ_{te}	≤0.007	0.010	0.020	0.030	0.040	≥0.060
单排钢筋	0.70	0.90	1.15	1.20	1.25	1.30
双排钢筋	0.75	1.00	1.25	1.30	1.35	1.40

注：1. ρ_{te} 为原混凝土有效受拉截面的纵向钢筋配筋率，即 $\rho_{te}=A_s/A_{te}$；A_{te} 为有效受拉截面面积，按现行国家标准《混凝土结构设计规范》GB 50010 的规定计算；

2. 当原构件钢筋应力 $\sigma_{s0}\leqslant$150MPa 时，且 $\rho_{te}\leqslant$0.05 时，表中 α_{rw} 值可乘以调整系数 0.9。

对翼缘位于受压区的 T 形截面受弯构件的受拉面粘贴钢丝绳网片-聚合物砂浆面层进行受弯加固时，应按本章矩形截面的计算原则和现行国家标准《混凝土结构设计规范》GB 50010 中关于 T 形截面受弯承载力的计算方法进行计算。例如，对于截面复核题，先使用式（10-7）判断是第一类（还是第二类）T 形截面，然后再做相应计算。

$$\alpha_1 f_{c0} b'_f h'_f \geqslant f_y A_s - f'_y A'_s + \eta_{r1}\psi_{rw} f_{rw} A_{rw} \tag{10-7}$$

钢筋混凝土结构构件加固后，其正截面受弯承载力的提高幅度，不宜超过 30%，当有可靠试验依据时，也不应超过 40%；并且应验算其受剪承载力，避免因受弯承载力提高后而导致构件受剪破坏先于受弯破坏。

【例 10-1】矩形截面梁底钢丝绳网片-聚合物砂浆面层加固算例

文献［3］第 100 页介绍的试验，梁的几何与力学参数为，混凝土强度等级为 C35，截面尺寸为 $b\times h=200\text{mm}\times300\text{mm}$，纵筋为 HRB335 钢筋，受拉筋 4$\Phi$12（$A_{s0}=452\text{mm}^2$），$a=37$mm（图 10-3）。加固后截面需承受弯矩设计值为原梁承载力的 1.3 倍，加固前弯矩标准值为 20kN·m。求钢丝绳网片的加固量。

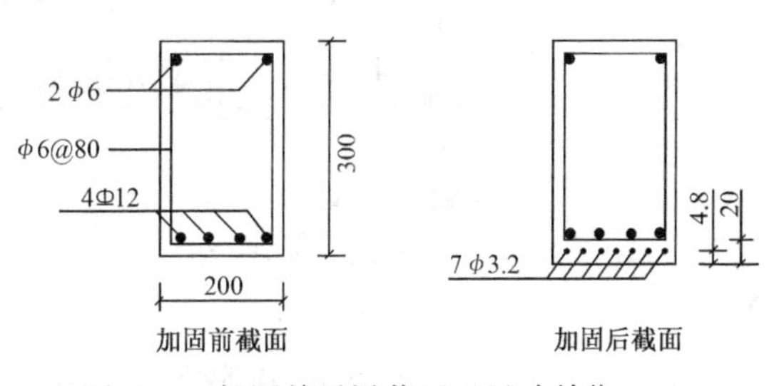

图 10-3　加固前后梁截面（尺寸单位 mm）

【解】 1）原梁承载力验算。

使用文献［4］介绍的 RCM 软件输入信息与简要计算结果如图 10-4 所示。可见承载力不足，需要加固。

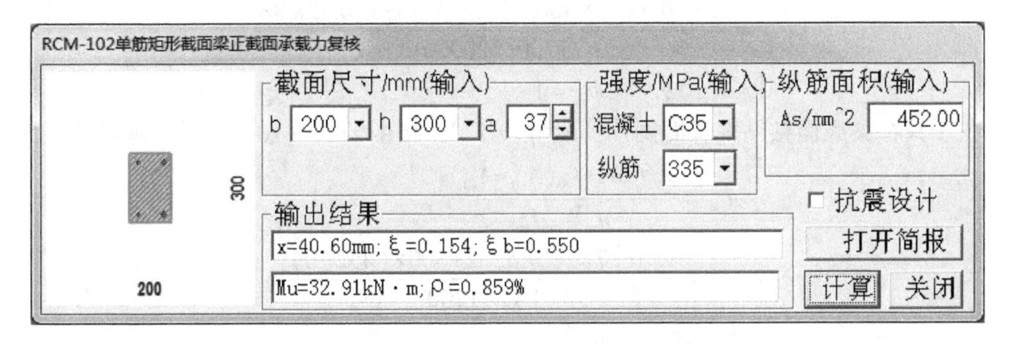

图 10-4　矩形截面梁受弯承载力验算

加固混凝土结构用的钢丝绳计算用截面面积及参照重量见表 10-3。

钢丝绳计算用截面面积及参考重量 表 10-3

种类	钢丝绳公称直径（mm）	钢丝直径（mm）	计算用截面面积（mm^2）	参考重量（kg/100m）	种类	钢丝绳公称直径（mm）	钢丝直径（mm）	计算用截面面积（mm^2）	参考重量（kg/100m）
6×7 +IWS	2.4	(0.27)	2.81	2.40	6×7 +IWS	3.6	0.40	6.16	6.20
	2.5	0.28	3.02	2.73		4.0	(0.44)	7.45	6.70
	3.0	0.32	3.94	3.36		4.2	0.45	7.79	7.05
	3.05	(0.34)	4.45	3.83		4.5	0.50	9.62	8.70
	3.2	0.35	4.71	4.21	1×19	2.5	0.50	3.73	3.10

注：括号内的钢丝直径为建筑结构加固非常用的直径。

加固后截面需承受弯矩设计值为 $M=1.3\times32.91$

$$=42.7\text{kN}\cdot\text{m}$$

2）加固计算

由式（10-2）、式（10-3）联立求解，得：

$$x=h\left[1-\sqrt{1-2\times\frac{M+f_{y0}A_{s0}a-f'_{y0}A'_{s0}(h-a')}{\alpha_1 f_{c0}bh^2}}\right]$$

$$=300\times\left[1-\sqrt{1-2\times\frac{42700000+300\times452\times37-300\times0\times(300-35)}{1\times16.7\times200\times300^2}}\right]$$

$$=52.2\text{mm}$$

$x\leqslant0.85\xi_b h_0=0.85\times0.550\times263=123\text{mm}$，满足要求。

$$\rho_{te}=\frac{A_s}{0.5bh}=\frac{452}{0.5\times200\times300}=0.0151\text{ 查表 8-2 得 }\alpha_{rw}=1.027$$

纤维复合材的滞后应变 $\varepsilon_{rw,0}=\dfrac{\alpha_{rw}M_{0k}}{E_{s0}A_{s0}h_0}=\dfrac{1.027\times20\times10^6}{200000\times452\times263}$

$$=0.00086$$

$$\psi_{rw}=\frac{(0.8\varepsilon_{cu}h/x)-\varepsilon_{cu}-\varepsilon_{rw,0}}{f_{rw}/E_{rw}}$$

$$=\frac{0.8\times0.0033\times300/52.2-0.0033-0.00086}{1200/120000}$$

$=1.102$，取 $\psi_{rw}=1$

由于只在梁底面粘贴钢丝绳网片，取 $\eta_{r1}=1.0$。再由公式（10-3）得钢丝绳总截面积

$$A_{rw}=\frac{\alpha_1 f_{c0}bx-f_{y0}(A_{s0}-A'_{s0})}{\eta_{r1}\psi_{rw}f_{rw}}$$

$$=\frac{1\times16.7\times200\times52.2+300\times(452-0)}{1\times1\times1200}$$

$$=32.29\text{mm}^2$$

使用 SCS 软件计算对话框输入信息和最终计算结果如图 10-5 所示，可见其与手算结

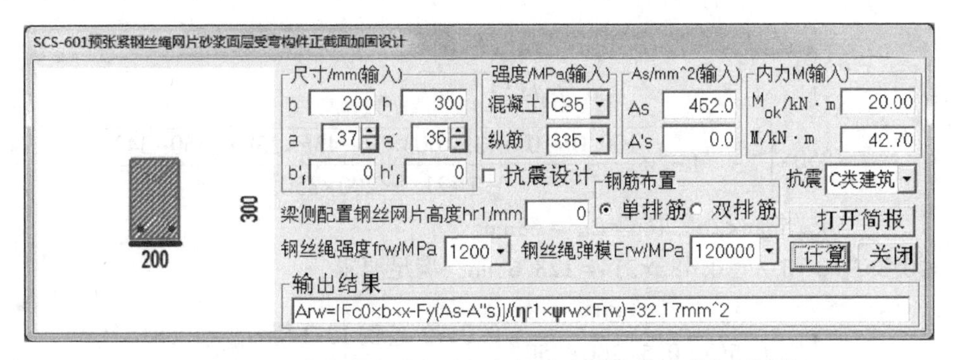

图 10-5　矩形截面梁底面粘贴钢丝绳网片-聚合物砂浆加固计算

果相近。

查《混凝土结构加固设计规范》GB 50367—2013 表 13.2.7，如选直径 3.2mm 钢丝绳，则放 7 根，实配 $A_{rw}=7\times4.71=32.97\text{mm}^2$，可满足要求。这与 4 根配 7 根直径 3.2mm 网筋加固梁的试验结果 $M_u=1.23M_{u0}$ 相比，计算结果略偏高些。

【例 10-2】矩形截面梁底和梁侧钢丝绳网片-聚合物砂浆面层加固算例

文献［3］第 103 页介绍的试验，梁的几何与力学参数为，混凝土强度等级为 C45，截面尺寸为 $b\times h=200\text{mm}\times350\text{mm}$，纵筋为 HRB335 钢筋，但从材料实测屈服强度更接近于 HRB500 钢筋，故取受拉筋 3 Φ 16（$A_{s0}=603\text{mm}^2$），受压筋 3 Φ 12（$A'_{s0}=339\text{mm}^2$），$a=36\text{mm}$，$a'=34\text{mm}$（图 10-6）。加固后截面需承受弯矩设计值为原梁承载力的 1.3 倍，加固前弯矩标准值为 35kN·m。求钢丝绳网片截面面积。

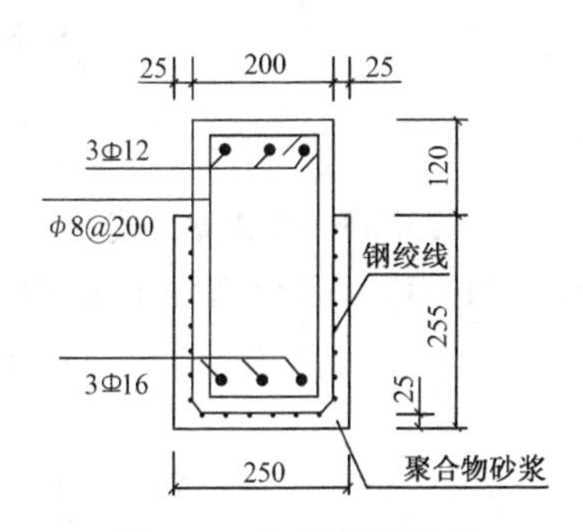

图 10-6　加固截面示意

【解】 1）原梁承载力验算。

使用文献［4］介绍的 RCM 软件输入信息与简要计算结果如图 10-7 所示（$M_{u0}=73.4\text{kN}\cdot\text{m}$）。可见承载力不足，需要加固。

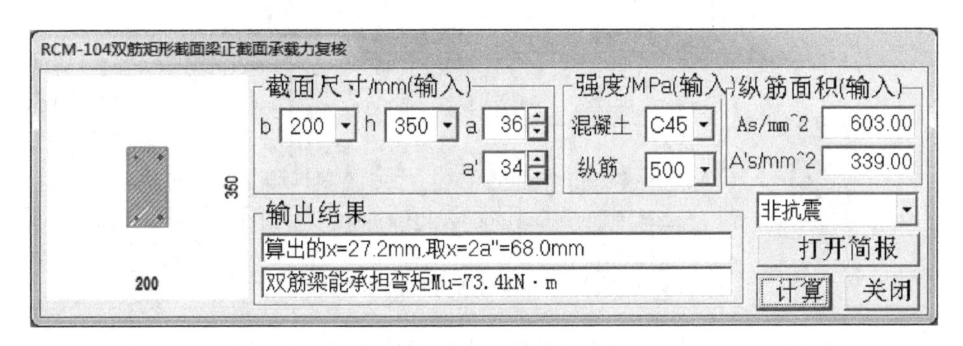

图 10-7　双筋梁受弯承载力

加固后截面需承受弯矩设计值为 $M=1.3\times73.4\approx100.0\text{kN}\cdot\text{m}$。

2）加固计算

由式（10-2）、式（10-3）联立求解，得：

$$x=h\left[1-\sqrt{1-2\times\frac{M+f_{y0}A_{s0}a-f'_{y0}A'_{s0}(h-a')}{\alpha_1 f_{c0}bh^2}}\right]$$

$$=350\times\left[1-\sqrt{1-2\times\frac{100.0\times10^6+435\times603\times36-435\times339\times(350-34)}{1\times21.1\times200\times350^2}}\right]$$

$$=45.5\text{mm}<2a',取\ x=2a'=68\text{mm}$$

$x\leqslant0.85\xi_b h_0=0.85\times0.482\times314=128.6\text{mm}$，满足要求。

$$\rho_{te}=\frac{A_s}{0.5bh}=\frac{603}{0.5\times200\times350}=0.0172\ 查表10\text{-}2得\ \alpha_{rw}=1.081$$

纤维复合材的滞后应变

$$\varepsilon_{rw,0}=\frac{\alpha_{rw}M_{0k}}{E_{s0}A_{s0}h_0}=\frac{1.081\times35\times10^6}{200000\times603\times314}=0.00100$$

$$\psi_{rw}=\frac{(0.8\varepsilon_{cu}h/x)-\varepsilon_{cu}-\varepsilon_{rw,0}}{f_{rw}/E_{rw}}$$

$$=\frac{0.8\times0.0033\times350/68-0.0033-0.0010}{1200/110000}$$

$$=0.851$$

$h_{r1}=255\text{mm}>0.25h$，按 $h_{r1}=0.25h$、$h/b=350/200=1.75$ 查表 10-1 得 $\eta_{r1}=1.55$。再由公式（10-3）得钢丝绳总截面积

$$A_{rw}=\frac{\alpha_1 f_{c0}bx-f_{y0}(A_{s0}-A'_{s0})}{\eta_{r1}\psi_{rw}f_{rw}}$$

$$=\frac{1\times21.1\times200\times68-435\times(603-339)}{1.55\times0.851\times1200}$$

$$=108.67\text{mm}^2$$

使用 SCS 软件计算对话框输入信息和最终计算结果如图 10-8 所示，可见其与手算结果相近。

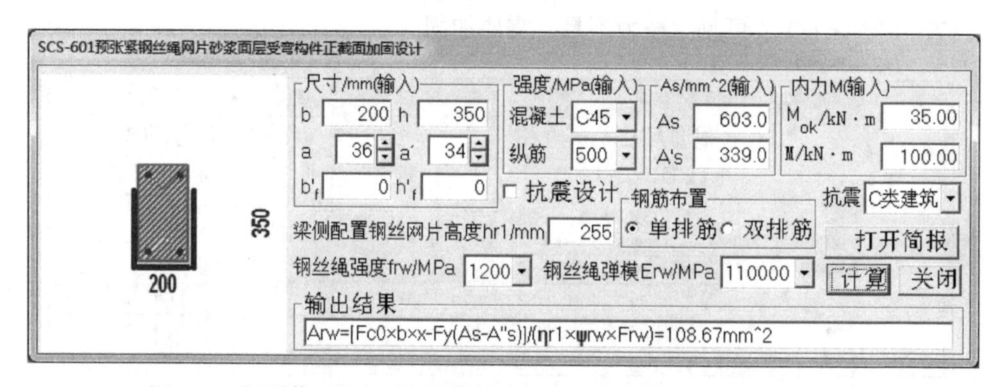

图 10-8　矩形截面梁底面和梁侧粘贴钢丝绳网片-聚合物砂浆加固计算

查《混凝土结构加固设计规范》GB 50367—2013 表 13.2.7，如选直径 4.5mm 钢丝绳，梁底放 11 根实配 $A_{rw}=11\times9.62=105.82\text{mm}$、梁下部（1/4 梁高范围内）两侧各放 4 根，共 19 根网筋，可满足要求。

【例 10-3】矩形截面梁底粘贴钢丝绳网片-聚合物砂浆面层加固复核算例

本书【例 10-1】的梁，已知加固采用梁底布 7 根直径 3.2mm 设计强度为 1200MPa 的钢丝绳（图 10-3），考虑二次受力影响，求加固后梁的弯矩承载力。

【解】

只有梁底粘贴钢丝绳网片，$\eta_{r1}=1.0$。$A_{rw}=7\times4.71=32.97\text{mm}^2$，考虑二次受力影响，将数据代入式（10-3）、式（10-4）联立求解，得 $\psi_{rw}=1.07>1$，取 $\psi_{rw}=1$

$$x=\frac{f_yA_s-f'_yA'_s+\eta_{r1}\psi_{rw}f_{rw}A_{rw}}{\alpha_1 f_{c0}b}=\frac{300\times(452-0)+1\times1\times1200\times32.97}{1\times16.7\times200}=52.4\text{mm}$$

将 x 代入式（10-2）

$$M=\alpha_1 f_{c0}bx\left(h-\frac{x}{2}\right)+f'_{y0}A'_{s0}(h-a')-f_{y0}A_{s0}(h-h_0)$$

$$=1\times16.7\times200\times52.4\times(300-52.4/2)+0-300\times452\times(300-263)=42.9\times10^6\text{N}\cdot\text{mm}$$

SCS 软件输入信息与简要计算结果如图 10-9 所示。可见其与手算几乎相同。

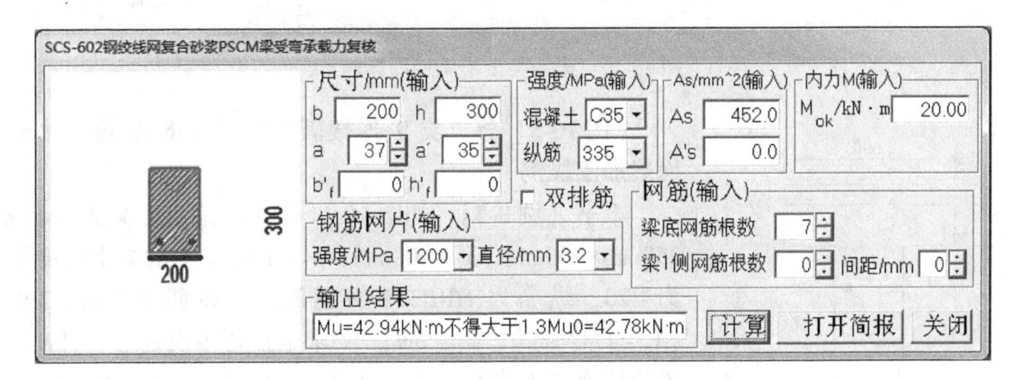

图 10-9　HPFL 法加固矩形截面梁受弯承载力复核

【例 10-4】第一类 T 形截面梁钢丝绳网片-聚合物砂浆面层加固算例

本书【例 8-2】，某 T 形截面梁 $b\times h=250\text{mm}\times550\text{mm}$，$b'_f=750\text{mm}$，$h'_f=80\text{mm}$，混凝土强度等级为 C20，纵筋为 HRB335 级钢筋，受拉筋 3⌀22（$A_s=1140\text{mm}^2$），$a=35\text{mm}$。梁的抗剪能力满足要求，仅需进行抗弯加固，要求抗弯承载力提高 40%，不考虑二次受力。已知加固采用梁底布 8 根和梁侧下部布 14 根（间距 20mm）直径 3.0mm 设计强度为 1200MPa 的钢绞线，复核加固后梁的弯矩承载力足够否。

【解】 1）原梁承载力验算。

使用文献［4］介绍的 RCM 软件输入信息与简要计算结果如图 8-5 所示。

2）加固计算

梁底钢绞线总截面积 $A_{rw}=8\times3.94=31.52\text{mm}^2$；梁侧钢绞线总截面积 $14\times3.94=55.16\text{mm}^2$

梁侧钢绞线分布高度为 $h_{r1}=7\times20=140\text{mm}>0.25h=0.25\times550=137.5\text{mm}$，按 $h_{r1}=0.25h$ 计算，按 $h_{r1}=0.25h$、$h/b=550/250=2.2$ 查表 10-1 得 $\eta_{r1}=1.694$。

首先，通过式（10-7）判断属于第一类 T 形截面梁。将数据代入式（10-3）、式（10-4）联立求解，得 $\psi_{rw}=1.43>1$，取 $\psi_{rw}=1$

$$x=\frac{f_yA_s-f'_yA'_s+\eta_{r1}\psi_{rw}f_{rw}A_{rw}}{\alpha_1 f_{c0}b'_f}=\frac{300\times(1140-0)+1.694\times1\times1200\times31.52}{1\times9.6\times750}=56.4\text{mm}$$

将 x 代入式（10-2）

$M=1\times9.6\times750\times56.4\times(550-56.4/2)+0-300\times1140\times(550-515)=199.9\times10^6\text{N}\cdot\text{mm}$

SCS 软件输入信息与简要计算结果如图 10-10 所示。可见其与手算相近。

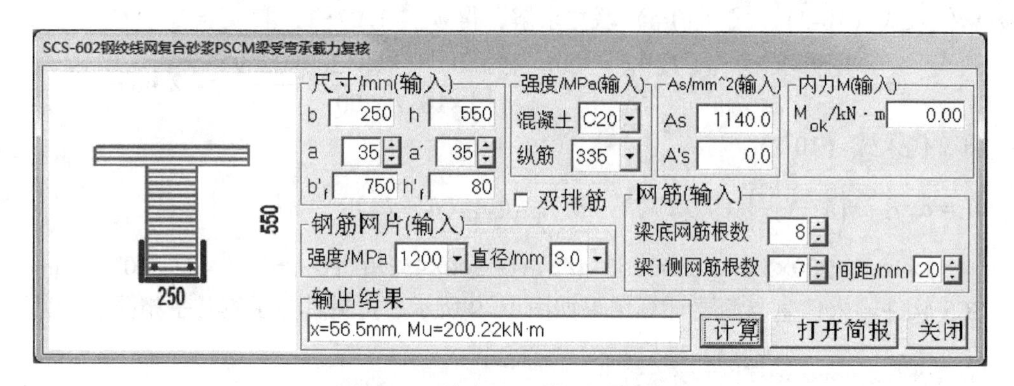

图 10-10　第一类 T 形梁加固算例

【例 10-5】第二类 T 形截面梁钢丝绳网片-聚合物砂浆面层加固算例

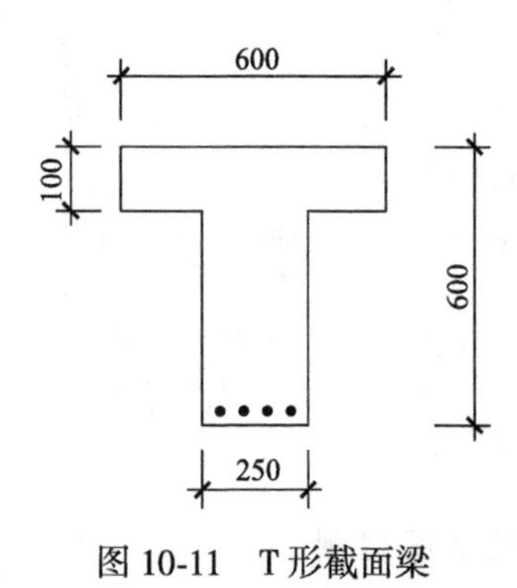

图 10-11　T 形截面梁

本书【例 8-3】，如图 10-11 所示，某 T 形截面梁 $b\times h=250\text{mm}\times600\text{mm}$，$b'_f=600\text{mm}$，$h'_f=100\text{mm}$，混凝土强度等级为 C20，纵筋为 HRB335 级钢筋，受拉筋 2 Φ 25 + 2 Φ 22（$A_{s0}=1742\text{mm}^2$），$a=35\text{mm}$。要求承担弯矩设计值 330kN · m，梁的抗剪能力满足要求，仅需进行抗弯加固，不考虑二次受力。已知加固采用梁底布 7 根和梁侧下部布 12 根（间距 20mm）直径 3.0mm 设计强度为 1200MPa 的钢绞线，复核加固后梁的受弯承载力。

【解】 1）原梁承载力验算。

使用文献［4］介绍的 RCM 软件输入信息与简要计算结果如图 8-8 所示。可见承载力不满足要求，需要加固。

2）加固计算

梁底钢绞线总截面积 $A_{rw}=7\times3.94=27.58\text{mm}^2$，梁侧钢绞线分布高度为 $h_{r1}=6\times20=120\text{mm}=0.2h=0.2\times600\text{mm}$，按 $h_{r1}=0.2h$、$h/b=600/250=2.4$ 查表 10-1 得 $\eta_{r1}=1.67$。

首先，通过式（10-7）判断属于第二类 T 形截面梁。将数据代入式（10-3）、式（10-4）联立求解，得 $\psi_{rw}=1$

$$x=\frac{f_yA_s-f'_yA'_s+\eta_{r1}\psi_{rw}f_{rw}A_{rw}-\alpha_1 f_{c0}(b'_f-b)h'_f}{\alpha_1 f_{c0}b}$$

$$=\frac{300\times(1742-0)+1.67\times1\times1200\times27.58-1\times9.6\times(600-250)\times100}{1\times9.6\times250}=101.0\text{mm}$$

将 x 代入与式（10-2）相应的第二类 T 形截面承载力公式

$$M_u=\alpha_1 f_{c0}(b'_f-b)h'_f\left(h-\frac{h'_f}{2}\right)+\alpha_1 f_{c0}bx\left(h-\frac{x}{2}\right)+f'_{y0}A'_{s0}(h-a')-f_{y0}A_{s0}(h-h_0)$$

$$=1\times9.6\times(600-250)\times100\times(600-100/2)+1\times9.6\times250\times101\times(600-101/2)+0$$

$$-300\times1742\times(600-565)=299.9\times10^6\text{N}\cdot\text{mm}$$

其不大于 1.3 倍加固前设计弯矩值 1.3×271.6=353.1kN · m，满足要求。SCS 软件输入信息与简要计算结果如图 10-12 所示。可见其与手算相同。

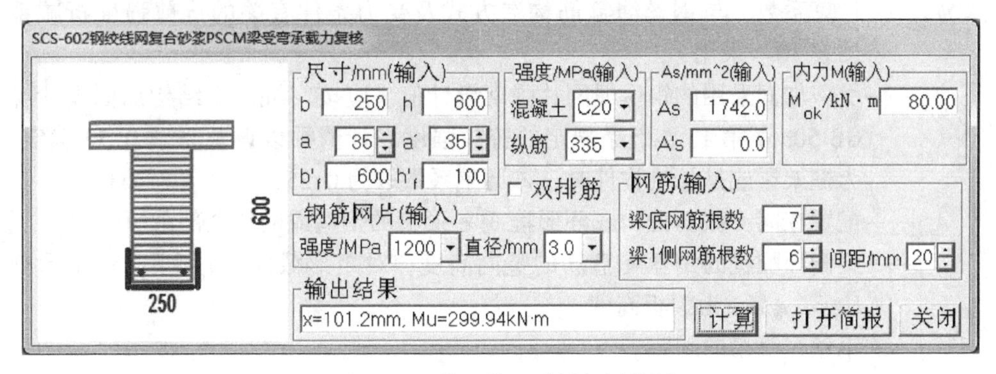

图 10-12　第二类 T 形梁加固算例

10.3　受弯构件斜截面加固计算

采用钢丝绳网片-聚合物砂浆面层对受弯构件的斜截面进行加固时，应在围套中配置以钢丝绳构成的“环形箍筋”或“U 形箍筋”（参见《混凝土结构加固设计规范》GB 50367—2013 图 13.3.1）。

受弯构件加固后的斜截面应符合下列规定：

当 $h_w/b\leqslant4$ 时

$$V\leqslant0.25\beta_c f_{c0}bh_0 \tag{10-8}$$

当 $h_w/b\geqslant6$ 时

$$V\leqslant0.20\beta_c f_{c0}bh_0 \tag{10-9}$$

当 $4<h_w/b<6$ 时，按线性内插法取用，即

$$V\leqslant0.025(14-h_w/b)\beta_c f_{c0}bh_0 \tag{10-10}$$

式中　V——构件斜截面加固后的剪力设计值；

β_c——混凝土强度影响系数：当混凝土强度等级不超过 C50 时，β_c 取为 1.0；当混凝土强度等级为 C80 时，β_c 取为 0.8；其间按线性内插法确定；

f_{c0}——原构件混凝土轴心抗压强度设计值；

b——矩形截面的宽度或 T 形截面的腹板宽度；

h_0——截面有效高度；

h_w——截面的腹板高度，矩形截面，取有效高度，T 形截面，取有效高度减去翼缘高度。

当钢丝绳网片-聚合物砂浆面层对钢筋混凝土梁进行抗剪加固时，其斜截面承载力应

按下列公式确定：

$$V \leqslant V_{b0} + V_{br} \quad (10\text{-}11)$$

$$V_{br} = \psi_{vb} f_{rw} A_{rw} h_{rw} / s_{rw} \quad (10\text{-}12)$$

式中 V_{b0}——加固前梁的斜截面承载力，按现行国家标准《混凝土结构设计规范》GB 50010 计算；

V_{br}——配置钢丝绳网片加固后，对梁斜截面承载力的提高值；

ψ_{vb}——计算系数，与钢丝绳箍筋构造方式及受力条件有关的抗剪强度折减系数，按表 10-4 采用；

f_{rw}——受剪加固采用的钢丝绳网片强度设计值，应按《混凝土结构加固设计规范》GB 50367 第 13. 1. 5 条规定的抗拉强度设计值乘以调整系数 0. 50 确定；当为框架梁或是悬挑构件时，该调整系数取为 0. 25；

A_{rw}——配置在同一截面处构成环形箍或 U 形箍的钢丝绳网的全部截面面积；

h_{rw}——梁侧面配置的钢丝绳箍筋的竖向高度，对矩形截面，$h_{rw}=h$；对 T 形截面，$h_{rw}=h_w$；h_w 为腹板高度；

s_{rw}——钢丝绳箍筋的间距。

抗剪强度折减系数 ψ_{vb} 值 **表 10-4**

钢丝绳箍筋构造		环形箍筋	U 形箍筋
受力条件	均布荷载或剪跨比 $\lambda \geqslant 3$	1. 00	0. 80
	$\lambda \leqslant 1.5$	0. 65	0. 50

注：当 λ 为中间值时，按线性内插法确定 ψ_{vb} 值。

【例 10-6】纤维复合材加固均布荷载钢筋混凝土梁设计算例

原梁系本书【例 8-6】题中梁。钢筋混凝土现浇楼盖，楼板厚度 80mm，框架梁截面尺寸为 $b \times h = 250\text{mm} \times 600\text{mm}$，$a = 35\text{mm}$，混凝土强度等级为 C25，箍筋为 HPB235 级钢 $\phi 8$，箍筋间距 $s = 200\text{mm}$，承受均布荷载引起的剪力设计值 420kN，采用钢丝绳网片-聚合物砂浆加固，U 形箍箍高度为 520mm。试求所需的钢丝绳截面面积。

【解】 1）验算截面尺寸限制条件

$$h_w / b = (565-80)/250 = 1.94 \leqslant 4$$

$420\text{kN} \leqslant 0.25\beta_c f_{c0} b h_0 = 0.25 \times 1 \times 11.9 \times 250 \times 565 = 420.22\text{kN}$，满足要求。

2）原梁受剪承载力

使用文献［4］介绍的 RCM 软件输入信息与简要计算结果如图 8-14 所示。可见承载力不满足要求，需要加固。

由图 8-14 得知 $V_{b0} = 185.25\text{kN}$。

3）配置钢丝绳网片加固后，截面限制条件 $0.25\beta_c f_{c0} b h_{m0} = 0.25 \times 1 \times 11.9 \times 310 \times 600 \times 10^{-3} = 553.3\text{kN}$ 对梁斜截面承载力的提高值

$$V_{br} = V - V_{b0} = 420 - 185.25 = 234.75\text{kN}$$

4）钢丝绳网片用量

由于受均布荷载，又采用 U 形箍作法，查表 10-4 得抗剪强度折减系数 $\psi_{vb} = 0.80$，框架梁并采用 1050 钢丝绳，$f_{rw} = 0.25 \times 1050 = 262.5\text{N/mm}^2$。由式（10-12）得

$$\frac{A_{\mathrm{rw}}}{f_{\mathrm{rw}}}=\frac{V_{\mathrm{br}}}{\psi_{\mathrm{vb}}f_{\mathrm{rw}}h_{\mathrm{rw}}}=\frac{234750}{0.8\times262.5\times520}=2.150\mathrm{mm}$$

使用 SCS 软件计算对话框输入信息和最终计算结果如图 10-13 所示，可见其与手算结果相同。

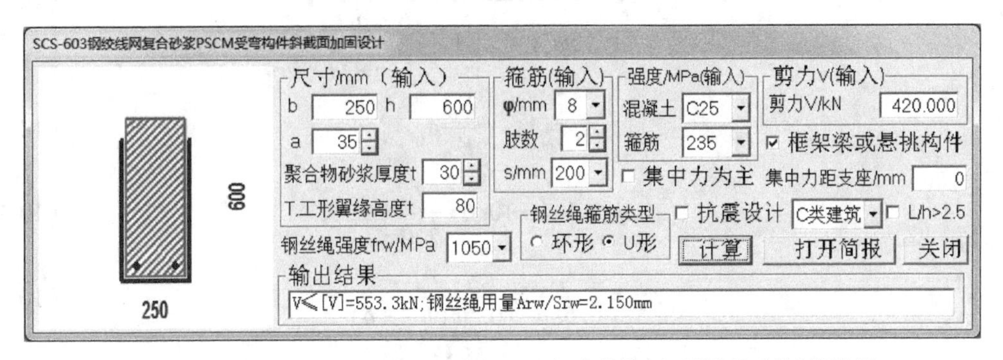

图 10-13　钢丝绳网片-聚合物砂浆加固一般荷载作用下的框架梁计算结果

【例 10-7】钢丝绳网片-聚合物砂浆面层加固均布荷载梁受剪复核算例

数据是本书【例 10-6】的原始数据与钢丝绳网片用量的计算结果，用软件 SCS 复核功能计算。

【解】 SCS 软件输入信息与简要计算结果如图 10-14 所示，手算过程略。

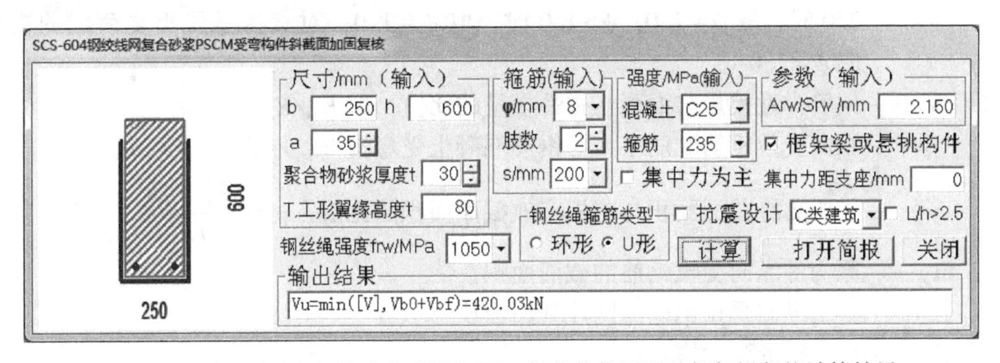

图 10-14　钢丝绳网片-聚合物砂浆加固一般荷载作用下的框架梁复核计算结果

10.4　预张紧钢丝绳网片-聚合物砂浆面层加固的受弯构件挠度计算

加固后构件的总挠度是加固前构件的挠度与加固后构件的挠度之和。其中加固前构件的挠度是由卸载后剩余荷载（仅自重或主要是自重）标准值产生的弯矩 M_{0g} 在原构件上引起的挠度；加固后构件的挠度是由加固后使用中荷载准永久值产生的弯矩 M_q-M_{0g} 在加固后构件上引起的挠度。这里减去 M_{0g} 是因为其产生的挠度已算在总挠度中。

《混凝土结构加固设计规范》GB 50367—2013 第 13.2.8 条规定：采用钢丝绳网片-聚合物砂浆面层加固的钢筋混凝土矩形截面受弯构件，其短期刚度 B_s 应按下列公式确定：

$$B_{\mathrm{s}}=\frac{E_{\mathrm{s0}}A_{\mathrm{s}}h_0^2}{1.15\psi+0.2+0.6\alpha_{\mathrm{E}}\rho}\tag{10-13}$$

由于工程中T形截面受弯构件常见，所以参照《混凝土结构设计规范》GB 50010—2010第7.2.3节，短期刚度 B_s 应按下列公式确定（对比两公式，加固规范式中的0.6似应为6）：

$$B_s=\frac{E_{s0}A_sh_0^2}{1.15\psi+0.2+\dfrac{6\alpha_E\rho}{1+3.5\gamma_f'}} \tag{10-14}$$

$$A_s=A_{s0}+\frac{E_{rw}}{E_{s0}}A_{rw} \tag{10-15}$$

$$\psi=1.1-0.65\frac{f_{tk}}{\rho_{te}\sigma_{sq}} \tag{10-16}$$

$$\rho_{te}=\frac{A_s}{0.5bh}=\frac{A_s}{0.5b(h_1+\delta)} \tag{10-17}$$

$$\sigma_{sq}=\frac{M_q}{0.87h_0A_s} \tag{10-18}$$

式中 E_{s0}——原构件纵向受力钢筋的弹性模量；

A_s——结构加固后的钢筋换算截面面积；

h_0——加固后截面有效高度；

ψ——原构件裂缝间纵向受拉钢筋应变不均匀系数，用式（10-16）计算：当 $\psi<2.0$ 时，取 $\psi=2.0$；$\psi>1.0$ 时，取 $\psi=1.0$；对直接承受重复荷载的构件，取 $\psi=1.0$；

α_E——钢筋弹性模量与混凝土弹性模量的比值，即 E_{s0}/E_c；

ρ——纵向受拉钢筋配筋率，对钢筋混凝土受弯构件，取为 $\rho=A_s/(bh_0)$；

γ_f'——受压翼缘截面面积与腹板有效截面面积的比值，$\gamma_f'=\dfrac{(b_f'-b)h_f'}{bh_0}$；

A_{s0}——原构件纵向受拉钢筋的截面面积；

A_{rw}——新增纵向受拉钢丝绳网片截面面积；

E_{rw}——钢丝绳的弹性模量；

h——加固后截面高度；

h_1——原截面高度；

δ——截面外加层厚度；

M_q——加固后截面按荷载效应准永久组合计算的弯矩值；

σ_{sq}——截面受拉区纵向配筋合力点处的应力。

采用荷载准永久组合时，钢筋混凝土矩形、T形、倒T形和I形截面受弯构件考虑荷载长期作用的影响的刚度按下列公式确定：

$$B=\frac{B_s}{\theta} \tag{10-19}$$

式中 θ——考虑荷载长期作用对挠度增大的影响系数。

钢筋混凝土受弯构件的考虑荷载长期作用对挠度增大的影响系数 θ 按下面规定采用：当 $\rho'=0$ 时，取 $\theta=2.0$；当 $\rho'=\rho$ 时，取 $\theta=1.6$；当 ρ' 为中间值时，θ 按线性内插法取用，

即 $\theta=1.6+0.4\left(1-\frac{\rho'}{\rho}\right)$。此处 $\rho'=A'_s/(bh_0)$，$\rho=A_s/(bh_0)$。对翼缘位于受拉区的倒T形截面，θ 应增加20%。

若是均布荷载作用下的简支梁，则构件跨中挠度为：

$$f_1=\frac{5}{48}\frac{M_{0g}l_0^2}{B_0}+\frac{5}{48}\frac{(M_q-M_{0g})l_0^2}{B} \tag{10-20}$$

式中　B_0——加固前构件抗弯长期刚度。

【例10-8】钢丝绳网片-聚合物砂浆面层加固的矩形截面梁挠度计算算例

本书【例10-3】的梁截面原始数据与钢丝绳网片加固的结果、及聚合物砂浆厚20mm，假定钢丝绳强度设计值为1100MPa。已知该梁为简支梁，梁计算长度3 m，加固前承受荷载效应标准组合弯矩 $M_{0g}=20\text{kN}\cdot\text{m}$，加固后承受荷载效应的准永久组合弯矩 $M_q=40\text{kN}\cdot\text{m}$，试计算此梁跨中挠度。

【解】 1）加固前构件的挠度

因为混凝土结构设计规范和RCM软件[4] 对构件挠度计算是基于弹性假定计算的，所以其计算及其结果是适用于荷载效应标准组合和准永久组合的，就是说，对这两种组合代入公式或软件，得到的结果就是该组合状态下的结果，输入标准组合（准永久组合）得到的就是标准组合（准永久组合）下的挠度。使用RCM软件输入信息与简要计算结果如图10-15所示，即得加固前（荷载效应标准组合下的）挠度 $f_1=7.364\text{mm}$。

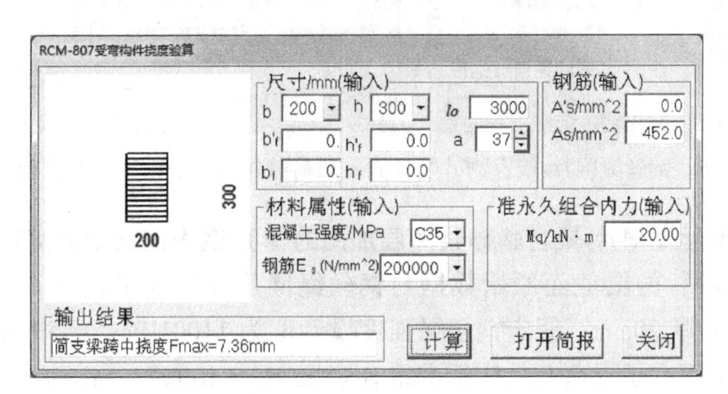

图10-15　原梁在加固前荷载标准组合下的跨中挠度计算结果

2）加固后构件的挠度

$$A_s=A_{s0}+\frac{E_{rw}}{E_{s0}}A_{rw}=452+7\times4.71\times120000/200000=471.8\text{mm}^2$$

钢筋重心至梁底距离

$$a=\frac{f_yA_{s0}a_0+f_{rw}A_{rw}a_1}{f_yA_{s0}+f_{rw}A_{rw}}=\frac{300\times452\times(37+20)+1100\times7\times4.71\times20/2}{300\times452+1100\times7\times4.71}=47.1\text{mm}$$

$$h=300+20;\ h_0=300+20-47.1=272.9\text{mm}$$

$$\rho_{te}=\frac{A_s}{0.5bh}=\frac{471.8}{0.5\times200\times320}=0.0147$$

$$\sigma_{sq}=\frac{M_q}{0.87h_0A_s}=\frac{40\times10^6}{0.87\times272.9\times471.8}=357.1\ \text{N/mm}^2$$

$$\psi=1.1-0.65\frac{f_{tk}}{\rho_{te}\sigma_{sq}}=1.1-0.65\times\frac{2.20}{0.0147\times357.1}=0.828$$

$$\rho=\frac{A_s}{bh_0}=\frac{471.8}{200\times272.9}=0.0086$$

$$B_s=\frac{E_{s0}A_sh_0^2}{1.15\psi+0.2+\frac{6\alpha_E\rho}{1+3.5\gamma'_f}}=\frac{200000\times471.8\times272.9^2}{1.15\times0.828+0.2+6\times6.35\times0.0086}=4.743\times10^{12}\text{ N}\cdot\text{mm}^2$$

$$B=B_s/\theta=B_s/2=2.371\times10^{12}\text{ N}\cdot\text{mm}^2$$

$$f_2=\frac{5}{48}\frac{(M_q-M_{0g})l_0^2}{B}=\frac{5}{48}\times\frac{(40-20)\times10^6\times3000^2}{2.371\times10^6}=7.907\text{mm}$$

加固后梁的挠度为：

$$f=f_1+f_2=7.364+7.907=15.271\text{mm}$$

SCS 软件输入信息与简要计算结果如图 10-16 所示。

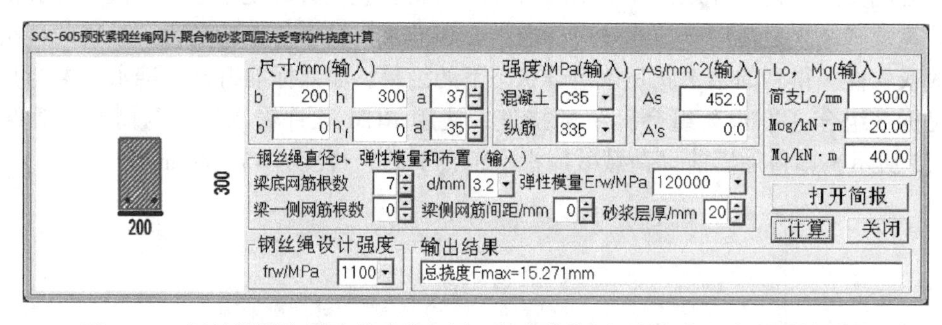

图 10-16　钢丝绳网片-聚合物砂浆加固一般荷载作用下的框架梁复核计算结果

【例 10-9】钢丝绳网片-聚合物砂浆面层加固的 T 形截面梁挠度计算算例

本书【例 10-5】的梁截面原始数据与钢丝绳网片加固（采用 3.6mm 直径钢丝绳网筋）及聚合物砂浆厚 20mm，假定钢丝绳强度设计值为 1100MPa。已知该梁为简支梁，梁计算长度 6 m，加固前承受荷载效应标准组合弯矩 $M_{0g}=100\text{kN}\cdot\text{m}$，加固后承受荷载效应的准永久组合弯矩 $M_q=200\text{kN}\cdot\text{m}$，试计算此梁跨中挠度。

【解】 1）加固前构件的挠度

使用 RCM 软件[4] 输入信息与简要计算结果如图 10-17 所示，即得加固前挠度 $f_1=9.113\text{mm}$。

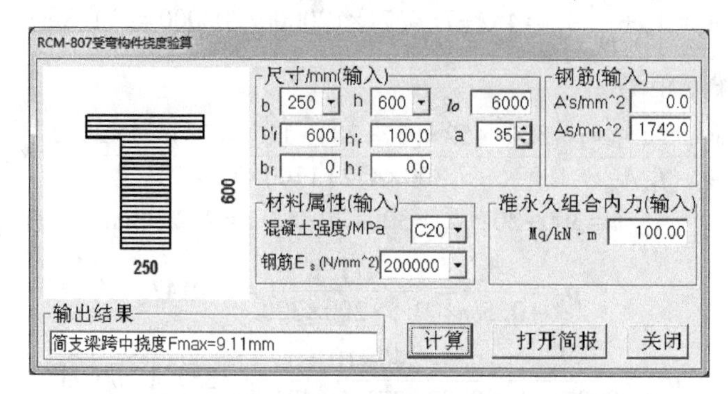

图 10-17　原梁在加固前荷载标准组合下的跨中挠度计算结果

2）加固后构件的挠度

$$A_{rw}=7\times6.16+12\times6.16=43.1+73.9=117.0\text{mm}^2$$

$$A_s=A_{s0}+\frac{E_{rw}}{E_{s0}}A_{rw}=1742+117\times120000/200000=1812.2\text{mm}^2$$

钢筋重心至梁底距离

$$a=\frac{f_yA_{s0}a_0+f_{rw}A_{rw}a_1}{f_yA_{s0}+f_{rw}A_{rw}}=\frac{300\times1742\times(35+20)+1100\times(7\times43.1\times20/2+73.9\times80)}{300\times1742+1100\times117}=54.8\text{mm}$$

$$h=600+20;\ h_0=620-54.8=565.2\text{mm}$$

$$\rho_{te}=\frac{A_s}{0.5bh}=\frac{1812}{0.5\times250\times620}=0.0234$$

$$\sigma_{sq}=\frac{M_q}{0.87h_0A_s}=\frac{200\times10^6}{0.87\times565.2\times1812.2}=224.5\ \text{N/mm}^2$$

$$\psi=1.1-0.65\frac{f_{tk}}{\rho_{te}\sigma_{sq}}=1.1-0.65\times\frac{1.54}{0.0234\times224.5}=0.9093$$

$$\rho=\frac{A_s}{bh_0}=\frac{1812.2}{250\times565}=0.0128$$

$$\gamma_f'=\frac{(b_f'-b)h_f'}{bh_0}=\frac{(600-250)\ \times100}{250\times565}=0.248$$

$$\alpha_E=\frac{E_{s0}}{E_c}=\frac{200000}{25500}=7.84$$

$$B_s=\frac{E_{s0}A_sh_0^2}{1.15\psi+0.2+\dfrac{6\alpha_E\rho}{1+3.5\gamma_f'}}=\frac{200000\times1812.2\times565.2^2}{1.15\times0.909+0.2+\dfrac{6\times7.84\times0.0128}{1+3.5\times0.248}}=73.78\times10^{12}\ \text{N}\cdot\text{mm}^2$$

$$B=B_s/\theta=B_s/2=36.89\times10^{12}\ \text{N}\cdot\text{mm}^2$$

$$f_2=\frac{5}{48}\ \frac{(M_q-M_{0g})l_0^2}{B}=\frac{5}{48}\times\frac{(200-100)\times10^6\times6000^2}{36.89\times10^6}=10.165\text{mm}$$

加固后梁的挠度为：

$$f=f_1+f_2=9.113+10.165=19.278\text{mm}$$

SCS 软件输入信息与简要计算结果如图 10-18 所示。

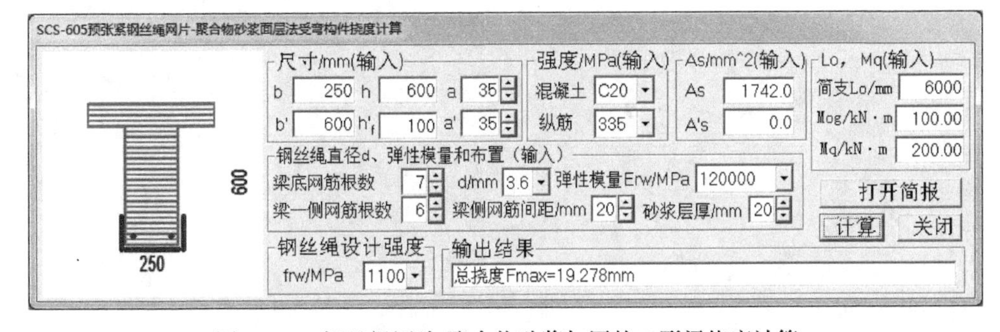

图 10-18　钢丝绳网片-聚合物砂浆加固的 T 形梁挠度计算

本章参考文献

[1] 中华人民共和国国家标准. 混凝土结构加固设计规范 GB 50367—2013 [S]. 北京：中国建筑工业出版社，2013.
[2] 中华人民共和国国家标准. 混凝土结构设计规范 GB 50010—2010 [S]. 北京：中国建筑工业出版社，2010.
[3] 黄华，刘伯权. 高强钢绞线网-聚合物砂浆加固混凝土结构破坏机理与设计方法 [M]. 北京：中国建筑工业出版社，2013.
[4] 王依群. 混凝土结构设计计算算例（第 3 版）[M]. 北京：中国建筑工业出版社，2016.

第11章 绕丝加固法

11.1 设计规定

绕丝法适用于提高钢筋混凝土柱的位移延性的加固。

采用绕丝法时，原构件按现场检测结果推定的混凝土强度等级不应低于 C10 级，但也不得高于 C50 级。

采用绕丝法时，若柱的截面为矩形，其长边尺寸 h 与短边尺寸 b 之比，应不大于 1.5。

当绕丝的构造符合本章的构造规定时，采用绕丝法加固的构件可按整体截面进行计算。

11.2 柱的抗震加固计算

采用环向绕丝法提高柱的位移延性时，根据《建筑抗震设计规范》GB 50011—2010[1] 第 6.3.9 条：计算复合螺旋箍的体积配箍率时，其非螺旋箍的箍筋体积应乘以折减系数 0.8，柱端箍筋加密区的总折算体积配箍率 ρ_v 应按下列公式计算：

$$\rho_v = 0.8\rho_{v,e} + \rho_{v,s} \tag{11-1}$$

$$\rho_{v,s} = \psi_{v,s} \frac{A_{ss} l_{ss}}{s_s A_{cor}} \frac{f_{ys}}{f_{yv}} \tag{11-2}$$

式中 $\rho_{v,e}$——被加固柱原有的体积配箍率，当需重新复核时，应按原箍筋范围内核心面积计算；

$\rho_{v,s}$——以绕丝构成的环向围束作为附加箍筋计算得到的箍筋体积配箍率的增量；

A_{ss}——单根钢丝截面面积；

A_{cor}——绕丝围束内原柱截面混凝土面积，按本书 8.4 的规定计算；

f_{yv}——原箍筋抗拉强度设计值；

f_{ys}——绕丝抗拉强度设计值，取 $f_{ys} = 300\text{N/mm}^2$；

l_{ss}——绕丝的周长；

s_s——绕丝间距；

$\psi_{v,s}$——环向围束的有效约束系数；对圆形截面，$\psi_{v,s} = 0.75$；对正方形截面，$\psi_{v,s} = 0.55$；对矩形截面 $\psi_{v,s} = 0.35$。

11.3 构造规定

绕丝加固法的基本构造方式是将钢丝绕在 4 根直径为 25mm 专设的钢筋上（图 11-1），

然后再浇筑细石混凝土或喷抹M15水泥砂浆。绕丝用的钢丝应为直径为4mm的冷拔钢丝，但应经退火处理后方可使用。

原构件截面的四角保护层应凿除，并应打磨成圆角（图11-1），圆角的半径不应小于30mm。

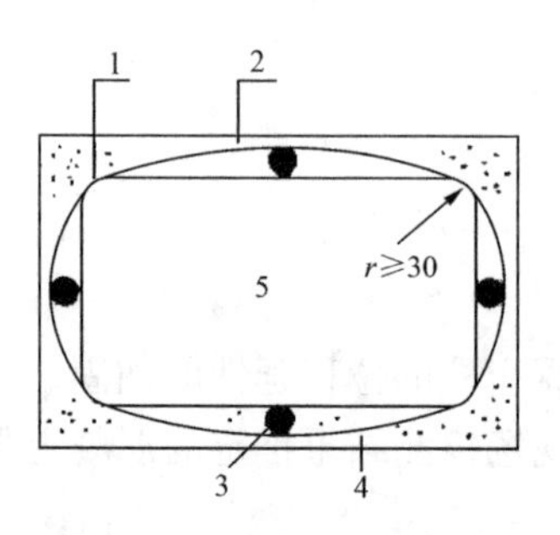

图11-1 绕丝构造示意图

1—圆角；2—直径为4mm、间距为5~30mm的钢丝；3—直径为25mm的钢筋；
4—细石混凝土或高强度等级水泥砂浆；5—原柱；r—圆角半径

绕丝加固用的细石混凝土应优先采用喷射混凝土，但也可采用现浇混凝土，混凝土的强度等级不应低于C30级。

绕丝的间距，对重要构件，不应大于15mm；对一般构件，不应大于30mm。绕丝的间距应分布均匀，绕丝的两端应与原构件主筋焊牢。

绕丝的局部绷不紧时，应加钢楔绷紧。

绕丝一周长度的计算：

根据图11-1，沿圆角的45°分界线和截面四边25mm直径钢筋突出的顶部将一周绕丝分割成8份（4份较长、4份较短）。其每一份长度可简化计算如下：

绕丝半径2mm，圆角分割点至0°（或90°）方向的距离是0.3r，则较短的1份绕丝的长度为

$$l=\sqrt{(25+2+0.3r)^2+(0.5b-0.3r)^2} \tag{11-3}$$

较长一份的长度只需将式中的b改为h，即可。8份长度总和即为绕丝一周长度。

【例11-1】绕丝法提高矩形柱体积配箍率算例

某方形截面框架柱，400mm×400mm，原纵筋保护层厚22mm，箍筋强度等级HPB235级，直径8mm，间距100mm，两水平方向箍筋均为2肢。现通过绕丝加固法，采用4mm直径绕丝，绕丝间距30mm，圆角半径30mm，试求加固后柱的体积配箍率。

【解】

1）原柱体积配箍率

按文献［2］，如c是纵筋保护层厚度，ϕ是箍筋直径，则各方向箍筋肢长度

$$l_1=h_c-2\times(c-\phi/2);l_2=b_c-2\times(c-\phi/2)$$

$$l_1=l_2=400-2\times(22-\phi/2)=400-2\times(22-8/2)=364\text{mm}$$

混凝土核心面积为箍筋内表面包围的面积

$$A_{cor}=b_{cor}\times h_{cor};b_{cor}=b_c-2\times c;h_{cor}=h_c-2c$$

$$A_{cor}=(400-2\times22)\times(400-2\times22)=126736\text{mm}^2$$

$$\rho_{v,e}=\frac{\Sigma A_{s1}l_i}{A_{cor}s}=\frac{4\times50.3\times364}{126736\times100}=0.005778$$

2) 以绕丝构成的环向围束作为附加箍筋计算得到的箍筋体积配箍率的增量

环向围束的有效约束系数 $\psi_{v,s}=0.55$，单根钢丝截面面积 $A_{ss}=12.6\text{mm}^2$

绕丝围束内原柱截面混凝土面积

$$A_{cor}=bh-(4-\pi)r^2=400\times400-(4-\pi)\times30^2=159227\text{mm}^2$$

按式（11-3），绕丝的周长 $l_{ss}=1565.5\text{mm}$

$$\begin{aligned}\rho_{v,s}&=\psi_{v,s}\frac{A_{ss}l_{ss}}{s_sA_{cor}}\frac{f_{ys}}{f_{yv}}\\&=0.55\times12.6\times1565.5\times300/(30\times159227\times210)\\&=0.003236\end{aligned}$$

总体积配箍率 $\rho_v=0.8\rho_{v,e}+\rho_{v,s}=0.786\%$

SCS 软件输入信息和简要输出结果如图 11-2 所示，可见其与手算结果一致。

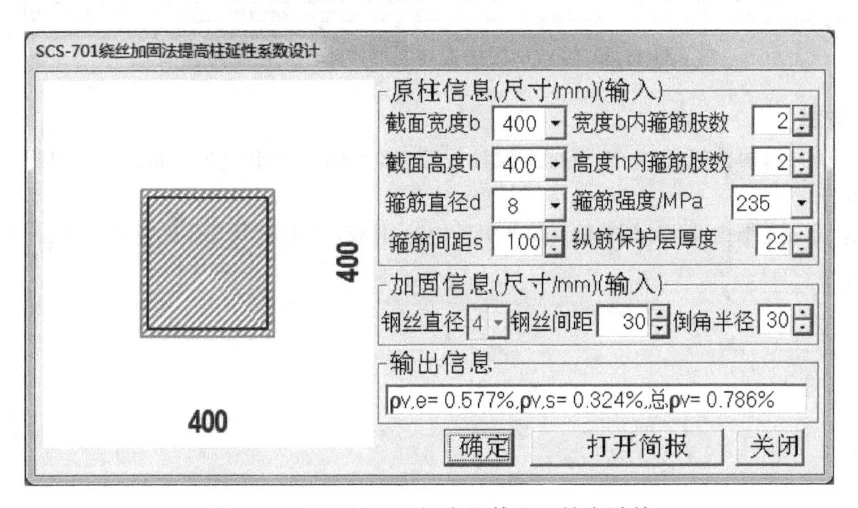

图 11-2　绕丝加固法提高柱体积配箍率计算

【例 11-2】绕丝法提高圆形柱体积配箍率算例

已知圆形截面柱，截面直径为：$D=600\text{mm}$，均匀布置 HPB235 级钢箍筋 $\phi6.5@200$，纵筋保护层厚度 $c=32\text{mm}$。现通过绕丝加固法，采用 4mm 直径绕丝，绕丝间距 30mm，试加固后柱的体积配箍率。

【解】 1）原构件体积配箍率复核

此题原柱与【例 8-14】的相同，【例 8-14】已算得原柱体积配箍率 $\rho_{v,e}=0.2672\%$。

2）以绕丝构成的环向围束作为附加箍筋计算得到的箍筋体积配箍率的增量

环向围束的有效约束系数 $\psi_{v,s}=0.75$，单根钢丝截面面积 $A_{ss}=12.6\text{mm}^2$

绕丝围束内原柱截面混凝土面积

$$A_{cor}=\pi D^2/4=3.1416\times600^2/4=282744\text{mm}^2$$

绕丝的周长 $l_{ss}=\pi D=3.1416\times600=1885\text{mm}$

$$\rho_{v,s}=\psi_{v,s}\frac{A_{ss}l_{ss}f_{ys}}{s_sA_{cor}f_{yv}}=0.75\times12.6\times1885\times300/(30\times282744\times210)=0.002992$$

总体积配箍率 $\rho_v = 0.8\rho_{v,e} + \rho_{v,s} = 0.513\%$

SCS 软件输入信息和简要输出结果如图 11-3 所示，可见其与手算结果一致。

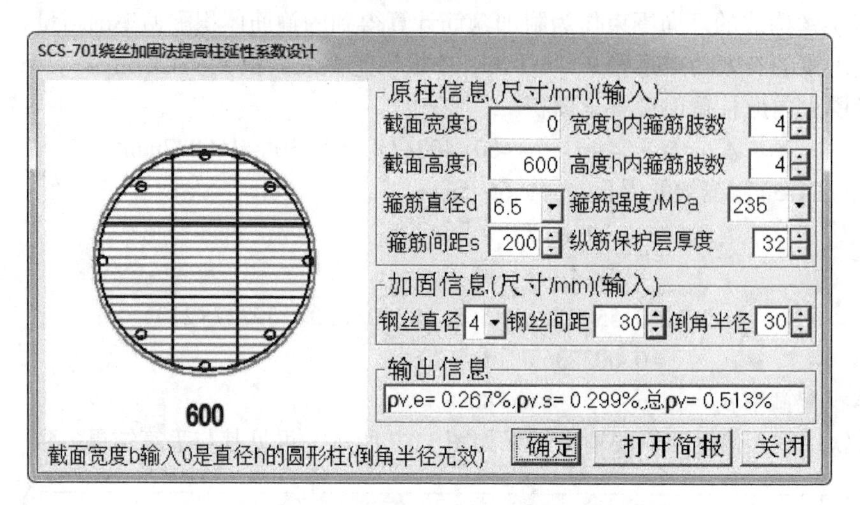

图 11-3　绕丝加固法提高圆形柱体积配箍率计算

本章参考文献

[1] 中华人民共和国国家标准. 建筑抗震设计规范 GB 50011—2010 [S]. 北京：中国建筑工业出版社，2010.

[2] 王依群. 混凝土结构设计计算算例（第 3 版）[M]. 北京：中国建筑工业出版社，2016.

第12章　水泥复合砂浆钢筋网加固法

高性能水泥复合砂浆薄层（HPFL，High Performance Ferrocement Laminate）是一种新型的无机材料，具有强度高、收缩小、环保性能好、耐久性好、可靠性高和与混凝土粘贴性能好等一系列优点；将其与钢筋网结合形成的加固薄层能与被加固的混凝土构件很好地共同工作，且对原构件的尺寸加大很少。采用高性能水泥复合砂浆钢筋网薄层加固混凝土构件能有效提高构件的强度、刚度、抗裂度和延性。特别是其具有造价低廉、施工简便、加固质量容易得到保证等优点。

高性能水泥复合砂浆，是在普通水泥砂浆中掺入聚丙烯纤维、钙矾石型膨胀剂，减水剂以及硅灰、粉煤灰等超细掺合料制作而成。高性能复合砂浆不仅具有很高的抗拉（3~5MPa）、抗压（40MPa以上）强度，而且具有良好的粘结强度、韧性、延展性和较大的极限拉应变。相对于普通水泥砂浆，高性能水泥复合砂浆固化前具有良好的保水性、流动性和工作度，硬化过程中收缩量小，硬化后抗压强度及新老界面粘结强度较高。

高性能复合砂浆与钢筋网这两种不同性质的材料在加固中起着不同的作用，钢筋网提高结构的承载力，复合砂浆层起保护和锚固作用。高性能水泥复合砂浆钢筋网采用钢筋网作为增强材料，分散性好，受力后产生的裂缝间距小、裂缝宽度小。

关于此加固方法的设计规定见中国工程建设标准化协会发布的《水泥复合砂浆钢筋网加固混凝土结构技术规程》CECS 242—2008[1]，并参见尚守平著《高性能水泥复合砂浆钢筋网加固混凝土结构设计与施工指南》[2]。

12.1　设计规定

采用水泥复合砂浆钢筋网加固混凝土结构时，原结构、构件按现场检测结果推定的混凝土强度等级不应低于C15，且混凝土表面的正拉粘结强度不应低于1.5N/mm²。当计算考虑利用剪切销钉传递加固界面剪应力时，其原结构构件的混凝土强度等级不应低于C20级。

采用水泥复合砂浆钢筋网加固混凝土结构的设计，应保证新增加固层与原构件粘贴牢固，形成共同工作协同变形的整体，并应避免对原构件及其他构件性能造成不利影响。

采用水泥复合砂浆钢筋网加固受弯构件时，必须采用剪切销钉以增强新老混凝土界面的共同工作性能。

采用水泥复合砂浆钢筋网对钢筋混凝土构件进行加固时，加固后构件的承载力提高幅度应符合下列要求：

1）钢筋混凝土轴心受压或 $M/N<h/6$ 的小偏心受压构件，轴力提高幅度不宜超过30%；

2）轴压比大于0.5的钢筋混凝土大偏心受压构件，轴力提高幅度不宜超过20%；

3）轴压比小于 0.5 的钢筋混凝土大偏心受压构件，轴力提高幅度不宜超过 10%；

4）钢筋混凝土受弯构件正截面承载力提高幅度不宜超过 40%；

5）钢筋混凝土受弯构件斜截面承载力提高幅度不宜超过 60%；

6）钢筋混凝土剪力墙斜截面抗剪承载力提高幅度不宜超过 50%。

当初始荷载设计值作用下的效应大于或等于原构件承载力设计值的 20%时，应考虑二次受力影响的计算。

当初始荷载设计值作用下的效应大于或等于原构件承载力设计值 70%时，应考虑卸载或部分卸载后，再应用于本章方法进行设计。

12.2 HPFL 加固混凝土梁、板正截面承载力计算

当初始荷载产生的弯矩小于原构件设计弯矩的 20%时，可按一次受力计算构件的正截面受弯承载力（图 12-1），其正截面受弯承载力应符合下列规定[1]：

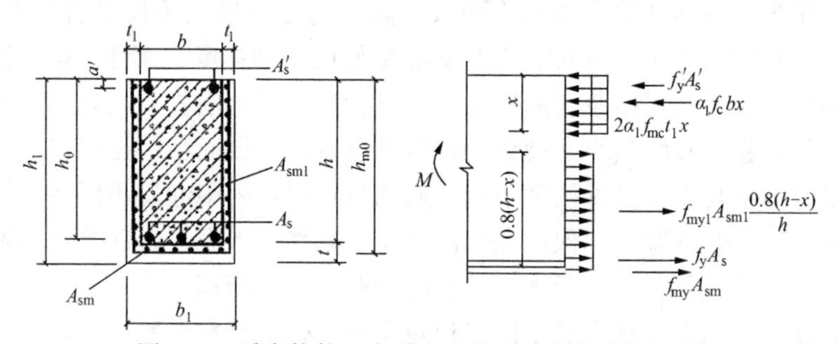

图 12-1 受弯构件一次受力正截面承载力计算简图

$$M \leqslant f_y A_s\left(h_0-\frac{x}{2}\right)+f_{my} A_{sm}\left(h_{m0}-\frac{x}{2}\right)+f_{my1} A_{sm1} \frac{0.8(h-x)}{h}(0.6h-0.1x)+f_y' A_s'\left(\frac{x}{2}-a'\right) \tag{12-1}$$

混凝土受压区高度 x 应按下式确定[1]：

$$\alpha_1 f_c bx+2\alpha_1 f_{mc} t_1 x=f_y A_s+f_{my} A_{sm}+f_{my1} A_{sm1} \frac{0.8(h-x)}{h}-f_y' A_s' \tag{12-2}$$

混凝土受压区高度尚应符合下列条件：

$$2a' \leqslant x \leqslant \xi_b h \tag{12-3}$$

式中 M——加固后构件的弯矩设计值；

f_y、f_y'——原构件钢筋的抗拉、抗压强度设计值；

A_s、A_s'——原构件中纵向受拉、受压钢筋的截面积；

f_{my}——梁底钢筋网钢筋的抗拉强度设计值；

f_{my1}——梁侧钢筋网钢筋的抗拉强度设计值；

f_c——原构件混凝土轴心抗压强度设计值；

f_{mc}——水泥复合砂浆轴心抗压强度设计值；

A_{sm}——钢筋网片中梁底纵向受拉钢筋截面积；

A_{sm1}——钢筋网片中梁侧纵向钢筋网截面积；

b、h——原构件截面宽度、截面高度；

h_0——原构件截面有效高度；

h_{m0}——加固后构件截面有效高度，取 $h_{m0}=h$[3]；

x——加固梁的混凝土受压区高度；

a'——梁纵向受压钢筋合力点至截面近边的距离；

α_1——受压区混凝土矩形应力图的应力值与混凝土轴心抗压强度设计值的比值；当混凝土强度等级不超过 C50 时，取 $\alpha_1=1.0$；当混凝土强度等级为 C80 时，取 $\alpha_1=0.94$；其间按线性内插法确定；

ξ_b——一次受力构件加固后相对界限受压区高度，按式（12-10）计算。

当初始荷载产生的弯矩不小于原构件设计弯矩的 20%时，应按二次受力计算构件的正截面受弯承载力（图 12-2），其正截面受弯承载力应符合下列规定[1]：

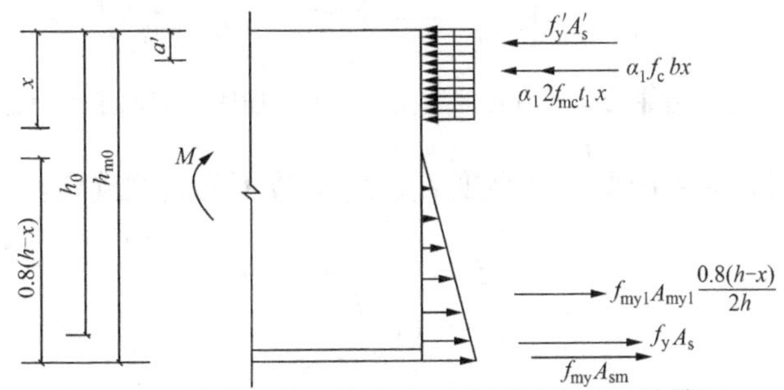

图 12-2　受弯构件二次受力正截面承载力计算简图

$$M\leqslant f_yA_s\left(h_0-\frac{x}{2}\right)+f_{my}A_{sm}\left(h_{m0}-\frac{x}{2}\right)+f_{my1}A_{sm1}\frac{0.4(h-x)}{h}\frac{(2.2h-0.7x)}{3}+f_y'A_s'\left(\frac{x}{2}-a'\right)\quad(12\text{-}4)$$

混凝土受压区高度 x 应按下式确定：

$$\alpha_1f_cbx+2\alpha_1f_{mc}t_1x=f_yA_s+f_{my}A_{sm}+f_{my1}A_{sm1}\frac{0.4(h-x)}{h}-f_y'A_s'\quad(12\text{-}5)$$

混凝土受压区高度尚应符合下列条件：

$$2a'\leqslant x\leqslant\xi_b'h\quad(12\text{-}6)$$

式中　ξ_b'——二次受力构件加固后相对界限受压区高度，按式（12-11）计算。

当按式（12-4）及式（12-5）算得加固后混凝土受压区高度 x 与加固前原截面有效高度 h_0 的比值 x/h_0 大于原截面相对界限受压区高度时，应考虑底部钢筋网未屈服，其二次受力构件的正截面受弯承载力应符合下列规定（图 12-3）：

$$M\leqslant f_yA_s\left(h_0-\frac{x}{2}\right)+E_{sm}\varepsilon_{sm}A_{sm}\left(h_{m0}-\frac{x}{2}\right)+E_{sm1}\varepsilon_{sm1}A_{sm1}\frac{0.4(h-x)}{h}\frac{(2.2h-0.7x)}{3}+f_y'A_s'\left(\frac{x}{2}-a'\right)\quad(12\text{-}7)$$

混凝土受压区高度 x 应按下式确定[1]：

$$\alpha_1f_cbx+2\alpha_1f_{mc}t_1x=f_yA_s+E_{sm}\varepsilon_{sm}A_{sm}+E_{sm1}\varepsilon_{sm1}A_{sm1}\frac{0.4(h-x)}{h}-f_y'A_s'\quad(12\text{-}8)$$

$$\varepsilon_{sm1}=\frac{0.8h-x}{x}\varepsilon_{cu}-\varepsilon_{sm}\quad(12\text{-}9)$$

式中　E_{sm}、E_{sm1}——梁底钢筋网、梁侧钢筋网钢筋弹性模量；

ε_{sm}、ε_{sm1}——梁底钢筋网、梁侧钢筋网钢筋拉应变；

ε_{cu}——混凝土极限压应变，取 $\varepsilon_{cu}=0.0033$。

注：式（12-9）和下面式（12-12）在规程 CECS 242：2016[1] 中有误，这里是按规程 CECS 242：2008[4] 列出的。

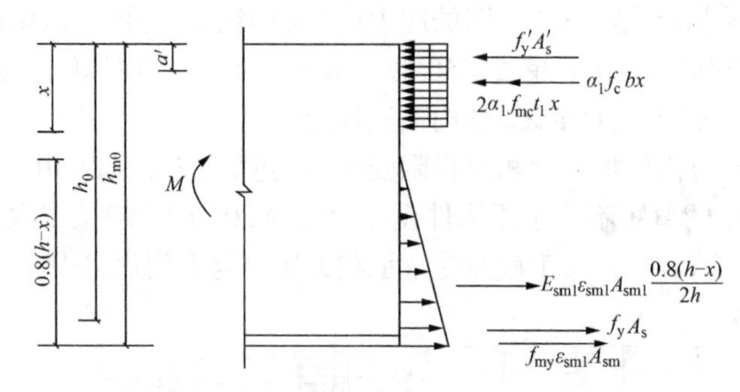

图 12-3 受弯构件二次受力底部加固钢筋网未屈服正截面承载力计算简图

受弯构件加固后相对界限受压区高度 ξ_b、ξ'_b 应按下列公式确定：

$$\xi_b=\frac{\beta_1}{1+\dfrac{f_{my}}{\varepsilon_{cu}E_{sm}}} \tag{12-10}$$

$$\xi'_b=\frac{\beta_1}{1+\dfrac{f_{my}}{\varepsilon_{cu}E_{sm}}+\dfrac{\varepsilon_{sm0}}{\varepsilon_{cu}}} \tag{12-11}$$

$$\varepsilon_{sm0}=\left(1.6\frac{h}{h_0}-0.6\right)\varepsilon_{s0} \tag{12-12}$$

$$\varepsilon_{s0}=\frac{M_{0k}}{0.87E_sA_sh_0} \tag{12-13}$$

式中 β_1——系数，当混凝土强度等级不超过 C50 时，β_1 取为 0.80，当混凝土强度等级为 C80 时，β_1 取为 0.74，其间按线性内插法确定；

ε_{s0}——加固前，在初始弯矩 M_{0k} 作用下原受拉钢筋的应变值；

ε_{sm0}——梁底部钢筋网钢筋滞后应变；

E_s——原构件钢筋弹性模量；

M_{0k}——加固前受弯构件验算截面上由初始荷载标准值产生的弯矩。

当仅在板底或板顶面设置复合砂浆钢筋网以加固钢筋混凝土板时，仍可按以上条文计算，但应取 $A_{sm1}=0$。

为了防止梁底面加固钢筋网与原梁混凝土发生界面滑移破坏，CECS 242：2016 规定梁底面加固用的纵向钢筋面积应符合下列规定：

$$A_{sm}\leqslant A_{sm,max}=\frac{0.4M_u}{f_{my}h_0} \tag{12-14}$$

式中 $A_{sm,max}$——梁底面加固钢筋网最大截面面积；

M_u——原梁承载能力设计值。

【例 12-1】HPFL 法加固一次受力梁正截面受弯承载力算例

文献［2］第 65 页算例，某梁截面尺寸，$b \times h = 250\text{mm} \times 500\text{mm}$，混凝土强度等级 C30，受拉区配置了 HRB335 级钢筋 3ϕ25，受压区配置了 HRB335 级钢筋 2ϕ18，由于该梁上部需增加设备，截面的设计弯矩值增大为 $M = 240\text{kN} \cdot \text{m}$，加固前采取可靠措施对梁进行卸载，截面弯矩为 $M_0 = 30\text{kN} \cdot \text{m}$。对该梁进行加固处理，加固采用ϕ6 的 HRB335 级钢筋，单侧砂浆层厚度为 25mm，砂浆强度等级为 M40。为了计算简便及施工方便，梁底部加固钢筋网与侧面钢筋网间距取一样，都取 50mm。试验算该梁加固后能否满足要求。

【解】

1）求原梁极限弯矩设计值

使用文献［5］介绍的 RCM 软件输入信息与简要计算结果如图 12-4 所示。可见承载力不足，需要加固。

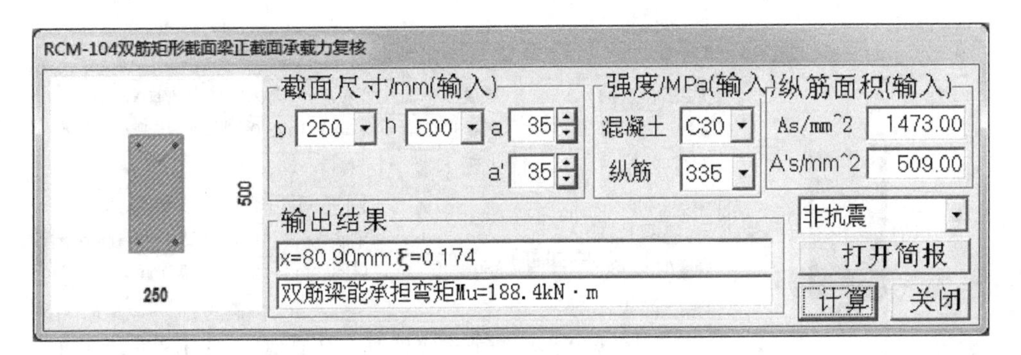

图 12-4　原梁极限弯矩设计值

2）加固设计验算

由于
$$\frac{M_0}{M} = \frac{30}{188.4} = 15.9\% < 20\%$$

所以该梁的加固设计按一次受力计算。

底部加固钢筋网为
$$A_{sm} = \left(\left[\frac{250}{50}\right] + 1\right) \times 28.3 = 170\text{mm}^2$$

$170\text{mm}^2 < A_{sm,max} = \dfrac{0.4M_u}{f_{my}h_0} = \dfrac{0.4 \times 188.4 \times 10^6}{300 \times 465} = 540\text{mm}^2$，满足要求。

侧面钢筋网面积为
$$A_{sm} = \left[\frac{500}{50}\right] \times 28.3 \times 2 = 566\text{mm}^2$$

由式（12-2）
$$x = \frac{f_y A_s + f_{my} A_{sm} + 0.8 f_{my} A_{sm} - f'_y A'_s}{\alpha_1 f_c b + 2\alpha_1 f_{mc} t_1 + \dfrac{0.8 f_{my1} A_{sm1}}{h}}$$

$$=\frac{300\times1473+300\times170+0.8\times300\times566-300\times509}{1\times14.3\times250+2\times1\times19.1\times25+\frac{0.8\times300\times566}{500}}$$

$$=99.1\text{mm}<\xi_b h=0.550\times500=275\text{mm}$$

$$M=f_yA_s\left(h_0-\frac{x}{2}\right)+f_{my}A_{sm}\left(h_{m0}-\frac{x}{2}\right)+f_{my1}A_{sm1}\frac{0.8(h-x)}{h}(0.6h-0.1x)+f'_yA'_s\left(\frac{x}{2}-a'\right)$$

$$=\left[300\times1473\times(465-99.1/2)+300\times170\times(500-99.1/2)\right.$$

$$\left.+300\times566\times\frac{0.8\times(500-99.1)}{500}(0.6\times500-0.1\times99.1)+300\times509\times(99.1/2-35)\right]\times10^{-6}$$

$$=240.55\text{kN}\cdot\text{m}>240\text{kN}\cdot\text{m};且\ 240.55\text{kN}\cdot\text{m}<1.4\times188.4=263.8\text{kN}\cdot\text{m}$$

满足设计要求。SCS 软件输入信息和简要输出结果如图 12-5 所示，可见其与手算结果一致。

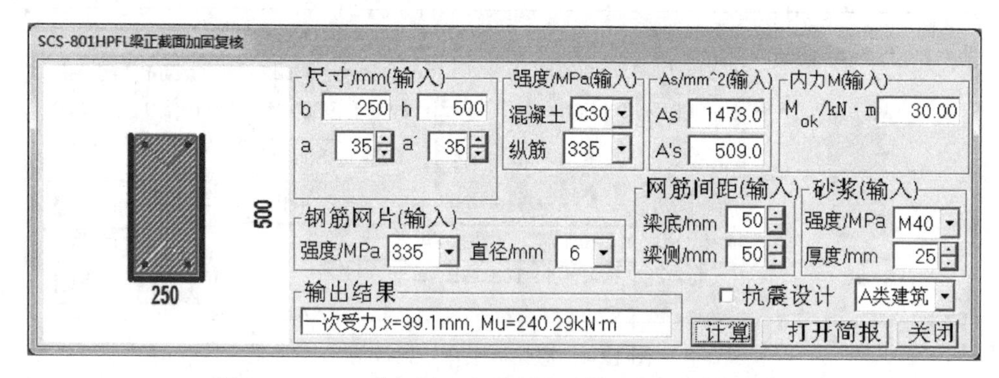

图 12-5 HPFL 法加固一次受力梁正截面受弯承载力计算

【例 12-2】HPFL 法加固二次受力梁正截面受弯承载力算例

文献［2］第 67 页算例，某梁截面尺寸，$b\times h=250\text{mm}\times500\text{mm}$，混凝土强度等级 C30，受拉区配置了 HRB335 级钢筋 3Φ25，受压区配置了 HRB335 级钢筋 2Φ18，由于该梁上部需增加设备，截面的设计弯矩值增大为 $M=250\text{kN}\cdot\text{m}$，加固前采取可靠措施对梁进行卸载，截面弯矩为 $M_0=50\text{kN}\cdot\text{m}$。对该梁进行加固处理，加固采用Φ8 的 HRB335 级钢筋，单侧砂浆层厚度为 30mm，砂浆强度等级为 M40。为了计算简便及施工方便，梁底部加固网与侧面钢筋网间距取一样，都取 50mm。试验算该梁加固后能否满足要求。

【解】

1）求原梁极限弯矩设计值

使用文献［5］介绍的 RCM 软件输入信息与简要计算结果如图 12-4 所示。可见承载力不足，需要加固。

2）加固设计验算

由于 $$\frac{M_0}{M}=\frac{50}{188.4}=26.5\%>20\%$$

所以该梁的加固设计按二次受力计算。

底部加固钢筋网为

$$A_{sm}=\left(\left[\frac{250}{50}\right]+1\right)\times 50.3=302\text{mm}^2<A_{sm,max}$$

$$=\frac{0.4M_u}{f_{my}h_0}=\frac{0.4\times 188.4\times 10^6}{300\times 465}=540\text{mm}^2,\text{满足要求。}$$

侧面钢筋网面积为

$$A_{sm}=\left[\frac{500}{50}\right]\times 50.3\times 2=1006\text{mm}^2$$

由式（12-12）~式（12-13）计算底部加固钢筋网的滞后应变，得

$$\varepsilon_{s0}=\frac{M_{0k}}{0.87E_sA_sh_0}=\frac{50\times 10^6}{0.87\times 200000\times 1473\times 465}=0.0004195$$

$$\varepsilon_{sm0}=\left(1.6\frac{h}{h_0}-0.6\right)\varepsilon_{s0}$$

$$=\left(1.6\times\frac{500}{465}-0.6\right)\times 0.0004195$$

$$=0.0004701$$

据式（12-11），相对界限受压区高度

$$\xi_b'=\frac{\beta_1}{1+\dfrac{f_{my}}{\varepsilon_{cu}E_{sm}}+\dfrac{\varepsilon_{sm0}}{\varepsilon_{cu}}}=\frac{0.8}{1+\dfrac{300}{0.0033\times 500000}+\dfrac{0.0004701}{0.0033}}$$

$$=0.501$$

由式（12-5）

$$x=\frac{f_yA_s+f_{my}A_{sm}+0.4f_{my1}A_{sm1}-f_y'A_s'}{\alpha_1f_cb+2\alpha_1f_{mc}t_1+\dfrac{0.4f_{my1}A_{sm1}}{h}}$$

$$=\frac{300\times 1473+300\times 302+0.4\times 300\times 1006-300\times 509}{1\times 14.3\times 250+2\times 1\times 19.1\times 30+\dfrac{0.4\times 300\times 1006}{500}}$$

$$=100.8\text{mm}<\xi_b'h=0.501\times 500=250.5\text{mm}$$

$$M=f_yA_s\left(h_0-\frac{x}{2}\right)+f_{my}A_{sm}\left(h_{m0}-\frac{x}{2}\right)+f_{mv1}A_{sm1}\frac{0.4(h-x)}{h}\frac{(2.2h-0.7x)}{3}+f_y'A_s'\left(\frac{x}{2}-a'\right)$$

$$=300\times 1473\times\left(465-\frac{100.8}{2}\right)+300\times 302\times\left(500-\frac{100.8}{2}\right)$$

$$+300\times 1006\times\frac{0.4\times(500-100.8)}{500}\frac{(2.2\times 500-0.7\times 100.8)}{3}+300\times 509\times\left(\frac{100.8}{2}-35\right)$$

$$=259.33\text{kN}\cdot\text{m}$$

且259.33kN·m<1.4×188.4=263.8kN·m，满足设计要求。SCS软件输入信息和简要输出结果如图12-6所示，可见其与手算结果一致。

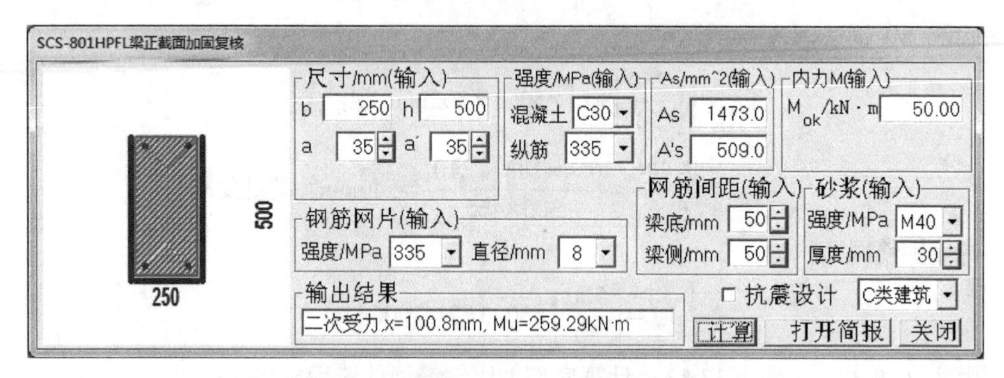

图 12-6 HPFL 法加固二次受力梁正截面受弯承载力计算

12.3 HPFL 加固混凝土梁斜截面承载力计算

受弯构件加固后的斜截面及加固钢筋网的间距与钢筋直径应符合下列规定[1]：

当 $h_w/b_1 \leqslant 4$ 时

$$V \leqslant 0.25\beta_c f_c b_1 h_{m0} \tag{12-15}$$

当 $h_w/b_1 \geqslant 6$ 时

$$V \leqslant 0.20\beta_c f_c b_1 h_{m0} \tag{12-16}$$

当 $4<h_w/b_1<6$ 时，按线性内插法取用，即

$$V \leqslant 0.025(14-h_w/b_1)\beta_c f_c b_1 h_{m0} \tag{12-17}$$

$$s/d \geqslant 10 \tag{12-18}$$

式中 V——加固后构件的剪力设计值；

β_c——混凝土强度影响系数：当混凝土强度等级不超过 C50 时，β_c 取为 1.0；当混凝土强度等级为 C80 时，β_c 取为 0.8；其间按线性内插法确定；

f_c——原构件混凝土轴心抗压强度设计值；

h_w——截面的腹板高度，矩形截面，取有效高度，T 形截面，取有效高度减去翼缘高度；

b_1——加固后构件的截面宽度；

h_{m0}——加固后截面有效高度，取 $h_{m0}=h$[3]；

s——加固筋的间距；

d——加固筋的直径。

加固后受弯构件的斜截面受剪承载力可按下列公式计算[1]：

$$V \leqslant V_{u0}+V_{cm} \tag{12-19}$$

$$V_{cm}=1.4\beta_2\gamma f_t t_0 h+\alpha_2\gamma f'_{yv}\frac{A'_{sv}}{s'_v}h_{m0} \tag{12-20}$$

$$\gamma=1-0.3\frac{V_{0k}}{V_{u0}} \tag{12-21}$$

式中 V_{u0}——原构件的抗剪承载力，按现行国家标准《混凝土结构设计规范》GB 50010 的方法计算；

V_{cm}——复合砂浆钢筋网的抗剪承载力；

f'_{yv}——竖向加固筋的屈服强度；

A'_{sv}——配置在同一截面内竖向加固钢筋的面积，按现行国家标准《混凝土结构设计规范》GB 50010 中箍筋面积的计算方法确定；

s'_{v}——竖向加固筋的间距；

t_0——加固层单侧的厚度；

α_2——加固钢筋抗剪承载力的影响系数，取 $\alpha_2=0.9$；

β_2——加固水泥复合砂浆抗剪承载力的影响系数，取 $\beta_2=0.5$；

γ——二次受力影响系数；

V_{0k}——加固前构件验算截面上由不可卸除的荷载产生的剪力[2]。

对集中荷载作用下（包括作用有多种荷载，其中集中荷载对支座或节点边缘产生的剪力设计值占总剪力设计值的75%以上的情况）的独立梁，当按式（12-19）计算时，V_{cm} 应按下式计算：

$$V_{cm}=\beta_2\gamma\frac{0.4}{\lambda+1.5}f_{mc}t_0h+\alpha_2\gamma\xi_{\lambda}f'_{yv}\frac{A'_{sv}}{s'_{v}}h_{m0} \tag{12-22}$$

$$\xi=\frac{\lambda}{1.5}(\text{当 }\lambda>1.5\text{ 时},\xi=1) \tag{12-23}$$

式中　ξ_{λ}——剪跨比 λ 影响系数；

λ——计算截面的剪跨比，按现行国家标准《混凝土结构设计规范》GB 50010 规定的方法计算。

【例 12-3】HPFL 法加固均布荷载梁斜截面受剪承载力算例

某简支梁截面尺寸 $b\times h=250\text{mm}\times500\text{mm}$，混凝土强度等级 C30，原配置了 HPB235 级钢筋双肢箍 $\phi8@200$，该梁承受均布荷载，支座处最大剪力为 $V=170\text{kN}$，由于该梁上部增加荷载，经计算此时支座处最大剪力为 $V=260\text{kN}$，对梁进行加固。加固前采取可靠措施对梁进行卸载，支座处剪力为 $V_{0k}=50\text{kN}$。对该梁进行加固处理，加固采用 $\phi8$ 的 HPB300 级钢筋，单侧砂浆层厚度为 25mm，砂浆强度等级为 M40，加固钢筋网间距取 80mm。试验算该梁加固后的受剪承载力是否满足要求。

【解】

1）求原梁受剪承载力

使用文献［5］介绍的 RCM 软件输入信息与简要计算结果如图 12-7 所示。可见承载力不足，需要加固。

2）加固设计验算

加固后梁的截面尺寸 $h_w/b_1=465/300=1.55\leqslant4$

$$0.25\beta_c f_c b_1 h_{m0}=0.25\times1\times14.3\times300\times500=536250\text{N}>260000\text{N}$$

加固后梁截面尺寸满足要求。

$$s/d=80/8\geqslant10$$

加固钢筋网的间距与直径符合规定。

$$\gamma=1-0.3\frac{V_{0k}}{V_{u0}}=1-0.3\frac{50}{165.5}=0.909$$

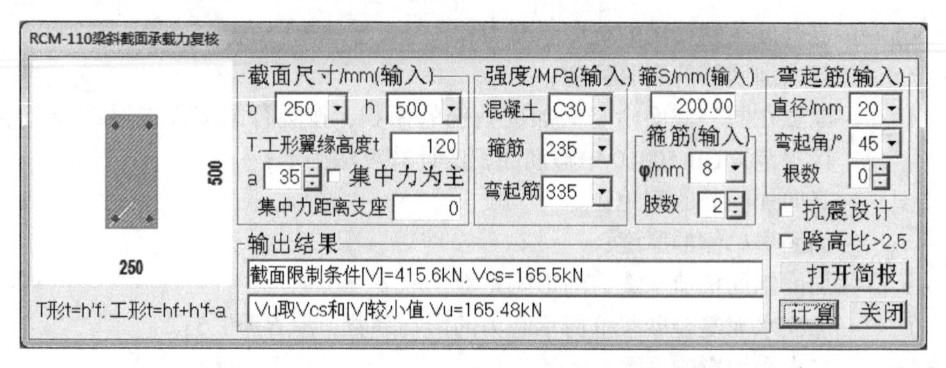

图 12-7 按 GB 50010—2010 计算得到的原梁受剪承载力

$$V_{cm}=1.4\beta_2\gamma f_t t_0 h+\alpha_2\gamma f'_{yv}\frac{A'_{sy}}{s'_v}h_{m0}$$

$$=1.4\times0.5\times0.909\times1.43\times25\times500+0.9\times0.909\times270\times\frac{2\times50.3}{80}\times500$$

$$=150320\text{N}$$

$$V=V_{u0}+V_{cm}=165.5+150.3=315.8\text{kN}>1.6\times165.5$$

$$=264.8\text{kN}，按规定取 V=264.8\text{kN}$$

$$V=264.8\text{kN}>260\text{kN}$$

满足设计要求。SCS 软件输入信息和简要输出结果如图 12-8 所示，可见其与手算结果一致。

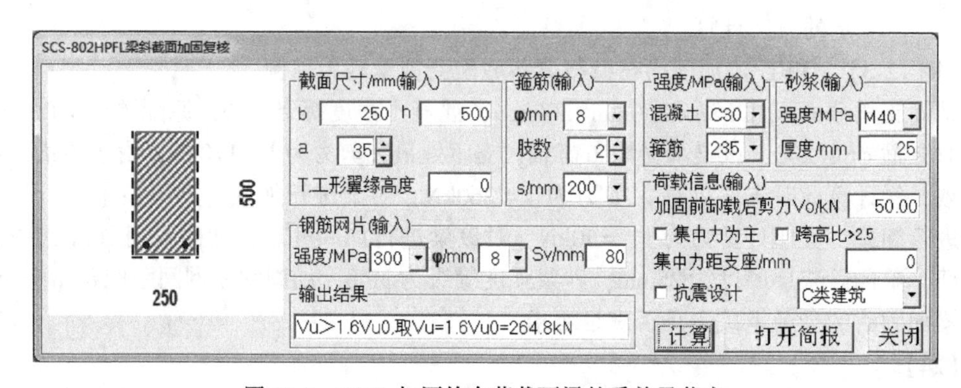

图 12-8 HPFL 加固均布荷载下梁的受剪承载力

【例 12-4】HPFL 法加固集中荷载下独立梁斜截面受剪承载力算例

文献［2］第 86 页算例，某简支梁截面尺寸 $b\times h=250\text{mm}\times500\text{mm}$，混凝土强度等级 C30，原配置了 HPB235 级钢筋双肢箍 $\phi8@150$，该梁承受集中荷载，剪跨比 $\lambda=2.5$，截面最大剪力为 $V=140\text{kN}$，由于该梁上部增加荷载，经计算此时支座处最大剪力为 $V=220\text{kN}$。加固前采取措施对梁进行卸载，最大剪力为 $V_{0k}=100\text{kN}$。对该梁进行加固处理，加固采用 $\phi8$ 的 HPB300 级钢筋，单侧砂浆层厚度为 30mm，砂浆强度等级为 M40，加固钢筋网间距取 100mm。试验算该梁加固后的受剪承载力是否满足要求。

【解】

1）求原梁受剪承载力

使用文献［5］介绍的 RCM 软件输入信息与简要计算结果如图 12-9 所示。可见承载力不足，需要加固。

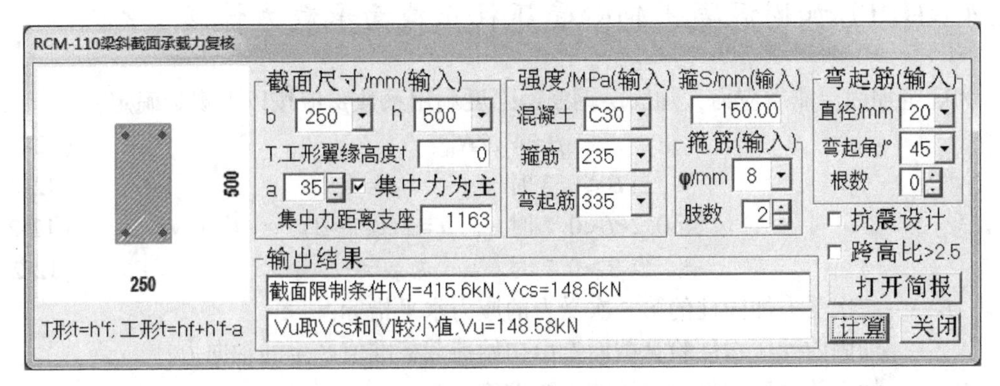

图 12-9　原梁受剪承载力

2）加固设计验算

加固后梁的截面尺寸 $h_w/b_1=465/300=1.55\leqslant4$，

$$0.25\beta_c f_c b_1 h_{m0}=0.25\times1\times14.3\times310\times500=554125\text{N}>220000\text{N}$$

加固后梁截面尺寸满足要求。

$$s/d=100/8=12.5\geqslant10$$

加固钢筋网的间距与直径符合规定。

$$\gamma=1-0.3\frac{V_{0k}}{V_{u0}}=1-0.3\frac{100}{148.6}=0.798$$

$$V_{cm}=\beta_2\gamma\frac{3.5}{\lambda+1.0}f_t t_0 h+\alpha_2\gamma\xi f_{yv}\frac{A_{sv}}{s}h_{m0}$$

$$=0.5\times0.798\times\frac{3.5}{2.5+1.0}\times1.71\times30\times500+0.9\times0.798\times1\times270\times\frac{101}{100}\times500$$

$$=107780\text{N}$$

$$V=V_{u0}+V_{cm}=148.6+107.8=256.4\text{kN}>1.6\times148.6=237.7\text{kN}>220\text{kN}$$

满足设计要求。SCS 软件输入信息和简要输出结果如图 12-10 所示，可见其与手算结果一致。

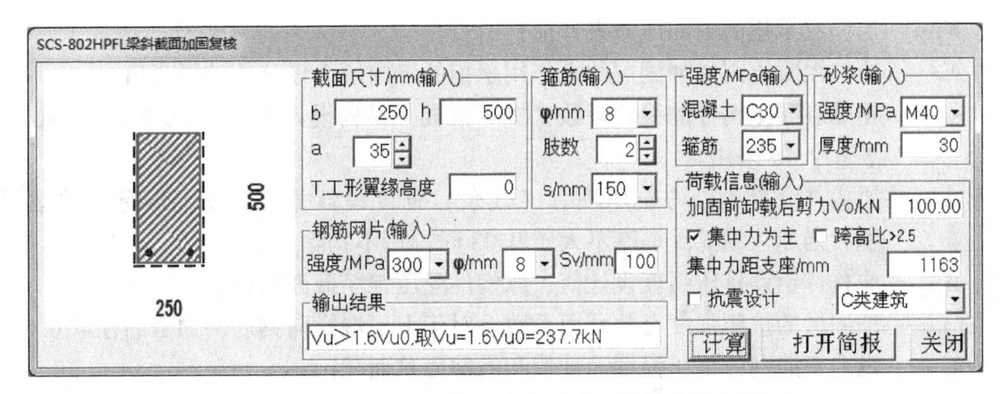

图 12-10　HPFL 加固集中荷载下独立梁的受剪承载力

12.4 HPFL 加固混凝土轴心受压柱正截面承载力计算

为确定加固层滞后应力，加固层钢筋网强度利用系数μ应按以下规定确定：

$$\beta=N_{0k}/N_{1k} \tag{12-24a}$$

$$当\beta\leq0.2时 \quad \mu=1 \tag{12-24b}$$

$$当0.2<\beta<0.7时 \quad \mu=2(0.7-\beta) \tag{12-24c}$$

$$当\beta\geq0.7时 \quad \mu=0 \tag{12-24d}$$

式中 β——二次受力加固柱的第一次受力的应力水平指标；

N_{0k}——加固前受压构件验算截面上由初始荷载标准值产生的轴向力；

N_{1k}——加固前受压构件轴向承载力标准值；

μ——加固层材料强度利用系数。

式（12-24d）是按 CECS 242：2008，因 CECS 242：2016 的此式右端为 1 似有误。

轴心受压构件正截面承载力应按下列公式计算：

$$N\leqslant0.9(N_1+N_2+N_3) \tag{12-25}$$

$$N_1=\varphi(f_cA_c+f'_yA'_s) \tag{12-26}$$

$$N_2=k\mu[f'_{ye}A'_{se}+f_{mc}(\pi Dt_m-A'_{se})] \quad (圆形截面柱) \tag{12-27a}$$

$$N_2=k\mu\{f'_{ye}A'_{se}+f_{mc}[2t_m(b+h)-A'_{se}]\} \quad (矩形截面柱或正方形截面柱) \tag{12-27b}$$

$$N_2=k\mu[f'_{ye}A'_{se}+f_{mc}(3.14R^2-bh-A'_{se})] \quad (正方形或矩形截面柱加固成圆形截面柱) \tag{12-27c}$$

$$N_3=4\mu\sigma_rA \tag{12-28}$$

$$A_c=\frac{\pi D^2}{4}-A'_s(圆形截面) \tag{12-29}$$

$$A_c=bh-(4-\pi)r^2-A'_s(正方形或矩形倒角后截面) \tag{12-30}$$

式中 N——加固后构件轴向压力设计值；

N_1——原柱未受约束作用时能承担的轴向压力设计值；

N_2——加固层承担的轴向压力设计值；

N_3——原柱混凝土因受加固层约束作用承担的轴向压力设计值的提高值；

φ——钢筋混凝土构件的稳定系数，按《混凝土结构设计规范》GB 50010—2010 中表 6.2.15 采用。

f_c、A_c——原构件混凝土轴心抗压现有（残余）强度设计值、混凝土现有有效截面面积，当原柱纵筋配筋率不大于 0.03 时，可不扣除A'_s；

f'_y、A'_s——原构件钢筋抗压强度设计值、原构件受压钢筋截面面积；

k——加固层的抗压强度有效利用系数，对于上下端横向钢筋网加密的柱取 0.3；

f'_{ye}、A'_{se}——纵向钢筋网的抗压强度设计值和横截面总面积；

f_{mc}——水泥复合砂浆轴心抗压强度设计值；

D——原柱横截面直径；

t_m——实际采用的加固层厚度，一般为 20~30mm；

b、h——原构件截面宽度、截面高度；

R——矩形截面柱或方柱加固成圆柱后的半径，原柱四角混凝土保护层凿除后，其外截圆半径 $R'=\frac{1}{2}\sqrt{(h-2c)^2+b^2}$，其中 c 为保护层厚度，则 $R=R'+t_m$；

σ_r——横向钢筋网的径向有效约束应力，可按公式（12-32）计算；

A——原柱横截面面积；

r——倒角圆弧半径。

对轴心受压柱的加固，按式（12-25）算得的构件受压承载力设计值不应大于现行国家标准《混凝土结构设计规范》GB 50010—2010 的式（6.2.15）算得的构件受压承载力设计值的 1.3 倍。此外，当遇到下列一种情况时，不应计入横向钢筋网的影响，即取式（12-25）中的 $N_3=0$。

1）当柱加固后长细比 $\frac{l}{D+2t_m}>12$ 或 $\frac{l}{b+2t_m}>14$ 时；

2）当横向钢筋网的体积配箍率 ρ_w 小于 0.16%时。

径向有效约束率 k_e 可按下列规定确定（图 12-11）：

圆形截面柱及由矩形截面柱加固成的圆形截面柱

$$k_e=\frac{A_e}{A_c}=1 \tag{12-31a}$$

矩形截面柱

$$k_e=\frac{A_e}{A_c} \tag{12-31b}$$

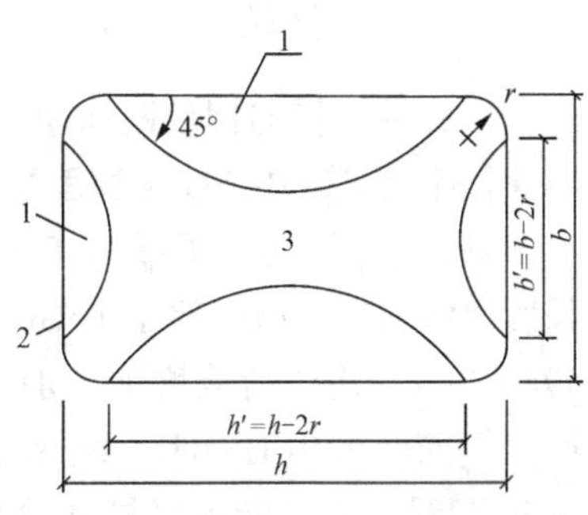

图 12-11　有效约束率计算简图
1—无效约束面积；2—环向围束；3—有效约束面积

$$A_e=A_c-\frac{(b-2r)^2+(h-2r)^2}{3} \tag{12-31c}$$

式中　A_e——混凝土有效约束面积；

A_c——加固前原柱混凝土净截面面积；

k_e——径向有效约束率。

径向有效约束应力 σ_r 可按以下规定确定（图 12-12）：

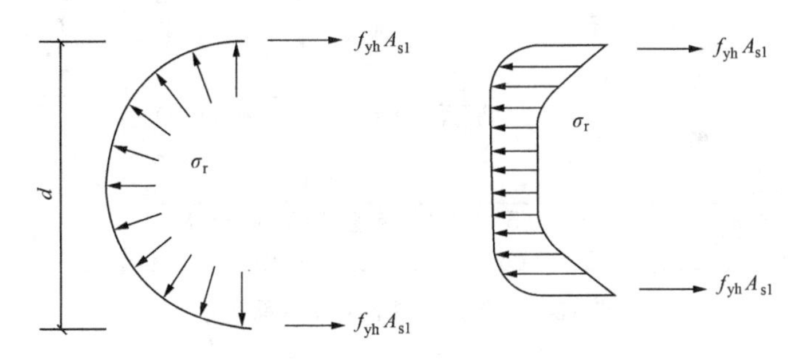

图 12-12　有效约束应力计算简图

$$\sigma_{\mathrm{r}}=\frac{1}{4}k_{\mathrm{e}}\psi_{0}f_{\mathrm{yh}}\rho_{\mathrm{t}}(\text{圆形截面柱}) \tag{12-32a}$$

$$\sigma_{\mathrm{r}}=\frac{1}{2(b+h)}k_{\mathrm{e}}\psi_{0}f_{\mathrm{yh}}b\rho_{\mathrm{t}}$$

（正方形或矩形截面柱以及由此加固成的圆形截面柱） （12-32b）

式中 f_{yh}——横向钢筋网抗拉强度设计值；

A_{s1}——横向钢筋网的单肢截面面积；

ψ_0——原柱混凝土强度影响系数，当$f_{\mathrm{cu,k}}\leqslant$50MPa 时，取$\psi_0=2.0$、$f_{\mathrm{cu,k}}=80$MPa 时，取$\psi_0=1.7$、其间$\psi_0$按线性内插确定[3]；

ρ_{t}——横向钢筋网体积配箍率，圆形截面柱$\rho_{\mathrm{t}}=\dfrac{4A_{\mathrm{s1}}}{s_{\mathrm{h}}D}$；正方形或矩形截面柱$\rho_{\mathrm{t}}=\dfrac{2A_{\mathrm{s1}}}{s_{\mathrm{h}}bh}$$(b+h)$；由正方形或矩形截面柱加固成的圆形截面柱$\rho_{\mathrm{t}}=\dfrac{2A_{\mathrm{s1}}}{s_{\mathrm{h}}R}$；

s_{h}——横向钢筋网间距。

【例 12-5】 HPFL 法加固矩形截面轴心受压柱算例

某办公楼底层，层高 4.8m，轴心受压的中柱截面尺寸 $b\times h=400\mathrm{mm}\times500\mathrm{mm}$，混凝土强度等级 C25，原配置了 HRB335 级钢筋 8ϕ18（$A'_{\mathrm{s}}=2036\mathrm{mm}^2$），加固前卸载至承担$N_{0\mathrm{k}}=1760.7$kN，由于荷载增加，加固后轴向压力设计值要求达到 2900kN。加固层材料：纵、横向钢筋网采用 HRB335 级热轧带肋钢筋，纵向钢筋网按ϕ6@50 配置，横向钢筋采用ϕ8@50 配置，高性能水泥复合砂浆强度等级为 M45，单侧砂浆层厚度为 25mm，倒角半径取 $r=30$mm。试验算该柱加固后的正截面承载力是否满足要求。

【解】

1）求原柱正截面承载力

使用文献［5］介绍的 RCM 软件输入信息与简要计算结果 $N_{1\mathrm{k}}=3438.86$kN，如图 12-13 所示。可见承载力不足，需要加固。

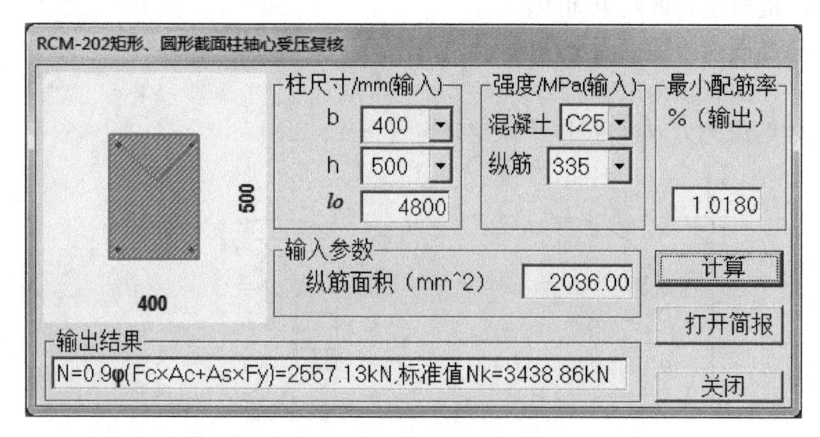

图 12-13 原矩形柱轴心受压承载力

2）加固层材料强度利用系数μ

$\beta=N_{0\mathrm{k}}/N_{1\mathrm{k}}=1760.7/3438.86=0.512$

$\mu = 2(0.7 - \beta) = 0.376$

3）计算 N_1

原柱混凝土净截面面积

$A_c = bh - (4 - \pi) r^2 - A'_s = 400 \times 500 - (4 - 3.14) \times 900 - 2036$

$= 197191\text{mm}^2$

由 $l_0/b = 4800/400 = 12$，查《混凝土结构设计规范》GB 50010—2010 中表 6.2.15，得 $\varphi = 0.95$

$N_1 = \varphi(f_c A_c + f'_y A'_s) = 0.95 \times (11.9 \times 197191 + 300 \times 2036) = 2809.51\text{kN}$

4）计算 N_2

按 $\phi 6@50$ 配置的纵向网筋，可知 $A'_{se} = 1020\text{mm}^2$，从而：

$N_2 = \mu k \{ f'_{ye} A'_{se} + f_{mc} [2t_m(b + h) - A'_{se}] \}$

$= 0.3 \times 0.376 \times \{300 \times 1020 + 21.1 \times [2 \times 25 \times (400 + 500) - 1020]\} \times 10^{-3}$

$= 139.21\text{kN}$

5）计算 N_3

因有 $\dfrac{l}{b+2t_m} = \dfrac{4800}{400+50} = 10.7 < 14$，可以考虑横向网筋的约束作用。

有效约束面积：

$$A_e = A_c - \frac{(b-2r)^2 + (h-2r)^2}{3}$$

$$= 197191 - \frac{(400-2\times30)^2 + (500-2\times30)^2}{3} = 94125\text{mm}^2$$

有效约束率：$k_e = \dfrac{A_e}{A_c} = \dfrac{94125}{197191} = 0.48$

横向钢筋网体积配箍率：

$$\rho_t = \frac{2A_{s1}}{s_h bh}(b + h) = \frac{2 \times 50.3}{50 \times 400 \times 500}(400 + 500) = 0.0091$$

$\rho_t > 0.16\%$满足考虑横向钢筋约束的要求。

$$\sigma_r = \frac{1}{2(b + h)} k_e \psi_0 f_{yh} b \rho_t$$

$$= \frac{0.48 \times 2 \times 300 \times 400 \times 0.0091}{2 \times (400 + 500)}$$

$$= 0.58\text{N/mm}^2$$

$N_3 = 4\mu\sigma_r A = 4 \times 0.376 \times 0.58 \times 400 \times 500 = 174.46\text{kN}$

6）加固后柱的承载力：

$$N = 0.9(N_1 + N_2 + N_3) = 0.9 \times (2809.51 + 139.21 + 174.46)$$

$$= 2809.8\text{kN}$$

$2809.8\text{kN} < 1.3 \times 2557.13 = 3324.3\text{kN}$，符合要求。

SCS 软件输入信息和简要输出结果如图 12-14 所示，可见其与手算结果一致。

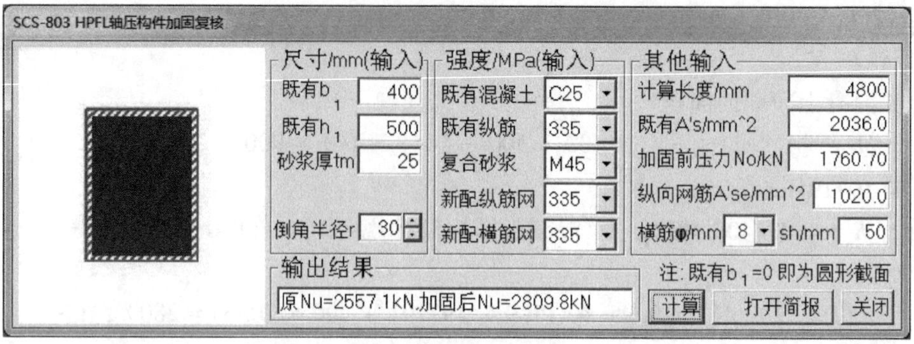

SCS-803 HPFL轴压构件加固复核
尺寸/mm(输入)
既有b1 400
既有h1 500
砂浆厚tm 25
倒角半径r 30
强度/MPa(输入)
既有混凝土 C25
既有纵筋 335
复合砂浆 M45
新配纵筋网 335
新配横筋网 335
其他输入
计算长度/mm 4800
既有A's/mm^2 2036.0
加固前压力No/kN 1760.70
纵向网筋A'se/mm^2 1020.0
横筋φ/mm 8 sh/mm 50
输出结果
原Nu=2557.1kN,加固后Nu=2809.8kN
注:既有b1=0即为圆形截面
计算
打开简报
关闭

图 12-14 HPFL 加固矩形轴心受压柱计算

【例 12-6】HPFL 法加固圆形截面轴心受压柱算例

某办公楼底层，层高 4.0m，轴心受压的圆柱截面直径 $D=400$mm，混凝土强度等级 C25，原配置了 HRB335 级钢筋 8 Φ 20（$A'_s=2513\text{mm}^2$），加固前卸载至承担 $N_{0k}=1046.51$kN，由于荷载增加，加固后轴向压力设计值要求达到 2400kN。加固层材料：纵、横向钢筋网采用 HRB400 级热轧带肋钢筋，纵向钢筋网按Φ6@50 配置（柱全周共 26 根钢筋，$A'_{se}=735.8\text{mm}^2$），高性能水泥复合砂浆强度等级为 M50，砂浆层厚度为 30mm。试验算该柱加固后的正截面承载力是否满足要求。

【解】

1）求原柱正截面承载力

使用文献［5］介绍的 RCM 软件输入信息与简要计算结果 $N_{1k}=1938.3$kN，如图 12-15 所示。可见承载力不足，需要加固。

RCM-202矩形、圆形截面柱轴心受压复核
400
柱尺寸/mm(输入)
b 0
h 400
lo 4000
强度/MPa(输入)
混凝土 C25
纵筋 335
最小配筋率
%（输出）
1.9998
输入参数
纵筋面积（mm^2） 2513.00
计算
打开简报
输出结果
N=0.9φ(Fc×Ac+As×Fy)=1938.33kN,标准值Nk=2533.92kN
关闭

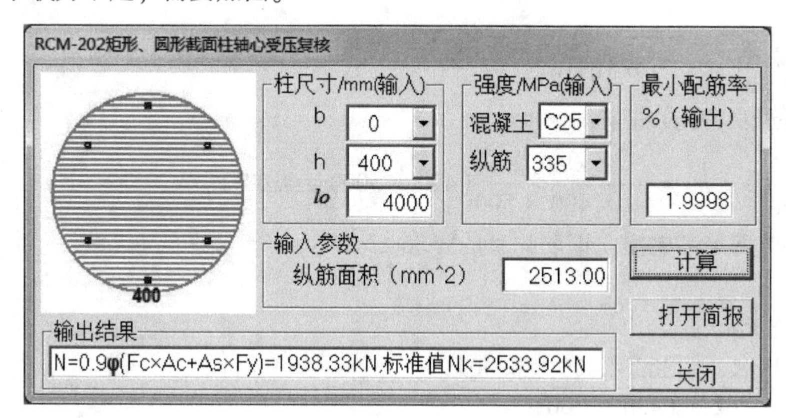

图 12-15 原柱轴心受压承载力

2）加固层材料强度利用系数 μ

$\beta=N_{0k}/N_{1k}=1046.51/2533.92=0.413$

$\mu=2(0.7-\beta)=0.574$

3）计算 N_1

原柱混凝土净截面面积：

$$A_c=\frac{\pi D^2}{4}-A'_s=3.14\times400^2/4-2513=123087\text{mm}^2$$

由 $l_0/d=4000/400=10$，查《混凝土结构设计规范》GB 50010—2010 中表 6.2.15，得 $\varphi=0.958$

$N_1=\varphi(f_cA_c+f'_yA'_s)=0.958\times(11.9\times123087+300\times2513)\times10^{-3}=2124.34\text{kN}$

4）计算 N_2

按φ 6@ 50 配置的纵向网筋，可知 $A'_{se}=735.8\text{mm}^2$，从而：

$N_2=\mu k[f'_{ye}A'_{se}+f_{mc}(\pi Dt_m-A'_{se})]$

$=0.3\times0.574\times[360\times735.8+23.1\times(3.14\times400\times30-735.8)]\times10^{-3}$

$=192.66\text{kN}$

5）计算 N_3

因加固后柱长细比 $\dfrac{l}{D+2t_m}=\dfrac{4000}{400+60}=8.70<12$，可以考虑横向网筋的约束作用。

有效约束率：$k_e=1$

横向钢筋网体积配箍率：$\rho_t=\dfrac{4A_{s1}}{s_hD}=\dfrac{4\times28.3}{50\times400}=0.0057$

$\rho_t>0.16\%$满足考虑横向钢筋约束的要求。

$\sigma_r=\dfrac{1}{4}k_e\psi_0f_{yh}\rho_t=\dfrac{1}{4}\times1\times2\times360\times0.0057=1.026\text{N/mm}^2$

$N_3=4\mu\sigma_rA=4\times0.574\times1.026\times123087\times10^{-3}=289.96\text{kN}$

6）加固后柱的承载力：

$N=0.9(N_1+N_2+N_3)=0.9\times(2124.34+192.66+289.96)=0.9\times2606.96=2346.3\text{kN}$

$2346.3\text{kN}<1.3\times1938.3=2819.8\text{kN}$，符合要求。

SCS 软件输入信息和简要输出结果如图 12-16 所示，可见其与手算结果一致（注：倒角半径对既有圆形柱没有作用，软件输入时此项可填写 0）。

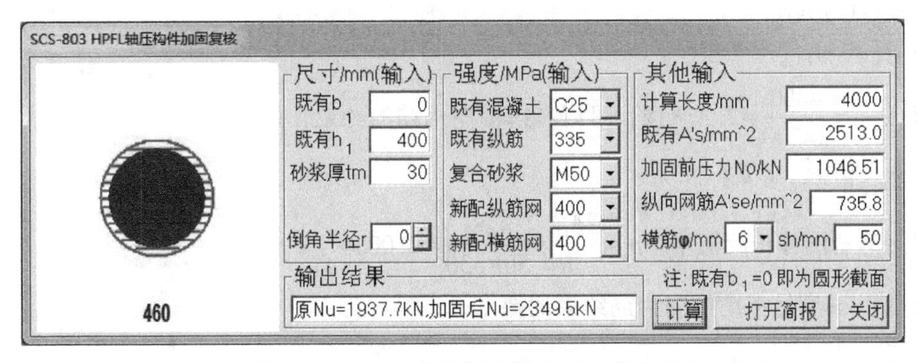

图 12-16　HPFL 加固圆形轴心受压柱计算

【例 12-7】HPFL 法将矩形截面加固成圆形截面轴心受压柱算例

柱原始数据同【例 12-5】，现欲加固成圆柱，看其承载力能达到多少？

【解】

1）求原柱正截面承载力

使用文献［5］介绍的 RCM 软件输入信息与简要计算结果 $N_{1k}=3438.86\text{kN}$，如

图 12-13 所示。

2）加固层材料强度利用系数μ

$$\beta=N_{0k}/N_{1k}=1760.7/3438.86=0.512$$

$$\mu=2(0.7-\beta)=0.376$$

3）计算N_1

原柱混凝土净截面面积：

$A_c=bh-(4-\pi)r^2-A_s'$

$=400\times500-(4-\pi)\times900-2036=197191\text{mm}^2$

由$l_0/b=4800/400=12$，查《混凝土结构设计规范》GB 50010—2010 中表 6.2.15，得$\varphi=0.95$

$N_1=\varphi\ (f_cA_c+f_y'A_s')\ =0.95\times\ (11.9\times197191+300\times2036)\ \times10^{-3}=2809.51\text{kN}$

4）计算N_2

矩形截面外截圆半径 $R'=\dfrac{1}{2}\sqrt{(h-2c)^2+b^2}$

$=\dfrac{1}{2}\sqrt{(500-2\times20)^2+400^2}$

$=305\text{mm}$

$R=R'+t_m=305+25$

$=330\text{mm}$

矩形截面外截圆直径$D=610\text{mm}$，外截圆周长$=1914\text{mm}$，按ϕ6@50 配置的纵向网筋，可知需布置 39 根钢筋，$A_{se}'=39\times28.3=1103.7\text{mm}^2$，从而

$N_2=\mu k[f_{ye}'A_{se}'+f_{mc}(3.14R^2-bh-A_{se}')]$

$=0.3\times0.376\times[300\times1103.7+21.1\times(3.14\times330^2-400\times500-1103.7)]\times10^{-3}$

$=371.19\text{kN}$

5）计算N_3

因有$\dfrac{l}{2R}=\dfrac{4800}{2\times330}=7.27<12$，可以考虑横向网筋的约束作用。

有效约束率：$k_e=1$

横向钢筋网体积配箍率：$\rho_t=\dfrac{2A_{s1}}{s_hR}=\dfrac{2\times28.3}{50\times330}=0.0034$

$\rho_t>0.16\%$满足考虑横向钢筋约束的要求。

$\sigma_r=\dfrac{1}{2(b+h)}k_e\psi_0f_{yh}b\rho_t$

$=\dfrac{1\times2\times300\times400\times0.0034}{2\times(400+500)}$

$=0.46\text{N/mm}^2$

$N_3=4\mu\sigma_rA=4\times0.376\times0.46\times400\times500\times10^{-3}=138.37\text{kN}$

6）加固后柱的承载力：

$N=0.9(N_1+N_2+N_3)$

$=0.9\times(2809.51+371.19+138.37)$

$=2987.2\text{kN}$

$2987.20\text{kN}<1.3\times2557.13=3324.3\text{kN}$，符合要求。

SCS 软件输入信息和简要输出结果如图 12-17 所示，可见其与手算结果一致。为用电算外截圆周长，以便计算 A'_{se}，可以先按“计算”“打开简报”，如图 12-17 得知外截圆周长后，用其除以纵向钢筋网间距得纵筋根数，再乘以每根筋面积，即得 A'_{se}，填入对应位置，再按“计算”得到结果。

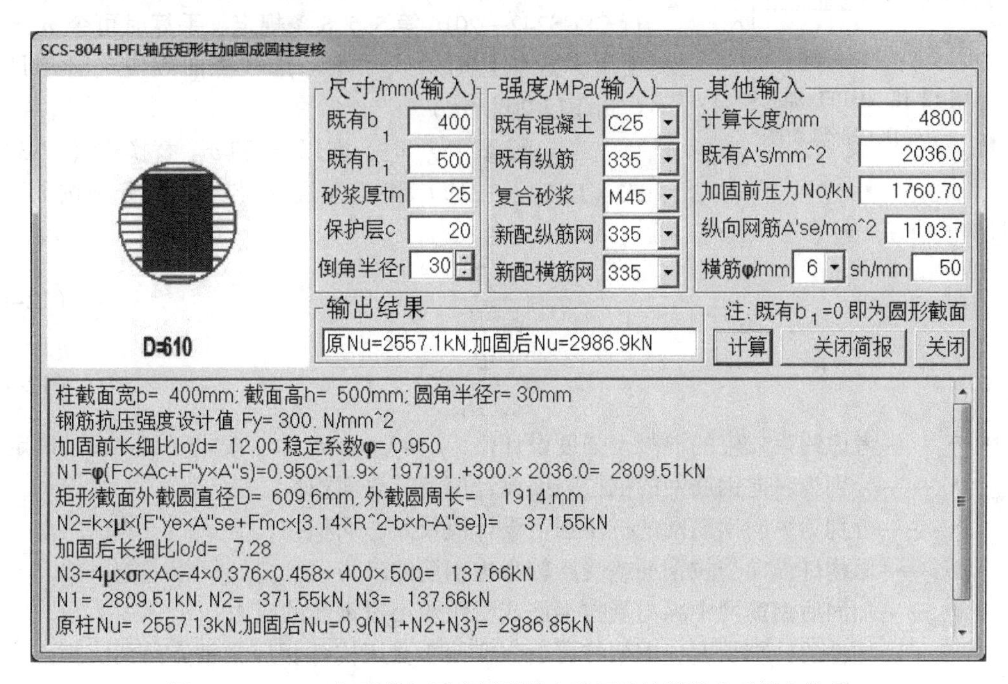

图 12-17　HPFL 矩形柱加固成圆形轴心受压柱计算并查看详细结果

12.5　HPFL 加固混凝土偏心受压柱正截面承载力计算

结合《混凝土结构设计规范》GB 50010—2010 和《水泥复合砂浆钢筋网加固混凝土结构技术规程》CECS 242—2016，被加固的矩形截面偏心受压框架柱的承载力应按下列公式计算（图 12-18）：

$$N=\alpha_1 f_{cc}bx+f'_yA'_s+\mu f'_{ye}A'_{se}-f_yA_s-\mu f_{ye}A_{se} \tag{12-33}$$

$$Ne=\alpha_1 f_{cc}bx\left(h_0-\frac{x}{2}\right)+f'_yA'_s(h_0-a')+\mu f'_{ye}A'_{se}h_0 \tag{12-34}$$

$$f_{cc}=f_c+4\mu\sigma_r \tag{12-35}$$

$$e=e_i+\frac{h}{2}-a \tag{12-36}$$

$$\eta_{ns}=1+\frac{1}{1300(e_0+e_2)/h_0}\left(\frac{l_c}{h+2t_m}\right)^2\zeta_c \tag{12-37}$$

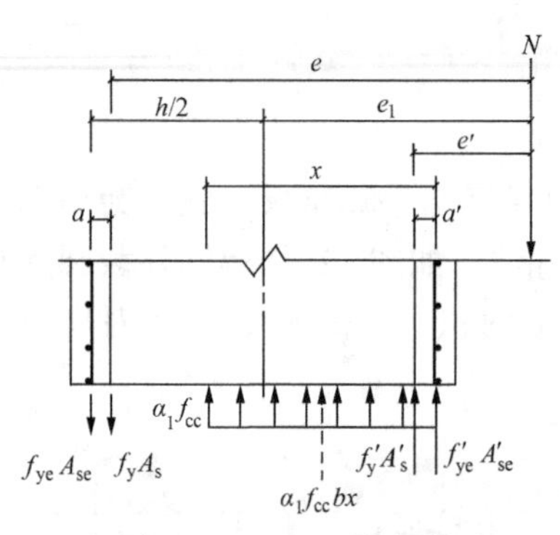

图 12-18 HPFL 加固偏心受压柱计算简图

$$\zeta_c = 0.2 + 2.7\frac{e_0 + e_a}{h_0} \tag{12-38}$$

$$e_i = \eta_{ns} e_0 + e_a \tag{12-39}$$

这里为偏安全起见，取 $C_m = 1$，$C_m\eta_{ns} = \eta_{ns}$，$\eta_{ns}e_0 = C_m\eta_{ns}e_0 = C_m\eta_{ns}M_2/N = M/N$，这样就解释了采用 $\eta_{ns}e_0$ 就是执行 GB50010—2010 第 6.2.4 条的规定。CECS242—2016 第 5.5.5 条没考虑柱自身挠曲二阶效应，如果要执行 CECS242—2016 第 5.5.5 条规定，手算时可令 $\eta_{ns} = 1$，使用 SCS 软件时输入“不考虑柱挠曲效应”选项即可（如图 12-20 所示）。

当 $x > x_b$ 或 $\xi > \xi_b$ 时，应以 σ_s 和 σ_{sm} 替换式（12-33）、式（12-34）中的 f_y 和 f_{ye}，且 σ_s 与 σ_{sm} 可分别按下列公式计算：

$$\sigma_s = \frac{\xi - \beta_1}{\xi_b - \beta_1} f_y \tag{12-40}$$

$$\sigma_{sm} = \frac{\xi - \beta_1}{\xi_b - \beta_1} f_{ye} \tag{12-41}$$

式中 f_{cc}——考虑约束效应的混凝土强度设计值，$f_{cc} = f_c + 4\mu\sigma_r$，$\sigma_r$ 按式（12-32b）确定；

f_{ye}、A_{se}——分别为纵向钢筋网的抗拉强度设计值及其总面积；

f'_{ye}、A'_{se}——分别为纵向钢筋网的抗压强度设计值及其总面积；

σ_s——原构件纵向受拉钢筋或受压较小边钢筋的应力；

σ_{sm}——加固后钢筋网中纵向受拉钢筋或受压较小边钢筋的应力；

l_c——构件的计算长度，框架柱可近似取偏心受压构件相应主轴方向两支撑点之间的距离；

h_0——截面有效高度。因纵向网筋未知，偏安全取原截面有效高度；

x——等效受压区高度；

e——外加轴向压力作用点至纵向受拉钢筋合力作用点间的距离；

e_i——初始偏心距；

e_0——外加轴力对截面重心的偏心距，$e_0 = M/N$；

e_a——附加偏心距；

η_{ns}——弯矩放大系数；

ζ_c——截面曲率修正系数，当计算值大于 1.0 时取 1.0；

A——原构件截面面积；

x_b——原构件截面等效受压区界限高度；

ξ、ξ_b——原构件截面的相对受压区高度（$\xi = x/h_0$）与界限相对受压区高度；

β_1——系数，当混凝土强度等级不超过 C50 时，β_1 取为 0.80，当混凝土强度等级为 C80 时，β_1 取为 0.74，其间按线性内插法确定。

偏压柱加固设计计算

当原柱截面尺寸、材料强度、配筋面积和原柱已承受的外荷载产生的设计轴力 N 和设

计弯矩 M 均为已知条件，对加固层的设计实际上是对所需横向网筋和纵向网筋进行设计计算。其计算思路如下：

首先按经验规则判别大小偏心，即

当 $\eta_{ns}e_i \leqslant 0.3h_0$ 按小偏心受压计算；

当 $\eta_{ns}e_i > 0.3h_0$ 按大偏心受压计算。

当按大偏心受压计算时，由于较大的侧向挠曲使受压区横向网筋所发挥的横向约束作用很小，但又为了不消弱其对纵向网筋的锚固作用，所以可按构造要求配置横向网筋。即先选定横向网筋的单肢截面积 A_{s1} 和间距 s_h，从而确定 f_{cc}。另外，为了便于施工，受拉侧和受压侧纵向网筋采用对称配筋，即 $A_{se}=A'_{se}$，$f_{ye}=f'_{ye}$再联立式（12-33）和式（12-34）可求得受压区高度 x 及纵向网筋 $A_{se}=A'_{se}$。

$$x = \frac{A}{B}$$

$$A = N - f'_yA'_s + f_yA_s; \quad B = \alpha_1 f_{cc} b \tag{12-42}$$

如果 $x \leqslant \xi_b h_0$，则属于大偏压柱，可按下式计算

$$A_{se} = A'_{se} = \frac{1}{\mu f'_{ye}h_0}\left(Ne - Ah_0 + \frac{A^2}{2B} - C\right) \tag{12-43}$$

其中

$$C = f'_yA'_s(h_0 - a')$$

如果 $x > \xi_b h_0$，则应按小偏压柱计算。由于小偏压柱主要是利用横向网筋的约束作用，所以纵向网筋应按构造要求预先假定，且使 $A_{se}=A'_{se}$，$f_{ye}=f'_{ye}$。当根据初选纵向网筋和按以下各式算出的横向网筋过多或过少时，则将其调整后再算。式（12-33）、式（12-34）变为：

$$N = \alpha_1 f_{cc}bx + f'_yA'_s + \mu f'_{ye}A'_{se} - \sigma_sA_s - \mu\sigma_{sm}A_{se} \tag{12-44}$$

$$Ne = \alpha_1 f_{cc}bx(h_0 - \frac{x}{2}) + f'_yA'_s(h_0 - a') + \mu f'_{ye}A'_{se}h_0 \tag{12-45}$$

忽略原柱箍筋的约束作用

$$f_{cc} = f_c + 4\mu\sigma_r$$

按式（12-44）、式（12-45）联立求解可得到破坏时受压区高度 x，约束混凝土的峰值压应力 f_{cc} 及所需横向网筋的面积 A_{s1}：

$$x = \frac{A}{Bf_{cc}} \tag{12-46}$$

$$A = N - f'_yA'_s - \mu f'_{ye}A'_{se} + \sigma_sA_s + \mu\sigma_{sm}A_{se};$$

$$B = \alpha_1 b; \quad C = f'_yA'_s(h_0 - a') + \mu f'_{ye}A'_{se}h_0 - Ne$$

$$f_{cc} = \frac{A^2}{2B(Ah_0 + C)} \tag{12-47}$$

偏压柱加固承载力复核

$$\frac{A_{s1}}{s_h} = \frac{h(f_{cc} - f_c)}{4k_e f_{yh}} \tag{12-48}$$

（A）对于已知 e_0，求截面所能承担的偏心压力 N_u

按照文献［2］作法，由于原柱截面参数及加固层网筋的 f_{ye}、A'_{se}、A_{s1} 和 s_h（或 f_{cc}）均为已知条件，故先求得偏心距 e_{0b}，假设图 12-19 表示刚好处于大小偏心受压界限状态下

的矩形应力分布情况，此时 $x=\xi_b h_0$，则由平衡条件得：

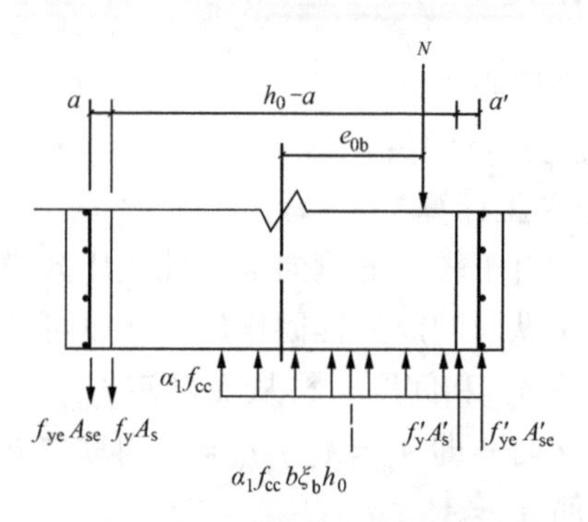

图 12-19 界限状态计算简图

$$N_b=\alpha_1 f_{cc}b\xi_b h_0+f'_yA'_s+\mu f'_{ye}A'_{se}-f_yA_s-\mu f_{ye}A_{se} \tag{12-49}$$

$$N_be_{0b}=\alpha_1 f_{cc}b\xi_b h_0\left(\frac{h}{2}-\frac{\xi_b h_0}{2}\right)+f'_yA'_s\left(\frac{h}{2}-a'\right)+\mu f'_{ye}A'_{se}\frac{h}{2}$$

$$+f_yA_s\left(\frac{h}{2}-a\right)+\mu f_{ye}A_{se}\ \frac{h}{2} \tag{12-50}$$

由式（12-49）及式（12-50）求得

$$e_{0b}=\frac{\alpha_1 f_{cc}b\xi_b h_0\left(\frac{h}{2}-\frac{\xi_b h_0}{2}\right)+f'_yA'_s\left(\frac{h}{2}-a'\right)+\mu f'_{ye}A'_{se}\frac{h}{2}+f_yA_s\left(\frac{h}{2}-a\right)+\mu f_{ye}A_{se}\ \frac{h}{2}}{\alpha_1 f_{cc}b\xi_b h_0+f'_yA'_s+\mu f'_{ye}A'_{se}-f_yA_s-\mu f_{ye}A_{se}} \tag{12-51}$$

当 $e_0\geqslant e_{0b}$，说明为大偏心受压，由式（12-33）及式（12-34），并取 $x=\xi h_0$，联立解得：

$$\xi=\frac{-B+\sqrt{B^2-4AC}}{2A} \tag{12-52}$$

$$A=0.5\alpha_1 f_{cc}bh_0^2,B=\alpha_1 f_{cc}bh_0(e-h_0)$$

$$C=e(f'_yA'_s+\mu f'_{ye}A'_{se}-f_yA_s-\mu f_{ye}A_{se})-f'_yA'_s(h_0-a')-\mu f'_{ye}A'_{se}h_0$$

按照《混凝土结构设计规范》GB 50010—2010，对框架柱取

$$e=\eta_{ns}e_0+e_a+\frac{h}{2}-a$$

将所求得的 ξ 和 $x=\xi h_0$ 代入公式（12-33）即可求出 N_u，即

$$N_u=\alpha_1 f_{cc}b\xi h_0+f'_yA'_s+\mu f'_{ye}A'_{se}-f_yA_s-\mu f_{ye}A_{se} \tag{12-53}$$

当 $e_0<e_{0b}$，说明为小偏心受压，由式（12-33）、式（12-34）及式（12-39）、式（12-40）消除 N 后可整理出求解 ξ 的方程式，即：

$$e\left(\alpha_1 f_{cc}b\xi h_0+f'_yA'_s+\mu f'_{ye}A'_{se}-\frac{\xi-0.8}{\xi_b-0.8}f_yA_s-\mu\ \frac{\xi-0.8}{\xi_b-0.8}f_{ye}A_{se}\right)$$

$$=\alpha_1 f_{cc}b\xi h_0(h_0-0.5\xi h_0)+f'_yA'_s(h_0-a')+\mu f'_{ye}A'_{se}h_0$$

解得：

$$\xi=\frac{-B+\sqrt{B^2-4AC}}{2A}$$

$$A=0.5\alpha_1 f_{cc}bh_0^2, B=e\alpha_1 f_{cc}bh_0-\frac{e(f_yA_s+\mu f_{ye}A_{se})}{\xi_b-0.8}-\alpha_1 f_{cc}bh_0^2$$

$$C=e(f'_yA'_s+\mu f'_{ye}A'_{se})+\frac{0.8e}{\xi_b-0.8}(f_yA_s+\mu f_{ye}A_{se})-f'_yA'_s(h_0-a')-\mu f'_{ye}A'_{se}h_0$$

按照《混凝土结构设计规范》GB 50010—2010，对框架柱取

$$e=\eta_{ns}e_0+e_a+\frac{h}{2}-a$$

将所求得的ξ和$x=\xi h_0$代入公式（12-33）对应的小偏心受压公式即可求出N_u，即

$$N_u=\alpha_1 f_{cc}b\xi h_0+f'_yA'_s+\mu f'_{ye}A'_{se}-\frac{\xi-0.8}{\xi_b-0.8}f_yA_s-\mu\frac{\xi-0.8}{\xi_b-0.8}f_{ye}A_{se}$$

（B）对于已知设计轴力N，求截面所能承担的弯矩M_u

验算步骤为：先将原柱及加固层的已知参数及$x=\xi_b h_0$及代入式（12-33）计算界限情况下的轴力N_b。若$N\leqslant N_b$说明为大偏心受压柱，则先按式（12-33）求出x，再将x及$e=\eta_{ns}e_0+e_a+\frac{h}{2}-a$代入式（12-34）求出$e_0$，进而可求得$M_u=Ne_0$；若$N>N_b$说明为小偏心受压柱，则先按式（12-33）对应的小偏心受压公式求出x，再将x及$e=\eta_{ns}e_0+e_a+\frac{h}{2}-a$代入式（12-34）求出$e_0$，进而可求得$M_u=Ne_0$。注意对于非短柱，计算$\eta_{ns}$时用到$e_0$，因此需要使用文献［3］中的解二次方程方法确定柱端所能承担的弯矩。

【例12-8】HPFL法加固的大偏心受压柱设计算例

文献［3］第97页例题。某厂的五层现浇框架结构厂房，根据设计要求，第二层边柱每侧应配4ф20，但施工过程中，误将边柱配成4ф18。经复核，需对该柱进行加固。

（1）原柱资料：截面尺寸400mm×600mm，C25混凝土，该层层高$H=5.0$m，原设计外力$N=600$kN，$M_2=M_1==360$kN·m。加固前（卸载后）作用在该柱上的轴力标准值为$N_{0k}=1510$kN。

（2）加固要求：加固后不明显增大柱截面尺寸，也不改变柱截面形状，加固后承载力设计值要求达到设计外力$N=600$kN，$M_2=M_1=360$kN·m。

（3）加固方法：采用高性能水泥复合砂浆钢筋网薄层（HPFL）加固法能满足以上加固要求。

（4）加固层材料：纵、横钢筋网采用HRB335热轧带肋钢筋；高性能复合水泥砂浆强度等级为M40，厚25mm；采用P类水泥基界面处理剂。倒角半径按文献［3］取为100mm。

【解】

因对称配纵向网筋，而且原柱纵筋也对称配，先假定为大偏压住，故加固柱的承载力计算公式变为：

$$N=\alpha_1 f_{cc}bx$$

$$M=Ne=\alpha_1 f_{cc}bx\left(h_0-\frac{x}{2}\right)+f'_yA'_s(h_0-a')+\mu f'_{ye}A'_{se}h_0$$

联立求解中间变量A和B得：

$$A = N = 600000\text{N}$$

对于加固大偏压柱，近似取 $f_{cc} = f_c = 11.9\text{N/mm}^2$

$$B = \alpha_1 f_{cc} b = 1 \times 11.9 \times 400 = 4760\text{N/mm}$$

则 $x = \dfrac{A}{B} = \dfrac{600000}{4760} = 126.05\text{mm} < \xi_b h_0 = 0.550 \times 565\text{mm} = 310.75\text{mm}$，说明是大偏压柱。

中间变量 C：

$$C = f'_y A'_s (h_0 - a') = 300 \times 1017 \times (565 - 35) = 161703008\text{N} \cdot \text{mm}$$

假设柱的计算长度为 $l_0 = H$，$l_0/b = 5000/400 = 12.5$，则据混凝土结构设计规范，柱的稳定系数 $\varphi = 0.942$，原柱轴心受压承载力标准值为：

$$N_{1k} = 0.9\varphi(f_{ck} bh + f'_{yk} A'_s) = 0.9 \times 0.942 \times (16.7 \times 400 \times 600 + 335 \times 2034)$$
$$= 3977.77\text{kN}$$

柱第一次受力的应力水平指标 $\beta = N_{0k}/N_{1k} = 1510/3977.77 = 0.380$。

加固层材料强度利用系数为：$\mu = 2(0.7 - \beta) = 2(0.7 - 0.38) = 0.64$

$$\xi_c = \frac{0.5 f_c A_c}{N} = \frac{0.5 \times 11.9 \times 240000}{600000} = 2.380 > 1，取 \xi_c = 1$$

$$\eta_{ns} = 1 + \frac{1}{1300(e_0 + e_2)/h_0}\left(\frac{l_c}{h + 2t_m}\right)^2 \xi_c = 1 + \frac{1}{1300 \times (600 + 20)/565}\left(\frac{5000}{650}\right)^2 \times 1$$
$$= 1.041$$

采用对称加固，偏安全取 $C_m = 1$，

$$e_i = \eta_{ns} e_0 + e_a = 1.041 \times 600 + 20 = 644.6\text{mm}$$

$$e = e_i + \frac{h}{2} - a' = 644.6 + 0.5 \times 600 - 35 = 909.9\text{mm}$$

柱一侧所需加固层纵向网筋面积：

$$A'_{se} = \frac{1}{\mu f'_{ye} h_0}\left(Ne - Ah_0 + \frac{A^2}{2B} - C\right)$$

$$= \frac{600000 \times 909.9 - 600000 \times 565 + \dfrac{600000^2}{2 \times 4760} - 161703008}{0.64 \times 300 \times 565}$$

$$= 764.6\text{mm}^2$$

每侧可配纵向网筋 16 ϕ 8@ 30（$A_{se} = A'_{se} = 804.8\text{mm}^2$）。

根据构造要求，非弯矩作用的两侧面宜选用与弯矩作用受拉、受压侧面同种类、同强度等级的纵向网筋，可按 10 ϕ 8@ 60 配置。柱高中段横向网筋按ϕ 6@ 50 配置，但柱上下端 $H/6$ 的高度范围内应按ϕ 6@ 25 加密[3]。

SCS 软件输入信息和简要输出结果如图 12-20 所示，可见其与手算结果一致。

如果按照 CECS 242：2016 方法，即不考虑柱自身挠曲效应影响，即取上面计算中的 $\eta_{ns} = 1$，则后续的计算如下：

$$e_i = e_0 + e_a = 600 + 20 = 620\text{mm}$$

$$e = e_i + \frac{h}{2} - a' = 620 + 0.5 \times 600 - 35 = 885\text{mm}$$

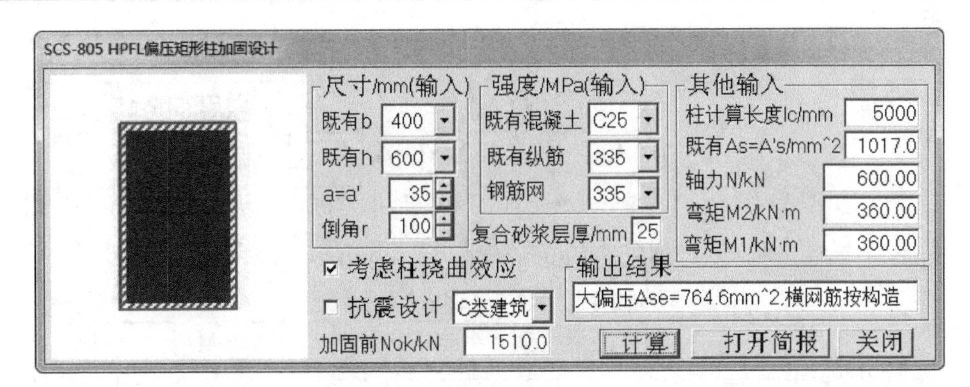

图 12-20　大偏心受压柱承载力加固设计（考虑柱挠曲效应）

柱一侧所需加固层纵向网筋面积：

$$A'_{se}=\frac{1}{\mu f'_{ye}h_0}\left(Ne-Ah_0+\frac{A^2}{2B}-C\right)=\frac{600000\times885-600000\times565+\dfrac{600000^2}{2\times4760}-161703008}{0.64\times300\times565}$$

$=627.1\text{mm}^2$

SCS 软件输入信息和简要输出结果如图 12-21 所示，可见其与手算结果一致。

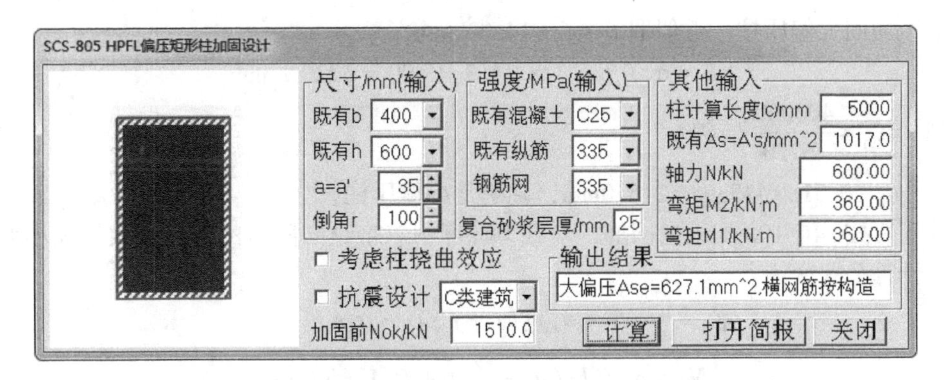

图 12-21　大偏心受压柱承载力加固设计（按照 CECS242-2016 方法）

【例 12-9】HPFL 法加固的小偏心受压柱设计算例

某柱截面尺寸为 400mm×450mm，混凝土设计强度等级 C30，该层层高 $H=4.0$m，原设计外力 $N=4000$kN，$M_2=M_1=70$kN · m。设计要求柱每侧配纵筋 5 ⌀ 28（$A_s=A'_s=3079\text{mm}^2$），由图 12-22 可见其配筋设计的情况，施工误配成 5 ⌀ 25（$A_s=A'_s=2454\text{mm}^2$）造成承载力不足。试用 HPFL 法加固，网筋拟采用 HRB400 级钢筋。经最大限度卸载后，该柱加固前卸载至承担轴向力标准值为 $N_{0k}=1425$kN。

【解】

1）判别大小偏压

因对称配纵向网筋，而且原柱纵筋也对称配，先假定为大偏压住，故加固柱的承载力计算公式变为：

$$N=\alpha_1 f_{cc}bx$$

$$M=Ne=\alpha_1 f_{cc}bx\left(h_0-\frac{x}{2}\right)+f'_yA'_s(h_0-a')+\mu f'_{ye}A'_{se}h_0$$

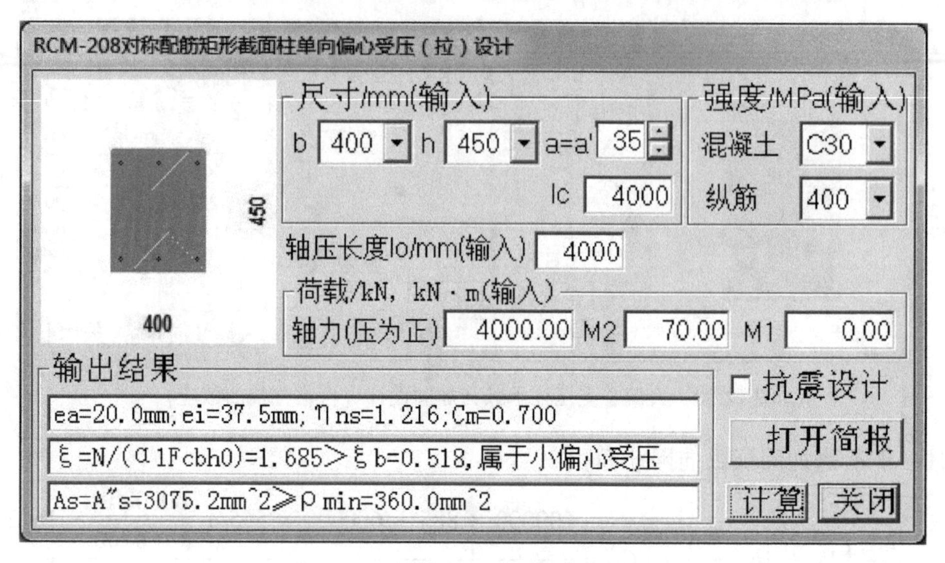

图 12-22 原柱偏心受压承载力设计

联立求解中间变量 A 和 B 得：

$$A = N = 4000000\text{N}$$

对于加固大偏压柱，近似取 $f_{cc}=f_c=14.3\text{N/mm}^2$

$$B = \alpha_1 f_{cc} b = 1 \times 14.3 \times 400 = 5720\text{N/mm}$$

则 $x=\dfrac{A}{B}=\dfrac{4000000}{5720}=699.30\text{mm}$

$x>\xi_b h_0=0.518\times415\text{mm}=215.0\text{mm}$，说明是小偏压柱。

柱周边按ф 4@100 配纵向网筋，承载力计算中忽略纵向网筋的作用，故加固小偏压柱承载力计算公式变为：

$$N = \alpha_1 f_{cc} bx + f'_y A'_s - \sigma_s A_s$$

$$Ne = \alpha_1 f_{cc} bx\left(h_0 - \frac{x}{2}\right) + f'_y A'_s (h_0 - a')$$

2）确定受压区受约束混凝土轴心抗压强度与横向网筋的关系式

假设柱的计算长度为 $l_0=H$，$l_0/b=4000/400=10$，则据混凝土结构设计规范，柱的稳定系数 $\varphi=0.98$。

原柱轴心受压承载力标准值为：

$N_{1k}=0.9\varphi(f_{ck}bh+f'_{yk}A'_s)=0.9\times0.98\times(20.1\times400\times450+400\times4908)=4922.62\text{kN}$

柱第一次受力的应力水平指标 $\beta=N_{0k}/N_{1k}=1425/4922.62=0.290$。

加固层材料强度利用系数为：$\mu=2\ (0.7-\beta)\ =2\ (0.7-0.29)\ =0.82$

原柱混凝土倒角后的净截面面积（取 $r=50\text{mm}$）：

$A_c = bh - (4-\pi)r^2 - A'_s = 400\times450 - (4-3.14)\times2500 - 4908 = 172942\text{mm}^2$

混凝土有效约束面积：

$$A_e = A_c - \frac{(b-2r)^2+(h-2r)^2}{3} = 172942 - \frac{(400-2\times50)^2+(450-2\times50)^2}{3}$$

$$= 102109\text{mm}^2$$

有效约束率：$k_e=\dfrac{A_e}{A_c}=\dfrac{102109}{172942}=0.590$

横向钢筋网体积配箍率：$\rho_t=\dfrac{2A_{s1}}{s_h bh}$（$b+h$）

有效约束应力：

$$\sigma_r=\frac{1}{2(b+h)}k_e\psi_0 f_{yh}b\rho_t\ \frac{k_e\psi_0}{h}f_{yk}\ \frac{A_{s1}}{s_h}=\frac{0.590\times2}{450}\times360\ \frac{A_{s1}}{s_h}=0.945\text{N/mm}^2$$

$$f_{cc}=f_c+4\mu\sigma_r=14.3+4\times0.82\times0.945\ \frac{A_{s1}}{s_h}=14.3+3.10\ \frac{A_{s1}}{s_h}\text{N/mm}^2$$

3）计算破坏时受压区高度 x

过渡变量 A：

$$A=N-f'_yA'_s+\frac{\xi-\beta_1}{\xi_b-\beta_1}f_yA_s$$

$$=4000000-360\times2454+\frac{x/415-0.8}{0.518-0.8}\times360\times2454=(5622879-7548.8x)\text{N}$$

过渡变量 B：

$$B=\alpha_1 b=400\text{mm}$$

过渡变量 C：

$$\zeta_c=\frac{0.5f_cA_c}{N}=\frac{0.5\times14.3\times180000}{4000000}=0.322$$

$$\eta_{ns}=1+\eta_{ns}=1+\frac{1}{1300(e_0+e_2)/h_0}\left(\frac{l_c}{h+2t_m}\right)^2\xi_c$$

$$=1+\frac{1}{1300\times(17.5+20)/415}\left(\frac{4000}{500}\right)^2\times1=1.175$$

偏安全，取 $C_m=1.0$

$$e_i=C_m\eta_{ns}e_0+e_a=1\times1.175\times17.5+20=40.6\text{mm}$$

$$e=e_i+\frac{h}{2}-a'=40.6+0.5\times450-35=230.6\text{mm}$$

$$C=f'_yA'_s(h_0-a')-Ne=360\times2454\times(415-35)-4000000\times230.6$$

$$=-586563520\text{N}\cdot\text{mm}$$

又因

$$f_{cc}=\frac{A^2}{2B(Ah_0+C)}$$

故 $x=\dfrac{A}{Bf_{cc}}=2\times(h_0+\dfrac{C}{A})=2\times\left(415-\dfrac{586563520}{5622879-7548.8x}\right)$，解得：$x=390.9\text{mm}$

4）计算 f_{cc} 与所需横向网筋数量 $\dfrac{A_{s1}}{s_h}$

过渡变量：$A=5622879-7548.8x=2671784\text{N}$

$$f_{cc}=\frac{A^2}{2B(Ah_0+C)}=\frac{2679034^2}{2\times400\times(2671784\times415-586563520)}=17.09\text{N/mm}^2$$

代入式 $f_{cc}=14.3+3.10\dfrac{A_{s1}}{s_h}$ 得 $\dfrac{A_{s1}}{s_h}=0.90$mm，可配Φ6@30横向网筋，实配 $\dfrac{A_{s1}}{s_h}=\dfrac{28.3}{30}=0.943$mm

SCS软件输入信息和简要输出结果如图12-23所示，可见其与手算结果一致。

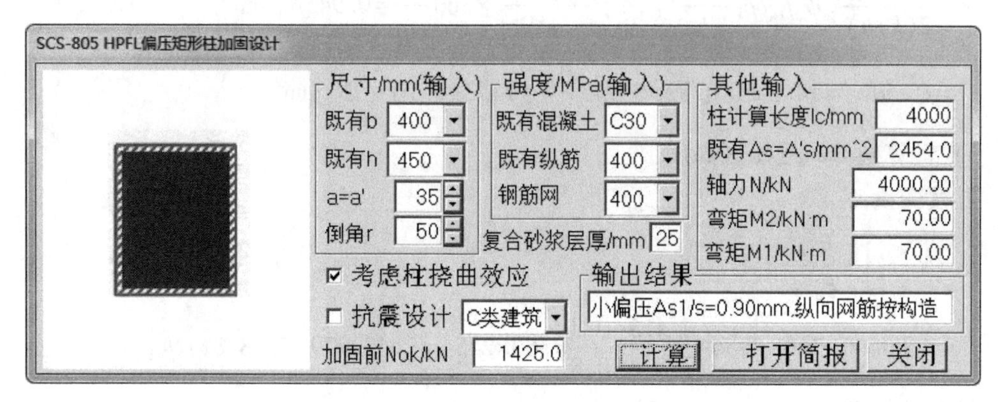

图12-23　小偏心受压柱承载力加固设计（考虑柱挠曲效应）

如果按照CECS 242：2016方法，即不考虑柱自身挠曲效应影响，即取上面计算中的 $\eta_{ns}=1$，则后续的计算如下：

$e_i=e_0+e_a=17.5+20=37.5$mm

$e=e_i+\dfrac{h}{2}-a'=37.5+0.5\times450-35=227.5$mm

$C=f'_yA'_s(h_0-a')-Ne=360\times2454\times(415-35)-4000000\times227.5$

$=-574292800\text{N}\cdot\text{mm}$

$x=\dfrac{A}{Bf_{cc}}=2\times\left(h_0+\dfrac{C}{A}\right)=2\times\left(415-\dfrac{574292800}{5622879-7548.8x}\right)$，解得：$x=395.0$mm

计算 f_{cc} 与所需横向网筋数量 $\dfrac{A_{s1}}{s_h}$

过渡变量：$A=5622879-7548.8x=2640675$N

$$f_{cc}=\frac{A^2}{2B(Ah_0+C)}=\frac{2640675^2}{2\times400\times(2640675\times415-574292800)}=16.71\text{N/mm}^2$$

代入式 $f_{cc}=14.3+3.10\dfrac{A_{s1}}{s_h}$ 得 $\dfrac{A_{s1}}{s_h}=0.777$mm

SCS软件输入信息和简要输出结果如图12-24所示，可见其与手算结果一致。

【例12-10】HPFL法加固的小偏心受压柱复核算例

一写字楼，非破损检测发现，因施工失误，第3层某柱混凝土实际强度等级远低于设计要求的强度等级，需复核加固后柱的轴向承载力是否满足要求。

原柱资料：柱截面尺寸为400mm×450mm，混凝土设计强度等级C40，实际强度等级C25，该层层高 $H=4.0$m，原设计外力 $N=2700$kN，$e_0=60$mm。配有纵筋 $A_s=A'_s=$

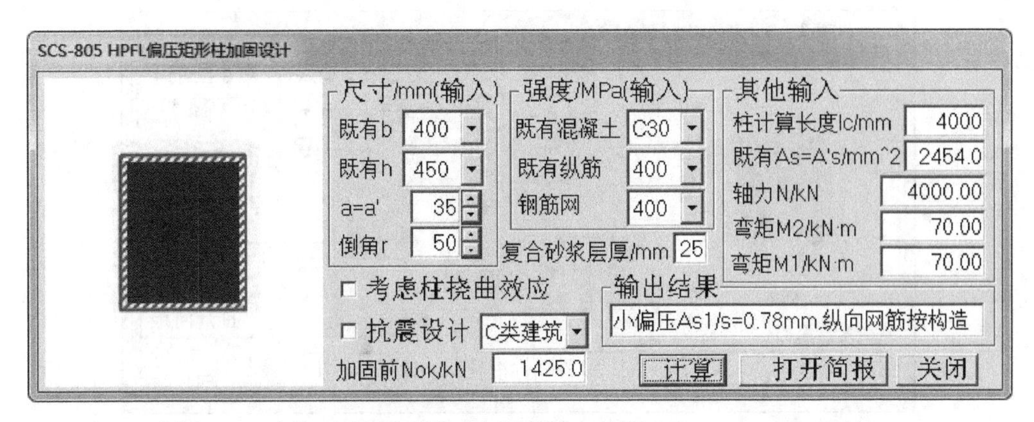

图 12-24　小偏心受压柱承载力加固设计（按照 CECS 242：2016 方法）

$2513mm^2$，经最大限度卸载后，该柱加固前卸载至承担轴向力标准值为 887.2kN。

加固要求：加固后使柱满足受压承载力要求。

加固方法：高性能水泥复合砂浆钢筋网薄层（HPFL）加固法。

加固层材料：纵、横向钢筋网采用 HRB335 级热轧带肋钢筋。纵向网筋受拉、受压侧：9Φ6@50，$A_{se}=A'_{se}=255mm^2$；横向网筋：Φ8@30，$A_{s1}=50.3mm^2$。M50 高性能水泥复合砂浆，厚 $t_m=25mm$，采用 P 类水泥基界面处理剂。

【解】

1）求原柱正截面承载力

使用文献［5］介绍的 RCM 软件输入信息与简要计算结果 $N_u=2444.96kN$，如图 12-25 所示。可见承载力不足，需要加固。

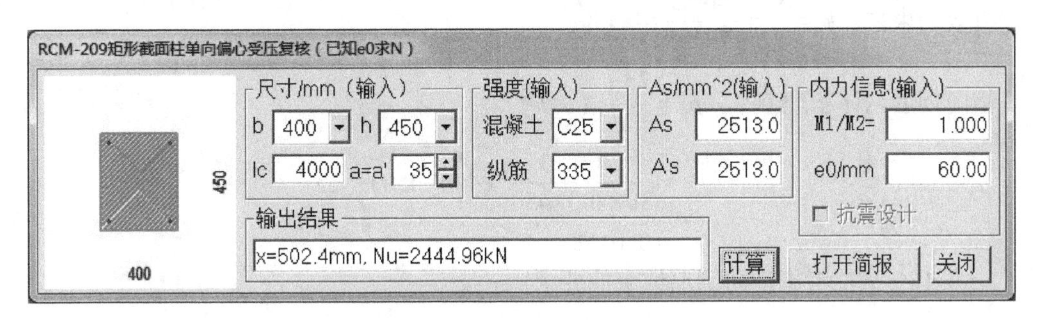

图 12-25　原柱轴心受压承载力

2）加固层材料强度利用系数 μ

使用文献［5］介绍的 RCM 软件输入信息与简要计算结果，得知柱轴心受压时承载力标准值 $N_{1k}=4136.32kN$，如图 12-26 所示，该值是根据《混凝土结构设计规范》GB 50010—2010 式（6.2.15）计算的，但要将其中的材料强度设计值改为强度标准值。加固前卸载至承担轴向力标准值为 $N_{0k}=887.2kN$。

$$\beta = N_{0k}/N_{1k} = 887.2/4136.32 = 0.2145$$

加固层材料强度利用系数为：

$$\mu=2(0.7-\beta)=2\times(0.7-0.2145)=0.971$$

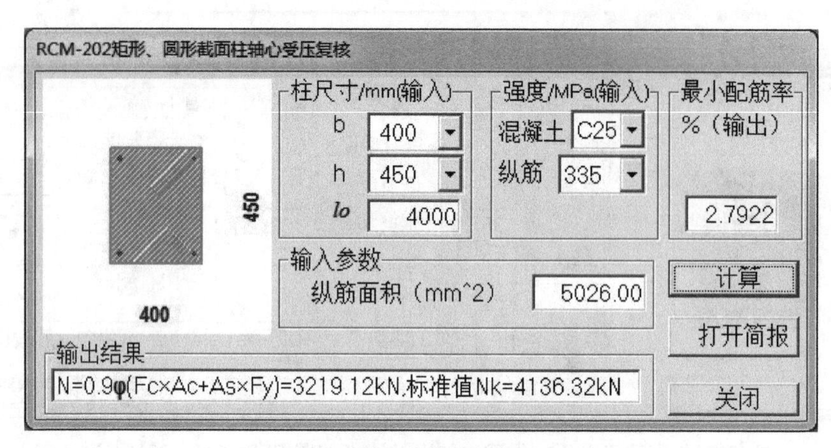

图 12-26　原柱轴心受压承载力设计值

3）计算受压区约束混凝土轴心抗压强度f_{cc}

原柱混凝土净截面面积（倒角半径取为 30mm）：

$$A_c=bh-(4-\pi)r^2-A_s-A'_s=400\times450-(4-3.14)\times900-5026=174198\text{mm}^2$$

混凝土有效约束面积：

$$A_e=A_c-\frac{(b-2r)^2+(h-2r)^2}{3}$$

$$=174198-\frac{(400-2\times30)^2+(450-2\times30)^2}{3}$$

$$=84965\text{mm}^2$$

有效约束率：$k_e=\frac{A_e}{A_c}=\frac{84965}{174198}=0.488$

横向钢筋网体积配箍率：$\rho_t=\frac{2A_{s1}}{s_h bh}(b+h)$

$$=\frac{2\times50.3}{30\times400\times450}(400+450)$$

$$=0.0158$$

$\rho_t>0.16\%$满足考虑横向钢筋约束的要求。

$$\sigma_r=\frac{1}{2(b+h)}k_e\psi_0 f_{yh}b\rho_t$$

$$=\frac{0.488\times2\times300\times400\times0.0143}{2\times(400+500)}$$

$$=1.091\text{N/mm}^2$$

$$f_{cc}=f_c+4\mu\sigma_r=11.9+4\times0.917\times1.091=16.13\text{N/mm}^2$$

4）判别大小偏压

将各已知参数代入e_{0b}计算式得

$$e_{0b}=\frac{\alpha_1 f_{cc}b\xi_b h_0\left(\frac{h}{2}-\frac{\xi_b h_0}{2}\right)+f'_yA'_s\left(\frac{h}{2}-a'\right)+\mu f'_{ye}A'_{se}\frac{h}{2}+f_yA'_s\left(\frac{h}{2}-a\right)+\mu f_{ye}A_{se}\frac{h}{2}}{\alpha_1 f_{cc}b\xi_b h_0+f'_yA'_s+\mu f'_{ye}A'_{se}-f_yA_s-\mu f_{ye}A_{se}}$$

$=328.0\text{mm}$

由于 $e_0=60\text{mm}<e_{0b}=328\text{mm}$，说明该柱是小偏心受压柱。

5）计算加固柱的相对受压区高度

中间变量

$$A=0.5\alpha_1 f_{cc}bh_0^2=0.5\times1\times16.13\times400\times415^2$$
$$=533897500\text{N}\cdot\text{mm}$$

$$\zeta_c=0.2+2.7\frac{e_0+e_a}{h_0}=0.2+2.7\times\frac{60+20}{415}=0.720$$

$$\eta_{ns}=1+\frac{1}{1300(e_0+e_a)/h_0}\left(\frac{l_c}{h}\right)^2\zeta_c$$

$$=1+\frac{1}{1300(60+20)/415}\left(\frac{4000}{450+2\times25}\right)^2\times0.72=1.184$$，注意 h 取加固后的。

$$e=\eta_{ns}e_0+e_a+\frac{h+2t_m}{2}-a=1.184\times60+20+250-35=306.0\text{mm}$$

$$B=e\alpha_1 f_{cc}bh_0-\frac{e(f_yA_s+\mu f_{ye}A_{se})}{\xi_b-0.8}-\alpha_1 f_{cc}bh_0^2$$

$$=306\times1\times16.13\times400\times415-\frac{306\times300\times(2513+0.971\times255)}{0.55-0.8}-1\times16.13\times400\times415^2$$

$$=721985152\text{N}\cdot\text{mm}$$

$$C=e(f'_yA'_s+\mu f'_{ye}A'_{se})+\frac{0.8e}{\xi_b-0.8}(f_yA_s+\mu f_{ye}A_{se})-f'_yA'_s(h_0-a')-\mu f'_{ye}A'_{se}h_0$$

$$=306\times300\times(2513+0.971\times255)+\frac{0.8\times306}{0.55-0.8}\times300\times(2513+0.971\times255)-300\times2513$$
$$\times380-0.971\times300\times255\times415=-874913664\text{N}\cdot\text{mm}$$

$$\xi=\frac{-B+\sqrt{B^2-4AC}}{2A}=0.763$$

将所求得的 ξ 代入公式（12-29）对应的小偏心受压公式即可求出 N_u，即

$$N_u=\alpha_1 f_{cc}b\xi h_0+f'_yA'_s+\mu f'_{ye}A'_{se}-\frac{\xi-0.8}{\xi_b-0.8}f_yA_s-\mu\frac{\xi-0.8}{\xi_b-0.8}f_{ye}A_{se}$$

$$=1\times16.13\times400\times0.763\times415+300\times(2513+0.971\times255)-\frac{0.763-0.8}{0.55-0.8}\times300\times$$
$$(2513+0.971\times255)$$

$=2751.1\text{kN}>2700\text{kN}$，且 $2751.1\text{kN}<1.3\times2444.96$
$=3178.45\text{kN}$，满足要求。

SCS 软件输入信息和简要输出结果如图 12-27 所示，可见其与手算结果一致。

【例 12-11】HPFL 法加固的大偏心受压柱复核算例

原柱资料：柱截面尺寸为 400mm×600mm，混凝土实际强度等级 C25，层高 $H=4.0\text{m}$，$e_0=500\text{mm}$。配有纵筋 $A_s=A'_s=2454\text{mm}^2$，经最大限度卸载后，该柱承担的轴向压力为 $N_{0k}=1306.17\text{kN}$。

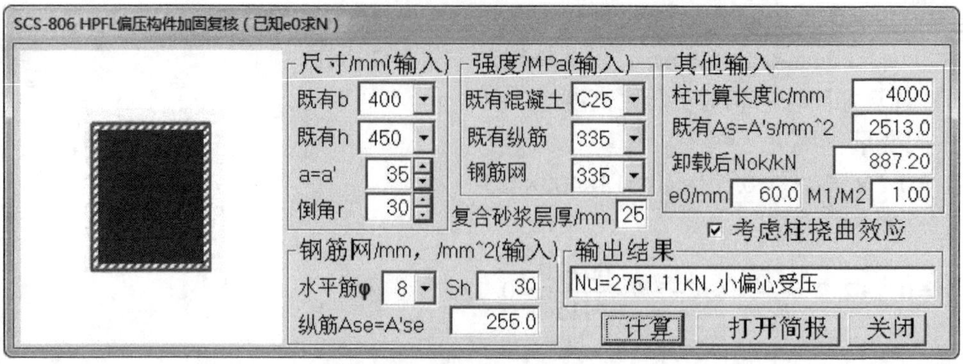

SCS-806 HPFL偏压构件加固复核（已知e0求N）

尺寸/mm(输入)：既有b 400；既有h 450；a=a' 35；倒角r 30

强度/MPa(输入)：既有混凝土 C25；既有纵筋 335；钢筋网 335；复合砂浆层厚/mm 25

其他输入：柱计算长度lc/mm 4000；既有As=A's/mm^2 2513.0；卸载后Nok/kN 887.20；e0/mm 60.0；M1/M2 1.00；☑ 考虑柱挠曲效应

钢筋网/mm，/mm^2(输入)：水平筋φ 8；Sh 30；纵筋Ase=A'se 255.0

输出结果：Nu=2751.11kN,小偏心受压

计算　打开简报　关闭

图 12-27　HPFL 小偏心受压柱加固复核（已知 e_0 求 N_u）

加固方法：高性能水泥复合砂浆钢筋网薄层（HPFL）加固法。

加固层材料：纵、横向钢筋网采用 HRB400 级热轧带肋钢筋。纵向网筋受拉、受压侧：9⏀6@50，$A_{se}=A'_{se}=255\text{mm}^2$；横向网筋：⏀8@30，$A_{s1}=50.3\text{mm}^2$。M50 高性能水泥复合砂浆，厚 $t_m=25\text{mm}$，采用 P 类水泥基界面处理剂。

求该柱加固后的承载力。

【解】

1）求原柱正截面承载力

使用文献［5］介绍的 RCM 软件输入信息与简要计算结果，得知轴心受压时该柱设计承载力 $N_{1k}=4985.22\text{kN}$，如图 12-28 所示。加固前卸载至承担轴向力为 $N_{0k}=1306.17\text{kN}$，$\beta=N_{0k}/N_{1k}=1306.17/4985.22=0.262$。

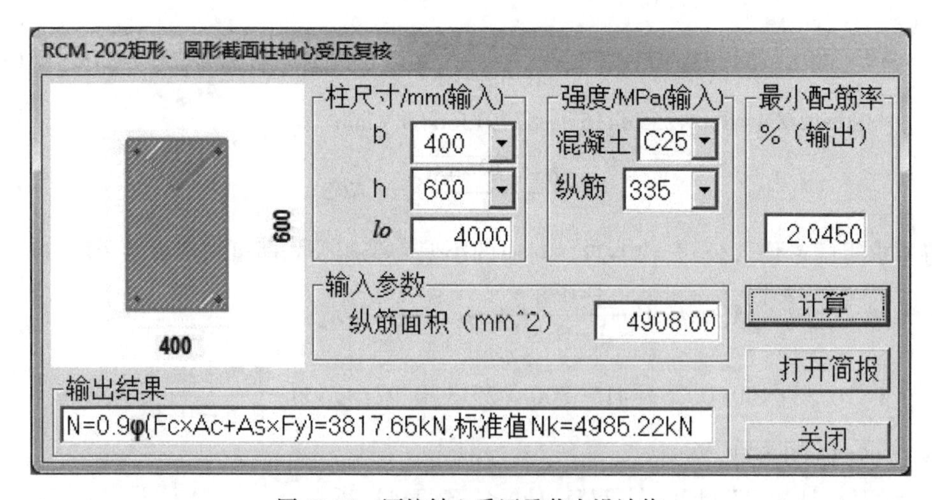

图 12-28　原柱轴心受压承载力设计值

2）计算受压区约束混凝土轴心抗压强度 f_{cc}

加固层材料强度利用系数为：

$$\mu=2(0.7-\beta)=2\times(0.7-0.262)=0.876$$

原柱混凝土净截面面积（倒角半径取为 30mm）：

$$A_c=bh-(4-\pi)r^2-A_s-A'_s$$

$$= 400 \times 600 - (4 - 3.14) \times 900 - 4908 = 234318\text{mm}^2$$

混凝土有效约束面积：

$$A_e = A_c - \frac{(b - 2r)^2 + (h - 2r)^2}{3}$$

$$= 234318 - \frac{(400 - 2 \times 30)^3 + (600 - 2 \times 30)^2}{3} = 98585\text{mm}^2$$

有效约束率：$k_e = \dfrac{A_e}{A_c} = \dfrac{98585}{234318} = 0.421$

横向钢筋网体积配箍率：$\rho_t = \dfrac{2A_{s1}}{s_h bh}(b+h)$

$$= \frac{2 \times 50.3}{30 \times 400 \times 600}(400+600)$$

$$= 0.0140$$

$\rho_t > 0.16\%$满足考虑横向钢筋约束的要求。

$$\sigma_r = \frac{1}{2(b + h)} k_e \psi_0 f_{yh} b \rho_t$$

$$= \frac{0.421 \times 2 \times 360 \times 400 \times 0.0140}{2 \times (400 + 600)}$$

$$= 0.847\text{N/mm}^2$$

$$f_{cc} = f_c + 4\mu\sigma_r = 11.9 + 4 \times 0.876 \times 0.847 = 14.87\text{N/mm}^2$$

3）判别大小偏压

将各已知参数代入 e_{0b} 计算式得

$$e_{0b} = \frac{\alpha_1 f_{cc} b \xi_b h_0 \left(\dfrac{h}{2} - \dfrac{\xi_b h_0}{2}\right) + f'_y A'_s \left(\dfrac{h}{2} - a'\right) + \mu f'_{ye} A'_{se} \dfrac{h}{2} + f_y A_s \left(\dfrac{h}{2} - a\right) + \mu f_{ye} A_{se} \dfrac{h}{2}}{\alpha_1 f_{cc} b \xi_b h_0 + f'_y A'_s + \mu f'_{ye} A'_{se} - f_y A_s - \mu f_{ye} A_{se}}$$

$$= 381.4\text{mm}$$

由于 $e_0 = 500\text{mm} > e_{0b} = 381.4\text{mm}$，说明该柱是大偏心受压柱。

4）计算加固柱的相对受压区高度

中间变量

$$A = 0.5\alpha_1 f_{cc} b h_0^2 = 0.5 \times 1 \times 14.87 \times 400 \times 560^2 = 932430912\text{N} \cdot \text{mm}$$

$$\zeta_c = 0.2 + 2.7\frac{e_0 + e_a}{h_0} = 0.2 + 2.7 \times \frac{500+20}{560} = 2.707 > 1\text{，取 } \zeta_c = 1$$

$$\eta_{ns} = 1 + \frac{1}{1300\ (e_0 + e_a)\ /h_0}\left(\frac{l_c}{h}\right)^2 \zeta_c = 1 + \frac{1}{1300\ (500+20)\ /560}\left(\frac{4000}{650}\right)^2 \times 1 = 1.031$$

，注意 h 取加固后的。

$$e = \eta_{ns} e_0 + e_a + \frac{h + 2t_m}{2} - a = 1.031 \times 500 + 20 + 325 - 40 = 820.5\text{mm}$$

$$B = \alpha_1 f_{cc} b h_0 (e - h_0) = 1 \times 14.87 \times 400 \times 560 \times (820.5 - 560)$$

$$= 868083456\text{N} \cdot \text{mm}$$

$$C=-f'_yA'_s(h_0-a')-\mu f'_{ye}A'_{se}h_0$$
$$=-300\times2454\times(560-40)-0.876\times360\times255\times560$$
$$=-427859520\text{N}\cdot\text{mm}$$

$$\xi=\frac{-B+\sqrt{B^2-4AC}}{2A}=0.356$$

将所求得的ξ代入公式（10-29）即可求出N_u，即

$$N_u=\alpha1f_{cc}b\xi h_0=1\times14.87\times400\times0.356\times560=1186.89\text{kN}$$

SCS软件输入信息和简要输出结果如图12-29所示，可见其与手算结果一致。加固前该柱的承载力值如图12-30所示，可见使用该法加固可使住的承载力提高近9.3%，又此柱加固前轴压比<0.4，加固后轴向压力最大提高幅度限制是10%，本题结果符合该要求。

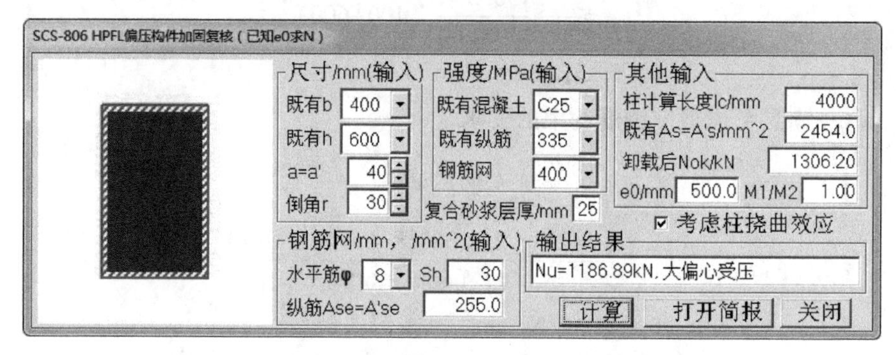

图12-29 HPFL大偏心受压柱加固复核（已知e_0求N_u）

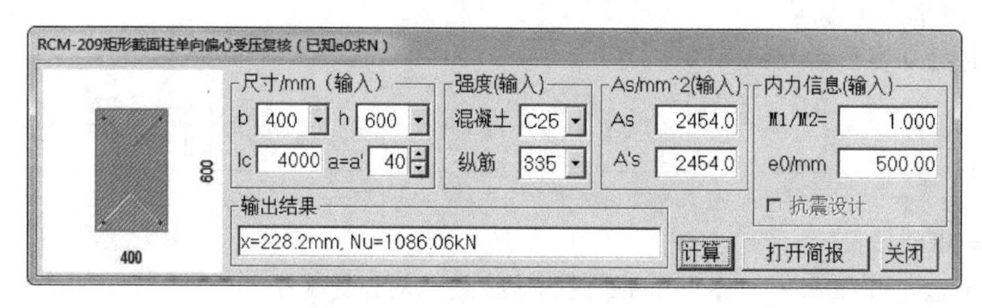

图12-30 原柱的承载力

12.6 HPFL加固混凝土偏心受压柱斜截面承载力计算

加固后偏心受压构件的斜截面受剪承载力应下列公式计算[1]：

$$V\leq V_{u0}+V_{cm} \tag{12-54}$$

$$V_{cm}=\beta_2\gamma\frac{3.5}{\lambda+1.0}f_tt_0h+\alpha_2\gamma\xi f'_{yv}\frac{A_{sv}}{s}h_{m0}+0.07\Delta N \tag{12-55}$$

式中 V_{u0}——原柱受剪承载力；

V_{cm}——复合砂浆钢筋网的抗剪承载力；

ξ——剪跨比λ影响系数，由式（12-23）确定；

λ——偏心受压构件计算截面的剪跨比，按现行国家标准《混凝土结构设计规范》

GB 50010 规定的方法计算。

ΔN——偏心受压构件增加的受压承载力，由《水泥复合砂浆钢筋网加固混凝土结构技术规程》CECS 242—2016 第 5.5 节正截面受压承载力的计算值减去原构件实际压力得到。

【例 12-12】HPFL 法加固的偏心受压柱斜截面承载力复核算例

某框架结构柱，截面尺寸 400mm×400mm，柱净高 4.0m，混凝土强度等级为 C30，均匀布置箍筋 HPB235 级钢 ϕ10@200，柱轴压比为 0.5。现设计剪力 350kN。加固前原构件验算截面上由不可卸除的荷载产生的剪力为 $V_{0k}=50\text{kN}$，偏心受压构件增加的受压承载力 $\Delta N=100\text{kN}$。如果采用高性能水泥复合砂浆钢筋网薄层（HPFL）加固法，试进行加固计算。

加固层材料：横向钢筋网采用 HRB400 级热轧带肋钢筋Φ8@80，$A_{s1}=50.3\text{mm}^2$。M40 高性能水泥复合砂浆，厚 $t_m=25\text{mm}$，采用 P 类水泥基界面处理剂。

【解】

1）验算截面尺寸

$V=350\text{kN}\leqslant 0.25\beta_c f_{c0}bh_0=0.25\times1\times14.3\times400\times360=514.8\text{kN}$，满足要求。

2）确定原柱受剪承载力

使用文献［5］介绍的 RCM 软件输入信息与简要计算结果如图 8-25 所示。可见 $V_{u0}=197.48\text{kN}$，承载力不满足要求，需要加固。

3）复合砂浆钢筋网的抗剪承载力

$\lambda=\dfrac{H_n}{2h_0}=\dfrac{4000}{2\times360}=5.56>3$，取 $\lambda=3$；$\xi=1$；

$$\gamma=1-0.3\frac{V_{0k}}{V_{u0}}=1-0.3\frac{50}{197.48}=0.924$$

$$V_{cm}=\beta_2\gamma\frac{3.5}{\lambda+1.0}f_t t_0 h+\alpha_2\gamma\xi f'_{yv}\frac{A_{sv}}{s}h_{m0}+0.07\Delta N$$

$$=0.5\times0.85\times\frac{3.5}{3+1.0}\times1.71\times25\times400+0.9\times0.924\times1\times360\times\frac{100.6}{80}\times400+0.07\times100000$$

$$=164510\text{N}$$

$$V=V_{u0}+V_{cm}=197.48+164.51=361.99\text{kN}>350\text{kN}$$

满足设计要求。SCS 软件输入信息和简要输出结果如图 12-31 所示，可见其与手算结果一致。

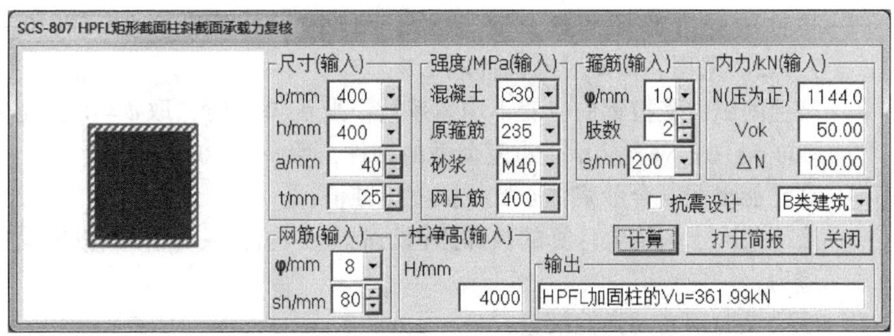

图 12-31　HPFL 加固柱斜截面受剪承载力复核

12.7 HPFL加固混凝土构件裂缝宽度计算

关于普通钢筋混凝土构件裂缝宽度计算，《混凝土结构设计规范》GB 50010—2010要求计算在荷载效应的准永久组合并考虑长期作用影响下的最大裂缝宽度，而《水泥复合砂浆钢筋网加固混凝土结构技术规程》CECS 242：2016要求计算在荷载效应的标准组合并考虑长期作用影响下的最大裂缝宽度，并且，二者的最大裂缝限值标准相同。对于二者的不协调，到底如何操作呢？本人认为加固后的构件也应计算荷载效应的准永久组合并考虑长期作用影响下的最大裂缝宽度。如按照CECS 242：2016执行，因为荷载标准组合值比荷载准永久组合值大，会使很多原本按GB 50010—2010设计合格的构件变成了不合格构件。所以，本节以下只讲述荷载准永久组合作用的情况。如果读者一定要按照CECS 242：2016执行，由于裂缝宽度计算建立在线弹性假定之上，读者只须将本节以下讲述的“荷载准永久组合”替换成“荷载标准组合”即可。这点对于下一节受弯构件挠度计算也适用。

结合《混凝土结构设计规范》GB 50010—2010和《水泥复合砂浆钢筋网加固混凝土结构技术规程》CECS 242—2016，在三面或四面采用水泥复合砂浆钢筋网加固的矩形和T形截面的钢筋混凝土轴心受拉和受弯构件中，按荷载效应准永久组合并考虑长期作用影响的最大裂缝宽度（mm），可按下列公式计算：

$$w_{\max}=\alpha_{cr}\psi\frac{\sigma_{sq}}{E_s}\left(1.9c+0.05\frac{d_{eq}}{\rho_{te}}\right) \tag{12-56}$$

$$\psi=1.1-0.65\frac{f_{mtk}}{\rho_{te}\sigma_{sk}} \tag{12-57}$$

$$d_{eq}=\frac{\Sigma n_i d_i^2}{\Sigma n_i v_i d_i} \tag{12-58}$$

$$\rho_{te}=\frac{A_{s0}}{A_{te}} \tag{12-59}$$

$$A_{s0}=A_s+\frac{E_{sm}}{E_s}\left[\frac{(h+0.5d)}{h_0}A_{sm}+0.68A_{sm1}\right] \tag{12-60}$$

$$\sigma_{sq}=\frac{M_q}{0.87h_0A_{s0}} \tag{12-61}$$

式中 α_{cr}——构件的受力特征系数，按《混凝土结构设计规范》GB 50010—2010表7.1.2-1采用，即对受弯构件取1.9；

ψ——裂缝间纵向受拉钢筋应变不均匀系数：当$\psi<0.2$时，取$\psi=0.2$；$\psi>0.1$时，取$\psi=1.0$；对直接承受重复荷载的构件，取$\psi=1.0$；

f_{tk}——高性能水泥复合砂浆轴心抗拉强度标准值；

σ_{sq}——按荷载准永久组合计算的被加固钢筋混凝土构件中，加固用纵向受拉钢筋的应力；

E_s——原梁纵向钢筋的弹性模量；

c——加固用最外层纵向受拉钢筋外边缘至受拉区底边的距离（mm）：当$c<20$

时，取 $c=20$；$c>65$ 时，取 $c=65$；

ρ_{te}——按加固后有效受拉混凝土截面面积计算的纵向受拉钢筋配筋率；在最大裂缝宽度计算中，当 $\rho_{te}<0.01$ 时，取 $\rho_{te}=0.01$；

h、h_0——原梁梁高、原梁有效高度；

A_{te}——有效受拉混凝土截面面积：对轴心受拉构件，取加固后构件截面面积；

A_{s0}——加固后截面的换算钢筋面积；

d_{eq}——受拉区纵向钢筋的等效直径（mm）；

A_{sm}——钢筋网片中梁底纵向受拉钢筋的截面面积；

A_{sm1}——钢筋网片中梁侧纵向受拉钢筋的截面面积；

d——梁底纵向加固钢筋直径；

d_i——受拉区第 i 种纵向钢筋的公称直径（mm）；

n_i——受拉区第 i 种纵向钢筋的根数；

v_i——受拉区第 i 种纵向钢筋的相对粘结特性系数，对光面钢筋取 0.7，对带肋钢筋取 1.0。

在荷载效应准永久组合并考虑长期作用影响下，加固后钢筋混凝土构件受拉区加固用纵向钢筋的应力可按下列公式计算：

1）轴心受拉构件

$$\sigma_{sq}=\frac{N_q-N_{0q}}{A_{s0}} \tag{12-62}$$

2）受弯构件

$$\sigma_{sq}=\frac{M_q-M_{0q}}{0.87h_{m0}A_{s0}} \tag{12-63}$$

式中　N_q——按荷载准永久组合计算的加固后构件的轴向力；

N_{0q}——加固前构件验算截面上由初始荷载准永久组合产生的轴向力；

M_q——按荷载准永久组合计算的加固后构件的弯矩值；

M_{0q}——加固前构件验算截面上由初始荷载准永久组合产生的弯矩；

h_{m0}——加固后构件的截面有效高度。

【例 12-13】HPFL 法加固的受弯构件裂缝宽度算例

文献[2]第 97 页例题，某加固工程中一简支矩形截面梁的截面尺寸为 $b\times h=250\text{mm}\times550\text{mm}$，环境类别为一类，混凝土强度等级为 C30，梁底配 4 根直径 22mm 的 HRB335 级纵向受力钢筋，$A_s=1520.4\text{mm}^2$，纵向钢筋的保护层厚度 $c=25\text{mm}$。不卸载情况下采用高性能复合砂浆 U 形法进行加固，采用 M40 复合砂浆，加固层厚度 25mm，钢筋采用φ6，梁底 11 根，$A_{sm}=311.3\text{mm}^2$，梁两侧各 8 根，$A_{sm1}=452.8\text{mm}^2$，加固后承受荷载准永久组合的跨中弯矩 $M_q=200\text{kN}\cdot\text{m}$。试验算最大裂缝宽度是否满足要求。

【解】

$h_0=550-25-22/2=514\text{mm}$

$$A_{s0}=A_s+\frac{E_{sm}}{E_s}\left[\frac{(h+0.5d)}{h_0}A_{sm}+0.68A_{sm1}\right]$$

$$=1520.4+\frac{2\times10^5}{2\times10^5}\times\left[\frac{(550+0.5\times6)}{514}\times311.3+0.68\times452.8\right]$$

$$=2163\text{mm}^2$$

$$\rho_{te}=\frac{A_{s0}}{A_{te}}=\frac{A_{s0}}{0.5(b+2t_0)(h+t_0)}=\frac{2163}{0.5\times(250+50)\times(550+25)}=0.0251$$

$$\sigma_{sq}=\frac{M_q}{0.87h_0A_{s0}}=\frac{200\times10^6}{0.87\times514\times2163}=206.8\text{N/mm}^2$$

$$\psi=1.1-0.65\frac{f_{mtk}}{\rho_{te}\sigma_{sk}}=1.1-\frac{0.65\times2.39}{0.0251\times206.8}=0.800$$

$$d_{eq}=\frac{\Sigma n_i d_i^2}{\Sigma n_i v_i d_i}=\frac{4\times22^2+11\times6^2}{4\times1\times22+11\times1\times6}=15.14\text{mm}$$

$$w_{max}=\alpha_{cr}\psi\frac{\sigma_{sq}}{E_s}\left(1.9c+0.05\frac{d_{eq}}{\rho_{te}}\right)$$

$$=1.9\times0.800\times\frac{206.8}{2\times10^5}\left(1.9\times20+0.05\times\frac{15.14}{0.0251}\right)$$

$$=0.107\text{mm}$$

上式中因加固层厚度25mm，加固用最外层纵向受拉钢筋（ϕ6）外边缘至受拉区底边的距离不足20mm，按规定取$c=20$mm。

满足设计要求。SCS软件输入信息和简要输出结果如图12-32所示，可见其与手算结果一致。

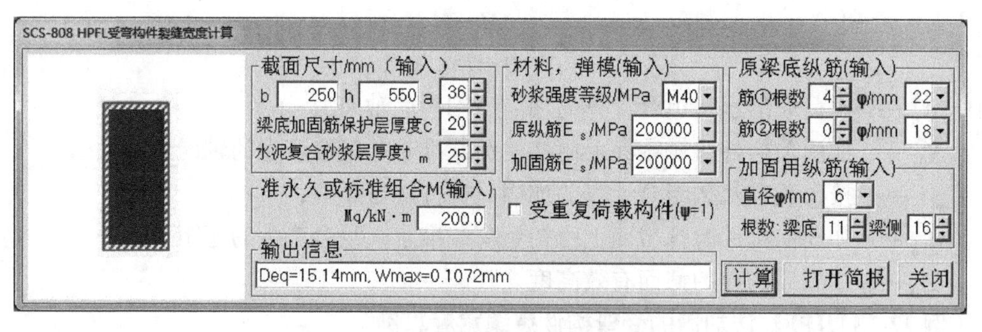

图12-32　HPFL加固梁的裂缝宽度计算

12.8　HPFL加固的受弯构件挠度计算

结合《混凝土结构设计规范》GB 50010—2010和《水泥复合砂浆钢筋网加固混凝土结构技术规程》CECS 242—2016，在三面或四面采用水泥复合砂浆钢筋网加固的钢筋混凝土受弯构件在正常使用极限状态下的挠度为原构件在实际静荷载作用下产生的挠度与构件加固后在新增荷载作用下产生的挠度之和。原构件在实际静荷载下产生的挠度，可按现行国家标准《混凝土结构设计规范》GB 50010的有关规定计算；构件加固后在新增荷载作用下产生的挠度可根据《水泥复合砂浆钢筋网加固混凝土结构技术规程》CECS 242—

2016 给出的加固后构件的刚度用结构力学方法计算。

在等截面构件中，可假定各同号弯矩区段内的刚度相等，并取用该区段内最大弯矩处的刚度。当计算跨度内的支座截面刚度不大于跨中截面刚度的二分之一时，该跨也可按等刚度进行计算，其构件刚度可取跨中最大弯矩截面的刚度。

加固后受弯构件的挠度应按荷载效应准永久组合并考虑长期作用影响的刚度 B 进行计算，所求得的挠度计算值不应超过现行国家标准《混凝土结构设计规范》GB 50010 规定的限值。

依据《混凝土结构设计规范》GB 50010—2010 第 7.2.2 条，荷载准永久组合作用下，加固后矩形和 T 形截面受弯构件的刚度，可按下列公式计算：

$$B=\frac{B_s'}{\theta} \tag{12-64}$$

式中　B——加固后矩形或 T 形截面构件的受弯刚度；

B_s'——荷载效应准永久组合作用下加固后构件的短期刚度；

θ——考虑荷载长期作用对挠度增大的影响系数，当 $\rho'=0$ 时，取 $\theta=2.0$；当 $\rho'=\rho$ 时，取 $\theta=1.6$；当 ρ' 为中间值时，θ 按线性内插法取用，即 $\theta=1.6+0.4\left(1-\frac{\rho'}{\rho}\right)$。此处 $\rho'=A_s'/(bh_0)$，$\rho=A_s/(bh_0)$。

复合砂浆钢筋网加固混凝土受弯构件的短期刚度可按下列公式计算[4]：

$$B_s'=\frac{\lambda' E_s A_{s0} h_0^2}{1.15\psi+0.2+\frac{6\alpha_E\rho}{1+3.5\gamma_f'}} \tag{12-65}$$

$$\rho=\frac{A_{s0}}{b_1 h_0} \tag{12-66}$$

$$\alpha_E=E_s/E_c \tag{12-67}$$

式中　E_s——原梁钢筋弹性模量；

E_c——原梁混凝土弹性模量；

b_1——加固后梁的截面宽度；

λ'——加固梁截面刚度折减系数,按表 12-1 采用。

加固梁截面刚度折减系数 λ'　　**表 12-1**

M_0/M_u	20%	30%	50%	70%
λ'	0.55	0.50	0.40	0.30

注：M_0 为加固时梁承受的初始弯矩，M_u 为原梁极限弯矩，M_0/M_u 为其他值时的取值按线性插值法计算。

【例 12-14】HPFL 法加固的梁挠度算例

某加固工程［6］中一简支矩形截面梁的截面尺寸为 $b\times h=250\text{mm}\times600\text{mm}$，环境类别为一类，混凝土强度等级为 C30，梁底配 4 根直径 25mm 的 HRB335 级纵向受力钢筋，$A_s=1964\text{mm}^2$，纵向钢筋的保护层厚度 $c=25\text{mm}$。梁的计算跨度 $l_0=6.0\text{m}$，承受均布荷载，加固前荷载作用下的跨中弯矩 $M_{0q}=172.2\text{kN}\cdot\text{m}$，加固后梁需承受荷载准永久组合的跨中弯矩 $M_q=250\text{kN}\cdot\text{m}$。采用 M40 复合砂浆，加固层厚度 25mm，钢筋采用Φ6，梁底为 13Φ6@

20，梁两侧高 300mm 内为 6 ф6@50，梁两侧上部 300mm 内为 3 ф6@100，U 型箍筋为ф6@100。试验算跨中挠度是否满足要求。

【解】

原梁受弯承载力计算，$h_0=600-25-25/2=563\text{mm}$，使用文献［5］介绍的 RCM 软件输入信息与简要计算结果，如图 12-33 所示，得知原梁受弯承载力 $M_u=283.17\text{kN}\cdot\text{m}$。

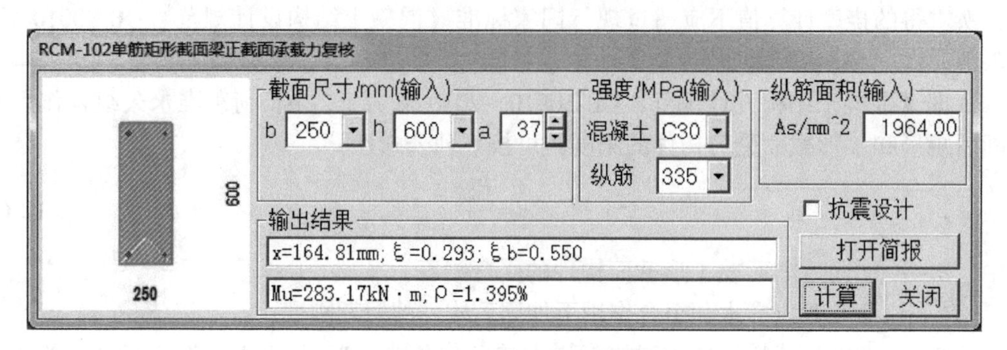

图 12-33 原梁的挠度计算

$M_{0q}/M_u=172.2/283.17=0.608<0.7$，可在不卸载情况下进行加固。

加固前梁的挠度

$$\rho_{te}=\frac{A_s}{0.5bh}=\frac{1964}{0.5\times250\times600}=0.026$$

$$\sigma_{sq}=\frac{M_{0q}}{0.87h_0A_s}=\frac{172.2\times10^6}{0.87\times563\times1964}=179.0\text{N/mm}^2$$

$$\psi=1.1-0.65\frac{f_{tk}}{\rho_{te}\sigma_{sq}}=1.1-0.65\times\frac{2.01}{0.026\times179.0}=0.819$$

$$\rho=\frac{A_s}{bh_0}=\frac{1964}{250\times563}=0.014$$

$$B_s=\frac{E_sA_sh_0^2}{1.15\psi+0.2+\dfrac{6\alpha_E\rho}{1+3.5\gamma_f'}}$$

$$=\frac{200000\times1964\times563^2}{1.15\times0.819+0.2+6\times6.667\times0.014}$$

$$=73.157\times10^{12}\text{N}\cdot\text{mm}^2$$

再由 $\theta=2$，得 $B=36.58\times10^{12}\text{N}\cdot\text{mm}^2$。则原梁跨中挠度为：

$$f_1=\frac{5}{48}\frac{M_{q0}l_0^2}{B}=\frac{5}{48}\frac{172.2\times10^6\times6000^2}{36.58\times10^6}=17.80\text{mm}$$

加固后产生的挠度

由 $M_{0q}/M_u=0.608$ 查表 12-1 得 $\lambda'=0.346$

$A_{sm}=13\times28.3=367.9\text{mm}^2$、$A_{sm1}=2\times9\times28.3=509.4\text{mm}^2$

$$A_{s0}=A_s+\frac{E_{sm}}{E_s}\left[\frac{(h+0.5d)}{h_0}A_{sm}+0.68A_{sm1}\right]$$

$$=1964+\frac{2\times10^5}{2\times10^5}\times\left[\frac{600+0.5\times6}{563}\times367.9+0.68\times509.4\right]$$

$$=2704.4\text{mm}^2$$

$$\rho=\frac{A_{s0}}{b_1h_0}=\frac{2704.4}{(250+50)\times563}=0.016$$

$$\rho_{te}=\frac{A_{s0}}{A_{te}}=\frac{A_{s0}}{0.5(b+2t)(h+t)}=\frac{2704.4}{0.5\times(250+50)\times(600+25)}$$

$$=0.0288$$

$$h_{0m}=h=600\text{mm}$$

$$\sigma_{sq}=\frac{M_q-M_{0q}}{0.87h_{0m}A_{s0}}=\frac{(250-172.2)\times10^6}{0.87\times600\times2704.4}=55.1\text{N/mm}^2$$

$$\psi=1.1-0.65\frac{f_{tk}}{\rho_{te}\sigma_{sq}}=1.1-0.65\times\frac{2.01}{0.0288\times55.1}=0.278$$

$$B_s'=\frac{\lambda'E_sA_{s0}h_0^2}{1.15\psi+0.2+\dfrac{6\alpha_E\rho}{1+3.5\gamma_f'}}$$

$$=\frac{0.346\times200000\times2704.4\times563^2}{1.15\times0.278+0.2+6\times6.667\times0.016}$$

$$=51.2\times10^{12}\text{N}\cdot\text{mm}^2$$

再由 $\theta=2$，得 $B'=25.6\times10^{12}\text{N}\cdot\text{mm}^2$。则原梁跨中挠度为：

$$f_2=\frac{5}{48}\frac{(M_q-M_{q0})l_0^2}{B'}=\frac{5}{48}\frac{(250-172.2)\times10^6\times6000^2}{25.6\times10^{12}}=11.42\text{mm}$$

总挠度

$f=f_1+f_2=17.80+11.42=29.2\text{mm}$，满足混凝土结构设计规范的要求。

SCS 软件输入信息和简要输出结果如图 12-34 所示，可见其与手算结果一致。

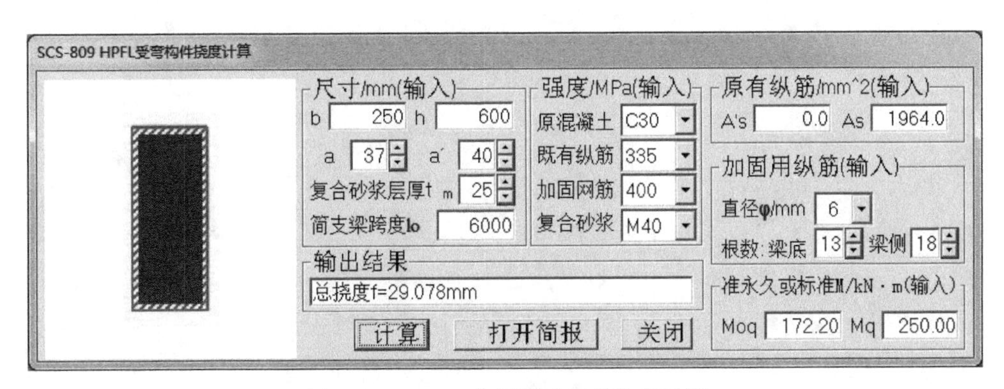

图 12-34　HPFL 加固简支梁的挠度计算

本章参考文献

[1] 中国工程建设标准化协会. 水泥复合砂浆钢筋网加固混凝土结构技术规程 CECS 242：2016 [S]. 北

京：中国计划出版社，2016.

[2] 尚守平.高性能水泥复合砂浆钢筋网加固混凝土结构设计与施工指南［M］. 北京：中国建筑工业出版社，2008.

[3] 尚守平.结构加固现代实用技术［M］. 北京：高等教育出版社，2016.

[4] 中国工程建设标准化协会.水泥复合砂浆钢筋网加固混凝土结构技术规程 CECS 242：2008［S］.北京：中国计划出版社，2008.

[5] 王依群.混凝土结构设计计算算例（第 3 版）［M］. 北京：中国建筑工业出版社，2016.

[6] 尚守平，杜运兴.绿色结构工程［M］.北京：中国建筑工业出版社，2009.

第13章　植筋技术

13.1　设计规定

本章适用于钢筋混凝土结构构件以结构胶种植带肋钢筋和全螺纹螺杆的后锚固设计；不适用于素混凝土构件，包括纵向受力钢筋一侧配筋率小于0.2%的构件的后锚固设计。素混凝土构件及低配筋率构件的植筋应按锚栓进行设计。

采用植筋技术，包括种植全螺栓螺杆技术时，原构件的混凝土强度等级应符合下列规定：

（1）当新增构件为悬挑结构构件时，其原构件混凝土强度等级不得低于C25；

（2）当新增构件为其他结构构件时，其原构件混凝土强度等级不得低于C20。

当采用植筋和种植全螺栓螺杆锚固时，其锚固部位的原构件混凝土不得有局部缺陷。若有局部缺陷，应先进行补强或加固处理后再植筋。

种植用的钢筋或螺杆，应采用质量和规格符合《混凝土结构加固技术规范》GB 50367—2013[1] 第4章规定的钢材制作。当采用进口带肋钢筋时，除应按现行专门标准检验其性能外，尚应要求其相对肋面积A_r符合大于等于0.055且小于等于0.08的规定。

植筋用的胶粘剂应采用改性环氧类结构胶粘剂或改性乙烯基酯类结构胶粘剂。当植筋的直径大于22mm时，应采用A级胶。锚固用胶粘剂的质量和性能应符合《混凝土结构加固技术规范》GB 50367—2013第4章的规定。

采用植筋锚固的混凝土结构，其长期使用的环境温度不应高于60℃；处于特殊环境（如高温、高湿、介质腐蚀等）的混凝土结构采用植筋技术时，除应按国家现行有关标准的规定采取相应的防护措施外，尚应采用耐环境因素作用的胶粘剂。

13.2　锚固计算

承重构件的植筋锚固计算应符合下列规定：

（1）植筋设计应在计算和构造上防止混凝土发生劈裂破坏；

（2）植筋仅承受轴向力，且仅允许按充分利用钢材强度的计算模式进行设计；

（3）植筋胶粘剂的粘结强度设计值应按本节的规定值采用；

（4）抗震设防区的承重结构，其植筋承载力仍按本节的规定计算，但其锚固深度设计值应乘以考虑位移延性要求的修正系数。

单根植筋锚固的承载力设计值应符合下列公式规定：

$$N_t^b = f_y A_s \tag{13-1}$$

$$l_d \geqslant \psi_N \psi_{ae} l_s \tag{13-2}$$

式中 N_t^b——植筋钢材轴向受拉承载力设计值；

f_y——植筋用钢筋的抗拉强度设计值；

A_s——钢筋截面面积；

l_d——植筋锚固深度设计值；

l_s——植筋的基本锚固深度；

ψ_N——考虑各种因素对植筋受拉承载力影响而需加大锚固深度的修正系数，按下面的规定确定；

ψ_{ae}——考虑植筋位移延性要求的修正系数，当混凝土强度等级不高于 C30 时，对 6 度区和 7 度区一、二类场地，取 $\psi_{ae}=1.10$；对 7 度区三、四类场地和 8 度区，取 $\psi_{ae}=1.25$；当凝土强度等级高于 C30 时，取 $\psi_{ae}=1.00$。

植筋的基本锚固长度 l_s 应按下式确定：

$$l_s = 0.2\alpha_{spt} d f_y / f_{bd} \tag{13-3}$$

式中 α_{spt}——为防止混凝土劈裂影响的计算系数，按表 13-1 确定；

d——植筋公称直径；

f_{bd}——植筋用胶粘剂的粘结抗剪强度设计值，按表 13-2 确定。

考虑混凝土劈裂影响的计算系数 α_{spt} **表 13-1**

混凝土保护层厚度 c(mm)		25		30		35	≥40
箍筋设置情况	直径 ϕ(mm)	6	8 或 10	6	8 或 10	≥6	≥6
	间距 s(mm)	在植筋锚固深度范围内，s 不应大于 100mm					
植筋直径 d(mm)	≤20	1.00		1.00		1.00	1.00
	22	1.04	1.02	1.02	1.00	1.00	1.00
	25	1.10	1.05	1.05	1.00	1.00	1.00
	28	1.17	1.10	1.10	1.05	1.05	1.02
	32	1.25	1.15	1.15	1.10	1.10	1.05

植筋用结构胶粘剂的粘结抗剪强度设计值 f_{bd} 应按表 13-2 确定。当基材混凝土强度等级大于 C30，且采用快固型胶粘剂时，其粘结抗剪强度设计值 f_{bd} 应乘以调整系数 0.8。

粘结抗剪强度设计值 f_{bd} **表 13-2**

胶粘剂等级	构造条件	基材混凝土的强度等级								
		C20	C25	C30	C35	C40	C45	C50	C55	≥C60
A 级胶或 B 级胶	$s_1 \geq 5d$；$s_2 \geq 2.5d$	2.3	2.7	3.7	3.85	4.0	4.125	4.25	4.375	4.5
A 级胶	$s_1 \geq 6d$；$s_2 \geq 3.0d$	2.3	2.7	4.0	4.25	4.5	4.625	4.75	4.875	5.0
	$s_1 \geq 7d$；$s_2 \geq 3.5d$	2.3	2.7	4.5	4.75	5.0	5.125	5.25	5.375	5.5

注：1. 当使用表中的 f_{bd} 值时，其构件的混凝土保护层厚度，不应低于现行国家标准《混凝土结构设计规范》GB 50010 的规定值；

2. s_1 为植筋间距；s_2 为植筋边距；

3. f_{bd} 值仅适用于带肋钢筋或全螺纹螺杆的粘结锚固。

考虑各种因素对植筋受拉承载力影响而需加大锚固深度的修正系数 ψ_N 应按下式计算：

$$\psi_N = \psi_{br}\psi_w\psi_T \tag{13-4}$$

式中　ψ_{br}——考虑结构构件受力状态对承载力影响的系数，当为悬挑结构构件时，ψ_{br} = 1.50；当为非悬挑的重要构件接长时，ψ_{br} = 1.15；当为其他构件时，ψ_{br} = 1.00；

ψ_w——混凝土孔壁潮湿影响系数，对耐潮湿型胶粘剂，按产品说明书的规定值采用，但不得低于 1.1；

ψ_T——使用环境的温度 T 影响系数，当 $T \leqslant 60$℃时，取 $\psi_T = 1.0$；当 60℃$<T\leqslant$80℃时，应采用耐中温胶粘剂，并按产品说明书规定的 ψ_T 采用；当 $T>80$℃时，应采用耐高温胶粘剂，并应采取有效的隔热措施。

承重结构植筋的锚固深度应经设计计算确定；不得按短期拉拔试验值或厂商技术手册的推荐值采用。

13.3　构造规定

当按构造要求植筋时，其最小锚固长度 l_{min} 应符合下列构造规定：

（1）受拉钢筋锚固：max{0.3l_s；10d；100mm}；

（2）受压钢筋锚固：max{0.6l_s；10d；100mm}；

（3）对悬挑结构、构件，尚应乘以 1.5 的修正系数。

当植筋与纵向受拉钢筋搭接（图 13-1）时，其搭接接头应相互错开。其纵向受拉搭接长度 l_l，应根据位于同一连接区段内的钢筋搭接接头百分率，按下式确定：

$$l_l = \zeta_l l_d \tag{13-5}$$

式中　ζ_l——纵向受拉钢筋搭接长度修正系数，按表 13-3 取值。

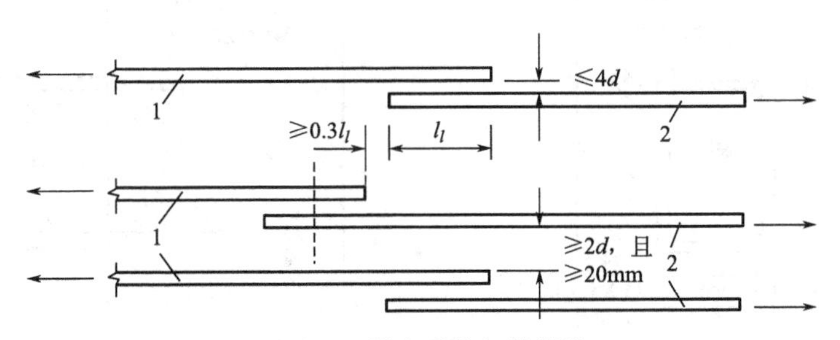

图 13-1　纵向受拉钢筋搭接

1—纵向受拉钢筋；2—植筋

纵向受拉钢筋搭接长度修正系数　**表 13-3**

纵向受拉钢筋搭接接头面积百分率(%)	≤25	50	100
ζ_l 值	1.2	1.4	1.6

注：1. 钢筋搭接接头面积百分率定义按现行国家标准《混凝土结构设计规范》GB 50010 的规定采用；

2. 当实际搭接接头面积百分率介于表列数值之间时，按线性内插法确定 ζ_l 值；

3. 对梁类构件，纵向受拉钢筋搭接接头百分率不应超过 50%。

当植筋搭接部位的箍筋间距 s 不符合表 13-1 的规定时，应进行防劈裂加固。此时，可采用纤维织物复合材的围束作为原构件的附加箍筋进行加固。围束可采用宽度为 150mm、厚度不小于0.165mm的条带缠绕而成，缠绕时围束间应无间隔，且每一围束所粘结的条带不应少于3层。对方形截面尚应打磨棱角，打磨的质量应符合《混凝土结构加固设计规范》GB 50367—2013第10.9.9条的规定。若采用纤维织物复合材的围束有困难，也可剔去原构件混凝土保护层，增设新箍筋（或钢箍板）进行加密（或增强）后再植筋。

植筋与纵向受拉钢筋在搭接部位的净间距，应按图13-1的标示值确定。当净间距超过$4d$时，则搭接长度l_l应增加$2d$，但净间距不得大于$6d$。

用于植筋的钢筋混凝土构件，其最小厚度h_{min}应符合下式规定：

$$h_{min} \geqslant l_d + 2D \tag{13-6}$$

式中　D——钻孔直径，应按表13-4确定。

植筋直径与对应的钻孔直径设计值　　**表13-4**

钢筋直径d(mm)	12	14	16	18	20	22	25	28	32
钻孔直径设计值D(mm)	15	18	20	22	25	28	32	35	40

植筋时，其钢筋宜先焊后种植；当有困难而必须后焊时，其焊点距基材混凝土表面应大于$15d$，且应采用冰水浸渍的湿手巾多层包裹植筋外露部分的根部。

【例13-1】新增一般梁与原柱连接

文献［2］第186页例题，因改造需要在原柱身上连接梁，大样如图13-2所示。原结构混凝土强度等级C35（混凝土保护层厚度为25mm），已知新增梁处柱箍筋ϕ8@100，胶粘剂为A级植筋胶（快固型胶粘剂）。试设计植筋。

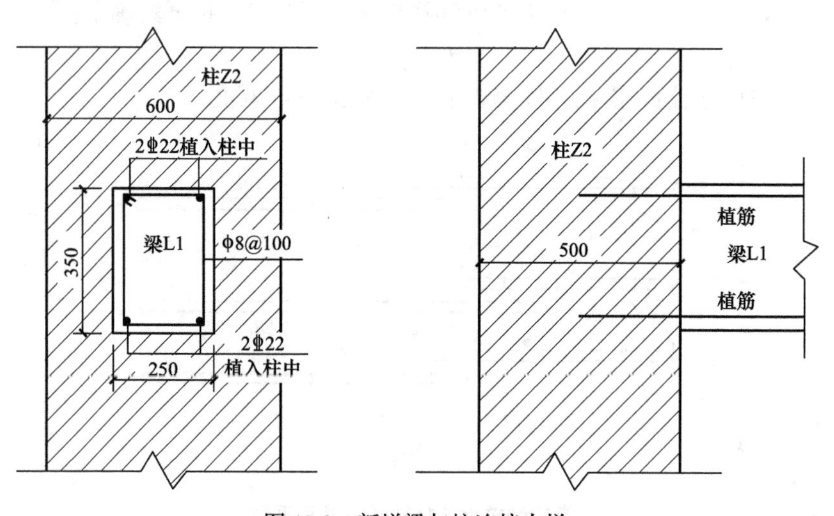

图13-2　新增梁与柱连接大样

【解】 1）植筋基本锚固长度

按图13-2，植筋间距$s_1 = 250-2\times(25+8+22/2) = 162\text{mm} > 7d$。

查表13-1，考虑混凝土劈裂影响的计算系数$\alpha_{spt} = 1.02$。

查表13-2，A级胶，植筋间距$7d$，边距大于$3.5d$（不起控制作用）可认为超过$3.5d$，C35混凝土，植筋用胶粘剂的粘结抗剪强度设计值$f_{bd} = 0.8\times4.75 = 3.8\text{MPa}$。

由公式（13-3）可知，⌀22钢筋：$l_s = 0.2\alpha_{spt}df_y/f_{bd} = 0.2\times1.02\times22\times360/3.8 = 425\text{mm}$

2）植筋锚固深度设计值

梁顶钢筋处于负弯矩区，承受拉力，故需按计算确定其锚固深度；而梁底钢筋只需按构造要求确定其深度即可。

由于此梁是一般梁，$\psi_{br}=1.0$，$\psi_N=\psi_{br}\psi_w\psi_T=1.0\times1.1\times1.0=1.1$

原结构柱混凝土强度等级为 C35，故 $\psi_{ae}=1.0$。

梁顶 ф22 钢筋：$l_d\geqslant\psi_N\psi_{ae}l_s=1.1\times1.0\times425=467.5$mm

梁底 ф22 受压钢筋锚固：$\max\{0.6l_s;\ 10d;\ 100\text{mm}\}=\max\{255;\ 220;\ 100\text{mm}\}=255$mm。

单根植筋锚固的承载力设计值：$N_t^b=f_yA_s=360\times380.1=136800$N

SCS 软件输入信息和简要输出结果如图 13-3 所示，可见其与手算结果一致。

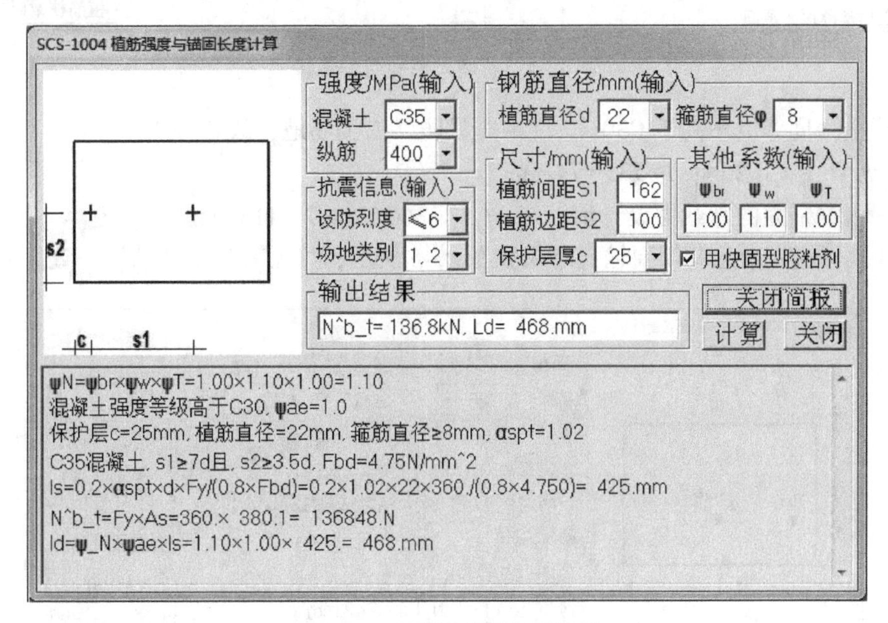

图 13-3　新增梁植筋与柱连接

【例 13-2】基础顶部植筋

文献［3］第 849 页算例，某钢筋混凝土筏形基础顶部需增加一柱，该柱受轴心压力，柱截面 400mm×400mm，基础混凝土强度等级 C25，抗震设防烈度 7 度，二类场地。植筋（图 13-4）采用 HRB400 钢筋，直径 20mm，箍筋 ф8@100/200，保护层厚度 25mm，正常使用环境。试设计此柱植筋的锚固长度。

【解】 1）植筋基本锚固长度

按图 13-4，植筋间距 $s_1=[400-2\times(25+8+20/2)]/2=157\text{mm}>7d$。

查表 13-1，考虑混凝土劈裂影响的计算系数 $\alpha_{spt}=1.00$。

查表 13-2，A 级胶，植筋间距 ≥$7d$，边距大于 $3.5d$（不起控制作用）可认为超过 $3.5d$，C25 混凝土，植筋用胶粘剂的粘结抗剪强度设计值 $f_{bd}=2.7$MPa。

由公式（13-3）可知，ф20 钢筋：$l_s=0.2\alpha_{spt}df_y/f_{bd}=0.2\times1.0\times20\times360/2.7=533$mm

2）植筋锚固深度设计值

取 $\psi_{br}=1.15$

$\psi_N=\psi_{br}\psi_w\psi_T=1.15\times1.1\times1.0=1.26$

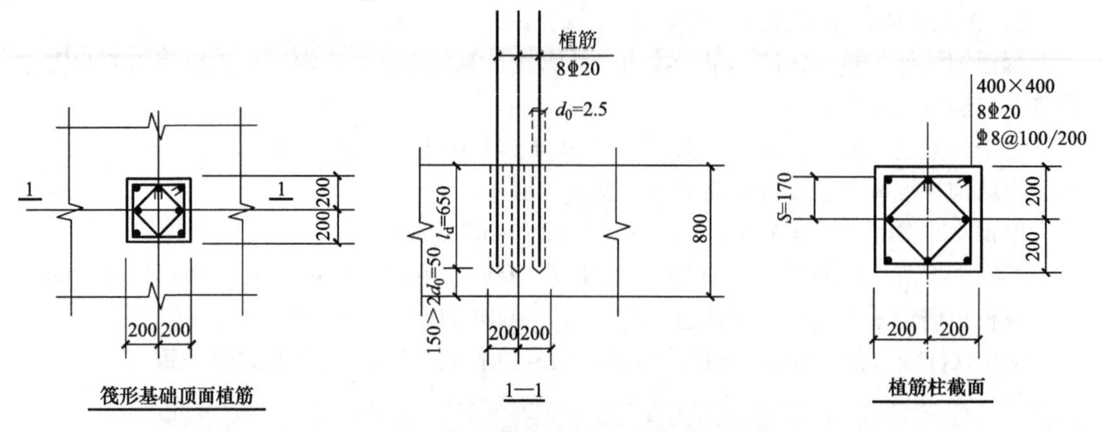

图 13-4　新增梁植筋与柱连接

混凝土强度等级不高于 C30，7 度地震设防，二类场地，故 $\psi_{ae}=1.1$。

$l_d \geqslant \psi_N \psi_{ae} l_s = 1.26 \times 1.1 \times 533 = 742\text{mm}$

单根植筋锚固的承载力设计值：$N_t^b = f_y A_s = 360 \times 314.2 = 113100\text{N}$

SCS 软件输入信息和简要输出结果如图 13-5 所示，可见其与手算结果一致。

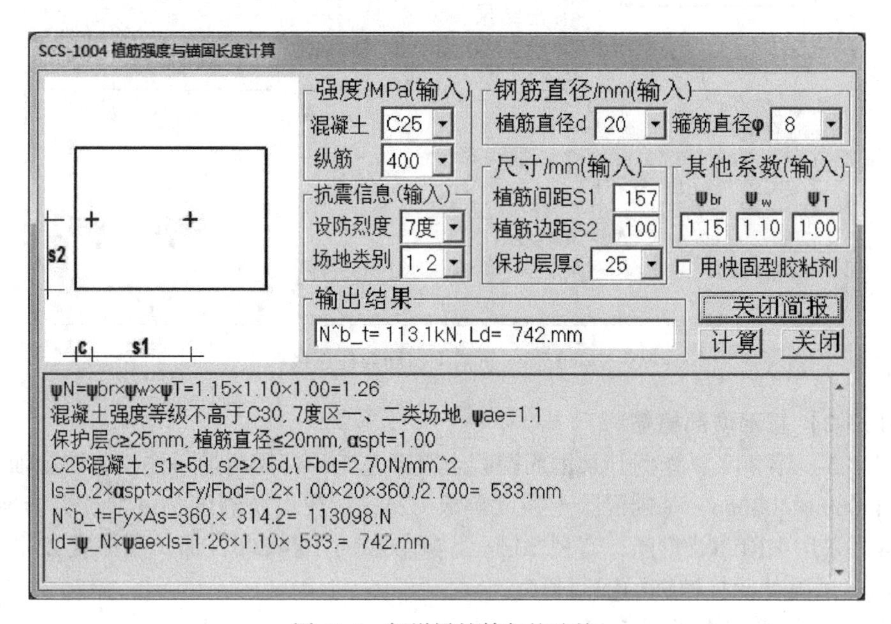

图 13-5　新增梁植筋与柱连接

本章参考文献

[1] 中华人民共和国国家标准. 混凝土结构加固设计规范 GB 50367—2013 [S]. 北京：中国建筑工业出版社，2013.

[2] 卜良桃，梁爽，黎红兵. 混凝土结构加固设计规范算例（第 2 版）[M]. 北京：中国建筑工业出版社，2015.

[3] 中国有色工程有限公司. 混凝土结构构造手册（第 4 版）[M]. 北京：中国建筑工业出版社，2012.

第14章　锚栓技术

14.1　设计规定

本章讲述的锚栓技术适用于普通混凝土承重结构；不适用于轻质混凝土结构及严重风化的结构。

混凝土结构采用锚栓技术时，其混凝土强度等级：对重要构件不应低于C25；对一般构件不应低于C20级。

承重结构用的机械锚栓，应采用有锁键效应的后扩底锚栓。这类锚栓按其构造方式的不同，又分为自扩底、模扩底和胶粘-模扩底三种；承重结构用的胶粘型锚栓，应采用特殊倒锥形胶粘型锚栓。自攻螺钉不属于锚栓体系，不得按锚栓进行设计计算。

在抗震设防区的结构中，以及直接承受动力荷载的构件中，不得使用膨胀锚栓作为承重结构的连接件。

当在抗震设防区承重结构中使用锚栓时，应采用后扩底锚栓或特殊倒锥形胶粘型锚栓，且用于设防烈度不高于8度并对于8度区仅允许用于Ⅰ、Ⅱ类场地的建筑物。

用于抗震设防区承重结构或承受动力作用的锚栓，其性能应通过现行行业标准《混凝土用机械锚栓》JG/T 160—2017的低周反复荷载作用或疲劳荷载作用的检验。

承重结构锚栓连接的设计计算，应采用开裂混凝土的假定；不得考虑非开裂混凝土对其承载力的提高作用。

锚栓受力分析应符合《混凝土结构加固设计规范》GB 50367—2013[1] 附录F的规定。

14.2　锚栓钢材承载力验算

锚栓钢材的承载力验算，应按锚栓受拉、受剪及同时受拉剪作用三种受力情况分别进行。

锚栓钢材受拉承载力设计值，应符合下式规定：

$$N_t^a = \psi_{E,t} f_{ud,t} A_s \tag{14-1}$$

式中　N_t^a——锚栓钢材受拉承载力设计值；

$\psi_{E,t}$——锚栓受拉承载力抗震折减系数，对6度和以下地区，取$\psi_{E,t}=1.00$；对7度区，取$\psi_{E,t}=0.85$；对8度区Ⅰ、Ⅱ类场地，取$\psi_{E,t}=0.75$；

$f_{ud,t}$——锚栓钢材用于抗拉计算的强度设计值，按表14-1和表14-2采用；

A_s——锚栓有效截面面积。

碳钢、合金钢及不锈钢锚栓的钢材强度设计指标必须符合表14-1和表14-2的规定。

碳钢及合金钢锚栓钢材强度设计指标　　表 14-1

性能等级		4.8	5.8	6.8	8.8
锚栓强度设计值（MPa）	用于抗拉计算 $f_{ud,t}$	250	310	370	490
	用于抗剪计算 $f_{ud,v}$	150	180	220	290

注：锚栓受拉弹性模量 E_s 取 2.0×10^5MPa。

不锈钢锚栓钢材强度设计指标　　表 14-2

性能等级		50	70	80
螺纹直径(mm)		≤32	≤24	≤24
锚栓强度设计值（MPa）	用于抗拉计算 $f_{ud,t}$	175	370	500
	用于抗剪计算 $f_{ud,v}$	105	225	300

锚栓钢材受剪承载力设计值，应区分无杠杆臂和有杠杆臂两种情况（图 14-1）按下列公式计算：

（1）无杠杆臂锚栓受剪

$$V^a = \psi_{E,v} f_{ud,v} A_s \tag{14-2a}$$

（2）有杠杆臂锚栓受剪

$$V^a = 1.2\psi_{E,v} W_{el} f_{ud,t}\left(1 - \frac{\sigma}{f_{ud,t}}\right)\frac{\alpha_m}{l_0} \tag{14-2b}$$

式中　V^a——锚栓钢材受剪承载力设计值；

$\psi_{E,v}$——锚栓受剪承载力抗震折减系数，对 6 度和以下地区，取 $\psi_{E,v}=1.00$；对 7 度区，取 $\psi_{E,v}=0.80$；对 8 度区Ⅰ、Ⅱ类场地，取 $\psi_{E,v}=0.70$；

$f_{ud,v}$——锚栓钢材用于抗剪的强度设计值，按表 14-1 和表 14-2 采用。

W_{el}——锚栓截面抵抗矩；

σ——被验算锚栓承受的轴向拉应力，其值按 N/A_s 确定；N 是锚栓受到的拉力，限制 $\sigma\leqslant f_{ud,t}$；

α_m——约束系数，对图 14-1（a）的情况，取 $\alpha_m=1$；对图 14-1（b）的情况，取 $\alpha_m=2$；

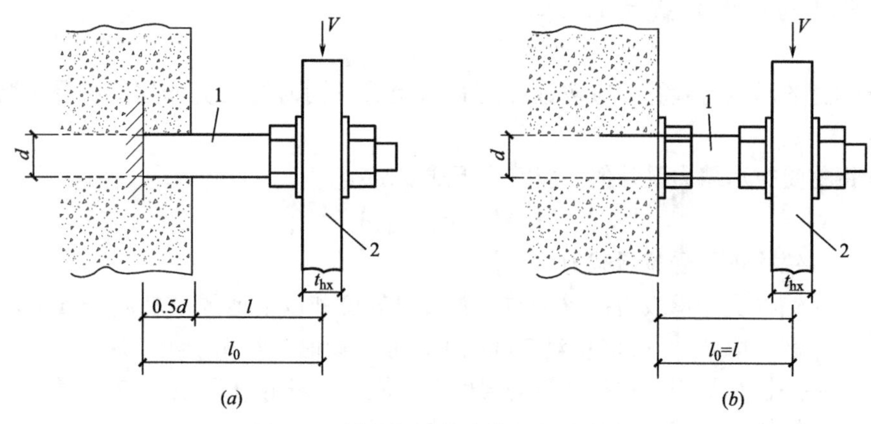

图 14-1　锚栓杠杆臂计算长度的确定

1—锚栓；2—固定件；l_0—杠杆臂计算长度

l_0——杠杆臂计算长度，当基材表面有压紧的螺帽时，取 $l_0=l$；当无压紧螺帽时，取 $l_0=l+0.5d$。

14.3 基材混凝土承载力验算

基材混凝土的承载力验算，应考虑三种破坏模式：混凝土呈锥形受拉破坏、混凝土边缘呈楔形受剪破坏以及同时受拉、剪作用破坏。对混凝土剪撬破坏、混凝土劈裂破坏，以及特殊倒锥形胶粘锚栓的组合破坏，应通过采取构造措施予以防止，不参与验算。

基材混凝土的受拉承载力设计值，应按下列公式验算：

（1）对后扩底锚栓

$$N_t^c = 2.8\psi_a\psi_N\sqrt{f_{cu,k}}h_{ef}^{1.5} \tag{14-3}$$

（2）对特殊倒锥形胶粘型锚栓

$$N_t^c = 2.4\psi_b\psi_N\sqrt{f_{cu,k}}h_{ef}^{1.5} \tag{14-4}$$

式中 N_t^c——锚栓连接的基材混凝土受拉承载力设计值（N）；

$f_{cu,k}$——混凝土立方体抗压强度标准值（MPa），按现行国家标准《混凝土结构设计规范》GB 50010 规定采用；

h_{ef}——锚栓的有效锚固深度（mm），应按锚栓产品说明书标明的有效锚固深度采用；

ψ_a——基材混凝土强度等级对锚固承载力的影响系数，当混凝土强度等级不大于C30时，取 $\psi_a=0.90$；当混凝土强度等级大于C30时，对机械锚栓，取 $\psi_a=1.00$；对胶粘型锚栓，取 $\psi_a=0.90$；

ψ_b——胶粘型锚栓对粘结强度的影响系数，当 $d_0\leqslant16$mm 时，取 $\psi_b=0.90$；当 $d_0\geqslant24$mm 时，取 $\psi_b=0.80$；介于两者之间的 ψ_b 值，按线性内插法确定；

ψ_N——考虑各种因素对基材混凝土受拉承载力影响的修正系数，按下面的规定计算。

基材混凝土受拉承载力修正系数 ψ_N 值应按下列公式计算：

$$\psi_N = \psi_{s,h}\psi_{e,N}A_{cN}/A_{c,N}^0 \tag{14-5}$$

$$\psi_{e,N} = 1/[1+(2e_N/S_{cr,N})] \leqslant 1 \tag{14-6}$$

式中 $\psi_{s,h}$——构件边距及锚固深度等因素对基材的影响系数，取 $\psi_{s,h}=0.95$；

$\psi_{e,N}$——荷载偏心对群锚受拉承载力的影响系数；

$A_{cN}/A_{c,N}^0$——锚栓边距和间距对锚栓受拉承载力的影响系数；

$s_{cr,N}$——混凝土呈锥形受拉时，确保每一锚栓承载力不受间距效应影响的最小间距；

e_N——拉力（或其合力）对受拉锚栓形心的偏心距（图14-2）。

当锚栓承载力不受其间距和边距效应影响时，由单个锚栓引起的基材混凝土呈锥形受拉破坏的锥体投影面积基准值 $A_{c,N}^0$（图14-3）可按下式确定：

$$A_{c,N}^0 = s_{cr,N}^2 \tag{14-7}$$

混凝土呈锥形受拉破坏的实际锥体投影面积 A_{cN}，可按下列公式计算：

（1）当边距 $c>c_{cr,N}$，且间距 $s>s_{cr,N}$ 时

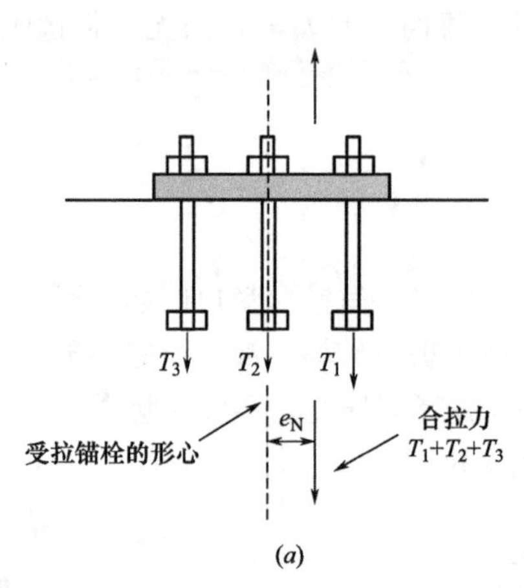

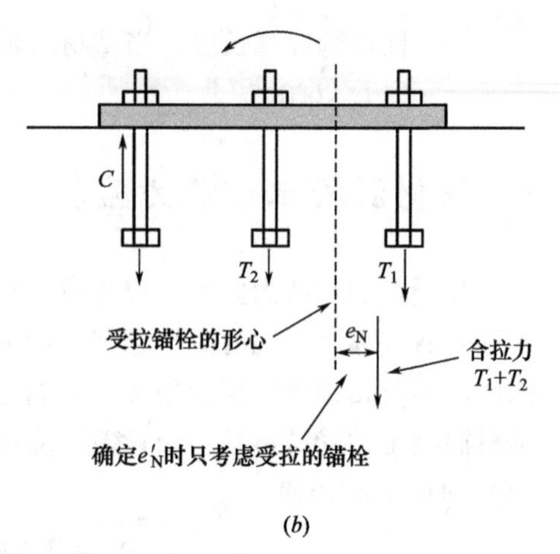

图 14-2 群锚 e_N 的定义

（a）当一组内的锚栓全部受拉时；（b）当一组内只有某些锚栓受拉时

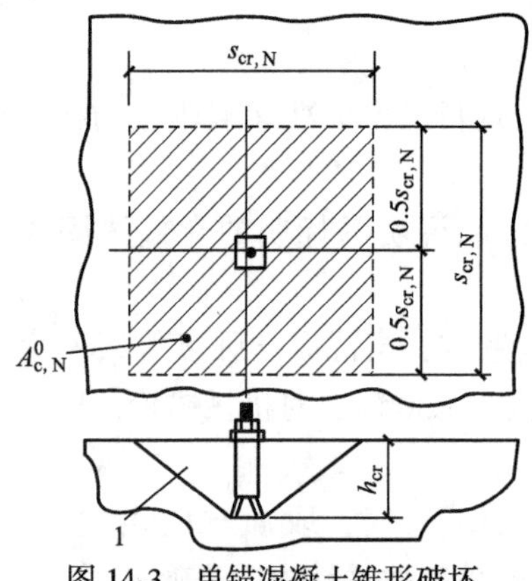

图 14-3 单锚混凝土锥形破坏理想锥体投影面积

1—混凝土锥体

$$A_{cN} = nA^0_{c,N} \tag{14-8}$$

式中 n——参与受拉工作的锚栓个数；

c——锚栓的边距；

s——锚栓的间距；

$c_{cr,N}$——混凝土呈锥形受拉时，确保每一锚栓承载力不受边距效应影响的最小边距。

（2）当边距 $c \leqslant c_{cr,N}$（图 14-4）时

1）对 $c_1 \leqslant c_{cr,N}$（图 14-4a）的单锚情形

$$A_{cN} = (c_1 + 0.5s_{cr,N})s_{cr,N} \tag{14-9}$$

2）对 $c_1 \leqslant c_{cr,N}$ 且 $s_1 \leqslant s_{cr,N}$（图 14-4b）的双锚情形

$$A_{cN} = (c_1 + s_1 + 0.5s_{cr,N})s_{cr,N} \tag{14-10}$$

3）对 c_1、$c_2 \leqslant c_{cr,N}$ 且 s_1、$s_2 \leqslant s_{cr,N}$（图 14-4c）的角部四锚情形

$$A_{cN} = (c_1 + s_1 + 0.5s_{cr,N})(c_2 + s_2 + 0.5s_{cr,N}) \tag{14-11}$$

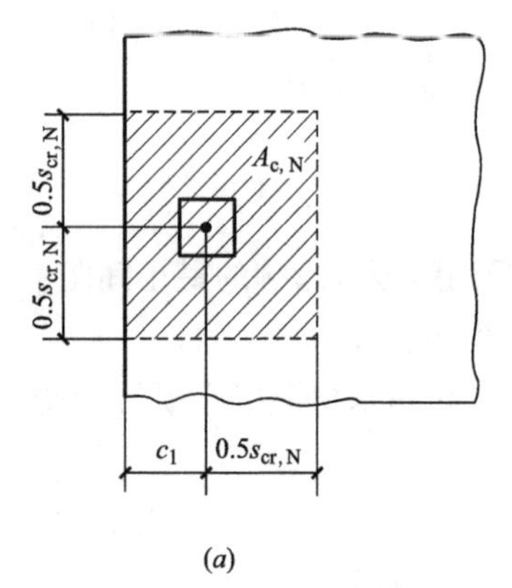

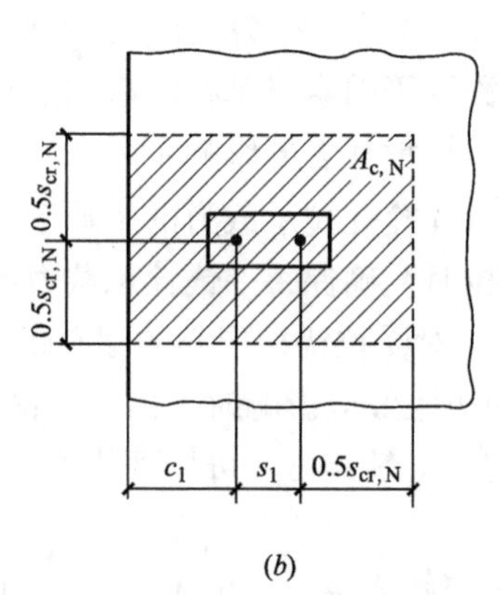

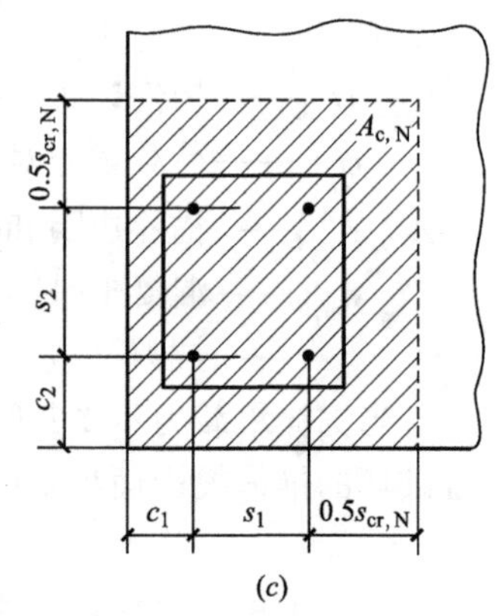

图 14-4 近构件边缘混凝土锥形受拉破坏实际锥体投影面积

（a）单锚情形；（b）双锚情形；（c）角部四锚情形

基材混凝土的受剪承载力设计值，应按下式计算：

$$V^{c}=0.18\psi_{v}\sqrt{f_{cu,k}}c_{1}^{1.5}d_{0}^{0.3}h_{ef}^{0.2} \tag{14-12}$$

式中　V^c——锚栓连接的基材混凝土受剪承载力设计值（N）；

ψ_v——考虑各种因素基材混凝土受剪承载力影响的修正系数；

c_1——平行于剪力方向的边距（mm）；

d_0——锚栓外径（mm），目前 SCS 软件采取用户输入的公称直径。

基材混凝土受剪承载力修正系数 ψ_v 值，应按下列公式计算：

$$\psi_{v}=\psi_{s,v}\psi_{h,v}\psi_{\alpha,v}\psi_{e,v}\psi_{u,v}A_{c,v}/A_{c,v}^{0} \tag{14-13}$$

$$\psi_{s,v}=0.7+0.2\frac{c_{2}}{c_{1}}\leqslant 1 \tag{14-14}$$

$$\psi_{h,v}=(1.5c_{1}/h)^{1/3}\geqslant 1 \tag{14-15}$$

$$\psi_{\alpha,v}=\begin{cases}1.0 & (0^{\circ}<\alpha_{v}\leqslant 55^{\circ})\\ 1/(\cos\alpha_{v}+0.5\sin\alpha_{v}) & (55^{\circ}<\alpha_{v}\leqslant 90^{\circ})\\ 2.0 & (90^{\circ}<\alpha_{v}\leqslant 180^{\circ})\end{cases} \tag{14-16}$$

$$\psi_{e,v}=1/[1+(2e_{v}/3c_{1})]\leqslant 1 \tag{14-17}$$

$$\psi_{u,v}=\begin{cases}1.0 & (\text{边缘没有配筋})\\ 1.2 & (\text{边缘配有直径 } d\geqslant 12\text{mm 钢筋})\\ 1.4 & (\text{边缘配有直径钢筋 } d\geqslant 12\text{mm 及 } s\leqslant 100\text{mm 箍筋})\end{cases} \tag{14-18}$$

式中　$\psi_{s,v}$——边距比 c_2/c_1 对受剪承载力的影响系数；

$\psi_{h,v}$——边距厚度比 c_1/h 对受剪承载力的影响系数；

$\psi_{\alpha,v}$——剪力与垂直于构件自由边的轴线之间的夹角 α_v（图 14-5）对受剪承载力的影响系数；

$\psi_{e,v}$——荷载偏心对群锚受剪承载力的影响系数；

$\psi_{u,v}$——构件锚固区配筋对受剪承载力的影响系数；

$A_{c,v}/A_{c,v}^0$——锚栓边距、间距等几何效应对受剪承载力的影响系数；

c_2——垂直于 c_1 方向的边距；

h——构件厚度（mm，基材混凝土厚度）；

e_v——剪力对受剪锚栓形心的偏心距（图 14-6）。

当锚栓受剪承载力不受其边距、间距及构件厚度的影响时，其基材混凝土呈半锥体破坏的侧向投影面积基准值 $A_{c,v}^0$，可按下式计算（图 14-7）：

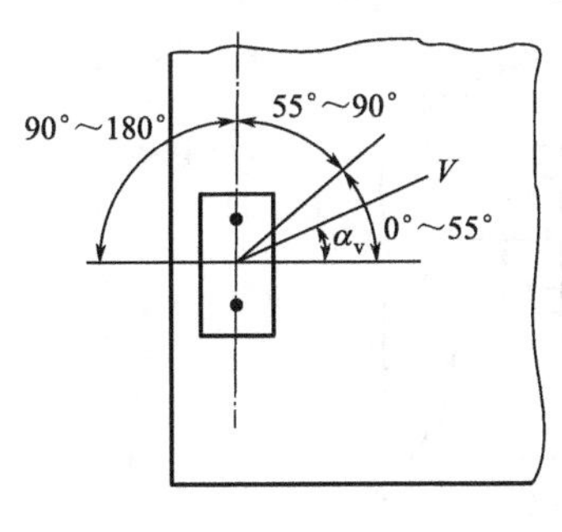

图 14-5　剪切角 α_v

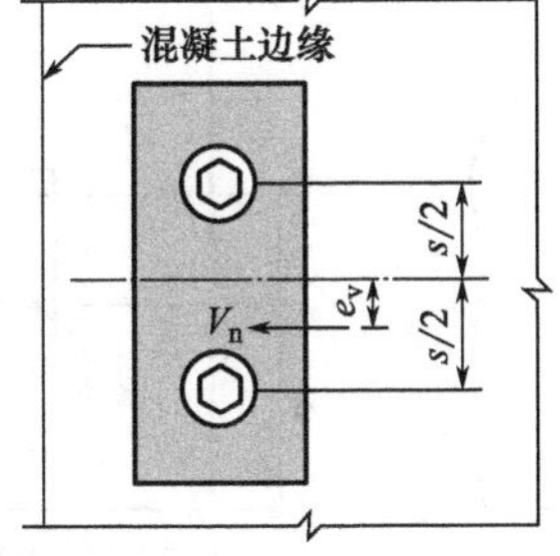

图 14-6　偏心距 e_v 的定义

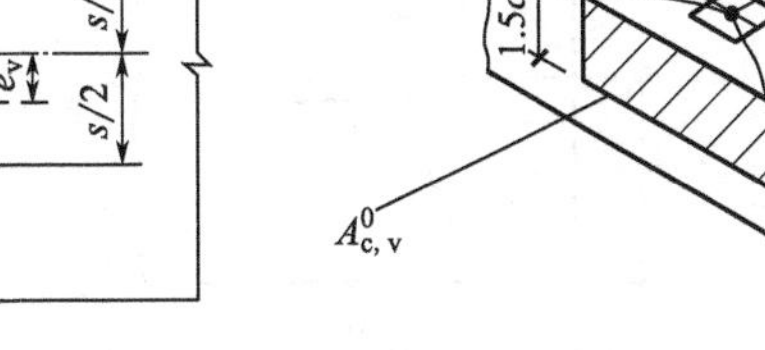

图 14-7　近构件边缘的单锚受剪混凝土楔形投影面积

$$A_{c,v}^0 = 4.5c_1^2 \tag{14-19}$$

当单锚或群锚受剪时，若锚栓间距 $s_2 \geqslant 3c_1$、边距 $c_2 \geqslant 1.5c_1$，且构件厚度 $h \geqslant 1.5c_1$ 时，混凝土破坏锥体的侧向实际投影面积 $A_{c,v}$，可按下式计算：

$$A_{c,v} = nA_{c,v}^0 \tag{14-20}$$

式中 n——参与受剪工作的锚栓个数。

当锚栓间距、边距或构件厚度不满足上述要求时，侧向实际投影面积 $A_{c,v}$ 应按下列公式的计算方法进行确定（图 14-8）。

（1）当 $h>1.5c_1$，$c_2 \leqslant 1.5c_1$ 时：

$$A_{c,v} = 1.5c_1(1.5c_1 + c_2) \tag{14-21}$$

（2）当 $h \leqslant 1.5c_1$，$s_2 \leqslant 3c_1$ 时：

$$A_{c,v} = (3c_1 + s_2)h \tag{14-22}$$

（3）当 $h \leqslant 1.5c_1$，$s_2 \leqslant 3c_1$，$c_2 \leqslant 1.5c_1$ 时：

$$A_{c,v} = (1.5c_1 + s_2 + c_2)h \tag{14-23}$$

（4）当 $h \leqslant 1.5c_1$，$c_2 \leqslant 1.5c_1$ 时：

$$A_{c,v} = h(1.5c_1 + c_2) \tag{14-24}$$

（5）当 $h>1.5c_1$，$s_2 \leqslant 3c_1$ 时：

$$A_{c,v} = (3c_1 + s_2)1.5c_1 \tag{14-25}$$

（6）当 $h>1.5c_1$，$s_2 \leqslant 3c_1$，$c_2 \leqslant 1.5c_1$ 时：

$$A_{c,v} = (1.5c_1 + s_2 + c_2)1.5c_1 \tag{14-26}$$

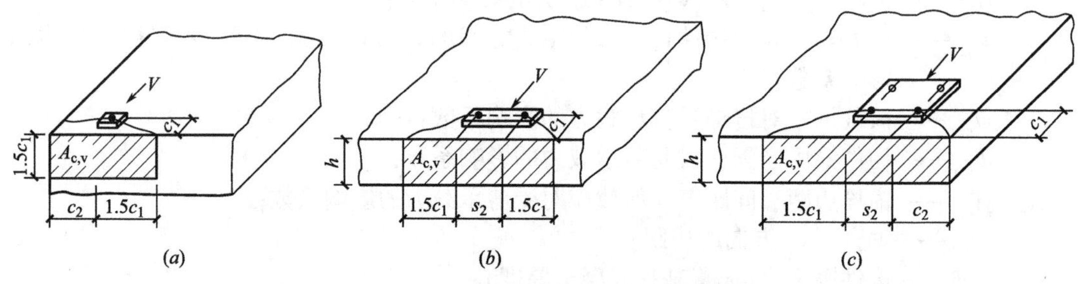

图 14-8 近构件边缘的单锚受剪混凝土楔形投影面积

（a）角部单锚；（b）薄构件边缘双锚；（c）薄构件角部双锚

对基材混凝土角部的锚固，应取两个方向计算承载力的较小值（图 14-9）。

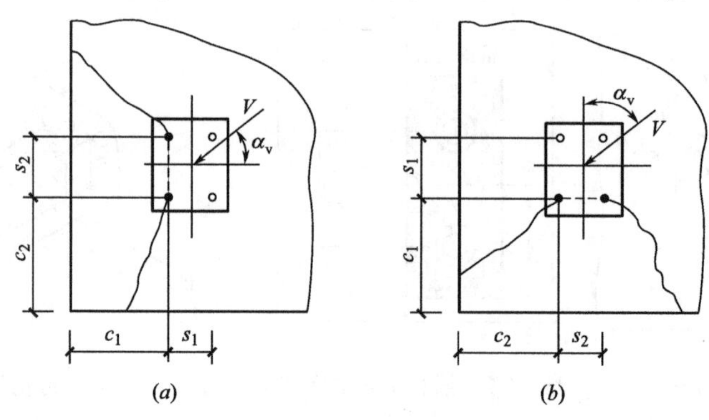

图 14-9 剪力作用下的角部群锚

当锚栓连接承受拉力和剪力复合作用时，混凝土承载力应符合下式的规定：

$$(\beta_N)^\alpha + (\beta_v)^\alpha \leq 1 \tag{14-27}$$

式中 β_N——拉力作用设计值与混凝土抗拉承载力设计值之比；

β_v——剪力作用设计值与混凝土抗剪承载力设计值之比；

α——指数，当两者均受锚栓钢材破坏模式破坏控制时，取 $\alpha=2.0$；当受其他破坏模式控制时，取 $\alpha=1.5$。

对于同时受拉、剪的锚栓，先分别算出单独受拉，单独受剪的情况（可用SCS计算），再按规范公式计算复合受力的承载力。

14.4 构造规定

混凝土构件的最小厚度不应小于 $1.5h_{ef}$，且不应小于100mm。

承重结构用的锚栓，其公称直径不得小于12mm；按构造要求确定的锚固深度 h_{ef} 不应小于60mm，且不应小于混凝土保护层厚度。

在抗震设防区的承重结构中采用锚栓时，其埋深应分别符合表14-3和表14-4的规定。

考虑地震作用后扩底锚栓的埋深规定 **表14-3**

锚栓直径(mm)	12	16	20	24
有效锚固深度 h_{ef}(mm)	≥80	≥100	≥150	≥180

考虑地震作用胶粘型锚栓的埋深规定 **表14-4**

锚栓直径(mm)	12	16	20	24
有效锚固深度 h_{ef}(mm)	≥100	≥125	≥170	≥200

锚栓的最小边距 c_{min}、临界边距 $c_{cr,N}$ 和群锚最小间距 s_{min}、临界间距 $s_{cr,N}$ 应符合表14-5的规定。

锚栓的边距和间距 **表14-5**

c_{min}	$c_{cr,N}$	s_{min}	$s_{cr,N}$
$0.8h_{ef}$	$1.5h_{ef}$	$1.0h_{ef}$	$3.0h_{ef}$

锚栓防腐蚀标准应高于被加固物的防腐蚀要求。

【例14-1】倒锥形单锚栓抗拉承载力算例

文献［2］第201页例题，某倒锥形锚栓安装在裂缝混凝土中，如图14-10所示，螺杆直径M12，螺栓钢材性能等级4.8，有效锚固深度 $h_{ef}=110$mm，混凝土强度等级C30，基材温度25℃，厚度300mm。锚栓安装于中心，无间边距影响。试计算其抗拉承载力设计值。

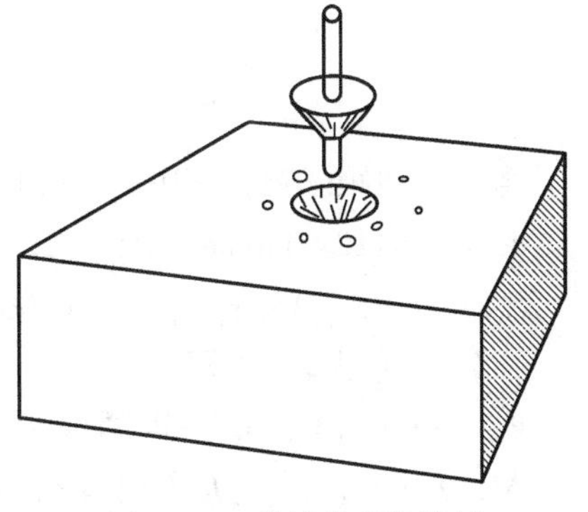

图14-10 单锚栓受拉算例

【解】由公式（14-4）可知，混凝土锥体破坏抗拉承载力设计值：

$$N_t^c = 2.4\psi_b\psi_N\sqrt{f_{cu,k}}h_{ef}^{1.5}$$

由公式（14-5）可知，

$$\psi_N = \psi_{s,h}\psi_{e,N}A_{cN}/A_{c,N}^0$$

因单锚栓、无间边距影响 $A_{c,N}^0 = s_{cr,N}^2$，拉力无偏心 $\psi_{e,N}=1$，$A_{cN}=1\times A_{c,N}^0$

$$\psi_N = \psi_{s,h}\psi_{e,N}A_{cN}/A_{c,N}^0 = 0.95\times1\times1 = 0.95$$

$$N_t^c = 2.4\psi_b\psi_N = \sqrt{f_{cu,k}}h_{ef}^{1.5} = 2.4\times0.9\times0.95\times\sqrt{30}\times110^{1.5} = 12967\text{N}$$

锚栓钢材受拉承载力计算，根据公式（14-1）

$$N_t^a = \psi_{E,t}f_{ud,t}A_s = 1\times250\times76.2 = 19050\text{N}$$

锚栓受拉承载力是取两者的较小值，即 12.967kN。

SCS 软件输入信息和简要输出结果如图 14-11 所示，可见其与手算结果一致。

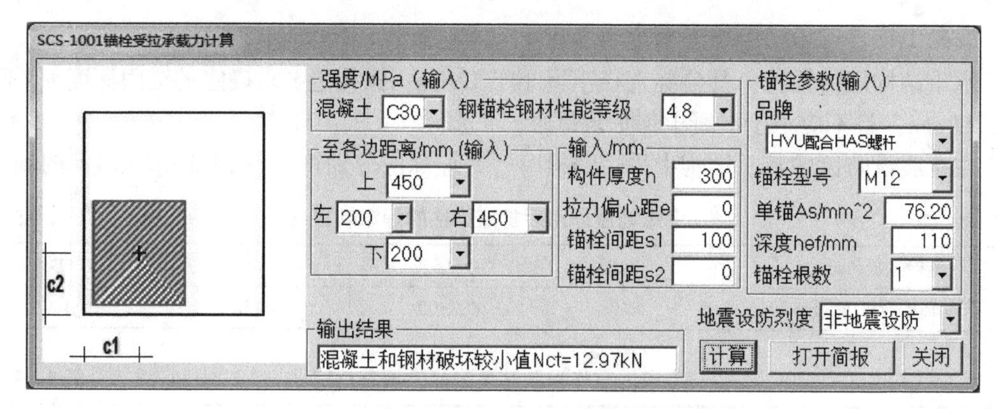

图 14-11　单锚栓受拉承载力

【例 14-2】倒锥形双锚栓抗拉承载力算例 1

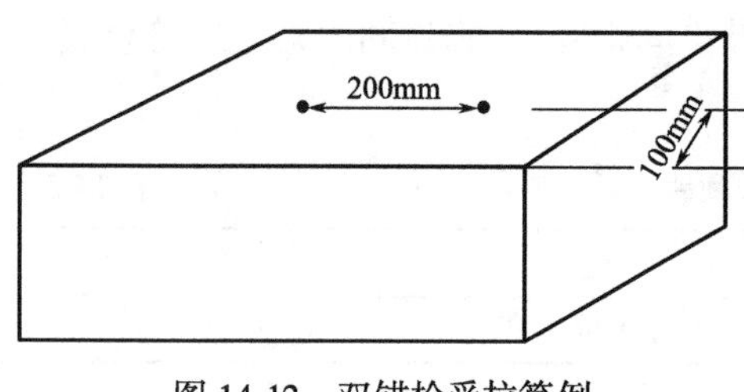

图 14-12　双锚栓受拉算例

某倒锥形锚栓安装在裂缝混凝土中，如图 14-12 所示，螺杆直径 M12，螺栓钢材性能等级 4.8，有效锚固深度 $h_{ef}=110$mm，混凝土强度等级 C30，基材温度 25℃，厚度 300mm。两个锚栓间的距离 200mm，离混凝土构件边缘 100mm。试计算其抗拉承载力设计值。

【解】 由公式（14-4）可知，混凝土锥体破坏抗拉承载力设计值：

$$N_t^c = 2.4\psi_b\psi_N\sqrt{f_{cu,k}}h_{ef}^{1.5}$$

考虑间边距影响，其中 $c_2=100$mm，$s_1=200$mm，$h_{ef}=110$mm

$s_{cr,N}=3\times110=330$mm；$c_{cr,N}=1.5\times110=165$mm，$A_{c,N}^0=s_{cr,N}^2 108900\text{mm}^2$

$A_{cN}=(c_2+c_{cr,N})\times(s_1+s_{cr,N})=(100+165)\times(200+330)=265\times530=140450\text{mm}^2$

由公式（14-5）可知，

$\psi_N=\psi_{s,h}\psi_{e,N}A_{cN}/A_{c,N}^0=0.95\times1\times140450/108900=1.225$

$N_t^c=2.4\psi_b\psi_N\sqrt{f_{cu,k}}h_{ef}^{1.5}=2.4\times0.9\times1.225\times\sqrt{30}\times110^{1.5}=16723\text{N}$

锚栓钢材受拉承载力计算，根据公式（14-1）

$N_t^a=\psi_{E,t}f_{ud,t}A_s=1\times250\times2\times76.2=38100N$

锚栓受拉承载力是取两者较小值，即 16.723kN。

SCS 软件输入信息和简要输出结果如图 14-13 所示，可见其与手算结果一致。

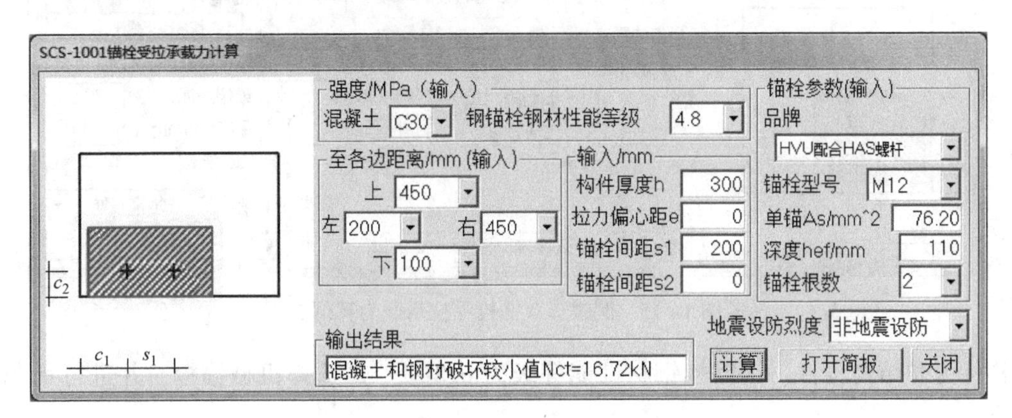

图 14-13　倒锥形双锚栓受拉承载力算例 1

【例 14-3】倒锥形双锚栓抗拉承载力算例 2

文献［2］第 202 页例题，某倒锥形锚栓安装在裂缝混凝土中，如图 14-14 所示，螺杆直径 M12，螺栓钢材性能等级为 4.8，有效锚固深度 $h_{ef}=110$mm，混凝土强度等级 C30，基材温度 25℃，厚度 300mm。两个锚栓间的距离 200mm，离混凝土构件边缘 100mm。试计算其抗拉承载力设计值。

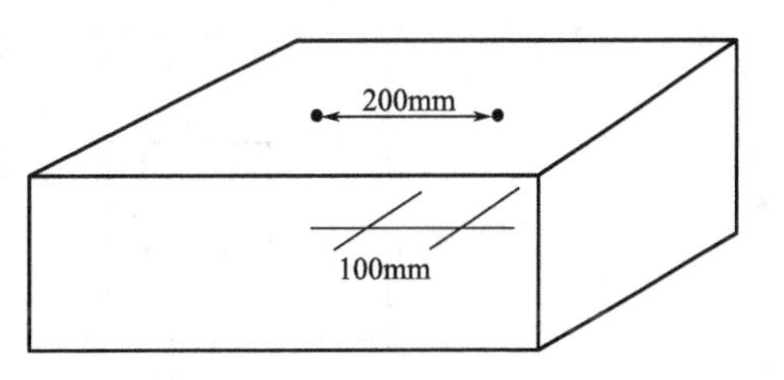

图 14-14　双锚栓受拉算例

【解】 由公式（14-4）可知，混凝土锥体破坏抗拉承载力设计值：

$$N_t^c=2.4\psi_b\psi_N\sqrt{f_{cu,k}}h_{ef}^{1.5}$$

考虑间边距影响，其中 $c_1=100$mm，$s_1=200$mm，$h_{ef}=110$mm

$s_{cr,N}=3\times110=330$mm；$c_{cr,N}=1.5\times110=165$mm，$A_{c,N}^0=s_{cr,N}^2=108900\text{mm}^2$

$A_{cN}=(c_1+s_1+c_{cr,N})S_{cr,N}=(100+200+165)\times330=465\times330=153450\text{mm}^2$

由公式（14-5）可知，

$\psi_N=\psi_{s,h}\psi_{e,N}A_{cN}/A_{c,N}^0=0.95\times1\times153450/108900=1.41$

$N_t^c=2.4\psi_b\psi_N\sqrt{f_{cu,k}}h_{ef}^{1.5}=2.4\times0.9\times1.41\times\sqrt{30}\times110^{1.5}=18271N$

锚栓钢材受拉承载力计算，根据公式（14-1）

$N_t^a=\psi_{E,t}f_{ud,t}A_s=1\times250\times2\times76.2=38100N$

锚栓受拉承载力是取两者的较小值，即 18.271kN。

SCS 软件输入信息和简要输出结果如图 14-15 所示，可见其与手算结果一致。

【例 14-4】无杠杆臂群锚承受剪力

某非生命线工程中的肋形梁跨中，其侧面有一后锚固连接锚栓布置如图 14-16，承受剪切荷载设计值 $V=40$kN，基材为 C20 开裂混凝土，构件边缘配有 $\phi>12$mm 的纵筋。被连

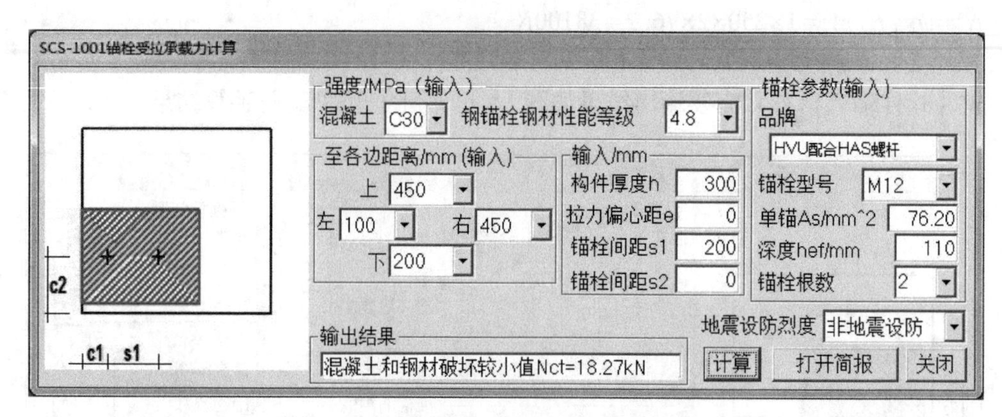

图 14-15　倒锥形双锚栓受拉承载力算例 2

接构件为非结构构件。钢锚栓钢材性能等级为 6.8 级。试选择机械锚栓，并进行承载力验算。

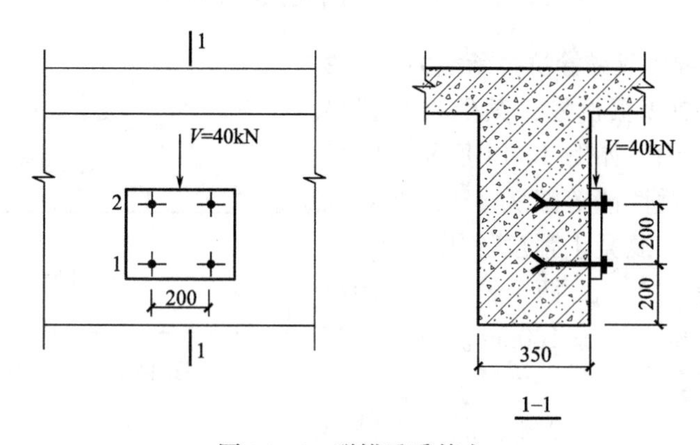

图 14-16　群锚承受剪力

【解】

1）锚栓钢材破坏受剪承载力计算，由公式（14-2*a*）

$V^{a}=\psi_{E,v}f_{ud,v}A_{s}=1.00\times220\times4\times157.0=138160N$

2）群锚构件边缘受剪破坏承载力计算，根据公式（14-12）

$V^{c}=0.18\psi_{v}\sqrt{f_{cu,k}}c_{1}^{1.5}d_{0}^{0.3}h_{ef}^{0.2}$

基材混凝土受剪承载力修正系数 ψ_v 值，应按下列公式计算：

$\psi_{v}=\psi_{s,v}\psi_{h,v}\psi_{\alpha,v}\psi_{e,v}\psi_{u,v}A_{c,v}/A_{c,v}^{0}$

$\psi_{s,v}=0.7+0.2\dfrac{c_{2}}{c_{1}}\leqslant1$，得 $\psi_{s,v}=1$

$\psi_{h,v}=(1.5c_{1}/h)^{1/3}=(1.5\times200/350)^{1/3}\geqslant1$，得 $\psi_{h,v}=1$

$\psi_{\alpha,v}=1$；$\psi_{e,v}=1$（剪力无偏心）；$\psi_{u,v}=1.2$

$A_{c,v}^{0}=4.5c_{1}^{2}=4.5\times200^{2}=180000\text{mm}^{2}$

$A_{c,v}=(3c_{1}+s_{2})\ 1.5c_{1}=(3\times200+200)\times1.5\times200=240000\text{mm}^{2}$

$\psi_{v}=1.00\times1.00\times1.00\times1.00\times1.20\times240000/180000=1.60$

$V^{c}=0.18\times1.60\times\sqrt{20}\times200^{1.5}\times16^{0.3}\times200^{0.2}=24149\text{N}$

SCS 软件输入信息和简要输出结果如图 14-17 所示，可见其与手算结果一致。

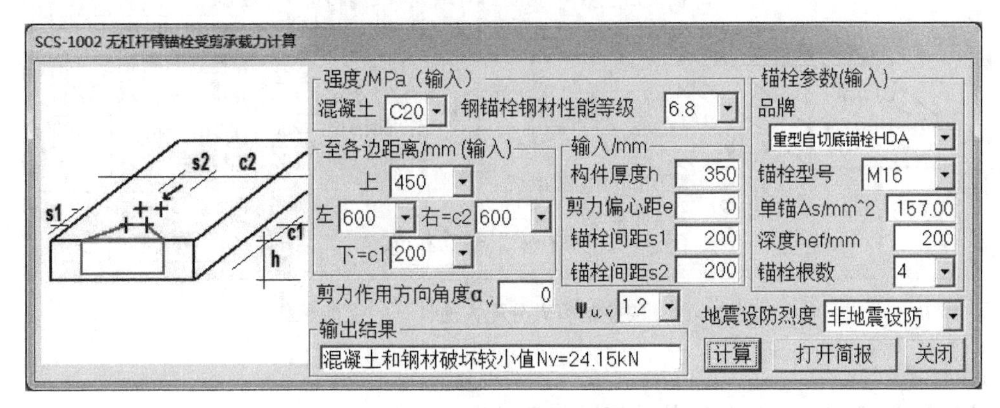

图 14-17　四锚栓受剪承载力计算

锚栓受剪承载力取 V^{a}、V^{c} 两者中的较小值，即 24.15kN<40kN，达不到要求。

采取控制剪力分配的方法（图 14-18）将边缘第一排锚栓在被连接件上的圆形钻孔沿剪切方向的长槽孔，这时边缘第一排锚不考虑承受剪力，全部剪力将由第二排锚栓承受，边距 c_1 将由 200mm 加大为 400mm。

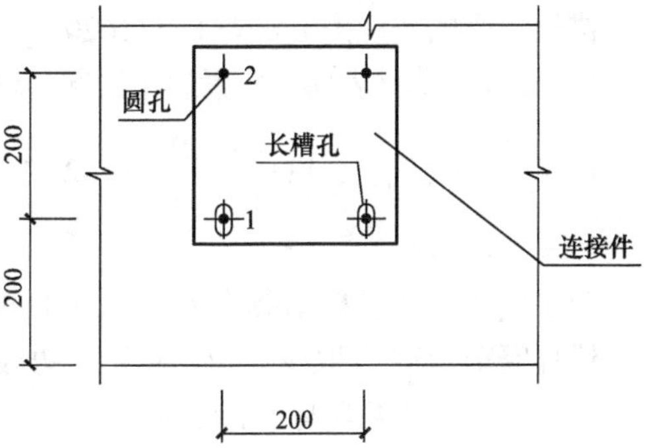

图 14-18　控制剪力分配方法

重新进行边缘受剪混凝土破坏承载力计算：

此时 $h=350\text{mm}<1.5c_1=1.5\times400=600\text{mm}$

$A^{0}_{c,v}=4.5c_1^2=4.5\times400^2=720000\text{mm}^2$

$A_{c,v}=(3c_1+s_2)h=(3\times400+200)\times350=490000\text{mm}^2$

$\psi_{s,v}=1$

$\psi_{h,v}=(1.5c_1/h)^{1/3}=(1.5\times400/350)^{1/3}=1.2$

$\psi_{\alpha,v}=1$；$\psi_{e,v}=1$（剪力无偏心）；$\psi_{u,v}=1.2$

$\psi_{v}=1.00\times1.2\times1.00\times1.00\times1.20\times490000/720000=0.98$

$V^{c}=0.18\times0.98\times\sqrt{20}\times400^{1.5}\times16^{0.3}\times200^{0.2}=41717\text{N}$

此情况的锚栓钢材破坏受剪承载力计算，由公式（14-2）

$V^{a}=\psi_{E,v}f_{ud,v}A_s=1.00\times220\times2\times157.0=69080\text{N}$

锚栓受剪承载力取 V^{a}、V^{c} 两者中的较小值，即 41.72kN>40kN，满足要求。

SCS 软件输入信息和简要输出结果如图 14-19 所示，可见其与手算结果一致。

【例 14-5】有杠杆臂群锚承受剪力

假定将上一例题即【例 14-4】的锚栓换成有杠杆臂的锚栓，基材表面至被固定件厚度一半的距离（图 14-1）为 40mm，且锚栓群（两根锚栓）受到的总拉力为 11.62kN，其他参数与【例 14-4】的相同。试计算在基材表面有或无压紧螺帽情况下，该锚栓群的受剪承

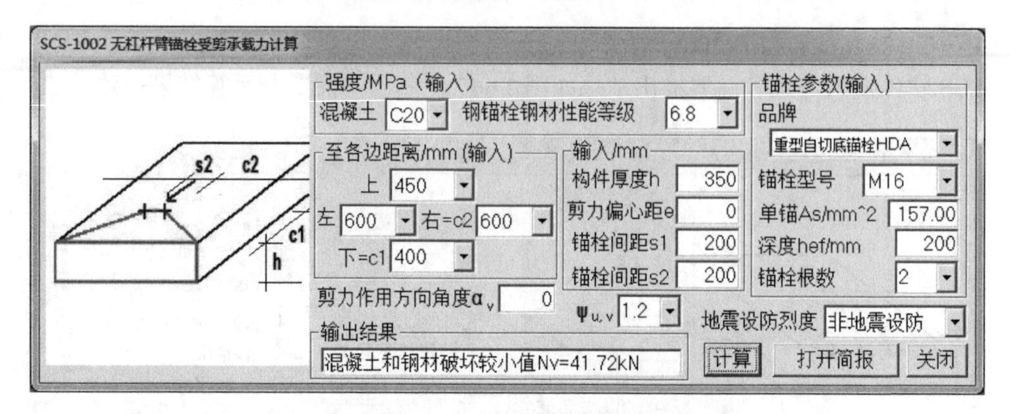

图 14-19 按控制剪力分配方法计算的受剪承载力

载力设计值。

【解】 与【例 14-4】相同的计算过程不再重复。

锚栓截面抵抗矩 $W_{e1}=\dfrac{\pi d^3}{32}=3.1416\times16^3/32=402.125\text{mm}^3$

锚栓承受的拉应力 $\sigma=N/A_s=11620/（2\times157）=37\text{N/mm}^2$

1）锚栓在基材表面无压紧螺帽情况，锚栓钢材破坏受剪承载力计算，由公式（14-2b）

$$V^a=1.2\psi_{E,v}W_{e1}f_{ud,t}\left(1-\frac{\sigma}{f_{ud,t}}\right)\frac{\alpha_m}{l_0}=1.2\times1\times402.125\times370\times（1-37/370）\times1/（40+16/2）$$

$$=3347.7\text{N}$$

两个锚栓的总受剪承载力为 $V^a=2\times3347.7=6695.4\text{N}$

锚栓受剪承载力取 V^a、V^c 两者中的较小值。SCS 软件输入信息和简要输出结果如图 14-20 所示，可见其与手算结果一致。

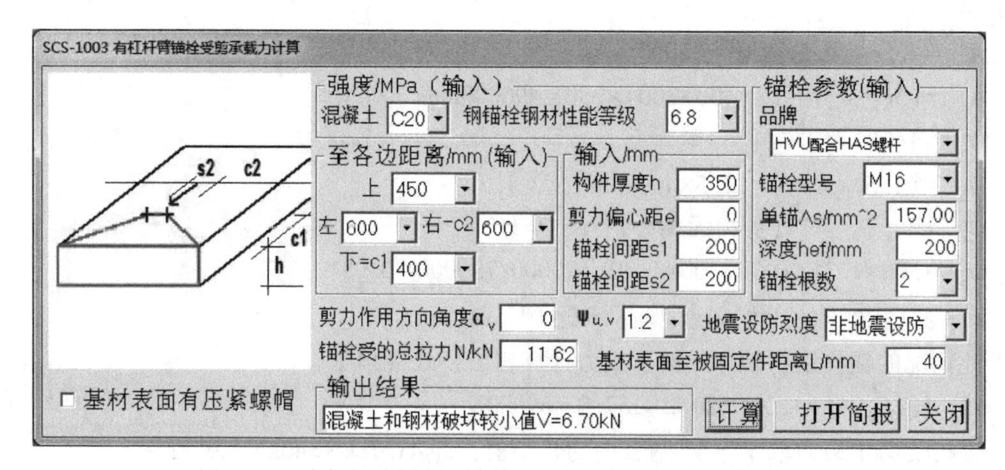

图 14-20 有杠杆臂锚栓在基材表面无压紧螺帽的受剪承载力

2）锚栓在基材表面有压紧螺帽情况，锚栓钢材破坏受剪承载力计算，由公式（14-2b）

$$V^a=1.2\psi_{E,v}W_{e1}f_{ud,t}\left(1-\frac{\sigma}{f_{ud,t}}\right)\frac{\alpha_m}{l_0}=1.2\times1\times402.125\times370\times(1-37/370)\times2/(40)$$

$$=8034.5\text{N}$$

两个锚栓的总受剪承载力为 $V^{a}=2\times8034.5=16069.0\text{N}$

锚栓受剪承载力取 V^{a}、V^{c} 两者中的较小值。SCS 软件输入信息和简要输出结果如图 14-21 所示，可见其与手算结果一致。

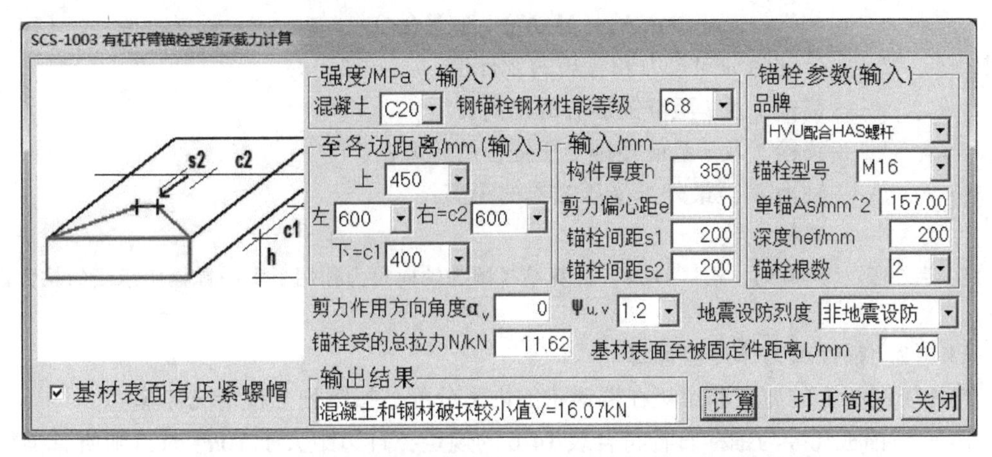

图 14-21　有杠杆臂锚栓在基材表面有压紧螺帽的受剪承载力

14.5　锚栓连接受力分析

本节列出《混凝土结构加固设计规范》附录 F 给出的锚栓连接受力分析方法及软件 SCS 相应功能使用方法。

14.5.1　锚栓拉力作用值计算

锚栓受拉力作用（图 14-22、图 14-23）时，其受力分析应符合下列基本假定：

（1）锚板具有足够的刚度，其弯曲变形可忽略不计；

（2）同一锚板的各锚栓，具有相同的刚度和弹性模量；其所承受的拉力，可按弹性分析方法确定；

（3）处于锚板受压区的锚栓不承受压力，该压力直接由锚板下的混凝土承担。

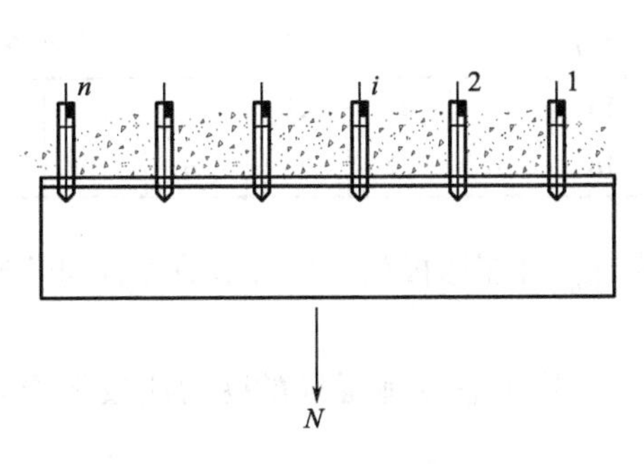

图 14-22　轴向拉力作用

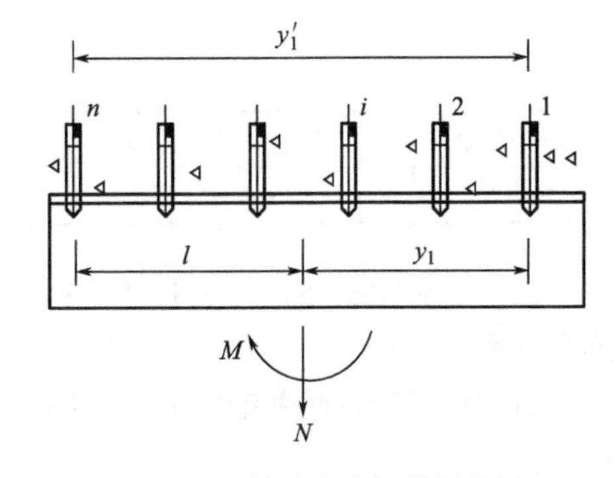

图 14-23　拉力和弯矩共同作用

在轴向拉力和外力矩共同作用下，应按下列公式计算确定锚板中受力最大锚栓的拉力设计值 N_{h}：

（1）当 $N/n-My_1/\sum y_i^2\geqslant 0$ 时

$$N_h=N/n+(My_1/\sum y_i^2) \tag{14-28}$$

（2）当 $N/n-My_1/\sum y_i^2<0$ 时

$$N_h\ (M+Nl)\ y_1'/\sum(y_i')^2 \tag{14-29}$$

式中　N、M——分别为轴向拉力和弯矩的设计值；

y_1、y_i——锚栓 1 及 i 至群锚形心的距离；

y_1'、y_i'——锚栓 1 及 i 至最外排受压锚栓的距离；

l——轴力 N 至最外排受压锚栓的距离；

n——锚栓个数。

注：当外弯矩 $M=0$ 时，式（14-28）计算结果即为轴向拉力作用下每一锚栓所承受的拉力设计值 N_i。

14.5.2　锚栓剪力作用值计算

作用于锚板上的剪力和扭矩在群锚中的内力分配，按下列三种情况计算：

（1）当锚板孔径与锚栓直径符合表 14-6 的规定，且边距大于 $10h_{ef}$ 时，则所有锚栓均匀承受剪力（图 14-24）；

（2）当边距小于 $10h_{ef}$ 时（图 14-25a）或锚板孔径大于表 14-6 的规定值（图 14-25b），则只有部分锚栓承受剪力；

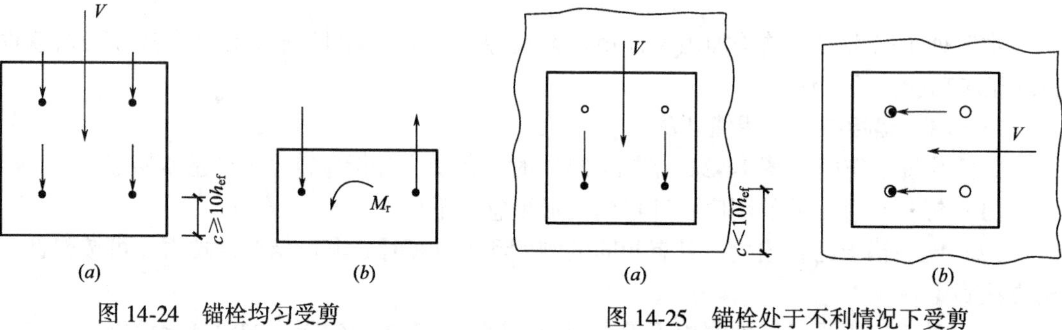

图 14-24　锚栓均匀受剪

图 14-25　锚栓处于不利情况下受剪
（a）边距过小；（b）锚板孔径过大

锚板孔径（mm）　　　　**表 14-6**

锚栓公称直径 d_0	6	8	10	12	14	16	18	20	22	24	27	30
锚板孔径 d_f	7	9	12	14	16	18	20	22	24	26	30	33

（3）为使靠近混凝土构件边缘锚栓不承受剪力，可在锚板相应位置沿剪力方向开椭圆形孔（图 14-26）。

剪切荷载通过受剪锚栓形心（图 14-27）时，群锚中各受剪锚栓的受力应按下列公式确定：

$$V_i^V=\sqrt{(V_{ix}^V)^2+(V_{iy}^V)^2} \tag{14-30}$$

$$V_{ix}^V=V_x/n_x \tag{14-31}$$

$$V_{iy}^V=V_y/n_y \tag{14-32}$$

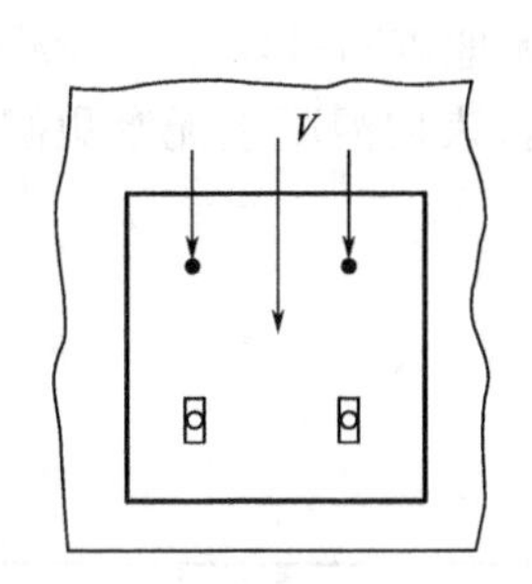

图 14-26　控制剪力分配方法

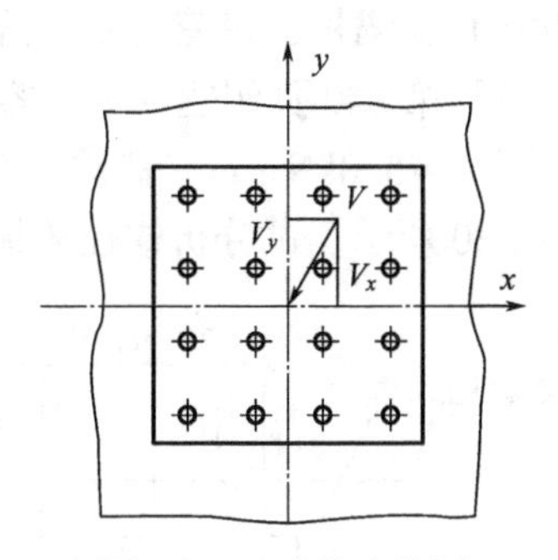

图 14-27　受剪力作用

式中　V_{ix}^{V}、V_{iy}^{V}——分别为锚栓 i 在 x 和 y 方向的剪力分量；

V_{i}^{V}——剪力设计值 V 作用下锚栓 i 的组合剪力设计值；

V_x、n_x——剪力设计值 V 的 x 分量及 x 方向参与受剪力的锚栓数目；

V_y、n_y——剪力设计值 V 的 y 分量及 y 方向参与受剪力的锚栓数目。

群锚在扭矩 T（图 14-28）作用下，各受剪锚栓的受力应按下列公式确定：

$$V_{i}^{T}=\sqrt{(V_{ix}^{T})^{2}+(V_{iy}^{T})^{2}} \tag{14-33}$$

$$V_{ix}^{T}=\frac{Ty_i}{\sum x_i^2+\sum y_i^2} \tag{14-34}$$

$$V_{iy}^{T}=\frac{Tx_i}{\sum x_i^2+\sum y_i^2} \tag{14-35}$$

式中　T——外扭矩设计值；

V_{ix}^{T}、V_{iy}^{T}——T 作用下锚栓 i 所受剪力的 x 分量和 y 分量；

V_{i}^{T}——T 作用下锚栓 i 的剪力设计值；

x_i、y_i——锚栓 i 至以群锚形心为原点的坐标距离。

群锚在剪力和扭矩（图 14-29）共同作用下，各受剪锚栓的受力应按下式确定：

$$V_{i}^{g}=\sqrt{(V_{ix}^{V}+V_{ix}^{T})^{2}+(V_{iy}^{V}+V_{iy}^{T})^{2}} \tag{14-36}$$

式中　V_{i}^{g}——群锚中锚栓所受组合剪力设计值。

软件 SCS 计算中对剪切内力正负约定为，竖向向下为正，水平向以向右为正。

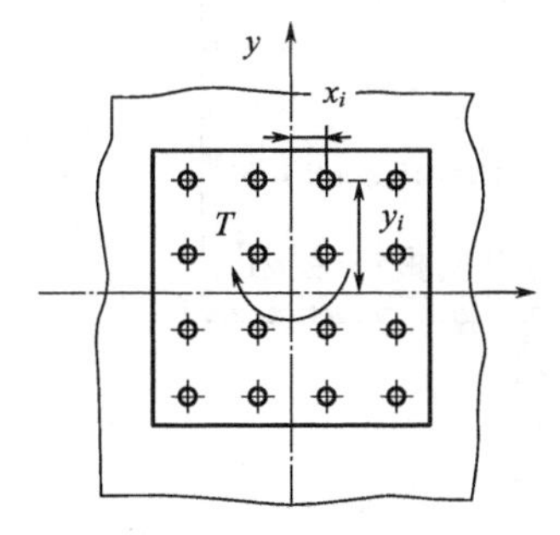

图 14-28　受扭矩作用

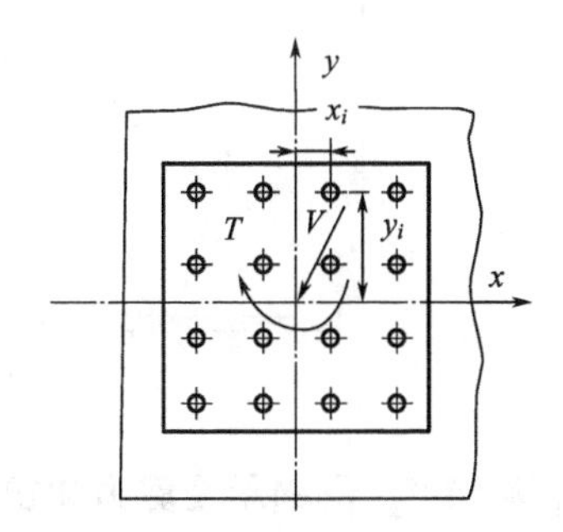

图 14-29　剪力与扭矩共同作用

【例 14-6】群锚拉、弯复合受力分析

文献［3］第 840 页例题部分内容，某后锚固连接的无地震时基本组合荷载效应设计值 $N=22\text{kN}$，$M=5.0\text{kN}\cdot\text{m}$。基材为 C35 开裂混凝土，构件表层混凝土无密集配筋。锚栓布置如图 14-30 所示。试分析锚栓的最大受力。

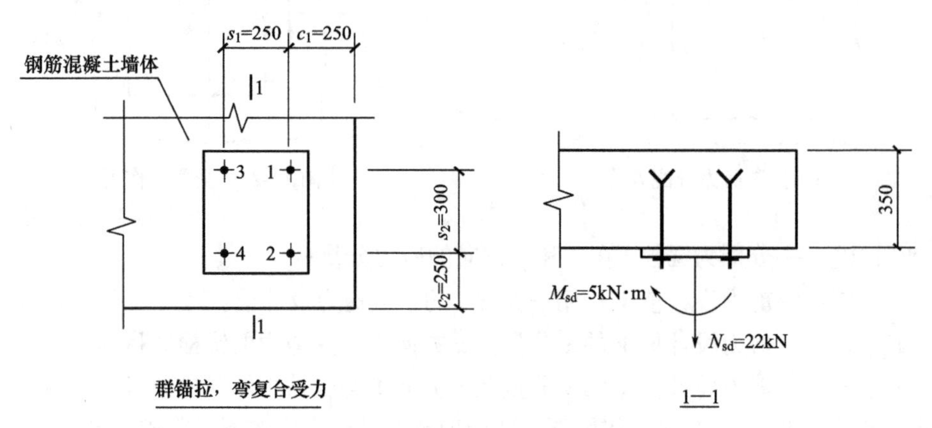

图 14-30　拉力和弯矩共同作用例

【解】 无地震组合，由判别式

$$N/n-My_1/\sum y_i^2=\frac{22}{4}-\frac{5.0\times1000\times125}{4\times125^2}=-4.5<0$$

1、2 号锚栓位于受拉区，由式（14-29）其拉力设计值：

$$N_{\text{h}}=(M+Nl)y_1'/\sum(y_i')^2=(22\times125+5000)\times\frac{250}{4\times250^2}=15.5\text{kN}$$

SCS 软件输入信息和最终计算结果如图 14-31 所示，可见其与手算结果相同。

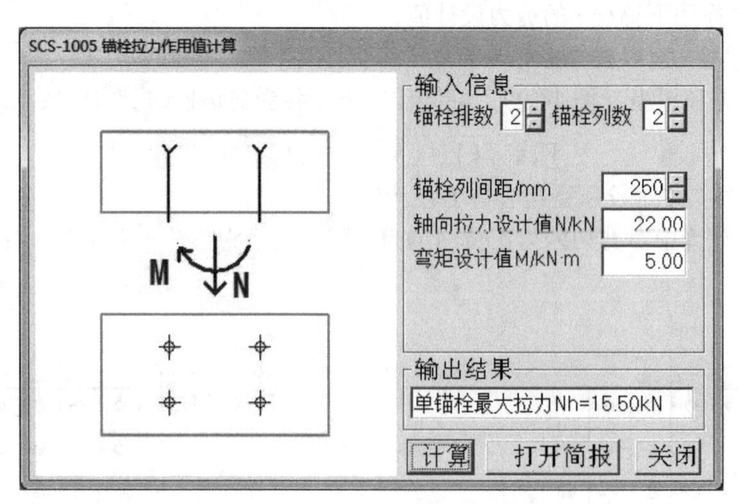

图 14-31　拉力和弯矩共同作用

【例 14-7】群锚承受剪力和扭矩分析

文献［3］第 846 页例题部分内容，某梁后锚固连接，群锚受剪力和扭矩共同作用，扭矩设计值 $T=15\text{kN}\cdot\text{m}$，剪力设计值 $V_{\text{y}}=18\text{kN}$。基材为 C40 开裂混凝土，构件边缘配有

>ϕ 12mm 的直筋，箍筋间距为 100mm。被连接构件为非结构构件。锚栓布置如图 14-32 所示。试分析锚栓的最大受力。

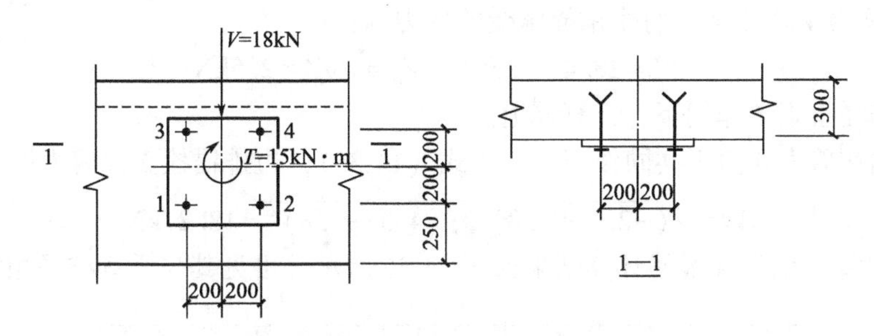

图 14-32　梁跨中群锚受剪扭

【解】

1）外剪力引起的锚栓剪力

群锚在剪力 V 作用下，考虑构件边缘受剪（$c<h_{ef}$），由靠近构件边缘的一排锚栓承受全部剪力，每个锚栓承受的剪力为：

$$V_{iy}^{V}=18/2=9\text{kN};\ V_{ix}^{V}=0$$

2）群锚在扭矩 T 作用下，锚栓剪力按公式（14-33）~式（14-35）计算。

$$\sum x_i^2+\sum y_i^2=4\times200^2+4\times200^2=320000\text{mm}^2$$

$$V_{ix}^{T}=15000\times200/320000=9.38\text{kN};\ V_{iy}^{T}=9.38\text{kN}$$

3）群锚在剪力和扭矩共同作用下剪力分量方向如图 14-33 所示，由式（14-36），边排锚栓 2 的剪力设计值为：

$$V_2^{g}=\sqrt{(0-9.38)^2+(9+9.38)^2}=20.64\text{kN}$$

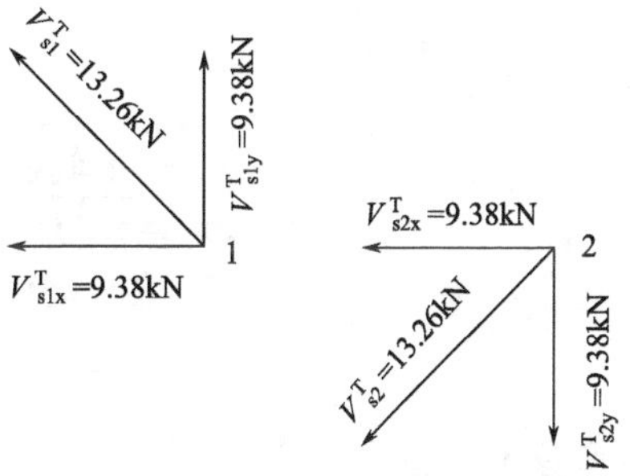

图 14-33　下边缘锚栓承受剪力的方向

SCS 软件输入信息和最终计算结果如图 14-34 所示，可见其与手算结果相同。

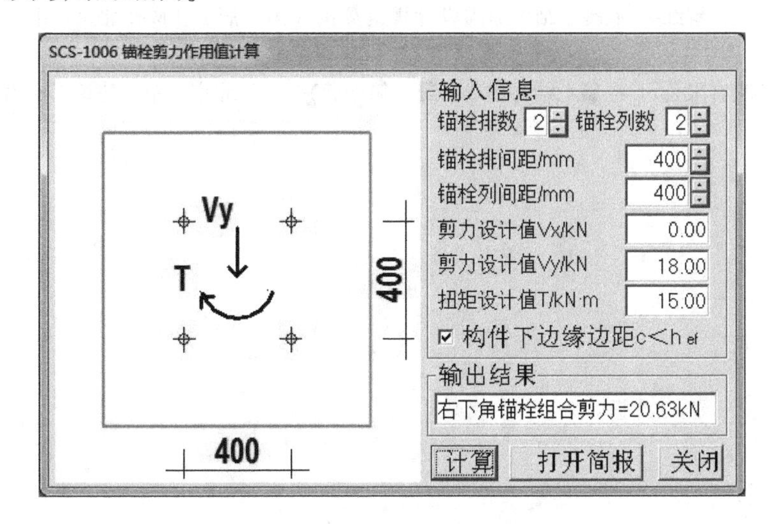

图 14-34　竖向剪力和扭矩共同作用

如果本题边距 $c>h_{ef}$，且同时还受到水平剪力 $V_x=10\text{kN}$（向左）作用，则计算如下：

1）外剪力引起的锚栓剪力

群锚在剪力 V 作用下，每个锚栓承受的剪力为：

$$V_{iy}^{V}=18/4=4.5\text{kN};\ V_{ix}^{V}=10/4=2.5\text{kN}$$

2）群锚在扭矩 T 作用下，计算同上。

3）群锚在剪力和扭矩共同作用下，由式（14-36），边排锚栓 2 的剪力设计值为：

$$V_2^{g}=\sqrt{(-2.5-9.38)^2+(4.5+9.38)^2}=18.27\text{kN}$$

SCS 软件输入信息和最终计算结果如图 14-35 所示，可见其与手算结果相同。

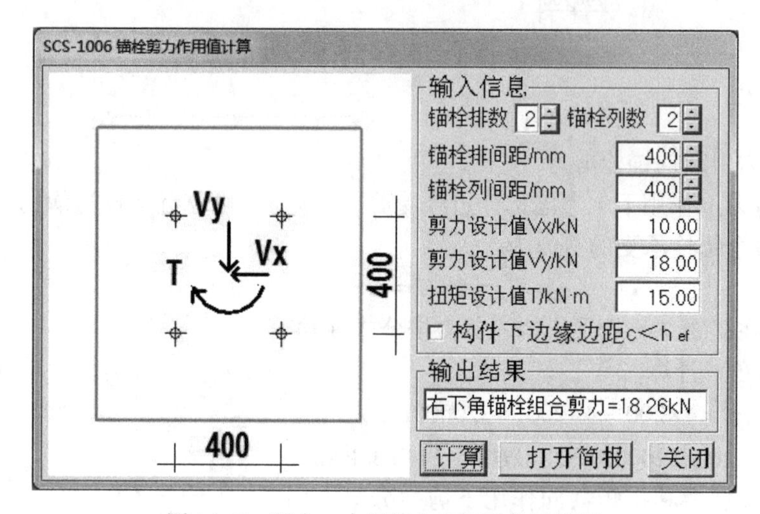

图 14-35　竖向、水平剪力和扭矩共同作用

本章参考文献

[1] 中华人民共和国国家标准. 混凝土结构加固设计规范 GB 50367—2013 [S]. 北京：中国建筑工业出版社，2013.

[2] 卜良桃，梁爽，黎红兵. 混凝土结构加固设计规范算例（第 2 版）[M]. 北京：中国建筑工业出版社，2015.

[3] 中国有色工程有限公司. 混凝土结构构造手册（第四版）[M]. 北京：中国建筑工业出版社，2013.

第15章 预应力高强钢丝绳加固混凝土结构构件

采用预应力高强钢丝绳（PSWR法）加固混凝土结构构件的设计、施工及验收，应符合《预应力高强钢丝绳加固混凝土结构技术规程》JGJ/T 325—2014[1] 的规定，尚应符合国家现行有关标准的规定。

15.1 一般规定

预应力高强钢丝绳加固混凝土结构构件时，宜采取下列方式：

（1）在梁、板构件的受拉区施加预应力受弯加固，且将锚具固定在弯矩较小的区域；

（2）采用封闭式缠绕、U形、L形和I形对梁进行受剪加固；

（3）采用封闭式缠绕对柱进行受压或抗震加固，高强钢丝绳缠绕方向宜与柱轴向垂直。

受弯加固和受剪加固时，被加固混凝土结构构件的实际混凝土强度等级不应低于C15。

采用高强钢丝绳加固混凝土结构构件时，应按现行国家标准《混凝土结构设计规范》GB 50010进行承载力极限状态计算和正常使用极限状态验算。钢筋和混凝土材料强度设计值应根据检测得到的实际强度推算。

预应力高强钢丝绳的自由长度超过10m时，应设置定（限）位装置。

预应力高强钢丝绳张拉时，应采用应力、伸长量双重控制。拉力偏差应在±100N范围内，伸长量偏差应在±0.5mm范围内。

预应力高强钢丝绳曲线布置时，曲率半径不应小于4m。

当被加固构件有防火要求时，应采取防护措施，并应符合现行国家标准《建筑防火设计规范》GB 50016的规定。

预应力高强钢丝绳的保护层厚度应从钢丝绳外表面算起，并应根据现行国家标准《混凝土结构设计规范》GB 50010规定的环境类别，分别符合下列规定：

（1）一类环境，不应小于20mm；

（2）二a类以上环境，不应小于30mm。

高强钢丝绳计算截面面积可按表15-1取值[1]。

高强钢丝绳计算截面面积　　表15-1

种类	1×19					
钢丝绳公称直径(mm)	3.0	4.5	5.0	5.5	6.0	7.0
钢丝直径(mm)	0.6	0.9	1.0	1.1	1.2	1.4
计算截面面积(mm^2)	5.370	12.08	14.92	18.06	21.49	29.25

15.2 受弯加固设计

预应力高强钢丝绳受弯加固梁、板构件，承载力计算除应符合现行国家标准《混凝土结构设计规范》GB 50010 对受弯构件正截面承载力计算的基本假定外，尚应符合下列规定（图 15-1）：

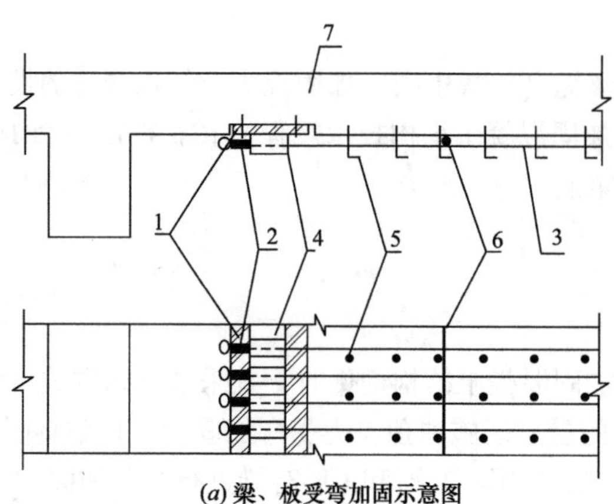

(a) 梁、板受弯加固示意图

1—锚板；2—锚头；3—预应力高强钢丝绳；4—锚具；5—植筋；6—圆钢棒；7—待加固梁、板

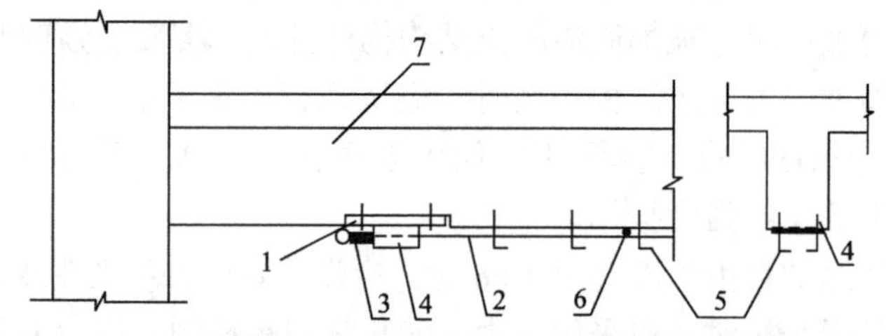

(b) 梁受弯加固示意图(预应力高强钢丝绳布置形式一)

1—锚板；2—预应力高强钢丝绳；3—锚头；4—锚具；5—植筋；6—圆钢棒；7—待加固梁

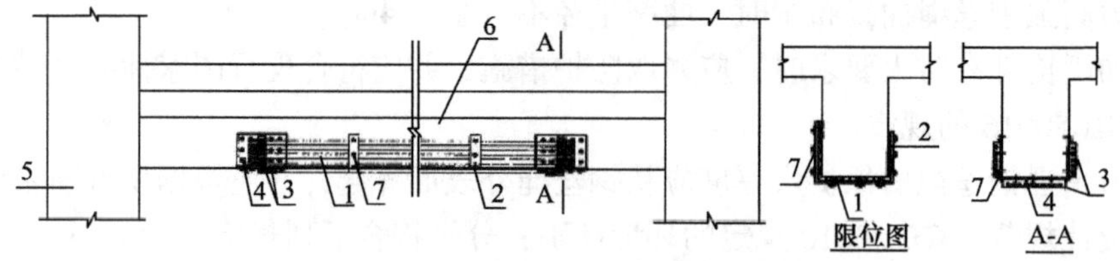

(c) 梁受弯加固示意图(预应力高强钢丝绳布置形式二)

1—钢丝绳；2—限位装置；3—锚具；4—锚板；5—混凝土结构柱；6—待加固梁；7—锚栓

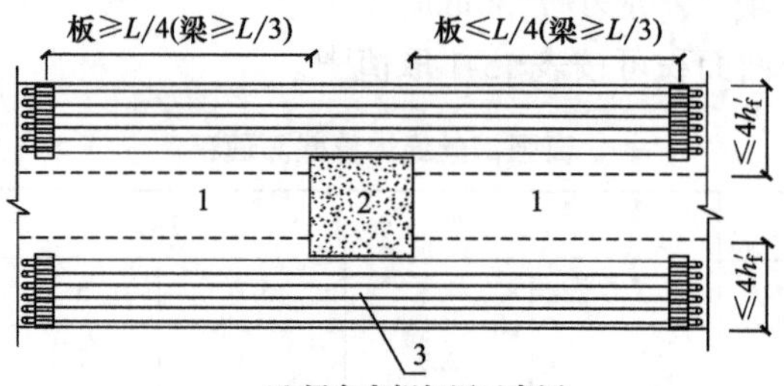

(d) 梁负弯矩加固示意图

1—混凝土梁；2—混凝土柱；3—预应力高强钢丝绳

图 15-1 梁、板构件受弯加固

（1）预应力高强钢丝绳应与钢筋、混凝土变形协调；

（2）应验算构件的受剪承载力，且受剪破坏不得先于受弯破坏发生；

（3）加固后受弯承载力的提高幅度不宜超过 60%。

梁侧面布置预应力高强钢丝绳受弯加固时，钢丝绳布置高度不应超过梁截面高度的 1/4（图 15-1c）。

预应力高强钢丝绳对梁、板负弯矩区受弯加固时，锚具位置应设在正弯矩区，加固范围应自支座边缘起计算，且对于板，加固范围不应小于 1/4 跨度；对于梁，加固范围不应小于 1/3 跨度。钢丝绳需绕过柱时，宜在梁两侧的 4 倍板厚（h'_f）范围内布置（图 15-1d）。

受弯构件加固后相对界限受压区高度（$\xi_{b,r}$）应符合下列规定：

（1）对于重要构件，$\xi_{b,r}$ 应采用加固前控制值（ξ_b）的 0.90 倍；

（2）对于一般构件，$\xi_{b,r}$ 应采用加固前控制值（ξ_b）的 0.95 倍。

对矩形、T 形或 I 形截面构件受弯加固时，其正截面受弯承载力计算应符合下列规定（图 15-2）：

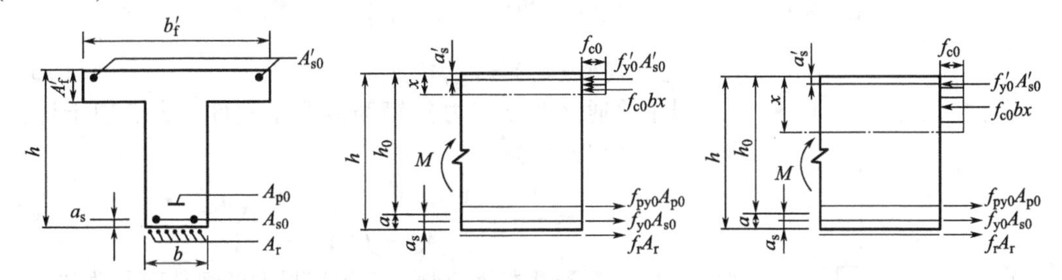

图 15-2　矩形、T 形截面受弯构件正截面受弯承载力计算图

（1）矩形截面或中性轴位于 T 形或 I 形截面翼缘内（$x \leqslant h'_f$）时，正截面承载力应按下列公式确定：

$$\alpha_1 f_{c0} b'_f x + f'_{y0} A'_{s0} = f_{y0} A_{s0} + f_{py0} A_{p0} + f_r A_r \tag{15-1}$$

$$M \leqslant \alpha_1 f_{c0} b'_f x \left(h_0 - \frac{x}{2}\right) + f'_{y0} A'_{s0} (h_0 - a'_s) \tag{15-2}$$

（2）T 形或 I 形截面且中性轴位于腹板内（$x > h'_f$）时，正截面承载力应按下列公式确定：

$$\alpha_1 f_{c0} (b'_f - b) h'_f + \alpha_1 f_{c0} b x + f'_{y0} A'_{s0} = f_{y0} A_{s0} + f_{py0} A_{p0} + f_r A_r \tag{15-3}$$

$$M \leqslant \alpha_1 f_{c0} b x \left(h_0 - \frac{x}{2}\right) + \alpha_1 f_{c0} (b'_f - b) h'_f \left(h_0 - \frac{h'_f}{2}\right) + f'_{y0} A'_{s0} (h_0 - a'_s) \tag{15-4}$$

$$h_0 = h - a \tag{15-5}$$

$$a = \frac{f_{y0} A_{s0} a_s + f_{py0} A_{p0} a_p + f_r A_r a_r}{f_{y0} A_{s0} + f_{py0} A_{p0} + f_r A_r} \tag{15-6}$$

式中　M——加固后弯矩组合设计值；

h_0——截面有效高度；

a_p、a_r——受拉区原预应力筋合力点、预应力高强钢丝绳合力点至截面受拉边缘的距离，对于钢丝绳布置于梁底时，$a_r=0$；对于钢丝绳布置于梁侧时，按实际取值；

a_s、a'_s——受拉区、受压区原混凝土普通钢筋的合力作用点至受拉区、受压区边缘的距离；

a——受拉区原普通钢筋、原预应力筋及预应力高强钢丝绳合力作用点至受拉区边缘的距离；

f_{y0}、f_{py0}——受拉区原有普通钢筋、预应力钢筋抗拉强度设计值；

A_{s0}、A_{p0}——受拉区原有普通钢筋、预应力钢筋截面面积；

f_r、A_r——高强钢丝绳抗拉强度设计值、截面面积。

以上公式未知数过多，适用于截面复核。对于钢丝绳布置于梁底的情况，可参照梁底粘钢板法进行截面设计。模仿《混凝土结构加固设计规范》GB 50367—2013 式（9.2.3）列出方程如下：

（1）矩形截面或中性轴位于T形或I形截面翼缘内（$x \leqslant h'_f$）时，正截面承载力应按下列公式确定：

$$M \leqslant \alpha_1 f_{c0} b'_f x\left(h - \frac{x}{2}\right) + f'_{y0}A'_{s0}(h - a'_s) + f_{py0}A_{p0}(h - a_p) - f_{y0}A_{s0}a_s \tag{15-7}$$

（2）T形或I形截面且中性轴位于腹板内（$x>h'_f$）时，正截面承载力应按下列公式确定：

$$M \leqslant \alpha_1 f_{c0} bx\left(h - \frac{x}{2}\right) + \alpha_1 f_{c0}(b'_f - b)h'_f\left(h - \frac{h'_f}{2}\right) + f'_{y0}A'_{s0}(h - a'_s) + f_{py0}A_{p0}(h - a_p) - f'_{y0}A'_{s0}a_s \tag{15-8}$$

对于普通（非预应力）钢筋混凝土构件，为了便于计算，将式（15-6）改写为：

$$a = \frac{f_{y0}A_{s0}a_0 + f_r(A_{rc}a_c + A_{rd}a_d)}{f_{y0}A_{s0} + f_r(A_{rc} + A_{rd})} \tag{15-9}$$

式中 A_{rc}——配置在梁两侧下部的高强钢丝绳截面积总和；

A_{rd}——配置在梁底的高强钢丝绳截面积总和；

a_c、a_d——配置在梁两侧下部的高强钢丝绳合力点、配置在梁底的高强钢丝绳合力点至截面受拉边缘的距离，如前所述 $a_d=0$。

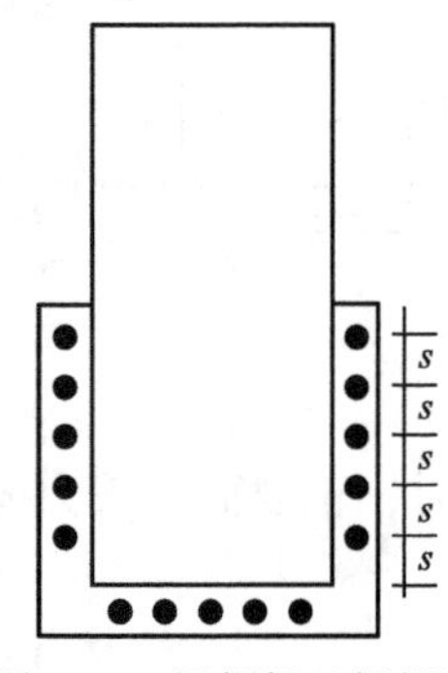

图 15-3 梁侧钢丝绳根数与它们合力高度

对于 a_c 的计算见图 15-3，显然其与梁侧钢丝绳根数相关，关系如表 15-2 所示。

梁侧钢丝绳根数与它们合力高度 a_c 关系 **表 15-2**

梁侧钢丝绳根数	1	2	3	4	5
a_c	s	$1.5s$	$2s$	$2.5s$	$3s$

【例 15-1】梁底 PSWR 法加固钢筋混凝土第一类 T 形梁设计算例

原T形截面梁见本书例题【6-3】，截面尺寸为 $b \times h = 250\text{mm} \times 500\text{mm}$，$b'_f = 800\text{mm}$，$h'_f = 80\text{mm}$，受拉钢筋 3Φ22（$A_s = 1140\text{mm}^2$，配筋率 0.98%），混凝土强度等级为 C20，环境类别一类，$a_s = 35\text{mm}$。梁的抗剪能力满足要求，仅需进行抗弯加固。要求梁抗弯承载力提高 40%，采用抗拉强度标准值为 1650MPa 的钢丝绳。

【解】

原梁承载力计算见本书例题【6-3】，$M_{u0} = 151.4\text{kN} \cdot \text{m}$

加固设计，钢丝绳抗拉强度设计值为 $1650/\gamma_r = 1650/1.47 = 1122\text{MPa}$，

$M = 1.4 \times 151.4 = 211.99\text{kN} \cdot \text{m}$

由式（15-7）得

$$x=h\left(1-\sqrt{1-2\times\frac{M+f_{y0}A_{s0}a_s-f'_{y0}A'_{s0}(h-a'_s)}{\alpha_1 f_{c0}b'_f h^2}}\right)$$

$$=500\times\left(1-\sqrt{1-2\times\frac{211.99\times10^6+300\times1140\times35-300\times0\times(500-35)}{1\times9.6\times800\times500^2}}\right)$$

$$=62.2\text{mm}$$

属于第一类 T 形截面，由式（15-1）

$$A_r=\frac{\alpha_1 f_{c0}b'_f x-f_{y0}A_{s0}+f'_{y0}A'_{s0}}{f_r}=\frac{1\times9.6\times800\times62.2-300\times1140+0}{1122}$$

$$=120.8\text{mm}^2$$

SCS 软件计算对话框输入信息和最终计算结果如图 15-4 所示，可见其与手算结果相同。

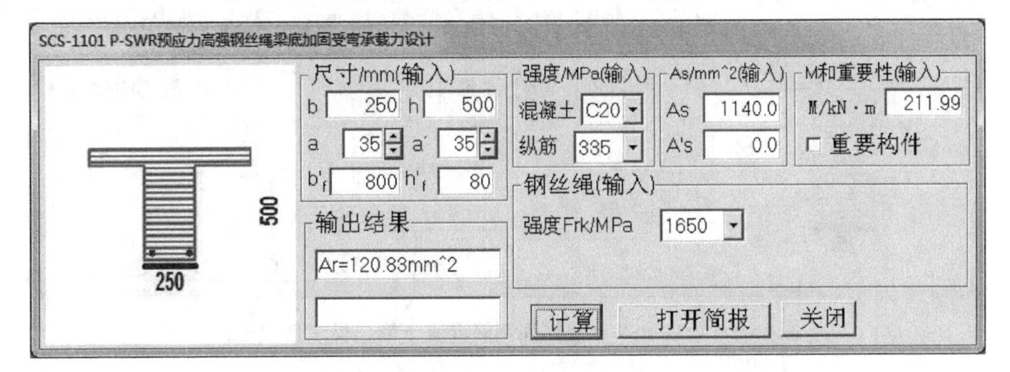

图 15-4　梁底 PSWR 法加固钢筋混凝土第一类 T 形梁设计

【例 15-2】梁底 PSWR 法加固钢筋混凝土第二类 T 形梁设计算例

原 T 形截面见梁本书例题【8-3】，截面尺寸为 $b\times h=250\text{mm}\times600\text{mm}$，$b'_f=600\text{mm}$，$h'_f=100\text{mm}$，受拉钢筋 2Φ25+2Φ22（$A_s=1742\text{mm}^2$），混凝土强度等级为 C20，环境类别一类，$a_s=35\text{mm}$。梁的抗剪能力满足要求，仅需进行抗弯加固。要求承担弯矩设计值 330kN·m，采用抗拉强度标准值为 1770MPa 的钢丝绳。

【解】

原梁承载力计算见本书例题【8-3】，$M_{u0}=271.6\text{kN}\cdot\text{m}$

加固设计，钢丝绳抗拉强度设计值为 $1770/\gamma_r=1770/1.47=1204\text{MPa}$，由式（15-7）得

$$x=h\left(1-\sqrt{1-2\times\frac{M+f_{y0}A_{s0}a_s-f'_{y0}A'_{s0}(h-a'_s)}{\alpha_1 f_{c0}b'_f h^2}}\right)$$

$$=600\times\left(1-\sqrt{1-2\times\frac{300\times10^6+300\times1742-0}{1\times9.6\times600\times600^2}}\right)=111.1\text{mm}$$

$x>h'_f$，须重新计算 x，由式（15-4）得

$$x=h\left(1-\sqrt{1-\frac{2[M+f_{y0}A_{s0}a_s-\alpha_1 f_{c0}(b'_f-b)h'_f(h-h'_f/2)-f'_{y0}A'_{s0}(h-a'_s)}{\alpha_1 f_{c0}bh^2}}\right)$$

$$=600\times\left(1-\sqrt{1-\frac{2[330\times10^6+300\times1742\times35-1\times9.6\times(600-250)\times100\times(600-100/2)-0]}{1\times9.6\times250\times600^2}}\right)$$

$=127.0\text{mm}$

属于第二类T形截面，由式(15-3)

$$A_r=\frac{\alpha_1 f_{c0}(b'_f-b)h'_f+\alpha_1 f_{c0}bx-f_{y0}A_{s0}+f'_{y0}A'_{s0}}{f_r}$$

$$=\frac{1\times9.6\times(600-250)\times100+1\times9.6\times250\times127-300\times1742+0}{1204}$$

$=98.17\text{mm}^2$

SCS软件计算对话框输入信息和最终计算结果如图15-5所示，可见其与手算结果相同。

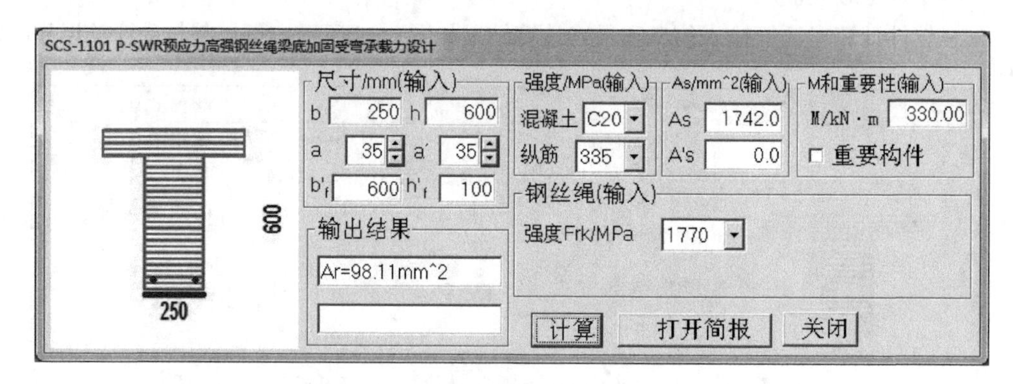

图15-5　梁底PSWR法加固钢筋混凝土第二类T形梁设计

【例15-3】梁底PSWR法加固钢筋混凝土第一类T形梁复核算例

原T形截面梁见本书例题【15-1】，假定采用抗拉强度标准值为1650MPa的钢丝绳在梁底加固，配置10根直径4.5mm钢丝绳，高强钢丝绳截面总面积为10×12.08=120.8mm²，与例题【15-1】计算出的加固量相近。

【解】

钢丝绳抗拉强度设计值为$1650/\gamma_r=1650/1.47=1122\text{MPa}$，由式(15-6)得

$$a=\frac{f_{y0}A_{s0}a_s+f_{py0}A_{p0}a_p+f_rA_ra_r}{f_{y0}A_{s0}+f_{py0}A_{p0}+f_rA_r}=\frac{300\times1140\times35+0+0}{300\times1140+1122\times120.8}=25.1\text{mm}$$

$$h_0=h-a=500-25.1=474.9\text{mm}$$

由式(15-1)得

$$x=\frac{f_{y0}A_{s0}+f_rA_r-f'_{y0}A'_{s0}}{\alpha_1 f_{c0}b'_f}=\frac{300\times1140+1122\times120.8-0}{1\times9.6\times800}=62.2\text{mm}$$

属于第一类T形截面，由式(15-2)

$$M\leqslant\alpha_1 f_{c0}b'_fx\left(h_0-\frac{x}{2}\right)+f'_{y0}A'_{s0}(h_0-a'_s)$$

$$=1\times9.6\times800\times62.2\times(474.9-62.2/2)\times10^{-6}+0=212.0\text{kN}\cdot\text{m}$$

SCS软件计算对话框输入信息和最终计算结果如图15-6所示，可见其与手算结果相同。

【例15-4】梁底PSWR法加固钢筋混凝土第二类T形梁复核算例

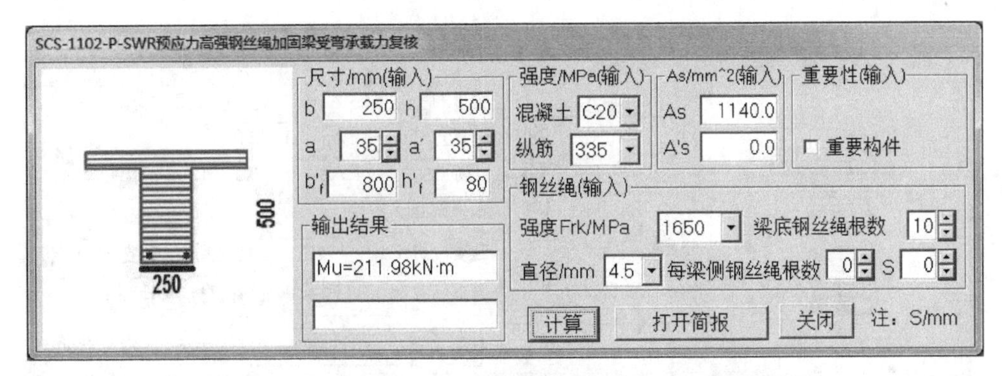

图 15-6　梁底 PSWR 法加固钢筋混凝土第一类 T 形梁复核

原 T 形截面见梁本书例题【15-2】，假定采用抗拉强度标准值为 1770MPa 的钢丝绳在梁底加固，配置 7 根直径 5.0mm 钢丝绳，高强钢丝绳截面总面积为 $7\times14.92=104.44\text{mm}^2$，与例题【15-2】计算出的加固量相近。

【解】

钢丝绳抗拉强度设计值为 $1770/\gamma_r=1770/1.47=1204\text{MPa}$，由式(15-6)得

$$a=\frac{f_{y0}A_{s0}a_s+f_{py0}A_{p0}a_p+f_rA_ra_r}{f_{y0}A_{s0}+f_{py0}A_{p0}+f_rA_r}=\frac{300\times1742\times35+0+1204\times104.44\times0}{300\times1742+1204\times104.44}=28.2\text{mm}$$

$$h_0=h-a=600-28.2=571.8\text{mm}$$

由式(15-1)得

$$x=\frac{f_{y0}A_{s0}+f_rA_r-f'_{y0}A'_{s0}}{\alpha_1f_{c0}b'_f}=\frac{300\times1742+1204\times104.44-0}{1\times9.6\times600}=112.6\text{mm}$$

$x>h'_f$，属于第二类 T 形截面，由式(15-3)须重新计算 x

$$x=\frac{f_{y0}A_{s0}+f_rA_r-f'_{y0}A'_{s0}-\alpha_1f_{c0}(b'_f-b)h'_f}{\alpha_1f_{c0}b}$$

$$=\frac{300\times1742+1204\times104.44-0-1\times9.6\times(600-250)\times100}{1\times9.6\times250}$$

$$=130.1\text{mm}$$

此构件属于重要构件，$x\leqslant\xi_{b,r}h_0=0.90\xi_b\,h_0=0.9\times0.55\times565=279.7\text{mm}$，满足要求。属于第二类 T 形截面，由式(14-4)

$$M\leqslant\alpha_1f_{c0}bx\left(h_0-\frac{x}{2}\right)+\alpha_1f_{c0}(b'_f-b)h'_f\left(h_0-\frac{h'_f}{2}\right)+f'_{y0}A'_{s0}(h_0-a'_s)$$

$$=[1\times9.6\times250\times130.1\times(571.8-130.1/2)+1\times9.6\times(600-250)\times100\times(571.8-100/2)+0]\times10^{-6}$$

$$=333.6\text{kN}\cdot\text{m}$$

SCS 软件计算对话框输入信息和最终计算结果如图 15-7 所示，可见其与手算结果相同。

【例 15-5】梁下部 PSWR 法加固钢筋混凝土第二类 T 形梁复核算例

梁下部是指梁底和梁两侧下部，原 T 形截面见梁本书例题【15-4】，假定采用抗拉强度标准值为 1770MPa 的钢丝绳在梁下部加固，梁底配置 7 根直径 5.0mm 钢丝绳、梁两侧下部各配置 5 根直径 5.0mm 钢丝绳（竖向间距 30mm），试计算加固后梁的受弯承载力。

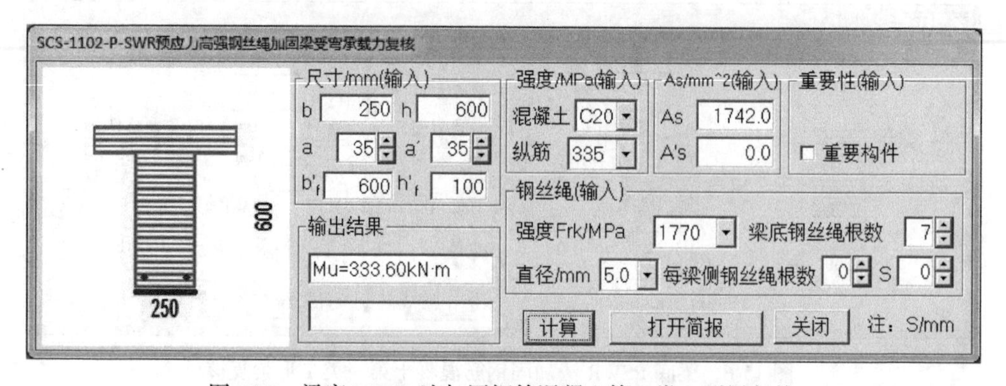

图 15-7 梁底 PSWR 法加固钢筋混凝土第二类 T 形梁复核

【解】

钢丝绳抗拉强度设计值为 $1770/\gamma_r=1770/1.47=1204\text{MPa}$，梁底高强钢丝绳截面总面积为 $7\times14.92=104.44\text{mm}^2$，梁侧高强钢丝绳截面总面积为 $2\times5\times14.92=149.20\text{mm}^2$，由式（15-9）得

$$a=\frac{f_{y0}A_{s0}a_0+f_r(A_{rc}a_c+A_{rd}a_d)}{f_{y0}A_{s0}+f_r(A_{rc}+A_{rd})}$$
$$=\frac{300\times1742\times35+1204\times(149.2\times90+104.44\times0)}{300\times1742+1204\times(149.2+104.44)}$$
$$=41.6\text{mm}$$

$$h_0=h-a=600-41.6=558.4\text{mm}$$

由式（15-1）得

$$x=\frac{f_{y0}A_{s0}+f_rA_r-f'_{y0}A'_{s0}}{\alpha_1 f_{c0}b'_f}=\frac{300\times1742+1204\times(149.2+104.44)}{1\times9.6\times600}=143.8\text{mm}$$

$x>h'_f$，属于第二类 T 形截面，由式（15-3）须重新计算 x

$$x=\frac{f_{y0}A_{s0}+f_rA_r-f'_{y0}A'_{s0}-\alpha_1 f_{c0}(b'_f-b)h'_f}{\alpha_1 f_{c0}b}$$
$$=\frac{300\times1742+1204\times(149.2+104.44)-0-1\times9.6\times(600-250)\times100}{1\times9.6\times250}$$
$$=205.0\text{mm}$$

属于第二类 T 形截面，且此构件属于重要构件，$x\leqslant\xi_{b,r}h_0=0.90\xi_b h_0=0.9\times0.55\times565=279.7\text{mm}$，满足要求。

由式（15-4）

$$M\leqslant\alpha_1 f_{c0}bx\left(h_0-\frac{x}{2}\right)+\alpha_1 f_{c0}\ (b'_f-b)\ h'_f\left(h_0-\frac{h'_f}{2}\right)+f'_{y0}A'_{s0}(h_0-a'_s)$$
$$=[1\times9.6\times250\times205\times(558.4-205/2)+1\times9.6\times\ (600-250)\times100\times(558.4-100/2)+0]\times10^{-6}$$
$$=395.1\text{kN}\cdot\text{m}$$

SCS 软件计算对话框输入信息和最终计算结果如图 15-8 所示，可见其与手算结果相同。

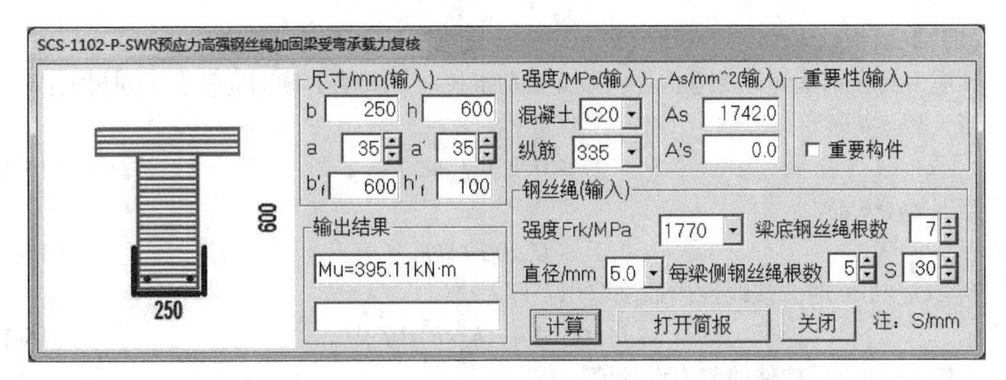

图 15-8　梁底 PSWR 法加固钢筋混凝土第二类 T 形梁复核

15.3　受剪加固设计

预应力高强钢丝绳对受弯构件的斜截面受剪加固时，应符合下列规定：

（1）当高强钢丝绳采用封闭形、U 形、L 形和 I 形时，其张拉方向应与构件纵轴垂直（图 15-9）；

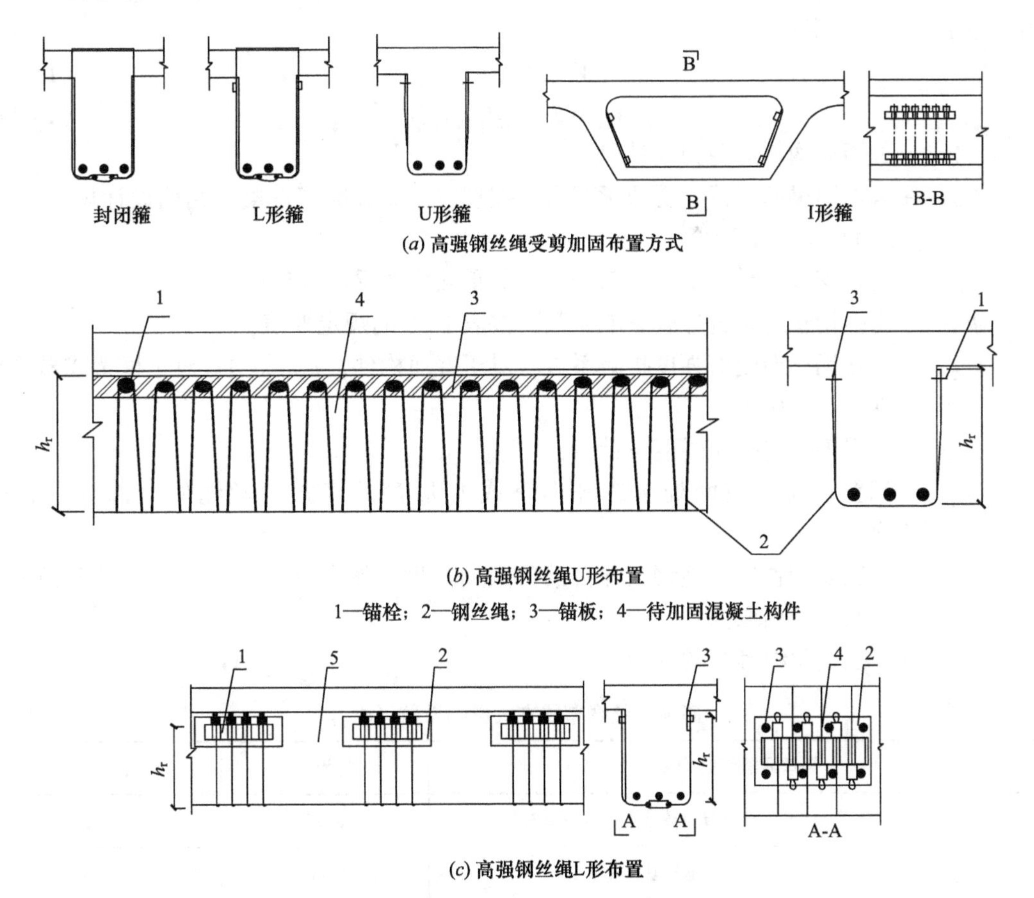

图 15-9　高强钢丝绳受剪布置及缠绕方式

1—锚具；2—锚板；3—锚栓；4—钢丝绳；5—待加固混凝土构件

（2）高强钢丝绳的有效高度（h_r）应为梁底至锚具顶面竖向长度。

预应力高强钢丝绳对受弯构件斜截面受剪加固时，其受剪截面应符合下列规定：

当 $h_w/b \leqslant 4$ 时

$$V \leqslant 0.25\beta_c f_{c0} b h_0 \tag{15-10}$$

当 $h_w/b \geqslant 6$ 时

$$V \leqslant 0.20\beta_c f_{c0} b h_0 \tag{15-11}$$

当 $4<h_w/b<6$ 时，按线性内插法取用，即

$$V \leqslant 0.025(14 - h_w/b)\beta_c f_{c0} b h_0 \tag{15-12}$$

式中 V——加固后构件的剪力设计值；

β_c——混凝土强度影响系数，当混凝土强度等级不超过 C50 时，β_c 取为 1.0；当混凝土强度等级为 C80 时，β_c 取为 0.8，其间按线性内插法确定；

h_w——截面的腹板高度，矩形截面，取有效高度，T 形截面，取有效高度减去翼缘高度。

b——加固后构件的截面宽度；

h_0——截面有效高度，按原构件取值。

预应力高强钢丝绳对矩形、T 形、I 形钢筋混凝土梁斜截面受剪加固时，其受剪承载力应按下列公式确定：

$$V \leqslant V_{b0} + V_{br} \tag{15-13}$$

$$V_{br} = \psi_{v1}\psi_{v2} f_r A_r h_r / s_r \tag{15-14}$$

式中 V——加固后构件的剪力设计值；

V_{b0}——未加固梁的斜截面受剪承载力，按现行国家标准《混凝土结构设计规范》GB 50010 的方法计算；

V_{br}——高强钢丝绳受剪加固对斜截面受剪承载力的提高设计值；

ψ_{v1}——高强钢丝绳布置方式影响系数，按表 15-3 的规定取值；

ψ_{v2}——高强钢丝绳受剪强度折减系数，对于普通构件，$\psi_{v2}=0.4$；对于框架或悬挑构件，$\psi_{v2}=0.25$；

f_r——高强钢丝绳抗拉强度设计值；

A_r——配置在同一截面处构成环形箍或 U 形箍的高强钢丝绳的全部计算截面面积；

h_r——梁侧面配置的高强钢丝绳箍筋的竖向高度，按混凝土构件受拉边缘至锚具上表面的距离取值；

s_r——高强钢丝绳箍筋的间距。

高强钢丝绳布置方式影响系数（ψ_{v1}） **表 15-3**

钢丝绳箍筋的构造		封闭形	其他形式
受力条件	均布荷载或剪跨比 $\lambda \geqslant 3$	0.95	0.80
	剪跨比 $\lambda \leqslant 1.5$	0.60	0.50

注：1. 当 $1.5<\lambda<3$ 时，按线性内插法确定值；

2. 其他形式是指 U 形、L 形、I 形箍。

【例 15-6】PSWR 法加固梁受剪承载力设计算例

原梁截面和荷载情况见梁本书例题【8-7】，假定采用直径 5.0mm 抗拉强度标准值为 1770MPa 的钢丝绳 U 形加固，试计算 U 形箍的间距。

【解】

如本书例题【8-7】所示，梁满足截面尺寸限制条件要求。原梁受剪承载力 V_{b0} = 122.01kN。

1）高强钢丝绳受剪加固对斜截面受剪承载力的提高设计值

$$V_{br} - V - V_{b0} = 168.75 - 122.01 = 46.74\text{kN}$$

2）高强钢丝绳箍筋的间距

由于条件所限，梁侧面配置的高强钢丝绳箍筋的竖向高度按 550mm 计算，采用加织物压条的一般 U 形箍作法，查表 15-3 得高强钢丝绳布置方式影响系数 ψ_{v1} = 0.80，对于普通构件，高强钢丝绳受剪强度折减系数 ψ_{v2} = 0.4。查《预应力高强钢丝绳加固混凝土结构技术规程》JGJ/T 325—2014 表 A.3.5 知两根直径 5.0mm 高强钢丝绳计算截面面积 $A_r = 2\times 14.92 = 29.84\text{mm}^2$。由式（15-14）得须配置的高强钢丝绳箍筋的间距为：

$$S_r = \psi_{v1}\psi_{v2}f_rA_rh_r/V_{br} = 0.8\times 0.4\times 1204\times 29.84\times 550/46740 = 135.3\text{mm}$$

使用 SCS 软件计算对话框输入信息和最终计算结果如图 15-10 所示，可见其与手算结果相同。

如果使用复核功能，则 SCS 软件计算对话框输入信息和最终计算结果如图 15-11 所示，可见其与设计结果一致。

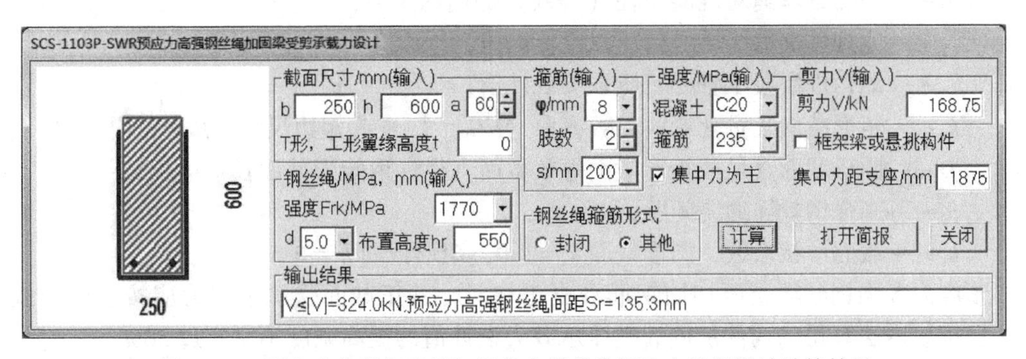

图 15-10　预应力高强钢丝绳加固集中荷载作用为主的梁设计计算结果

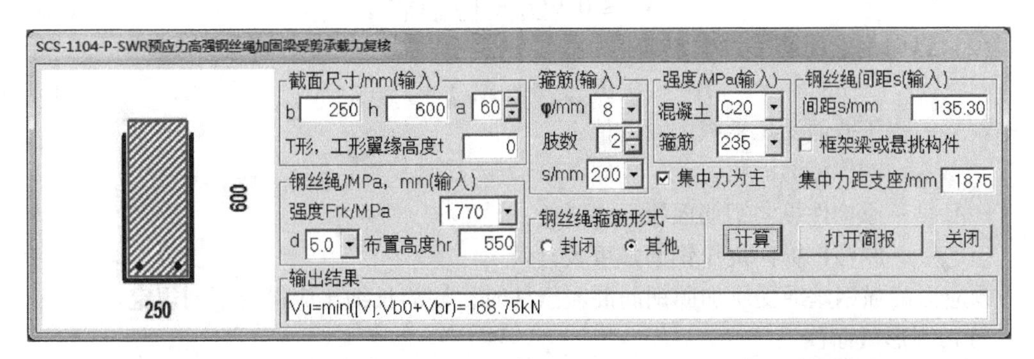

图 15-11　预应力高强钢丝绳加固集中荷载作用为主的梁复核计算结果

15.4 柱受压及抗震加固设计

混凝土柱受压及抗震加固时，预应力高强钢丝绳应沿环向连续缠绕，并应优先采用双向缠绕方式。对于抗震加固框架柱时，预应力高强钢丝绳的加密区范围应取柱截面长边尺寸（或圆形截面直径）、柱净高的1/6和500mm中的最大值；一、二级抗震等级的角柱应沿柱全高加密。底层柱的抗震加固加密长度不应小于该层柱净高的1/3。

预应力高强钢丝绳端部应可靠锚固，宜采用快速固化环氧树脂将钢丝绳锚头斜向植入构件的原混凝土内，或采用植筋锚固。

预应力高强钢丝绳受压及抗震加固矩形柱时，矩形柱截面的长边尺寸与短边尺寸之比不宜大于1.5。

预应力高强钢丝绳受压加固钢筋混凝土时，其轴心抗压强度设计值应按下列公式计算：

$$f_{cc}=f_{c0}+4.0k_{s}k_{r}f_{l}/f_{c0,k} \tag{15-15}$$

$$f_{l}=\frac{2f_{r}A_{r}}{Ds_{r}} \tag{15-16}$$

式中 f_{cc}——高强钢丝绳加固后，柱的轴心抗压强度设计值；

f_{r}——高强钢丝绳抗拉强度设计值；

A_{r}——高强钢丝绳计算截面面积；

f_{l}——高强钢丝绳对混凝土柱（等效）侧向约束力；

$f_{c0,k}$——原构件混凝土轴心抗压强度标准值；

f_{c0}——原构件混凝土轴心抗压强度设计值；

k_{r}——矩形截面长宽比影响系数，取$(b/h)^{1.4}$，b为短边尺寸，h为长边尺寸；

D——圆形截面直径或矩形截面等效截面直径（取矩形截面长边边长）；

S_{r}——高强钢丝绳缠绕间距；

k_{s}——截面形状系数，圆形截面$k_{s}=1.0$，矩形截面$k_{s}=0.5$。

预应力高强钢丝绳受压加固钢筋混凝土柱时，其正截面受压承载力应按下列公式确定，且按该方法算得的构件加固后受压承载力设计值的提高幅度不宜超过50%：

（1）纵向钢筋配筋率小于或等于3%时：

$$N_{u}\leqslant 0.9(f_{cc}A+f'_{y0}A'_{s0}) \tag{15-17}$$

（2）纵向钢筋配筋率大于3%时：

$$N_{u}\leqslant 0.9[f_{cc}(A-A'_{s0})+f'_{y0}A'_{s0}] \tag{15-18}$$

式中：N_{u}——正截面受压承载力设计值；

A——构件截面面积；

A'_{s0}——原构件纵向钢筋面积；

f'_{y0}——原构件纵向抗压钢筋强度设计值。

预应力高强钢丝绳受压加固钢筋混凝土柱时，柱的长细比应符合下列规定：

（1）圆形截面柱

$$l_{0}/d\leqslant 7 \tag{15-19}$$

（2）矩形截面柱

$$l_0/b \leqslant 8 \tag{15-20}$$

式中　l_0——加固柱计算长度；

d——圆柱截面直径；

b——矩形截面短边尺寸。

预应力高强钢丝绳抗震加固钢筋混凝土柱时，柱端加密区的总折算体积配筋率（ρ_v）应符合现行国家标准《混凝土结构设计规范》GB 50010 对柱端箍筋加密区体积配箍率的规定，并应按下列公式计算：

$$\rho_v \geqslant \lambda_v \frac{f_{c0}}{f_{yv,0}} \tag{15-21}$$

$$\rho_v = \rho_{v,sv} + \rho_{v,r} \tag{15-22}$$

$$\rho_{v,r} = k_s k_r \frac{A_r u_r}{s_r A} \cdot \frac{\psi_e f_r}{f_{yv,0}} \tag{15-23}$$

式中　ρ_v——柱端加密区的总折算体积配箍率；

$\rho_{v,sv}$——被加固柱原有的体积配箍率，按原有箍筋范围以内的核心面积计算；

λ_v——最小配箍特征值，按现行国家标准《混凝土结构设计规范》GB 50010 取值；

$f_{yv,0}$——原箍筋抗拉强度设计值；

$\rho_{v,r}$——由钢丝绳构成的环向围束作为附加箍筋计算得到的箍筋体积配箍率的增量；

ψ_e——高强钢丝绳抗震加固强度折减系数，取 $\psi_e=0.4$；

u_r——柱截面周长。

【例 15-7】PSWR 法加固矩形柱轴心受压承载力和提高配箍特征值算例

已知矩形截面柱，截面尺寸为：$b\times h=600\text{mm}\times600\text{mm}$，计算长度 $l_c=4200\text{mm}$，C20 混凝土，纵筋为 12ΦB18，均匀布置双向 4 肢 ϕ6@100（HPB235）箍筋，纵筋保护层厚度 28mm。拟采用直径 3.0mm 抗拉强度标准值为 1650MPa 的预应力高强钢丝绳双向缠绕加固，缠绕间距 30mm，试计算所能达到的配箍率和配箍特征值。

【解】 1）检查柱的长细比

$l_0/b=4200/600=7.0\leqslant8$，满足加固的条件。

2）预应力高强钢丝绳缠绕的混凝土抗压强度

$$f_r=f_{rk}/1.47=1650/1.47=1122.4\text{N/mm}^2$$

高强钢丝绳对混凝土柱（等效）侧向约束力 $f_l=\dfrac{2f_rA_r}{Ds_r}=2\times1122.4\times5.37/(600\times30)=0.670\text{N/mm}^2$

$$k_r=\left(\frac{b}{h}\right)^{1.4}=1$$

$$f_{cc}=f_{c0}+4.0\,k_s k_r f_l/f_{c0,k}=9.6+4\times0.5\times1\times0.670/13.4=9.70\text{N/mm}^2$$

3）加固前原柱的轴心受压承载力

$$A_c=b\times h=600\times600=360000\text{mm}^2$$

$$\rho=A'_{s0}/A_c=3054/360000=0.0085$$

$$N_{u0}\leqslant0.9(f_{c0}A_c+f'_{y0}A'_{s0})=0.9\times(9.6\times360000+300\times3054)=3934980\text{N}$$

4）加固后柱的轴心受压承载力

$N_u \leqslant 0.9\ (f_{cc}A_c+f'_{y0}A'_{s0}) = 0.9\times(9.70\times360000+300\times3054) = 3967380\text{N}\ (\leqslant1.5N_{u0}$，可以）

5）原柱体积配箍率

箍筋肢长 $l=600-2\times(28-6/2)=550\text{mm}$，$A_{cor}=(600-2\times28)^2=295936\text{mm}^2$

$$\rho_{v,sv}=\frac{nA_sl}{A_{cor}S}=\frac{8\times28.3\times550}{295936\times100}=0.4208\%，配箍特征值\ \lambda_v=\rho_{v,sv}\frac{f_{yv}}{f_c}=0.004208\times210/16.7=0.0529$$

6）由钢丝绳构成的环向围束作为附加箍筋计算得到的箍筋体积配箍率的增量

$$\rho_{v,r}=k_sk_r=\frac{A_ru_r}{s_rA}\cdot\frac{\psi_af_r}{f_{yv,0}}=0.5\times1\times\frac{5.37\times2400\times0.4\times1122.4}{30\times360000\times210}=0.1276\%$$

7）加固后柱的配箍率

$\rho_v=\rho_{v,sv}+\rho_{v,r}=0.4208\%+0.1276\%=0.548\%$，配箍特征值 $\lambda_v=\rho_{v,sv}\dfrac{f_{yv}}{f_c}=0.00548\times210/16.7=0.069$。

使用 SCS 软件计算对话框输入信息和最终计算结果如图 15-12 所示，可见其与手算结果相同。

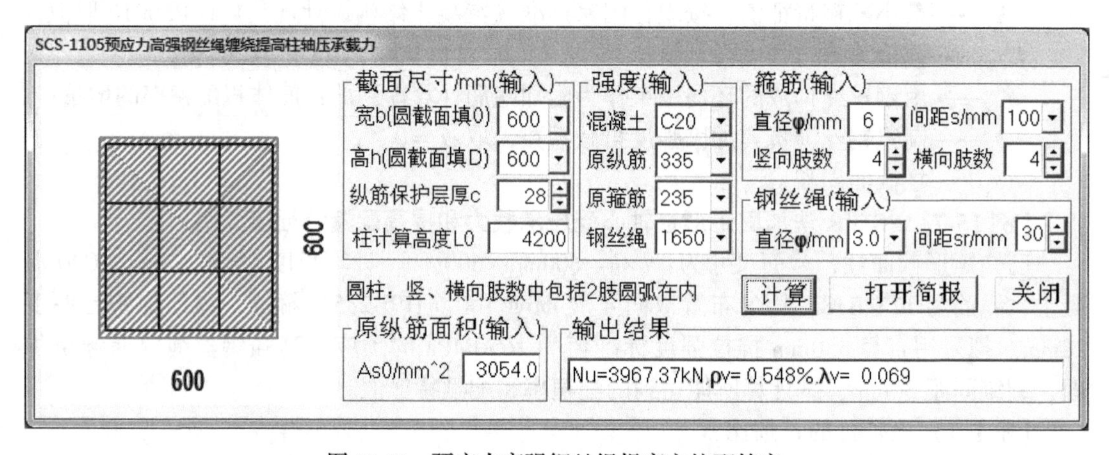

图 15-12　预应力高强钢丝绳提高方柱配箍率

【例 15-8】PSWR 法加固圆柱轴心受压承载力和提高配箍特征值算例

已知圆形截面柱，截面直径为：$D=600\text{mm}$，计算长度 $l_c=4200\text{mm}$，C20 混凝土，纵筋为 12ϕ18，布置 $\phi6@100$（HPB235）环向箍和双向交叉 2 肢 $\phi6@100$（HPB235）箍筋，纵筋保护层厚度 28mm。拟采用直径 3.0mm 抗拉强度标准值为 1650MPa 的预应力高强钢丝绳双向缠绕加固，缠绕间距 30mm，试计算所能达到的配箍率和配箍特征值。

【解】 1）检查柱的长细比

$l_0/d=4200/600=7.0\leqslant7$，满足加固的条件。

2）预应力高强钢丝绳缠绕的混凝土抗压强度

$$f_r=f_{rk}/1.47=1650/1.47=1122.4\text{N/mm}^2$$

高强钢丝绳对混凝土柱（等效）侧向约束力 $f_l=\dfrac{2f_rA_r}{Ds_r}=2\times1122.4\times5.37/(600\times30)=0.670\text{N/mm}^2$

$$k_r = 1$$

$$f_{cc} = f_{c0} + 4.0 k_s k_r f_l / f_{c0,k} = 9.6 + 4 \times 1 \times 1 \times 0.670 / 13.4 = 9.80 \text{N/mm}^2$$

3）加固前原柱的轴心受压承载力

$$A_c = \pi D^2 / 4 = 3.1416 \times 600 \times 600 / 4 = 282744 \text{mm}^2$$

$$\rho = A'_{s0} / A_c = 3054 / 282744 = 0.0108$$

$$N_{u0} \leqslant 0.9 \ (f_{c0} A_c + f'_{y0} A'_{s0}) = 0.9 \times (9.6 \times 282744 + 300 \times 3054) = 3267488 \text{N}$$

4）加固后柱的轴心受压承载力

$N_u \leqslant 0.9(f_{cc} A_c + f'_{y0} A'_{s0}) = 0.9 \times (9.80 \times 282744 + 300 \times 3054) = 3318362 \text{N}$（$\leqslant 1.5 N_{u0}$，可以）

5）原柱体积配箍率

外圈箍筋产生的配箍率 $\rho_{vo} = \dfrac{4A_{ss1}}{d_{cor} s} = \dfrac{4 \times 28.3}{(600 - 2 \times 28) \times 100} = 0.00208$

圆内双向交叉 2 肢箍筋提供的配箍率，近似取每肢长度 $l = 0.8 d_{cor} = 435.2 \text{mm}$，

$$A_{cor} = \pi \ (600 - 2 \times 28)^2 / 4 = 232428 \text{mm}^2$$

$$\rho_{v,sv} = \rho_{v0} + \frac{n A_s l}{A_{cor} s} = 000208 + \frac{4 \times 28.3 \times 435.2}{232428 \times 100} = 0.420\%$$

6）由钢丝绳构成的环向围束作为附加箍筋计算得到的箍筋体积配箍率的增量

柱截面周长 $u_r = 3.1416 \times 600 = 1885 \text{mm}$

$$\rho_{v,r} = k_s k_r \frac{A_r u_r}{s_r A} \cdot \frac{\psi_a f_r}{f_{yv,0}} = 1 \times 1 \times \frac{5.37 \times 1885 \times 0.4 \times 1122.4}{30 \times 282744 \times 210} = 0.255\%$$

7）加固后柱的配箍率

$\rho_v = \rho_{v,sv} + \rho_{v,r} = 0.420\% + 0.255\% = 0.675\%$，配箍特征值 $\lambda_v = \rho_{v,sv} \dfrac{f_{yv}}{f_c} = 0.00675 \times 210 / 16.7 = 0.085$。

使用 SCS 软件计算对话框输入信息和最终计算结果如图 15-13 所示，可见其与手算结果相同。

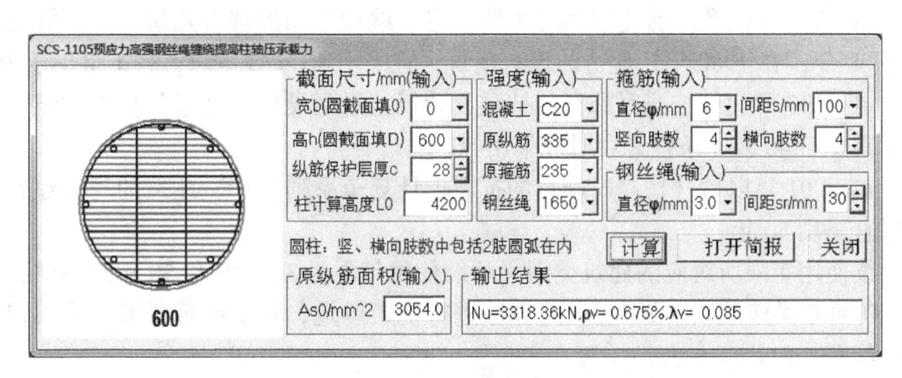

图 15-13　预应力高强钢丝绳提高圆柱配箍率

本章参考文献

［1］中华人民共和国行业标准. 预应力高强钢丝绳加固混凝土结构技术规程 JGJ/T 325—2014［S］. 北京：中国建筑工业出版社，2014.

第16章　混凝土结构构件抗震加固

16.1　一般规定

现有建筑抗震加固前，应根据其设防烈度、抗震设防类别、后续使用年限和结构类型，按现行国家标准《建筑抗震鉴定标准》GB 50023 的相应规定进行抗震鉴定。

现有建筑抗震加固时，建筑的抗震设防类别及相应的抗震措施和抗震验算要求，应按下面（即现行国家标准《建筑抗震鉴定标准》GB 50023—2009[1] 第1.0.3条）的规定执行。

现有建筑应按现行国家标准《建筑工程抗震设防分类标准》GB 50223 分为四类，其抗震措施核查和抗震验算的综合鉴定应符合下列要求：

（1）丙类，应按本地区设防烈度的要求核查其抗震措施并进行抗震验算。

（2）乙类，6~8度应按比本地区设防烈度提高一度的要求核查其抗震措施，9度时应适当提高要求；抗震验算应按不低于本地区设防烈度的要求采用。

（3）甲类，应经专门研究按不低于乙类的要求核查其抗震措施，抗震验算应按高于本地区设防烈度的要求采用。

（4）丁类，7~9度时，应允许比按本地区设防烈度降低一度的要求核查其抗震措施，抗震验算应允许比本地区设防烈度适当降低要求；6度时应允许不作抗震鉴定。

注：甲类、乙类、丙类、丁类，分别为现行国家标准《建筑工程抗震设防分类标准》GB 50223 特殊设防类、重点设防类、标准设防类、适度设防类的简称。

现有建筑应根据实际需要和可能，按下列规定选择其后续使用年限：

（1）在1970年代及以前建造经耐久性鉴定可继续使用的现有建筑，其后续使用年限不应少于30年；在1980年代建造的现有建筑，宜采用40年或更长，且不得少于30年。

（2）在1990年代（按当时施行的抗震设计规范系列设计）建造的现有建筑，后续使用年限不宜少于40年，条件许可时应采用50年。

（3）在2001年以后（按当时施行的抗震设计规范系列设计）建造的现有建筑，后续使用年限宜采用50年。

按后续使用年限所对应的建筑类别（后续使用年限为30、40和50年的建筑，分别简称为A、B和C类建筑），采用相应的方法进行抗震鉴定，对不满足要求的采用相应的材料强度取值和加固计算方法。

当《建筑抗震鉴定标准》GB 50023—2009 未给出具体方法时，可采用现行国家标准《建筑抗震设计规范》GB 50011 规定的方法，按下式进行结构构件抗震验算：

$$S \leqslant R/\gamma_{\mathrm{Ra}} \tag{16-1}$$

式中　S——结构构件内力（轴向力、剪力、弯矩等）组合的设计值，计算时，有关的荷载、地震作用、作用分项系数、组合值系数，应按现行国家标准《建筑抗震设计规范》GB 50011 的规定采用；其中，场地的设计特征周期可按表 16-1 确定，地震作用效应（内力）调整系数应按《建筑抗震鉴定标准》GB 50023—2009 各章的规定采用，8、9 度大跨度和长悬臂结构应计算竖向地震作用；

R——结构构件承载力设计值，C 类建筑按现行国家标准《建筑抗震设计规范》GB 50011 的规定采用；A、B 类结构材料强度的设计指标应按《建筑抗震鉴定标准》GB 50023—2009 附录 A 采用（为编程简化，软件 SCS 对使用 HRB335 级钢筋的 1990 年代后建造的房屋不分 1996 年以前还是以后建造的，对这种钢筋的设计强度均取 300N/mm^2），材料强度等级按现场实际情况确定；

γ_{Ra}——抗震鉴定的承载力调整系数，除《建筑抗震鉴定标准》GB 50023—2009 各章节另有规定外，一般情况下，可按现行国家标准《建筑抗震设计规范》GB 50011 的承载力抗震调整系数值采用，A 类建筑抗震鉴定时，钢筋混凝土构件应按现行国家标准《建筑抗震设计规范》GB 50011 承载力抗震调整系数值的 0.85 倍采用。

特征周期值（s）　　表 16-1

设计地震分组	场地类别			
	Ⅰ	Ⅱ	Ⅲ	Ⅳ
第一、二组	0.20	0.30	0.40	0.65
第三组	0.25	0.40	0.55	0.85

钢筋混凝土结构房屋的抗震等级，B 类房屋应符合现行国家标准《建筑抗震鉴定标准》GB 50023 的有关规定，C 类房屋应符合现行国家标准《建筑抗震设计规范》GB 50011 的有关规定。

钢筋混凝土房屋的抗震加固应符合下列要求：

（1）抗震加固时应根据房屋的实际情况选择加固方案，分别采用主要提高结构构件抗震承载力、主要增强结构变形能力或改变框架结构体系的方案。

（2）加固后的框架应避免形成短柱、短梁或强梁弱柱。

（3）采用综合抗震能力指数验算时，加固后楼层屈服强度系数、体系影响系数和局部影响系数应根据房屋加固后的状态计算和取值。

抗震受剪构件截面限制条件与受静力构件的不同（除了除以承载力调整系数），现将其从混凝土结构设计规范引来列于此（并考虑了 A 类、B 类建筑的情况）。

考虑地震作用组合的矩形、T 形和 I 形截面框架梁，当跨高比大于 2.5 时，其受剪截面应符合下列条件：

$$V_b \leqslant \frac{1}{\gamma_{Ra}}(0.20\beta_c f_c b h_0) \tag{16-2}$$

当跨高比不大于 2.5 时，其受剪截面应符合下列条件：

$$V_b \leqslant \frac{1}{\gamma_{Ra}}(0.15\beta_c f_c b h_0) \tag{16-3}$$

考虑地震作用组合的矩形截面框架柱和框支柱，其受剪截面应符合下列条件：

剪跨比 λ 大于 2 的框架柱

$$V_{c} \leqslant \frac{1}{\gamma_{Ra}}(0.20\beta_{c}f_{c}bh_{0}) \tag{16-4}$$

剪跨比 λ 不大于 2 时，其受剪截面应符合下列条件：

$$V_{c} \leqslant \frac{1}{\gamma_{Ra}}(0.15\beta_{c}f_{c}bh_{0}) \tag{16-5}$$

式中符号意义见建筑抗震鉴定标准和混凝土结构设计规范的解释。

16.2 钢构套加固

《建筑抗震加固技术规程》JGJ 116—2009[2] 所称的“钢构套加固法”就是《混凝土结构加固设计规范》GB 50367—2013 所称的“外包型钢加固法”。

《建筑抗震加固技术规程》JGJ 116—2009 提出采用钢构套加固框架时，应符合下列要求：

（1）钢构套加固梁时，纵向角钢、扁钢两端应与柱有可靠连接。

（2）钢构套加固柱时，应采取措施使楼板上下的角钢、扁钢可靠连接；顶层的角钢、扁钢应与屋面板可靠连接；底层的角钢、扁钢应与基础锚固。

（3）加固后梁、柱截面抗震验算时，角钢、扁钢应作为纵向钢筋、钢缀板应作为箍筋进行计算，其材料强度应乘以规定的折减系数。

《混凝土结构加固设计规范》GB 50367—2013 第 8.2.2 条规定新增型钢强度利用系数，除抗震设计取 1.0 外，其他情况取 0.9。本书抗震加固时新增型钢强度利用系数采取 1.0，即不折减。即按后出版的国家标准规定执行。

采用钢构套加固框架的设计，尚应符合下列要求：

（1）钢构套加固梁时，应在梁的阳角外贴角钢，角钢应与钢缀板焊接，钢缀板应穿过楼板形成封闭环形。

（2）钢构套加固柱时，应在柱四角外贴角钢，角钢应与外围的钢缀板焊接。

（3）钢构套的构造应符合下列要求：

1）角钢不宜小于∟50×6；钢缀板截面不宜小于 40mm×4mm，其间距不应大于单肢角钢的截面最小回转半径的 40 倍，且不应大于 400mm，构件两端应适当加密；

2）钢构套与梁柱混凝土之间应采用胶粘剂粘结。

（4）加固后按楼层综合抗震能力指数验算时，梁柱箍筋构造的体系影响系数可取 1.0。构件按组合截面进行抗震验算，加固梁的钢材强度宜乘以折减系数 0.8；加固柱应符合下列规定：

1）柱加固后的初始刚度可按下式计算：

$$K = K_{0} + 0.5E_{a}I_{a} \tag{16-6}$$

式中 K——加固后的初始刚度；

K_{0}——原柱截面的弯曲刚度；

E_{a}——角钢的弹性模量；

I_{a}——外包角钢对柱截面形心的惯性矩。

2）柱加固后的现有正截面受弯承载力可按下式计算：

$$M_y = M_{y0} + 0.7A_a f_{ay} h \tag{16-7}$$

式中　M_{y0}——原柱现有正截面受弯承载力，对 A、B 类钢筋混凝土结构，可按现行国家标准《建筑抗震鉴定标准》GB 50023 的有关规定确定；

A_a——柱一侧外包角钢、扁钢的截面的面积；

f_{ay}——角钢、扁钢的抗拉屈服强度；

h——验算方向柱截面高度。

3）柱加固后的现有斜截面受剪承载力可按下式计算：

$$V_y = V_{y0} + 0.7f_{ay}(A_a/s)h \tag{16-8}$$

式中　V_y——柱加固后的现有斜截面受剪承载力；

V_{y0}——原柱现有斜截面受剪承载力，对 A、B 类钢筋混凝土结构，可按现行国家标准《建筑抗震鉴定标准》GB 50023 的有关规定确定；

A_a——同一柱截面内扁钢缀板的截面面积；

f_{ay}——扁钢抗拉屈服强度；

s——扁钢缀板的间距。

【例 16-1】外粘型钢抗震加固大偏心受压柱设计算例

已知 1990 年代建造的结构中的矩形截面框架柱，截面尺寸为 400mm×500mm，柱的计算长度 5m，混凝土强度等级为 C25，原柱对称配筋，截面每边配 4 Φ 16（$A_s = A_s' = 804\text{mm}^2$）。改变结构使用功能后，地震作用组合产生的轴向力设计值 $N = 750\text{kN}$，$M_2 = 375\text{kN} \cdot \text{m}$，要求对该柱进行承载力复核，如不满足要求，试进行采用外包角钢的加固计算。

【解】 依据式（16-1），将地震作用效应乘以抗震鉴定的承载力调整系数 γ_{Ra}，就可使用本书 5.3 节的公式计算。如果是按照 2002 或 2010 规范设计建造的结构（属于 C 类建筑），将 $\gamma_{Ra} = \gamma_{RE} = 0.80$ 乘 N 代替式（5-4）左端的 N；将 $\gamma_{Ra} = \gamma_{RE} = 0.80$ 乘 M_2 代替式（5-5）左端的 Ne，以下就可与本书【例 5-3】一样进行求解（手算过程完全相同），SCS 软件计算对话框输入信息和最终计算结果如图 16-1 所示，可见其与相应（折算成）静荷载的【例 5-3】计算结果相同。

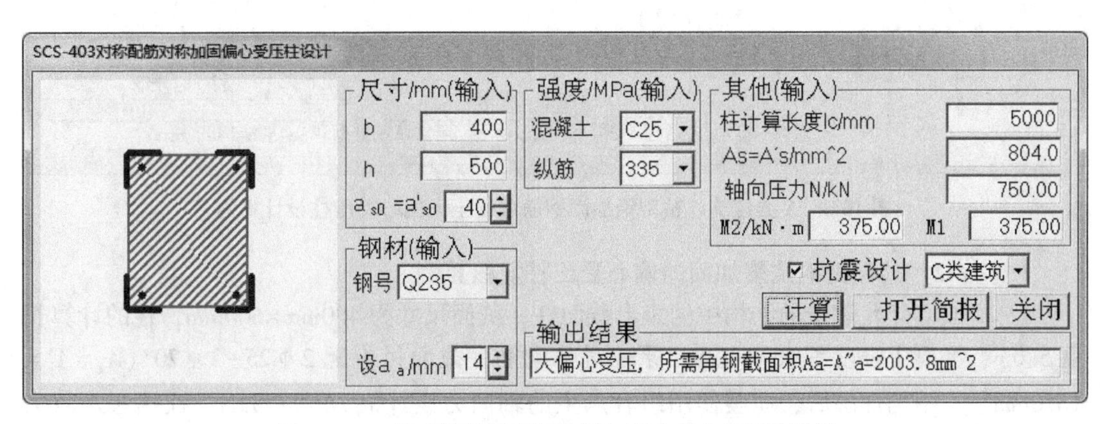

图 16-1　C 类建筑外粘型钢抗震加固大偏心受压柱设计

根据《建筑抗震鉴定标准》所知1990年代建造的建筑属于B类建筑。又该柱轴压比不小于0.15，故$\gamma_{Ra}=\gamma_{RE}=0.80$。地震作用效应乘以抗震鉴定的承载力调整系数$\gamma_{Ra}$，得到$N=600\text{kN}$，$M_2=300\text{kN}\cdot\text{m}$，将其代入5.3节公式；再据《建筑抗震鉴定标准》B类建筑的C25混凝土压弯强度应取为$f_{cm}=13.5\text{MPa}$代替【例5-3】计算中的$f_c=11.9\text{MPa}$，就可求得最终结果。SCS软件计算对话框输入信息和最终计算结果如图16-2所示，可见其由于混凝土强度值提高，加固所需角钢面积比相应的C类建筑有所减少。

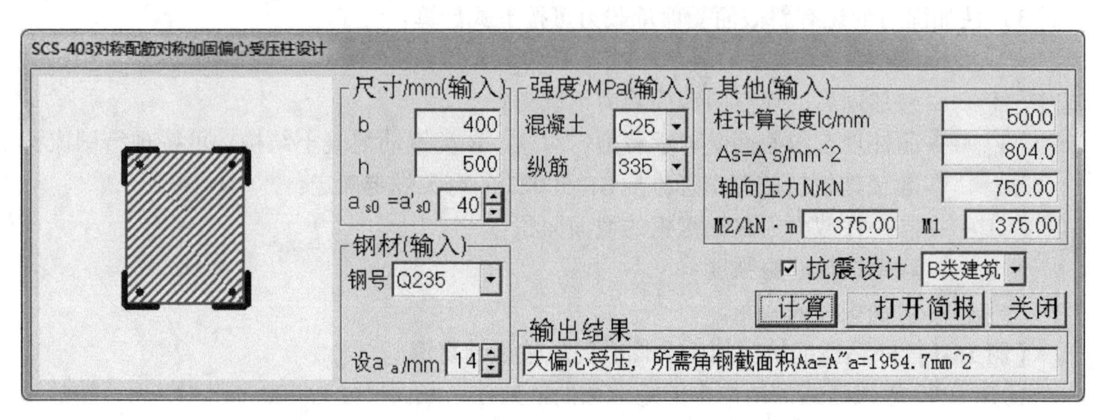

图16-2　B类建筑外粘型钢抗震加固大偏心受压柱设计

如果此建筑是1970年代建造，即应属于A类建筑，与B类建筑的差别在于，此时$\gamma_{Ra}=0.85\times0.8=0.68$，用SCS软件计算对话框输入信息和最终计算结果如图16-3所示（手算过程略），可见由于其安全系数降低，比B类建筑的加固少用些钢材，符合后续使用年限短些的预期。

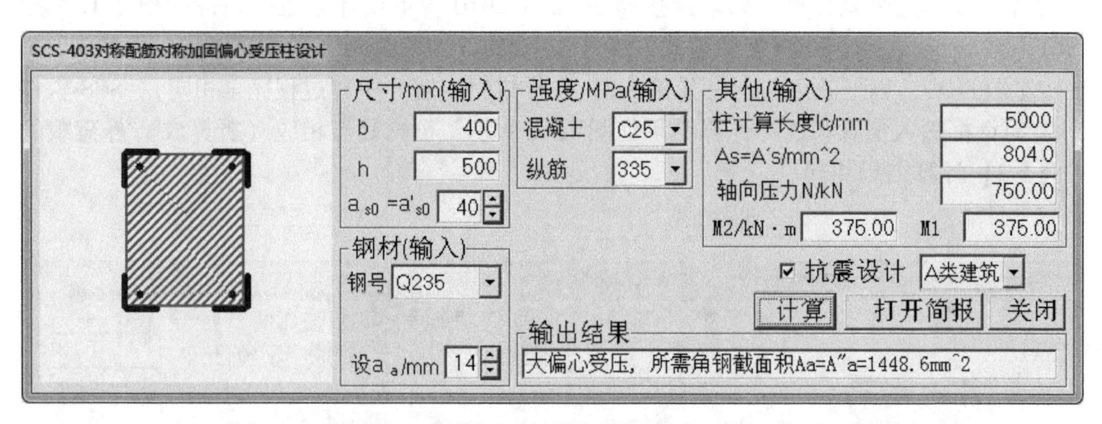

图16-3　A类建筑外粘型钢加固钢筋混凝土大偏心受压柱设计算例

【例16-2】外粘型钢抗震加固的偏心受压柱复核算例

已知2010年代建造的结构中的矩形截面柱，截面尺寸为400mm×600mm，柱的计算长度5.0m，混凝土强度等级为C25，原柱对称配筋，截面每边配2Φ25+2Φ20（$A_s=A'_s=1610\text{mm}^2$）。结构加层后，地震作用组合产生的轴向力设计值$N=3125\text{kN}$，柱端弯矩较大值$M_2=350\text{kN}\cdot\text{m}$，现确定加固措施是在该柱四角粘贴∟70×5，Q235钢角钢，$A_a=A'_a=1376\text{mm}^2$。试进行加固后承载力复核。

【解】依据式（16-1），将地震作用效应乘以抗震鉴定的承载力调整系数 γ_{Ra}，就可使用本书 5.3 节的公式计算。根据《建筑抗震鉴定标准》所知，此属于 C 类建筑。又该柱轴压比不小于 0.15，故 $\gamma_{Ra}=\gamma_{RE}=0.80$。地震作用效应乘以抗震鉴定的承载力调整系数 γ_{Ra}，得到 $N=2500\text{kN}$，$M_2=280\text{kN}\cdot\text{m}$，偏安全取 $M_1/M_2=1$，沿柱截面高度方向的轴向力对截面重心的偏心距 $e_0=\dfrac{M_2}{N}=\dfrac{280\times10^6}{2500000}=112\text{mm}$。将其代入 5.3 节公式就可求得结果。此题截面特性和调整后的效应与【例 5-4】相同，故读者可看【例 5-4】的计算过程。

SCS 软件计算对话框输入信息和最终计算结果如图 16-4 所示，可见其与手算结果相同。

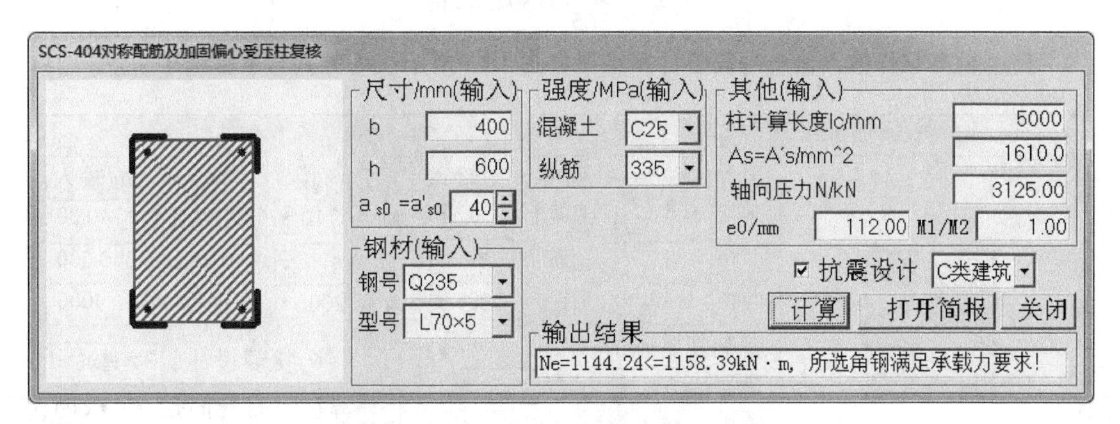

图 16-4　小偏心受压柱抗震加固承载力设计

【例 16-3】受压构件斜截面外粘扁钢抗震加固设计

已知 1990 年代建造的框架结构中的矩形截面柱，截面尺寸 400mm×400mm，柱净高 4.0m，混凝土强度等级为 C30，均匀布置 HPB235 级钢箍筋 $\phi10@200$，柱轴压比为 0.5。现地震作用组合设计剪力 350kN。如果采用外粘扁钢加固方案，试进行加固计算。

【解】根据 1990 年代建造的建筑和《建筑抗震鉴定标准》所知，此属于 B 类建筑。柱受剪力，故 $\gamma_{Ra}=\gamma_{RE}=0.85$。

1）验算截面尺寸，材料强度按《建筑抗震鉴定标准》GB 50023—2009 附录 A 取值，并按照《建筑抗震鉴定标准》GB 50023—2009[1] 附录 E 公式（E.0.1）

$V=350\text{kN}\leqslant\dfrac{1}{\gamma_{Ra}}0.2f_c bh_0=0.20\times15.0\times400\times360\times10^{-3}/0.85=508.2\text{kN}$，满足要求。

2）确定原柱受剪承载力

轴压比 $n=0.5>0.3$，取 $N=0.3f_{c0}bh=0.3\times15\times400\times400\times10^{-3}=720\text{kN}$

剪跨比 $\lambda=\dfrac{H_n}{2h_0}=\dfrac{4000}{2\times360}=5.56$，取 $\lambda=3$，按文献［1］附录 E 公式（E.0.6-1）；

$$V_{y0}=\frac{1}{\gamma_{Ra}}\left(\frac{0.16}{\lambda+1.5}f_c bh_0+f_{yv}\frac{A_{sv}}{s}h_0+0.056N\right)$$

$$=\frac{1}{0.85}\left(\frac{0.16}{3+1.5}15\times400\times360+210\times\frac{157}{200}\times360+0.056\times720000\right)\times10^{-3}=207.61\text{kN}$$

3）扁钢缀板需承担的剪力

$$V_a=V-V_{y0}=350-207.61=142.39\text{kN}$$

按式（16-8），即《建筑抗震加固技术规程》JGJ 116—2009 式（6.3.5-3），扁钢缀板用量为：

$$\frac{A_a}{s_a}=\frac{V_a}{0.7f_{ay}h}=\frac{142390}{0.7\times215\times400}=2.365\text{mm}^2/\text{mm}$$

如选用 6mm 厚，60mm 宽扁钢作缀板，则缀板间距为：

$$s_a=\frac{2\times6\times60}{2.365}=304.4\text{mm}$$

使用 SCS 软件输入信息与简要计算结果如图 16-5 所示。可见其与手算结果一致。

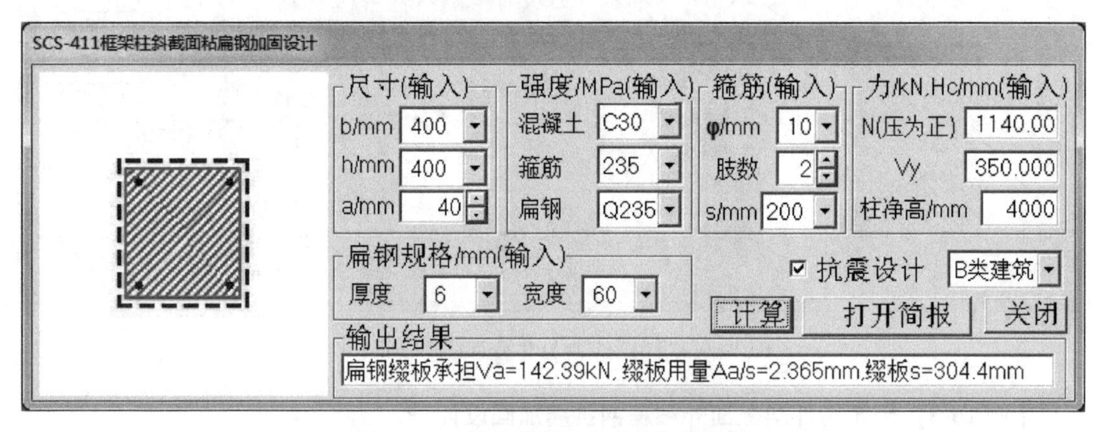

图 16-5 B 类建筑框架柱受剪加固设计

如果此结构为 1970 年代建造，根据《建筑抗震鉴定标准》所知，此属于 A 类建筑。柱受剪力，故 $\gamma_{Ra}=0.85\gamma_{RE}=0.85\times0.85=0.7225$。

1）验算截面尺寸，按照《建筑抗震鉴定标准》GB 50023—2009 材料强度取值和附录 E 公式（E.0.1）

$V=350\text{kN}\leqslant\frac{1}{\gamma_{Ra}}0.2f_cbh_0=0.20\times15.0\times400\times360/0.7225=514.8\text{kN}$，满足要求。

2）确定原柱受剪承载力

$$V_{y0}=\frac{1}{\gamma_{Ra}}\left(\frac{0.16}{\lambda+1.5}f_cbh_0+f_{yv}\frac{A_{sy}}{s}h_0+0.056N\right)$$

$$=\frac{1}{0.7225}\left(\frac{0.16}{3+1.5}15\times400\times360+210\times\frac{157}{200}\times360+0.056\times720000\right)\times10^{-3}=244.24\text{kN}$$

3）扁钢缀板需承担的剪力

$$V_a=V-V_{y0}=350-244.24=105.76\text{kN}$$

按《建筑抗震加固技术规程》JGJ 116—2009 式（6.3.5-3），扁钢缀板用量为：

$$\frac{A_a}{s_a}=\frac{V_a}{0.7f_{ay}h}=\frac{105760}{0.7\times215\times400}=1.757\text{mm}^2/\text{mm}$$

如选用 6mm 厚，60mm 宽扁钢作缀板，则缀板间距为：

$$s_{\mathrm{a}}=\frac{2\times6\times60}{1.757}=409.8\mathrm{mm}$$

使用 SCS 软件输入信息与简要计算结果如图 16-6 所示。可见其与手算结果一致。按构造要求缀板间距取≤400mm 或较小规格的扁钢以使缀板间距较小些。

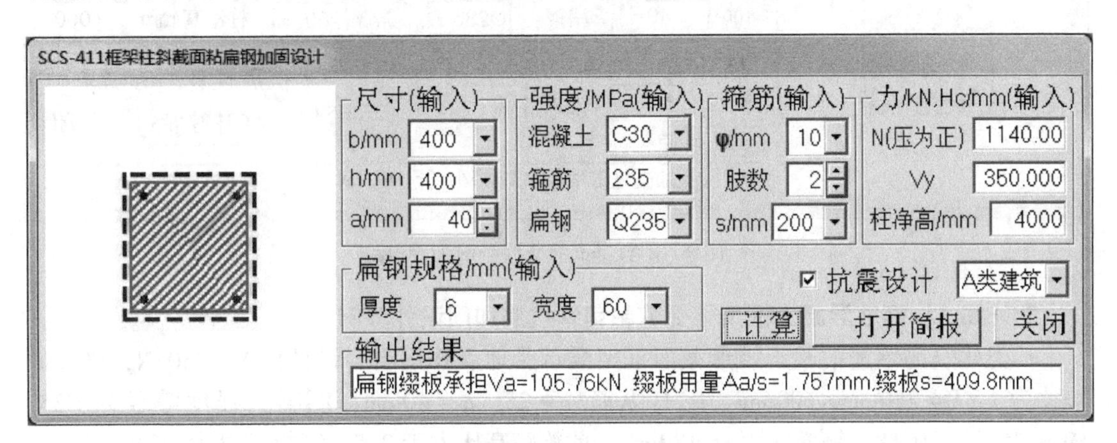

图 16-6　A 类建筑框架柱受剪加固设计

如果此结构为 2001 年后建造，根据《建筑抗震鉴定标准》所知，此属于 C 类建筑。加固计算时材料强度取值和承载力计算均采用现行国家标准规定，图 16-7 给出了 SCS 软件计算结果，手算过程略。

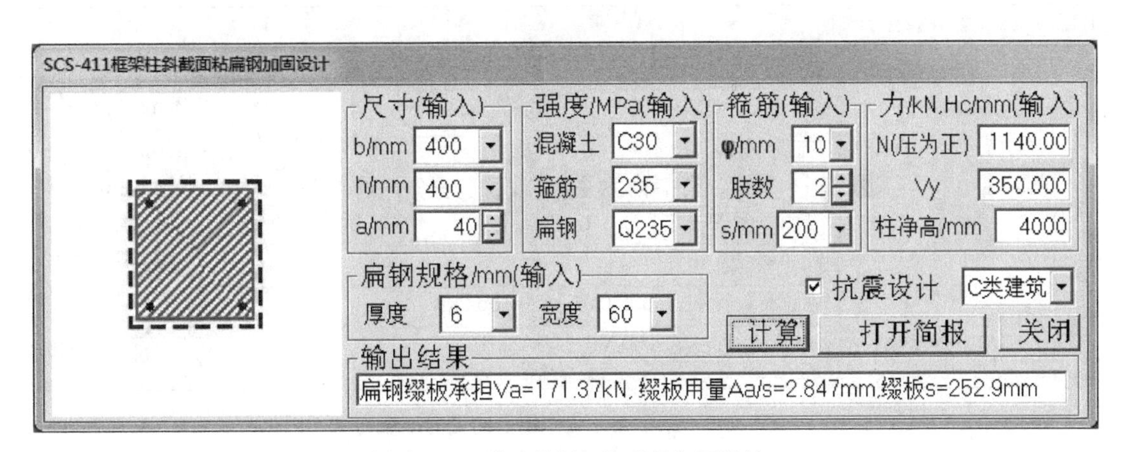

图 16-7　C 类建筑框架柱受剪加固设计

【例 16-4】受压构件斜截面外粘扁钢抗震加固复核

已知 1990 年代建造的框架结构中的矩形截面柱，截面尺寸 400mm×400mm，柱净高 4.0m，混凝土强度等级为 C30，均匀布置箍筋 ϕ10@200，柱轴压比为 0.5。沿全柱高用 6mm 厚，60mm 宽扁钢作水平缀板，缀板间距为 304.4mm，试计算其在地震作用组合下能承受的剪力。

【解】使用 SCS 软件输入信息与简要计算结果如图 16-8 所示。与图 16-5 对照可见结果正确。手算过程略。

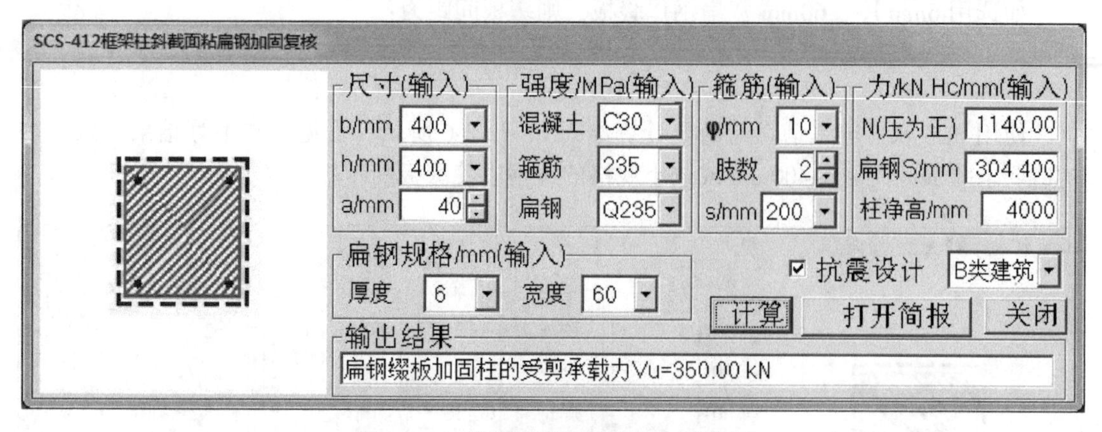

图 16-8 B 类建筑框架柱受剪加固复核

【例 16-5】钢筋混凝土框架梁受剪粘扁钢抗震加固设计算例

C 类建筑的钢筋混凝土矩形截面框架梁承受地震作用组合设计值 V = 350kN，梁截面尺寸为 $b\times h$ = 250mm×600mm，配有纵筋 4 Φ 25，a = 40mm，混凝土强度等级为 C25，HPB235 箍筋为 ϕ8，箍筋间距 s = 180mm，此梁跨高比大于 2.5，箍板型材为 Q235，4mm×50mm 扁钢作箍板，采用加锚封闭箍。试求所需的箍板间距。

【解】 原梁的受剪承载力，使用 RCM 软件输入信息与简要计算结果如图 16-9 所示，可知原梁在地震作用下的受剪承载力为 165.2kN。

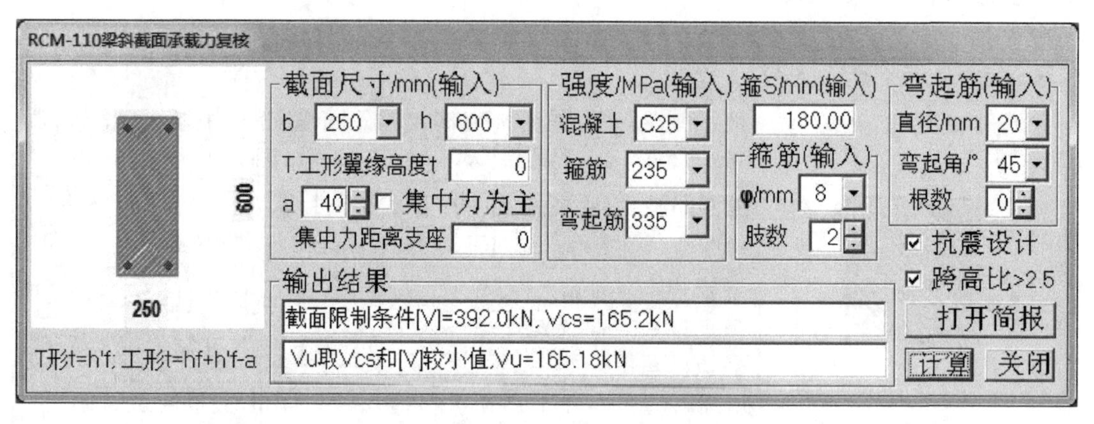

图 16-9 原梁在地震作用下的受剪承载力

需要用箍板承担的剪力值 $V_{\mathrm{a}}=\gamma_{\mathrm{Ra}}(V-V_{\mathrm{b0}})=0.85\times(350000-165200)=157099\mathrm{N}$

计算同一截面加固用箍板各肢截面面积之和（其中按 JGJ 16—2009 第 6.3.5-4 条，钢材强度乘折减系数 0.8）

$$\frac{A_{\mathrm{b,sp}}}{s_{\mathrm{sp}}}=\frac{V_{\mathrm{b,sp}}}{0.8f_{\mathrm{sp}}\psi_{\mathrm{vb}}h_{\mathrm{sp}}}=\frac{157099}{0.8\times215\times1\times600}=1.522\mathrm{mm}^2/\mathrm{mm}$$

如选用 4mm 厚，50mm 宽扁钢作缀板，则缀板间距为：$s_{\mathrm{sp}}=\dfrac{2\times4\times50}{1.522}=262.8\mathrm{mm}$

使用 SCS 软件输入信息与简要计算结果如图 16-10 所示。可见与手算结果相同。

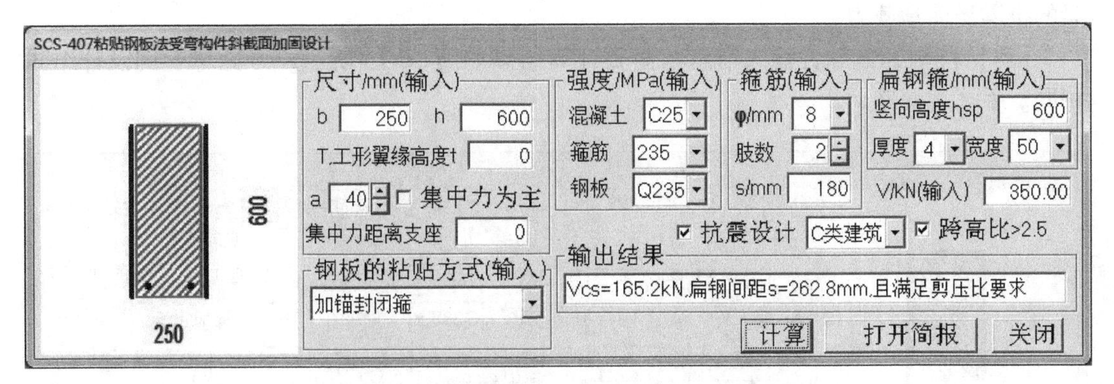

图 16-10　C 类建筑框架梁受剪粘钢板加固设计

如果此题是 B 类建筑，则用 SCS 软件输入信息与简要计算结果如图 16-11 所示。手算过程略。

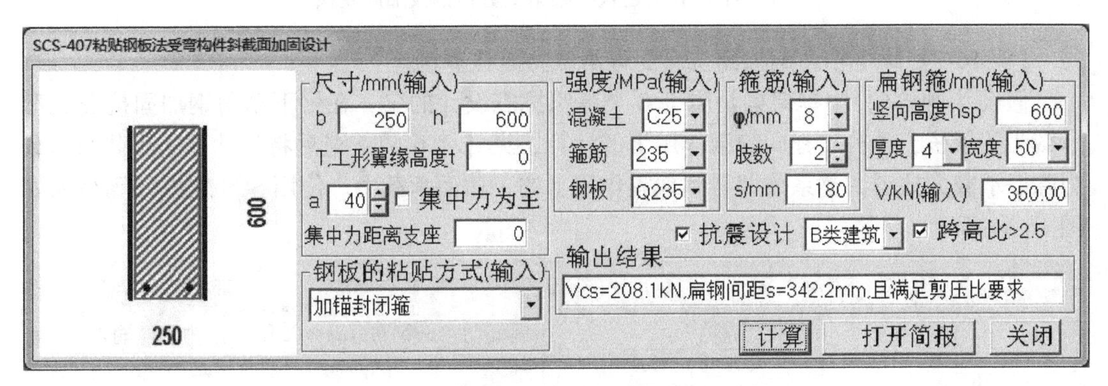

图 16-11　B 类建筑框架梁受剪粘钢板加固设计

如果此题是 A 类建筑，则用 SCS 软件输入信息与简要计算结果如图 16-12 所示。手算过程略。三图比较可见，B、A 类建筑计算结果符合后续使用年限短，安全性有所降低的趋势。

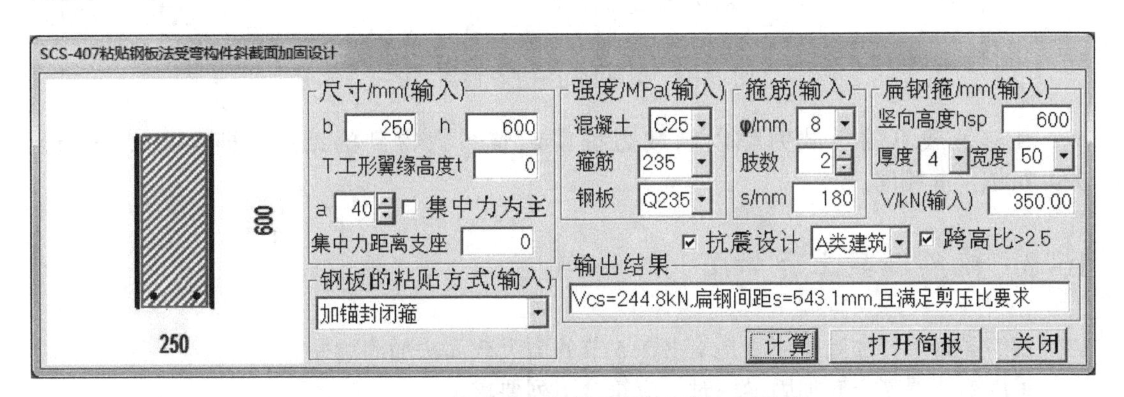

图 16-12　A 类建筑框架梁受剪粘钢板加固设计

【例 16-6】钢筋混凝土框架梁受剪粘扁钢抗震加固复核算例

B 类建筑框架梁的信息同【例 16-5】，并已知加固用扁钢间距为 342. 2mm，试计算该梁的抗震受剪承载力。

【解】使用SCS软件输入信息与简要计算结果如图16-13所示。可见与上例设计结果相同。手算过程略。

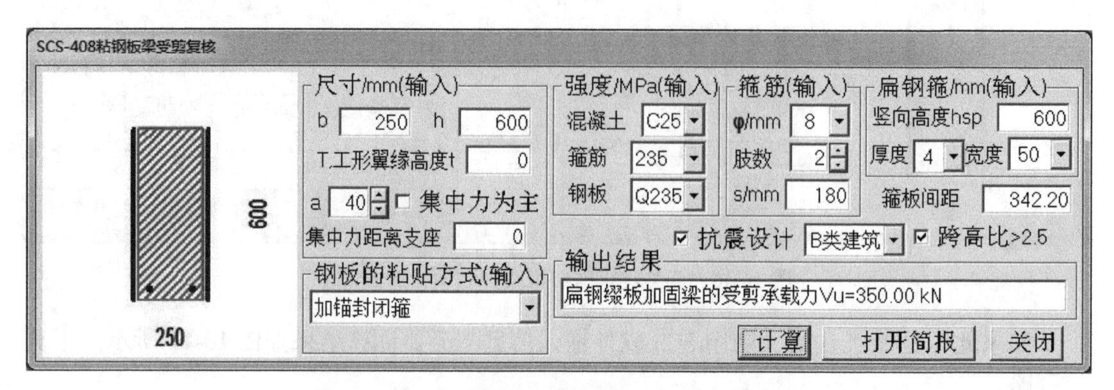

图16-13 B类建筑框架梁受剪粘钢板加固复核

【例16-7】梁下粘角钢加固抗震受弯承载力复核算例

假设【例6-6】中框架梁是属于C类建筑抗震设计的梁，在梁下粘角钢加固抗震受弯承载力的复核，计算过程同静载作用下的计算，见【例6-6】，最后将静载下的正截面承载力除以承载力抗震调整系数即得到地震作用下的正截面承载力。使用SCS软件计算结果如图16-14所示。

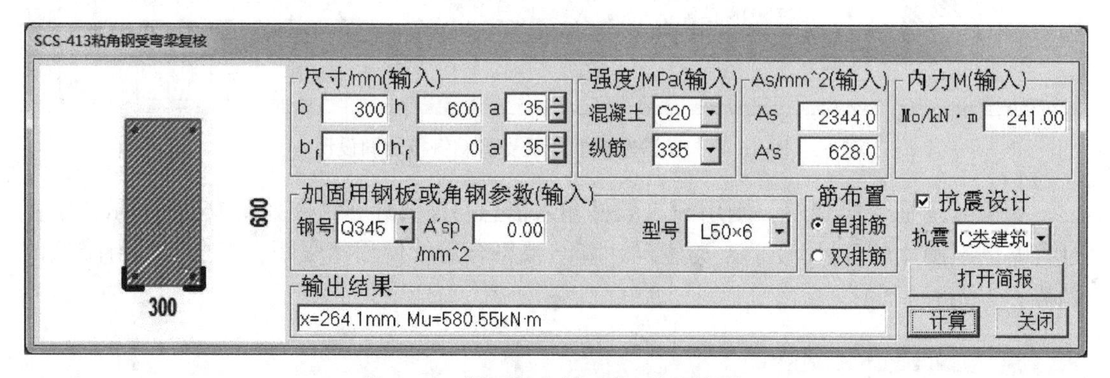

图16-14 梁下粘角钢正截面加固复核

其与静载下的承载力除以承载力抗震调整系数得到的结果，即434.82/0.75 = 579.76kN·m相同。

16.3 钢筋混凝土套加固

钢筋混凝土套加固梁柱就是本书2.5节的增大截面法加固梁柱。

采用钢筋混凝土套加固梁柱时，应符合下列要求：

（1）混凝土的强度等级不应低于C20，且不应低于原构件实际的混凝土强度等级。

（2）柱套的纵向钢筋遇到楼板时，应凿洞穿过并上下连接，其根部应伸入基础并满足锚固要求，其顶部应在屋面板处封顶锚固；梁套的纵向钢筋应与柱可靠连接。

（3）加固后梁、柱按整体截面进行抗震验算，新增的混凝土和钢筋的材料强度应乘以规定的折减系数。

采用钢筋混凝土套加固梁柱的设计，尚应符合下列要求：

（1）采用钢筋混凝土套加固梁时，应将新增纵向钢筋设在梁的底面和梁上部，并应在纵向钢筋外围设置箍筋；采用钢筋混凝土套加固柱时，应在柱周围设置封闭箍筋，纵筋应采用锚筋与原框架柱有可靠拉结。

（2）钢筋混凝土套的材料和构造尚应符合下列要求：

1）宜采用细石混凝土，其强度宜高于原构件一个等级；

2）纵向钢筋宜采用 HRB400、HRB335 级热轧钢筋，箍筋可采用 HPB300 级热轧钢筋；

3）A 类钢筋混凝土结构，箍筋直径不宜小于 8mm，间距不宜大于 200mm，B、C 类钢筋混凝土结构，应符合其抗震等级的相关要求；靠近梁柱节点处应加密；柱套的箍筋应封闭，梁套的箍筋应有一半穿过楼板后弯折封闭。

（3）加固后的梁柱可作为整体构件进行抗震验算，其现有承载力，A、B 类钢筋混凝土结构可按现行国家标准《建筑抗震鉴定标准》GB 50023 规定的方法确定，C 类钢筋混凝土结构可按现行国家标准《混凝土结构设计规范》GB 50010 规定的方法确定。其中，新增钢筋、混凝土的强度折减系数不宜大于 0.85；当新增的混凝土强度等级比原框架柱高一个等级时，可直接按原强度等级计算而不再计入混凝土强度的折减系数。对 A、B 类钢筋混凝土结构，按楼层综合抗震能力指数验算时，梁柱箍筋、轴压比等的体系影响系数可取 1.0。

对比《建筑抗震鉴定标准》GB 50023—2009 附录 E 与《混凝土结构设计规范》GB 50010—2010 的偏心受压柱计算方法，公式相同，只是前者混凝土强度用的是混凝土弯曲抗压强度 f_{cm}，后者是混凝土轴心抗压强度 f_c，数值上，f_{cm} 略大于 f_c，另前者主张按现行国家标准计算二阶效应。为回避新旧混凝土混合物 f_{cm} 取值困难，本书手算和软件 SCS 中均按 f_c 计算（比用 f_{cm} 计算偏于安全），A、B 类建筑的抗震鉴定承载力调整系数 γ_{Ra} 按《建筑抗震鉴定标准》GB 50023 规定取值。

钢筋混凝土套加固偏心受压柱，将地震作用效应 N、M 乘以抗震鉴定的承载力调整系数 γ_{Ra}，再将本书 2.5 节的公式（2-14）、式（2-15）及确定 f_{cc} 的式中的 0.9 改为 0.85，就可使用这些公式计算。

【例 16-8】钢筋混凝土套抗震加固偏心受压柱设计算例

假设【例 2-10】中框架柱是属于 C 类建筑抗震设计的柱，其在地震组合作用下的内力为 $N=5400\text{kN}$、$M_2=M_1=337.5\text{kN}\cdot\text{m}$，试计算钢筋混凝土套法加固所需纵向钢筋。

【解】 由于轴压比大于 0.15，$\gamma_{Ra}=\gamma_{RE}=0.80$，静载下的作用效应为 $N=0.8\times5400=4320\text{kN}$、$M_2=M_1=0.8\times337.5=270\text{kN}\cdot\text{m}$。

$$f_{cc}=\frac{1}{2}(f_{c0}+0.85f_c)=\frac{1}{2}(9.6+0.85\times11.9)=9.86\text{N/mm}^2$$

偏安全取 $M_1/M_2=1$，$e_0=\dfrac{M}{N}=\dfrac{270.0\times10^6}{4320000}=62.5\text{mm}$

考虑二阶效应得 $\eta_{ns}=1.082$（详细计算见【例 2-10】）。

采用围套对称形式加固，取修正系数 $\psi=1.2$

$$e_i=\psi C_m\eta_{ns}e_0+e_a=1.2\times1\times1.082\times62.5+20=101.2\text{mm}$$

由式（2-18），$e=e_i+\dfrac{h}{2}-a=101.2+0.5\times550-35=341.2\text{mm}$

由式（2-16）、式（2-17）得钢筋应力

$$\sigma_s=\left(\frac{0.8h_0}{x}-1\right)E_s\varepsilon_{cu}=\left(\frac{0.8\times515}{x}-1\right)\times2\times10^5\times0.0033=660\times\left(\frac{412}{x}-1\right)$$

$$\sigma_{s0}=\left(\frac{0.8h_{01}}{x}-1\right)E_{s0}\varepsilon_{cu}=\left(\frac{0.8\times465}{x}-1\right)\times2\times10^5\times0.0033=660\times\left(\frac{372}{x}-1\right)$$

代入方程式（2-14）、式（2-15）（其中 0.9 改为 0.85）得

$$4320000=10.155\times500x+0.85\times300A'_s+300\times2513-0.85\times660\times\left(\frac{412}{x}-1\right)\times A'_s-660\times\left(\frac{372}{x}-1\right)\times2513$$

$$4320000\times341.2=10.155\times500x\left(515-\frac{x}{2}\right)+0.85\times300\times A'_s(515-35)+300\times2513\times(515-85)-600\times\left(\frac{372}{x}-1\right)\times2513\times(85-35)$$

解联立方程组，得 $x=436.5\text{mm}$。代入式（2-16）、式（2-17）得真实的钢筋应力

$$\sigma_s=\left(\frac{0.8h_0}{x}-1\right)E_s\varepsilon_{cu}=\left(\frac{412}{436.5}-1\right)\times660=-37.0\text{MPa}$$

$$\sigma_{s0}=\left(\frac{0.8h_{01}}{x}-1\right)E_{s0}\varepsilon_{cu}=\left(\frac{412}{436.5}-1\right)\times660=-97.5\text{MPa}$$

再代入方程式（2-14）、式（2-15），可解出 $A_s=A'_s=4069.9\text{mm}^2$。SCS 软件计算对话框输入信息和最终计算结果如图 16-15 所示，可见其与手算结果相同。为验证计算结果可靠性，将其与静力荷载下加固的柱，即【例 2-10】结果比较，这里配筋量略大些，是因为加固用材料强度折减得多些所致，故认为抗震加固计算结果是合理的。

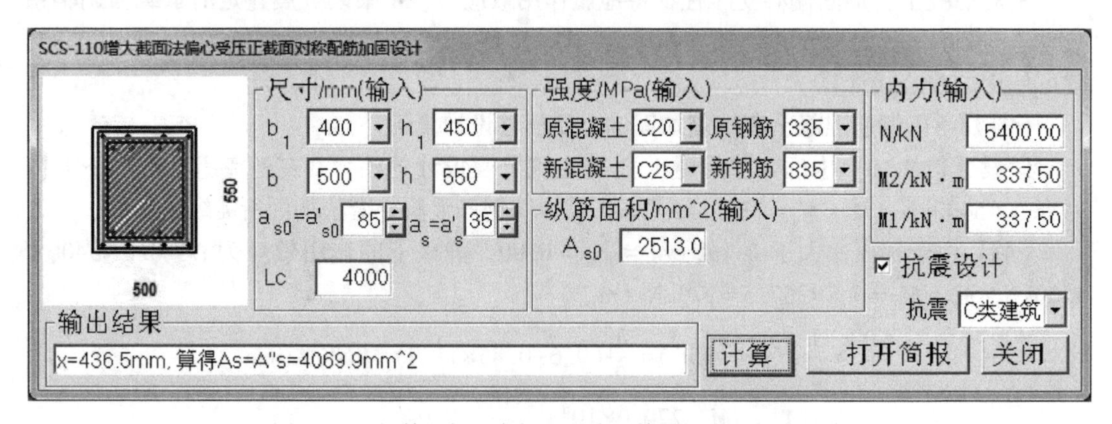

图 16-15 钢筋混凝土套加固对称配筋柱抗震承载力设计

【例 16-9】钢筋混凝土套抗震加固偏心受压柱复核算例

假设【例 2-12】中框架柱是属于 C 类建筑抗震设计的柱，已知偏心距 e_0，试计算其在地震组合作用下能承受的轴向力 N。

【解】 假设轴压比大于 0.15，$\gamma_{Ra}=\gamma_{RE}=0.80$。参照【例 2-12】计算过程，注意将公式中系数 0.9 改为 0.85，将求得的轴向承载力除以 γ_{Ra}，即得最终结果。手算过程略。

使用 SCS 软件计算结果如图 16-16 所示。结果略小于【例 2-12】求得静载承载力除以 γ_{Ra} 的值 2872.64/0.8=3590.8kN，符合预期。

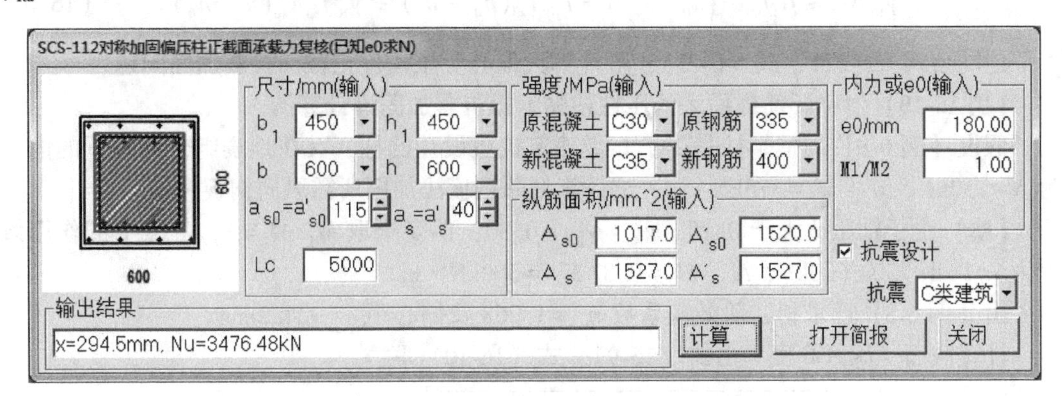

图 16-16　钢筋混凝土套加固柱抗震承载力复核

16.4　粘贴钢板加固

采用粘贴钢板加固梁柱时，应符合下列要求：

（1）原构件的混凝土实际强度等级不应低于 C15；混凝土表面的受拉粘结强度不应低于 1.5MPa。粘贴钢板应采用粘贴强度高且耐久的胶粘剂；钢板可采用 Q235 或 Q355 钢，厚度宜为 2~5mm。

（2）钢板的受力方式应设计成仅受轴向应力作用。钢板在需要加固的范围以外的锚固长度，受拉时不应小于钢板厚度的 200 倍，且不应小于 600mm；受压时不应小于钢板厚度的 150 倍，且不应小于 500mm。

（3）粘贴钢板与原构件尚宜采用专用金属胀栓连接。

（4）粘贴钢板加固钢筋混凝土结构的胶粘剂的性能、加固的构造和承载力验算，可按现行国家标准《混凝土结构加固设计规范》GB 50367 的有关规定执行，其中，对构件承载力的新增部分，其加固承载力抗震调整系数宜采用 1.0，且对 A、B 类钢筋混凝土结构，原构件的材料强度设计值和抗震承载力，应按现行国家标准《建筑抗震鉴定标准》GB 50023 的有关规定采用。

（5）被加固构件长期使用的环境和防火要求，应符合国家现行有关标准的规定。

（6）粘贴钢板加固时，应卸除或大部分卸除作用在梁上的活荷载，其施工应符合专门的规定。

以下以大偏心受压构件正截面加固计算为例，展示计算公式的推导。

静力组合下大偏心受压构件正截面加固计算的截面力平衡方程为式（6-20），考虑构件承载力的新增部分，其加固承载力抗震调整系数取 1.0，地震作用组合下的截面力平衡方程为：

$$N \leqslant \frac{1}{\gamma_{Ra}}(\alpha_1 f_{c0} bx + f'_{y0}A'_{so} - f_{y0}A_{s0}) - f_{sp}A_{sp}$$

变换后（称为“拟静力计算”）为

$$\gamma_{Ra}N \leqslant \alpha_1 f_{c0} bx + f'_{y0}A'_{so} - f_{y0}A_{s0} - \gamma_{Ra}f_{sp}A_{sp} \tag{16-9}$$

同理，式（6-21）成为：

$$\gamma_{Ra}Ne \leqslant \alpha_1 f_{c0} bx\left(h_0 - \frac{x}{2}\right) + f'_{y0}A'_{s0}(h_0 - a') + \gamma_{Ra}f_{sp}A_{sp}(h - h_0) \tag{16-10}$$

连同公式（6-22）、式（6-23），可计算大偏心受压构件正截面抗震加固问题。

【例 16-10】对称配筋截面大偏压柱粘贴钢板抗震加固设计算例

假设【例 6-8】的框架柱是属于 C 类建筑抗震设计的柱，其在地震组合作用下的内力为 $N=750\text{kN}$、$M_2=M_1=375\text{kN}\cdot\text{m}$，试计算粘贴钢板法加固所需纵向钢板数量。

【解】 由于轴压比大于 0.15，$\gamma_{Ra}=\gamma_{RE}=0.80$，偏安全取 $M_1/M_2=1$，静载下的作用效应为$N=0.8\times750=600\text{kN}$、$M_2=M_1=0.8\times375=300\text{kN}\cdot\text{m}$。

由【例 6-8】已求得二阶效应系数 $\eta_{ns}=1.068$ 及偏心距 $e=924.2\text{mm}$。

计算截面受压区高度，由式（16-9）、式（16-10）联立

$$x = \left[1 - \sqrt{1 - 2 \times \frac{N(e + a) + f_{y0}A_{s0}(h_0 - a)}{\alpha_1 f_{c0} bh^2}}\right]$$

$$=500\times\left[1-\sqrt{1-2\times\frac{600000\times(924.2+40)-300\times804\times(460-40)}{1\times11.9\times400\times500^2}}\right]=277.6\text{mm}$$

由式（16-9）

$$A_{sp}=\frac{\alpha_1 f_{c0} bx-\gamma_{Ra}N}{\gamma_{Ra}f_{sp}}=\frac{1\times11.9\times400\times277.6-0.8\times750000}{0.8\times215}=4192.8\text{mm}^2$$

使用 SCS 软件计算结果如图 16-17 所示。电算与手算结果一致。

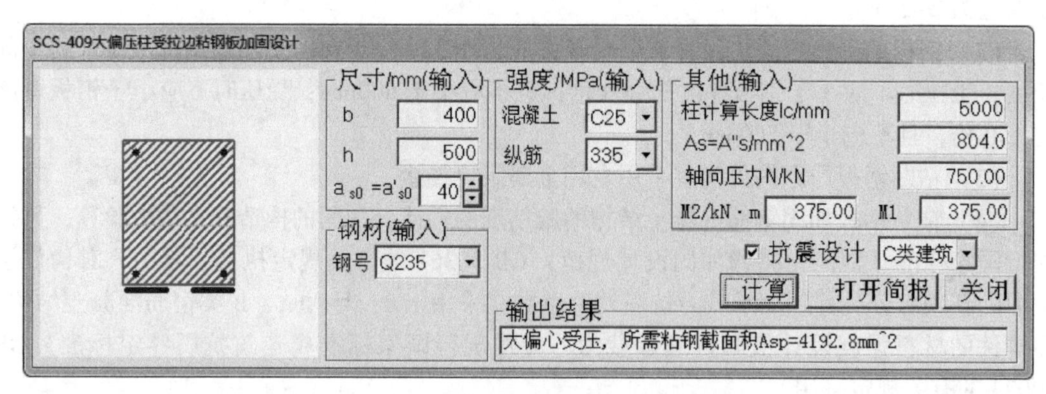

图 16-17 大偏心受压构件正截面抗震加固设计

16.5 粘贴纤维布加固

采用粘贴纤维布加固梁柱时，应符合下列要求：

（1）原结构构件实际的混凝土强度等级不应低于 C15，且混凝土表面的正拉粘结强度

不应低于1.5MPa。

（2）碳纤维的受力方式应设计成仅承受拉应力作用。当提高梁的受弯承载力时，碳纤维布应设在梁顶面或底面受拉区；当提高梁的受剪承载力时，碳纤维布应采用U形箍加纵向压条或封闭箍的方式；当提高柱受剪承载力时，碳纤维布宜沿环向螺旋粘贴并封闭，当矩形截面采用封闭环箍时，至少缠绕3圈且搭接长度应超过200mm。粘贴纤维布在需要加固的范围以外的锚固长度，受拉时不应小于600mm。

（3）纤维布和胶粘剂的材料性能、加固的构造和承载力验算，可按现行国家标准《混凝土结构加固设计规范》GB 50367的有关规定执行，其中，对构件承载力的新增部分，其加固承载力抗震调整系数宜采用1.0，且对A、B类钢筋混凝土结构，原构件的材料强度设计值和抗震承载力，应按现行国家标准《建筑抗震鉴定标准》GB 50023的有关规定采用。

（4）被加固构件长期使用的环境和防火要求，应符合国家现行有关标准的规定。

（5）粘贴纤维布加固时，应卸除或大部分卸除作用在梁上的活荷载，其施工应符合专门的规定。

将静力组合下受弯构件正截面加固计算的截面承载力方程式（8-2）右端除以承载力抗震调整系数，即得到地震作用下构件的受弯承载力公式（16-11）。

$$M \leqslant \frac{1}{\gamma_{Ra}}\left[\alpha_1 f_{c0} bx\left(h-\frac{x}{2}\right)+f'_{y0}A'_{s0}(h-a')-f_{y0}A_{s0}(h-h_0)\right] \tag{16-11}$$

考虑构件承载力的新增部分承载力抗震调整系数取1.0。将式（16-11）连同式（8-3）、式（8-4）、式（8-5）可计算粘贴纤维受弯构件抗震加固问题。

对于粘贴纤维复合材加固梁受剪承载力抗震计算，考虑构件承载力的新增部分，其加固承载力抗震调整系数取1.0，地震作用组合下粘贴纤维条带后梁斜截面承载力提高值与式（8-15）相同，即式（16-12）。

$$V_{bf}=\psi_{vb}f_f A_f h_f/S_f \tag{16-12}$$

对于粘贴纤维复合材加固柱受剪承载力抗震计算，与梁的受剪抗震加固计算类似，地震作用组合下粘贴纤维条带后梁斜截面承载力提高值与式（8-22）相同，即式（16-13）。

$$V_{cf}=\psi_{vc}f_f A_f h/s_f \tag{16-13}$$

【例16-11】梁粘贴纤维复合材抗震加固受弯承载力设计算例

假设【例8-2】的T形截面梁是属于C类建筑抗震设计的梁，其在地震组合作用下的内力为$M=313.6\text{kN}\cdot\text{m}$，试计算粘贴纤维法加固所需纤维复合材数量。

【解】 抗震C类建筑，$\gamma_{Ra}=\gamma_{RE}=0.75$，静载下的作用效应为$N=0.75\times313.6=235.2\text{kN}\cdot\text{m}$。求截面受压区高度和纤维复合材强度利用系数与【例8-2】中相同，这里不重复了。以下改用式（16-11）计算纤维复合材截面积，

$$A_{fe}=\frac{\alpha_1 f_{c0}bx-f_{y0}A_{s0}+f'_{y0}A'_{s0}}{\psi_f f_f}=\frac{1\times9.6\times750\times66.4-300\times1140+0}{1\times2300}=59.3\text{mm}^2$$

使用SCS软件计算对话框输入信息和最终计算结果如图16-18所示，可见其与手算结果相同。

【例16-12】梁粘贴纤维复合材抗震加固受剪承载力设计算例

假设【例8-6】的框架梁是属于C类建筑抗震设计的梁，其跨高比大于2.5，在地震

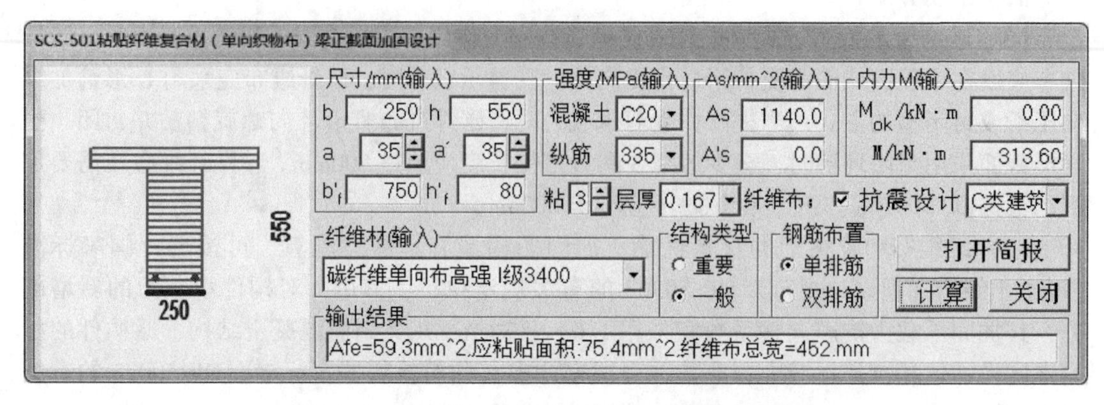

图 16-18 粘贴纤维复合材法抗震加固梁受弯承载力

组合作用下的内力为 $V=390\text{kN}$，试计算粘贴纤维法加固所需纤维复合材数量。

【解】1）验算截面尺寸限制条件

跨高比大于 2.5

$390\text{kN}\leqslant 0.20\beta_c f_c bh_0/\gamma_{Ra}=0.20\times1\times11.9\times250\times565\times10^{-3}/0.85=395.50\text{kN}$，满足要求。

2）原梁受剪承载力

使用文献［3］介绍的 RCM 软件输入信息与简要计算结果如图 16-19 所示，由此得知 $V_{b0}=158.85\text{kN}$。可见承载力不满足要求，需要加固。

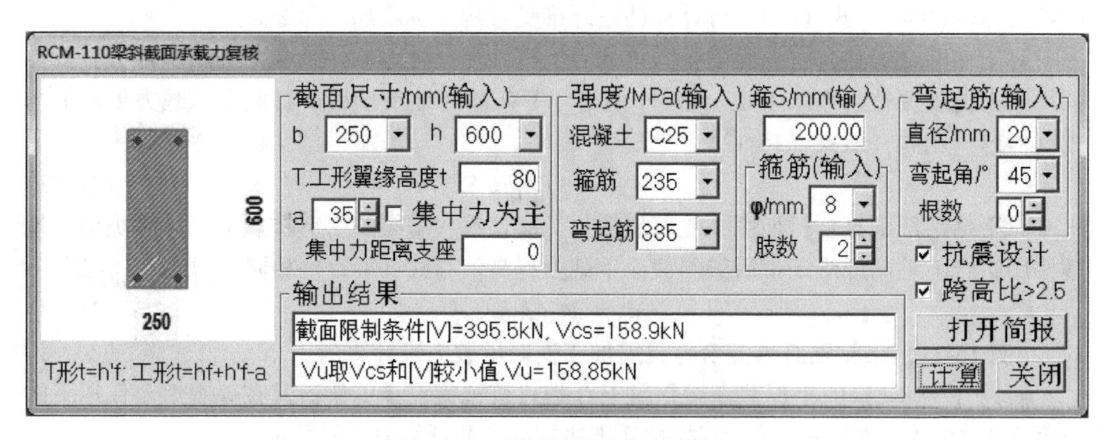

图 16-19 原梁受剪承载力计算

3）碳纤维承载剪力

$$V_{bf}=V-V_{b0}=390-158.85=231.15\text{kN}$$

4）碳纤维布用量

由于采用加织物压条的一般 U 形箍做法，查 GB 50367—2013 表 10.3.3 得抗剪强度折减系数 $\psi_{vb}=0.75$，采用高强度 II 级碳纤维布，$f_f=0.28\times2000=560\text{N/mm}^2$。由式（16-12）得

$$\frac{A_f}{s_f}=\frac{V_{bf}}{\psi_{vb}f_f h_f}=\frac{231150}{0.75\times560\times520}=1.058\text{mm}^2/\text{mm}$$

使用 SCS 软件计算对话框输入信息和最终计算结果如图 16-20 所示，可见其与手算结果相同。

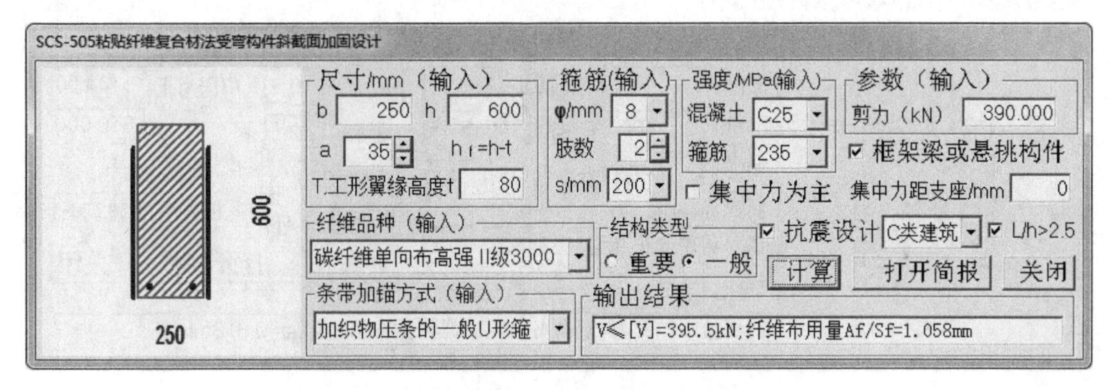

图 16-20　粘贴纤维复合材法抗震加固梁受剪承载力

【例 16-13】受压构件斜截面粘贴纤维复合材抗震加固设计算例

已知 1990 年代建造的框架结构中的矩形截面柱，截面尺寸 400mm×400mm，柱净高 4.0 m，混凝土强度等级为 C30，均匀布置 HPB235 级钢箍筋 ϕ10@200，柱轴压比为 0.5。现地震作用组合设计剪力 350kN。如果采用粘贴纤维复合材加固方案，试进行加固计算。

【解】

根据 1990 年代建造的建筑和《建筑抗震鉴定标准》所知，此属于 B 类建筑。柱受剪力，故 $\gamma_{Ra}=\gamma_{RE}=0.85$。

1）验算截面尺寸，材料强度按《建筑抗震鉴定标准》GB 50023—2009 附录 A 取值，并按照《建筑抗震鉴定标准》GB 50023—2009 附录 E 公式（E.0.1）

$V=350\text{kN}\leqslant\dfrac{1}{\gamma_{Ra}}0.2f_cbh_0=0.20\times15.0\times400\times360\times10^{-3}/0.85=508.2\text{kN}$，满足要求。

2）确定原柱受剪承载力

轴压比 $n=0.5>0.3$，取 $N=0.3f_{c0}bh=0.3\times15\times400\times400\times10^{-3}=720\text{kN}$

剪跨比 $\lambda=\dfrac{H_n}{2h_0}=\dfrac{4000}{2\times360}=5.56$，取 $\lambda=3$；

$$V_{y0}=\frac{1}{\gamma_{Ra}}\left(\frac{0.16}{\lambda+1.5}f_cbh_0+f_{yv}\frac{A_{sy}}{S}h_0+0.056N\right)$$

$$=\frac{1}{0.85}\left(\frac{0.16}{3+1.5}15\times400\times360+210\times\frac{157}{200}\times360+0.056\times720000\right)\times10^{-3}$$

$$=207.61\text{kN}$$

3）纤维复合材需承担的剪力

$$V_{cf}=V-V_{y0}=350-207.61=142.39\text{kN}$$

查 GB 50367—2013 表 10.5.2 得 $\psi_{vc}=0.72$，采用高强度 I 级碳纤维布，则 $f_f=0.5\times1600=800\text{N/mm}^2$

按式（16-13），纤维复合材用量为：

$$\frac{A_f}{s_f}=\frac{V_{cf}}{\psi_{vc}f_fh}=\frac{142390}{0.72\times800\times400}=0.618\text{mm}^2/\text{mm}$$

使用SCS软件输入信息与简要计算结果如图16-21所示。可见其与手算结果一致。

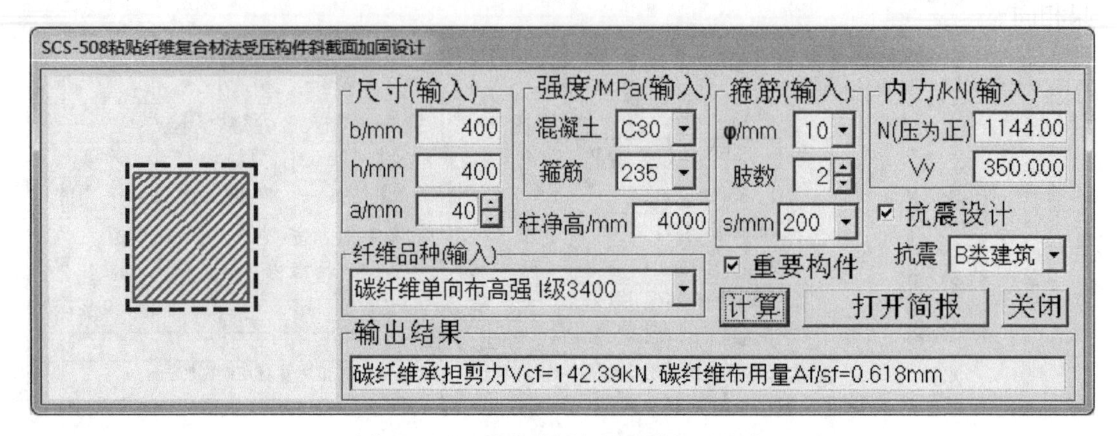

图16-21 B类建筑框架柱受剪加固设计

16.6 钢绞线网-聚合物砂浆面层加固

钢绞线网-聚合物砂浆面层加固梁柱的钢绞线网片、聚合物砂浆的材料性能，应符合《建筑抗震加固技术规程》JGJ 116—2009第5.3.4条的规定。界面剂的性能应符合现行行业标准《混凝土界面处理剂》JC/T 907关于Ⅰ型的规定。

钢绞线网-聚合物砂浆面层加固梁柱的设计，应符合下列要求：

（1）原有构件混凝土的实际强度等级不应低于C15，且混凝土表面的正拉粘结强度不应低于1.5MPa。

（2）钢绞线网的受力方式应设计成仅承受拉应力作用。当提高梁的受弯承载力时，钢绞线网应设在梁顶面或底面受拉区；当提高柱受剪承载力时，钢绞线网应采用四面围套的方式。

（3）钢绞线网-聚合物砂浆面层加固梁柱的构造，应符合下列要求：

1）面层的厚度应大于25mm，钢绞线保护层厚度不应小于15mm；

2）钢绞线网应设计成仅承受单向拉力作用，其受力钢绞线的间距不应小于20mm，也不应大于40mm；分布钢绞线不应考虑其受力作用，间距在200~500mm；

3）钢绞线网应采用专用金属胀栓固定在构件上，端部胀栓应错开布置，中部胀栓应交错布置，且间距不宜大于300mm。

（4）钢绞线网-聚合物砂浆面层加固梁的承载力验算，可按照现行国家标准《混凝土结构加固设计规范》GB 50367有有关规定进行，其中，对构件承载力的新增部分，其加固承载力抗震调整系数宜采用1.0，且对A、B类钢筋混凝土结构，原构件的材料强度设计值和抗震承载力，应按现行国家标准《建筑抗震鉴定标准》GB 50023的有关规定采用。

（5）钢绞线网-聚合物砂浆面层加固柱简化的承载力验算，环向钢绞线可按箍筋计算，但钢绞线的强度应依据柱剪跨比的大小乘以折减系数，剪跨比不小于3时取0.50，剪跨比不大于1.5时取0.32。对A、B类钢筋混凝土结构，原构件的材料强度设计值和抗震承载力，应按现行国家标准《建筑抗震鉴定标准》GB 50023的有关规定采用。

（6）被加固构件长期使用的环境要求，应符合国家现行有关标准的规定。

提高梁的受弯承载力时，抗震设计公式由相应的静力计算式（10-2）改造而成，以拟静力法为例，为：

$$\gamma_{\mathrm{Ra}}M \leqslant \alpha_1 f_{c0} bx\left(h - \frac{x}{2}\right) + f'_{y0}A'_{s0}(h - a') - f_{y0}A_{s0}(h - h_0) \tag{16-14}$$

将式（16-14）、式（10-3）联立求解，得出 A_{rw}，即得规程要求的钢绞线截面积，即满足对构件承载力的新增部分，其加固承载力抗震调整系数取 1.0 的钢绞线截面积。

【例 16-14】梁正截面受弯承载力钢绞线网-聚合物砂浆面层抗震加固算例

建于 1970 年代的 A 类建筑中某梁截面尺寸，$b\times h=250\mathrm{mm}\times 500\mathrm{mm}$，混凝土强度等级 C25，受拉区配置了 HRB335 级钢筋 3ϕ25，受压区配置了 HRB335 级钢筋 2ϕ18，由于该梁上部需增加设备，截面的设计弯矩值增大为 $M=320\mathrm{kN\cdot m}$，加固前采取可靠措施对梁进行卸载，截面弯矩标准值为 $M_{0k}=135\mathrm{kN\cdot m}$。对该梁进行加固处理，加固采用$\phi$6 的 HRB335 级钢筋，单侧砂浆层厚度为 25mm，砂浆强度等级为 M40 级。梁底部加固钢筋网间距取为 50mm。试验算该梁加固后能否满足要求。

【解】

1）求原梁极限弯矩设计值

按照《建筑抗震鉴定标准》GB 50023—2009 式（E. 0. 2-2）

$$x=\frac{f_y A_s - f'_y A'_s}{\alpha_1 f_{cm} b}=\frac{300\times(1473-603)}{1\times 13.5\times 250}=77.3\mathrm{mm}<\xi_b h_0=0.550\times 465=255.8\mathrm{mm}$$

按照《建筑抗震鉴定标准》GB 50023—2009 式（E. 0. 2-1）

$$\begin{aligned} M_u &= \alpha_1 f_{cm} bx(h_0 - x/2) + f'_y A'_s(h_0 - a') \\ &= [1\times 13.5\times 250\times 77.3\times(465-0.5\times 77.3)+300\times 603\times(465-35)]\times 10^{-6} \\ &= 189.06\mathrm{kN\cdot m} \end{aligned}$$

考虑抗震承载力调整系数为

$$M_{u0}=\frac{M_u}{\gamma_{Ra}}=\frac{M_u}{0.85\gamma_{RE}}=\frac{189.06}{0.85\times 0.75}=296.56\mathrm{kN\cdot m}$$

2）计算加固梁的受弯承载力

$$x=h\left[1-\sqrt{1-2\frac{\gamma_{Ra}M+f_y A_s a - f'_y A'_s(h-a')}{\alpha_1 f_{cm} bh^2}}\right]$$

$$=500\times\left[1-\sqrt{1-2\frac{0.85\times 0.75\times 320\times 10^6+300\times 1473\times 35-300\times 603\times(500-35)}{1\times 13.5\times 250\times 500^2}}\right]$$

$=87.9\mathrm{mm}\leqslant 0.85\xi_b h$，满足要求。

$\rho_{te}=\dfrac{A_s}{0.5bh}=\dfrac{1473}{0.5\times 250\times 500}=0.0236$，查 GB 50367—2013 表 13. 2. 4，得 $\alpha_{rw}=1.168$

纤维复合材的滞后应变 $\varepsilon_{rw,0}=\dfrac{\alpha_{rw}M_{0k}}{E_{s0}A_{s0}h_0}=\dfrac{1.168\times 135\times 10^6}{200000\times 1473\times 465}=0.00115$

$$\psi_{rw}=\frac{(0.8\varepsilon_{cu}h/x)-\varepsilon_{cu}-\varepsilon_{rw,0}}{f_{rw}/F_{rw}}=\frac{0.8\times 0.0033\times 500/87.9-0.0033-0.00115}{1200/120000}=$$

1.056>1，取 $\psi_{rw}=1.0$

由于只在梁底面粘贴钢丝绳网片，取 $\eta_{r1}=1.0$。再由公式（10-3）得钢丝绳总截面积

$$A_{rw}=\frac{\alpha_1 f_{co}bx-f_{y0}(A_{s0}-A'_{s0})}{\eta_{r1}\psi_{rw}f_{rw}}=\frac{1\times13.5\times250\times87.9-300\times(1473-603)}{1\times1.0\times1200}=29.83\text{mm}^2$$

使用SCS软件计算对话框输入信息和最终计算结果如图16-22所示，可见其与手算结果相同。

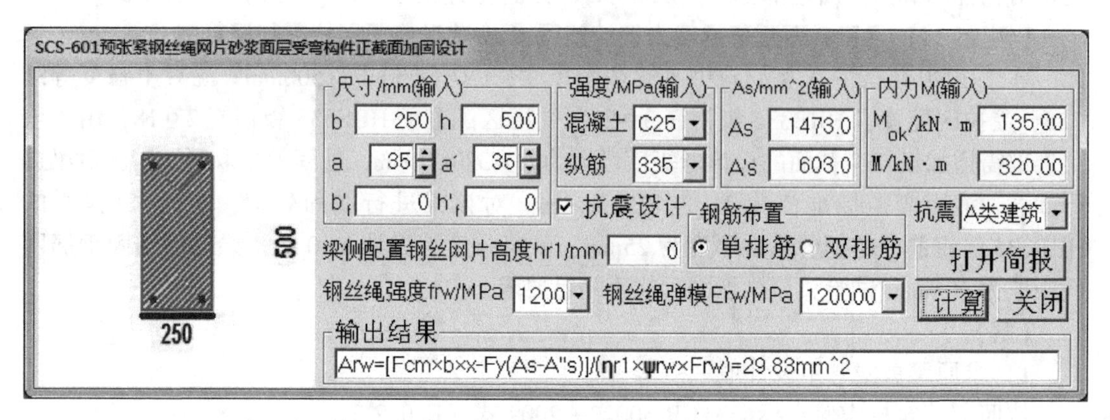

图16-22 原梁极限弯矩设计值

【例16-15】梁斜截面受剪承载力钢绞线网-聚合物砂浆面层抗震加固算例

试对【例16-12】的原框架梁斜截面采用钢绞线网-聚合物砂浆面层加固，计算其所需钢绞线网材数量。

【解】 1）验算截面尺寸限制条件

跨高比大于2.5

390kN≤$0.20\beta_a f_c bh_0/\gamma_{Ra}=0.20\times1\times11.9\times250\times565/0.85=395.50$kN，满足要求。

2）原梁受剪承载力

使用文献［3］介绍的RCM软件输入信息与简要计算结果如图16-19所示，由此得知 $V_{b0}=158.85$kN。可见承载力不满足要求，需要加固。

3）钢绞线网-聚合物砂浆面层需承担剪力

$$V_{bf}=V-V_{b0}=390-158.85=231.15\text{kN}$$

4）钢绞线网用量

由于采用环形箍做法，查GB 50367—2013表13.3.3得抗剪强度折减系数 $\psi_{vb}=1.00$，钢绞线设计强度乘以调整系数0.25，$f_{rw}=0.25\times1050=262.5\text{N/mm}^2$。由《混凝土结构加固设计规范》GB 50367—2013式（13.3.3-2）

$$\frac{A_{rw}}{s_{rw}}=\frac{V_{br}}{\psi_{vb}f_{rw}h_{rw}}=\frac{231150}{1.00\times262.5\times600}=1.468\text{mm}^2/\text{mm}$$

使用SCS软件计算对话框输入信息和最终计算结果如图16-23所示，可见其与手算结果相同。

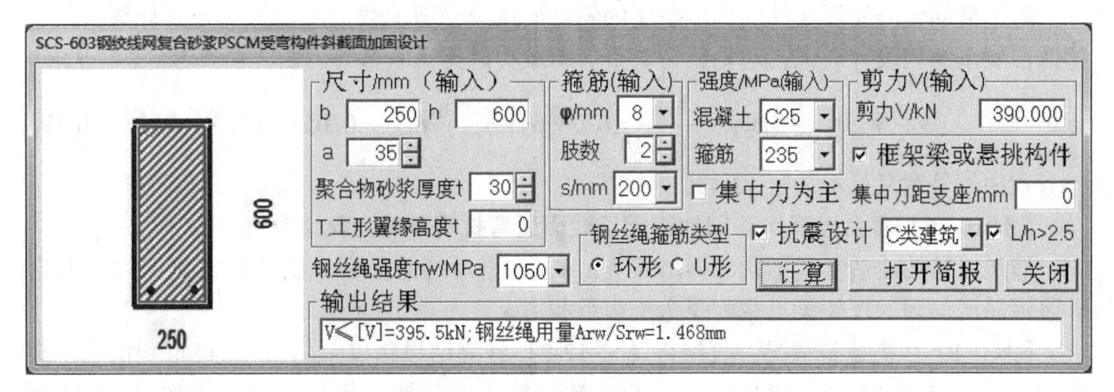

图 16-23　粘贴纤维复合材法抗震加固梁受剪承载力

16.7　水泥复合砂浆钢筋网加固

《水泥复合砂浆钢筋网加固混凝土结构技术规程》CECS 242：2016[4] 第 5.1.3 条规定：当混凝土构件考虑抗震加固时，按该规程相关规定计算，计算时相应的承载力应除以抗震调整系数 γ_{RE}，γ_{RE} 的取值按照现行的国家标准《建筑抗震设计规范》GB 50011 的规定。

除此之外，应遵从《建筑抗震加固技术规程》JGJ 116—2009 规定。对 A、B 类建筑材料强度的设计指标应按《建筑抗震鉴定标准》GB 50023—2009 附录 A 采用，抗震调整系数采用 γ_{Ra}。对 C 类建筑 $\gamma_{Ra}=\gamma_{RE}$。以下统一称：“计算时相应的承载力应除以抗震调整系数 γ_{Ra}”，材料强度符号采用 C 类建筑表示，A、B 类建筑应替换成相应的符号和强度指标。

受弯构件正截面受弯承载力抗震计算是在相应的静承载力公式（12-1）、式（12-4）、式（12-7）右端除以抗震调整系数 γ_{Ra}。

偏心受压构件正截面受压承载力计算是在相应的静承载力公式（12-33）、式（12-34）右端除以抗震调整系数 γ_{Ra}，如下：

$$N=\frac{1}{\gamma_{Ra}}(\alpha_1 f_{cc}bx+f'_yA'_s+\mu f'_{ye}A'_{se}-f_yA_s-\mu f_{ye}A_{se}) \tag{16-15}$$

$$M=Ne=\frac{1}{\gamma_{Ra}}\left(\alpha_1 f_{cc}bx\left(h_0-\frac{x}{2}\right)+f'_yA'_s(h_0-a')+\mu f'_{ye}A'_{se}h_0\right) \tag{16-16}$$

受弯构件斜截面受剪承载力抗震计算是在相应的静承载力公式（12-20）右端除以抗震调整系数 γ_{Ra}，并仿照混凝土结构设计规范，对相应的静承载力公式（12-20）右端复合砂浆抗力项乘以折减系数 0.6，并除以抗震调整系数 γ_{Ra}，即：

$$V_{cm}=\frac{1}{\gamma_{Ra}}\left(0.84\beta_2\gamma f_t t_0 h+\alpha_2\gamma f_{yv}\frac{A_{sv}}{s}h_{m0}\right) \tag{16-17}$$

对集中荷载作用下（包括作用有多种荷载，其中集中荷载对支座或节点边缘产生的剪力设计值占总剪力设计值的 75%以上的情况）的独立梁，V_{cm} 应按下式计算：

$$V_{cm}=\frac{1}{\gamma_{Ra}}\left(\beta_2\gamma\frac{2.1}{\lambda+1.0}f_t t_0 h+\alpha_2\gamma\xi f_{yv}\frac{A_{sv}}{s}h_{m0}\right) \tag{16-18}$$

矩形截面偏心受压构件复合砂浆层的斜截面抗震受剪承载力应按下列公式计算，其中仿照混凝土结构设计规范，对轴压力对受剪承载力的提高系数打八折：

$$V_{\mathrm{cm}} = \frac{1}{\gamma_{\mathrm{Ra}}}\left(\beta_2\gamma\frac{2.1}{\lambda + 1.0}f_{\mathrm{t}}t_0 h + \alpha_2\gamma\xi f_{\mathrm{yv}}\frac{A_{\mathrm{sy}}}{s}h_{\mathrm{m0}} + 0.056\Delta N\right) \tag{16-19}$$

式中符号意义见本书第 12 章。

【例 16-16】复合砂浆钢筋网加固梁正截面受弯抗震承载力复核算例

假定原结构建造年代不同，即属于 A、B、C 类建筑情况下，试计算【例 12-2】复合砂浆钢筋网加固的框架梁正截面受弯抗震承载力。

【解】 1）C 类建筑情况，直接将【例 12-2】计算结果除以 $\gamma_{\mathrm{Ra}}=0.75$ 可得到抗震承载力 $M_{\mathrm{u}}=259.29/0.75=345.72\mathrm{kN\cdot m}$，SCS 软件输入和简要结果显示对话框如图 16-24 所示，可见其结果与手算的相同。

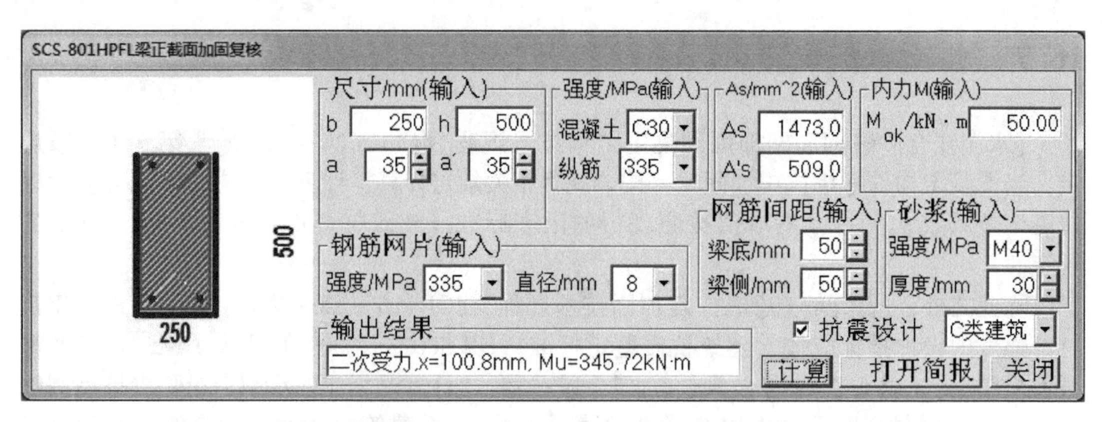

图 16-24　复合砂浆钢筋网加固的框架梁正截面受弯抗震承载力（C 类建筑）

2）B 类建筑情况，查建筑抗震鉴定标准 GB 50023—2009 附表 A，此情况下，C30 混凝土强度指标使用弯曲抗压强度 $f_{\mathrm{cm}}=16.5\mathrm{N/mm^2}$，其值高于 C 类建筑所用的强度 $f_{\mathrm{c}}=14.3\mathrm{N/mm^2}$，且计算公式相同，$\gamma_{\mathrm{Ra}}=0.75$ 也相同，所以算出的受弯承载力应比 C 类建筑的偏大些，细心的读者可将其值代入【例 12-2】计算。SCS 软件输入和简要结果显示对话框如图 16-25 所示，可见其结果与预期的相同。

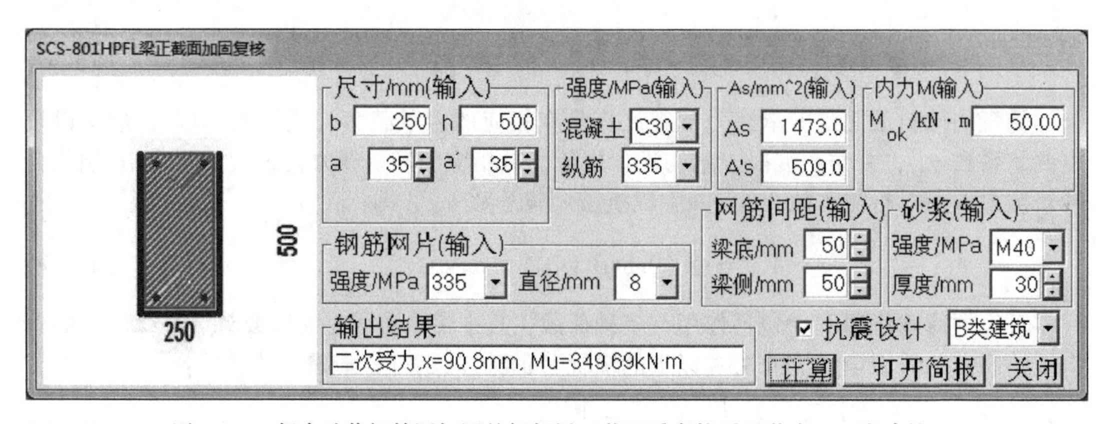

图 16-25　复合砂浆钢筋网加固的框架梁正截面受弯抗震承载力（B 类建筑）

3）A 类建筑情况，查建筑抗震鉴定标准 GB 50023—2009 附表 A，此情况下，与 B 类建筑所用的强度指标相同，且计算公式相同，$\gamma_{Ra}=0.85\times0.75=0.6375$，所以算出的抗震受弯承载力应是 B 类建筑的 1/0.85 倍。SCS 软件输入和简要结果显示对话框如图 16-26 所示，可见其结果与预期的相同。

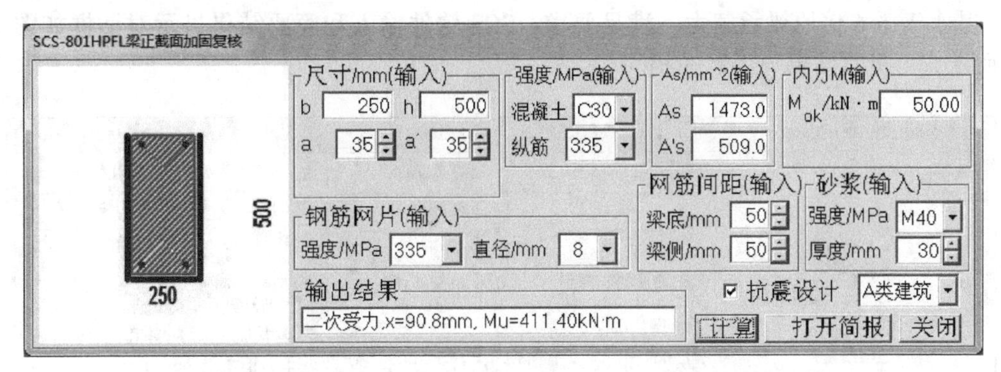

图 16-26　复合砂浆钢筋网加固的框架梁正截面受弯抗震承载力（A 类建筑）

【例 16-17】复合砂浆钢筋网加固梁斜截面受剪抗震承载力复核算例

假定【例 12-4】原结构建造于 20 世纪 90 年代，即属于 B 类建筑情况下，试计算按【例 12-4】复合砂浆钢筋网加固后的框架梁斜截面受剪抗震承载力。

【解】 B 类建筑情况，构件截面受剪 $\gamma_{Ra}=0.85$。查建筑抗震鉴定标准 GB 50023—2009 附表 A，此情况下，C30 混凝土抗压强度 $f_c=15.0\text{N/mm}^2$，HPB235 级钢筋设计强度 $f_{yv}=210\text{N/mm}^2$。

1）原梁受剪承载力计算

据《建筑抗震鉴定标准》GB 50023—2009 式（E.0.3-1）

$$V_{u0}=\frac{1}{\gamma_{Ra}}(0.056f_cbh_0+1.2f_{yv}\frac{A_{sv}}{s}h_0)=(0.056\times15\times250\times465+1.2\times210\times465\times100.6/150)/0.85=207340\text{N}$$

跨高比大于 2.5 时，其受剪截面应符合下列条件：

$$V_{u0}\leqslant\frac{1}{\gamma_{Ra}}(0.20\beta_cf_cbh_0)=0.2\times1\times15\times250\times465/0.85=410290\text{N}$$

取两者较小值，可得抗震受剪承载力 $V_{u0}=207.34\text{kN}$。

2）验算加固后截面尺寸

按照 GB 50010—2010 公式（11.3.3）得

$$V_u\leqslant\frac{1}{\gamma_{Ra}}(0.20\beta_cf_cb_1h_{m0})=0.2\times1\times15\times300\times500/0.85=529410\text{N}$$

3）钢筋网承载剪力

按照 CECS 242：2016 公式（5.4.2-3）得

$$\gamma=1-0.3\frac{V_{0k}}{V_{u0}}=1-0.3\times\frac{50}{207.34}=0.928$$

按照公式（16-17）得

$$V_{cm}=\frac{1}{\gamma_{Ra}}(0.84\beta_2\gamma f_tt_0h+\alpha_2\gamma f_{yv}\frac{A_{sv}}{s}h_{m0})$$

=（0.84×0.5×0.928×1.43×25×500+0.9×0.928×270×56.6×500/80）/0.85

=102010N

4）加固后截面总的抗震受剪承载力

$$V_u = V_{u0} + V_{cm} = 207.34+102.01=309.35\text{kN}$$

其小于1.6倍原梁承载力，满足要求。SCS软件输入和简要结果显示对话框如图16-27所示，可见其结果与手算的相同。

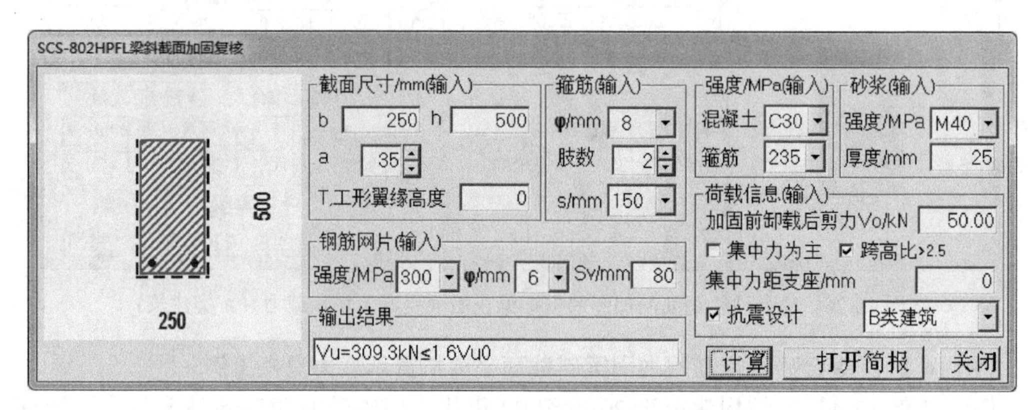

图16-27　复合砂浆钢筋网加固的框架梁斜截面受剪抗震承载力（B类建筑）

【例16-18】复合砂浆钢筋网加固柱大偏心受压抗震承载力设计算例

假定【例12-8】原结构按GB 50010—2010设计建造，即属于C类建筑，该柱上的地震作用为：$N_E=750\text{kN}$，$M_E=450\text{kN}\cdot\text{m}$，试计算复合砂浆钢筋网加固所需的网筋数量。

【解】 C类建筑情况，偏心受压构件当轴压比不小于0.15时，抗震调整系数$\gamma_{Ra}=\gamma_{RE}=0.80$。材料强度指标与【例12-8】相同。

依据式（16-15）、式（16-16），将式子左端的作用效应乘以抗震承载力调整系数γ_{Ra}，就可使用本书12.5节的公式计算。即用0.80乘N_E代替式（16-15）左端的N，本题$N=0.8\times750=600\text{kN}$；将$\gamma_{Ra}==0.80$乘$M_E$代替式（16-16）左端的$Ne$，本题$Ne=0.8\times450=360\text{kN}\cdot\text{m}$，正好与【例12-8】静载作用相同，以下就可与本书【例12-8】一样进行求解（手算过程完全相同）。

SCS软件计算对话框输入信息和最终计算结果如图16-28所示，可见其与相应（折算成）静荷载的【例12-8】计算结果相同。

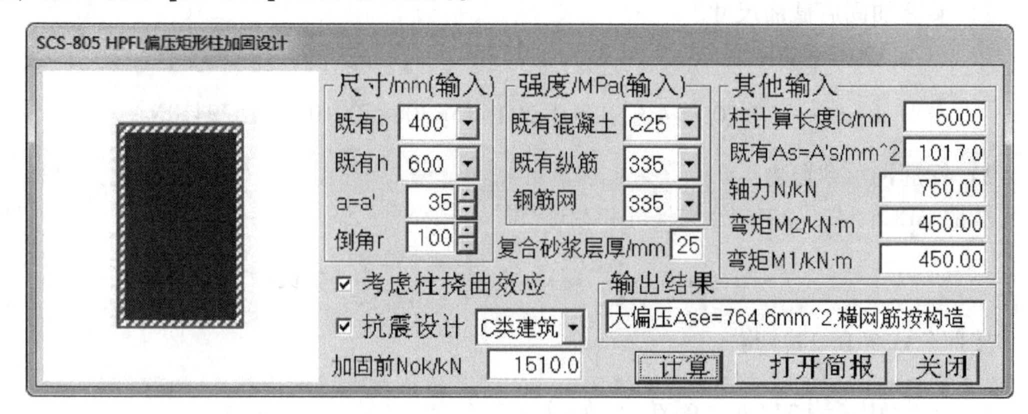

图16-28　复合砂浆钢筋网加固的大偏压框架柱正截面压弯抗震承载力设计

【例 16-19】复合砂浆钢筋网加固柱小偏心受压抗震承载力设计算例

假定【例 12-9】原结构按 GB 50010—2010 设计建造，即属于 C 类建筑，该柱上的地震作用为：$N_E=5000\text{kN}$，$M_E=87.5\text{kN}\cdot\text{m}$，试计算复合砂浆钢筋网加固所需的网筋数量。

【解】 C 类建筑情况，偏心受压构件当轴压比不小于 0.15 时，抗震调整系数 $\gamma_{Ra}=\gamma_{RE}=0.80$。材料强度指标与【例 12-9】相同。

依据式（16-15）、式（16-16），将式子左端的作用效应乘以抗震承载力调整系数 γ_{Ra}，就可使用本书 12.5 节的公式计算。即用 0.80 乘 N_E 代替式（16-15）左端的 N，本题 $N=0.8\times5000=4000\text{kN}$；将 $\gamma_{Ra}==0.80$ 乘 M_E 代替式（16-16）左端的 Ne，本题 $Ne=0.8\times87.5=70\text{kN}\cdot\text{m}$，正好与【例 12-9】静载作用相同，以下就可与本书【例 12-9】一样进行求解（手算过程完全相同）。

SCS 软件计算对话框输入信息和最终计算结果如图 16-29 所示，可见其与相应（折算成）静荷载的【例 12-9】计算结果相同。

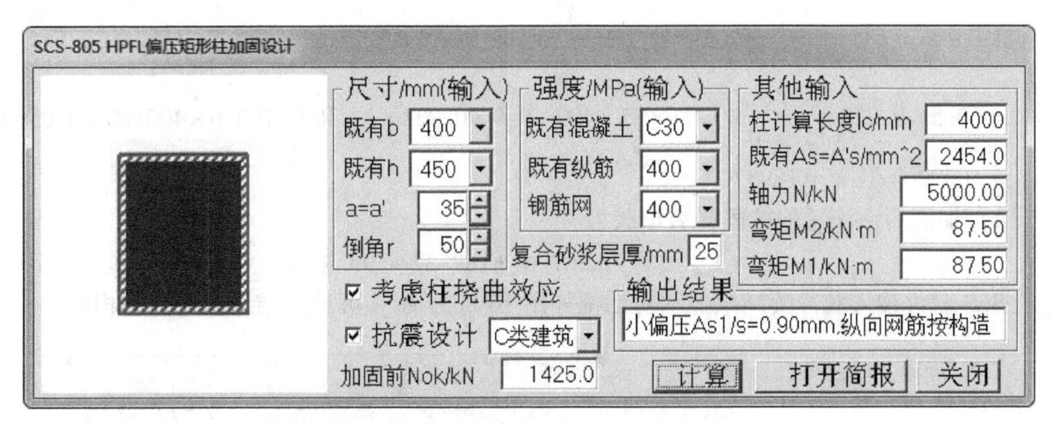

图 16-29　复合砂浆钢筋网加固的小偏压框架柱正截面压弯抗震承载力设计

【例 16-20】复合砂浆钢筋网加固柱斜截面受剪抗震承载力复核算例

假定【例 12-12】原结构建造于 20 世纪 90 年代，即属于 B 类建筑情况下，试计算按【例 12-12】复合砂浆钢筋网加固后的框架柱斜截面受剪抗震承载力。

【解】 B 类建筑情况，构件截面受剪 $\gamma_{Ra}=0.85$。查建筑抗震鉴定标准 GB 50023—2009 附表 A，此情况下，C30 混凝土抗压强度 $f_c=15.0\text{N/mm}^2$，HPB235 级钢筋设计强度 $f_{yv}=210\text{N/mm}^2$。

1）原柱受剪承载力计算

据《建筑抗震鉴定标准》GB 50023—2009 式（E.0.6-1）

$$\lambda=\frac{H_n}{2h_0}=4000/360=5.56>3\text{，取 }\lambda=3\text{；}N=1144000\text{N}>0.3f_cA=0.3\times15\times400\times400=720000\text{N}$$

$$V_{c0}=\frac{1}{\gamma_{Ra}}\left(\frac{0.16}{\lambda+1.5}f_cbh_0+f_{yv}\frac{A_{sv}}{s}h_0+0.056N\right)$$

$$=\left(\frac{0.16}{3+1.5}\times15\times400\times360+210\times360\times2\times78.5/200+0.056\times720000\right)/0.85=207610\text{N}$$

跨高比大于 2.5 时，其受剪截面应符合下列条件：

$$V_{c0} \leqslant \frac{1}{\gamma_{Ra}}(0.20\beta_a f_c b h_0) = 0.2\times1\times15\times400\times360/0.85 = 508200\text{N}$$

取两者较小值，$V_{u0}=207610\text{N}$

2）验算加固后截面尺寸

按照 GB 50010—2010 公式（11.4.6）得

$$V_u \leqslant \frac{1}{\gamma_{Ra}}(0.20\beta_a f_c b h_{m0}) = 0.2\times1\times15\times400\times400/0.85 = 564710\text{N}$$

3）钢筋网承载剪力

按照 CECS 242：2016 公式（5.4.2-3）得

$$\gamma = 1 - 0.3\frac{V_{0k}}{V_{u0}} = 1 - 0.3\times\frac{50}{207.61} = 0.928$$

按照公式（16-19）得

$$V_{cm} = \frac{1}{\gamma_{Ra}}(\beta_2\gamma\frac{2.1}{\lambda + 1.0}f_t t_0 h + \alpha_2\gamma\xi f_{yv}\frac{A_{sv}}{s}h_{m0} + 0.056\Delta N)$$

$$=(0.5\times0.928\times\frac{2.1}{3+1.0}\times1.71\times25\times400+0.9\times0.928\times1\times360\times100.6\times400/80+0.056\times 100000)/0.85=189370\text{N}$$

4）加固后截面总的抗震受剪承载力

$$V_u = V_{u0} + V_{cm} = 207.61+189.37 = 396.97\text{kN}$$

SCS 软件输入和简要结果显示对话框如图 16-30 所示，可见其结果与手算的相同。

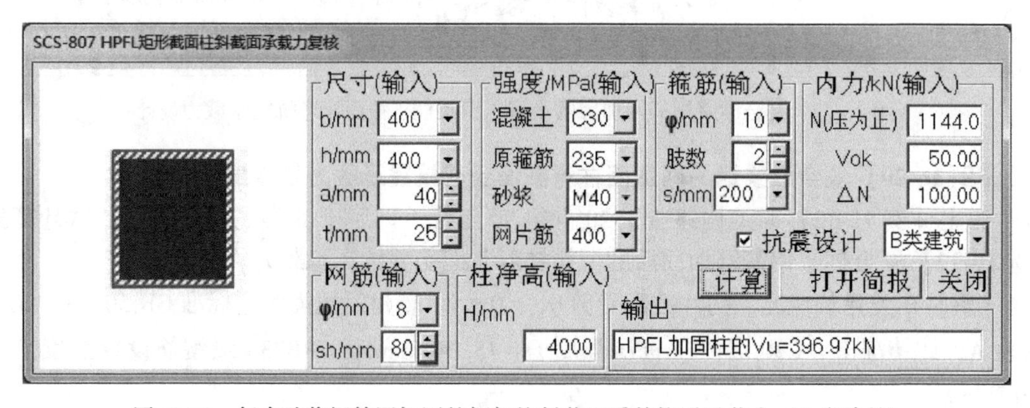

图 16-30　复合砂浆钢筋网加固的框架柱斜截面受剪抗震承载力（B 类建筑）

本章参考文献

[1] 中华人民共和国国家标准. 建筑抗震鉴定标准 GB 50023—2009［S］. 北京：中国建筑工业出版社，2009.

[2] 中华人民共和国行业标准. 建筑抗震加固技术规程 JGJ 116—2009［S］. 北京：中国建筑工业出版社，2009.

[3] 王依群. 混凝土结构设计计算算例（第三版）［M］. 北京：中国建筑工业出版社，2016.

[4] 中国工程建设标准化协会. 水泥复合砂浆钢筋网加固混凝土结构技术规程 CECS 242：2016［S］. 北京：中国计划出版社，2016.

第17章　框架节点抗震加固

框架节点抗震加固内容较多，因此单独设立一章。

2004年作者开发了读取PKPM软件内力结果计算框架节点抗震承载力、配置框架节点箍筋的免费小程序RCjoint[1]，使人们认识到不经计算二级及以上抗震等级的框架节点承载力很难达到规范的要求。作者使用RCjoint还发现三级抗震等级的框架节点只按构造要求配箍筋有时也达不到承载力要求。2006年PKPM软件也对框架节点进行了承载力计算。

2006年之前，由于缺乏框架节点承载力设计软件，再加上设计人员忽视框架节点抗震能力，致使全国的三级及以上抗震等级的混凝土结构框架节点可能承载力不足，或连抗震构造措施要求（节点核心区箍筋最小用量）也不达标，这可在2008年5月12日汶川大地震震害图片与分析中看到。所以钢筋混凝土框架节点抗震检测与加固是框架加固的重点。

由《混凝土结构设计规范》GB 50010—2010[2] 可见，其对框架节点受剪承载力有两方面要求：

节点核心区的受剪水平截面应符合下列条件：

$$V_j \leqslant \frac{1}{\gamma_{\mathrm{RE}}}(0.3\eta_j\beta_c f_c b_j h_j) \tag{17-1}$$

节点的抗震受剪承载力应符合下列：

$$V_j \leqslant \frac{1}{\gamma_{\mathrm{RE}}}\left[1.1\eta_j f_t b_j h_j + 0.05\eta_j N\frac{b_j}{b_c} + \frac{f_{yv}A_{svj}}{s}(h_{b0}-a')\right] \tag{17-2}$$

式中　η_j——正交梁对节点的约束影响系数，当楼板为现浇、梁柱中线重合、四侧各梁截面宽度不小于该侧柱截面宽度1/2，且正交方向梁高度不小于较高框架梁高度的3/4时，可取η_j为1.5，但对9度设防烈度宜取η_j为1.25；当不满足上述条件时，应取η_j为1.0；

h_j——框架节点核心区的截面高度，可取验算方向的柱截面高度h_c；

b_j——框架节点核心区的截面有效验算宽度，当梁宽$b_b \geqslant b_c/2$时取$b_j=b_c$；当$b_b<b_c/2$时取（$b_b+0.5h_c$）和b_c（柱截面宽）中的较小值；当梁与柱的中线不重合，且偏心距$e_0 \leqslant b_c/4$时，取（$0.5b_b+0.5b_c+0.25h_c-e_0$）、（$b_b+0.5h_c$）和$b_c$三者中的最小值；

h_{b0}、h_b——分别为梁的截面有效高度、截面高度，当节点两侧梁高不相同时，取两侧梁高的平均值；

a'——梁纵向受压钢筋合力点至截面近边的距离；

A_{svj}——核心区有效验算宽度范围内同一截面验算方向箍筋各肢的全部截面面积。

N——地震作用组合的节点上柱底的轴向压力设计值，当$N>0.5f_c b_c h_c$时，取$N=0.5f_c b_c h_c$；$N<0$时，取$N=0$。

以上公式是未加固前框架节点承载力计算公式，加固是在这个承载力基础上的提高。

17.1 高强钢绞线网-聚合物砂浆加固梁柱节点

（1）高强钢绞线网-聚合物砂浆加固带有楼板的平面框架梁柱节点

根据曹忠民的研究[3]，对于无正交梁时的带有楼板的梁柱节点可采用图 17-1（*b*）的方式加固。

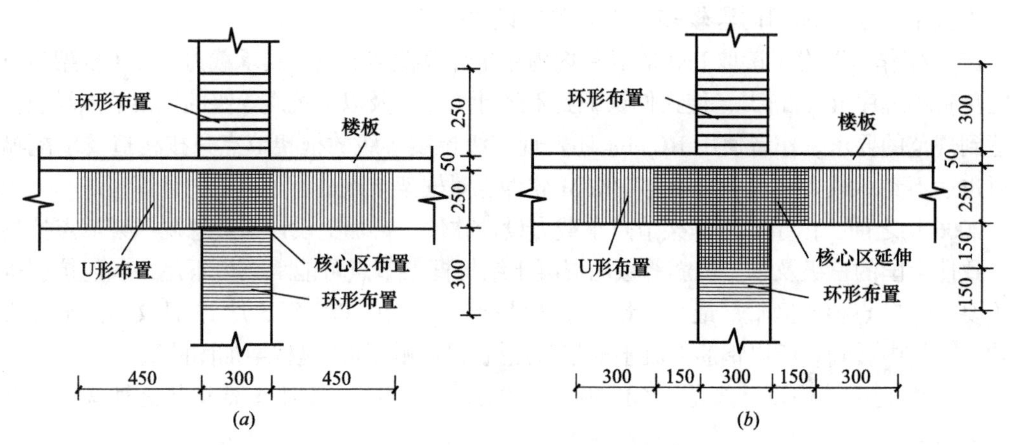

图 17-1 无正交梁时的带有楼板的梁柱节点高强钢绞线网-聚合物砂浆加固方式

（*a*）加固方式 1；（*b*）加固方式 2

图 17-1 的两种加固方式的区别是：加固方式 2 还把核心区的钢绞线分别向左右梁端、下柱各延伸 1/2 的梁截面高度，以期改善节点的抗震性能。由于梁与柱的截面宽度不同，在施工时加固方式 2 需要把梁柱相接处的凹角先用环氧砂浆填实。结果是，采用两种方式加固后的节点受剪承载力提高幅度几乎相同，但方式 2 加固的节点构件延性要提高很多，而方式 1 的延性几乎没有提高[3]。所以，一定要采用方式 2 加固节点。

（2）高强钢绞线网-聚合物砂浆加固带有楼板和正交梁的梁柱节点

根据曹忠民等的研究[3]，对于有正交梁时的带有楼板的梁柱节点可采用图 17-2 的方式加固，试件编号 JS2。节点核心区钻斜洞布置 X 形钢绞线束（实测截面积 4.68mm^2，极限强度 1641MPa）。

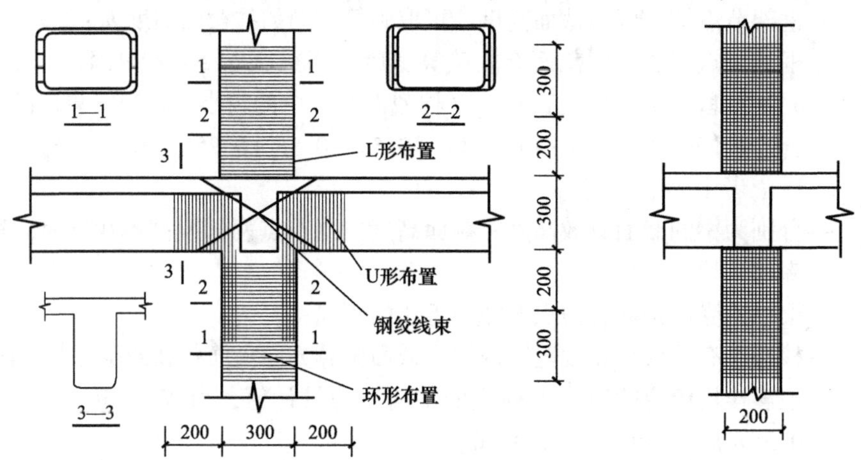

图 17-2 有正交梁时的带有楼板的梁柱节点高强钢绞线网-聚合物砂浆加固方式（加固方式 4）

为了研究图 17-2 方式加固的效果如何，曹忠民等还做了图 17-3 所示的加固方式 3 加固梁柱节点，用于对比，试件编号 JS1。JS1 比 JS2 试件只少 X 形钢绞线束，两试件其余加固措施完全相同。

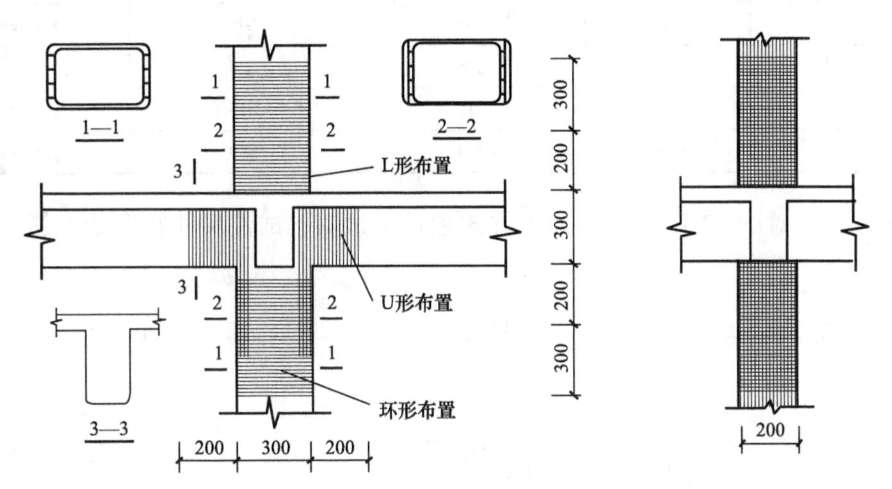

图 17-3　有正交梁时的带有楼板的梁柱节点高强钢绞线网-聚合物砂浆加固方式（加固方式 3）

试件加固方案和试验与计算结果（N/mm²）　　表 17-1

批次	编号	加固前状况	加固方式	文献[3]计算值 V_c(kN)	试验值 V_t(kN)	
一	J1	—	—	213.3	213.6	
一	J2	完好	方式 1	244.0	245.6	
一	J3	完好	方式 2	244.0	245.6	
一	J4	震损	方式 1	234.7	234.9	
一	J5	震损	方式 2	234.7	245.6	
二	JS1	完好	方式 3	229.8	234.9	
二	JS2	完好	方式 4	247.7	234.9*	

注：试件 JS2 由于斜向钢绞线配置较多而发生梁端弯曲破坏。

*因试件 JS2 不是因节点核心受剪破坏，所以 234.9kN 不是节点的最终的受剪承载力，具体数值未侧到，从文献［3］试验测得的梁端荷载比试件 JS1 高可知最终的节点受剪承载力一定高于 234.9kN。还有待更多的试验验证。

无正交梁的梁柱节点试件和有正交梁的梁柱节点试件分为两批浇筑，如表 17-1 所示。第一批试件按 C25 设计，试件实测混凝土立方体抗压强度平均值分别为 32.3N/mm²。第二批试件按 C15 设计，试件实测混凝土立方体抗压强度平均值分别为 22.1N/mm²。两批试件梁和柱纵筋采用 HRB335，箍筋和板的钢筋采用 HPB235。其实测的强度值如表 17-2 所示。

试件钢筋力学性能的实测值（N/mm²）　　表 17-2

试件批次	钢筋	屈服强度	极限强度	弹性模量
一	ϕ6	305	520	1.93×10^5

续表

试件批次	钢筋	屈服强度	极限强度	弹性模量
一	ф14	355	590	1.87×10^5
一	ф16	365	600	1.92×10^5
二	ф6	326	528	1.92×10^5
二	ф10	412	613	1.91×10^5
二	ф16	364	559	1.93×10^5

文献［3］对图 17-1（*b*）的加固方式进行了试验，试件尺寸和原始配筋如图 17-4 所示。

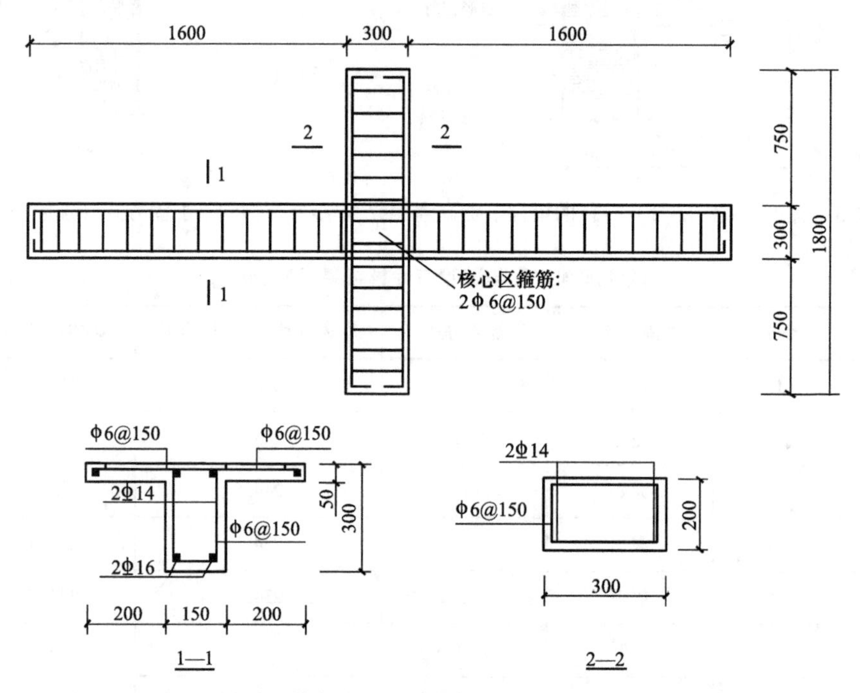

图 17-4 无正交梁时的带有楼板的梁柱节点试件的几何尺寸和配筋（mm）

文献［3］给出的加固后节点的抗震受剪承载力计算公式为：

$$V_j \leqslant \frac{1}{\gamma_{Ra}}(V_{cs}+V_w) \tag{17-3}$$

式中 γ_{Ra}——节点受剪加固的抗震承载力调整系数，根据《建筑抗震鉴定标准》GB 50023—2009，对于 A 类建筑按《建筑抗震设计规范》承载力调整系数 γ_{RE} 的 0.85 倍采用、对于 B、C 类建筑取与 γ_{RE} 相同；

V_{cs}——加固前节点的抗震受剪承载力；

V_w——钢绞线网或节点区钢绞线束提供的节点受剪承载力，当用钢绞线网加固节点时 $V_w=V_{vw}$；当在节点区配置钢绞线束加固节点时 $V_w=V_{sw}$；

V_{vw}——钢绞线网提供的节点受剪承载力；

V_{sw}——节点区钢绞线束提供的节点受剪承载力。

$$V_{vw}=\beta_w\beta_d f_{yw}A_w\frac{h_{b0}-a'}{s_w} \tag{17-4}$$

式中　β_w——钢绞线应力发挥系数，建议取 $\beta_w=0.3$；

β_d——钢绞线网与原节点的共同工作系数，对加固前节点状态完好和震损分别取 $\beta_d=1.0$ 和 0.7；

f_{yw}——钢绞线的设计强度，取其极限强度的 85%；

A_w——节点核心区同一截面验算方向钢绞线的全部截面面积；

h_{b0}——梁的截面有效高度，当节点两侧梁高不相同时，取两侧梁高的平均值；

a'——梁纵向受压钢筋合力点至截面近边的距离；

s_w——节点区钢绞线的网格水平间距。

$$V_{sw}=0.8f_{yw}A_{sw}\sin\theta \tag{17-5}$$

式中　f_{yw}——斜向钢绞线的抗拉设计强度；

A_{sw}——配置在节点一个方向的斜向钢绞线的截面面积；

θ——斜向钢绞线与柱轴线的夹角，如图 17-5 所示；

0.8——对斜向钢绞线受剪承载力的折减系数。

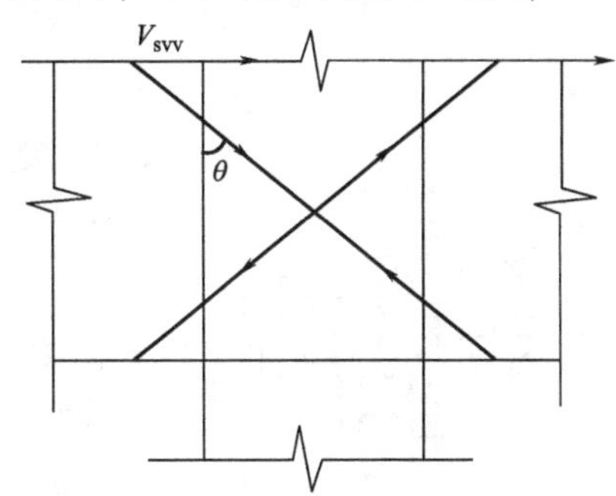

图 17-5　斜向钢绞线束剪力计算简图

文献［3］按以上公式计算各试件受剪承载力如表 17-1 第 5 列所示。可见这些公式较为准确。

【例 17-1】钢绞线网加固平面框架节点算例

以上述 J2、J3、J5 试件为素材手算和用 SCS 软件计算其承载力。SCS 软件是设计软件，受其输入材料强度等级的限制，对以上试件材料强度的输入只能近似处理。具体为：混凝土强度等级输入 C30，以接近试件混凝土立方体强度 C32 强的事实；对直径 6mm 钢筋输入为 HRB335 级钢筋，以接近试件的超过 300MPa 的实际强度；对其他直径钢筋输入 HRB400 钢筋，以接近其强度。与文献［3］相近，选取 A 类建筑的节点（即取 $\gamma_{Ra}=0.85\gamma_{RE}=0.85\times0.85=0.7225$）和取钢绞线的抗拉设计强度 $f_{vw}=1670\text{MPa}$。

用 SCS 软件计算钢绞线网加固节点试件受剪承载力的对话框和简要计算结果如图 17-6、图 17-7 所示。

图 17-6 是用 SCS 软件计算加固前完好状态的 J2、J3 节点试件。

手算过程如下：

（1）按文献［3］的算法，即混凝土强度和计算公式按现行规范。原节点受剪承载力节点核心区的受剪水平截面应符合下列条件：

$$\gamma_{Ra}V_j\leqslant 0.3\eta_j\beta_c f_c b_j h_j=0.3\times1\times1\times14.3\times200\times300=257400\text{N}$$

节点的抗震受剪承载力应符合下式：

$$V_{cs}=1.1\eta_j f_t b_j h_j+0.05\eta_j N\frac{b_j}{b_c}+\frac{f_{yv}A_{svj}}{s}(h_{b0}-a')$$

$$=1.1\times1\times1.43\times200\times300+0.05\times1\times357000\times\frac{200}{200}+300\times\frac{56.6}{150}\times(267-32)$$

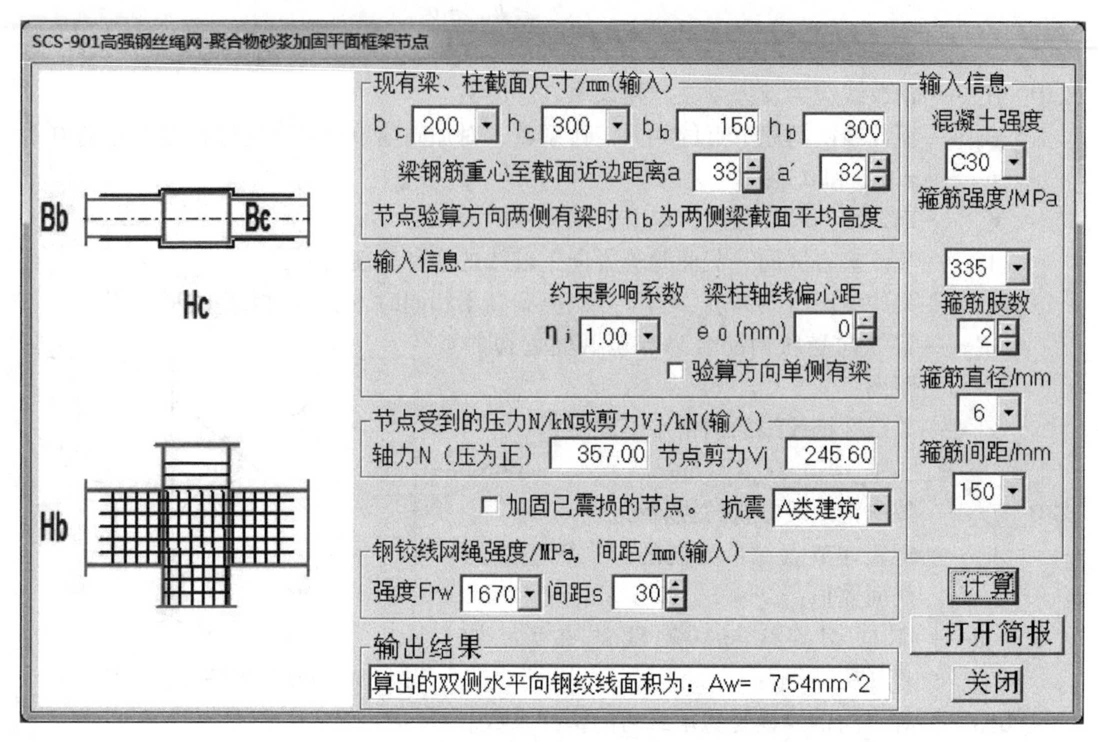

图 17-6　用 SCS 软件对 J2、J3 节点试件的输入数据和计算结果

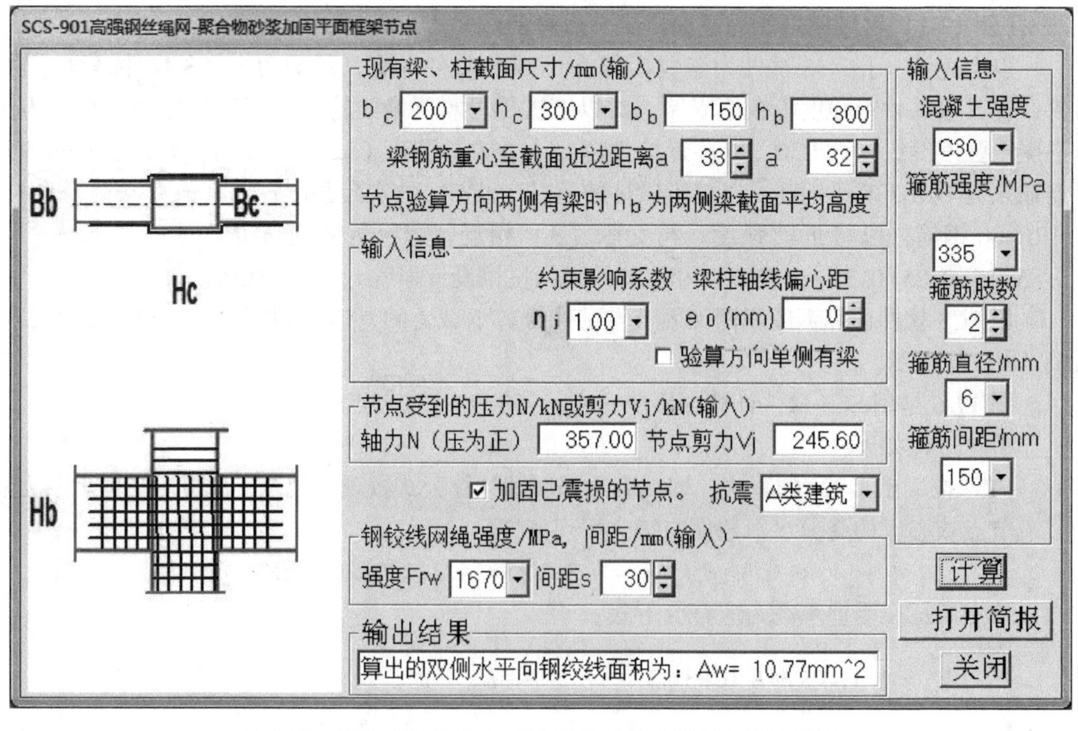

图 17-7　用 SCS 软件对 J5 节点试件的输入数据和计算结果

$=94380+17850+26602=138832\text{N}$

原节点受剪承载力取上两者较小值，即 $V_{cs}=138832\text{N}$。

如果是 A 类建筑，则 $\gamma_{Ra}=0.85\gamma_{RE}=0.85\times0.85=0.7225$，由公式（17-3）知钢绞线网应承担的剪力为：

$$V_{vw}=\gamma_{Ra}V_j-V_{cs}=0.7225\times245600-138832=177446-138832=38614\text{N}$$

由公式（17-4）知钢绞线网同一水平位置节点截面两侧钢绞线总截面积为：

$$A_w=\frac{V_{vw}s_w}{\beta_w\beta_d f_{yw}(h_{b0}-a')}=\frac{38614\times30}{0.3\times1\times0.85\times1670\times(267-32)}=11.58\text{mm}^2$$

这与文献［3］结果相同。

（2）按《建筑抗震鉴定标准》GB 50023—2009 附录 E 的算法。原节点受剪承载力

节点核心区的受剪水平截面应符合下列条件：

$$\gamma_{Ra}V_j\leqslant0.3\eta_j\beta_d f_c b_j h_j=0.3\times1\times1\times15.0\times200\times300=270000\text{N}$$

节点的抗震受剪承载力应符合下列：

$$V_{cs}=0.1\eta f_c b_j h_j+0.1\eta N\frac{b_j}{b_c}+\frac{f_{yv}A_{svj}}{s}(h_{b0}-a')$$

$$=0.1\times1\times15.0\times200\times300+0.1\times1\times357000\times\frac{200}{200}+300\times\frac{56.6}{150}\times(267-32)=152300\text{N}$$

原节点受剪承载力取上二者较小值，即 $V_{cs}=152300\text{N}$。

如果是 A 类建筑，则 $\gamma_{Ra}=0.85\gamma_{RE}=0.85\times0.85=0.7225$，由公式（17-3）知钢绞线网应承担的剪力为：

$$V_{vw}=\gamma_{Ra}V_j-V_{cs}=0.7225\times245600-152300=177446-152300=25146\text{N}$$

由公式（17-4）知钢绞线网同一水平位置节点截面两侧钢绞线总截面积为：

$$A_w=\frac{V_{vw}s_w}{\beta_w\beta_d f_{yw}(h_{b0}-a')}=\frac{25146\times30}{0.3\times1\times0.85\times1670\times(267-32)}=7.54\text{mm}^2$$

因过去规范对混凝土强度取值偏高和计算公式安全度偏低，所以方法（2）较方法（1）计算结果偏小。SCS 软件计算结果（图 17-6）与方法（2）手算结果相同。

如果是针对试验，则应取材料实测强度，不计 γ_{Ra} 和其他安全系数（如钢绞线应力发挥系数 β_w），这里材料强度取值不变（按现行规范），只略去安全系数，则结果如下：

$$V_{vw}=V_j-V_{cs}=245600-138832=106768\text{N}$$

由公式（17-4）知钢绞线网同一水平位置节点截面两侧钢绞线总截面积为：

$$A_w=\frac{V_{vw}s_w}{f_{yw}(h_{b0}-a')}=\frac{106768\times30}{1670\times(267-32)}=8.16\text{mm}^2$$

再考虑钢绞线应力发挥不充分，此与试件所配钢绞线网钢丝绳面积 $2\times4.68=9.36\text{mm}^2$ 接近。

图 17-7 是用 SCS 软件计算加固前已震损状态的 J5 节点试件。与前两个试件相比，只是对加固前已震损的节点取 $\beta_d=0.7$，可见加固需要的钢绞线面积更多。手算过程略。

SCS 软件计算结果与文献［3］试验和计算结果相比，均需要配置更多的加固钢绞线（截面积）。这里有 SCS 输入的混凝土材料强度偏低的原因，也表明 SCS 软件计算结果偏于安全。

【例 17-2】交叉钢绞线加固空间框架节点算例

以上述 JS2 试件为素材手算和用 SCS 软件计算其承载力。手算过程如下：

原节点受剪承载力

混凝土强度等级取与试件接近的 C22，按现行混凝土结构设计规范插值得 $f_c=10.52\text{MPa}$、$f_t=1.17\text{MPa}$

节点核心区的受剪水平截面应符合下列条件：

$$V_j \leqslant 0.3\eta_j\beta_c f_c b_j h_j/\gamma_{Ra}=0.3\times1.5\times1\times10.5\times200\times300/0.85=334160\text{N}$$

$$0.5f_cA=0.5\times10.52\times200\times300=315600\text{N}<N=357000\text{N}$$

节点的抗震受剪承载力应符合下式：

$$\frac{1}{\gamma_{Ra}}\left[1.1\eta_j f_t b_j h_j+0.05\eta_j N\frac{b_j}{b_c}+\frac{f_{yv}A_{svj}}{s}(h_{b0}-a')\right]$$

$$=\left[1.1\times1.5\times1.17\times200\times300+0.05\times1.5\times315600\times\frac{200}{200}+300\times\frac{56.6}{150}\times(267-32)\right]/0.85$$

$$=\left[115830+23670+26602\right]/0.85=195414\text{N}$$

原节点受剪承载力取上二者较小值，即 $V_{ju0}=195414\text{N}$。

原节点受剪承载力与前面计算相同，加固需要承担剪力为：

$$V_{sw}=V_j-V_{ju0}=234900-195414=39486\text{N}$$

由公式（17-5）知配置在节点两侧一个方向的斜向钢绞线的总截面积为：

$$\sin\theta=\frac{h_c+200}{\sqrt{(h_c+200)^2+h_b^2}}=\frac{300+200}{\sqrt{(300+200)^2+300^2}}=0.857$$

$$A_{sw}=\frac{\gamma_{Ra}V_{sw}}{0.8f_{yw}\sin\theta}=\frac{0.85\times39486}{0.8\times1670\times0.857}=29.31\text{mm}^2$$

SCS 软件计算结果（图 17-8）与手算结果相近。为与文献［3］计算结果比较，以上仿照文献［3］，计算中考虑了抗震承载力调整系数。

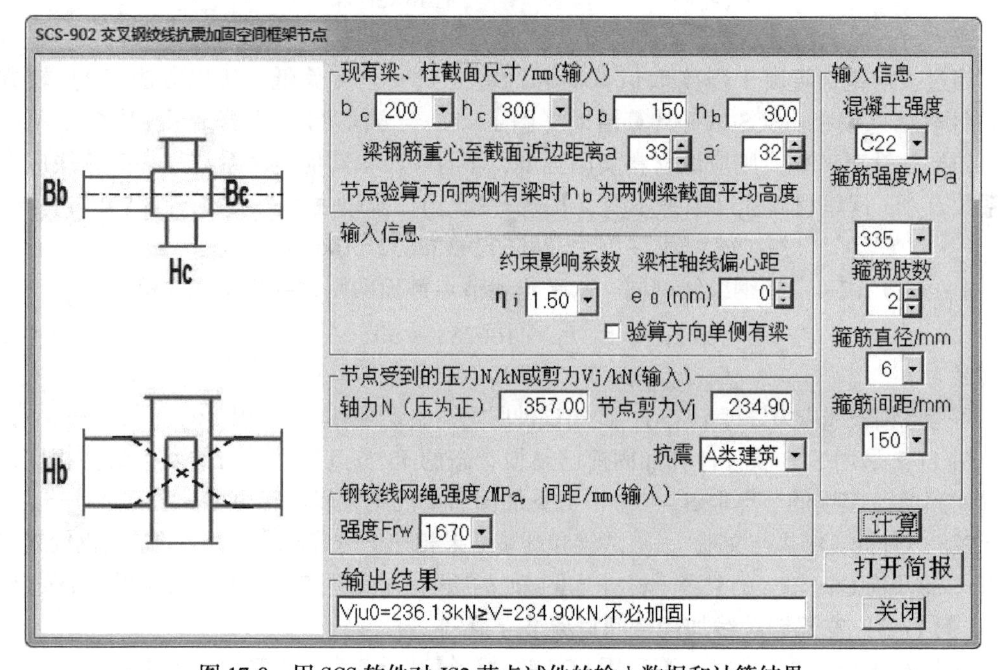

图 17-8 用 SCS 软件对 JS2 节点试件的输入数据和计算结果

如果是 A 类建筑，则 $\gamma_{Ra}=0.85\gamma_{RE}=0.85\times0.85=0.7225$，原节点受剪承载力

混凝土强度等级取 C22，按《建筑抗震鉴定标准》GB 50023—2009 表 A. 0. 2-2 插值得 $f_c=10.67\text{MPa}$

节点核心区的受剪水平截面应符合下列条件：

$$V_j \leqslant 0.3\eta_j\beta_a f_c b_j h_j/\gamma_{Ra}=0.3\times1.5\times1\times10.67\times200\times300/0.7225=398610\text{N}$$

$$0.5f_cA=0.5\times10.67\times200\times300=320000\text{N}<N=357000\text{N}$$

节点的抗震受剪承载力应符合下式，即 GB 50023—2009 式（E. 0. 8-2）：

$$\frac{1}{\gamma_{Ra}}\left[0.1\eta_j f_c b_j h_j+0.1\eta_j N\frac{b_j}{b_c}+\frac{f_{yv}A_{svj}}{s}(h_{b0}-a')\right]$$

$$=[0.1\times1.5\times10.67\times200\times300+0.1\times1.5\times320000\times\frac{200}{200}+300\times\frac{56.6}{150}\times(267-32)]/0.7225$$

$$=[96030+48000+26602]/0.7225=236168\text{N}$$

原节点受剪承载力取上二者较小值，即 $V_{ju0}=236168\text{N}$。

V_{ju0} 大于作用的剪力，故此情况下，节点不必加固。

以上是按【例 17-1】中的方法（1）手算的，SCS 软件是按《建筑抗震鉴定标准》GB 50023—2009 附录 E 的混凝土强度取值和 1989 年建筑抗震设计规范算法，即按【例 17-1】中的方法（2）计算，于是 SCS 软件计算结果如图 17-9 所示，因为 1989 年建筑抗震设计规范算法安全度较现行规范要低，表明此节点符合当时的规范和较短的后续使用年限（30 年）。

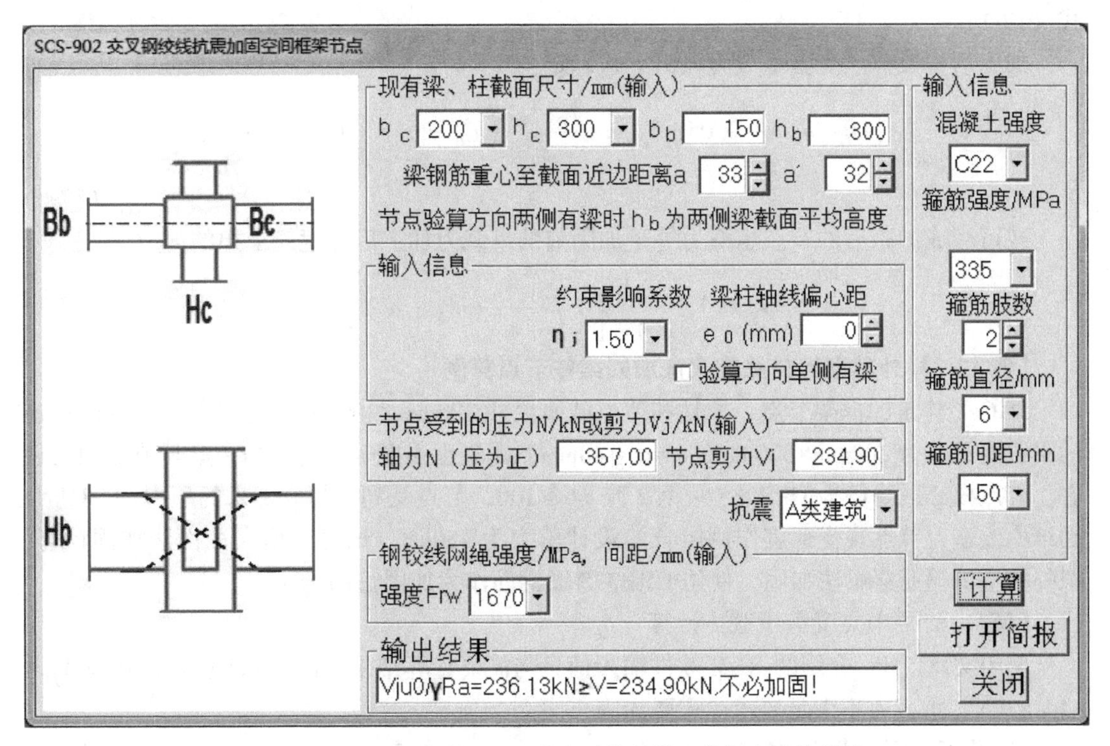

图 17-9　用 SCS 软件对 JS2 节点试件的输入数据和计算结果

17.2 外粘型钢箍筋穿梁法加固梁柱节点

按照国家建筑标准设计图集《13G311-1 混凝土结构加固构造》[4] 第 161 页做法（图 17-10）加固的节点的设计计算，首先复核原节点满足截面尺寸限制条件，如满足，即只是节点核心区箍筋不足，可以采用此法进行加固；如不满足，则可采用下节介绍的增大混凝土截面法加固节点。

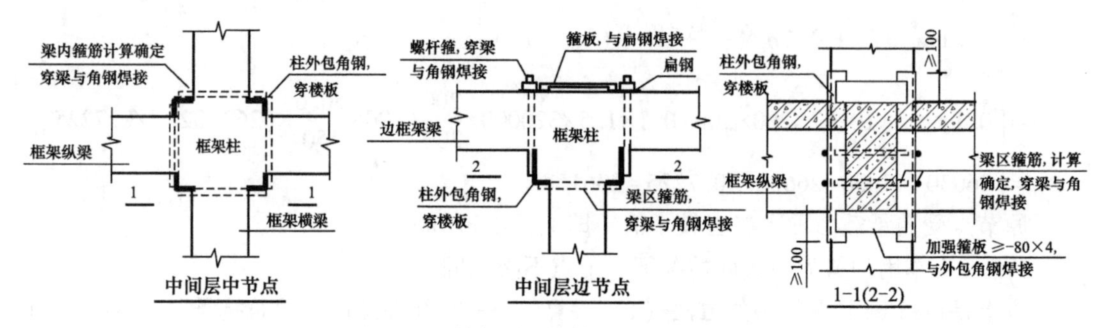

图 17-10 外粘型钢箍筋穿梁法加固示意

因为尚未见到关于此法的试验报告或计算公式，出于安全的考虑，本书及软件 SCS 限制此法仅用于框架梁宽 b_b 不小于 $b_c/2$（框架柱宽的一半）的情况。

外粘型钢箍筋穿梁法加固后框架节点的受剪水平截面应符合的条件相同，即应满足公式（17-1）。

加固后框架节点受剪承载力可由下式确定：

$$V_j \leqslant \frac{1}{\gamma_{RE}}\left[1.1\eta_j f_{t0} b_j h_j + 0.05\eta_j N\frac{b_j}{b_c} + \frac{f_{yv0}A_{svj0}}{s_0}(h_{b0}-a') + 0.7\frac{f_{yv}A_{svj}}{s}(h_{b0}-a')\right] \tag{17-6}$$

或可写成加固后的节点承载力等于加固前的承载力加上后加箍筋承担的剪力

$$V_j \leqslant V_{j0} + \frac{1}{\gamma_{RE}}\left[0.7\frac{f_{yv}A_{svj}}{s}(h_{b0}-a')\right] \tag{17-7}$$

【例 17-3】外粘型钢箍筋穿梁法加固梁柱节点算例

某 C 类建筑的框架节点，原柱和节点截面尺寸 300mm×300mm，与节点四个方向相连的梁截面尺寸为 200mm×300mm，$a=a'=40$mm，混凝土强度等级为 C30，梁与节点间无偏心。节点核心区箍筋为 HPB235 级钢 2 肢 ϕ6@100，节点受到上柱底传来的压力为 386kN，因结构改造，节点现受地震作用组合的设计剪力为 450kN。试进行增大截面法加固计算，拟外粘型钢箍筋穿梁法加固，使用 HRB335 级钢筋作为加固箍筋。

【解】 1）原节点受剪承载力计算

使用文献［5］介绍的 RCM 软件输入信息与简要计算结果如图 17-11 所示。可见 V_{j0} = 314.87kN，承载力不满足要求，需要加固。

2）验算加固后截面尺寸

框架节点的受剪水平截面应符合的条件与加固前相同，即截面尺寸限制的剪力

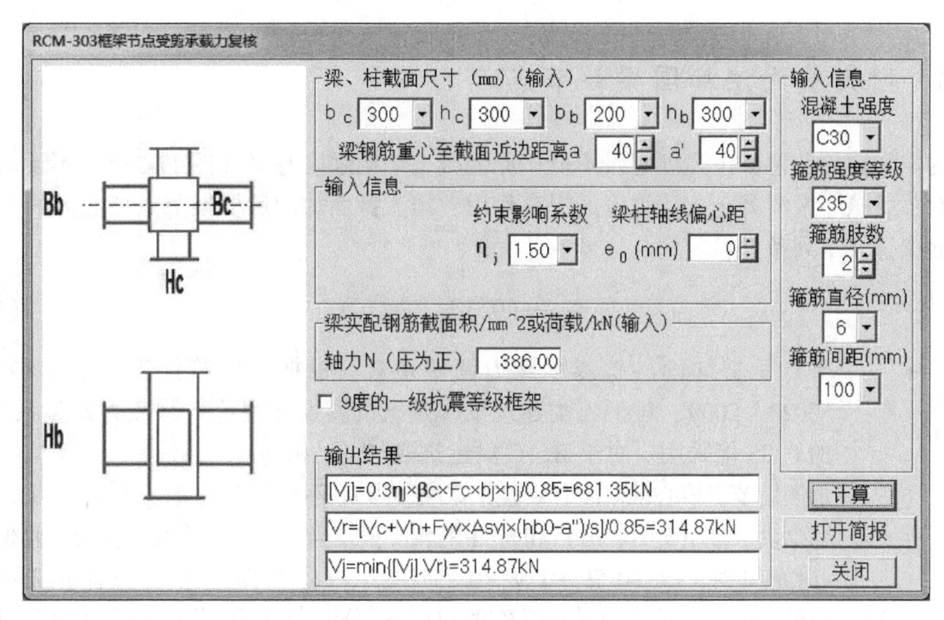

图 17-11　原节点受剪承载力

为 681. 35kN。

3）受剪承载力计算

$$\frac{A_{svj}}{s}=\frac{\gamma_{RE}V_j-\gamma_{RE}V_{j0}}{0.7f_{yv}(h_{b0}-a')}=\frac{0.85\times450000-0.85\times314870}{0.7\times300\times220}=\frac{114860.5}{46200}=2.486\text{mm}$$

加固用两肢箍，间距 120mm，单肢箍截面积 $A_{sv1}=2.486\times120/2=149.2\text{mm}^2$，可选用直径 14mm 的钢筋，实配 153. 9mm^2。

使用 SCS 软件输入数据和计算结果如图 17-12 所示，可见其结果与手算结果相同。

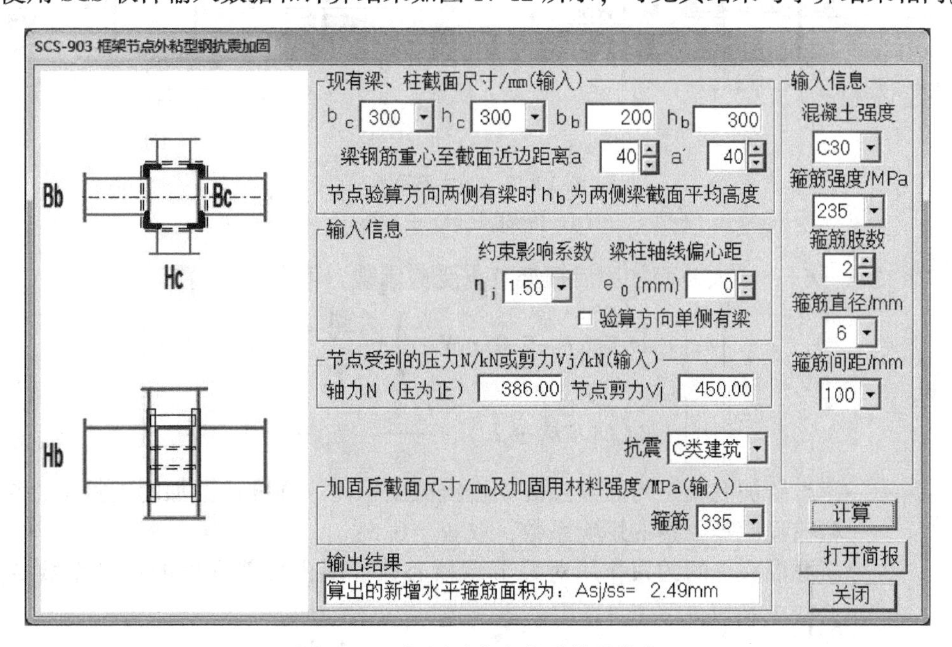

图 17-12　加固后节点的受剪承载力

17.3 增大截面法加固梁柱节点

约定加固用的混凝土强度等级不低于原混凝土结构强度等级（图 17-13），不计后加混凝土对节点核心区混凝土抗压强度的提高作用，增大截面加固后框架节点核心区的受剪水平截面应符合下列条件：

$$V_j \leqslant \frac{1}{\gamma_{Ra}}(0.3\beta_{c0}f_{c0}b_{1j}h_{1j}) \tag{17-8}$$

式中 γ_{Ra}——节点受剪加固的抗震承载力调整系数，根据《建筑抗震鉴定标准》GB 50023—2009，对于 A 类建筑按《建筑抗震设计规范》承载力调整系数 γ_{RE} 的 0.85 倍采用、对于 B、C 类建筑取与 γ_{RE} 相同；

b_{1j}——加固后节点核心区截面有效验算宽度，当 b_b 不小于 $b_1/2$ 时，取 b_1；当 b_b 小于 $b_1/2$ 时，取（$b_b+0.5h_1$）和 b_1 中的较小值。当梁与柱的中线不重合，且偏心距 $e_0\leqslant b_c/4$ 时，取（$0.5b_b+0.5b_1+0.25h_1-e_0$）、（$b_b+0.5h_1$）和 b_1 三者中的最小值。此处，b_b 为验算方向梁截面宽度，b_1、h_1 分别为加固后节点截面的宽度、高度；

h_{1j}——加固后节点核心区截面高度。

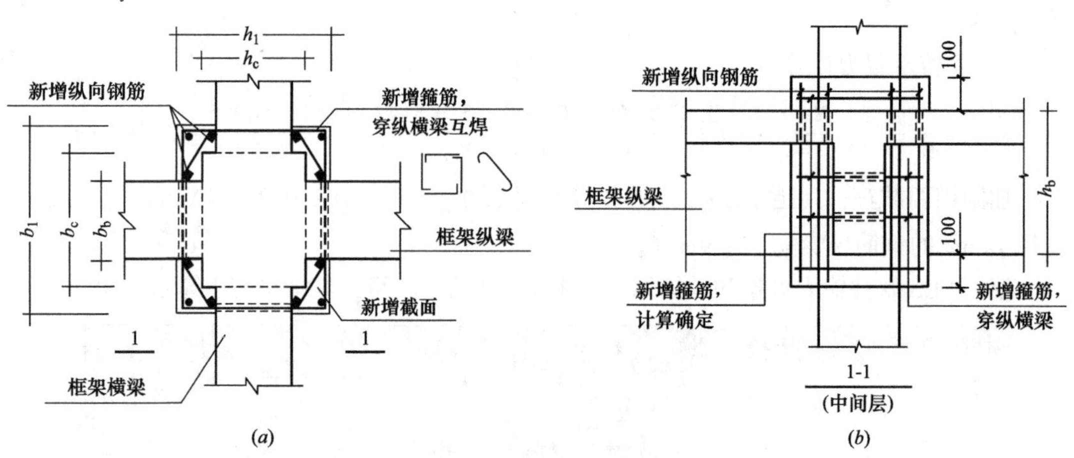

图 17-13 增大截面法

（*a*）俯视图；（*b*）立面图

参照文献［6］，增大截面加固后框架节点受剪承载力可由下式确定：

$$V_j \leqslant \frac{1}{\gamma_{Ra}} \left\{ \begin{aligned} &\psi_c\left(1.1\eta_j f_{t0} b_j h_j + 0.05\eta_j N\frac{b_j}{b_c}\right) + \frac{f_{yv0}A_{svj0}}{s_0}(h_{b0}-a') + \\ &\psi_1\left[1.1 f_{t1}(b_1h_1 - b_jh_j) + \frac{f_{yv}A_{svj}}{s}(h_{b0}-a')\right] \end{aligned} \right\} \tag{17-9}$$

式中 ψ_1——考虑新加混凝土与原节点混凝土横截面积比、强度比、加固配箍率、结合面粗糙程度等因素的影响系数，取 $\psi_1=0.5$；

ψ_c——新增混凝土的约束作用对原节点核心区混凝土抗剪强度的提高系数 $\psi_c=1+0.1\dfrac{(b_1h_1-b_jh_j)}{b_jh_j}$；

b_1、h_1——加固后节点水平截面宽度、高度。

其他符号意义同混凝土结构设计规范。

【例 17-4】增大截面法加固框架节点受剪承载力设计算例

某 C 类建筑的框架节点，原柱和节点截面尺寸 300mm×300mm，与节点四个方向相连的梁截面尺寸为 200mm×300mm，$a=a'=40$mm，混凝土强度等级为 C30，梁与节点间无偏心。节点核心区箍筋为 HPB235 级钢 2 肢 ϕ6@100，节点受到上柱底传来的压力为 386kN。因结构改造，节点现受地震作用组合的设计剪力为 450kN。试进行增大截面法加固计算，拟使用混凝土强度等级 C40 在节点四周均增大 50mm，使用 HRB335 级钢筋作为加固箍筋。

【解】 1）原节点受剪承载力计算

使用文献［5］介绍的 RCM 软件输入信息与简要计算结果如图 17-11 所示。可见 $V_{0E}=$ 314.87kN，承载力不满足要求，需要加固。

2）验算加固后截面尺寸

$$b_{1j}=(b_b+0.5h_1)=200+0.5\times400=400\text{mm}$$

$$V=450\text{kN}\leqslant\frac{1}{\gamma_{Ra}}(0.3\beta_{c0}f_{c0}b_{1j}h_{1j})=0.3\times14.3\times400\times400\times10^{-3}/0.85=807.53\text{kN}，满足要求。$$

3）受剪承载力计算

$$\psi_c=1+0.1\frac{(b_1h_1-b_jh_j)}{b_jh_j}=1+0.1\times\frac{(400\times400-300\times300)}{300\times300}=1.078$$

$$N=386\text{kN}<0.5f_{c0}b_ch_c=0.5\times14.3\times300\times300=643500\text{N}$$

$$1.1\eta_jf_{t0}b_jh_j+0.05\eta_jN\frac{b_j}{b_c}=1.1\times1.5\times1.43\times300\times300+0.05\times1.5\times386000\times300/300=241305\text{N}$$

$$\frac{f_{yv0}A_{svj0}}{s_0}(h_{b0}-a')=\frac{210\times57}{100}\times(260-40)=26334\text{N}$$

$$1.1f_{t1}(b_1h_1-b_jh_j)=1.1\times1.71\times(400\times400-300\times300)=131670\text{N}$$

$$\frac{A_{svj}}{s}=\frac{\gamma_{RE}V_j-\psi_c\left(1.1\eta_jf_{t0}b_jh_j+0.05\eta_jN\frac{b_j}{b_c}\right)-\frac{f_{yv0}A_{svj0}}{s_0}(h_{b0}-a')-1.1\psi_jf_{t1}(b_1h_1-b_jh_j)}{\psi_jf_{yv}(h_{b0}-a')}$$

$$=\frac{0.85\times450000-1.078\times241305-26334-0.5\times131670}{0.5\times300\times220}=0.921\text{mm}$$

加固用两肢箍，间距 120mm，单肢箍截面积 $A_{sv1}=0.921\times120/2=55.3\text{mm}^2$，可选用直径 10mm 的钢筋。

使用 SCS 软件输入数据和计算结果如图 17-14 所示，可见其结果与手算结果相同。

如果已知加固的结果，即加固混凝土强度等级，钢筋等级，增大的尺寸，并已知加固箍筋为 2 肢ϕ10@120。为检验上述计算正确与否，用 SCS 软件复核的功能计算如图 17-15 所示。表明手算和 SCS 电算结果都是正确的。

【例 17-5】增大截面法加固框架节点受剪承载力复核算例

文献［7］算例，某办公楼因施工中在节点区漏放箍筋，需要加固。由于使用功能要求，不允许增大柱截面，仅同意节点部分（该部分在顶棚内）加固。其中一个节点如图 17-16 所示。原混凝土强度等级为 C20，节点箍筋为 HPB235 级钢 2 肢 ϕ8@100，梁的 $a=$

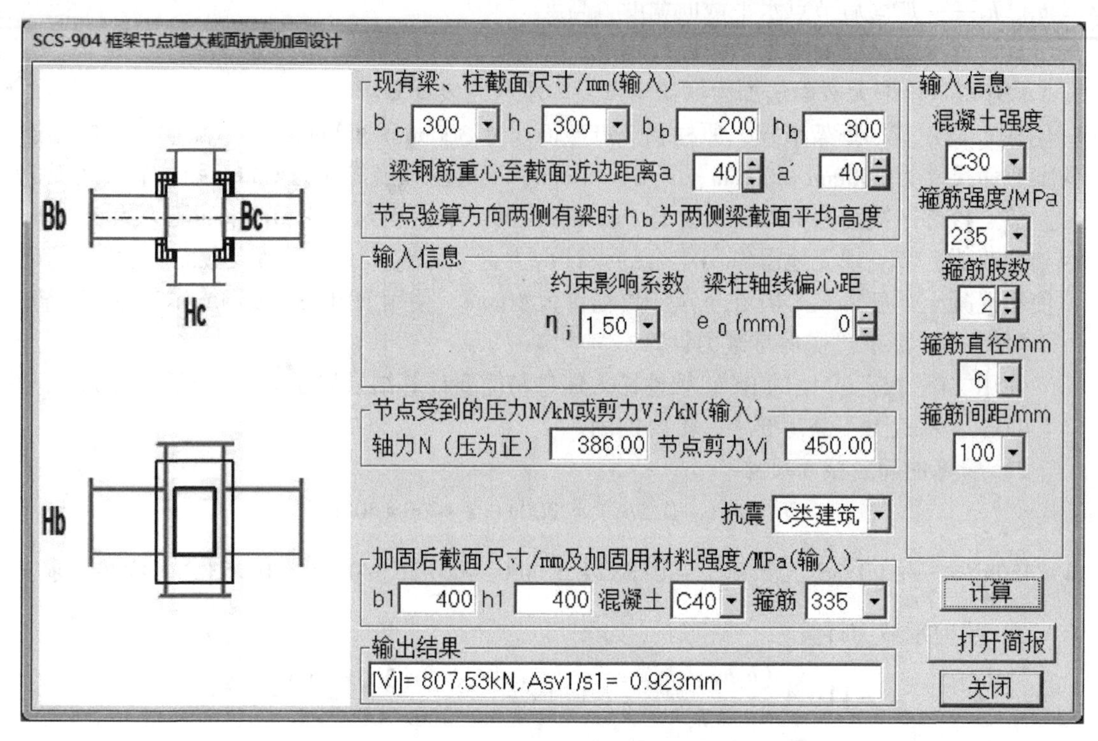

图 17-14 增大截面加固节点的受剪承载力计算

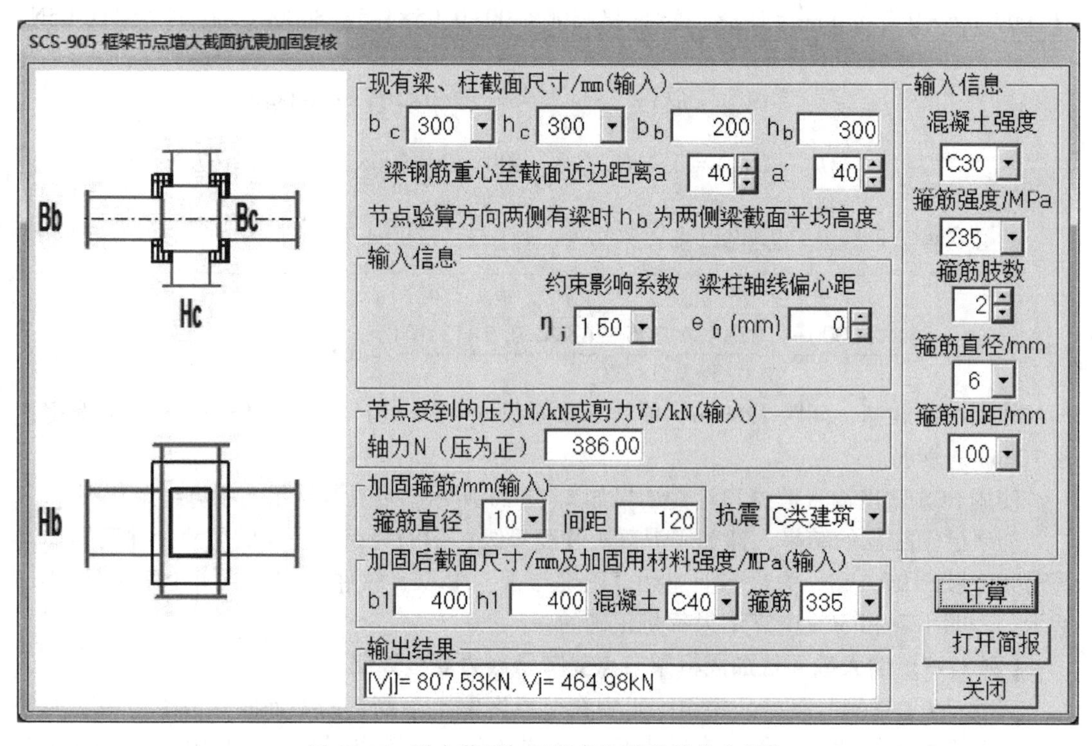

图 17-15 增大截面加固节点的受剪承载力复核

$a'=40$mm。上柱传给节点的压力 1200kN。加固采用在截面每边增加 75mm，采用 C30 微膨胀混凝土，箍筋为 2 肢Φ 16@ 150。试计算平面图竖直方向加固前和加固后节点的受剪承载力。

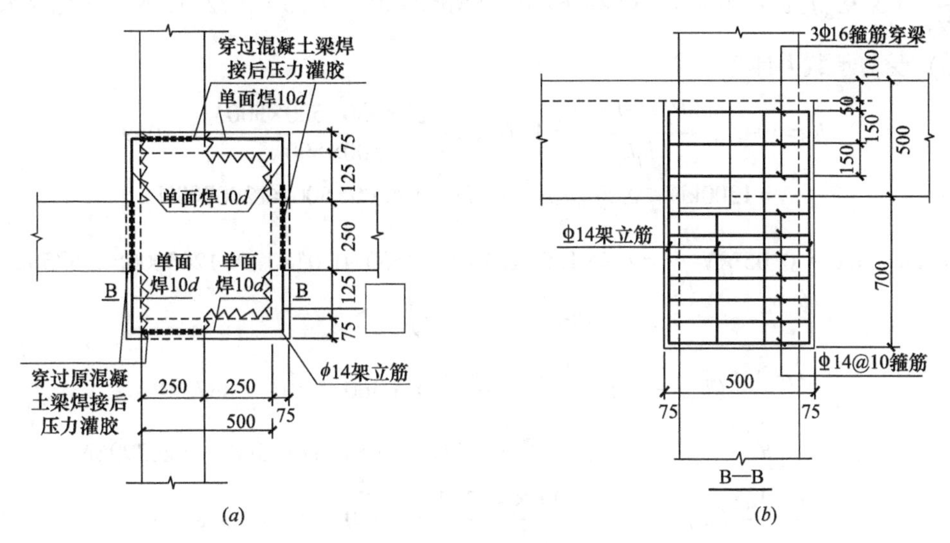

图 17-16　中间节点加固剖面图

【解】1）原节点受剪承载力计算，利用 RCM 软件[5] 计算如图 17-17 所示。

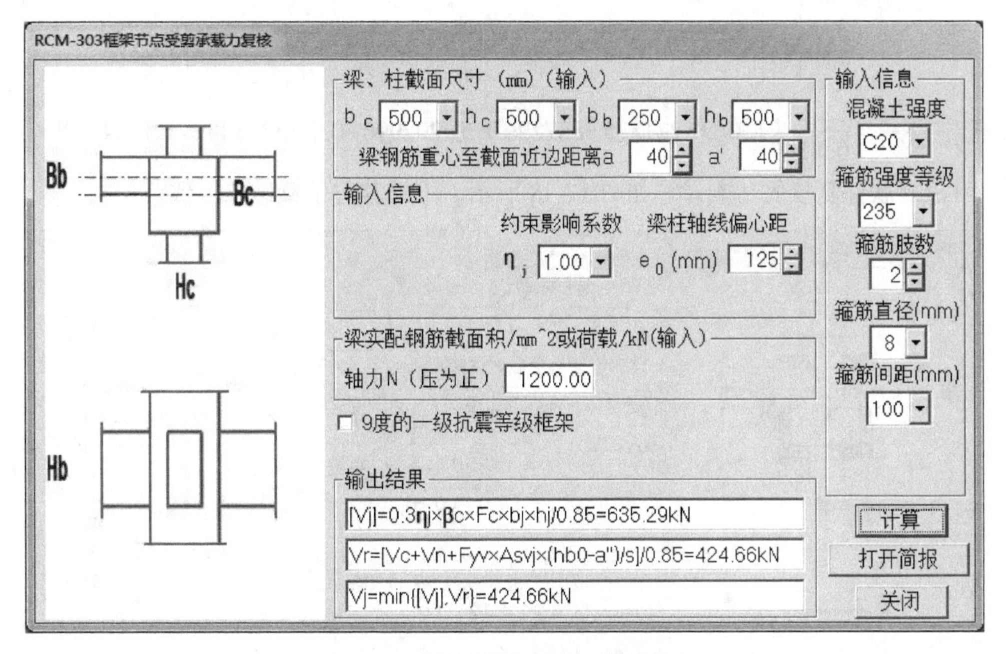

图 17-17　梁柱偏心节点受剪承载力

2）验算加固后截面尺寸

因节点四周均匀增大截面，加固后梁柱偏心距不变。节点截面有效验算宽度 b_{1j} 取下面二式结果和 $b_1=650$mm 三者的最小值。

$$(b_b+0.5h_1)=250+0.5\times650=575\text{mm}$$

$$(0.5b_b+0.5b_1+0.25h_1-e_0)=125+0.5\times650+0.25\times650-125=487.5\text{mm}$$

故取 $b_{1j}=487.5\text{mm}$

$\dfrac{1}{\gamma_{\mathrm{Ra}}}(0.3\beta_{c0}f_{c0}b_{1j}h_{1j})=0.3\times1\times9.6\times487.5\times650\times10^{-3}/0.85=1072.55\text{kN}$，满足要求。

3）受剪承载力计算

$$\psi_c=1+0.1\frac{(b_1h_1-b_jh_j)}{b_jh_j}=1+0.1\times\frac{(650\times650-500\times500)}{500\times500}=1.069$$

$$N=1200\text{kN}\leqslant0.5f_{c0}b_ch_c=0.5\times9.6\times500\times500=1200000\text{N}$$

$$1.1\eta_jf_{t0}b_jh_j+0.05\eta_jN\frac{b_j}{b_c}=1.1\times1.0\times1.1\times375\times500+0.05\times1.0\times1200000\times375/500=271875\text{N}$$

$$\frac{f_{yv0}A_{svj0}}{s_0}(h_{b0}-a')=\frac{210\times100.6}{100}\times(460-40)=88729\text{N}$$

$$1.1f_{t1}(b_{1j}h_{1j}-b_jh_j)=1.1\times1.43\times(487.5\times650-375\times500)=202996\text{N}$$

$$\frac{f_{yv1}A_{svj1}}{s_1}(h_{b0}-a')=\frac{300\times402.2}{150}\times(460-40)=337848\text{N}$$

$$V_j=\frac{1}{\gamma_{\mathrm{RE}}}\left\{\begin{array}{l}\psi_c\left(1.1\eta_jf_{t0}b_jh_j+0.05\eta_jN\dfrac{b_j}{b_c}\right)+\dfrac{f_{yv0}A_{svj0}}{s_0}(h_{b0}-a')+\\ \psi_1\left[1.1f_{t1}(b_{1j}h_{1j}-b_jh_j)+\dfrac{f_{yv}A_{svj}}{s}(h_{b0}-a')\right]\end{array}\right\}$$

$$=\frac{1}{0.85}[1.069\times271875+88729+0.5\times202996+0.5\times337848]=764450\text{N}$$

用 SCS 软件复核的功能计算如图 17-18 所示。可见其与手算结果一致。

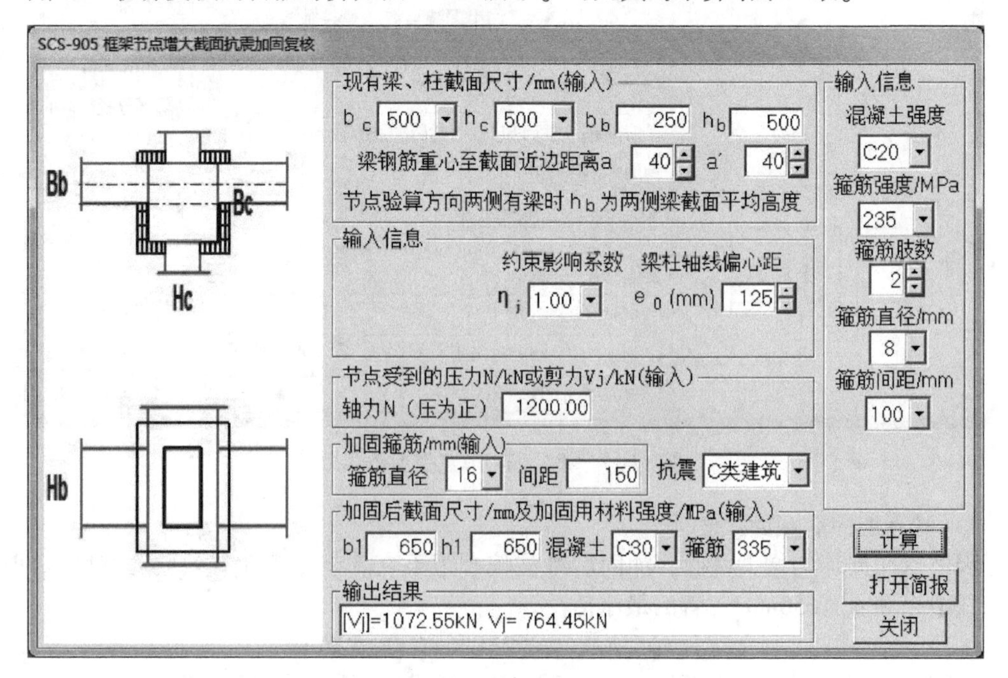

图 17-18 梁柱偏心节点加固计算

本章参考文献

[1] 王依群，邓孝祥，王福智. RCJoint 软件及工程算例分析 [C]. 第十三届全国结构工程学术会议论文集（第 I 册），2004.
[2] 中华人民共和国国家标准. 混凝土结构加固设计规范 GB 50367—2013 [S]. 北京：中国建筑工业出版社，2013.
[3] 曹忠民. 高强钢绞线网-聚合物砂浆加固梁柱节点的研究 [M]. 成都：西南交通大学出版社，2012.
[4] 中国建筑标准设计研究院. 国家建筑标准设计图集 13G311-1 混凝土结构加固构造，中国计划出版社，2013.
[5] 王依群. 混凝土结构设计计算算例（第 3 版）[M]. 北京：中国建筑工业出版社，2016.
[6] 余琼，李思明. 柱加大截面法加固框架节点试验分析 [J]. 工业建筑，35 卷 4 期，2005.
[7] 王玉镯，田珊等. 钢筋混凝土框架节点的抗震加固 [J]. 山东建筑工程学院学报，19 卷 1 期，2004.

第18章　钢筋混凝土构件抗震鉴定验算

18.1　一般规定

现有建筑抗震加固前，应根据其设防烈度、抗震设防类别、后续使用年限的结构类型，按现行国家标准《建筑抗震鉴定标准》GB 50023 的相应规定进行抗震鉴定。

现有房屋按照其建造年代、依据的设计规范系列确定后续使用年限和确定其属于 A 类、B 类或 C 类建筑。建筑整体和结构构件抗震性能合格与否应按照现行国家标准《建筑抗震鉴定标准》GB 50023—2009[1] 的相关规定和计算公式进行鉴定。

为了克服手算费时、麻烦、易出错的缺点，SCS 软件增设了对 A 类、B 类建筑钢筋混凝土构件承载力鉴定（复核）功能。因为 C 类建筑钢筋混凝土构件鉴定（复核）计算所用材料强度取值和承载力计算公式均按现行国家标准执行，本人开发的混凝土结构构件计算软件 RCM[2] 已有相应功能，SCS 软件就不重复这些功能了，即 SCS 软件只对 A 类、B 类建筑钢筋混凝土构件承载力进行计算，其中所用材料强度取值来自《建筑抗震鉴定标准》GB 50023—2009 附录 A，A 类、B 类建筑钢筋混凝土构件抗震承载力计算依据是《建筑抗震鉴定标准》GB 50023—2009 附录 C、附录 E；静荷载下的承载力计算依据是与其相应年代的《混凝土结构设计规范》GBJ 10—89。

18.2　A 类建筑钢筋混凝土楼层受剪承载力

《建筑抗震鉴定标准》GB 50023—2009 第 6.1.5 条（强制性条文）规定：

A 类钢筋混凝土房屋应进行综合抗震能力两级鉴定。当符合第一级鉴定的各项规定时，除 9 度外应允许不进行抗震验算而评为满足抗震鉴定要求；不符合第一级鉴定要求和 9 度时，除有明确规定的情况外，应在第二级鉴定中采用屈服强度系数和统合抗震能力指数的方法作出判断。

《建筑抗震鉴定标准》GB 50023—2009 第 6 章 2 节规定：A 类钢筋混凝土房屋，可采用平面结构的楼层综合抗震能力进行第二级鉴定。也可按现行国家标准《建筑抗震设计规范》GB 50011 的方法进行抗震计算分析，按《建筑抗震鉴定标准》GB 50023—2009 第 3.0.5 条的规定进行构件抗震承载力验算，计算时构件组合内力设计值不作调整，尚应按规定估算构造的影响，由综合评定进行第二级鉴定。

现有钢筋混凝土房屋采用楼层综合抗震能力指数进行第二级鉴定时，应分别选择下列平面结构：

（1）应至少在两个主轴方向分别选取有代表性的平面结构。

（2）框架结构与承重砌体结构相连时，除应符合上述 1 款规定外，尚应选取连接处的平面结构。

(3) 有明显扭转效应时，除应符合上述第 1 款的规定外，尚应选取计入扭转影响的边榀结构。

楼层综合抗震能力指数可按下列公式计算：

$$\beta = \psi_1 \psi_2 \xi_y \tag{18-1}$$

$$\xi_y = V_y / V_e \tag{18-2}$$

式中 β——平面结构楼层综合抗震能力指数；

ψ_1——体系影响系数：可按《建筑抗震鉴定标准》GB 50023—2009 第 6.2.12 条确定；

ψ_2——局部影响系数：可按《建筑抗震鉴定标准》GB 50023—2009 第 6.2.13 条确定；

ξ_y——楼层屈服强度系数；

V_y——楼层现有受剪承载力；

V_e——楼层的弹性地震剪力，可按《建筑抗震鉴定标准》GB 50023—2009 第 6.2.14 条确定。

钢筋混凝土结构楼层现有受剪承载力应按下式计算：

$$V_y = \sum V_{cy} + 0.7 \sum V_{my} + 0.7 \sum V_{wy} \tag{18-3}$$

式中 $\sum V_{cy}$——框架柱层间现有受剪承载力之和；

$\sum V_{my}$——砖填充墙框架层间现有受剪承载力之和；

$\sum V_{wy}$——抗震墙层间现有受剪承载力之和。

矩形框架柱层间现有受剪承载力可按下列公式计算，并取较小值：

$$V_{cy} = \frac{M_{cy}^U + M_{cy}^L}{H_n} \tag{18-4}$$

$$V_{cy} = \frac{0.16}{\lambda + 1.5} f_{ck} b h_0 + f_{yvk} \frac{A_{sv}}{s} h_0 + 0.056N \tag{18-5}$$

式中 M_{cy}^U、M_{cy}^L——分别为验算层偏压柱上、下端的现有受弯承载力；

λ——框架柱的计算剪跨比，取 $\lambda = H_n / (2h_0)$，且 $\lambda > 3$ 时，取 $\lambda = 3$；

N——对应于重力荷载代表值的柱轴向压力，当 $N > 0.3 f_{ck} bh$ 时，取 $N = 0.3 f_{ck} bh$；

A_{sv}——配置在同一截面内箍筋各肢的截面面积；

f_{yvk}——箍筋抗拉强度标准值，按表 18-1，即《建筑抗震鉴定标准》GB 50023—2009 附录 A 表 A.0.3-1 采用；

f_{ck}——混凝土轴心抗压强度标准值，按表 18-2，即《建筑抗震鉴定标准》GB 50023—2009 附录 A 表 A.0.2-1 采用；

s——箍筋间距；

b——验算方向柱截面宽度；

h、h_0——分别为验算方向柱截面高度、有效高度；

H_n——框架柱净高。

钢筋强度标准值（N/mm²）　　**表 18-1**

种类		f_{yk} 或 f_{pyk} 或 f_{ptk}
热轧钢筋	HPB235(Q235)	235
	[20MnSi,20MnNb(b)] (1996 年以前的 d=28~40)	335 (315)
	(1996 年以前的Ⅲ级 25MnSi)	(370)
	HRB400(20MnSiV、20MnTi、K20MnSi)	400
热处理钢筋	40Si2Mn(d=6);48Si2Mn(d=8.2);45Si2Cr(d=10)	1470

混凝土强度标准值（N/mm²）　　**表 18-2**

强度种类	符号	混凝土强度等级													
		C13	C15	C18	C20	C23	C25	C28	C30	C35	C40	C45	C50	C55	C60
轴心抗压	f_{ck}	8.7	10.0	12.1	13.5	15.4	17.0	18.8	20.0	23.5	27.0	29.5	32.0	34.0	36.0
弯曲抗压	f_{cmk}	9.6	11.0	13.3	15.0	17.0	18.5	20.6	22.0	26.0	29.5	32.5	35.0	37.5	39.5
轴心抗拉	f_{tk}	1.0	1.2	1.35	1.5	1.65	1.75	1.85	2.0	2.25	2.45	2.6	2.75	2.85	2.95

对称配筋矩形截面偏压柱现有受弯承载力可按下列公式计算：

当 $N \leq \xi_{bk} f_{cmk} b h_0$ 时，

$$M_{cy} = f_{yk} A_s (h_0 - a'_s) + 0.5Nh[1 - N/(f_{cmk} bh)] \tag{18-6}$$

当 $N > \xi_{bk} f_{cmk} b h_0$ 时，

$$M_{cy} = f_{yk} A_s (h_0 - a'_s) + \xi(1 - 0.5\xi) f_{cmk} b h_0^2 - N(0.5h - a'_s) \tag{18-7}$$

$$\xi = \lfloor (\xi_{bk} - 0.8)N - \xi_{bk} f_{yk} A_s \rfloor / \lfloor (\xi_{bk} - 0.8) f_{cmk} b h_0 - f_{yk} A_s \rfloor \tag{18-8}$$

式中　N——对应于重力荷载代表值的柱轴向压力；

A_s——柱实有纵向受拉钢筋截面面积；

f_{yk}——现有钢筋抗拉强度标准值，按《建筑抗震鉴定标准》GB 50023—2009 附录 A 表 A.0.3-1 采用；

f_{cmk}——现有混凝土弯曲抗压强度标准值，按《建筑抗震鉴定标准》GB 50023—2009 附录 A 表 A.0.2-1 采用；

a'_s——受压钢筋合力点至受压边缘的距离；

ξ_{bk}——相对界限受压区高度，HPB 级钢取 0.6，HRB 级钢取 0.55；

h、h_0——分别为柱截面高度、有效高度；

b——柱截面宽度。

【例 18-1】矩形框架柱层间现有受剪承载力算例

文献［3］第 91 页例题，早期建造的 4 层现浇钢筋混凝土框架，采用外挂墙板和轻质隔墙，框架下部有箱形满地下室，框架柱嵌固于地下室顶板处，梁柱原采用 150 号（C13）混凝土，纵筋、箍筋均为 HPB235 级钢，柱箍筋配置为 ϕ6@200。首层柱净高 3.9m，截面尺寸 400mm×500mm，首层边柱一侧配纵筋 4ϕ20（A_s = 1257mm²），a'_s = 35mm，受到轴向压力 N=863kN。该工程位于 9 度区，Ⅱ类场地。

文献［3］对该工程进行了全面的抗震鉴定，不赘述，本书只计算矩形框架柱层间现有受剪承载力，并验证软件 SCS 的计算结果正确。

【解】

纯框架结构层间现有受剪承载力按下列两种情况的公式计算，并到其较小值。

①按偏压柱正截面的受弯承载力核算柱受剪承载力

纵筋是 HPB 级钢，ξ_{bk} 取 0.6，

$$N=863\text{kN}\leqslant\xi_{bk}f_{cmk}bh_0=0.6\times9.6\times400\times465\times10^{-3}=1071\text{kN},$$

$$\begin{aligned}M_{cy}&=f_{yk}A_s(h_0-a_s')+0.5Nh[1-N/(f_{cmk}bh)]\\&=235\times1257\times(465-35)+0.5\times863000\times500\times[1-863000/(9.6\times400\times500)]\\&=246\times10^6=246\text{kN}\cdot\text{m},\end{aligned}$$

由于各层柱顶部钢筋和底部钢筋一般通长设置，又假定顶部与底部的垂直力接近，故可假定 $M_{cy}^{U}=M_{cy}^{L}$。

$$V_{cy}=\frac{M_{cy}^{U}+M_{cy}^{L}}{H_n}=\frac{2\times246}{3.9}=126\text{kN}$$

②按偏压柱斜截面核算柱受剪承载力

柱的剪跨比 $\lambda=H_n/(2h_0)=3.9/(2\times0.465)=4.19>3$，取 $\lambda=3$。

$N=863\text{kN}>0.3f_{ck}bh=0.3\times8.7\times400\times500\times10^{-3}=522\text{kN}$，计算中取 $N=522\text{kN}$，

$$\begin{aligned}V_{cy}&=\frac{0.16}{\lambda+1.5}f_{ck}bh_0+f_{yvk}\frac{A_{sv}}{s}h_0+0.056N\\&=\left[\frac{0.16}{3+1.5}\times8.7\times400\times465+235\times\frac{57}{200}\times465+0.056\times522\right]\times10^{-3}=117.9\text{kN}\end{aligned}$$

SCS 软件计算对话框输入信息和最终计算结果如图 18-1 所示，可见其与手算结果相同。

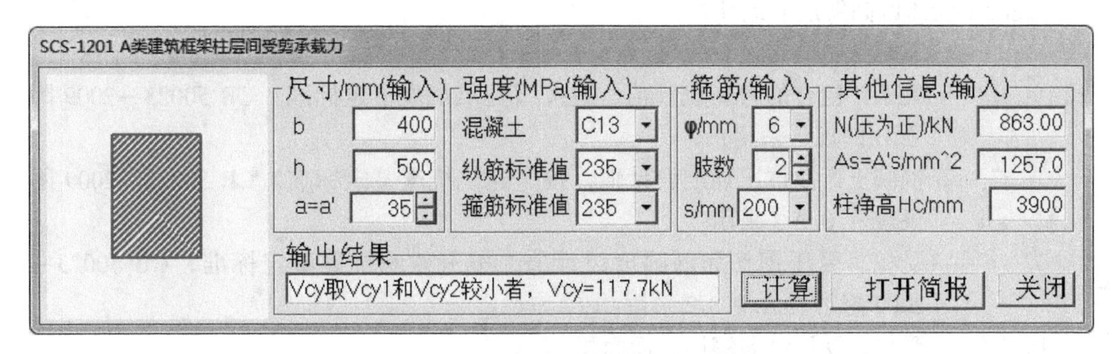

图 18-1　柱层间现有受剪承载力计算

取两种方法计算结果的较小值，即为所求。

楼层各矩形框架柱层间现有受剪承载力求出之后，再求和，就得到楼层现有受剪承载力，此后按照式（18-1）鉴定结构的抗震能力。

18.3　A 类、B 类建筑钢筋混凝土梁承载力验算

《建筑抗震鉴定标准》GB 50023—2009 第 6.1.5 条（强制性条文）规定：

A类钢筋混凝土房屋应进行综合抗震能力两级鉴定。当符合第一级鉴定的各项规定时，除9度外应允许不进行抗震验算而评定为满足抗震鉴定要求；不符合第一级鉴定要求的9度时，除有明确规定的情况外，应在第二级鉴定中采用屈服强度系数和综合抗震能力指数的方法作出判断。

B类钢筋混凝土房屋应根据所属的抗震等级进行结构布置，并应通过内力调整进行抗震承载力验算；或按照A类钢筋混凝土房屋计入构造影响对综合抗震能力进行评定。

当需要对A、B类建筑结构构件进行抗震承载力验算时，须根据《建筑抗震鉴定标准》GB 50023—2009附录D进行内力调整，根据附录E给出的公式进行抗震承载力验算。本节先摘录该标准附录E有关梁抗震承载力计算公式和与这些公式相应的《混凝土结构设计规范》GBJ 89的静载作用下的承载力计算公式，然后用算例演示这些公式的应用。

地震作用组合下，框架梁、连梁端部截面剪力设计值应符合下式要求：

$$V \leqslant \frac{1}{\gamma_{\mathrm{Ra}}}(0.2 f_{\mathrm{c}} b h_0) \tag{18-9}$$

式中 V——端部截面组合的剪力设计值，应按《建筑抗震鉴定标准》GB 50023—2009附录D的规定采用；

f_{c}——混凝土轴心抗压强度设计值，按《建筑抗震鉴定标准》GB 50023—2009附录表A.0.2-2采用；

b——梁截面宽度；

h_0——梁截面有效高度。

框架梁的正截面抗震承载力应按下式计算：

$$M_{\mathrm{b}} \leqslant \frac{1}{\gamma_{\mathrm{Ra}}}\left[f_{\mathrm{cm}} b x\left(h_0 - \frac{x}{2}\right) + f_{\mathrm{y}}' A_{\mathrm{s}}'(h_0 - a_{\mathrm{s}}')\right] \tag{18-10}$$

混凝土受压区高度按下式计算：

$$f_{\mathrm{cm}} b x = f_{\mathrm{y}} A_{\mathrm{s}} - f_{\mathrm{y}}' A_{\mathrm{s}}' \tag{18-11}$$

式中 M_{b}——框架梁组合的弯矩设计值，应按《建筑抗震鉴定标准》GB 50023—2009附录D的规定采用；

f_{cm}——混凝土弯曲抗压强度设计值，按《建筑抗震鉴定标准》GB 50023—2009附录表A.0.2-2采用；

f_{y}、f_{y}'——受拉、受压钢筋屈服强度设计值，按《建筑抗震鉴定标准》GB 50023—2009附录表A.0.3-2采用；

A_{s}、A_{s}'——受拉、受压纵向钢筋截面面积；

a_{s}'——受压区纵向钢筋合力点至受压区边缘的距离；

x——混凝土受压区高度，一级框架应满足$x \leqslant 0.25h_0$的要求，二、三级框架应满足$x \leqslant 0.35h_0$的要求。

框架梁的斜截面抗震承载力应按下式计算：

$$V_{\mathrm{b}} \leqslant \frac{1}{\gamma_{\mathrm{Ra}}}\left(0.056 f_{\mathrm{c}} b h_0 + 1.2 f_{\mathrm{yv}} \frac{A_{\mathrm{sv}}}{s} h_0\right) \tag{18-12}$$

对集中荷载作用下的框架梁（包括有多种荷载，且其中集中荷载对节点边缘产生的剪力值占总剪力值的75%以上的情况），其斜截面抗震承载力应按下式计算：

$$V_{\mathrm{b}} \leqslant \frac{1}{\gamma_{\mathrm{Ra}}}\left(\frac{0.16}{\lambda + 1.5}f_{\mathrm{c}}bh_0 + f_{\mathrm{yv}}\frac{A_{\mathrm{sv}}}{s}h_0\right) \tag{18-13}$$

式中　V_{b}——框架梁组合的剪力设计值，应按《建筑抗震鉴定标准》GB 50023—2009 附录 D 的规定采用；

f_{yv}——箍筋的抗拉强度设计值，按《建筑抗震鉴定标准》GB 50023—2009 附录表 A. 0. 3-2 采用；

A_{sv}——配置在同一截面内箍筋各肢的全部截面面积；

s——箍筋间距；

λ——计算截面的剪跨比，可取 $\lambda = a/h_0$，a 为计算截面至支座截面或节点边缘的距离，计算截面取集中荷载作用点处的截面；当 $\lambda<1.4$ 时，取 $\lambda=1.4$，当 $\lambda>3$ 时，取 $\lambda=3$，计算截面至支座截面之间的箍筋，应均匀布置。

对照《混凝土结构设计规范》GBJ 10—89 会发现，以上所列公式与其公式相同，由此可知与 A 类或 B 类建筑相当可靠度的相应静载下、即非地震作用组合下承载力校核公式就应是《混凝土结构设计规范》GBJ 10—89 静力承载力公式。SCS 软件加入了对 A 类、B 类建筑结构构件按《混凝土结构设计规范》GBJ 10—89 校核静力承载力的功能。该功能依据的相关公式如下。

静力作用组合下，框架梁、连梁端部截面剪力设计值应符合下式要求：

当 $\frac{h_{\mathrm{w}}}{b} \leqslant 4$ 时

$$V \leqslant 0.25 f_{\mathrm{c}} bh_0 \tag{18-14}$$

当 $\frac{h_{\mathrm{w}}}{b} \geqslant 6$ 时

$$V \leqslant 0.2 f_{\mathrm{c}} bh_0 \tag{18-15}$$

当 $4<\frac{h_{\mathrm{w}}}{b}<6$ 时，按直线内插法取用。

式中　h_{w}——截面的腹板高度；矩形截面取有效高度 h_0，T 形截面取有效高度减去翼缘高度，I 形截面取腹板净高。

静力作用组合下，框架梁的正截面抗震承载力应按下式计算：

$$M_{\mathrm{b}} \leqslant f_{\mathrm{cm}} bx\left(h_0 - \frac{x}{2}\right) + f'_{\mathrm{y}}A'_{\mathrm{s}}(h_0 - a'_{\mathrm{s}}) \tag{18-16}$$

混凝土受压区高度按下式计算：

$$f_{\mathrm{cm}} bx = f_{\mathrm{y}}A_{\mathrm{s}} - f'_{\mathrm{y}}A'_{\mathrm{s}} \tag{18-17}$$

静力作用组合下，框架梁的斜截面抗震承载力应按下式计算：

$$V_{\mathrm{b}} \leqslant 0.07 f_{\mathrm{c}} bh_0 + 1.5 f_{\mathrm{yv}} \frac{A_{\mathrm{sv}}}{s} h_0 \tag{18-18}$$

静力作用组合下，对集中荷载作用下的框架梁（包括有多种荷载，且其中集中荷载对节点边缘产生的剪力值占总剪力值的 75%以上的情况），其斜截面抗震承载力应按下式计算：

$$V_b \leqslant \frac{0.2}{\lambda + 1.5} f_c b h_0 + 1.25 f_{yv} \frac{A_{sv}}{s} h_0 \tag{18-19}$$

由《建筑抗震鉴定标准》GB 50023—2009 附录表 A. 0. 3-2 可见，钢筋强度设计值共有六种值（与钢材生产年代相关），与强度标准值没有固定关系，所以 SCS 软件采用直接输入钢筋抗拉设计值的方法。

【例 18-2】矩形框架梁现有受弯、受剪承载力算例

文献［4］第 44 页例题，7 度地震设防区的 B 类建筑，建于 1990 年代，为 5 层现浇钢筋混凝土框架，其中一框架梁，截面 300mm×750mm，C20 混凝土，$f_{cm}=11.0\text{N/mm}^2$，$f_c=10.0\text{N/mm}^2$，梁端支座处负 2Φ20+4Φ18（$A_s=1646\text{mm}^2$），支座和跨中正筋 6Φ18（$A_s=1527\text{mm}^2$），纵向受力钢筋Ⅱ级，$f_y=310\text{N/mm}^2$，箍筋为Ⅰ级，配置为 ϕ8@200，$f_{yv}=210\text{N/mm}^2$。

梁端弯矩（非地震作用组合控制）

$-M_{AB}=-363\text{kN}\cdot\text{m}$；　　$+M_{AB}=0\text{kN}\cdot\text{m}$

$-M_{BA}=-364\text{kN}\cdot\text{m}$；　　$+M_{BA}=0\text{kN}\cdot\text{m}$

梁跨中弯矩（非地震作用组合控制）

$M_{max}=349\text{kN}\cdot\text{m}$

梁端最大剪力（地震作用组合控制）

$V_{AB}=279\text{kN}$；　　$V_{BA}=280\text{kN}$

试校核该梁的承载力是否足够。

【解】 按照《建筑抗震鉴定标准》GB 50023—2009 附录 E。

（1）梁端正截面受弯承载力

①负弯矩受弯承载力

混凝土受压区高度：$x=\dfrac{f_y A_s - f'_y A'_s}{f_{cm} b}=\dfrac{310\times(1646-1527)}{11.0\times300}=11.2\text{mm}$

因 $11.2\text{mm}<2a'=2\times60=120\text{mm}$，取 $x=120\text{mm}$

无地震作用组合下：

$$M_u=f_{cm}bx(h_0-x/2)+f'_y A'_s(h_0-a')$$
$$=11.0\times300\times120\times(690-120/2)+310\times1527\times(690-60)=547.70\text{kN}\cdot\text{m}$$

有地震作用组合下：

$$M_{uE}=M_u/\gamma_{Ra}=547.70/0.75=730.27\text{kN}\cdot\text{m}$$

②正弯矩受弯承载力

混凝土受压区高度：$x=\dfrac{f_y A_s - f'_y A'_s}{f_{cm} b}=\dfrac{310\times(1527-1646)}{11.0\times300}=-11.2\text{mm}$

因 $-11.2\text{mm}<2a'=2\times60=120\text{mm}$，取 $x=120\text{mm}$

无地震作用组合下：

$$M_u=f_{cm}(h_0-x/2)+f'_y A'_s(h_0-a')$$
$$=11.0\times300\times120\times(690-120/2)+310\times1646\times(690-60)=570.94\text{kN}\cdot\text{m}$$

有地震作用组合下：

$$M_{uE}=M_u/\gamma_{Ra}=570.94/0.75=761.26\text{kN}\cdot\text{m}$$

（2）梁跨中正截面的受弯承载力

混凝土受压区高度：$x=\dfrac{f_y A_s - f_y' A_s'}{f_{cm} b}=\dfrac{310\times(1527-628)}{11.0\times 300}=84.5\text{mm}$

$84.5\text{mm}>2a'=2\times 35=70\text{mm}$

无地震作用组合下：

$$M_u=f_{cm}bx(h_0-x/2)+f_y'A_s'(h_0-a')$$
$$=11.0\times300\times84.5\times(690-84.5/2)+310\times628\times(690-35)=308.04\text{kN}\cdot\text{m}$$

一般情况下，地震作用对梁跨中作用很小，故略去不算。

（3）梁斜截面受剪承载力

无地震作用组合下：按《混凝土结构设计规范》GBJ 10—89 公式计算

①斜截面限制条件

$$[V]=0.25f_c bh_0=0.25\times10.0\times300\times690\times10^{-3}=517.50\text{kN}$$

②斜截面受剪承载力

$$V=0.07f_c bh_0+1.5f_{yv}\frac{A_{sv}}{s}h_0$$
$$=(0.07\times10.0\times300\times690+1.5\times210\times\frac{2\times50.3}{200}\times690)\times10^{-3}=254.23\text{kN}$$

V_u 取 V 和 $[V]$ 的较小者，即 $V_u=254.23\text{kN}$

有地震作用组合下：按《建筑抗震鉴定标准》GB 50023—2009 附录E公式计算

①抗震设计斜截面限制条件

$$[V]=0.2f_c bh_0/\gamma_{Ra}=0.2\times10.0\times300\times690\times10^{-3}/0.85=487.06\text{kN}$$

②抗震设计斜截面受剪承载力

$$V=(0.056f_c bh_0+1.2f_{yv})\frac{A_{sv}}{s}h_0)/\gamma_{Ra}$$
$$=(0.056\times10\times300\times690+1.2\times210\times\frac{2\times50.3}{200}\times690)\times10^{-3}/0.85=239.27\text{kN}$$

V_u 取 V 和 $[V]$ 的较小者，即 $V_u=239.27\text{kN}$

与作用相比，可见梁跨中截面受弯承载力、梁端受剪承载力不满足建造当时的设计规范要求，需要加固处理。

SCS软件计算对话框输入信息和最终计算结果如图18-2所示，可见其与手算结果相同。

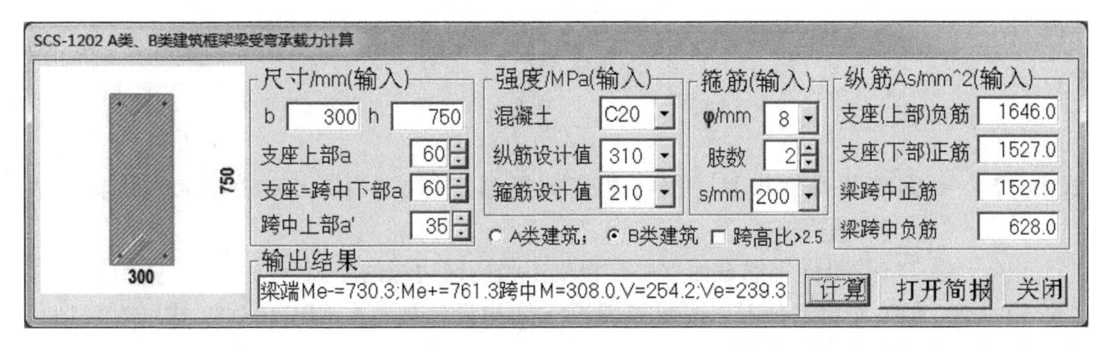

图18-2 框架梁受弯、受剪承载力计算

18.4 A类、B类建筑柱受压弯承载力计算

《建筑抗震鉴定标准》GB 50023—2009 附录E第E.0.4条规定，偏心受压框架柱的正截面抗震承载力应符合下列规定：

验算公式：

$$N \leqslant \frac{1}{\gamma_{Ra}}(f_{cm}bx + f'_yA'_s - \sigma_sA_s) \tag{18-20}$$

$$Ne \leqslant \frac{1}{\gamma_{Ra}}\left[f_{cm}bx\left(h_0 - \frac{x}{2}\right) + f'_yA'_s(h_0 - a'_s)\right] \tag{18-21}$$

$$e = \eta e_i + \frac{h}{2} - a_s \tag{18-22}$$

$$e_a = 0.12(0.3h_0 - e_0) \tag{18-23}$$

$$e_i = e_0 + e_a \tag{18-24}$$

式中 N——组合的轴向压力设计值；

e——轴向力作用点至受拉钢筋合力点之间的距离；

e_0——轴向力对截面重心的偏心距；

e_a——附加偏心距，因其有最小限值 20mm 规定，不是一个式子能表示的，故这里用两个式子表示；

η——偏心受压构件考虑挠曲影响的轴向力偏距增大系数，按现行国家标准《混凝土结构设计规范》GB 50010 的规定计算（注：建筑抗震鉴定标准是 2009 年颁布实行的，其所指的是《混凝土结构设计规范》GB 50010—2002）；

σ_s——纵向钢筋的应力。

因要鉴定复核，很多情况已知截面尺寸、材料强度，钢筋配置和受到的压力，求柱能承受的弯矩，e_0 未知，本书和 SCS 软件采用《混凝土结构设计规范》GB 50010—2002 的方法确定 e_a，即其值取 20mm 和偏心方向截面最大尺寸的 1/30 两者中的较大值。

纵向钢筋的应力计算应符合下列规定：

大偏心受压

$$\sigma_s = f_y \tag{18-25}$$

小偏心受压

$$\sigma_s = \frac{f_y}{\xi_b - 0.8}\left(\frac{x}{h_{0i}} - 0.8\right) \tag{18-26}$$

$$\xi_b = \frac{0.8}{1 + f_y/0.0033E_s} \tag{18-27}$$

式中 E_s——钢筋的弹性模量，按《建筑抗震鉴定标准》GB 50023—2009 附录 A 表 A.0.4 采用；

h_{0i}——第 i 层纵向钢筋截面重心至混凝土受压区边缘的距离。

相应地，静力作用组合下，按照《混凝土结构设计规范》GBJ 10—89 式（4.1.15），柱的正截面承载力应按下式计算：

$$N \leqslant f_{cm}bx + f'_yA'_s - \sigma_sA_s \tag{18-28}$$

$$Ne \leqslant f_{cm}bx\left(h_0 - \frac{x}{2}\right) + f'_yA'_s(h_0 - a'_s) \tag{18-29}$$

【例 18-3】受大偏压矩形框架柱承载力算例

某 7 度地震设防区的 B 类建筑，建于 1990 年代，为 5 层现浇钢筋混凝土框架，其中一框架柱，截面尺寸 $b \times h = 400\text{mm} \times 500\text{mm}$，柱的计算长度 $l_0 = 5.0$ m，C30 混凝土，钢筋采用 HRB335 级，A'_s采用 5 ϕ20（$A'_s = 1570\text{mm}^2$），A_s 采用 3 ϕ20（$A_s = 942\text{mm}^2$），已知该柱受到压力 $N = 500$kN，求该柱所能的最大弯矩设计值。

【解】 为将地震作用下与柱静载下的承载力进行比较，结果相互印证，先计算静载下柱承载力。

1. 确定基本参数。

查《建筑抗震鉴定标准》GB 50023—2009 附录 A，C30 混凝土，$f_c = 15.0\text{N/mm}^2$，$f_{cm} = 16.5\text{N/mm}^2$，表 A.0.4 纵向受力钢筋 Ⅱ 级，$f_y = 310\text{N/mm}^2$，钢筋弹性模量 $E_s = 2.0 \times 10^5\text{N/mm}^2$，$\xi_b = 0.544$，$a_s = a'_s = 40\text{mm}$。

2. 静载下柱的承载力

（1）判别大小偏压

$N_b = \xi_b f_{cm} bh_0 + f_y(A'_s - A_s) = [0.544 \times 16.5 \times 400 \times 460 + 310 \times (1570 - 942)] \times 10^{-3} = 1847.27\text{kN}$

$N \leqslant N_b$，属于大偏心受压。

（2）计算截面受压区高度

$x = \dfrac{N - f'_yA'_s + f_yA_s}{f_{cm}b} = \dfrac{500000 + 310 \times (942 - 1570)}{16.5 \times 400} = 46.3\text{mm} < 2a'_s = 80\text{mm}$，以下计算取 $x = 80\text{mm}$。

（3）求 ηe_i

由弯矩平衡公式 $Ne' = f_yA_s(h_0 - a'_s)$

$$e' = f_yA_s(h_0 - a'_s)/N = 310 \times 942 \times (460 - 40)/500000 = 245.3\text{mm}$$

$$\eta e_i = e' + h/2 - a'_s = 245 + 250 - 40 = 455.3\text{mm}$$

（4）求 M

$\zeta_1 = 0.5f_cA/N = 0.5 \times 15 \times 400 \times 500/500000 = 3.00 > 1$，取 $\zeta_1 = 1.0$

$$l_0/h = 5000/500 = 10 < 15,\ \zeta_2 = 1.0$$

$$\eta = 1 + \frac{1}{1400 \times e_i/460}(10)^2 \times 1.0 \times 1.0 = 1 + 32.9/e_i$$

又 $\eta e_i = 455.3\text{mm}$，可得 $e_i = 422.4\text{mm}$。

$e_a = 20\text{mm} > h/30$，则 $e_0 = e_i - e_a = 422.4 - 20 = 402.4\text{mm}$

$$M = Ne_0 = 500000 \times 402.4 \times 10^{-6} = 201.22\text{kN} \cdot \text{m}$$

SCS 软件计算对话框输入信息和最终计算结果如图 18-3 所示，可见其与手算结果相同。

3. 地震作用组合下柱的承载力

B 类建筑，轴压比小于 0.15 时，$\gamma_{Ra} = 0.75$；轴压比不小于 0.15 时，$\gamma_{Ra} = 0.80$。

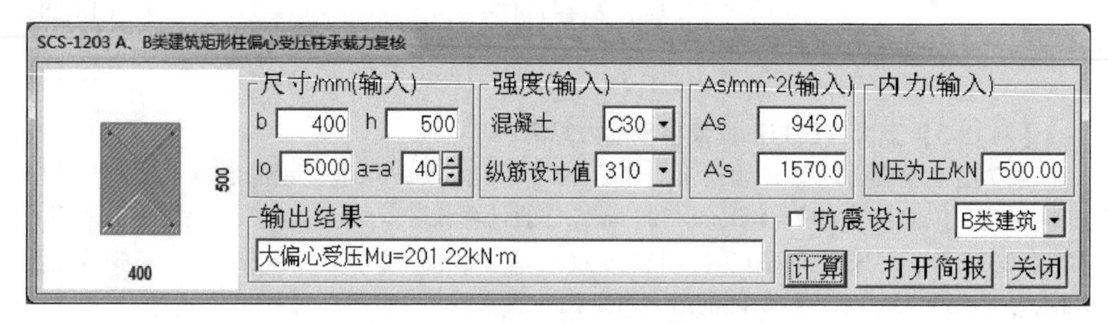

图 18-3 受静载大偏压柱的承载力计算

（1）判别大小偏压

$N_b = \xi_b f_{cm} b h_0 + f_y(A'_s - A_s) = [0.544\times16.5\times400\times460+310\times(1570-942)]\times10^{-3}$ $=1847.27\text{kN}$

轴压比不小于 0.15，$\gamma_{Ra}=0.80$。$\gamma_{Ra}N\leqslant N_b$，属于大偏心受压。

（2）计算截面受压区高度

$x=\dfrac{\gamma_{Ra}N-f'_yA'_s+f_yA_s}{f_{cm}b}=\dfrac{400000+310\times(942-1570)}{16.5\times400}=31.1\text{mm}<2a'_s=80\text{mm}$，以下计算取 $x=80\text{mm}$。

（3）求 ηe_i

由弯矩平衡公式 $\gamma_{Ra}Ne'=f_yA_s(h_0-a'_s)$，

$$e'=f_yA_s(h_0-a'_s)/(\gamma_{Ra}N)=310\times942\times(460-40)/400000=306.6\text{mm}$$

$$\eta e_i=e'+h/2-a'_s=306.6+250-40=516.6\text{mm}$$

（4）求 M

前已求得 $\eta=1+32.9/e_i$；又 $\eta e_i=516.6\text{mm}$，可得 $e_i=483.8\text{mm}$。

$e_a=20\text{mm}>h/30$，则 $e_0=e_i-e_a=483.8-20=463.8\text{mm}$

$$M=Ne_0=500000\times463.8\times10^{-6}=231.88\text{kN}\cdot\text{m}$$

SCS 软件计算对话框输入信息和最终计算结果如图 18-4 所示，可见其与手算结果相同。

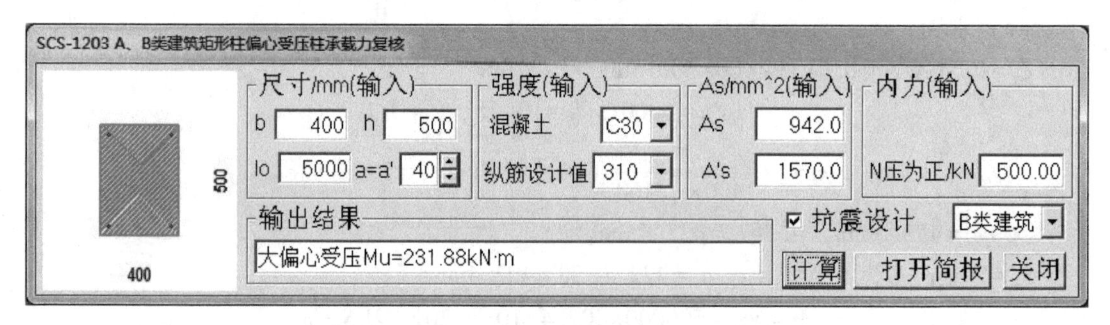

图 18-4 受地震作用大偏压柱的承载力计算

【例 18-4】受小偏压矩形框架柱承载力算例

已知条件同【例 18-3】，但该柱受到压力 $N=2600\text{kN}$，求该柱所能的最大弯矩设计值。

【解】 为将地震作用下与柱静载下的承载力进行比较，结果相互印证，先计算静载下柱承载力。

1. 确定基本参数（同上一题）

2. 静载下柱的承载力

（1）判别大小偏压

$$N_b = \xi_b f_{cm} b h_0 + f_y(A'_s - A_s) = [0.544\times16.5\times400\times460+310\times(1570-942)]\times10^{-3} = 1847.27\text{kN}$$

$N>N_b$，属于小偏心受压。

（2）计算截面受压区高度

$$x = \left(\frac{N - f'_y A'_s - \dfrac{0.8}{\xi_b - 0.8} f_y A_s}{f_{cm} b h_0 - \dfrac{1}{\xi_b - 0.8} f_y A_s}\right) h_0 = \left(\frac{2600000 - 310\times1570 - \dfrac{0.8}{0.544 - 0.8}\times310\times942}{16.5\times400\times460 - \dfrac{1}{0.544-0.8}\times310\times942}\right)\times460$$

$=333.3\text{mm}$。

（3）求 ηe_i

$$e = \frac{f_{cm} b x(h_0 - 0.5x) + f'_y A'_s(h_0 - a'_s)}{N}$$

$$= \frac{16.5\times400\times333.3\times(460-0.5\times333.3)+310\times1570\times(460-40)}{2600000} = 326.8\text{mm}$$

$\eta e_i = e - h/2 + a'_s = 326.8-250+40 = 116.8\text{mm}$

（4）求 M

$$\zeta_1 = 0.5 f_c A/N = 0.5\times15\times400\times500/2600000 = 0.577$$

$$l_0/h = 5000/500 = 10<15，\zeta_2 = 1.0$$

$$\eta = 1+\frac{1}{1400\times e_i/460}(10^2)\times0.577\times1.0 = 1+19.0/e_i$$

又 $\eta e_i = 116.8\text{mm}$，可得 $e_i = 97.8\text{mm}$。

$e_a = 20\text{mm}>h/30$，则 $e_0 = e_i - e_a = 97.8-20 = 77.8\text{mm}$

$$M = Ne_0 = 2600000\times77.8\times10^{-6} = 202.40\text{kN}\cdot\text{m}$$

SCS 软件计算对话框输入信息和最终计算结果如图 18-5 所示，可见其与手算结果相同。

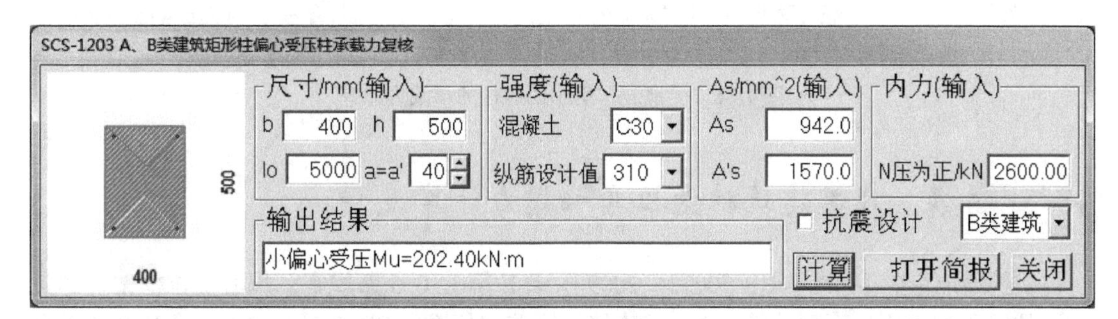

图 18-5 受静载小偏压柱的承载力计算

3. 地震作用组合下柱的承载力

B 类建筑，轴压比小于 0.15 时，$\gamma_{Ra} = 0.75$；轴压比不小于 0.15 时，$\gamma_{Ra} = 0.80$。

（1）判别大小偏压

$N_b = \xi_b f_{cm} b h_0 + f_y(A'_s - A_s) = [0.544 \times 16.5 \times 400 \times 460 + 310 \times (1570 - 942)] \times 10^{-3}$ $= 1847.27\text{kN}$

轴压比不小于 0.15，$\gamma_{Ra} = 0.80$。$\gamma_{Ra} N \leqslant N_b$，属于小偏心受压。

（2）计算截面受压区高度

$$x = \left(\frac{\gamma_{Ra}N - f'_y A'_s - \dfrac{0.8}{\xi_b - 0.8} f_y A_s}{f_{cm} b h_0 - \dfrac{1}{\xi_b - 0.8} f_y A_s}\right) h_0 = \left(\frac{0.8 \times 2600000 - 310 \times 1570 - \dfrac{0.8}{0.544 - 0.8} \times 310 \times 942}{16.5 \times 400 \times 460 - \dfrac{1}{0.544 - 0.8} \times 310 \times 942}\right)$$

$\times 460 = 276.0\text{mm}$。

（3）求 ηe_i

$$e = \frac{f_{cm} b x (h_0 - 0.5x) + f'_y A'_s (h_0 - a'_s)}{\gamma_{Ra} N}$$

$$= \frac{16.5 \times 400 \times 276.0 \times (460 - 0.5 \times 276.0) + 310 \times 1570 \times (460 - 40)}{0.8 \times 2600000} = 380.3\text{mm}$$

$$\eta e_i = e - h/2 + a'_s = 380.3 - 250 + 40 = 170.3\text{mm}$$

（4）求 M

前已求得 $\eta = 1 + 19.0/e_i$

又 $\eta e_i = 170.3\text{mm}$，可得 $e_i = 151.3\text{mm}$。

$$e_a = 20\text{mm} > h/30，则\ e_0 = e_i - e_a = 151.3 - 20 = 131.3\text{mm}$$

$$M = N e_0 = 2600000 \times 131.3 \times 10^{-6} = 341.45\text{kN} \cdot \text{m}$$

SCS 软件计算对话框输入信息和最终计算结果如图 18-6 所示，可见其与手算结果相同。

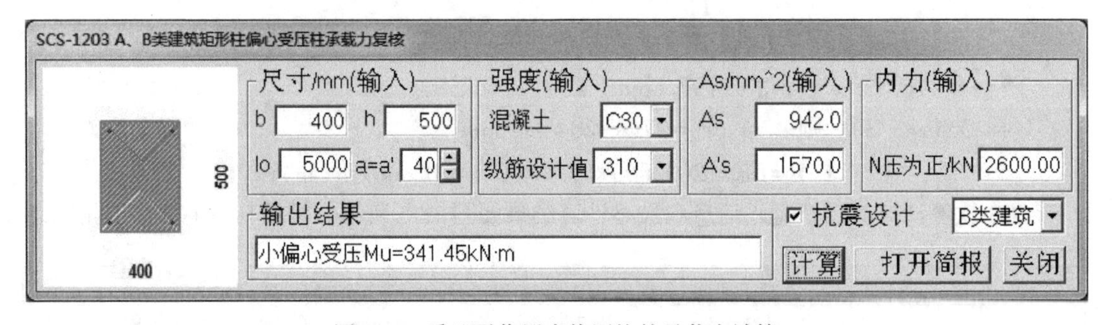

图 18-6 受地震作用小偏压柱的承载力计算

18.5 A 类、B 类建筑柱受拉弯承载力计算

《建筑抗震鉴定标准》GB 50023—2009 附录 E 第 E.0.5 条规定，偏心受拉框架柱的正截面抗震承载力应按下列计算（注：《建筑抗震鉴定标准》GB 50023—2009 第 E.0.5 条公式有错，这里是改正后的）：

（1）小偏心受拉构件

$$Ne \leqslant \frac{1}{\gamma_{Ra}} f_y A'_s (h_0 - a'_s) \tag{18-30}$$

$$Ne' \leqslant \frac{1}{\gamma_{Ra}} f_y A_s (h_0' - a_s) \tag{18-31}$$

其中：

$$e = \frac{h}{2} - e_0 - a_s \tag{18-32}$$

$$e' = \frac{h}{2} + e_0 - a_s' \tag{18-33}$$

（2）大偏心受拉构件

$$N \leqslant \frac{1}{\gamma_{Ra}} (f_y A_s - f_y' A_s' - f_{cm} bx) \tag{18-34}$$

$$Ne \leqslant \frac{1}{\gamma_{Ra}} [f_{cm} bx(h_0 - x/2) + f_y' A_s' (h_0 - a_s')] \tag{18-35}$$

查看《混凝土结构设计规范》GBJ 10—89 对应的静荷载下承载力公式为以上几式右端不除以 γ_{Ra} 的公式。

【例 18-5】矩形小偏拉构件承载力算例

某 7 度地震设防区的 B 类建筑，建于 1990 年代，其中一受拉构件，截面尺寸 $b \times h = 250\text{mm} \times 400\text{mm}$，C30 混凝土，钢筋采用 HRB400 级，$A'_s$ 采用 3 Φ 16（$A'_s = 603\text{mm}^2$），A_s 采用 4 Φ22（$A_s = 1520\text{mm}^2$），已知该构件受到拉力 $N = 115\text{kN}$，弯矩 10kN · m，试校核该构件是否安全，即承载力是否足够？

【解】

（1）确定基本参数

查《建筑抗震鉴定标准》GB 50023—2009 附录 A，C30 混凝土，$f_{cm} = 16.5\text{N/mm}^2$，由表 A. 0. 3-2，$f_y = 360\text{N/mm}^2$，$\gamma_{Ra} = 0.85$，$a_s = a_s' = 40\text{mm}$。

（2）判别大小偏压

$$e_0 = \frac{M}{N} = \frac{10000}{115} = 87.0\text{mm}$$

$e_0 \leqslant 0.5\ (h_0 - a'_s) = 0.5 \times (360 - 40) = 160\text{mm}$，属于小偏心受拉。

（3）计算配筋

$$e = \frac{h}{2} - e_0 - a_s = 200 - 87 - 40 = 73\text{mm}$$

$$e' = \frac{h}{2} + e_0 - a_s' = 200 + 87 - 40 = 247\text{mm}$$

$$N_u \leqslant \frac{f_y A_s' (h_0 - a_s')}{\gamma_{Ra} e} = \frac{360 \times 603 \times (360 - 40)}{0.85 \times 73} \times 10^{-6} = 1118.84\text{kN} \cdot \text{m}$$

$$N_u \leqslant \frac{f_y A_s (h'_0 - a_s)}{\gamma_{Ra} e'} = \frac{360 \times 1520 \times (360 - 40)}{0.85 \times 247} \times 10^{-6} = 834.17\text{kN} \cdot \text{m}$$

取两者较小值，得 $N_u = 834.17\text{kN} \cdot \text{m}$。大于已知的 $N = 115\text{kN} \cdot \text{m}$，知其满足鉴定要求。SCS 软件计算对话框输入信息和最终计算结果如图 18-7 所示，可见其与手算结果相同。

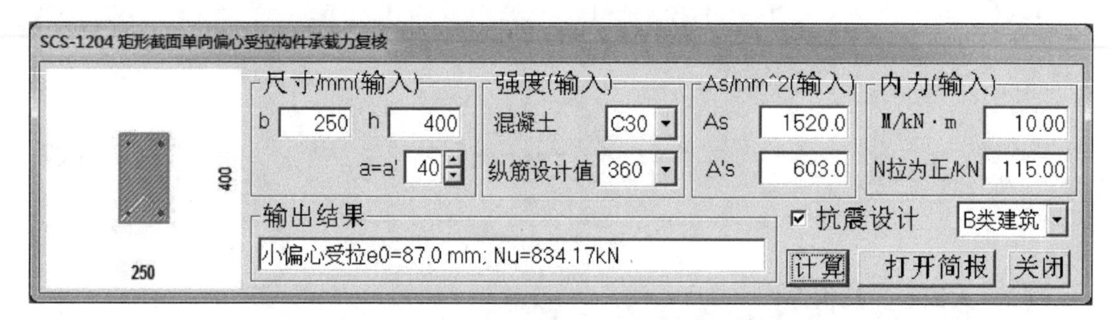

图 18-7　抗震 B 类建筑小偏心受拉构件承载力计算

如果是静力作用下，则该构件的承载力如图 18-8 所示，手算过程略。

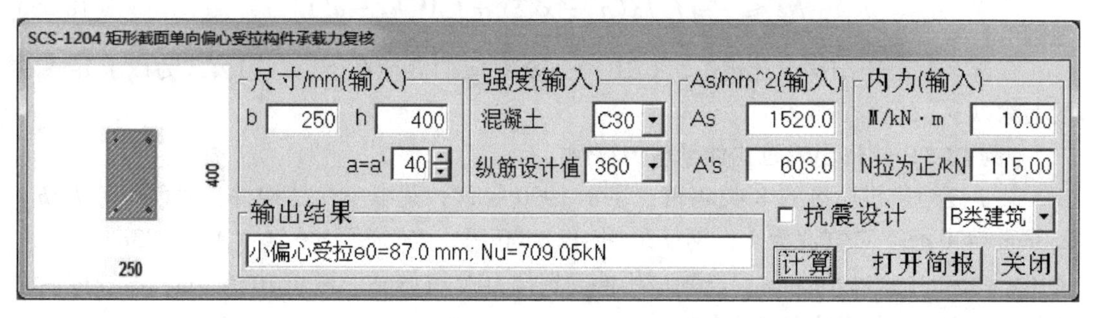

图 18-8　静载下小偏心受拉构件承载力计算

【例 18-6】矩形大偏拉构件承载力算例

某 7 度地震设防区的 B 类建筑，建于 1990 年代，其中一受拉构件，截面尺寸 $b \times h=250\text{mm} \times 400\text{mm}$，C25 混凝土，采用 HRB335 级钢筋，$A_s'$采用 3 ф 16（$A_s'=603\text{mm}^2$），$A_s$ 采用 4 ф 22（$A_s=1520\text{mm}^2$），已知该构件受到拉力 $N=115\text{kN}$，弯矩 92kN · m，试校核该构件是否安全，即承载力是否足够?

【解】

（1）确定基本参数

查《建筑抗震鉴定标准》GB 50023—2009 附录 A，C25 混凝土，$f_{cm}=13.5\text{N/mm}^2$，由表 A. 0. 3-2，$f_y=310\text{N/mm}^2$，$\gamma_{Ra}=0.85$，$a_s=a_s'=45\text{mm}$。

（2）判别大小偏压

$$e_0=\frac{M}{N}=\frac{92000}{115}=800.0\text{mm}$$

$e_0>0.5(h_0-a'_s)=0.5\times(355-45)=155\text{mm}$，属于大偏心受拉。

（3）计算配筋

$$e=e_0-\frac{h}{2}+a_s=800-200+45=645\text{mm}$$

$$e'=e_0+\frac{h}{2}-a_s'=800+200-45=955\text{mm}$$

$$\xi=\left(1+\frac{e}{h_0}\right)-\sqrt{\left(1+\frac{e}{h_0}\right)^2-\frac{2(f_yA_se-f_y'A_s'e')}{f_{cm}bh_0^2}}$$

$$=\left(1+\frac{645}{355}\right)-\sqrt{\left(1+\frac{645}{355}\right)^{2}-\frac{2\times310\times(1520\times645-603\times955)}{13.5\times250\times355^{2}}}=0.107<\frac{2a_{s}'}{h_{0}}=\frac{2\times45}{355}=0.254$$

即 $x<2a_s'$，故构件所能承担的拉力应按式（18-31）计算：

$$N_{u}=\frac{f_{y}A_{s}(h_{0}-a_{s}')}{\gamma_{Ra}e'}=\frac{310\times1520\times(355-45)}{0.85\times955}=179950\text{N}$$

得出该构件所能承受的拉力为 179.95kN，其大于作用的拉力，满足要求。SCS 软件计算对话框输入信息和最终计算结果如图 18-9 所示，可见其与手算结果相同。

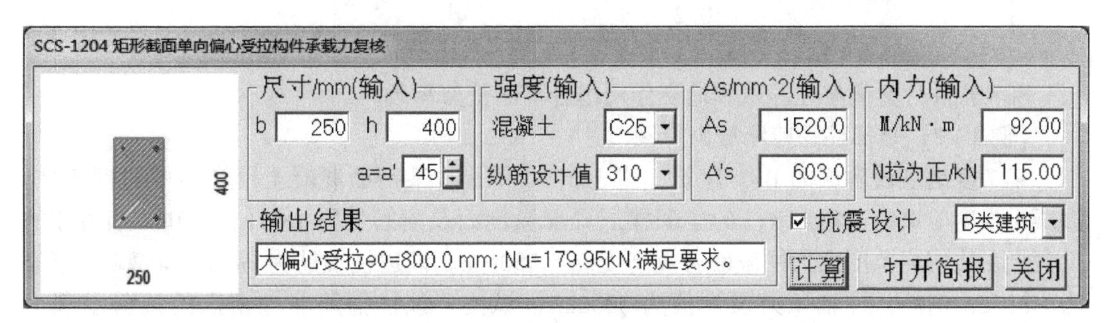

图 18-9　抗震 B 类建筑大偏心受拉构件承载力计算

如果是静力作用下，则该构件的承载力如图 18-10 所示，手算过程略。

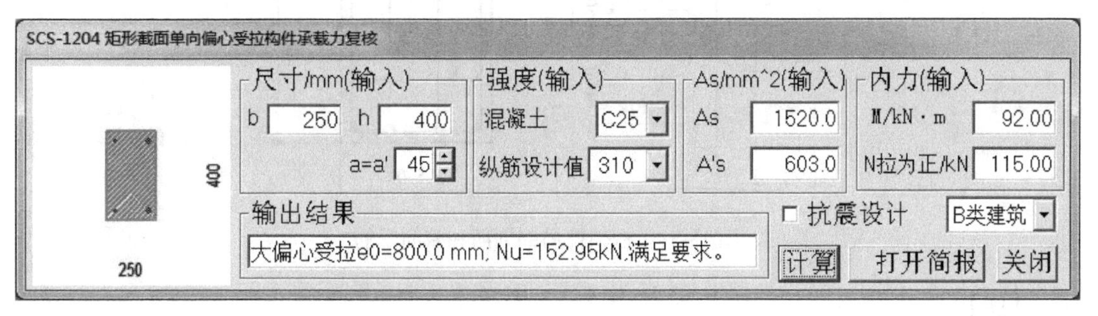

图 18-10　静载下大偏心受拉构件承载力计算

18.6　A 类、B 类建筑柱受剪承载力计算

《建筑抗震鉴定标准》GB 50023—2009 附录 E 第 E.0.6 条规定，框架柱的斜截面抗震承载力应按下式计算：

$$V_{c}\leqslant\frac{1}{\gamma_{Ra}}\left(\frac{0.16}{\lambda+1.5}f_{c}bh_{0}+f_{yv}\frac{A_{sv}}{s}h_{0}+0.056N\right)\tag{18-36}$$

当框架柱出现拉力时，其框架柱的斜截面抗震承载力应按下式计算：

$$V_{c}\leqslant\frac{1}{\gamma_{Ra}}\left(\frac{0.16}{\lambda+1.5}f_{c}bh_{0}+f_{yv}\frac{A_{sv}}{s}h_{0}-0.16N\right)\tag{18-37}$$

式中　V_c——框架柱组合的剪力设计值，按《建筑抗震鉴定标准》GB 50023—2009 附录 D 的规定采用；

λ ——框架柱的计算剪跨比，$\lambda = H_n/(2h_0)$；当 $\lambda<1$ 时，取 $\lambda=1$；当 $\lambda>3$ 时，取 $\lambda=3$；

N——框架柱组合的轴向力设计值；当 N 为压力，且 $N>0.3f_cA$ 时，取 $N=0.3f_cA$。

查看《混凝土结构设计规范》GBJ 10—89 对应的静荷载下承载力公式如下：

$$V_c \leqslant \frac{0.2}{\lambda + 1.5} f_c b h_0 + 1.25 f_{yv} \frac{A_{sv}}{s} h_0 + 0.07N \tag{18-38}$$

当框架柱出现拉力时，其框架柱的斜截面静荷载下承载力应按下列计算：

$$V_c \leqslant \frac{0.2}{\lambda + 1.5} f_c b h_0 + 1.25 f_{yv} \frac{A_{sv}}{s} h_0 - 0.2N \tag{18-39}$$

SCS 软件计算框架柱静载和地震作用组合下的受剪承载力。

【例 18-7】 矩形柱受剪承载力算例

某 7 度地震设防区的 B 类建筑，建于 1990 年代，某钢筋混凝土框架结构的框架柱，混凝土强度等级为 C45，该柱的中间楼层局部纵剖面及配筋见图 18-11。已知：某边柱的反弯点在柱层高范围内；柱截面有效高度 $h_0=550$mm。该边柱箍筋为 ϕ8@100/200，箍筋为 HPB235 钢筋，柱轴压力设计值为 3300kN。试问，该柱箍筋非加密区的抗剪承载力(kN)？

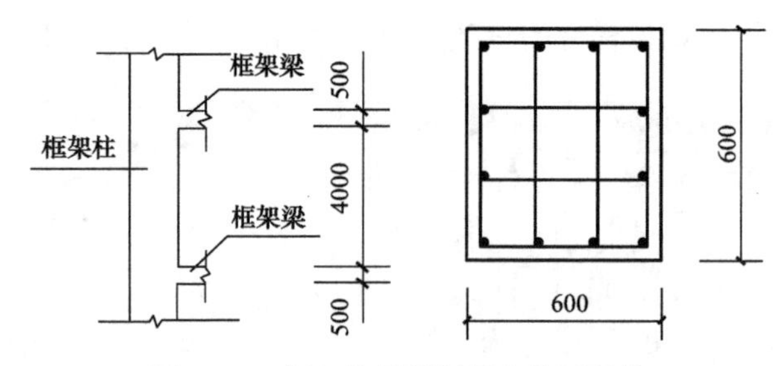

图 18-11 框架柱局部剖面和截面配筋

【解】

（1）确定基本参数

查《建筑抗震鉴定标准》GB 50023—2009 附录 A，C45 混凝土，$f_c=21.5\text{N/mm}^2$，由表 A.0.3-2，$f_{yv}=f_y=210\text{N/mm}^2$，$\gamma_{Ra}=0.85$，$a_s=a_s'=50$mm。

剪跨比 $\lambda=\dfrac{H_n}{2h_0}=\dfrac{4000}{2\times550}=3.64>3$，取 $\lambda=3$

$N=3300\text{kN}>0.3f_cA=0.3\times21.5\times600\times600\times10^{-3}=2322\text{kN}$，取 $N=2322$kN

（2）静载下柱受剪承载力

截面限制条件：$0.25f_cbh_0=0.25\times21.5\times600\times550\times10^{-3}=1773.8\text{kN}$

$$V=\frac{0.2}{\lambda+1.5}f_cbh_0+1.25f_{yv}\frac{A_{sv}}{s}h_0+0.07N$$

$$=\left[\frac{0.2}{3+1.5}\times21.5\times600\times500+1.25\times210\times\frac{201}{200}\times550+0.07\times2322000\right]\times10^{-3}=623.1\text{kN}$$

（3）地震作用组合作用下，手算过程如下：

截面限制条件：$0.20f_{c}bh_{0}/\gamma_{Ra}=0.20\times21.5\times600\times550\times10^{-3}/0.85=1669.4\text{kN}$

$$V=\frac{1}{\gamma_{Ra}}\left(\frac{0.16}{\lambda+1.5}f_{c}bh_{0}+f_{yv}\frac{A_{sv}}{s}h_{0}+0.56N\right)$$

$$=\frac{1}{0.85}\left[\frac{0.16}{3+1.5}\times21.5\times600\times550+210\times\frac{201}{200}\times550+0.056\times2322000\right]\times10^{-3}=586.5\text{kN}$$

SCS 软件输入和输出的简要信息见图 18-12，可见其与手算结果相同。

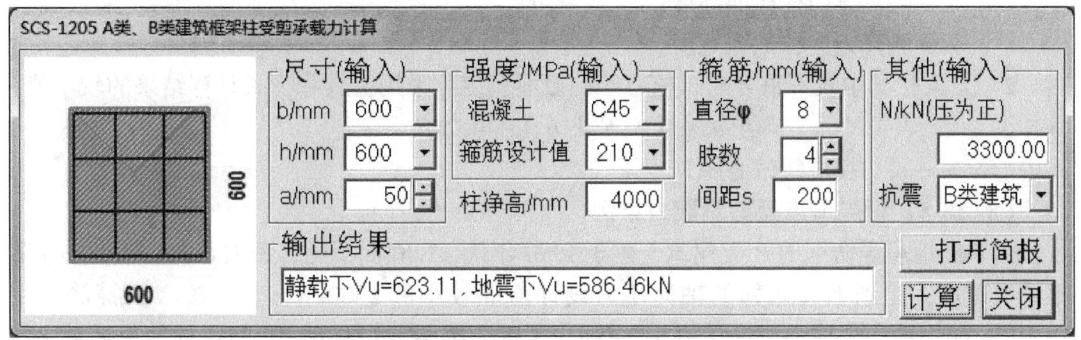

图 18-12　静载和地震作用组合下柱受剪承载力计算

18.7　A 类、B 类建筑框架节点受剪承载力计算

《建筑抗震鉴定标准》GB 50023—2009 附录 E 第 E.0.8 条规定，框架节点区的剪力设计值应符合下列规定：

（1）验算公式：

$$V_{j}\leqslant\frac{1}{\gamma_{Ra}}(0.3\eta_{j}f_{c}b_{j}h_{j})\tag{18-40}$$

$$V_{j}\leqslant\frac{1}{\gamma_{Ra}}\left(0.1\eta_{j}f_{c}b_{j}h_{j}+0.1\eta_{j}N\frac{b_{j}}{b_{c}}+f_{yv}A_{svj}\frac{h_{b0}-a'_{s}}{s}\right)\tag{18-41}$$

式中　V_{j}——节点核心区组合的剪力设计值，按《建筑抗震鉴定标准》GB 50023—2009 附录 D 的规定采用；

η_{j}——交叉梁的约束影响系数，四侧各梁截面宽度不小于该侧柱截面宽度的 1/2，且次梁高度不小于主梁高度的 3/4，可采用 1.5，其他情况均可采用 1.0；

N——对应于组合的剪力设计值的上柱轴向压力，其取值不应大于柱截面面积和混凝土抗压强度设计值乘积的 50%；

f_{yv}——箍筋的抗拉强度设计值；

A_{svj}——核心区验算宽度范围内同一截面验算方向各肢箍筋的总截面面积；

s——箍筋间距；

b_{j}——节点核心区的截面宽度，按本条第 2 款的规定采用；

h_{j}——节点核心区的截面高度，可采用验算方向的柱截面高度；

γ_{Ra}——承载力抗震调整系数，可采用 0.85（注：《建筑抗震鉴定标准》GB 50023—2009 对 A、B 类建筑取值相同）。

（2）核心区截面宽度应符合下列规定：

1）当验算方向的梁截面宽度不小于该侧柱截面宽度的1/2时，可采用该侧柱截面宽度，当小于时可采用下列二者的较小值；

$$b_j = b_b + 0.5h_c \tag{18-42}$$

$$b_j = b_c \tag{18-43}$$

式中 b_b——梁截面宽度；

h_c——验算方向柱截面高度；

b_c——验算方向柱截面宽度。

2）当梁柱的中线不重合时，核心区的截面宽度可采用上款和下式计算结果的较小值：

$$b_j = 0.5(b_b + b_c) + 0.25h_c - e \tag{18-44}$$

式中 e——梁与柱中线偏心距。

【例18-8】框架节点受剪承载力算例

某8度地震设防区的B类建筑，建于1990年代，C40混凝土、截面600mm×600mm框架柱上节点，受到上柱底部的轴向压力设计值的较小值2300kN，节点核心区箍筋采用HRB335级钢筋、钢筋强度设计值310MPa，配置如图18-13所示，正交梁的约束系数$\eta_j=1.5$，框架梁$a_s=a_s'=35$mm。试校核此节点核心区的主轴方向抗震受剪承载力为多少？

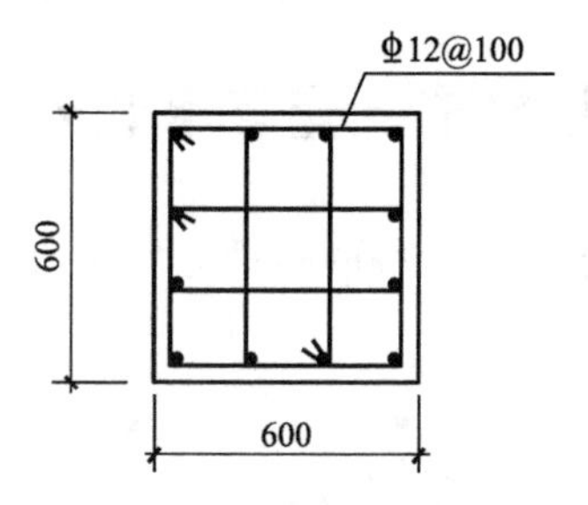

图18-13　节点核心区箍筋

【解】

（1）确定基本参数

查《建筑抗震鉴定标准》GB 50023—2009附录A，C40混凝土，$f_c=19.5\text{N/mm}^2$，由表A.0.3-2，$f_{yv}=f_y=310\text{N/mm}^2$，$\gamma_{Ra}=0.85$，$a_s=a_s'=35$mm。

（2）节点受剪承载力计算

截面尺寸条件：$\frac{1}{\gamma_{Ra}}(0.3\eta_j f_c b_j h_j) = 0.3\times1.5\times19.5\times600\times600\times10^{-3}/0.85 = 3716.47\text{kN}$

受剪承载力：

$$N = 2300\text{kN} < 0.5 f_c b_c h_c$$

$$V_j = \frac{1}{\gamma_{Ra}}\left(0.1\eta_j f_c b_j h_j + 0.1\eta_j N\frac{b_j}{b_c} + f_{yv}A_{svj}\frac{h_{b0}-a_s'}{s}\right)$$

$$(0.1\times1.5\times19.5\times600\times600+0.1\times1.5\times2300\,000\times\frac{600}{600}+310\times4\times113.1\times\frac{565-35}{100})\;/0.85$$

$$=2519\,168\text{N}=2519.17\text{kN}$$

SCS 软件输入和输出的简要信息见图 18-14，可见其与手算结果相同。

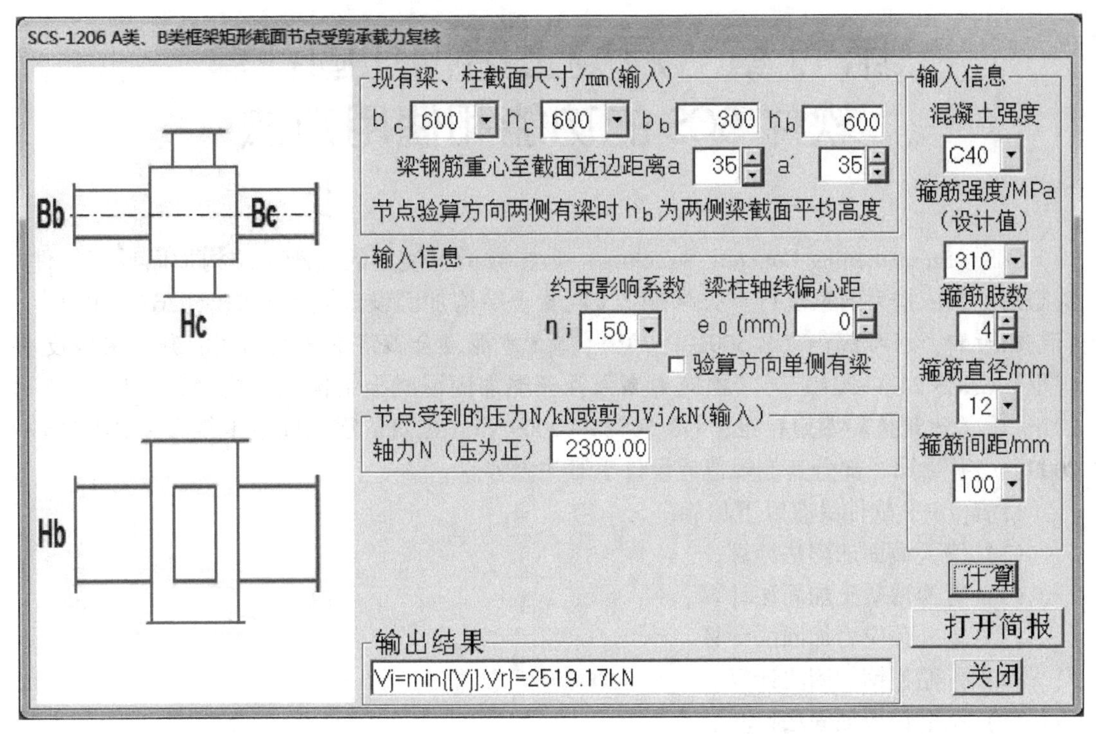

图 18-14　地震作用组合下框架节点受剪承载力复核

本章参考文献

[1] 中华人民共和国国家标准. 建筑抗震鉴定标准 GB 50023—2009 [S]. 北京：中国建筑工业出版社，2009.

[2] 王依群. 混凝土结构设计计算算例（第 3 版）[M]. 北京：中国建筑工业出版社，2016.

[3] 王济川，卜良桃. 建筑物的检测与抗震鉴定 [M]. 长沙：湖南大学出版社，2002.

[4] 杨红卫. 建筑安全抗震鉴定与加固设计指南（2009 版规范） [M]. 北京：中国建筑工业出版社，2010.

第19章　混凝土结构加固计算软件SCS的功能和使用方法

SCS（Strengthening Concrete Structure）是在微机上使用的混凝土结构加固计算软件，编制的主要依据为国家现行有关标准：《混凝土结构加固设计规范》GB 50367—2013[1]、《混凝土结构设计规范》GB 50010—2010[2]、《水泥复合砂浆钢筋网加固混凝土结构技术规程》CECS 242—2016[3]、《预应力高强钢丝绳加固混凝土结构技术规程》JGJ/T 325—2014[4]、《建筑抗震鉴定标准》GB 50023—2009 和《建筑抗震加固技术规程》JGJ 116—2009[5]，并参照了部分其他规范或设计手册的内容。

目前，SCS 软件具有以下功能：

（1）增大截面加固法计算。

（2）置换混凝土加固法计算。

（3）体外预应力加固法计算。

（4）外贴型钢加固法计算。

（5）粘贴钢板加固法计算。

（6）梁侧锚固钢板加固法计算。

（7）粘贴纤维复合材加固法计算。

（8）预应力碳纤维复合板加固法计算。

（9）预张紧钢丝绳网片-聚合物砂浆面层加固法计算。

（10）绕丝加固法计算。

（11）水泥复合砂浆钢筋网加固计算。

（12）锚栓、植筋计算。

（13）预应力高强钢丝绳加固计算。

（14）以上各加固方法用于抗震结构构件计算。

（15）框架节点抗震加固计算。

（16）A 类和 B 类建筑结构抗震承载力鉴定计算。

软件采用国际单位制：kN · m 制。配筋输出文件中，给出加固后满足承载力要求所需增加混凝土强度、面积，或钢筋，或钢板，或钢丝，或纤维复合材的截面面积（mm^2）。在结果简图上，给出加固材料在截面上的位置。

SCS 软件可在 Windows10、8、7（32 位、64 位）、Win Vista、WindowsXP、Windows2000 操作系统上运行。

大量算例与手算或其他文献算例计算结果比较，表明软件计算结果可靠。

我们在网站 http：//www. kingofjudge. com 上不定期地发布 SCS 的新版本，请用户及时到该网站下载到自己计算机硬盘上。解压缩后将得到运行文件 scs. exe。第一次运行前先在 D 盘建立 D：\ scsproj 子目录。可点击 SCS 图标运行该文件，或将其保存于某文件夹

(例如 D：\ scsproj）后将其图标拉至“桌面”运行。

如果想在其他盘，如 C、E、F 盘中放置工作目录 scsproj，则在运行 SCS 软件前，①在 C 盘根目录建立一文本文件，名为 c：\ scspath. txt；②在此文件中写一字符（前不能空格或空行），可写字符有 c，d，e，f，代表使用此字符名的盘；③并且用户要在此字符名的盘中建立工作目录 scsproj。办好这①②③件事，就可运行 SCS 软件了。注意，没建立此文件，即无此文件，或里面第 1 位置没写这几个字符中的任一个，SCS 软件都默认 D：\ scsproj 为工作目录。

用鼠标双击 SCS 软件图标，即出现 SCS 主菜单（如图 19-1 所示），点取各菜单项可完成相应的工作。

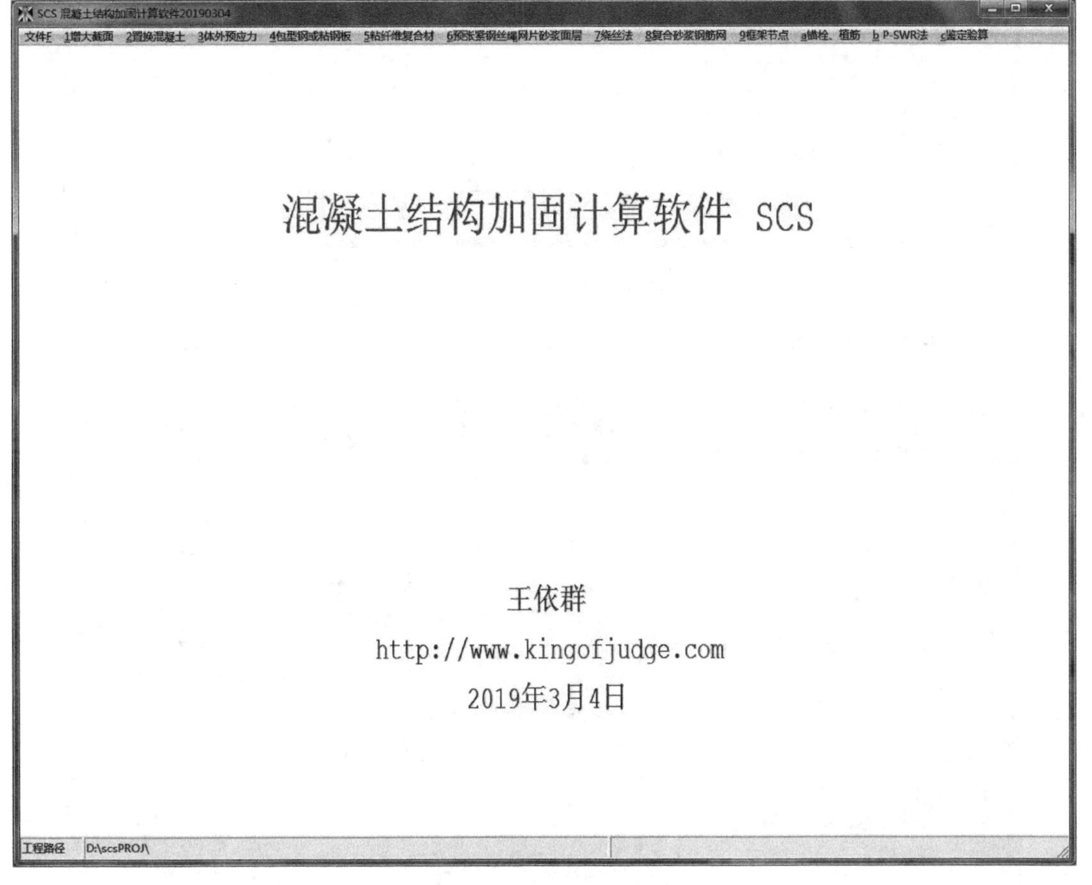

图 19-1　SCS 软件主菜单

图 19-1 主菜单（一级菜单）各菜单项有二级菜单，下面还有三级菜单。三级菜单相同，都只有两项：“输入及计算” 和 “查看简报”。一个二级菜单项和三级菜单项的例子如图 19-2 所示。用鼠标点击 “输入及计算” 即可进入相应计算功能的对话框。用鼠标点击 “查看简报”，软件就打开计算结果简要报告，显示给用户观看。

软件的详细计算过程和结果要看软件输出的 scs????. tex 文件并用中文版的 Latex 软件可将其转换为. pdf 文件、我们称其为 “计算书”，其精美程度不逊色于科技文章，该文件记录着详细的加固计算过程，方便设计、审图人员核查和存档。中文版的 Latex 软件的使用见下面的介绍。

有三级菜单的一级菜单项项的第末级（即第三级）菜单项与前述的只有二级菜单项的二级菜单项相同，即有“输入及计算”和“查看简报”两项，其使用方法也相同。其上一级菜单项，即二级菜单项是混凝土构件各计算功能，见表 19-1。

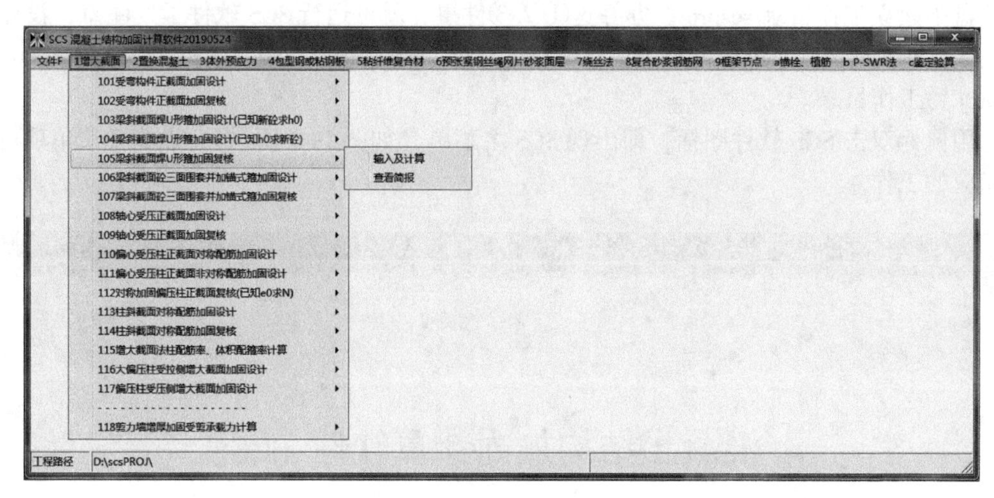

图 19-2 查看详细结果菜单项

点击 Windows“开始”→“程序”→“CTeX”→“WinEdt”，如图 19-3 所示。

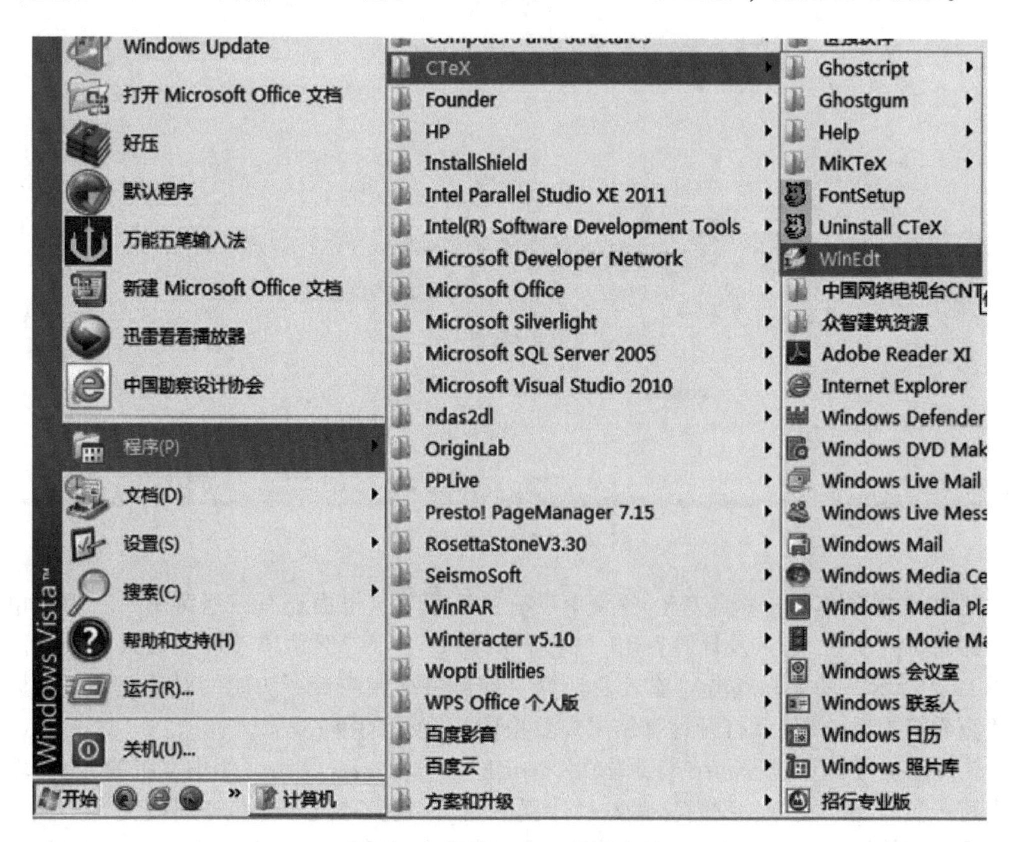

图 19-3 运行 WinEdt 软件方法

在 WinEdt 软件中选择“File”→“Open”菜单项，如图 19-4 所示。

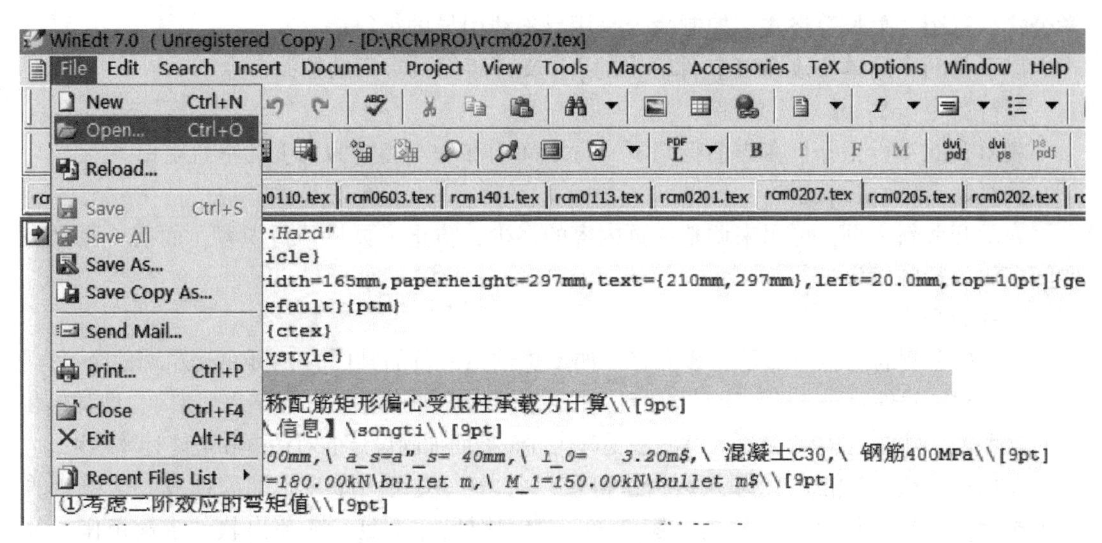

图 19-4　WinEdt 软件打开欲编译文件

在其跳出的对话框中选择 SCS 软件在 d：\scsproj 路径中生成的 scs????. tex 文件打开，编译所用的菜单项为“TeX”→“LaTeX”，如图 19-5 所示。

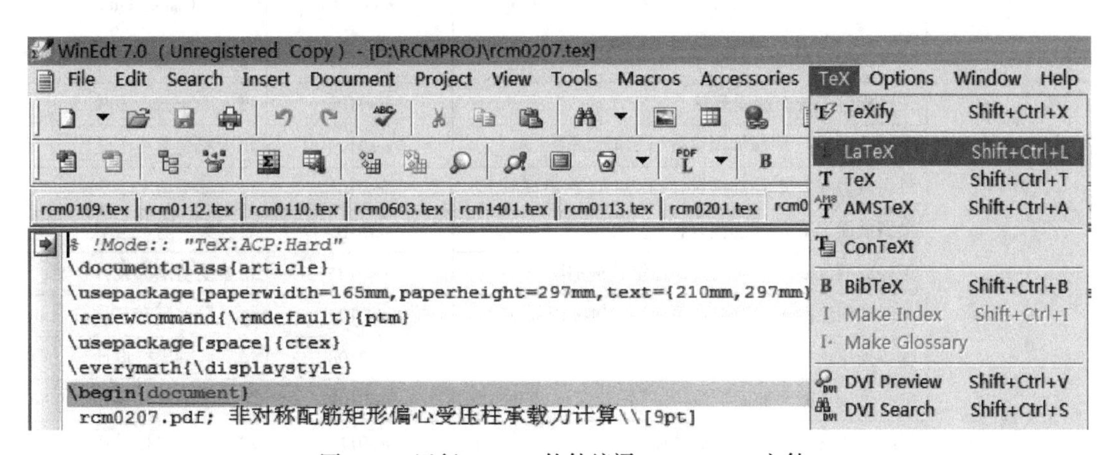

图 19-5　运行 WinEdt 软件编译 scs0207. tex 文件

使用 CTEX 套装中的 WinEdt 软件转换表 19-1 中所列 scs????. tex 文件的方法如下：

略等片刻，编译成功后，就可使用 WinEdt 软件自带的 PDF 预览器（工具栏中的 dvi pdf）查看刚生成的 PDF 文件内容。该 PDF 文件也已保存在文件夹 d：\scsproj 中，供以后用 Adobe Reader PDF 阅读器打开阅读或打印。也可用其他软件转换成 word 格式文件。

使用 Latex 软件排版和简单修改 SCS 软件输出的 pdf 文件版面最常用的控制命令[6,7]。

用于排版的源文件（辅助名为.tex），即文稿，包含两部分内容：一部分是正文，也就是需要排版输出的内容；另一部分是排版控制命令，用于控制版面式样、字体字形、数学公式、行距、页长等格式。控制命令是用反斜线引导的字符串。

以下是两个简单修改SCS软件输出的pdf文件版面最常用的控制命令。

换行命令：\\ 或\\［高度］

表示在此换行，并且在当前行与下一行之间增加一段高度为高度的垂直空白。

换页命令：\newpage

表示开辟新一页，可用来调整一页内容的多少，防止一页只一行内容，而前一页又有空间多放一行的发生。

注释命令：%

一行%右侧的内容全部是注释内容，如不想输出一行的某内容，可在其左端放个%。

启动SCS软件后，选择要计算的项目，按主菜单相应项目下的“输入及计算”，即弹出相应的对话框。例如，图2-3是增大截面法受弯构件正截面加固设计的对话框和最终计算结果。

在标有（输入）的栏内输入数据，再按“计算”按钮，即开始配筋计算，最终计算结果显示在“输出结果”的框内（图2-3）。如截面尺寸不足，或超出软件求解范围，软件会在输出结果框内给出出错信息。

菜单项及详细计算结果文件一览　　**表19-1**

一级菜单项	二级菜单项	.tex 文件主名	详细计算结果文件主名 （辅名.out）
增大截面法	受弯构件正截面加固设计	scs0101	增大梁正截面设计
	受弯构件正截面加固复核	scs0102	增大梁正截面复核
	梁斜截面焊U形箍加固设计(已知新混凝土求 h_0)	scs0103	增大梁受剪UH设计
	梁斜截面焊U形箍加固设计(已知 h_0 求新混凝土)	scs0104	增大梁受剪UC设计
	梁斜截面焊U形箍加固复核	scs0105	增大梁受剪U复核
	梁斜截面混凝土三面围套并加锚式箍加固设计	scs0106	增梁受剪围套设计
	梁斜截面混凝土三面围套并加锚式箍加固复核	scs0107	增梁受剪围套复核
	轴心受压正截面加固设计	scs0108	增截面轴压柱设计
	轴心受压正截面加固复核	scs0109	增截面轴压柱复核
	偏心受压柱正截面对称配筋加固设计	scs0110	增大法柱对称设计
	偏心受压柱正截面非对称配筋加固设计	scs0111	增大柱非对称设计
	偏心受压柱正截面加固复核	scs0112	偏压截面加固复核
	柱斜截面对称配筋加固设计	scs0113	增截面柱受剪设计
	柱斜截面对称配筋加固复核	scs0114	增截面柱受剪复核
	柱配筋率、体积配箍率计算	scs0115	增大截面柱配筋率
	大偏压柱受拉侧增大截面加固设计	scs0116	大偏压柱单侧增大
	偏压柱受压侧增大截面加固设计	scs117	偏压柱受压侧增大
	剪力墙增厚加固受剪承载力计算	scs0118	剪力墙增厚抗剪力

续表

一级菜单项	二级菜单项	.tex 文件主名	详细计算结果文件主名（辅名.out）
置换混凝土法	轴心受压柱设计（求置换混凝土厚度）	scs0201	置换法轴压柱求 A_c
	轴心受压柱设计（求置换混凝土强度等级）	scs0202	置换法轴压柱求 C_S
	轴心受压柱复核	scs0203	置换法轴压柱复核
	偏心受压柱设计	scs0204	置换法偏压柱设计
	偏心受压柱复核	scs0205	置换法偏压柱复核
	受弯构件正截面设计	scs0206	置换法受弯梁设计
	受弯构件正截面复核	scs0207	置换法受弯梁复核
体外预应力法	无粘结钢绞线下撑式拉杆加固梁受弯承载力设计	scs0301	PC 加固梁受弯设计
	普通钢筋下撑式拉杆加固梁受弯承载力设计	scs0302	普筋 PC 加固梁设计
	无粘结钢绞线下撑式拉杆加固梁受弯变形复核	scs0303	PC 加固梁受弯复核
	无粘结钢绞线下撑式拉杆加固梁受剪复核	scs0304	PC 加固梁受剪复核
	双侧型钢预应力撑杆加固轴心受压柱复核	scs0305	型钢 PS 轴压柱复核
	单侧型钢预应力撑杆加固偏心受压柱复核	scs0306	型钢 PS 偏压柱复核
	单侧型钢预应力撑杆加固偏压排架柱复核	scs0307	型钢 PS 排架柱复核
外包型钢或粘贴钢板法	轴心受压柱设计	scs0401	粘钢板轴压柱设计
	轴心受压柱复核	scs0402	粘钢板轴压柱复核
	对称配筋对称加固偏心受压柱设计	scs0403	粘钢板偏压柱设计
	对称配筋对称加固偏心受压柱复核	scs0404	粘钢板偏压柱复核
	受弯构件正截面加固设计	scs0405	粘钢板受弯梁设计
	受弯构件正截面加固复核	scs0406	粘钢板受弯梁复核
	受弯构件斜截面加固设计	scs0407	粘钢板梁受剪设计
	受弯构件斜截面加固复核	scs0408	粘钢板梁受剪复核
	大偏压柱受拉边粘钢板加固设计	scs0409	大偏压粘钢板设计
	大偏拉构件正截面加固设计	scs0410	大偏拉柱粘钢设计
	框架柱斜截面粘钢板加固设计	scs0411	柱斜截面粘钢设计
	框架柱斜截面粘钢板加固复核	scs0412	柱斜截面粘钢复核
	下粘角钢梁正截面加固复核	scs0413	粘角钢受弯梁复核
	约束屈曲锚固钢板侧面加固梁受弯设计	scs0414	BSPR 梁的受弯设计
	锚固钢板侧面加固梁受剪承载力复核	scs0415	BSP 梁的受剪复核
粘贴纤维复合材法	粘纤维单向织物布梁正截面加固设计	scs0501	粘纤维布梁的设计
	粘纤维单向织物布梁正截面加固复核	scs0502	粘纤维布梁的复核
	粘纤维条形板梁正截面加固设计	scs0503	粘纤维条板梁设计
	粘纤维条形板梁正截面加固复核	scs0504	粘纤维条板梁复核
	受弯构件斜截面加固设计	scs0505	粘纤维梁受剪设计

续表

一级菜单项	二级菜单项	.tex 文件主名	详细计算结果文件主名 （辅名.out）
粘贴纤维复合材法	受弯构件斜截面加固复核	scs0506	粘纤维梁受剪复核
	轴心受压构件正截面加固复核	scs0507	粘纤维柱受压复核
	框架柱斜截面加固设计	scs0508	粘纤维柱受剪设计
	框架柱斜截面加固复核	scs0509	粘纤维柱受剪复核
	大偏心受压构件正截面加固设计	scs0510	粘纤维大偏压设计
	大偏心受压构件正截面加固复核（已知 e_0 求 N_u）	scs0511	粘纤维大偏压复核
	大偏心受拉构件正截面加固设计	scs0512	粘纤维大偏拉设计
	大偏心受拉构件正截面加固复核（已知 e_0 求 N_u）	scs0513	粘纤维大偏拉复核
	粘贴纤维法提高柱延性计算	scs0514	粘纤维柱延性计算
	PFRP 预应力碳纤维板加固梁受弯设计	scs0515	PFRP 梁正截面设计
	PFRP 预应力碳纤维板加固梁变形计算	scs0516	PFRP 梁裂缝和挠度
预张紧钢丝绳网片砂浆面层加固法	PSCM 受弯构件正截面加固设计	scs0601	PSCM 梁正截面设计
	PSCM 受弯构件正截面加固复核	scs0602	PSCM 梁正截面复核
	PSCM 受弯构件斜截面加固设计	scs0603	PSCM 梁斜截面设计
	PSCM 受弯构件斜截面加固复核	scs0604	PSCM 梁斜截面复核
	PSCM 受弯构件挠度计算	scs0605	PSCM 加固梁的挠度
绕丝加固法	绕丝法提高柱延性系数计算	scs0701	绕丝法提高柱延性
水泥复合砂浆钢筋网加固法	HPFL 受弯构件正截面加固复核	scs0801	HPFL 梁正截面加固
	HPFL 受弯构件斜截面加固复核	scs0802	HPFL 梁斜截面加固
	HPFL 轴压构件加固复核	scs0803	HPFL 轴压构件加固
	HPFL 轴压矩形柱加固成圆柱复核	scs0804	HPFL 矩加固成圆柱
	HPFL 偏压构件加固设计	scs0805	HPFL 偏压柱复核 N_u
	HPFL 偏压构件加固复核（已知 N 求 M_u）	scs0806	HPFL 偏压柱复核 M_u
	HPFL 柱受剪加固复核	scs0807	HPFL 柱受剪切复核
	HPFL 加固梁的裂缝宽度计算	scs0808	HPFL 梁的裂缝宽度
	HPFL 加固梁的挠度计算	scs0809	HPFL 加固梁的挠度
框架节点	高强钢丝绳网-聚合物砂浆加固平面框架节点	scs0901	高强钢丝平面节点
	高强钢丝绳网-聚合物砂浆加固空间框架节点	scs0902	高强钢丝空间节点
	外粘型钢法加固节点设计	scs0903	外粘型钢节点加固
	增大截面法加固节点设计	scs0904	增大截面节点设计
	增大截面法加固节点复核	scs0905	增大截面节点复核

续表

一级菜单项	二级菜单项	.tex 文件主名	详细计算结果文件主名 （辅名.out）
锚栓、植筋	锚栓受拉	scs1001	锚栓受拉抗力计算
	无杠杆臂锚栓受剪	scs1002	锚栓受剪抗力计算
	有杠杆臂锚栓受剪	scs1003	有杠杆臂锚栓受剪
	植筋	scs1004	植筋长度及力计算
	锚栓拉力作用值计算	scs1005	锚栓拉力作用计算
	锚栓剪力作用值计算	scs1006	锚栓剪力作用计算
预应力高强钢丝绳加固 PSWR 法	PSWR 梁底加固受弯承载力设计	scs1101	PSWR 梁底加固设计
	PSWR 梁底加固受弯承载力复核	scs1102	PSWR 受弯加固复核
	PSWR 受弯构件斜截面加固设计	scs1103	PSWR 梁斜截面设计
	PSWR 受弯构件斜截面加固复核	scs1104	PSWR 梁斜截面复核
	PSWR 缠绕提高柱轴压承载力	scs1105	PSWR 缠绕柱承载力
鉴定验算	A 类建筑框架柱层间受剪承载力	scs1201	鉴定柱层间承载力
	A、B 类梁承载力	scs1202	鉴定计算梁承载力
	A、B 类柱受压弯承载力	scs1203	单偏压柱复核弯矩
	A、B 类柱受拉承载力	scs1204	矩形受拉构件复核
	A、B 类柱受剪承载力	scs1205	鉴定柱受剪承载力
	A、B 类节点受剪承载力	scs1206	鉴定节点的承载力

对话框中的输入信息与计算功能相关，详见书中各章节的介绍和算例演示。

如果输入某数据后，鼠标移至另一数据输入处，前一数据输入处一直显示蓝色，则表明该数据“非法”，即输入了超出软件接纳范围的数，只有用户改正了蓝色的数据，才能进行其他数据的输入。

SCS 软件可能会不断更新，有时在存储文件中增加了数据或修改了数据格式，新版软件读取旧版软件相关文件时会出错，造成软件不能使用，这时可人工打开文件夹 d：\ scsproj，将屏幕提示出错的文件删除，然后就可顺利运行 SCS 软件了。

本章参考文献

[1] 中华人民共和国国家标准. 混凝土结构加固设计规范 GB 50367—2013 [S]. 北京：中国建筑工业出版社，2013.

[2] 中华人民共和国国家标准. 混凝土结构设计规范 GB 50010—2010 [S]. 北京：中国建筑工业出版社，2010.

[3] 中国工程建设标准化协会. 水泥复合砂浆钢筋网加固混凝土结构技术规程 CECS 242—2016 [S]. 北

京：中国计划出版社，2016.
[4] 中华人民共和国行业标准. 预应力高强钢丝绳加固混凝土结构技术规程 JGJ/T 325—2014 [S]. 北京：中国建筑工业出版社，2014.
[5] 中华人民共和国行业标准. 建筑抗震加固技术规程 JGJ 116—2009 [S]. 北京：中国建筑工业出版社，2009.
[6] 陈志杰，赵书钦等. LATEX 入门与提高（第二版）[M]. 北京：高等教育出版社，2013.
[7] 胡伟. LATEX2ε 完全学习手册（第二版）[M]. 北京：清华大学出版社，2011.

附录　混凝土结构加固常用的角钢截面特性

热轧等边角钢规格及截面特性（按 GB 9787—88 计算）

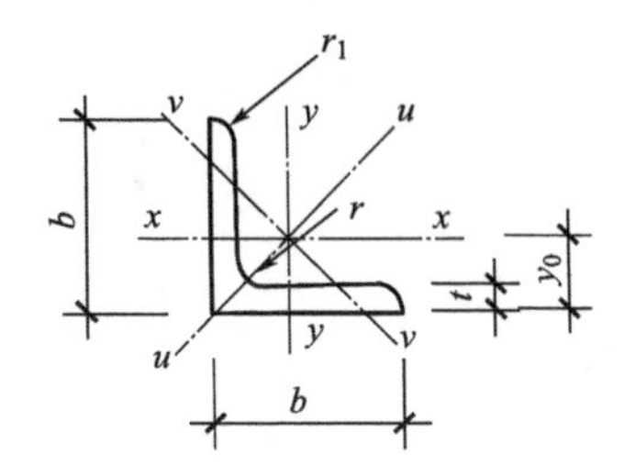

规格	尺寸（mm）			截面积（cm^2）	重心距（cm）	回转半径（cm）	规格	尺寸（mm）			截面积（cm^2）	重心距（cm）	回转半径（cm）
	b	t	r	A	y_0	i_x		b	t	r	A	y_0	i_x
∟50×5	50	5	5.5	4.803	1.42	1.53	∟100×10	100	10	12	19.261	2.84	3.05
6		6		5.688	1.46	1.52	12		12		22.800	2.91	3.03
∟56×5	56	5	6	5.415	1.57	1.72	14		14		26.256	2.99	3.00
8		6		8.367	1.68	1.68	16		16		29.627	3.06	2.98
5	63	5	7	6.143	1.74	1.94	7	110	7	12	15.196	2.96	3.41
∟63×6		6		7.288	1.78	1.93	8		8		17.238	3.01	3.40
8		8		9.515	1.85	1.90	∟110×10		10		21.261	3.09	3.38
10		10		11.657	1.93	1.88	12		12		25.200	3.16	3.35
5	70	5	8	6.875	1.91	2.16	14		14		29.056	3.24	3.32
∟70×6		6		8.160	1.95	2.15	8	125	8	14	19.750	3.37	3.88
7		7		9.424	1.99	2.14	∟125×10		10		24.373	3.45	3.85
8		8		10.667	2.03	2.12	12		12		28.912	3.53	3.83
5	75	5	9	7.412	2.04	2.33	14		14		33.367	3.61	3.80
6		6		8.797	2.07	2.31	10	140	10	14	27.373	3.82	4.34
∟75×7		7		10.160	2.11	2.30	∟140×12		12		32.512	3.90	4.31
8		8		11.503	2.15	2.28	14		14		37.567	3.98	4.28
10		10		14.126	2.22	2.26	16		16		42.539	4.06	4.26
5	80	5	9	7.912	2.15	2.48	10	160	10	16	31.502	4.31	4.98
6		6		9.397	2.19	2.47	∟160×12		12		37.441	4.39	4.95
∟80×7		7		10.860	2.23	2.46	14		14		43.296	4.47	4.92
8		8		12.303	2.27	2.44	16		16		49.067	4.55	4.89
10		10		15.126	2.35	2.42	12	180	12	16	42.241	4.89	5.59
6	90	6	10	10.637	2.44	2.79	∟180×14		14		48.895	4.97	5.56
7		7		12.301	2.48	2.78	16		16		55.467	5.05	5.54
∟90×8		8		13.944	2.52	2.76	18		18		61.955	5.13	5.50
10		10		17.167	2.59	2.74	14	200	14	18	54.642	5.46	6.20
12		12		20.306	2.67	2.71	16		16		62.013	5.54	6.18
∟100×6	100	6	12	11.932	2.67	3.10	∟200×18		18		69.301	5.62	6.15
7		7		13.796	2.71	3.09	20		20		76.505	5.69	6.12
8		8		15.638	2.76	3.08	24		24		90.661	5.87	6.07